Prüfungstraining Theoretische Physik – Analytische Mechanik

Markus Eichhorn

Prüfungstraining Theoretische Physik – Analytische Mechanik

Klausuren mit ausführlichen Lösungen

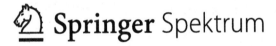 Springer Spektrum

Markus Eichhorn
Landau in der Pfalz, Deutschland

ISBN 978-3-662-68937-0   ISBN 978-3-662-68938-7   (eBook)
https://doi.org/10.1007/978-3-662-68938-7

Die Deutsche Nationalbibliothek verzeichnet diese Publikation in der Deutschen Nationalbibliografie; detaillierte bibliografische Daten sind im Internet über https://portal.dnb.de abrufbar.

Planung/Lektorat: Caroline Strunz
Springer Spektrum ist ein Imprint der eingetragenen Gesellschaft Springer-Verlag GmbH, DE und ist ein Teil von Springer Nature.
Die Anschrift der Gesellschaft ist: Heidelberger Platz 3, 14197 Berlin, Germany

Vorwort

Mit dem nun zweiten Band bin ich umso dankbarer, dass meine Lektorin mir dieses Projekt vor etwas mehr als einem Jahr vorgeschlagen hat. Die immerwährende Beschäftigung mit Aufgaben der Theoretischen Physik und deren Aufarbeitung ist das Schönste, was mir passieren konnte. Ich hoffe, dass Ihnen das Bearbeiten der Aufgabe ebenso viel Freude bereitet, wie mir das Zusammenstellen derselbigen. Außerdem hoffe ich inständig, dass Sie sich mit dem vorliegenden Band gut auf die Ihnen bevorstehenden Klausuren vorbereiten können und wünsche Ihnen bei diesen viel Erfolg.

Ich möchte mich herzlich bei all den Leuten bedanken, die dieses Buch möglich gemacht haben.

Meine Freunde und Familie, die mich tatkräftig unterstützt haben.
Ich möchte dabei meinen Freunden Manuel Egner, Philipp-Tobias Dörner, Philipp Meder, James Braun, Johann Frank und Nils Mantik für ihre fortwährende Unterstützung danken. Besonders danke ich in diesem Zusammenhang Jannik Seger, der mit mir oft und viel über die spannenden Themenbereiche der Analytischen Mechanik diskutiert und auf langen Spaziergängen mit mir Details einzelner Aufgaben erörtert hat.

Auch bei meiner Familie, meinem Vater Stefan, meinen Geschwistern Lukas und Leila und meiner Oma Sieglinde möchte ich mich für all die Unterstützung, die sie mir in den vergangen Jahren und auch während der Zeit meines Studiums haben zukommen lassen, danken.
Besonders danke ich auch hier wieder meiner Mutter, die mir durch schwere Zeiten meines Lebens geholfen hat und mir auch in diesem Band wieder bei allerhand Belange der deutschen Rechtschreibung und Grammatik mit ihrem prüfenden Blick zur Seite stand.

Ein großer Dank gebührt den fleißigen Mitarbeitenden des Springer Spektrums-Verlags. Allen voran meiner Lektorin Caroline Strunz, die dieses Projekt überhaupt an mich heran getragen hat, bei Frau Bianca Alton, die mich bei allen Angelegenheiten bezüglich des Buchlayouts mit Rat und Tat unterstützt hat und bei Herr Chandrasekaran Loganathan, der die Projektkoordinaten für dieses Buch übernommen hat. Ebenso möchte ich mich bei allen anderen, hier nicht namentlich aufgeführten, Mitarbeitenden des Springer-Spektrum Verlages bedanken, welche die Veröffentlichung dieses Werkes ermöglicht haben.

An Euch alle: Danke!

Alle Abbildungen in diesem Buch wurden mit Hilfe von Python-Software erstellt. Im Besonderen mit den Paketen numpy und matplotlib.

Landau in der Pfalz
28.11.2023

Markus Eichhorn

Inhaltsverzeichnis

Abbildungsverzeichnis

1 Vorbemerkungen

In diesem Kapitel werden einige Grundlagen zum Umgang mit dem Prüfungstraining aufgeführt. Neben generellen Erklärungen zum Aufbau des Prüfungstrainings und der einzelnen Klausuren werden auch einige Methoden zum Überprüfen der eigenen Lösungen, wie die Dimensionsanalyse und Einheitenkontrolle vorgestellt. Eine umfangreiche Formelsammlung mit den wichtigsten Zusammenhängen der Analytischen Mechanik und mathematischen Hilfen bietet eine Grundlage für eigene Formelblätter.

Überblick

© Der/die Autor(en), exklusiv lizenziert an
Springer-Verlag GmbH, DE, ein Teil von Springer Nature 2024
M. Eichhorn, *Prüfungstraining Theoretische Physik – Analytische Mechanik*, https://doi.org/10.1007/978-3-662-68938-7_1

1.1 Aufbau des Prüfungstrainings

Das Prüfungstraining besteht aus zwei Hauptteilen:

- Kapitel 2 führt die Klausuren mit verschiedenen Aufgaben zu Themen der Analytischen Mechanik auf. Sollen Klausuren zum Üben verwendet werden, so sind die Klausurbögen aus diesem Teil zu verwenden.

- Kapitel 3 beinhaltet neben den ausführlichen Lösungen der Aufgaben auch Lösungshinweise, die den Ansatz zu einer Aufgabe oder Zwischenergebnisse preisgeben. Wenn es schwer fällt eine Aufgabe zu lösen, kann hier nachgeschlagen werden, was ein sinnvoller Weg sein könnte, sich der Lösung des Problems zu nähern.

Daneben gibt es in diesem Kapitel – neben einigen generellen Angaben zum Prüfungstraining – in Abschnitt 1.4 auch eine ausführliche Formelsammlung, die zum Erstellen einer eigenen Formelsammlung unterstützend beitragen kann.

1.1.1 Themenauswahl

Die Themenauswahl richtet sich an den Prüfungsordnungen diverser Universitäten in Deutschland. Darunter befinden sich die Technische Universität (TU) Dresden, die Technische Universität (TU) Berlin, die Universität Hamburg, die Rheinisch-westfälische Technische Hochschule (RWTH) Aachen, die Johannes-Guttenberg Universität (JGU) Mainz, die Technische Universität (TU) Kaiserslautern, die Universität Heidelberg, das Karlsruher Institut für Technologie (KIT), die Technische Universität (TU) München und die Ludwig-Maximilians-Universität (LMU) München.
Im Besonderen wurden Themen von der folgenden Liste den Aufgaben zu Grunde gelegt:

- Lagrange-Formalismus

  - Virtuelle Arbeit
  - d'Alembert'sches Prinzip
  - Zwangsbedingungen
  - Zwangskräfte
  - Generalisierte Koordinaten
  - Konfigurationsraum
  - Lagrange-Gleichungen erster Art
  - Lagrange-Gleichungen zweiter Art bzw. Euler-Lagrange-Gleichungen
  - Wirkung
  - Hamilton'sches Prinzip
  - Symmetrien

  - Erhaltungssätze
  - Noether-Theorem
  - Eichinvarianz

- Hamilton-Formalismus

  - Kanonische Bewegungsgleichungen
  - Poisson-Klammern
  - Erhaltungsgrößen
  - Kanonische Transformationen
  - Hamilton-Jacobi-Formalismus
  - Phasenraum
  - Satz von Liouville

- Spezielle physikalische Systeme

  - Gekoppelte Schwingungen

- Eigenfrequenzen
- Eigenmoden
- Starrer Körper
- Trägheitstensor
- Kreisel
- Präzession
- Euler-Gleichungen
- Kontinuumsmechanik
- Bewegung in elektromagnetischen Feldern
- Spezielle Relativitätstheorie

• Mathematische Methoden

- Legendre-Transformationen
- Matrizen
- Eigenwerte
- Eigenvektoren
- Variationsrechnung
- Funktionale
- Nebenbedingungen
- Lagrange-Multiplikatoren

1.1.2 Aufbau der Klausuren

Jede Klausur besteht aus vier Aufgaben, von denen die erste Aufgabe ein Kurzfragebogen von fünf unabhängigen Aufgaben ist. Die restlichen drei Aufgaben sind der Schwierigkeit nach aufsteigend angeordnet. Für jede Klausur ist eine Bearbeitungszeit von **120 Minuten** vorgesehen.

Jeder Klausur ist ein Schwierigkeitsgrad zugeordnet, der im Titel der Klausur und auch im Inhaltsverzeichnis aufgeführt werden. Sie reichen von sehr leicht über leicht, mittel und schwer bis hin zu sehr schwer. Der Schwierigkeitsgrad bezieht sich hierbei vor allem auf die Machbarkeit in der vorgegebenen Zeit. Je schwerer die Klausur, desto schwerer ist es, diese innerhalb von 120 Minuten zu absolvieren.

Meistens werden Klausuren an Universitäten so aufgebaut, dass es eine leichte Aufgabe zum Punktesammeln gibt; zwei mittlere Aufgaben, um die Kenntnis und den Transfer der gelernten Inhalte zu prüfen; und eine schwere Aufgabe, um die Note besser festlegen zu können. Die Schwierigkeitsgrade sehr leicht bzw. sehr schwer sind eher selten in Klausuren anzutreffen.
Dieses Schema eines Klausuraufbaus ist zum einen durch die Schwierigkeitsgrade der Klausuren, wie auch durch die Schwierigkeitsgrade der Aufgaben innerhalb einer einzelnen Klausur widergespiegelt.

Jede Aufgabe und Teilaufgabe ist mit der Anzahl der erreichbaren Punkte versehen. Insgesamt sind in einer Klausur 100 Punkte zu erreichen, während jede Aufgabe 25 Punkte einbringt. Die Klausur gilt als bestanden, wenn mindestens 50 Punkte erzielt sind. Die Benotungstabelle 1.1 bietet einen Überblick über das übliche Benotungsschema bei Hochschulklausuren. Die im Prüfungstraining erzielten Noten, stellen dabei selbstverständlich keine Garantie für die Noten in der tatsächlichen Klausur dar. Werden Lösungshinweise in Anspruch genommen, sollte nur die Hälfte der Punkte für die jeweilige Teilaufgabe gut geschrieben werden. Bei Nachschlagen der Lösung sollten keine Punkte gutgeschrieben werden.

Tab. 1.1 Benotungstabelle

Punkte	Note	Punkte	Note
< 50	5,0	≥ 75	2,3
≥ 50	4,0	≥ 80	2,0
≥ 55	3,7	≥ 85	1,7
≥ 60	3,3	≥ 90	1,3
≥ 65	3,0	≥ 95	1,0
≥ 70	2,7		

1.1.3 Schlagwörter

Jede Aufgabe ist mit Schlagwörtern versehen, welche im Index aufgeführt sind. Sie können dazu verwendet werden, um Aufgaben bzw. Klausuren zu finden, in denen bestimmte Themen behandelt werden. Jede Aufgabe verfügt dabei über vier bis zehn Schlagwörter. Die Schlagwörter können auch dazu verwendet werden, um zu erkennen, ob eine Aufgabe zu viel unbekannte Thematiken behandelt. Wenn mehr als ein Drittel der Schlagwörter nicht bekannt ist, wird empfohlen die entsprechende Aufgabe einer Klausur durch eine gleichwertige Aufgabe einer anderen Klausur zu ersetzen.

1.2 Selbstständiges Überprüfen von Ergebnissen

Es gibt eine Vielzahl von Möglichkeiten eigene Ergebnisse auf Sinnhaftigkeit zu überprüfen. Neben dem Einsetzen von Lösungen in Differentialgleichungen, dem Bilden von physikalischen Grenzwerten und dem Ableiten von gefundenen Stammfunktionen, sind die Dimensionsanalyse und die Einheitenkontrolle wohl zwei der wichtigsten Methoden. All diese Methoden werden in den Kursen der Klassischen Mechanik unterrichtet. Dennoch soll auf die Einheitenkontrolle und Dimensionsanalyse nochmal im Speziellen eingegangen werden, da diese auch für Kurse der höheren Semester ein einfaches aber effektives Mittel zum Prüfen der Ergebnisse darstellen.

Eine jede physikalische Größe ist mit einer Dimension versehen. Und mit jeder Dimension wird eine Einheit assoziiert, die eine Brücke zwischen der mathematischen Beschreibung und der messbaren Welt schlägt. Eine Einheit ist in diesem Sinne ein Vergleichsmaßstab. Andere Größen der selben Dimension werden mit dem Wert der Einheit verglichen.
Größen können nur miteinander addiert werden, wenn sie die gleiche Dimension bzw. Einheit aufweisen. Ebenso müssen beide Seiten einer Gleichung auch über die selbe Dimension verfügen. Dies bietet eine Möglichkeit erhaltene Gleichungen auf Sinnhaftigkeit zu überprüfen. Haben zwei Seiten einer Gleichung unterschiedliche Dimensionen oder werden zwei Größen unterschiedlicher Dimension miteinander addiert oder subtrahiert, so muss während der Rechnung ein Fehler aufgetreten sein.

In der Mechanik gibt es drei Dimensionen aus denen sich die Dimensionen aller anderen Größen aufbauen lassen. Diese sind:

- Die Länge L mit der assoziierten SI-Einheit Meter m
- Die Zeit T mit der assoziierten SI-Einheit Sekunde s
- Die Masse M mit der assoziierten SI-Einheit Kilogramm kg

Eine Fläche setzt sich so beispielsweise als das Produkt zweier Größen mit der Dimension Länge zusammen und hat selbst die Dimension L^2 und die assoziierte SI-Einheit m^2.

Aus der Klassischen Mechanik sind Größen wie die Kraft mit der Dimension $M \cdot L \cdot T^{-2}$ und der SI-Einheit kg $\cdot \frac{m}{s^2}$ oder die Energie mit der Dimension $M \cdot L^2 \cdot T^{-2}$ und der SI-Einheit kg $\cdot \frac{m^2}{s^2}$ bekannt. Häufig werden physikalische Größen öfter mit ihren Einheiten als mit ihren Dimensionen assoziiert, da beim Einsetzen von Zahlenwerten stets auf die Einheiten geachtet wird. In den beiden genannten Fällen gibt es aber neben dem expliziten Ausdruck der SI-Einheiten auch spezielle Namen für die auftretende Kombination von Einheiten. Im Falle der Kraft handelt es sich um das Newton N $=$ kg $\cdot \frac{m}{s^2}$ und im Falle der Energie um das Joule J $=$ kg $\cdot \frac{m^2}{s^2}$. Beide sind zu Ehren der Physiker Isaac Newton und James Joule benannt, die auf dem Gebiet der jeweils assoziierten physikalische Größe grundlegende Arbeit geleistet haben. Diese zusätzlichen Benennungen machen es zu Anfang oft schwer, alle assoziierten Einheiten und ihre Ausdrücke in SI-Einheiten auswendig zu lernen. Andererseits gibt es einen häufigeren Umgang mit diesen Einheiten, weshalb sich diese auch schneller einprägen als die dazugehörigen Dimensionen. Da die Einheiten stets mit den Dimensionen assoziiert sind, gelten die gleichen Regeln: Werden zwei Größen addiert oder subtrahiert, müssen sie die gleichen Einheiten haben. Die beiden Seiten einer Gleichung müssen die gleichen Einheiten aufweisen.

Neben den Dimensionen und Einheiten der Größen aus der Klassischen Mechanik – die bekannt sein sollten – gibt es in der Analytischen Mechanik einige neue Größen, wie die Lagrange-Funktion, die Wirkung und weitere, deren Dimensionen und Einheiten in Tab. 1.2 gefunden werden können.

Tab. 1.2 Übersicht über Größen mit ihren Formelzeichen, Dimension und Einheiten

Größe	Formelzeichen	Dimension	Einheit
Zwangskräfte	$\boldsymbol{Z}$	$M \cdot L \cdot T^{-2}$	N, kg $\cdot$ m $\cdot$ s^{-2}
Lagrange-Funktion	L	$M \cdot L^2 \cdot T^{-2}$	J, kg $\cdot$ m^2 $\cdot$ s^{-2}
Hamilton-Funktion	H	$M \cdot L^2 \cdot T^{-2}$	J, kg $\cdot$ m^2 $\cdot$ s^{-2}
Wirkung	S	$M \cdot L^2 \cdot T^{-1}$	J $\cdot$ s, kg $\cdot$ m^2 $\cdot$ s^{-1}
Verallgemeinerte Koordinaten	$q, q', \boldsymbol{Q}$	verschiedene	verschiedene
Kanonische Impulse	$\boldsymbol{p}, \boldsymbol{p}', \boldsymbol{P}$	verschiedene	verschiedene
Produkt aus Koordinaten und Impulse	$\boldsymbol{q} \cdot \boldsymbol{p}$	$M \cdot L^2 \cdot T^{-1}$	J $\cdot$ s, kg $\cdot$ m^2 $\cdot$ s^{-1}
Poisson-Klammern	$\{\cdot, \cdot\}$	$M^{-1} \cdot L^{-2} \cdot T$	J^{-1} $\cdot$ s^{-1}
Erzeugende Funktionen	F_1, F_2, F_3, F_4	$M \cdot L^2 \cdot T^{-1}$	J $\cdot$ s, kg $\cdot$ m^2 $\cdot$ s^{-1}
Kreisfrequenz, Winkelgeschwindigkeit	ω, Ω	T^{-1}	s^{-1}
(Eigen-)Drehimpuls	$J, S, \boldsymbol{J}$	$M \cdot L^2 \cdot T^{-1}$	J $\cdot$ s, kg $\cdot$ m^2 $\cdot$ s^{-1}
Trägheitstensor	I, Θ, J	$M \cdot L^2$	kg $\cdot$ m^2

1.3   Weiterführende und vorbereitende Literatur

In der nachfolgenden Liste soll eine kleine Auswahl an Büchern oder Buchreihen aufgeführt sein, die für die Vorbereitung auf eine Klausur und das Einarbeiten in den Vorlesungsstoff eine Hilfestellung bieten und die als weitere Nachschlagewerke dienen können.

Mathematische Überblickswerke

Einen Überblick über die Mathematik, vor allem in Bezug auf die Natur- und Ingenieurswissenschaften bieten folgende Werke:

- Markus Eichhorn, *Einführung in die Mathematik der Theoretischen Physik*, Springer Verlag, (2023)

- Ilja N. Bronstein, Heiner Mühlig, Gerhard Musiol, Konstantin A. Semendjajew, *Taschenbuch der Mathematik*, Europa Lehrmittel, (2020)

- Peter Furlan, *Das gelbe Rechenbuch*, Band 1-3, Verlag Martina Furlan, (1995)

- Lothar Papula, *Mathematik für Ingenieure und Naturwissenschaftler*, Band 1-3, Springer Verlag, (2018, 2015, 2016)

Mathematische Formelsammlungen

Formelsammlungen zur natur- und ingenieurwissenschaftlichen Mathematik sind die folgenden:

- Gerhard Merzinger, Günter Mühlbach, *Formeln und Hilfe zur Höheren Mathematik*, Binomi Verlag, (2013)

- Lothar Papula, *Mathematische Formelsammlung*, Springer Verlag (2017)

Physikalische Fachliteratur

Häufig orientieren sich die Vorlesungen der Theoretischen Physik an den beiden Buchreihen von Nolting und Fließbach. Daneben sind aber auch Werke von Nutzen, die einen breiteren Überblick verschaffen, wie die Bücher von Gerthsen und Tipler.

- Wolfgang Nolting, *Grundkurs Theoretische Physik 2*, Springer-Verlag Berlin Heidelberg , (2014)

- Torsten Fließbach, *Mechanik – Lehrbuch zur Theoretischen Physik I*, Springer-Verlag Berlin Heidelberg, (2020)

- Herbert Goldstein, Charles P. Poole Jr., John L. Safko Sr., *Klassische Mechanik*, Wiley VCH, (2006)

- Dieter Meschede, *Gerthsen Physik*, Springer-Verlag Berlin, (2015)

- Paul A. Tipler, Gene Mosca, *Physik – für Studierende der Naturwissenschaften und Technik*, Springer-Verlag Berlin, (2019)

1.4 Formelsammlung

Alle Klausuren lassen sich mit oder ohne Formelsammlung bearbeiten. Ob beim Bearbeiten eine Formelsammlung verwendet wird, sollte an die eigenen Gegebenheiten der Klausur angepasst werden. Es empfiehlt sich jedoch in jedem Falle eine eigene Formelsammlung anzulegen, da dies das erneute Auseinandersetzen mit dem Stoff mit sich bringt und das Zusammenstellen der Formelsammlung das Einprägen einiger der Formeln erleichtern kann.

Hier soll nun eine kleine Auswahl an Formeln zusammengetragen sein, die als Grundstein für eine eigene Formelsammlung dienen können. Sie trennt sich in einen physikalischen und einen mathematischen Teil auf. Obwohl sich die Aufgaben auf die Analytische Mechanik beziehen, sind auch Kenntnisse von Zusammenhängen der Klassischen Mechanik von Nöten. Diese sind hier aber nicht noch einmal explizit aufgeführt. [1]
Dem gegenüber steht der mathematische Teil der Formelsammlung. Hier werden nicht nur neue Konzepte sondern auch altbekannte Konzepte und Listen, wie Regeln und Beispiele zur Differential- und Integralrechnung aufgelistet. Dies hat den Grund, dass Mathematik als Sprache der Theoretischen Physik immer von Nöten ist.
Es ist auch zu beachten, dass es unter Umständen verschiedenen Konventionen gibt, die in einer eigenen Formelsammlung berücksichtigt werden müssen.

1.4.1 Physikalische Formeln

Lagrange-Formalismus

Lagrange-Gleichungen erster Art

$$f_k(\{\boldsymbol{r}_\alpha\}, t) = 0 \qquad N_z \text{ holonome Zwangsbedingungen}$$

$$\boldsymbol{Z}_\alpha = \sum_{k=1}^{N_z} \boldsymbol{\nabla}_\alpha f_k \qquad \text{Zwangskräfte}$$

$$m\ddot{\boldsymbol{r}}_\alpha = \boldsymbol{F}_\alpha^{(i)} + \boldsymbol{Z}_\alpha \qquad \text{Lagrange} - \text{Gleichungen erster Art}$$

d'Alembert'sches Prinzip

$$f_k(\{\boldsymbol{r}_\alpha + \delta\boldsymbol{r}_\alpha\}, t) = 0 \qquad \text{virtuelle Verschiebung}$$

$$\delta W = -\sum_{\alpha=1}^{N} \boldsymbol{Z}_\alpha \cdot \delta\boldsymbol{r}_\alpha = 0 \qquad \text{virtuelle Arbeit}$$

Verallgemeinerte Koordinaten

$$f \text{ Freiheitsgrade} \qquad i \in \{1, 2, \ldots, f\} \qquad \boldsymbol{q}^T = (q_1, q_2, \ldots q_f)$$

$$\boldsymbol{r} = \boldsymbol{r}(\boldsymbol{q}, t) \qquad \dot{\boldsymbol{r}} = \dot{\boldsymbol{r}}(\boldsymbol{q}, \dot{\boldsymbol{q}}, t)$$

---

[1] Genau wie die Zusammenhänge der Klassischen Mechanik unabdingbar für die Zusammenhänge der Analytischen Mechanik sind, sind Zusammenhänge der Analytischen Mechanik unabdingbar für andere Themengebiete der Theoretischen Physik. Es handelt sich um Konzepte die aufeinander aufbauen, weshalb hier noch mal in aller Deutlichkeit gesagt werden muss: Es sollte nicht nur auf die Klausur als kurzfristiges Ziel, sondern auf das Verständnis des Themenfeldes als langfristiges Ziel gelernt werden!

Lagrange-Funktion

$$L(\boldsymbol{q}, \dot{\boldsymbol{q}}, t) = T(\boldsymbol{q}, \dot{\boldsymbol{q}}, t) - U(\boldsymbol{q}, \dot{\boldsymbol{q}}, t)$$

Lagrange-Gleichungen zweiter Art

$$\frac{\mathrm{d}}{\mathrm{d}t}\frac{\partial L}{\partial \dot{q}_i} = \frac{\partial L}{\partial q_i} \quad \Leftrightarrow \quad \frac{\mathrm{d}}{\mathrm{d}t}\nabla_{\dot{q}}L = \nabla_q L$$

Kanonischer Impuls

$$p_i = \frac{\partial L}{\partial \dot{q}_i} \quad \Leftrightarrow \quad \boldsymbol{p} = \nabla_{\dot{q}}L$$

Zyklische Koordinaten

$$L \neq L(q_i) \quad \Rightarrow \quad q_i \text{ zyklisch} \quad \Rightarrow \quad p_i = \text{konst.}$$

Wirkung und Hamilton'sches Prinzip

$$S[\boldsymbol{q}(t)] = \int_{t_A}^{t_B} \mathrm{d}t \, L(\boldsymbol{q}, \dot{\boldsymbol{q}}, t) \qquad \delta S = S[\boldsymbol{q}(t) + \delta \boldsymbol{q}(t)] - S[\boldsymbol{q}(t)] = 0$$

$$\delta \boldsymbol{q}(t_A) = \delta \boldsymbol{q}(t_B) = 0 \qquad \delta \dot{\boldsymbol{q}} = \frac{\mathrm{d}}{\mathrm{d}t}\delta \boldsymbol{q}$$

Noether-Theorem

Symmetrietransformationen

$$\boldsymbol{q} \to \boldsymbol{q}' = \boldsymbol{q}'(\boldsymbol{q}, \dot{\boldsymbol{q}}, t) \qquad t \to t' = t'(\boldsymbol{q}, \dot{\boldsymbol{q}}, t)$$

$$S = \int_{t_a}^{t_b} \mathrm{d}t \, L(\boldsymbol{q}, \dot{\boldsymbol{q}}, t) \quad \to \quad S' = \int_{t'_a}^{t'_b} \mathrm{d}t' \, L\left(\boldsymbol{q}', \frac{\mathrm{d}\boldsymbol{q}'}{\mathrm{d}t'}, t'\right) \stackrel{!}{=} S + \Lambda(\boldsymbol{q}_b, t_b) - \Lambda(\boldsymbol{q}_a, t_a)$$

$$\Rightarrow \quad \frac{\mathrm{d}t'}{\mathrm{d}t}L\left(\boldsymbol{q}', \frac{\mathrm{d}\boldsymbol{q}'}{\mathrm{d}t'}, t'\right) = L(\boldsymbol{q}, \dot{\boldsymbol{q}}, t) + \frac{\mathrm{d}}{\mathrm{d}t}\Lambda(\boldsymbol{q}, t)$$

Noether-Theorem mit infinitesimalen Transformationen

$$\boldsymbol{q} \to \boldsymbol{q}' = \boldsymbol{q} + \epsilon \boldsymbol{\psi}(\boldsymbol{q}, \dot{\boldsymbol{q}}, t) \qquad t \to t' = t + \epsilon \phi(\boldsymbol{q}, \dot{\boldsymbol{q}}, t) \qquad |\epsilon| \ll 1$$

$$\frac{\mathrm{d}}{\mathrm{d}\epsilon}\left[\frac{\mathrm{d}t'}{\mathrm{d}t}L\left(\boldsymbol{q}', \frac{\mathrm{d}\boldsymbol{q}'}{\mathrm{d}t'}, t'\right)\right]_{\epsilon=0} = 0 \quad \Rightarrow \quad \frac{\mathrm{d}Q}{\mathrm{d}t} = 0$$

$$Q = \boldsymbol{\psi} \cdot (\nabla_{\dot{q}}L) + \phi\left(L - (\dot{\boldsymbol{q}} \cdot \nabla_{\dot{q}}L)\right) = \boldsymbol{\psi} \cdot \boldsymbol{p} - \phi H$$

$$= \sum_{i=1}^{f} \psi_i \frac{\partial L}{\partial \dot{q}_i} + \phi\left(L - \sum_{i=1}^{f} \dot{q}_i \frac{\partial L}{\partial \dot{q}_i}\right)$$

Vereinfachte Symmetrietransformation

$$\phi = \text{konst.} \quad \Rightarrow \quad L(\boldsymbol{q}', \dot{\boldsymbol{q}}', t) \stackrel{!}{=} L(\boldsymbol{q}, \dot{\boldsymbol{q}}, t) + \mathcal{O}(\epsilon^2)$$

Beispiele für Ein-Teilchen-System $L = \frac{1}{2} m \dot{\boldsymbol{r}}^2 + V(\boldsymbol{r}, t)$

- *Raumtranslation und Impulserhaltung* $\Leftrightarrow V(\boldsymbol{r}, t) = V(\boldsymbol{r} + \epsilon \boldsymbol{n}, t)$

$$\boldsymbol{r} \to \boldsymbol{r} + \epsilon \boldsymbol{n} \quad t \to t \quad \Rightarrow \quad \boldsymbol{\psi} = \boldsymbol{n} \quad \phi = 0 \quad \Rightarrow \quad Q = \boldsymbol{n} \cdot \boldsymbol{p}$$

- *Zeittranslation und Energieerhaltung* $\Leftrightarrow V(\boldsymbol{r}, t) = V(\boldsymbol{r})$

$$\boldsymbol{r} \to \boldsymbol{r} \quad t \to t + \epsilon \quad \Rightarrow \quad \boldsymbol{\psi} = 0 \quad \phi = 1 \quad \Rightarrow \quad Q = -H$$

- *Drehung und Drehimpulserhaltung* $\Leftrightarrow V(\boldsymbol{r}, t) = V(|\boldsymbol{r}|, t)$

$$\boldsymbol{r} \to \boldsymbol{r} + \epsilon (\boldsymbol{n} \times \boldsymbol{r}) \quad t \to t \quad \Rightarrow \quad \boldsymbol{\psi} = \boldsymbol{n} \times \boldsymbol{r} \quad \phi = 0$$
$$\Rightarrow \quad Q = (\boldsymbol{n} \times \boldsymbol{r}) \cdot \boldsymbol{p} = \boldsymbol{n} \cdot \boldsymbol{L}$$

Erweitertes Noether-Theorem

$$\boldsymbol{q} \to \boldsymbol{q}' = \boldsymbol{q} + \epsilon \boldsymbol{\psi}(\boldsymbol{q}, \dot{\boldsymbol{q}}, t) \quad t \to t' = t + \epsilon \phi(\boldsymbol{q}, \dot{\boldsymbol{q}}, t) \quad |\epsilon| \ll 1$$
$$\frac{\mathrm{d}}{\mathrm{d}\epsilon} \left[\frac{\mathrm{d}t'}{\mathrm{d}t} L \left(\boldsymbol{q}', \frac{\mathrm{d}\boldsymbol{q}'}{\mathrm{d}t'}, t' \right) \right]_{\epsilon=0} = \frac{\mathrm{d}}{\mathrm{d}t} f(\boldsymbol{q}, t) \quad \Rightarrow \quad \frac{\mathrm{d}Q}{\mathrm{d}t} = 0$$
$$Q = \boldsymbol{\psi} \cdot \boldsymbol{p} - \phi H - f(\boldsymbol{q}, t)$$

Beispiele für Ein-Teilchen-Systeme

- *Galilei-Transformation eines freien Teilchens* $L = \frac{1}{2} m \dot{\boldsymbol{r}}^2$

$$\boldsymbol{r} \to \boldsymbol{r} + \epsilon \boldsymbol{u} t \quad t \to t \quad \Rightarrow \quad \boldsymbol{\psi} = \boldsymbol{u} t \quad \phi = 0 \quad \Rightarrow \quad f(\boldsymbol{r}, t) = m \boldsymbol{u} \cdot \boldsymbol{r}$$
$$Q = \boldsymbol{u} \cdot (\boldsymbol{p} t - m \boldsymbol{r}) \equiv -m \boldsymbol{u} \cdot \boldsymbol{r}_0 \quad \Rightarrow \quad \boldsymbol{r} = \boldsymbol{r}_0 + \frac{\boldsymbol{p}}{m} t$$

- *Kepler-Problem und Laplace-Runge-Vektor* $L = \frac{1}{2} m \dot{\boldsymbol{r}}^2 + \frac{\alpha}{r}$

$$t \to t \quad \boldsymbol{r} \to \boldsymbol{r} + \epsilon \boldsymbol{\psi} \quad \phi = 0$$
$$\boldsymbol{\psi} = m \left(\dot{\boldsymbol{r}} (\boldsymbol{n} \cdot \boldsymbol{r}) - \frac{1}{2} \boldsymbol{r} (\boldsymbol{n} \cdot \dot{\boldsymbol{r}}) - \frac{1}{2} (\boldsymbol{r} \cdot \dot{\boldsymbol{r}}) \boldsymbol{n} \right) \quad \Rightarrow \quad f(\boldsymbol{r}, t) = m \alpha \frac{\boldsymbol{n} \cdot \boldsymbol{r}}{r}$$
$$Q = \boldsymbol{n} \cdot \left(\boldsymbol{p} \times (\boldsymbol{r} \times \boldsymbol{p}) - m \alpha \frac{\boldsymbol{r}}{r} \right) = \boldsymbol{n} \cdot \boldsymbol{A}$$

Hamilton-Formalismus

Hamilton-Funktion

$$H(\boldsymbol{q}, \boldsymbol{p}, t) = \boldsymbol{p} \cdot \dot{\boldsymbol{q}} - L(\boldsymbol{q}, \dot{\boldsymbol{q}}, t) = \sum_{i=1}^{f} p_i \dot{q}_i - L(\boldsymbol{q}, \dot{\boldsymbol{q}}, t)$$

Hamilton'sche (kanonische) Bewegungsgleichungen

$$\dot{q}_i = \frac{\partial H}{\partial p_i} \qquad \dot{p}_i = -\frac{\partial H}{\partial q_i} \qquad \Leftrightarrow \qquad \dot{\boldsymbol{q}} = \nabla_{\boldsymbol{p}} H \qquad \dot{\boldsymbol{p}} = -\nabla_{\boldsymbol{q}} H$$

Wirkung und Hamilton'sches Prinzip

$$S[\boldsymbol{q}(t), \boldsymbol{p}(t)] = \int_{t_A}^{t_B} dt \sum_{i=1}^{f} p_i \dot{q}_i - H(\boldsymbol{q}, \boldsymbol{p}, t)$$

$$\delta S = S[\boldsymbol{q}(t) + \delta\boldsymbol{q}(t), \boldsymbol{p}(t) + \delta\boldsymbol{p}(t)] - S[\boldsymbol{q}(t), \boldsymbol{p}(t)] = 0$$

$$\delta\boldsymbol{q}(t_A) = \delta\boldsymbol{q}(t_B) = 0$$

Poisson-Klammern

$$\{f, g\} = \sum_{i=1}^{f} \left(\frac{\partial f}{\partial q_i} \frac{\partial g}{\partial p_i} - \frac{\partial f}{\partial p_i} \frac{\partial g}{\partial q_i} \right) = (\nabla_{\boldsymbol{q}} f) \cdot (\nabla_{\boldsymbol{p}} g) - (\nabla_{\boldsymbol{p}} f) \cdot (\nabla_{\boldsymbol{q}} g)$$

$$\{f, f\} = 0 \qquad \{f, g\} = -\{g, f\} \qquad c = \text{konst.} \Rightarrow \{f, c\} = 0$$

$$\{\alpha f_1 + \beta f_2, g\} = \alpha \{f_1, g\} + \beta \{f_2, g\} \qquad \{fg, h\} = f\{g, h\} + \{f, h\}g$$

$$\{f, \{g, h\}\} + \{g, \{h, f\}\} + \{h, \{f, g\}\} = 0$$

$$\frac{df}{dt} = \{f, H\} + \frac{\partial f}{\partial t} \qquad \{f, q_i\} = -\frac{\partial f}{\partial p_i} \qquad \{f, p_i\} = \frac{\partial f}{\partial q_i}$$

$$\{q_i, p_j\} = \delta_{ij} \qquad \{q_i, q_j\} = 0 \qquad \{p_i, p_j\} = 0$$

Kanonische Bewegungsgleichungen mit Poisson-Klammern

$$\dot{q}_i = \{q_i, H\} \qquad \dot{p}_i = \{p_i, H\} \qquad \Leftrightarrow \qquad \dot{\boldsymbol{q}} = \{\boldsymbol{q}, H\} \qquad \dot{\boldsymbol{p}} = \{\boldsymbol{p}, H\}$$

Kanonische Transformationen

$$\boldsymbol{q} \to \boldsymbol{Q}(\boldsymbol{q}, \boldsymbol{p}, t) \qquad \boldsymbol{p} \to \boldsymbol{P}(\boldsymbol{q}, \boldsymbol{p}, t) \qquad H(\boldsymbol{q}, \boldsymbol{p}, t) \to \tilde{H}(\boldsymbol{Q}, \boldsymbol{P}, t)$$

$$Q_i = \frac{\partial \tilde{H}}{\partial P_i} \qquad P_i = -\frac{\partial \tilde{H}}{\partial Q_i} \qquad \{Q_i, P_j\}_{\boldsymbol{q}, \boldsymbol{p}} = \{q_i, p_j\}_{\boldsymbol{Q}, \boldsymbol{P}} = \delta_{ij}$$

Erzeugende Funktionen

$$F_1(\boldsymbol{q}, \boldsymbol{Q}, t) \qquad p_i = \frac{\partial F_1}{\partial q_i} \qquad P_i = -\frac{\partial F_1}{\partial Q_i} \qquad \tilde{H} - H = \frac{\partial F_1}{\partial t}$$

$$F_2(\boldsymbol{q}, \boldsymbol{P}, t) = F_1 + Q_i P_i \qquad p_i = \frac{\partial F_2}{\partial q_i} \qquad Q_i = \frac{\partial F_2}{\partial P_i} \qquad \tilde{H} - H = \frac{\partial F_2}{\partial t}$$

$$F_3(\boldsymbol{p}, \boldsymbol{Q}, t) = F_1 - q_i p_i \qquad q_i = -\frac{\partial F_3}{\partial p_i} \qquad P_i = -\frac{\partial F_3}{\partial Q_i} \qquad \tilde{H} - H = \frac{\partial F_3}{\partial t}$$

$$F_4(\boldsymbol{p}, \boldsymbol{P}, t) = F_1 - q_i p_i + P_i Q_i \qquad q_i = -\frac{\partial F_4}{\partial p_i} \qquad Q_i = \frac{\partial F_4}{\partial P_i} \qquad \tilde{H} - H = \frac{\partial F_4}{\partial t}$$

Hamilton-Jacobi-Formalismus und -Gleichung

$$\tilde{H} = 0 \quad \Rightarrow \quad \dot{Q}_i = 0 \qquad \dot{P}_i = 0$$

$$F_2(\boldsymbol{q}, \boldsymbol{P}, t) = S(\boldsymbol{q}, \boldsymbol{P}, t) \qquad \frac{dS}{dt} = \dot{q}_i p_i - H(\boldsymbol{q}, \boldsymbol{p}, t) = L$$

$$-\frac{\partial S}{\partial t} = H(\boldsymbol{q}, \nabla_{\boldsymbol{q}} S, t)$$

Bewegung im elektromagnetischen Feld

Lorentz-Kraft

$$\boldsymbol{F}(\boldsymbol{r}) = q(\boldsymbol{E} + \dot{\boldsymbol{r}} \times \boldsymbol{B})$$

Elektromagnetisches Skalar- und Vektorpotential

$$\Phi(\boldsymbol{r}, t) \qquad \boldsymbol{A}(\boldsymbol{r}, t) \qquad \boldsymbol{E} = -\nabla\Phi - \frac{\partial \boldsymbol{A}}{\partial t} \qquad \boldsymbol{B} = \nabla \times \boldsymbol{A}$$

Eichfreiheit

$$\Lambda(\boldsymbol{r}, t) \qquad \Phi \to \Phi + \frac{\partial \Lambda}{\partial t} \qquad \boldsymbol{A} \to \boldsymbol{A} - \nabla\Lambda \quad \Rightarrow \quad \boldsymbol{E} \to \boldsymbol{E} \qquad \boldsymbol{B} \to \boldsymbol{B}$$

Lagrange-Funktion

$$L(\boldsymbol{r}, \dot{\boldsymbol{r}}, t) = \frac{1}{2} m\dot{\boldsymbol{r}}^2 + q\dot{\boldsymbol{r}} \cdot \boldsymbol{A}(\boldsymbol{r}, t) - q\Phi(\boldsymbol{r}, t)$$

Kanonischer Impuls

$$\boldsymbol{p} = m\dot{\boldsymbol{r}} + q\boldsymbol{A}$$

Hamilton-Funktion

$$H(\boldsymbol{r}, \boldsymbol{p}, t) = \frac{(\boldsymbol{p} - q\boldsymbol{A})^2}{2m} + q\Phi$$

Minimale Kopplung

$$\boldsymbol{p} \to \boldsymbol{p} - q\boldsymbol{A} \qquad H \to H - q\Phi$$

Relativistischer Massenpunkt

Wirkung

$$S = -mc^2 \int_{\tau_a}^{\tau_b} d\tau = -\int_{t_a}^{t_b} dt \, mc^2 \sqrt{1 - \frac{\boldsymbol{v}^2}{c^2}}$$

Lagrange-Funktion

$$L = -mc^2\sqrt{1 - \frac{v^2}{c^2}} \approx \frac{1}{2}mv^2 - mc^2$$

kanonischer Impuls

$$p = \frac{mv}{\sqrt{1 - \frac{v^2}{c^2}}}$$

Hamilton-Funktion und Energie

$$E = \frac{mc^2}{\sqrt{1 - \frac{v^2}{c^2}}} = \sqrt{p^2c^2 + m^2c^4} = H(r, p, t)$$

Hamilton-Jacobi-Gleichung

$$(\partial_\mu S)(\partial^\mu S) = \frac{1}{c^2}\left(\frac{\partial S}{\partial t}\right)^2 - (\nabla S)^2 = m^2c^2$$

$$S = S' - mc^2t \quad \Rightarrow \quad -\frac{\partial S'}{\partial t} = \frac{1}{2m}(\nabla S')^2 - \frac{1}{2mc^2}\left(\frac{\partial S'}{\partial t}\right)^2 \overset{c\to\infty}{\to} \frac{1}{2m}(\nabla S')^2$$

Starrer Körper

Definition, Freiheitsgrade und unabhängige Zwangsbedingungen $N \geq 3$

$$\alpha, \beta \in \{1, \ldots, N\} \qquad |r_\alpha - r_\beta| = \text{konst.} \qquad N_z(N) = 3(N - 2) \qquad f_N = 6$$

Schwerpunkt, Gesamtmasse, Gesamtimpuls, Gesamtdrehimpuls

$$M = \sum_\alpha m_\alpha \qquad MR = \sum_\alpha m_\alpha r_\alpha \qquad r_\alpha = R + r'_\alpha$$

$$P = \sum_\alpha m_\alpha \dot{r}_\alpha = M\dot{R} \qquad J = \sum_\alpha m_\alpha r_\alpha \times \dot{r}_\alpha = J_R + S$$

$$J_R = MR \times \dot{R} \qquad S = \sum_\alpha m_\alpha r'_\alpha \times \dot{r}'_\alpha$$

Drehung um feste Achse $\hat{n}$ durch den Ursprung, Trägheitsmoment

$$\hat{n}^2 = 1 \qquad \omega = \omega\hat{n} = \dot{\phi}\hat{n} \qquad \dot{r}_\alpha = \omega \times r_\alpha \qquad T = \frac{1}{2}\sum_\alpha m_\alpha \dot{r}_\alpha^2 = \frac{1}{2}I\omega^2$$

$$I = \sum_\alpha m_\alpha(\hat{n} \times r_\alpha)^2 = \sum_\alpha m_\alpha r_{\alpha,\perp}^2$$

$$I = \iiint \mathrm{d}^3r\, \rho(r)(\hat{n} \times r)^2 = \iiint \mathrm{d}^3r\, \rho(r)r_\perp^2$$

Energieerhaltung

$$E = T = \frac{1}{2}I\omega^2 \quad \Rightarrow \quad \phi(t) = \phi_0 + (t - t_0)\sqrt{\frac{2E}{I}}$$

$$E = T + V(\phi) = \frac{1}{2}I\omega^2 + V(\phi) \quad \Rightarrow \quad t - t_0 = \int_{\phi_0}^{\phi} \frac{\mathrm{d}\psi}{\sqrt{\frac{2}{I}(E - V(\psi))}}$$

Drehimpuls, Drehmoment

$$\hat{n} \cdot \boldsymbol{J} = I\omega = I\dot{\phi} \qquad \frac{\mathrm{d}\boldsymbol{J}}{\mathrm{d}t} = \boldsymbol{D} = \sum_{\alpha} \boldsymbol{r}_\alpha \times \boldsymbol{F}_\alpha^{(\mathrm{ex})} \qquad \dot{\omega} = -\omega \frac{\hat{n} \cdot \boldsymbol{D}}{\hat{n} \cdot \boldsymbol{J}}$$

Physikalisches Pendel

$$\boldsymbol{F}_\alpha^{(\mathrm{ex})} = -m_\alpha g\hat{\boldsymbol{e}}_z \qquad V(\phi) = -MgR\cos(\phi)$$

$$E = \frac{1}{2}I\dot{\phi}^2 - MgR\cos(\phi) \qquad \ddot{\phi} = -\frac{MgR}{I}\sin(\phi) \approx -\frac{MgR}{I}\phi$$

$$\Omega = \sqrt{\frac{g}{l_{\mathrm{eff}}}} = \sqrt{\frac{MgR}{I}} \qquad l_{\mathrm{eff}} = \frac{I}{MR}$$

Satz von Steiner (Drehung um feste Achse), Aufhängepunkt um $\boldsymbol{a}$ = konst. aus Schwerpunkt verschoben

$$\boldsymbol{r}_\alpha = \boldsymbol{a} + \boldsymbol{r}_\alpha' \qquad I_{\boldsymbol{R}} = \sum_{\alpha} m_\alpha r_{\alpha,\perp}^2 \qquad I = I_{\boldsymbol{R}} + Ma_\perp^2 \qquad a_\perp^2 = (\hat{n} \times \boldsymbol{a})^2$$

Rollbewegung

$$\boldsymbol{r}_\alpha = \boldsymbol{R} + \boldsymbol{r}_\alpha' \qquad \dot{\boldsymbol{r}}_\alpha = \dot{\boldsymbol{R}} + \omega \times \boldsymbol{r}_\alpha \qquad T = \frac{1}{2}I\omega^2 + \frac{1}{2}M\dot{\boldsymbol{R}}^2$$

Abrollen von kreisförmigen Körper mit Radius R auf schiefer Ebene mit Steigungswinkel α

$$\mathrm{d}s = R\,\mathrm{d}\phi \qquad T = \frac{1}{2}M\dot{s}^2\left(1 + \frac{I}{MR^2}\right) \qquad \ddot{s} = \frac{g}{1 + \frac{I}{MR^2}}\sin(\alpha)$$

$$\text{Zylinder}: \quad I = \frac{1}{2}MR^2 \qquad \ddot{s} = \frac{2}{3}g\sin(\alpha)$$

Trägheitsmomente einiger Körper

- Massenpunkt M auf Kreisbahn mit Radius R: $I = MR^2$.

- Kreisring der Masse M und des Radius R: $I = MR^2$.

- langer dünner Stab der Masse M und der Länge l senkrecht zu seiner Ausdehnung, aufgehängt im Schwerpunkt: $I = \frac{1}{12}Ml^2$.

- Vollzylinder der Masse M und des Radius R bei Drehung um seine Symmetrieachse: $I = \frac{1}{2}MR^2$.

- Hohlzylinder der Masse M, des Innenradius R_i und des Außenradius R_a bei Drehung um seine Symmetrieachse: $I = \frac{1}{2}M(R_i^2 + R_a^2)$.

- Kugel mit Masse M und Radius R bei Aufhängung im Schwerpunkt: $I = \frac{2}{5}MR^2$.

- Kegel beliebiger Höhe, mit Masse M und Basisradius R bei Drehung um seine Symmetrieachse: $I = \frac{3}{10}MR^2$

Bezugssysteme des starren Körpers

$$\text{Inertialsystem}: \quad \hat{\boldsymbol{e}}_i, \hat{\boldsymbol{e}}_j, \ldots \quad \hat{\boldsymbol{e}}_x, \hat{\boldsymbol{e}}_y, \hat{\boldsymbol{e}}_z$$
$$\text{Körperfestes System}: \quad \hat{\boldsymbol{e}}_\mu, \hat{\boldsymbol{e}}_\nu, \ldots \quad \hat{\boldsymbol{e}}_1, \hat{\boldsymbol{e}}_2, \hat{\boldsymbol{e}}_3$$

$$\boldsymbol{\omega}(t) = \omega(t)\,\hat{\boldsymbol{n}}(t) \qquad \frac{\mathrm{d}\hat{\boldsymbol{e}}_\mu}{\mathrm{d}t} = \boldsymbol{\omega} \times \hat{\boldsymbol{e}}_\mu$$

$$\boldsymbol{A} = A_i(t)\,\hat{\boldsymbol{e}}_i = A_\mu(t)\,\hat{\boldsymbol{e}}_\mu(t) \qquad \frac{\mathrm{d}\boldsymbol{A}}{\mathrm{d}t} = \dot{A}_i\,\hat{\boldsymbol{e}}_i = \dot{A}_\mu\,\hat{\boldsymbol{e}}_\mu + \boldsymbol{\omega} \times \boldsymbol{A}$$

Euler-Winkel

ϕ Präzessionswinkel $\qquad \theta$ Nutationswinkel $\qquad \psi$ Drehwinkel

$$\hat{\boldsymbol{e}}_1 = (\cos(\phi)\cos(\psi) - \sin(\phi)\cos(\theta)\sin(\psi))\hat{\boldsymbol{e}}_x$$
$$+ (\sin(\phi)\cos(\psi) + \cos(\phi)\cos(\theta)\sin(\psi))\hat{\boldsymbol{e}}_y + \sin(\theta)\sin(\psi)\,\hat{\boldsymbol{e}}_z$$
$$\hat{\boldsymbol{e}}_2 = -(\cos(\phi)\sin(\psi) + \sin(\phi)\cos(\theta)\cos(\psi))\hat{\boldsymbol{e}}_x$$
$$- (\sin(\phi)\sin(\psi) - \cos(\phi)\cos(\theta)\cos(\psi))\hat{\boldsymbol{e}}_y + \sin(\theta)\cos(\psi)\,\hat{\boldsymbol{e}}_z$$
$$\hat{\boldsymbol{e}}_3 = \sin(\phi)\sin(\theta)\,\hat{\boldsymbol{e}}_x - \cos(\phi)\sin(\theta)\,\hat{\boldsymbol{e}}_y + \cos(\theta)\,\hat{\boldsymbol{e}}_z$$

$$\hat{\boldsymbol{e}}_x = (\cos(\phi)\cos(\psi) - \sin(\phi)\cos(\theta)\sin(\psi))\hat{\boldsymbol{e}}_1$$
$$- (\cos(\phi)\sin(\psi) + \sin(\phi)\cos(\theta)\cos(\psi))\hat{\boldsymbol{e}}_2 + \sin(\phi)\sin(\theta)\,\hat{\boldsymbol{e}}_3$$
$$\hat{\boldsymbol{e}}_y = (\sin(\phi)\cos(\psi) + \cos(\phi)\cos(\theta)\sin(\psi))\hat{\boldsymbol{e}}_1$$
$$- (\sin(\phi)\sin(\psi) - \cos(\phi)\cos(\theta)\cos(\psi))\hat{\boldsymbol{e}}_2 - \cos(\phi)\sin(\theta)\,\hat{\boldsymbol{e}}_3$$
$$\hat{\boldsymbol{e}}_z = \sin(\theta)\sin(\psi)\,\hat{\boldsymbol{e}}_1 + \sin(\theta)\cos(\psi)\,\hat{\boldsymbol{e}}_2 + \cos(\theta)\,\hat{\boldsymbol{e}}_3$$

$$\hat{\boldsymbol{e}}_K = \cos(\phi)\,\hat{\boldsymbol{e}}_x + \sin(\phi)\,\hat{\boldsymbol{e}}_y = \cos(\psi)\,\hat{\boldsymbol{e}}_1 - \sin(\psi)\,\hat{\boldsymbol{e}}_2$$

Winkelgeschwindigkeiten in Euler-Winkeln

$$\omega_1 = \dot{\phi}\sin(\theta)\sin(\psi) + \dot{\theta}\cos(\psi) \qquad \omega_x = \dot{\theta}\cos(\phi) + \dot{\psi}\sin(\phi)\sin(\theta)$$
$$\omega_2 = \dot{\phi}\sin(\theta)\cos(\psi) - \dot{\theta}\sin(\psi) \qquad \omega_y = \dot{\theta}\sin(\phi) - \dot{\psi}\cos(\phi)\sin(\theta)$$
$$\omega_3 = \dot{\phi}\cos(\theta) + \dot{\psi} \qquad \omega_z = \dot{\phi} + \dot{\psi}\cos(\theta)$$

Kinetische Energie des starren Körpers mit Ursprung O des körperfesten Systems

$$r_\alpha = O + r'_\alpha \qquad \frac{dr'_\alpha}{dt} = \omega \times r'_\alpha \qquad MR = MO + \sum_\alpha m_\alpha r'_\alpha$$

$$T = \frac{1}{2}\sum_\alpha m_\alpha \dot{r}_\alpha^2 = \frac{1}{2}M\dot{O}^2 + \frac{1}{2}m_\alpha(\omega \times r'_\alpha)^2 + \dot{O} \cdot \left(\omega \times \sum_\alpha m_\alpha r'_\alpha\right)$$

Kinetische Energie des starren Körpers, für den Fall dass O festgehalten wird oder dass O der Schwerpunkt ist

$$T = \frac{1}{2}M\dot{O}^2 + \frac{1}{2}\omega^T I\omega = T_{\text{trans.}} + T_{\text{rot.}}$$

Trägheitstensor

$$I_{ij} = \sum_\alpha m_\alpha(\delta_{ij}r_\alpha^2 - r_{\alpha,i}r_{\alpha,j}) \qquad I_{ij} = \int d^3r\, \rho(r)(\delta_{ij}r^2 - r_ir_j)$$

$$I = \sum_\alpha m_\alpha(\mathbb{1}r_\alpha^2 - r_\alpha r_\alpha^T) \qquad I = \int d^3r\, \rho(r)(\mathbb{1}r^2 - rr^T)$$

$$r' = Or \qquad O^TO = \mathbb{1} \qquad I' = OIO^T$$

$$r'_i = O_{ii'}r_{i'} \qquad O_{ik}O_{jk} = \delta_{ij} \qquad I'_{ij} = O_{ii'}O_{jj'}I_{i'j'}$$

Trägheitsmoment bezüglich der festen Achse $\hat{n}$

$$I_{\hat{n}} = \hat{n}^T I\hat{n} = \sum_\alpha m_\alpha r_{\alpha,\perp}^2 \geq 0$$

Drehimpuls, Eigendrehimpuls und Rotationsenergie

$$J = \sum_\alpha m_\alpha r_\alpha \times \dot{r}_\alpha = MR \times \dot{R} + S$$

$$S = I\omega \qquad S_i = I_{ij}\omega_j \qquad S \nparallel \omega$$

$$E_{\text{rot.}} = T_{\text{rot.}} = \frac{\omega^T I\omega}{2} = \frac{\omega_i I_{ij}\omega_j}{2} = \frac{1}{2}S\cdot\omega \geq 0 \quad \Rightarrow \quad \text{spitzer Winkel}$$

Hauptträgheitsmomente und -achsen

$$I^T = I \quad \Rightarrow \quad I \text{ ist diagonalisierbar}$$

$$p(I_i) = \det(I - I_i\mathbb{1}) = 0 \qquad In^{(i)} = I_i n^{(i)}$$

$$I_i \text{ Hauptträgheitsmoment} \qquad n^{(i)} \text{Hauptträgheitsachse}$$

$$n^{(i)} \cdot n^{(j)} = \delta_{ij} \qquad O_{ij} = n_j^{(i)} \quad \Rightarrow \quad I'_{ij} = O_{ii'}O_{jj'}I_{i'j'} = I_i\delta_{ij}$$

Drehung um Hauptträgheitsachse

$$I_1 = \left(n^{(1)}\right)^T In^{(1)} \qquad \omega = \omega n^{(1)} \quad \Rightarrow \quad S = I\omega = I_1\omega \quad \Rightarrow \quad S \parallel \omega$$

Satz von Steiner (allgemeiner Fall), Aufhängepunkt um $\boldsymbol{a} = $ konst. aus Schwerpunkt verschoben

$$\boldsymbol{r}_\alpha = \boldsymbol{a} + \boldsymbol{r}'_\alpha \qquad \sum_\alpha m_\alpha \boldsymbol{r}_\alpha = 0 \qquad I_{ij}^{(R)} = \sum_\alpha m_\alpha (r_\alpha'^2 \delta_{ij} - r'_{\alpha,i} r'_{\alpha,j})$$

$$I = \sum_\alpha m_\alpha (r_\alpha^2 \delta_{ij} - r_{\alpha,i} r_{\alpha,j}) = I_{ij}^{(R)} + M(\boldsymbol{a}^2 \delta_{ij} - a_i a_j)$$

$$I_1 = I_1^{(R)} + M(a_2^2 + a_3^2) \qquad I_2 = I_2^{(R)} + M(a_1^2 + a_3^2) \qquad I_3 = I_3^{(R)} + M(a_1^2 + a_2^2)$$

Kreisel

Euler'sche Kreiselgleichungen

$$\boldsymbol{S} = S_i \hat{\boldsymbol{e}}_i = S_\mu \hat{\boldsymbol{e}}_\mu = I\boldsymbol{\omega} \qquad \boldsymbol{D} = D_i \hat{\boldsymbol{e}}_i = D_\mu \hat{\boldsymbol{e}}_\mu$$

$$\frac{\mathrm{d}\boldsymbol{S}}{\mathrm{d}t} = \boldsymbol{D} \quad \Leftrightarrow \quad \dot{S}_i = D_i \quad \Leftrightarrow \quad \dot{S}_\mu + \epsilon_{\mu\nu\sigma} \omega_\nu S_\sigma = D_\mu$$

$$I_1 \dot{\omega}_1 + \omega_2 \omega_3 (I_3 - I_2) = D_1 \qquad (1)$$
$$I_2 \dot{\omega}_2 + \omega_3 \omega_1 (I_1 - I_3) = D_2 \qquad (2)$$
$$I_3 \dot{\omega}_3 + \omega_1 \omega_2 (I_2 - I_1) = D_3 \qquad (3)$$

Kräftefreier Kreisel, gleichförmige Rotation

$$\dot{\omega}_\mu = 0 \quad \Rightarrow \quad \omega_2 \omega_3 (I_3 - I_2) = \omega_3 \omega_1 (I_1 - I_3) = \omega_1 \omega_2 (I_2 - I_1) = 0$$
$$I_1 \neq I_2 \neq I_3 \neq I_1 \quad \Rightarrow \quad \omega_1 \omega_2 = \omega_2 \omega_3 = \omega_1 \omega_3 = 0$$
$$\text{o.B.d.A} \quad \Rightarrow \quad \omega_3 \neq 0 \qquad \omega_1 = \omega_2 = 0 \quad \Rightarrow \quad \boldsymbol{S} = I_3 \omega_3 = \text{konst.} \qquad \boldsymbol{\omega} = \text{konst.}$$
$$\omega_3 = \omega_3^{(0)} + \delta\omega_3 \qquad \omega_1 = \delta\omega_1 \qquad \omega_2 = \delta\omega_2$$
$$\delta\ddot{\omega}_{1/2} = -\Omega^2 \delta\omega_{1/2} \qquad \Omega^2 = \frac{(I_3 - I_1)(I_3 - I_2)}{I_1 I_2} \left(\omega_3^{(0)}\right)^2$$
$$\text{stabil}: \Omega^2 > 0 \quad \Leftrightarrow \quad I_3 > I_1, I_2 \quad \vee \quad I_3 < I_1, I_2$$

Kräftefreier symmetrischer Kreisel mit Figurenachse $\boldsymbol{n}$ [3]

$$I_\perp \equiv I_1 = I_2 \neq I_3 \equiv I_\parallel \qquad \omega_3 = \omega_\parallel = \text{konst.}$$
$$\ddot{\omega}_{1/2} = -\Omega^2 \omega_{1/2} \qquad \Omega = \omega_\parallel \frac{I_\perp - I_\parallel}{I_\perp}$$
$$\omega_1 = \omega_\perp \sin(\Omega t + \psi_0) \qquad \omega_2 = \omega_\perp \cos(\Omega t + \psi_0) \qquad \boldsymbol{\omega}^2 = \omega_\parallel^2 + \omega_\perp^2 = \text{konst.}$$
$$\boldsymbol{S} = \text{konst.} \qquad S^2 = (I_\perp \omega_\perp)^2 + (I_\parallel \omega_\parallel)^2 \qquad \text{o.B.d.A} \quad \boldsymbol{S} \parallel \hat{\boldsymbol{e}}_z$$
$$\phi = \frac{S}{I_\perp} t + \phi_0 \qquad \tan(\theta) = \frac{I_\perp \omega_\perp}{I_\parallel \omega_\parallel} \Rightarrow \theta = \text{konst.} \qquad \psi = \Omega t + \psi_0$$

Lagrange-Formulierung des Kreisels

$$T = \frac{I_1}{2}(\dot{\phi}\sin(\theta)\sin(\psi) + \dot{\theta}\cos(\psi))^2 + \frac{I_2}{2}(\dot{\phi}\sin(\theta)\cos(\psi) - \dot{\theta}\sin(\psi))^2$$

$$+ \frac{I_3}{2}(\dot{\phi}\cos(\theta) + \dot{\psi})^2$$

$$L(\phi,\theta,\psi,\dot{\phi},\dot{\theta},\dot{\psi},t) = T(\theta,\psi,\dot{\phi},\dot{\theta},\dot{\psi}) - V(\phi,\theta,\psi,t)$$

$$p_\phi = \frac{\partial L}{\partial \dot{\phi}} = S_z \qquad p_\psi = \frac{\partial L}{\partial \dot{\psi}} = S_3 \qquad p_\theta = \frac{\partial L}{\partial \dot{\theta}} = S_K$$

Trägheitsellipsoid

Kräftefreier Kreisel - Erhaltungsgrößen

$$T = \frac{1}{2}\omega^T I \omega = \frac{\omega \cdot S}{2} = \text{konst.} \qquad S^2 = (I\omega)^2 = \text{konst.} \qquad S = S_i \hat{e}_i = \text{konst.}$$

Poinsot'scher (Energie-)Ellipsoid im ω-Raum

$$1 = \frac{\omega^T I \omega}{2T}$$

Trägheitsellipsoid

$$x = \frac{\omega}{\sqrt{2T}} \quad \Rightarrow \quad 1 = x^T I x \qquad x = x\hat{n} \Rightarrow x = \frac{1}{\sqrt{I_n}}$$

Drallellipsoid

$$1 = \frac{2T}{S^2}(x^T I^2 x) = \frac{\omega^T I^2 \omega}{S^2}$$

Folgerungen

- Hauptträgheitsachsen sind Symmetrieachsen des Trägheits- bzw. Energieellipsoids

- Abstand von Schnittpunkt der Achsen n mit dem Trägheitsellipsoid gibt Trägheitsmoment um diese Achse, Drehimpuls steht senkrecht auf der jeweiligen Tangentialebene

- Wegen $\omega \cdot S$ = konst. haben alle Tangentialebenen den selben Abstand $\Rightarrow$ invariable Ebene

- Energieellipsoid rollt auf invariabler Ebene ab, ohne zu gleiten

- Spur auf Energieellipsoid ist Polhodie, geschlossene Kurve, da sie auch Schnitt aus Energie- und Drallellipsoid ist

- Spur auf invariabler Ebene ist Herpolhodie, nicht zwangsläufig geschlossen

Systeme gekoppelter Schwingungen

Lagrange-Funktion

$$L = \frac{1}{2} M_{ij} \dot{q}_i \dot{q}_j - \frac{1}{2} K_{ij} q_i q_j \qquad M^T = M \qquad K^T = K$$

Bewegungsgleichungen

$$M\ddot{\boldsymbol{q}} = -K\boldsymbol{q}$$

Eigenfrequenzen und -moden

$$\boldsymbol{q} = \boldsymbol{q}_\omega \cos(\omega t + \phi_\omega) \qquad (M\omega^2 - K)\boldsymbol{q}_\omega = 0$$

1.4.2   Mathematische Formeln

Grundlegendes

Trigonometrische und hyperbolische Funktionen

Trigonometrisch – Additionstheoreme

$$\sin(x \pm y) = \sin(x)\cos(y) \pm \sin(y)\cos(x) \qquad \sin(2x) = 2\sin(x)\cos(y)$$
$$\cos(x \pm y) = \cos(x)\cos(y) \mp \sin(x)\sin(y) \qquad \cos(2x) = \cos^2(x) - \sin^2(x)$$
$$1 = \cos^2(x) + \sin^2(x)$$

Trigonometrisch – Komplexe Darstellung

$$\mathrm{e}^{\pm \mathrm{i}x} = \cos(x) \pm \mathrm{i}\sin(x) \qquad \sin(x) = \frac{1}{2\mathrm{i}}\left(\mathrm{e}^{\mathrm{i}x} - \mathrm{e}^{-\mathrm{i}x}\right) \qquad \cos(x) = \frac{1}{2}\left(\mathrm{e}^{\mathrm{i}x} + \mathrm{e}^{\mathrm{i}x}\right)$$

Hyperbolisch – Additionstheoreme

$$\sinh(x \pm y) = \sinh(x)\cosh(y) \pm \sinh(y)\cosh(x) \qquad \sinh(2x) = 2\sinh(x)\cosh(y)$$
$$\cosh(x \pm y) = \cosh(x)\cosh(y) \pm \sinh(x)\sinh(y) \qquad \cosh(2x) = \cosh^2(x) + \sinh^2(x)$$
$$1 = \cosh^2(x) - \sinh^2(x)$$

Hyperbolisch – Exponentialdarstellung

$$\mathrm{e}^{\pm x} = \cosh(x) \pm \sinh(x) \qquad \sinh(x) = \frac{1}{2}\left(\mathrm{e}^{x} - \mathrm{e}^{-x}\right) \qquad \cosh(x) = \frac{1}{2}\left(\mathrm{e}^{x} + \mathrm{e}^{-x}\right)$$

Zusammenhang

$$\sin(\mathrm{i}x) = \mathrm{i}\sinh(x) \qquad \cos(\mathrm{i}x) = \cosh(x) \qquad \sinh(\mathrm{i}x) = \mathrm{i}\sin(x) \qquad \cosh(\mathrm{i}x) = \cos(x)$$

Differential- und Integralrechnung

Ableitungen

Definition

$$f'(x) = \frac{\mathrm{d}f}{\mathrm{d}x} = \lim_{\Delta x \to 0} \frac{f(x + \Delta x) - f(x)}{\Delta x} \qquad f^{(n)}(x) = \frac{\mathrm{d}^n f}{\mathrm{d}x^n} = \frac{\mathrm{d}}{\mathrm{d}x} f^{(n-1)}(x)$$

Ableitungsregeln

$$(\alpha f(x) + \beta g(x))' = \alpha f'(x) + \beta g'(x) \qquad (f(x) \cdot g(x))' = f'(x) g(x) + f(x) g'(x)$$

$$(f(g(x)))' = f'(g(x)) \cdot g'(x) \qquad \left(\frac{f(x)}{g(x)}\right)' = \frac{f'(x) g(x) - f(x) g'(x)}{(g(x))^2}$$

$$(f^{-1}(x))' = \frac{1}{f'(f^{-1}(x))} \qquad \frac{\mathrm{d}^n}{\mathrm{d}x^n}(f(x) g(x)) = \sum_{k=0}^{n} \binom{n}{k} f^{(n-k)}(x) g^{(k)}(x)$$

Beispiele

$$\frac{\mathrm{d}}{\mathrm{d}x} x^n = n \cdot x^{n-1} \qquad \frac{\mathrm{d}}{\mathrm{d}x} \mathrm{e}^{ax} = a \,\mathrm{e}^{ax} \qquad \frac{\mathrm{d}}{\mathrm{d}x} \ln(x) = \frac{1}{x}$$

$$\frac{\mathrm{d}}{\mathrm{d}x} \sin(x) = \cos(x) \qquad \frac{\mathrm{d}}{\mathrm{d}x} \cos(x) = -\sin(x)$$

$$\frac{\mathrm{d}}{\mathrm{d}x} \sinh(x) = \cosh(x) \qquad \frac{\mathrm{d}}{\mathrm{d}x} \cosh(x) = \sinh(x)$$

$$\frac{\mathrm{d}}{\mathrm{d}x} \tan(x) = 1 + \tan^2(x) = \frac{1}{\cos^2(x)} \qquad \frac{\mathrm{d}}{\mathrm{d}x} \tanh(x) = 1 - \tanh^2(x) = \frac{1}{\cosh^2(x)}$$

$$\frac{\mathrm{d}}{\mathrm{d}x} \mathrm{Arcsin}(x) = \frac{1}{\sqrt{1 - x^2}} \qquad \frac{\mathrm{d}}{\mathrm{d}x} \mathrm{Arccos}(x) = \frac{-1}{\sqrt{1 - x^2}}$$

$$\frac{\mathrm{d}}{\mathrm{d}x} \mathrm{Arsinh}(x) = \frac{1}{\sqrt{x^2 + 1}} \qquad \frac{\mathrm{d}}{\mathrm{d}x} \mathrm{Arcosh}(x) = \frac{1}{\sqrt{x^2 - 1}}$$

$$\frac{\mathrm{d}}{\mathrm{d}x} \mathrm{Arctan}(x) = \frac{1}{1 + x^2} \qquad \frac{\mathrm{d}}{\mathrm{d}x} \mathrm{Artanh}(x) = \frac{1}{1 - x^2}$$

Legendre-Transformation

$$f(x) \quad \Rightarrow \quad m(x) = \frac{\mathrm{d}f}{\mathrm{d}x} \qquad g(m) = f(x(m)) - m \cdot x(m)$$

$$\mathrm{d}g = -x \,\mathrm{d}m \qquad x(m) = -\frac{\mathrm{d}g}{\mathrm{d}m}$$

Totale Differentiale

$$f(x_1, x_2, \ldots, x_n) \quad \Rightarrow \quad \mathrm{d}f = \sum_{i=1}^{n} \frac{\partial f}{\partial x_i} \,\mathrm{d}x_i = \frac{\partial f}{\partial x_1} \,\mathrm{d}x_1 + \frac{\partial f}{\partial x_2} \,\mathrm{d}x_2 + \cdots \frac{\partial f}{\partial x_n} \,\mathrm{d}x_n$$

Integrale

Regeln

$$\int_a^b \mathrm{d}x \, (\alpha f(x) + \beta g(x)) = \alpha \int_a^b \mathrm{d}x \, f(x) + \beta \int_a^b \mathrm{d}x \, g(x)$$

$$\int_a^b \mathrm{d}x \, f(x) + \int_b^c \mathrm{d}x \, f(x) = \int_a^c \mathrm{d}x \, f(x) \qquad \int_a^b \mathrm{d}x \, f(x) = - \int_b^a \mathrm{d}x \, f(x)$$

$$f(x) = f(-x) \quad \Rightarrow \quad \int_{-a}^a \mathrm{d}x \, f(x) = 2 \int_0^a \mathrm{d}x \, f(x)$$

$$f(x) = -f(-x) \quad \Rightarrow \quad \int_{-a}^a \mathrm{d}x \, f(x) = 0$$

$$\int \mathrm{d}x \, f(x) = F(x) + C \qquad \int_a^b \mathrm{d}x \, f(x) = [F(x)]_a^b = F(b) - F(a)$$

$$F'(x) = f(x) \qquad f(x) = \int \mathrm{d}x \, f'(x)$$

$$\int \mathrm{d}x \, f(\alpha x + \beta) = \frac{F(\alpha x + \beta)}{\alpha}$$

$$\int_a^b \mathrm{d}x \, f(\alpha x + \beta) = \frac{F(\alpha b + \beta) - F(\alpha a + \beta)}{\alpha}$$

$$\int \mathrm{d}x \, f(x)g'(x) = f(x)g(x) - \int \mathrm{d}x \, f'(x)g(x)$$

$$\int_a^b \mathrm{d}x \, f(x)g'(x) = [f(x)g(x)]_a^b - \int_a^b \mathrm{d}x \, f'(x)g(x)$$

$$\int_a^b \mathrm{d}x \, f(u(x))u'(x) = \int_{u(a)}^{u(b)} \mathrm{d}u \, f(u)$$

$$\int_a^b \mathrm{d}x \, f(x) = \int_{t_a}^{t_b} \mathrm{d}t \, f(x(t))x'(t)$$

Beispiele

$$\int dx\; x^n = \frac{x^{n+1}}{n+1} + C \qquad \int dx\; e^{ax} = \frac{e^{ax}}{a} + C$$

$$\int dx\; \ln(x) = x\ln(x) - x + C$$

$$\int dx\; \sin(x) = -\cos(x) + C \qquad \int dx\; \cos(x) = \sin(x) + C$$

$$\int dx\; \sinh(x) = \cosh(x) + C \qquad \int dx\; \cosh(x) = \sinh(x) + C$$

$$\int dx\; \sin^2(x) = \frac{x}{2} - \frac{\sin(2x)}{4} + C \qquad \int dx\; \cos^2(x) = \frac{x}{2} + \frac{\sin(2x)}{4} + C$$

$$\int dx\; \sinh^2(x) = -\frac{x}{2} + \frac{\sinh(2x)}{4} + C \qquad \int dx\; \cosh^2(x) = \frac{x}{2} + \frac{\sinh(2x)}{4} + C$$

$$\int \frac{dx}{\sqrt{1-x^2}} = \mathrm{Arcsin}(x) + C \qquad \int \frac{dx}{\sqrt{1+x^2}} = \mathrm{Arsinh}(x) + C$$

$$\int \frac{dx}{1+x^2} = \mathrm{Arctan}(x) + C \qquad \int \frac{dx}{1-x^2} = \frac{1}{2}\ln\left(\left|\frac{1+x}{1-x}\right|\right) + C$$

$$\int dx\; e^{ax}\sin(bx) = \frac{e^{ax}}{a^2+b^2}(a\sin(bx) - b\cos(bx))$$

$$\int dx\; e^{ax}\cos(bx) = \frac{e^{ax}}{a^2+b^2}(a\cos(bx) + b\sin(bx))$$

$$\int dx\; e^{ax}\sinh(bx) = \frac{e^{ax}}{a^2-b^2}(a\sinh(bx) - b\cosh(bx))$$

$$\int dx\; e^{ax}\cosh(bx) = \frac{e^{ax}}{a^2-b^2}(a\cosh(bx) - b\sinh(bx))$$

$$\int\limits_{-\infty}^{\infty} \mathrm{d}x \ e^{-ikx} = 2\pi\delta\,(k) \qquad \int\limits_{-\infty}^{\infty} \mathrm{d}x \ e^{-iax}\sin(bx) = i\pi(\delta\,(a+b) - \delta\,(a-b))$$

$$\int\limits_{-\infty}^{\infty} \mathrm{d}x \ e^{-iax}\cos(bx) = \pi(\delta\,(a+b) + \delta\,(a-b))$$

Dirac-Delta-Funktion und Heaviside-Theta-Funktion

Dirac-Delta-Funktion – Definition

$$\epsilon > 0 \quad \Rightarrow \quad \int\limits_{-\epsilon}^{\epsilon} \mathrm{d}x \ \delta\,(x)\,f(x) = f(0)$$

$$\delta\,(x) = \begin{cases} \infty & x = 0 \\ 0 & x \neq 0 \end{cases} \qquad \int\limits_{-\infty}^{\infty} \mathrm{d}x \ \delta\,(x) = 1$$

Dirac-Delta-Funktion – Eigenschaften

$$\int\limits_{-\infty}^{\infty} \mathrm{d}x \ \delta\,(x-a)\,f(x) = f(a) \qquad \delta\,(ax) = \frac{\delta\,(x)}{|a|}$$

$$\delta\,(g(x)) = \sum_{x_i;g(x_i)=0} \frac{\delta\,(x-x_i)}{|g'(x_i)|}$$

Heaviside-Theta-Funktion – Definition und Zusammenhang mit der Dirac-Delta-Funktion

$$\Theta(x) = \begin{cases} 1 & x > 0 \\ \frac{1}{2} & x = 0 \\ 0 & x < 0 \end{cases} \qquad \frac{\mathrm{d}}{\mathrm{d}x}\Theta(x) = \delta\,(x) \qquad \Theta(a-x)\,\Theta(a+x) = \Theta(a-|x|)$$

Integrale mit der Heaviside-Theta-Funktion

$$\int\limits_{-\infty}^{\infty} \mathrm{d}x \ \Theta(x-a)\,f(x) = \int\limits_{a}^{\infty} \mathrm{d}x \ f(x) \qquad \int\limits_{-\infty}^{\infty} \mathrm{d}x \ \Theta(b-x)\,f(x) = \int\limits_{-\infty}^{b} \mathrm{d}x \ f(x)$$

$$\int\limits_{-\infty}^{\infty} \mathrm{d}x \ \Theta(x-a)\,\Theta(b-x)\,f(x) = \Theta(b-a)\int\limits_{a}^{b} \mathrm{d}x \ f(x)$$

$$\int\limits_{a}^{b} \mathrm{d}x \ \Theta(x)\,f(x) = \Theta(a)\int\limits_{a}^{b} \mathrm{d}x \ f(x) + \Theta(-a)\int\limits_{0}^{b} \mathrm{d}x \ f(x) \qquad b > a, b > 0$$

Taylor-Reihe

Definition

$$f(x) = \sum_{n=0}^{\infty} \frac{f^{(n)}(x_0)}{n!}(x - x_0)^n$$

$$= f(x_0) + f'(x_0)(x - x_0) + \frac{f''(x_0)}{2}(x - x_0)^2 + \cdots$$

$$\approx f(x_0) + f'(x_0)(x - x_0) \qquad |x - x_0| \ll 1$$

Beispiele, mit $|x| \ll 1$

$$\sin(x) = \sum_{n=0}^{\infty} \frac{(-1)^n}{(2n+1)!}x^{2n+1} \qquad \sin(x) \approx x - \frac{x^3}{6} + \frac{x^5}{120}$$

$$\cos(x) = \sum_{n=0}^{\infty} \frac{(-1)^n}{(2n)!}x^{2n} \qquad \cos(x) \approx 1 - \frac{x^2}{2} + \frac{x^4}{24}$$

$$\sinh(x) = \sum_{n=0}^{\infty} \frac{x^{2n+1}}{(2n+1)!} \qquad \sinh(x) \approx x + \frac{x^3}{6} + \frac{x^5}{120}$$

$$\cosh(x) = \sum_{n=0}^{\infty} \frac{x^{2n}}{(2n)!} \qquad \cosh(x) \approx 1 + \frac{x^2}{2} + \frac{x^4}{24}$$

$$e^x = \sum_{n=0}^{\infty} \frac{x^n}{n!} \qquad e^x \approx 1 + x + \frac{x^2}{2} + \frac{x^3}{6}$$

$$\ln(1+x) = \sum_{n=1}^{\infty} \frac{(-1)^n}{n}x^n \qquad |x| < 1 \qquad \ln(x) \approx x - \frac{x^2}{2} + \frac{x^3}{3}$$

$$(1+x)^n = 1 + \sum_{k=1}^{\infty} \binom{n}{k} x^k = 1 + \sum_{k=1}^{\infty} \frac{1}{k!}\left(\prod_{m=1}^{} k(n - m + 1)\right) x^k$$

$$\approx 1 + n \cdot x + \frac{n(n-1)}{2}x^2 + \frac{n(n-1)(n-2)}{6}x^3 \qquad |x| \ll 1$$

$$\sqrt{1+x} = 1 + \sum_{n=1}^{\infty} \frac{1}{2^n n!}\left(\prod_{k=1}^{} n(3 - 2k)\right) x^n$$

$$\approx 1 + \frac{x}{2} - \frac{x^2}{8} \qquad |x| \ll 1$$

$$\frac{1}{\sqrt{1+x}} = 1 + \sum_{n=0}^{\infty} \frac{(-1)^n}{2^n n!}\left(\prod_{k=1}^{} n(2k - 1)\right) x^n$$

$$\approx 1 - \frac{x}{2} + \frac{3}{8}x^2 - \frac{5}{16}x^3 \qquad |x| \ll 1$$

Vektoren und Matrizen

Kreuzprodukte und Vektoranalysis

Regeln für Kreuzprodukte

$$a \times b = -b \times a \qquad a \times a = 0$$
$$a \cdot (b \times c) = b \cdot (c \times a) = c \cdot (a \times b) = -a \cdot (c \times b)$$
$$a \times (b \times c) = b(a \cdot c) - c(a \cdot b)$$
$$(a \times b) \cdot (c \times d) = (a \cdot c)(b \cdot d) - (a \cdot d)(b \cdot c)$$
$$(a \times b)^2 = a^2 b^2 - (a \cdot b)^2$$

Aspekte der Vektoranalysis

$$\mathrm{rot}(\mathrm{grad}(\phi)) = 0 \qquad \mathrm{div}(\mathrm{rot}(A)) = 0 \qquad \mathrm{div}(\mathrm{grad}(\phi)) = \Delta\phi$$
$$\mathrm{rot}(\mathrm{rot}(A)) = \mathrm{grad}(\mathrm{div}(A)) - \Delta A \qquad \mathrm{div}(\phi A) = A \cdot \mathrm{grad}(\phi) + \phi\,\mathrm{div}(A)$$

$$\mathrm{rot}(\phi A) = \phi\,\mathrm{rot}(A) - A \times \mathrm{grad}(\phi) \qquad \int_{r_1}^{r_2} dr \cdot \mathrm{grad}(\phi) = \phi(r_2) - \phi(r_1)$$

$$\iint_{\mathcal{F}} df \cdot \mathrm{rot}(A) = \oint_{\partial\mathcal{F}} dr \cdot A \qquad \iiint_{\mathcal{V}} dV\,\mathrm{div}(A) = \oiint_{\partial\mathcal{V}} df \cdot A$$

Levi-Civita-Symbol und Indexschreibweise

Kronecker-Delta – Definition und Regeln

$$\delta_{ij} = \begin{cases} 1 & i = j \\ 0 & i \neq j \end{cases} \qquad \delta_{ij}\delta_{jk} = \delta_{ik}$$

Levi-Civita-Symbol – Definition und Regeln

$$\epsilon_{ijk} = \det\begin{pmatrix} \delta_{i1} & \delta_{i2} & \delta_{i3} \\ \delta_{j1} & \delta_{j2} & \delta_{j3} \\ \delta_{k1} & \delta_{k2} & \delta_{k3} \end{pmatrix} \qquad \epsilon_{ijk} = \epsilon_{jki} = \epsilon_{kij} = -\epsilon_{ikj}$$

$$\epsilon_{ijk}\epsilon_{ilm} = \delta_{jl}\delta_{km} - \delta_{jm}\delta_{kl} \qquad \epsilon_{ijk}\epsilon_{ijl} = 2\delta_{kl} \qquad \epsilon_{123} = +1$$

$$a \cdot b = \sum_{i=1}^{3} a_i b_i \qquad a \times b = \hat{e}_i \epsilon_{ijk} a_j b_k$$

$$\det(A) = \epsilon_{i_1 \cdots i_n} A_{1i_1} \cdots A_{ni_n}$$

Drehmatrizen

$$r'_i = O_{ij} r_j \qquad O \in \mathrm{SO}(3) \qquad O_{ij} = \delta_{ij}\cos(\theta) + (1 - \cos(\theta))n_i n_j - \epsilon_{ijk} n_k \sin(\theta)$$

Eigenwerte und -Vektoren

$$Mv = \lambda v \quad \Rightarrow \quad p(\lambda) = \det(M - \lambda \mathbb{1}) \stackrel{!}{=} 0$$

$$S = S^T \quad Sv_i = \lambda_i v_i \quad \lambda_1 \neq \lambda_2 \quad \Rightarrow \quad v_1 \cdot v_2 = 0$$

Krummlinige Koordinatensysteme

Kartesische Koordinaten – Basisvektoren, Orthogonalität und Rechtshändigkeit

$$\hat{e}_1 = \hat{e}_x = \begin{pmatrix} 1 \\ 0 \\ 0 \end{pmatrix} \qquad \hat{e}_2 = \hat{e}_y = \begin{pmatrix} 0 \\ 1 \\ 0 \end{pmatrix} \qquad \hat{e}_3 = \hat{e}_z = \begin{pmatrix} 0 \\ 0 \\ 1 \end{pmatrix}$$

$$x \in (-\infty, \infty) \qquad y \in (-\infty, \infty) \qquad z \in (-\infty, \infty)$$

$$\hat{e}_i \cdot \hat{e}_j = \delta_{ij} \qquad \hat{e}_i \times \hat{e}_j = \epsilon_{ijk} \hat{e}_k$$

Ortsvektor und Entwicklung in Kartesischen Koordinaten

$$r = x\hat{e}_x + y\hat{e}_y + z\hat{e}_z = \begin{pmatrix} x \\ y \\ z \end{pmatrix} \qquad \dot{r} = \begin{pmatrix} \dot{x} \\ \dot{y} \\ \dot{z} \end{pmatrix} \qquad \ddot{r} = \begin{pmatrix} \ddot{x} \\ \ddot{y} \\ \ddot{z} \end{pmatrix}$$

$$A = \hat{e}_x(\hat{e}_x \cdot A) + \hat{e}_y(\hat{e}_y \cdot A) + \hat{e}_z(\hat{e}_z \cdot A) = \hat{e}_i(\hat{e}_i \cdot A) = \hat{e}_i A_i$$

Polarkoordinaten – Basisvektoren

$$\hat{e}_s = \begin{pmatrix} \cos(\phi) \\ \sin(\phi) \end{pmatrix} \qquad \hat{e}_\phi = \begin{pmatrix} -\sin(\phi) \\ \cos(\phi) \end{pmatrix} \qquad s \in [0, \infty), \quad \phi \in [0, 2\pi)$$

Polarkoordinaten – Orthogonalität und Ableitungen

$$\hat{e}_s \cdot \hat{e}_s = \hat{e}_\phi \cdot \hat{e}_\phi = 1 \qquad \hat{e}_s \cdot \hat{e}_\phi = 0 \qquad \frac{d}{dt}\hat{e}_s = \dot{\phi}\hat{e}_\phi \qquad \frac{d}{dt}\hat{e}_\phi = -\dot{\phi}\hat{e}_s$$

Ortsvektor und Entwicklung in Polarkoordinaten

$$r = s\hat{e}_s \qquad \dot{r} = \dot{s}\hat{e}_s + s\dot{\phi}\hat{e}_\phi \qquad \ddot{r} = (\ddot{s} - s\dot{\phi}^2)\hat{e}_s + \hat{e}_\phi \frac{1}{s}\frac{d}{dt}(s^2\dot{\phi})$$

$$A = \hat{e}_s(\hat{e}_s \cdot A) + \hat{e}_\phi(\hat{e}_\phi \cdot A) = \hat{e}_s A_s + \hat{e}_\phi A_\phi$$

Zylinderkoordinaten – Basisvektoren

$$\hat{e}_s = \begin{pmatrix} \cos(\phi) \\ \sin(\phi) \\ 0 \end{pmatrix} \qquad \hat{e}_\phi = \begin{pmatrix} -\sin(\phi) \\ \cos(\phi) \\ 0 \end{pmatrix} \qquad \hat{e}_z = \begin{pmatrix} 0 \\ 0 \\ 1 \end{pmatrix}$$

$$s \in [0, \infty), \quad \phi \in [0, 2\pi), \quad z \in (-\infty, \infty)$$

Zylinderkoordinaten – Orthogonalität, Rechtshändigkeit und Ableitungen

$$\hat{\boldsymbol{e}}_s \cdot \hat{\boldsymbol{e}}_s = \hat{\boldsymbol{e}}_\phi \cdot \hat{\boldsymbol{e}}_\phi = \hat{\boldsymbol{e}}_z \cdot \hat{\boldsymbol{e}}_z = 1 \qquad \hat{\boldsymbol{e}}_s \cdot \hat{\boldsymbol{e}}_\phi = \hat{\boldsymbol{e}}_s \cdot \hat{\boldsymbol{e}}_z = \hat{\boldsymbol{e}}_\phi \cdot \hat{\boldsymbol{e}}_z = 0$$

$$\hat{\boldsymbol{e}}_s \times \hat{\boldsymbol{e}}_\phi = \hat{\boldsymbol{e}}_z \quad \hat{\boldsymbol{e}}_\phi \times \hat{\boldsymbol{e}}_z = \hat{\boldsymbol{e}}_s \quad \hat{\boldsymbol{e}}_z \times \hat{\boldsymbol{e}}_s = \hat{\boldsymbol{e}}_\phi$$

$$\frac{\mathrm{d}}{\mathrm{d}t}\hat{\boldsymbol{e}}_s = \dot{\phi}\hat{\boldsymbol{e}}_\phi \qquad \frac{\mathrm{d}}{\mathrm{d}t}\hat{\boldsymbol{e}}_\phi = -\dot{\phi}\hat{\boldsymbol{e}}_s \qquad \frac{\mathrm{d}}{\mathrm{d}t}\hat{\boldsymbol{e}}_z = \boldsymbol{0}$$

Ortsvektor und Entwicklung in Zylinderkoordinaten

$$\boldsymbol{r} = s\hat{\boldsymbol{e}}_s + z\hat{\boldsymbol{e}}_z \qquad \dot{\boldsymbol{r}} = \dot{s}\hat{\boldsymbol{e}}_s + s\dot{\phi}\hat{\boldsymbol{e}}_\phi + \dot{z}\hat{\boldsymbol{e}}_z \qquad \ddot{\boldsymbol{r}} = (\ddot{s} - s\dot{\phi}^2)\hat{\boldsymbol{e}}_s + \hat{\boldsymbol{e}}_\phi\frac{1}{s}\frac{\mathrm{d}}{\mathrm{d}t}(s^2\dot{\phi}) + \ddot{z}\hat{\boldsymbol{e}}_z$$

$$\boldsymbol{A} = \hat{\boldsymbol{e}}_s(\hat{\boldsymbol{e}}_s \cdot \boldsymbol{A}) + \hat{\boldsymbol{e}}_\phi(\hat{\boldsymbol{e}}_\phi \cdot \boldsymbol{A}) + \hat{\boldsymbol{e}}_z(\hat{\boldsymbol{e}}_z \cdot \boldsymbol{A}) = \hat{\boldsymbol{e}}_s A_s + \hat{\boldsymbol{e}}_\phi A_\phi + \hat{\boldsymbol{e}}_z A_z$$

Kugelkoordinaten – Basisvektoren

$$\hat{\boldsymbol{e}}_r = \begin{pmatrix} \sin(\theta)\cos(\phi) \\ \sin(\theta)\sin(\phi) \\ \cos(\theta) \end{pmatrix} \qquad \hat{\boldsymbol{e}}_\theta = \begin{pmatrix} \cos(\theta)\cos(\phi) \\ \cos(\theta)\sin(\phi) \\ -\sin(\theta) \end{pmatrix} \qquad \hat{\boldsymbol{e}}_\phi = \begin{pmatrix} -\sin(\phi) \\ \cos(\phi) \\ 0 \end{pmatrix}$$

$$r \in [0, \infty), \quad \theta \in [0, \pi], \quad \phi \in [0, 2\pi)$$

Kugelkoordinaten – Orthogonalität, Rechtshändigkeit und Ableitungen

$$\hat{\boldsymbol{e}}_r \cdot \hat{\boldsymbol{e}}_r = \hat{\boldsymbol{e}}_\theta \cdot \hat{\boldsymbol{e}}_\theta = \hat{\boldsymbol{e}}_\phi \cdot \hat{\boldsymbol{e}}_\phi = 1 \qquad \hat{\boldsymbol{e}}_r \cdot \hat{\boldsymbol{e}}_\theta = \hat{\boldsymbol{e}}_r \cdot \hat{\boldsymbol{e}}_\phi = \hat{\boldsymbol{e}}_\theta \cdot \hat{\boldsymbol{e}}_\phi = 0$$

$$\hat{\boldsymbol{e}}_r \times \hat{\boldsymbol{e}}_\theta = \hat{\boldsymbol{e}}_\phi \quad \hat{\boldsymbol{e}}_\theta \times \hat{\boldsymbol{e}}_\phi = \hat{\boldsymbol{e}}_r \quad \hat{\boldsymbol{e}}_\phi \times \hat{\boldsymbol{e}}_r = \hat{\boldsymbol{e}}_\theta$$

$$\frac{\mathrm{d}}{\mathrm{d}t}\hat{\boldsymbol{e}}_r = \dot{\theta}\hat{\boldsymbol{e}}_\theta + \dot{\phi}\sin(\theta)\,\hat{\boldsymbol{e}}_\phi \qquad \frac{\mathrm{d}}{\mathrm{d}t}\hat{\boldsymbol{e}}_\theta = -\dot{\theta}\hat{\boldsymbol{e}}_r + \dot{\phi}\cos(\theta)\,\hat{\boldsymbol{e}}_\phi$$

$$\frac{\mathrm{d}}{\mathrm{d}t}\hat{\boldsymbol{e}}_\phi = -\dot{\phi}\sin(\theta)\,\hat{\boldsymbol{e}}_r - \dot{\phi}\cos(\theta)\,\hat{\boldsymbol{e}}_\theta$$

Ortsvektor und Entwicklung in Kugelkoordinaten

$$\boldsymbol{r} = r\hat{\boldsymbol{e}}_r \qquad \dot{\boldsymbol{r}} = \dot{r}\hat{\boldsymbol{e}}_r + r\dot{\theta}\hat{\boldsymbol{e}}_\theta + r\dot{\phi}\sin(\theta)\,\hat{\boldsymbol{e}}_\phi$$

$$\ddot{\boldsymbol{r}} = \left(\ddot{r} - r\dot{\theta}^2 - r\dot{\phi}^2\sin^2(\theta)\right)\hat{\boldsymbol{e}}_r + \left(\frac{1}{r}\frac{\mathrm{d}}{\mathrm{d}t}\left(r^2\dot{\theta}\right) - r\dot{\phi}^2\sin(\theta)\cos(\theta)\right)\hat{\boldsymbol{e}}_\theta$$

$$+ \frac{1}{r\sin(\theta)}\frac{\mathrm{d}}{\mathrm{d}t}\left(r^2\dot{\phi}\sin^2(\theta)\right)\hat{\boldsymbol{e}}_\phi$$

$$\boldsymbol{A} = \hat{\boldsymbol{e}}_r(\hat{\boldsymbol{e}}_r \cdot \boldsymbol{A}) + \hat{\boldsymbol{e}}_\theta(\hat{\boldsymbol{e}}_\theta \cdot \boldsymbol{A}) + \hat{\boldsymbol{e}}_\phi(\hat{\boldsymbol{e}}_\phi \cdot \boldsymbol{A}) = \hat{\boldsymbol{e}}_r A_r + \hat{\boldsymbol{e}}_\theta A_\theta + \hat{\boldsymbol{e}}_\phi A_\phi$$

2 Klausuren zur Theoretischen Physik - Analytische Mechanik

In diesem Kapitel werden 15 Klausuren mit je vier Aufgaben aufgeführt. Die erste Aufgabe in jeder Klausur ist dabei ein Kurzfragebogen aus fünf kleineren Aufgaben. Die folgenden drei Aufgaben sind längere Aufgaben und der Schwierigkeit nach sortiert. Jede Aufgabe bringt maximal 25 Punkte, so dass insgesamt 100 Punkte in einer Klausur erreicht werden können. Die Klausuren sind ebenfalls der Schwierigkeit nach von sehr leicht bis sehr schwer sortiert. Die Lösungen und Hinweise zu den einzelnen Aufgaben können in Kapitel 3 gefunden werden.

Überblick

© Der/die Autor(en), exklusiv lizenziert an
Springer-Verlag GmbH, DE, ein Teil von Springer Nature 2024
M. Eichhorn, *Prüfungstraining Theoretische Physik – Analytische Mechanik*, https://doi.org/10.1007/978-3-662-68938-7_2

2.1   Klausur I – Analytische Mechanik – sehr leicht

Aufgabe 1   **25 *Punkte***

Kurzfragen

Schlagwörter:
Legendre-Transformation, Trägheitsmoment, Kanonischer Impuls, Kanonische Bewegungs-gleichungen, Kanonische Transformation

(a) **(5 Punkte)** Führen Sie eine Legendre-Transformation an der Funktion $f(x) = \frac{1}{x}$ durch.

(b) **(5 Punkte)** Finden Sie das Trägheitsmoment eines unendlich dünnen Stabes der Länge l und der Masse m. Die Rotationsachse geht durch den Schwerpunkt und steht senkrecht auf dem Stab.

(c) **(5 Punkte)** Betrachten Sie die Lagrange-Funktion

$$L(s, \phi, z, \dot{s}, \dot{\phi}, \dot{z}) = \frac{1}{2}m(\dot{s}^2 + s^2\dot{\phi}^2 + \dot{z}^2) - V(s, \phi, z)$$

und bestimmen Sie die kanonischen Impulse. Um was für physikalische Größen handelt es sich?

(d) **(5 Punkte)** Bestimmen Sie für die Hamilton-Funktion

$$H(q, p) = \frac{p^2}{2m} - V_0 \cos(\alpha q)$$

die kanonischen Bewegungsgleichungen.

(e) **(5 Punkte)** Betrachten Sie die mechanische Eichtransformation $\tilde{L} = L + \frac{\mathrm{d}}{\mathrm{d}t}\Lambda(\boldsymbol{q}, t)$. Finden Sie die kanonischen Impulse $\boldsymbol{P}$ von $\tilde{L}$ sowie die zu $\tilde{L}$ gehörende Hamilton-Funktion $\tilde{H}$. Bestimmen Sie dann eine kanonische Transformation vom Typ $F_2(\boldsymbol{q}, \boldsymbol{P}, t)$, welche die zu L gehörende Hamilton-Funktion H in $\tilde{H}$ überführt und drücken Sie diese mit Hilfe von Λ aus.

Aufgabe 2   25 *Punkte*

Die durchhängende Kette

Schlagwörter:
Variation, Energie, Erhaltungsgrößen, Funktional, Lagrange-Multiplikatoren, Kontinu-
umsmechanik

In dieser Aufgabe soll die Form einer im Schwerefeld g der Erde durchhängenden Kette
bestimmt werden. Betrachten Sie die Kette dazu als eindimensionale Linie. Das Koordinatensystem wird so gewählt, dass sich die Kette nur in der xz-Eben befindet und sich ihr
Scheitelpunkt im Koordinatenursprung befindet. Ziel ist es, ihre Form durch eine Funktion
$z(x)$ zu beschreiben. Die Kette weist die Massendichte $\rho = \frac{\mathrm{d}m}{\mathrm{d}s}$ und die Länge l_0 auf. Sie
wird an zwei Punkten gleicher Höhe im Abstand $\frac{a}{2}$ links und rechts von $x = 0$ aufgehängt.

(a) **(3 Punkte)** Stellen Sie ein Funktional für die potentielle Energie $U[z]$ als die zu maximierende Größe auf.

(b) **(2 Punkte)** Stellen Sie ein zweites Funktional auf, welches die Länge der Kette $l[z]$
als Nebenbedingung darstellen soll.

(c) **(3 Punkte)** Zeigen Sie, dass das Problem durch die Lagrange-Funktion

$$L(z, z') = (\rho g z + \lambda)\sqrt{1 + z'^2}$$

mit einem im späteren Verlauf der Aufgabe zu bestimmenden Lagrange-Multiplikator
λ beschrieben werden kann.

(d) **(5 Punkte)** Zeigen Sie, dass die Größe

$$H = \frac{\partial L}{\partial z'}z' - L$$

eine Erhaltungsgröße ist und finden Sie einen Ausdruck für diese. Bestimmen Sie
ihren Wert an einem geeigneten Punkt.

(e) **(4 Punkte)** Stellen Sie die in der vorherigen Teilaufgabe gefundene Größe nach z'^2
um und zeigen Sie dann, dass die Lösung die Form

$$z(x) = \frac{1}{\beta}\left(\cosh(\beta x) - 1\right)$$

mit einer näher zu bestimmenden Konstante β annimmt.

(f) **(8 Punkte)** Zeigen Sie, dass sich λ aus der Nebenbedingung aus einem τ bestimmen
lässt, welches die Gleichung

$$\sinh(\tau) = m\tau$$

erfüllt. Darin ist $m > 1$ ein zu bestimmender Parameter. Von welchen Größen hängt
die Form $z(x)$ damit schlussendlich ab?

Aufgabe 3   **25** *Punkte*

Komplexe Größen am harmonischen Oszillator

Schlagwörter:
Hamilton-Funktion, Kanonische Transformation, Poisson-Klammern, Harmonischer Os-
zillator, Kanonische Bewegungsgleichungen

In dieser Aufgabe soll der eindimensionale harmonische Oszillator mit Masse m und
Kreisfrequenz ω im Hamilton-Formalismus untersucht werden.

(a) **(2 Punkte)** Wie lautet die Hamilton-Funktion des harmonischen Oszillators?

(b) **(4 Punkte)** Stellen Sie die kanonischen Bewegungsgleichungen auf und zeigen Sie,
dass eine Lösung durch

$$q(t) = A\,\mathrm{e}^{-\mathrm{i}\omega t} + B\,\mathrm{e}^{\mathrm{i}\omega t}$$

mit den Integrationskonstanten A und B gegeben ist. Welche Bedingung müssen die
Integrationskonstanten erfüllen, um eine physikalische Lösung darzustellen?

(c) **(5 Punkte)** Zeigen Sie, dass es sich bei

$$q \mapsto a = \sqrt{\frac{\mathrm{i}}{2m\omega}}(m\omega q + \mathrm{i}p) \qquad p \mapsto b = \sqrt{\frac{\mathrm{i}}{2m\omega}}(m\omega q - \mathrm{i}p)$$

um eine kanonische Transformation handelt. Drücken Sie q und p durch a und b aus.

(d) **(6 Punkte)** Drücken Sie die Hamilton-Funktion durch a und b aus. Bestimmen Sie die
Poisson-Klammern $\{a, H\}$ und $\{b, H\}$ und lösen Sie damit die kanonischen Bewegungsgleichungen mit den Anfangsbedingungen $a(0) = a_0$ und $b(0) = b_0$. Wie lassen
sich demnach q und p bestimmen und welcher Zusammenhang besteht zwischen A, B
und a_0, b_0?

(e) **(4 Punkte)** Nehmen Sie an, es gäbe Phasenraumfunktionen f_λ, die

$$\{H, f_\lambda\} = -\mathrm{i}\lambda\omega f_\lambda$$

erfüllen. [1] Zeigen Sie, dass $\{b, f_\lambda\}$ sich wie $f_{\lambda+1}$ verhält, während $\{a, f_\lambda\}$ das Verhalten von $f_{\lambda-1}$ aufweist.

(f) **(4 Punkte)** Betrachten Sie nun die Funktionen $f_{nk} = a^k b^n$ und zeigen Sie, dass sich
diese wie die f_λ aus der vorherigen Teilaufgabe verhalten. Was ist der Zusammenhang
zwischen λ, n und k? Bestimmen Sie dann $\{a, f_{nk}\}$ und $\{b, f_{nk}\}$. Wie passt dies zur
vorhergehenden Teilaufgabe?

---

[1] Dabei kann es für ein λ auch mehrere linear unabhängige Funktionen geben.

Aufgabe 4   **25 *Punkte***

Gekoppelte Schwingungen

Schlagwörter:
Lagrange-Funktion, Eigenvektoren, Eigenfrequenzen, Eigenmoden, Federn, Gekoppelte
Schwingungen

Betrachten Sie ein System aus drei Federn der Federkonstanten k_1, k_2 und k_3 mit den Ruhelängen $l_i = 0$. Zwischen den Federn k_1 und k_2 soll sich eine Masse m_1 befinden, während sich zwischen den Federn k_2 und k_3 die Masse m_2 befinden soll. Die Federn k_1 und k_3 sind zudem jeweils bei $x = 0$ und $x = L$ befestigt. Das System ist auch in Abb. 2.1.1 zu sehen.

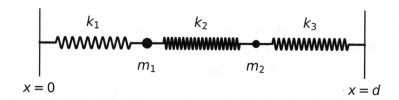

Abb. 2.1.1 Skizze des Systems aus Federn und Massen

(a) (**5 Punkte**) Stellen Sie die kinetische und potentielle Energie des Systems als Funktion von der jeweiligen Auslenkung von der Ruhelage δx_1 und δx_2 sowie deren zeitlichen Ableitungen auf.

(b) (**4 Punkte**) Zeigen Sie, dass die Lagrange-Funktion die Form

$$L = \frac{1}{2}\delta \boldsymbol{x}^T M \delta \boldsymbol{x} - \frac{1}{2}\delta \boldsymbol{x}^T K \delta \boldsymbol{x}$$

mit zu bestimmenden symmetrischen Matrizen K und M und dem Vektor

$$\delta \boldsymbol{x} = \begin{pmatrix} \delta x_1 \\ \delta x_2 \end{pmatrix}$$

hat.

(c) (**4 Punkte**) Leiten Sie die Bewegungsgleichungen her und zeigen Sie, dass diese durch den Ansatz

$$\delta \boldsymbol{x} = \delta \boldsymbol{x}_\omega \cos(\omega t + \phi_\omega)$$

gelöst werden kann, wenn $\delta\boldsymbol{x}_\omega$ der Eigenwertgleichung

$$(\omega^2 M - K)\delta\boldsymbol{x}_\omega = \boldsymbol{0}$$

genügt.

(d) (**4 Punkte**) Zeigen Sie, dass die Eigenwerte durch

$$\omega_\pm^2 = \frac{1}{2}\left(\frac{k_1+k_2}{m_1} + \frac{k_2+k_3}{m_2}\right.$$

$$\left.\pm\sqrt{\left(\frac{k_1+k_2}{m_1} + \frac{k_2+k_3}{m_2}\right)^2 - 4\frac{k_1k_2+k_2k_3+k_1k_3}{m_1m_2}}\right)$$

gegeben sind.

(e) (**3 Punkte**) Bestimmen Sie die Eigenvektoren in Abhängigkeit von k_1, k_2, m_1 und $\omega_\pm$.

(f) (**5 Punkte**) Finden Sie nun die Eigenwerte und Eigenvektoren für den Fall $k_1 = k_3 = k_0$ und $m_1 = m_2 = m$. Welches Verhältnis muss zwischen k_0 und k_2 bestehen, damit $\omega_+ = n\omega_-$ mit einer natürlichen Zahl n gilt?

2.2 Klausur II – Analytische Mechanik – leicht

Aufgabe 1 25 *Punkte*

Kurzfragen

Schlagwörter:
Eigenvektoren, Kanonische Bewegungsgleichungen, Trägheitsmoment, Phasenraum,
Lagrange-Gleichungen erster Art

(a) (**5 Punkte**) Finden Sie die Eigenvektoren der Matrix $M = \begin{pmatrix} 1 & -1 \\ -1 & -1 \end{pmatrix}$. Sie dürfen

dabei verwenden, dass die Eigenwerte durch $\lambda_{\pm} = \pm\sqrt{2}$ gegeben sind.

(b) (**5 Punkte**) Finden Sie die kanonische Bewegungsgleichung eines Systems, das durch
die Hamilton-Funktion

$$H(q_1, q_2, p_1, p_2) = \frac{p_1^2}{2m_1} + \frac{p_2^2}{2m_2} + \frac{p_1 p_2}{m_1 + m_2} + \frac{1}{2}\alpha(q_1 - q_2)^2$$

beschrieben wird.

(c) (**5 Punkte**) Bestimmen Sie das Trägheistmoment einer Hohlkugel mit Innenradius R_i,
Außenradius R_a, Masse M und homogener Massendichte ρ_0 als Funktion von M, R_i
und R_a.

(d) (**5 Punkte**) Zeigen Sie mit den kanonischen Bewegungsgleichungen, dass die Divergenz der Zeitableitung des Phasenraumflusses verschwindet, dass also für $z^T = \begin{pmatrix} q^T & p^T \end{pmatrix}$ der Zusammenhang $\nabla_z \dot{z} = 0$ gilt.

(e) (**5 Punkte**) Betrachten Sie eine Atwood'sche Fallmaschine, bei der zwei Massen m_1
und m_2 im Schwerfeld der Erde g an einem Seil der Länge l aufgehängt sind, das
über eine Umlenkrolle mit Radius R geführt wird. Finden Sie mit dem den Lagrange-
Gleichungen erster Art die Seilspannkraft.

Aufgabe 2   **25 *Punkte***

Wirkung eines relativistischen Massenpunktes

Schlagwörter:
Wirkung, Lagrange-Funktion, Hamilton-Funktion, Kanonischer Impuls, Kanonische Bewegungsgleichungen, Relativität

Um einen relativistischen Massenpunkt mit Masse m zu beschreiben, wird die Wirkung

$$S = -mc^2 \int\limits_{\tau_a}^{\tau_b} \mathrm{d}\tau$$

verwendet. Dabei ist c die Lichtgeschwindigkeit und τ die Eigenzeit, die mittels

$$\mathrm{d}t = \frac{\mathrm{d}\tau}{\sqrt{1 - \frac{\boldsymbol{v}^2}{c^2}}} = \gamma\,\mathrm{d}\tau$$

mit der Zeit in einem Bezugssystem, in welchem sich der Massenpunkt mit Geschwindigkeit $\dot{\boldsymbol{r}} = \boldsymbol{v}$ bewegt, zusammen hängt.

(a) **(5 Punkte)** Finden Sie die Lagrange-Funktion $L(\boldsymbol{r}, \dot{\boldsymbol{r}}, t)$ des Massenpunktes und zeigen Sie, dass diese für $|\boldsymbol{v}| \ll c$ äquivalent zu der Lagrange-Funktion eines freien Teilchens ist.

(b) **(3 Punkte)** Finden Sie den kanonischen Impuls $\boldsymbol{p}$ des Massenpunktes.

(c) **(6 Punkte)** Stellen Sie die Bewegungsgleichung für den Massenpunkt im Lagrange-Formalismus auf und lösen Sie diese für die Anfangsbedingungen $\boldsymbol{r}(0) = \boldsymbol{0}$ und $\boldsymbol{v}(0) = \boldsymbol{0}$.

(d) **(6 Punkte)** Finden Sie die Energie E als Funktion von v und zeigen Sie anschließend, dass für die Hamilton-Funktion H der Zusammenhang

$$H^2 = \boldsymbol{p}^2 c^2 + m^2 c^4$$

gilt.

(e) **(5 Punkte)** Stellen Sie die kanonischen Bewegungsgleichungen des Massenpunktes im Hamilton-Formalismus auf, lösen Sie diese und vergleichen Sie sie mit den Ergebnissen aus Teilaufgabe (c).

Aufgabe 3   **25 Punkte**

Die schwingende Saite im Lagrange-Formalismus

Schlagwörter:
Lagrange-Funktion, Wirkung, Kontinuumsmechanik, Hamilton'sches Prinzip, Federn,
Euler-Lagrange-Gleichung, Wellengleichung

In dieser Aufgabe soll eine schwingende Seite betrachtet werden, die zwischen $x = 0$ und $x = L$ eingespannt ist. Dazu wird davon ausgegangen, dass in äquidistanten Abständen Δx Massenpunkte mit der Masse m angebracht sind. Diese können sich nur in die y-Richtung bewegen. Sie werden von ihren nächsten Nachbarn mit einer Kraft angezogen, deren Betrag F konstant ist, aber deren Richtung der direkten Verbindungslinie der beiden Massenpunkten folgt.

(a) (**1 Punkt**) Finden Sie die kinetische Energie des Systems durch einen Kontinuumslimes. Sie sollten dabei die Linienmassendichte $\mu = \frac{m}{\Delta x}$ einführen.

(b) (**5 Punkte**) Nehmen Sie an, dass $\left|\frac{\partial y}{\partial x}\right| \ll 1$ gilt. Finden Sie so die Lagrange-Funktion des Systems und zeigen Sie, dass

$$L = \frac{F}{2} \int\limits_0^L \mathrm{d}x \, \left(\frac{1}{c^2}\left(\frac{\partial y}{\partial t}\right)^2 - \left(\frac{\partial y}{\partial x}\right)^2 \right) = \int\limits_0^L \mathrm{d}x \, \mathcal{L}\left(y, \frac{\partial y}{\partial t}, \frac{\partial y}{\partial x}, t, x \right)$$

gilt, wobei c die zu bestimmende charakteristische Geschwindigkeit ist.

(c) (**6 Punkte**) Stellen Sie das Wirkungsfunktional des Systems auf und bestimmen Sie aus dem Hamilton'schen Prinzip die Bewegungsgleichung. Betrachten Sie dazu Variationen $\delta y(x, t)$ mit $\delta y(x, t_A) = \delta y(x, t_B) = 0$. Was gilt für $\delta y(0, t)$ und $\delta y(L, t)$?

(d) (**6 Punkte**) Wie verändern sich die Lagrange-Funktion und die Bewegungsgleichung, wenn jeder Massenpunkt durch eine Feder der Federkonstante k und der Ruhelänge Null mit der x-Achse verbunden ist? Gehen Sie dazu davon aus, dass sich die Federkonstante als $k = F\kappa^2 \Delta x$ schreiben lässt.

(e) (**7 Punkte**) Stellen Sie nun eine Verallgemeinerung der hier durchgeführten Betrachtung an, indem Sie von einer Wirkung der Form

$$S = \int \mathrm{d}t \iiint \mathrm{d}^3\boldsymbol{r} \, \mathcal{L}(\phi, \partial_t \phi, \boldsymbol{\nabla}\phi, t, \boldsymbol{r})$$

ausgehen. ϕ übernimmt somit die Rolle von y. Führen Sie dazu die Impulse

$$P_t = \frac{\partial \mathcal{L}}{\partial \dot\phi} \qquad P_i = \frac{\partial \mathcal{L}}{\partial(\partial_i \phi)}$$

ein und stellen Sie keine Annahmen über $\delta\phi$ und dessen Ableitungen an den Rändern der Integrationsintervalle an. Zeigen Sie so, dass die Euler-Lagrange-Gleichungen durch

$$\partial_t \frac{\partial\mathcal{L}}{\partial(\partial_t\phi)} + \partial_i \frac{\partial\mathcal{L}}{\partial(\partial_i\phi)} - \frac{\partial\mathcal{L}}{\partial\phi} = 0$$

gegeben sind. Welche Informationen lassen sich neben der Bewegungsgleichung gewinnen?

Hinweis: Sie dürfen ohne Beweis

$$\iiint_V \mathrm{d}^3r\, \boldsymbol{A} \cdot (\boldsymbol{\nabla}\Psi) = \iint_{\partial V} \mathrm{d}^2\boldsymbol{f} \cdot (\boldsymbol{A}\Psi) - \iiint_V \mathrm{d}^3r\, \Psi(\boldsymbol{\nabla} \cdot \boldsymbol{A})$$

verwenden.

Aufgabe 4   **25 _Punkte_**

Extremale Wege auf einem Paraboloid

Schlagwörter:
Variation, Erhaltungsgrößen, Differentialgleichungen, Euler-Lagrange-Gleichung, Funktional

In dieser Aufgabe soll ein Weg mit extremaler Länge zwischen zwei Punkten A und B auf einem Paraboloid der Form

$$z(x, y) = \frac{\alpha}{2}(x^2 + y^2) \tag{2.2.1}$$

gefunden werden. Dabei ist $\alpha > 0$ ein nicht näher bestimmter Parameter.

(a) **(3 Punkte)** Bestimmen Sie das Längendifferential $\mathrm{d}l$ als eine Funktion von x, $y(x)$ und $y'(x)$. Verwenden Sie dazu auch den gegebenen Zusammenhang (2.2.1).

(b) **(4 Punkte)** Verwenden Sie Ihr Ergebnis aus Teilaufgabe (a), um die Weglänge als Funktional

$$L[y(x)] = \int\limits_{x_A}^{x_B} \mathrm{d}x \; K(y, y', x)$$

auszudrücken. Begründen Sie, warum die gewählten Koordinaten ungünstig sind.

(c) **(8 Punkte)** Verwenden Sie Zylinderkoordinaten s, ϕ und z und zeigen Sie damit, dass das Funktional sich als

$$L[s(\phi)] = \int\limits_{\phi_A}^{\phi_B} \mathrm{d}\phi \; \sqrt{s^2 + (1 + \alpha^2 s^2)s'^2} = \int\limits_{\phi_A}^{\phi_B} \mathrm{d}\phi \; K(s, s', \phi)$$

schreiben lässt. Stellen Sie anschließend die Euler-Lagrange-Gleichung auf.

(d) **(5 Punkte)** Zeigen Sie, dass die Größe

$$F = s'\frac{\partial K}{\partial s'} - K$$

bzgl. ϕ erhalten ist und verwenden Sie diese, um die Differentialgleichung

$$s' = s\sqrt{\frac{\frac{s^2}{F^2} - 1}{\alpha^2 s^2 + 1}} \tag{2.2.2}$$

herzuleiten. Sie dürfen dazu annehmen, dass $(\phi_B - \phi_A)(s_B - s_A) > 0$ gilt.

(e) **(5 Punkte)** Lösen Sie Gl. (2.2.2) durch Trennung der Variablen und zeigen Sie, dass

$$\phi = \phi_A - \alpha\frac{F}{2}\int\limits_{s_A^2}^{s^2} \frac{\mathrm{d}u}{u} \sqrt{\frac{u + \frac{1}{\alpha^2}}{u - F^2}}$$

gilt. Dieses Integral muss nicht weiter gelöst werden.

2.3 Klausur III – Analytische Mechanik – leicht

Aufgabe 1   **25 *Punkte***

Kurzfragen

Schlagwörter:
Eigenvektoren, Euler-Lagrange-Gleichung, Kanonische Transformation, Kanonische Bewegungsgleichungen, Trägheitsmoment

(a) **(5 Punkte)** Bestimmen Sie die Eigenvektoren der Matrix $M = \begin{pmatrix} 3 & 2 \\ 2 & 3 \end{pmatrix}$. Sie dürfen verwenden, dass die Eigenwerte durch $\lambda_+ = 5$ und $\lambda_- = 1$ gegeben sind.

(b) **(5 Punkte)** Bestimmen Sie aus der Lagrange-Funktion

$$L = \frac{1}{2} m \dot{q}^2 + V_0 \cos(\alpha q)$$

die Bewegungsgleichungen.

(c) **(5 Punkte)** Nehmen Sie an, dass die Funktion $F_4(\boldsymbol{p}, \boldsymbol{P}, t)$ eine kanonische Transformation erzeugt. Konstruieren Sie hieraus eine erzeugende Funktion $F_3(\boldsymbol{p}, \boldsymbol{Q}, t)$. Wie lassen sich $\boldsymbol{P}, \boldsymbol{q}$ und $\tilde{H}$ aus F_3 ermitteln?

(d) **(5 Punkte)** Betrachten Sie die Hamilton-Funktion

$$H(z, p) = \frac{p^2}{2m \left(1 + \frac{I}{mr^2}\right)} + mgz$$

eines Maxwell'schen Fallrades mit der Masse m, dem Trägheitsmoment $I = \frac{1}{2} m R^2$, dem Radius des Rades R und dem Abrollradius r. Bestimmen Sie die kanonischen Bewegungsgleichungen und interpretieren Sie das Ergebnis.

(e) **(5 Punkte)** Bestimmen Sie das Trägheitsmoment eines Körpers der Masse m welcher durch die Rotation der Funktion $R(z)$ im Intervall $[0, h]$ um die z-Achse erzeugt wird. Der Körper soll dabei eine konstante Massendichte aufweisen. Drücken Sie Ihr Ergebnis durch die Masse des Körpers und Integrale über die Funktion $R(z)$ aus.

Aufgabe 2   25 *Punkte*

Poisson-Klammern von Drehimpulsen

Schlagwörter:
Hamilton-Funktion, Drehimpuls, Poisson-Klammern, Hamilton-Formalismus, Erhaltungsgrößen

In dieser Aufgabe werden die Poisson-Klammern von Drehimpulsen untersucht. Betrachten Sie dazu die Bewegung eines Teilchens in drei Dimensionen und dem Potential $V(\boldsymbol{r})$, dessen Drehimpulskomponenten durch $J_i = \epsilon_{ijk} r_j p_k$ gegeben sind. Dabei sind r_i und p_i die Komponenten der Ortskoordinaten bzw. des Impulses.

(a) (**5 Punkte**) Bestimmen Sie zunächst $\frac{\partial J_i}{\partial r_l}$ und $\frac{\partial J_i}{\partial p_l}$. Und zeigen Sie, dass der Zusammenhang

$$r_i p_j - r_j p_i = \epsilon_{ijk} J_k$$

gültig ist.

(b) (**7 Punkte**) Verwenden Sie das Ergebnis aus Teilaufgabe (a), um die totale Zeitableitung von J_i zu bestimmen. Zeigen Sie so, dass

$$\frac{\mathrm{d}\boldsymbol{J}}{\mathrm{d}t} = \boldsymbol{r} \times \boldsymbol{F}$$

gilt. Wie lautet hierbei der Zusammenhang zwischen $\boldsymbol{F}$ und der Hamilton-Funktion H? Wann handelt es sich bei $\boldsymbol{J}$ demnach um eine Erhaltungsgröße?

(c) (**5 Punkte**) Bestimmen Sie die Poisson-Klammer $\{J_i, J_j\}$.

(d) (**2 Punkte**) Zeigen Sie mit dem Ergebnis der vorherigen Teilaufgabe, dass

$$\{\boldsymbol{a} \cdot \boldsymbol{J}, \boldsymbol{b} \cdot \boldsymbol{J}\} = \boldsymbol{c} \cdot \boldsymbol{J}$$

mit einem noch zu ermittelnden $\boldsymbol{c}$ gilt.

(e) (**2 Punkte**) Zeigen Sie weiter, dass $\{J_i, \boldsymbol{J}^2\} = 0$ gilt.

(f) (**4 Punkte**) Führen Sie $J_\pm = J_x \pm \mathrm{i} J_y$ ein und bestimmen Sie $\{J_z, J_\pm\}$, sowie $\{\boldsymbol{J}^2, J_\pm\}$. Drücken Sie Ihr Ergebnis wieder durch $J_\pm$ aus.

Aufgabe 3   **25 *Punkte***

Das Noether-Theorem

Schlagwörter:
Noether-Theorem, Erweitertes Noether-Theorem, Erhaltungsgrößen, Kanonischer Impuls,
Hamilton-Funktion, Wirkung, Symmetrietransformation

Betrachten Sie ein System, das durch die Lagrange-Funktion

$$L(\boldsymbol{q}, \dot{\boldsymbol{q}}, t)$$

beschrieben wird. In dieser Aufgabe soll das Noether-Theorem hergeleitet werden.

(a) **(2 Punkte)** Gehen Sie zunächst von einer Transformation der Art

$$\boldsymbol{q} \to \boldsymbol{q}' = \boldsymbol{q}'(\boldsymbol{q}, \dot{\boldsymbol{q}}, t) \qquad t \to t' = t'(\boldsymbol{q}, \dot{\boldsymbol{q}}, t)$$

$$S = \int_{t_a}^{t_b} \mathrm{d}t \; L(\boldsymbol{q}, \dot{\boldsymbol{q}}, t) \quad \to \quad S' = \int_{t'_a}^{t'_b} \mathrm{d}t' \; L\left(\boldsymbol{q}', \frac{\mathrm{d}\boldsymbol{q}'}{\mathrm{d}t'}, t'\right)$$

aus. Zeigen Sie, dass für eine Symmetrietransformation mit der Bedingung $S' = S$
der Zusammenhang

$$\frac{\mathrm{d}t'}{\mathrm{d}t} L\left(\boldsymbol{q}', \frac{\mathrm{d}\boldsymbol{q}'}{\mathrm{d}t'}, t'\right) = L(\boldsymbol{q}, \dot{\boldsymbol{q}}, t) \tag{2.3.1}$$

gelten muss.

(b) **(3 Punkte)** Zeigen Sie, dass

$$\frac{\partial L}{\partial t} = \frac{\mathrm{d}}{\mathrm{d}t}\left[L - \sum_{i=1}^{f} \frac{\partial L}{\partial \dot{q}_i} \dot{q}_i\right]$$

gilt.

(c) **(4 Punkte)** Betrachten Sie nun eine infinitesimale Transformation der Art

$$\boldsymbol{q} \to \boldsymbol{q}' = \boldsymbol{q} + \epsilon\,\boldsymbol{\psi}(\boldsymbol{q}, \dot{\boldsymbol{q}}, t) \qquad t \to t' = t + \epsilon\,\phi(\boldsymbol{q}, \dot{\boldsymbol{q}}, t)$$

und zeigen Sie, dass sich Gl. (2.3.1) nur erfüllen lässt, wenn bereits

$$\frac{\mathrm{d}}{\mathrm{d}\epsilon}\left[\frac{\mathrm{d}t'}{\mathrm{d}t} L\left(\boldsymbol{q}', \frac{\mathrm{d}\boldsymbol{q}'}{\mathrm{d}t'}, t'\right)\right]_{\epsilon=0} = 0 \tag{2.3.2}$$

ist.

(d) **(12 Punkte)** Verwenden Sie Bedingung (2.3.2), um so

$$\frac{dQ}{dt} = \frac{d}{dt}\left[\sum_{i=1}^{f}\psi_i\frac{\partial L}{\partial \dot{q}_i} + \phi\left(L - \sum_{i=1}^{f}\dot{q}_i\frac{\partial L}{\partial \dot{q}_i}\right)\right] = 0$$

herzuleiten. Wie lässt sich dabei die erhaltene Noether-Ladung Q durch den kanonischen Impuls p und die Hamilton-Funktion H ausdrücken?

(e) **(2 Punkte)** Nehmen Sie nun an, dass für die allgemeinen Transformationen aus Teilaufgabe (a) statt Gl. (2.3.1) der Zusammenhang

$$\frac{dt'}{dt}L\left(\boldsymbol{q}',\frac{d\boldsymbol{q}'}{dt'},t'\right) = L(\boldsymbol{q},\dot{\boldsymbol{q}},t) + \frac{d}{dt}\Lambda(\boldsymbol{q},t) \tag{2.3.3}$$

gilt. Begründen Sie, weshalb es sich dennoch um eine Symmetrietransformation des Systems handelt.

(f) **(2 Punkte)** Finden Sie nun die Verallgemeinerung von Bedingung (2.3.3) und die erhaltene Ladung für den Fall infinitesimaler Transformationen aus Teilaufgabe (c), wenn sich

$$\Lambda(\boldsymbol{q},t) = \epsilon f(\boldsymbol{q},t)$$

schreiben lässt.

Aufgabe 4   25 *Punkte*

Die luni-solare Präzession

Schlagwörter:
Kreisel, Trägheitsmoment, Störung, Euler-Winkel, Präzession, Nutation

In dieser Aufgabe soll die Präzession der Erde, welche durch die Sonne und den Mond verursacht wird, berechnet werden.
Nehmen Sie an, der Erdschwerpunkt befindet sich im Ursprung des Koordinatensystems. Durch einen anderen Körper der Masse M am Punkt $\boldsymbol{R}$ erfährt jeder Massenpunkt m_α an der Position $\boldsymbol{r}_\alpha$ eine Anziehungskraft $\boldsymbol{F}_\alpha$ und ein Drehmoment $\boldsymbol{D}_\alpha = \boldsymbol{r}_\alpha \times \boldsymbol{F}_\alpha$.
Für die gesamte Aufgabe wird die Erde als ein symmetrischer Kreisel angenommen mit dem Trägheitsmoment $I_\parallel$ bei Drehungen um die Figurenachse und $I_\perp$ bei Drehungen um die dazu senkrecht liegenden Hauptträgheitsachsen.

(a) (**4 Punkte**) Zeigen Sie, dass das Drehmoment, welches auf die Erde einwirkt durch

$$\boldsymbol{D} \approx 3\frac{GM}{R^5}\left(\sum_\alpha (m_\alpha \boldsymbol{r}_\alpha \times \boldsymbol{R})(\boldsymbol{R} \cdot \boldsymbol{r}_\alpha)\right)$$

gegeben ist.

(b) (**2 Punkte**) Zeigen Sie, dass der Ausdruck aus Teilaufgabe (a) mit

$$\boldsymbol{D} = 3\frac{GM}{R^5}(\boldsymbol{R} \times I\boldsymbol{R})$$

übereinstimmt, wobei I der Trägheitstensor der Erde ist.

Für den Rest der Aufgabe wird ein geozentrisches Koordinatensystem betrachtet, in dem sich der Körper M um die Erde bewegt. Betrachten Sie dazu zwei Inertialsysteme mit den Basisvektoren $\hat{\boldsymbol{e}}_x, \hat{\boldsymbol{e}}_y, \hat{\boldsymbol{e}}_z$ und $\hat{\boldsymbol{e}}_K, \hat{\boldsymbol{e}}_L, \hat{\boldsymbol{e}}_M$. $\hat{\boldsymbol{e}}_x$ und $\hat{\boldsymbol{e}}_K$ liegen parallel zueinander und zeigen vom Frühlingspunkt weg. $\hat{\boldsymbol{e}}_M$ ist die Figurenachse der Erde und $\hat{\boldsymbol{e}}_z$ der Normalenvektor der Ekliptik. Sie können also durch eine Drehung um die $\hat{\boldsymbol{e}}_K$- bzw. $\hat{\boldsymbol{e}}_x$-Achse ineinander überführt werden. $\hat{\boldsymbol{e}}_y$ zeigt auf einen Punkt der Ekliptik, $\hat{\boldsymbol{e}}_L$ zeigt hingegen auf einen Punkt des Himmelsäquators.

(c) (**4 Punkte**) Die Position eines Himmelskörpers auf der Ekliptik lassen sich durch den Nutationswinkel θ der Erde und die ekliptikale Länge λ mittels

$$\boldsymbol{R} = R(-\hat{\boldsymbol{e}}_K \cos(\lambda) - \hat{\boldsymbol{e}}_L \sin(\lambda)\cos(\theta) + \hat{\boldsymbol{e}}_M \sin(\lambda)\sin(\theta))$$

beschreiben. Verwenden Sie dies, um $\boldsymbol{D}$ aus Teilaufgabe (b) in Komponenten von $\hat{\boldsymbol{e}}_K$ und $\hat{\boldsymbol{e}}_L$ auszudrücken.

(d) (**6 Punkte**) Gehen Sie nun davon aus, dass $\omega_3 \gg \omega_1, \omega_2$ ist und dass $\boldsymbol{S} \approx S_\parallel \hat{\boldsymbol{e}}_3$ gilt. Zeigen Sie so, dass die Gleichung

$$\dot{\phi} = -\frac{3}{2} \cdot \frac{GM}{R^3} \cdot \frac{I_\parallel - I_\perp}{I_\parallel} \cdot \frac{1}{\omega_\parallel}\cos(\theta)\left(1 - \cos(2\lambda)\right) \qquad (2.3.4)$$

gültig ist.

Hinweis: Sie dürfen ohne Beweis verwenden, dass $\frac{\partial \hat{e}_3}{\partial \phi} = \sin(\theta)\, \hat{e}_K$, $\frac{\partial \hat{e}_3}{\partial \theta} = -\hat{e}_L$ und $\frac{\partial \hat{e}_3}{\partial \psi} = 0$ gelten.

(e) **(9 Punkte)** Gehen Sie weiter davon aus, dass der Nutationswinkel konstant ist und vernachlässigen Sie den variablen Term in Gl. (2.3.4), um die Änderung des Präzessionswinkel innerhalb der Zeitspanne T

$$\Delta \phi_T = -\frac{3}{2} \cos(\theta_0) \left(\frac{I_\parallel - I_\perp}{I_\parallel} \right) \left(\left(\frac{T_{\mathrm{Tag}}}{T_{\mathrm{Sonne}}} \right)^2 + \frac{M_{\mathrm{Mond}}}{M_{\mathrm{Erde}}} \left(\frac{T_{\mathrm{Tag}}}{T_{\mathrm{Mond}}} \right)^2 \right) \omega_{\mathrm{Tag}} T$$

herzuleiten. Darin sind T_{Mond} und T_{Sonne} die „Umlaufzeiten" von Sonne und Mond, während T_{Tag} die Dauer eines siderischen Tages und somit die Rotationsperiode der Erde darstellt.

Diskutieren Sie anschließend, welchen Einfluss der variable Term in Gl. (2.3.4) hat und warum er sinnvoll vernachlässigt werden konnte.

Hinweis: Nehmen Sie vereinfachend an, dass sich der Mond in der Ekliptik bewegt.

2.4 Klausur IV – Analytische Mechanik – mittel

Aufgabe 1   **25 *Punkte***

Kurzfragen

Schlagwörter:
Legendre-Transformation, Trägheitsmoment, Lagrange-Funktion, Kanonische Bewegungs-gleichungen, Euler-Lagrange-Gleichung

(a) **(5 Punkte)** Bestimmen Sie die Legendre-Transformation der Funktion $f(x) = \ln(ax)$.

(b) **(5 Punkte)** Bestimmen Sie das Trägheitsmoment eines Hohlzylinders mit unendlich dünner Wand, Radius R und Höhe h bei Rotation um dessen Symmetrieachse. Drücken Sie Ihr Ergebnis durch die Masse m des Zylinders und dessen Radius aus.

(c) **(5 Punkte)** Stellen Sie die Lagrange-Funktion eines Teilchens der Masse m auf, dass an einer Feder mit Federkonstante k und Ruhelänge $l = 0$ befestigt ist und in vertikaler Richtung im Schwerfeld der Erde g schwingen kann. Finden Sie auch die Bewegungsgleichungen des Systems.

(d) **(5 Punkte)** Bestimmen Sie aus der Hamilton-Funktion

$$H(s,p) = \frac{p^2}{2m\left(1 + \frac{I}{mR^2}\right)} - mgs\sin(\alpha)$$

die Bewegungsgleichungen und interpretieren Sie, um welches System es sich handelt. Was sind die auftretenden Größen?

(e) **(5 Punkte)** Betrachten Sie die Lagrange-Funktion

$$L = \sum_{i,j=1}^{3} \frac{1}{2} m\mu_{ij}(\boldsymbol{q})\dot{q}_i\dot{q}_j$$

und bestimmen Sie die Bewegungsgleichungen. μ ist dabei eine symmetrische und invertierbare Matrix. Drücken Sie ihr Ergebnis durch

$$\Gamma^l_{ij} = \sum_{k=1}^{3} \frac{(\mu^{-1})_{lk}}{2} \left(\frac{\partial\mu_{kj}}{\partial q_i} + \frac{\partial\mu_{ik}}{\partial q_j} - \frac{\partial\mu_{ij}}{\partial q_k} \right)$$

aus.

Aufgabe 2
25 *Punkte*

Der extremale Weg auf einer Kugel

Schlagwörter:
Lagrange-Funktion, Funktional, Erhaltungsgrößen, Variation, Differentialgleichungen

In dieser Aufgabe soll der kürzeste Weg zwischen zwei Punkten A und B auf einer Kugeloberfläche mit dem Radius R gefunden werden.

(a) **(3 Punkte)** Stellen Sie das Funktional $S = \int \mathrm{d}s$ auf, indem Sie das Wegelement $\mathrm{d}s$ auf einer Kugeloberfläche bezüglich der Parameter θ und ϕ bestimmen. Zeigen Sie so, dass sich je nach Wahl der Bedeutung der Parameter θ und ϕ die beiden Lagrange-Funktionen

$$L_1(\phi, \phi', \theta) = R\sqrt{1 + \sin^2(\theta)\,\phi'^2} \qquad L_2(\theta, \theta', \phi) = R\sqrt{\theta'^2 + \sin^2(\theta)}$$

aufstellen lassen.

(b) **(6 Punkte)** Betrachten Sie nun zunächst L_1. Begründen Sie, weshalb $\frac{\partial L_1}{\partial \phi'} = RC$ mit einer Konstante C gilt. Bestimmen Sie so ϕ' in Abhängigkeit von C und θ.

(c) **(2 Punkte)** Finden Sie Anfangsbedingungen, für welche $C = 0$ wird. Lösen Sie damit die von Ihnen gefundene Differentialgleichung und diskutieren Sie das Ergebnis.

(d) **(6 Punkte)** Betrachten Sie nun die Lagrange-Funktion L_2 und zeigen Sie, dass die Größe

$$\frac{\partial L_2}{\partial \theta'}\theta' - L_2 = -\frac{R}{C}$$

mit einer Konstanten C gilt.

(e) **(6 Punkte)** Finden Sie so θ' als eine Funktion von θ und C.

(f) **(2 Punkte)** Bestimmen Sie die allgemeine Lösung zu der gefundenen Differentialgleichung aus Teilaufgabe (e). Begründen Sie dann, weshalb L_2 eine ungeeignete Darstellung ist, um einfache Lösungen wie den Äquator oder die Längengrade zu finden.

Aufgabe 3   **25 *Punkte***

Massenpunkt auf drehendem Ring

Schlagwörter:
Lagrange-Funktion, Hamilton-Funktion, Euler-Lagrange-Gleichung, Differentialgleichungen, Effektives Potential, Stabilität

Betrachten Sie einen Massenpunkt m im Schwerefeld der Erde g. Seine Bewegung soll auf einen Kreisring des Radius R beschränkt sein. Der Kreisring ist dabei so aufgehängt, dass zwei feste gegenüberliegende Punkte stets auf der z-Achse liegen. Er soll sich außerdem mit konstanter Winkelgeschwindigkeit ω um die z-Achse drehen.

(a) (**4 Punkte**) Bestimmen Sie die Lagrange-Funktion des Massenpunktes als eine Funktion des Winkels ψ, der die Auslenkung aus der tiefsten Position des Massenpunktes beschreiben soll.

(b) (**4 Punkte**) Leiten Sie mit der Lagrange-Funktion die Bewegungsgleichung des Massenpunktes her. Diskutieren Sie, wann beschränkte Lösungen für kleine Winkel existieren können.

(c) (**3 Punkte**) Bestimmen Sie nun die Hamilton-Funktion und zeigen Sie so, dass

$$H = \frac{p_\psi^2}{2mR^2} - A\sin^2(\psi) - B\cos(\psi)$$

gilt. Hierin sind A und B zu bestimmende, positive Konstanten.

(d) (**7 Punkte**) Führen Sie ein effektives Potential ein und finden Sie dessen Extrema. Untersuchen Sie diese hinsichtlich ihrer Stabilität.

(e) (**7 Punkte**) Skizzieren Sie das effektive Potential und diskutieren sie die Bewegung unter Berücksichtigung ihre Ergebnisse aus Teilaufgabe (d) physikalisch. Gehen Sie dazu auch die besonderen Fälle $A \gg B$ und $A \ll B$ ein.

Aufgabe 4   **25 *Punkte***

Symplektische Formulierung kanonischer Transformationen

Schlagwörter:
Kanonische Transformation, Hamilton-Funktion, Poisson-Klammern, Phasenraum,
Hamilton-Formalismus, Kanonische Bewegungsgleichungen

In dieser Aufgabe sollen kanonische Transformationen im engeren Sinne etwas näher untersucht werden. Gehen Sie dazu von einem System aus, das f Freiheitsgrade besitzt und sich durch die Hamilton-Funktion $H(\boldsymbol{q}, \boldsymbol{p}, t) = \tilde{H}(\boldsymbol{Q}(\boldsymbol{q}, \boldsymbol{p}), \boldsymbol{P}(\boldsymbol{q}, \boldsymbol{p}), t)$ mit den alten und neuen Koordinaten $\boldsymbol{q}$ und $\boldsymbol{Q}$ und alten und neuen Impulsen $\boldsymbol{p}$ und $\boldsymbol{P}$ beschreiben lässt.

(a) **(3 Punkte)** Führen Sie den Vektor $\boldsymbol{z}^T = \begin{pmatrix} \boldsymbol{q}^T & \boldsymbol{p}^T \end{pmatrix}$ ein und drücken Sie die Hamilton'schen Bewegungsgleichungen für $\frac{\mathrm{d}z_i}{\mathrm{d}t}$ mit Hilfe der Matrix

$$\Omega = \begin{pmatrix} 0 & \mathbb{1}_f \\ -\mathbb{1}_f & 0 \end{pmatrix}$$

und Ableitungen von H nach den z_i aus. Wie lässt sich die Poisson-Klammern $\{z_i, z_j\}$ mit Hilfe von Ω ausdrücken?

(b) **(2 Punkte)** Zeigen Sie, dass eine Transformation $\mathrm{d}Z_i = \Lambda_{ij}(\boldsymbol{z})\,\mathrm{d}z_j$ die Bewegungsgleichungen der vorherigen Teilaufgabe invariant lässt, falls die Transformationsmatrix Λ die Gleichung

$$\Lambda \Omega \Lambda^T = \Omega$$

erfüllt. Darin beschreibt $\boldsymbol{Z}^T = \begin{pmatrix} \boldsymbol{Q}^T & \boldsymbol{P}^T \end{pmatrix}$ den Vektor aus den neuen Koordinaten und Impulse.

(c) **(4 Punkte)** Drücken Sie die Poisson-Klammer $\{f, g\}_{\boldsymbol{q}, \boldsymbol{p}}$ zweier beliebiger Phasenraumfunktionen f und g durch die Matrix Ω und Ableitungen nach z_i aus. Zeigen Sie so, dass die Transformation der vorherigen Teilaufgabe die Poisson-Klammer $\{f, g\}$ invariant lässt. Bestimmen Sie so auch $\{Z_i, Z_j\}_{\boldsymbol{q}, \boldsymbol{p}}$ Um was für eine Art von Transformation handelt es sich demnach bei Λ?

(d) **(5 Punkte)** Drücken Sie die Bewegungsgleichungen von $\boldsymbol{Q}$ und $\boldsymbol{P}$ durch die Poisson-Klammern bzgl. $\boldsymbol{q}$ und $\boldsymbol{p}$ aus und vergleichen Sie diese mit den sich ergebenden Bewegungsgleichungen aus Teilaufgabe (b). Was für Relationen müssen die neuen und alten Koordinaten demnach erfüllen?

(e) **(3 Punkte)** Bestimmen Sie den Betrag der Determinante von Λ, um zu erklären, welchen Einfluss die Transformation auf das Phasenraumvolumenelement

$$\mathrm{d}\gamma = \mathrm{d}^{2f} z = \mathrm{d}q_1 \cdots \mathrm{d}q_f \, \mathrm{d}p_1 \cdots \mathrm{d}p_f$$

hat.

(f) **(8 Punkte)** Zeigen Sie mit den Erkenntnissen der vorherigen Teilaufgaben, dass es sich bei den Transformationen

   (i) $\boldsymbol{Z} = \boldsymbol{z} + \boldsymbol{c}$ mit einem konstanten $\boldsymbol{c} \in \mathbb{R}^{2f}$

   (ii) $\boldsymbol{Q} = \boldsymbol{p}, \boldsymbol{P} = -\boldsymbol{q}$

   (iii) $\boldsymbol{Q} = \boldsymbol{Q}(\boldsymbol{q}), P_i = \sum\limits_{j=1}^{f} \frac{\partial q_i}{\partial Q_j} p_j$

jeweils um kanonische Transformationen handelt. Bestimmen Sie dazu auch jeweils die Transformationsmatrix Λ.

2.5   Klausur V – Analytische Mechanik – mittel

Aufgabe 1   **25** *Punkte*
Kurzfragen

Schlagwörter:
Eigenwerte, Euler-Lagrange-Gleichung, Trägheitsmoment, d'Alembert'sches Prinzip, Variation

(a) (**5 Punkte**) Bestimmen Sie die Eigenwerte der Matrix $M = \begin{pmatrix} 1 & -1 \\ -1 & -1 \end{pmatrix}$.

(b) (**5 Punkte**) Bestimmen Sie die Bewegungsgleichungen für ein System, das durch die Lagrange-Funktion

$$L = \frac{1}{2}m\dot{q}^2 - F_0 q \Theta(q)$$

beschrieben wird.

(c) (**5 Punkte**) Bestimmen Sie das Trägheitsmoment eines Hohlzylinders mit innerem Radius R_i, äußerem Radius R_a und Masse M um dessen Symmetrieachse als Funktion der Masse und der beiden Radien. Er soll dabei die homogene Massendichte ρ_0 und die Höhe H aufweisen.

(d) (**5 Punkte**) Leiten Sie die kanonischen Bewegungsgleichungen, indem Sie eine Variation auf das Funktional

$$S[q(t), p(t)] = \int\limits_{t_A}^{t_B} \mathrm{d}t \left(\dot{q}p - H(q, p, t)\right)$$

anwenden. Bedenken Sie, dass nur $\delta q(t_A) = \delta q(t_b) = 0$ zwingen nötig ist, die Variationen in δq und δp aber unabhängig voneinander sind.

(e) (**5 Punkte**) Leiten Sie aus dem d'Alembert'schen Prinzip die Bewegungsgleichungen der zurückgelegten Wegstrecke s eines Massenpunktes m in zwei Dimensionen auf einer schiefen Ebene mit dem Inklinationswinkel α im Schwerefeld g der Erde her.

Aufgabe 2   **25 *Punkte***

Noether-Theorem im Hamilton-Formalismus

Schlagwörter:
Hamilton-Funktion, Noether-Theorem, Kanonische Transformation, Erhaltungsgrößen,
Symmetrietransformation

In dieser Aufgabe soll das Noether-Theorem für den Hamilton-Formalismus untersucht
werden. Gehen Sie dazu von einem System aus, das durch die Hamilton-Funktion $H(\boldsymbol{q},\boldsymbol{p},t)$
beschrieben wird.

(a) **(2 Punkte)** Begründen Sie, warum für eine kanonische Transformation mit

$$H'(\boldsymbol{q}',\boldsymbol{p}',t) = H(\boldsymbol{q}',\boldsymbol{p}',t) \qquad (2.5.1)$$

dieselben Bewegungsgleichungen vorliegen und diese daher als Symmetrie-Transformation bezeichnet werden kann.

(b) **(4 Punkte)** Betrachten Sie die kanonische Transformation

$$F_2(\boldsymbol{q},\boldsymbol{p}',t) = \boldsymbol{q} \cdot \boldsymbol{p}' + \epsilon\, Q(\boldsymbol{q},\boldsymbol{p}',t) \qquad (2.5.2)$$

und finden Sie $\boldsymbol{q}'$, $\boldsymbol{p}$ und $H'(\boldsymbol{q}',\boldsymbol{p}',t)$.

(c) **(7 Punkte)** Verwenden Sie nun die Bedingung (2.5.1) für die Transformation (2.5.2),
um so

$$\frac{\mathrm{d}Q}{\mathrm{d}t} = \{Q,H\} + \frac{\partial Q}{\partial t} = 0$$

zu zeigen. Was bedeutet dieses Ergebnis für Symmetrien und Erhaltungsgrößen im
Hamilton-Formalismus?

Betrachten Sie im Folgenden die Hamilton-Funktion

$$H(\boldsymbol{r},\boldsymbol{p},t) = \frac{\boldsymbol{p}^2}{2m} + V(\boldsymbol{r},t).$$

(d) **(8 Punkte)** Verwenden Sie $Q = \boldsymbol{n} \cdot (\boldsymbol{r} \times \boldsymbol{p}')$ und $V(\boldsymbol{r},t) = V(r,t)$, um zu zeigen, dass
der Drehimpuls eine infinitesimale Drehung des Ortsvektors und des Impulsvektors
als Symmetrietransformation erzeugt. Dabei soll $\boldsymbol{n}^2 = 1$ gelten.

(e) **(4 Punkte)** Verwenden Sie $Q = \boldsymbol{n} \cdot \boldsymbol{p}'$ und $V(\boldsymbol{r} + \epsilon\boldsymbol{n},t) = V(\boldsymbol{r},t)$, um zu zeigen,
dass der Impuls eine infinitesimale Verschiebung des Ortsvektors als Symmetrietrans-
formation erzeugt.

Aufgabe 3   **25 Punkte**

Lagrange-Gleichungen erster Art

Schlagwörter:
Euler-Lagrange-Gleichung, Zwangskräfte, Zwangsbedingungen, Lagrange-Multiplikatoren,
Differentialgleichungen, Lagrange-Gleichungen erster Art

In dieser Aufgabe sollen Lagrange-Gleichungen 1. Art behandelt werden. Dazu wird ein Teilchen der Masse m im Schwerfeld der Erde g betrachtet, welches verschiedenen holonomen und skleronomen Zwangsbedingungen $f_\alpha(\mathbf{r}) = 0$ unterliegt. Alle betrachteten Bewegungen sollen reibungsfrei stattfinden.

(a) **(4 Punkte)** Stellen Sie die Lagrange-Funktion $L(\mathbf{r}, \dot{\mathbf{r}}, \{\lambda_\alpha\}, t)$ mit den Lagrange-Multiplikatoren λ_α auf und wenden Sie darauf die Euler-Lagrange-Gleichung an, um so die Bewegungsgleichungen des Teilchens zu finden. Welche Zwangskräfte $\mathbf{Z}_\alpha$ wirken auf das Teilchen und wie lassen sich diese durch die f_α ausdrücken?

Nehmen Sie nun an, das Teilchen sei am Ende einer Stange der Länge L befestigt, deren anderes Ende fest mit dem Ursprung des Koordinatensystems verbunden ist. Zudem soll das Teilchen sich nur in der xz-Ebene bewegen.

(b) **(4 Punkte)** Finden Sie alle Zwangsbedingungen und stellen Sie die Bewegungsgleichungen auf.

(c) **(6 Punkte)** Differenzieren Sie die Zwangsbedingungen zwei mal nach der Zeit, um mit den Bewegungsgleichungen die Lagrange-Multiplikatoren λ_α zu bestimmen. Verwenden Sie weiter die Energieerhaltung und drücken Sie die Zwangskräfte durch die Geschwindigkeit v_0 am niedrigsten Punkt der Teilchenbahn aus. Welche physikalische Bedeutung kommt der nicht verschwindenden Zwangskraft bei?

Gehen Sie nun davon aus, dass das Teilchen nicht an einer Stange befestigt ist, sondern sich auf einer Kugeloberfläche mit Radius R frei bewegen kann. Es ist dabei nicht fest mit der Kugeloberfläche verbunden. Das Teilchen soll seine Bewegung am höchsten Punkt der Kugel mit der Geschwindigkeit v_0 starten.

(d) **(2 Punkte)** Argumentieren Sie, weshalb es genügt nur die Bewegung in der xz-Richtung zu berücksichtigen. Stellen Sie dann die Zwangsbedingung für die Bewegung auf.

(e) **(5 Punkte)** Stellen Sie die Bewegungsgleichung mit Hilfe der Lagrange-Gleichungen 1. Art auf und bestimmen Sie so die auf das Teilchen wirkenden Zwangskraft.

(f) **(4 Punkte)** Wann wird die Zwangskraft Null? Interpretieren Sie physikalisch, was zu diesem Zeitpunkt passiert. Was ergibt sich im Grenzfall $v_0 \to 0$?

Aufgabe 4   **25 *Punkte***

Bewegung in elektromagnetischen Feldern

Schlagwörter:
Lagrange-Funktion, Hamilton-Funktion, Kanonischer Impuls, Noether-Theorem, Erhaltungsgrößen

Im Rahmen der Elektrodynamik wird die Bewegung von Körpern mit der Eigenschaft Ladung q in elektrischen $\boldsymbol{E}(\boldsymbol{r},t)$ und magnetischen Feldern $\boldsymbol{B}(\boldsymbol{r},t)$ beschrieben. Körper erfahren dabei eine Kraft der Form

$$\boldsymbol{F}(\boldsymbol{r},\dot{\boldsymbol{r}},t) = q(\boldsymbol{E} + \dot{\boldsymbol{r}} \times \boldsymbol{B}). \tag{2.5.3}$$

(a) (**2 Punkte**) Zeigen Sie zunächst, dass der zweite Teil der Kraft (2.5.3) keine Arbeit verrichtet. Welche Probleme könnten daher bei einer Beschreibung im Lagrange-Formalismus auftreten?

Die Felder $\boldsymbol{E}$ und $\boldsymbol{B}$ lassen sich durch ein Skalarpotential $\Phi(\boldsymbol{r},t)$ und durch ein Vektorpotential $\boldsymbol{A}(\boldsymbol{r},t)$ mittels

$$\boldsymbol{E} = -\nabla\Phi - \frac{\partial \boldsymbol{A}}{\partial t} \qquad \boldsymbol{B} = \nabla \times \boldsymbol{A}$$

darstellen. Es lässt sich so die Lagrange-Funktion

$$L(\boldsymbol{r},\dot{\boldsymbol{r}},t) = \frac{1}{2}m\dot{\boldsymbol{r}}^2 + q\dot{\boldsymbol{r}} \cdot \boldsymbol{A}(\boldsymbol{r},t) - q\Phi(\boldsymbol{r},t) \tag{2.5.4}$$

formulieren.

(b) (**1 Punkt**) Finden Sie den kanonischen Impuls von (2.5.4) und zeigen Sie, dass dieser nicht mit dem kinetischen Impuls übereinstimmt.

(c) (**4 Punkte**) Zeigen Sie, dass (2.5.4) tatsächlich die Bewegung im Kraftfeld (2.5.3) darstellt.
Hinweis: Der Zusammenhang zwischen $\boldsymbol{B}$ und $\boldsymbol{A}$ lässt auch die Identifikation

$$\partial_i A_j - \partial_j A_i = \epsilon_{ijk} B_k$$

zu.

(d) (**2 Punkte**) Finden Sie die Hamilton-Funktion und geben Sie eine Ersetzung von H und $\boldsymbol{p}$ an, um auf der Basis einer Hamilton-Funktion die Kopplung ans elektromagnetische Feld zu bestimmen.

(e) (**4 Punkte**) Die Felder Φ und $\boldsymbol{A}$ sind nicht eindeutig bestimmt. Zeigen Sie, dass sich die Felder $\boldsymbol{E}$ und $\boldsymbol{B}$ unter der Transformation

$$\Phi \to \Phi + \frac{\partial \Lambda}{\partial t} \qquad \boldsymbol{A} \to \boldsymbol{A} - \nabla\Lambda$$

nicht verändern. Dabei ist $\Lambda(\boldsymbol{r},t)$ eine mindestens zweimal stetig differenzierbare Funktion. Weshalb ergeben sich dennoch die gleichen Bewegungsgleichungen aus der veränderten Lagrange-Funktion?

(f) **(12 Punkte)** Betrachten Sie nun die Potentiale $\Phi = 0$ und $\boldsymbol{A} = -\frac{1}{2}(\boldsymbol{r} \times \boldsymbol{B}_0)$ wobei $\boldsymbol{B}_0$ ein konstanter Vektor sein soll. Finden Sie die Felder $\boldsymbol{B}$ und $\boldsymbol{E}$ und zeigen Sie, dass eine Drehung um die $\boldsymbol{B}$-Achse, sowie eine Translation entlang der $\boldsymbol{B}$-Achse jeweils eine Symmetrie des Systems darstellen und finden Sie die dazugehörigen Erhaltungsgrößen.

2.6   Klausur VI – Analytische Mechanik – mittel

Aufgabe 1   25 *Punkte*
Kurzfragen

Schlagwörter:
Legendre-Transformation, Trägheitsmoment, Poisson-Klammern, Lagrange-Gleichungen erster Art, Phasenraum

(a) (**5 Punkte**) Bestimmen Sie die Legendre-Transformation der Funktion $f(x) = \mathrm{e}^{ax}$.

(b) (**5 Punkte**) Bestimmen Sie das Trägheitsmoment einer Kugelschale mit Radius R und konstanter Flächenmassendichte σ_0. Drücken Sie Ihr Ergebnis durch die Masse m der Kugelschale und deren Radius aus.

(c) (**5 Punkte**) Bestimmen Sie die Poisson-Klammern $\left\{q^2, p^2\right\}$.

(d) (**5 Punkte**) Verwenden Sie die Lagrange-Gleichungen erster Art, um die Normalenkraft bei einer Bewegung auf einer schiefen Ebene mit Inklinationswinkel α zu ermitteln.

(e) (**5 Punkte**) Betrachten Sie ein Ensemble aus Teilchen der Masse m, die durch die Hamilton-Funktion

$$H(z,p) = \frac{p^2}{2m} + mgz$$

beschrieben werden. Die Koordinaten und Impulse sollen für $t = 0$ aus dem Intervall $[0, z_0]$ und $[0, p_0]$ kommen. Skizzieren Sie das besetzte Phasenraumvolumen zu einem späteren Zeitpunkt t. Welche Aussage darüber trifft der Satz von Liouville?

Aufgabe 2   25 *Punkte*

Massenpunkt an einer Schnur

Schlagwörter:
Lagrange-Funktion, Euler-Lagrange-Gleichung, Hamilton-Funktion, Zyklische Koordinaten, Effektives Potential, Harmonischer Oszillator

Betrachten Sie einen Massenpunkt m, der reibungsfrei auf einem Tisch gleiten soll. Er ist an einer massenlosen Schnur der Länge l befestigt, die durch ein Loch in der Mitte des Tisches führt. Am anderen Ende der Schnur ist ein Massenpunkt der Masse M befestigt. Der gesamte Aufbau befindet sich im Schwerefeld g der Erde. Die Bewegung soll dabei auf Fälle beschränkt sein, in denen keine der beiden Massen durch das Loch in der Mitte des Tisches gezogen wird.

(a) **(6 Punkte)** Stellen Sie die Lagrange-Funktion des Systems in Zylinderkoordinaten auf. Gibt es zyklische Koordinaten? Wenn ja, welche physikalische Größe ist damit erhalten? Stellen Sie die Bewegungsgleichung für den Abstand s des Massenpunktes m zum Loch auf.

(b) **(6 Punkte)** Ermitteln Sie die Hamilton-Funktion und stellen Sie damit die Bewegungsgleichungen auf. Vergleichen Sie diese mit dem Ergebnis aus Teilaufgabe (a). Warum stellt die Hamilton-Funktion in diesem System eine Erhaltungsgröße dar?

(c) **(8 Punkte)** Führen Sie ein effektives Potential ein und zeigen Sie, dass es sich als

$$V_{\text{eff}}(s) = \frac{A}{s^2} + Bs$$

schreiben lässt. Was sind hierbei die Konstanten A und B? Fertigen Sie anschließend eine Skizze des Potentials an und diskutieren Sie damit qualitativ die Bewegung. Gehen Sie dabei auch auf den Fall $s > l$ ein.

(d) **(5 Punkte)** Bestimmen Sie das Minimum des effektiven Potentials und zeigen Sie, dass bei kleinen Abweichungen $s = s_0 + \delta s$ um die Kreisbahn s_0 die Hamilton-Funktion äquivalent zu der in der Form eines harmonischen Oszillators

$$H_{\text{eff}}(q, p) = \frac{p^2}{2m} + \frac{1}{2}m\omega^2 q^2$$

ist. Beachten Sie, dass Sie statt m eine effektive Masse m_{eff} des Systems erhalten werden. Wie setzt sich die Kreisfrequenz ω aus den anderen Parametern des Problems zusammen?

Aufgabe 3   **25 *Punkte***

Gekoppelte Schwingungen

Schlagwörter:
Lagrange-Funktion, Federn, Gekoppelte Schwingungen, Eigenmoden, Eigenfrequenzen,
Eigenwerte

Betrachten Sie ein System aus vier Federn mit Federkonstante k und Ruhelänge $l = 0$
sowie drei Massen $2m_1 = m_2 = 2m_3 = 2m$, die wie in Abbildung 2.6.1 angeordnet und
zwischen $x = 0$ und $x = d$ eingespannt sind.

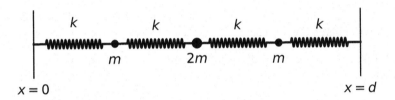

Abb. 2.6.1 Skizze des betrachteten Systems aus Federn und Massen

(a) **(10 Punkte)** Stellen Sie die Lagrange-Funktion des Systems auf. Verwenden Sie hierzu als verallgemeinerte Koordinaten die Auslenkung aus der jeweiligen Ruhelage δx_i
und zeigen Sie so, dass sich die Lagrange-Funktion durch

$$L = \frac{1}{2}\delta\dot{\boldsymbol{x}}^T M \delta\dot{\boldsymbol{x}} - \frac{1}{2}\delta\boldsymbol{x}^T K \delta\boldsymbol{x}$$

mit

$$M = m\begin{pmatrix} 1 & 0 & 0 \\ 0 & 2 & 0 \\ 0 & 0 & 1 \end{pmatrix} \qquad K = k\begin{pmatrix} 2 & -1 & 0 \\ -1 & 2 & -1 \\ 0 & -1 & 2 \end{pmatrix} \qquad \delta\boldsymbol{x} = \begin{pmatrix} \delta x_1 \\ \delta x_2 \\ \delta x_3 \end{pmatrix}$$

ausdrücken lässt.

(b) **(2 Punkte)** Finden Sie die Bewegungsgleichung und reduzieren Sie diese durch einen
geeigneten Ansatz auf das Eigenwertproblem

$$(M\omega_\lambda^2 - K)\delta\boldsymbol{x}_\lambda = \boldsymbol{0}.$$

(c) **(3 Punkte)** Bestimmen Sie die Eigenfrequenzen ω_λ, indem Sie λ in $\omega_\lambda^2 = \frac{k}{m}\lambda$ bestimmen.

(d) **(10 Punkte)** Bestimmen Sie die zu den Eigenfrequenzen gehörenden Eigenvektoren
$\delta\boldsymbol{x}_\lambda$ und die damit verbundenen Eigenmoden. Ermitteln Sie so die allgemeine Lösung.

Aufgabe 4   25 *Punkte*

Die schwingende Membran

Schlagwörter:
Lagrange-Funktion, Kontinuumsmechanik, Euler-Lagrange-Gleichung, Wellengleichung

In dieser Aufgabe soll eine schwingende Membran behandelt werden. Zu diesem Zweck wird von einer Ansammlung von Massenpunkten mit Masse m in einem quadratischen Gitter mit Separationen $\Delta x = \Delta y$ ausgegangen. Gesucht wird die zeitliche Entwicklung der Auslenkung $z(x, y, t)$. Die Massenpunkte sollen sich dabei nur in z-Richtung bewegen dürfen und werden durch ihre nächsten Nachbarn mit der Kraft $F = f\Delta x = f\Delta y$ in direkter Verbindungslinie angezogen.

(a) (**3 Punkte**) Bestimmen Sie die kinetische Energie des Systems durch einen Kontinuumslimes. Führen Sie dazu auch die Flächenmassendichte über $m = \sigma\Delta x\Delta y$ ein.

(b) (**8 Punkte**) Bestimmen Sie die potentielle Energie für kleine Auslenkungen, indem Sie die Kraftdichte f verwenden und zeigen Sie so, dass die Lagrange-Funktion durch

$$L = \iint \mathrm{d}x\,\mathrm{d}y\,\frac{f}{2}\left(\frac{1}{c^2}\left(\frac{\partial z}{\partial t}\right)^2 - \left(\left(\frac{\partial z}{\partial x}\right)^2 + \left(\frac{\partial z}{\partial x}\right)^2\right)\right)$$

gegeben ist. Dabei ist c die zu bestimmende, für das System charakteristische Geschwindigkeit.

(c) (**2 Punkte**) Für eine Wirkung mit der Lagrange-Dichte

$$S = \int \mathrm{d}t \int \mathrm{d}^2x\,\mathcal{L}(\phi, \dot\phi, \boldsymbol{\nabla}\phi, x, \boldsymbol{r})$$

ist die Euler-Lagrange-Gleichung durch

$$\partial_t \frac{\partial\mathcal{L}}{\partial(\partial_t\phi)} + \partial_i \frac{\partial\mathcal{L}}{\partial(\partial_i\phi)} - \frac{\partial\mathcal{L}}{\partial\phi} = 0$$

zu bestimmen. Zeigen Sie so, dass die Bewegungsgleichung durch

$$\frac{1}{c^2}\frac{\partial^2 z}{\partial t^2} - \Delta z = 0$$

gegeben ist.

(d) (**5 Punkte**) Gehen Sie nun davon aus, dass die Membran in einem Kreisring des Radius R eingespannt ist. Verwenden Sie den Laplace-Operator in Polarkoordinaten

$$\Delta f(s, \phi) = \frac{1}{s}\frac{\partial}{\partial s}\left(s\frac{\partial f}{\partial s}\right) + \frac{1}{s^2}\frac{\partial^2 f}{\partial\phi^2}$$

um mit dem Ansatz

$$z(s, \phi, t) = u(s) \cdot \Phi(\phi) \cdot \vartheta(t)$$

die Gleichung

$$\frac{1}{c^2} \frac{1}{\vartheta} \partial_t^2 \vartheta = \frac{1}{u} \cdot \frac{1}{s} \partial_s (s \partial_s u) + \frac{1}{\Phi} \cdot \frac{1}{s^2} \partial_\phi^2 \Phi \qquad (2.6.1)$$

herzuleiten.

(e) **(2 Punkte)** Argumentieren Sie, weshalb beide Seiten von Gl. (2.6.1) mit einer Konstante $-k^2$ übereinstimmen müssen. Welche Werte sind für k möglich, damit sich ein zeitlich periodisches Verhalten ergibt. Finden Sie so $\vartheta(t)$ mit unbestimmten Integrationskonstanten.

(f) **(5 Punkte)** Gehen Sie analog für die verbleibende Gleichung vor, um $\Phi(\phi)$ und die Differentialgleichung

$$s^2 u'' + s u' + (k^2 s^2 - \nu^2) u = 0$$

für $u(s)$ zu finden, letztere müssen Sie nicht lösen. Welche Werte kann ν annehmen? *Hinweis*: Bedenken Sie, dass $\Phi(\phi + 2\pi) = \Phi(\phi)$ gelten muss.

2.7 Klausur VII – Analytische Mechanik – mittel

Aufgabe 1   **25 *Punkte***

Kurzfragen

Schlagwörter:
Eigenwerte, Lagrange-Gleichungen erster Art, Poisson-Klammern, Kanonischer Impuls,
Lagrange-Funktion

(a) **(5 Punkte)** Bestimmen Sie die Eigenwerte der Matrix $M = \begin{pmatrix} 2 & 1 \\ 1 & -1 \end{pmatrix}$.

(b) **(5 Punkte)** Betrachten Sie einen kräftefreien Massenpunkt, der sich in der Ebene $z(t) = \frac{1}{2}gt^2$ bewegt. Stellen Sie die Lagrange-Gleichungen 1. Art auf und bestimmen Sie die Zwangskräfte. Interpretieren Sie ihr Ergebnis.

(c) **(5 Punkte)** Bestimmen Sie die Poisson-Klammer $\{p, q^3\}$.

(d) **(5 Punkte)** Betrachten Sie die Lagrange-Funktion

$$L(r, \theta, \phi, \dot{r}, \dot{\theta}, \dot{\phi}) = \frac{1}{2}m(\dot{r}^2 + r^2\dot{\theta}^2 + r^2\sin^2(\theta)\,\dot{\phi}^2) - V(r, \theta, \phi)$$

und bestimmen Sie die kanonischen Impulse zu r, θ und ϕ. Um was für physikalische Größen handelt es sich?

(e) **(5 Punkte)** Betrachten Sie die Lagrange-Funktion

$$L(\boldsymbol{r}, \dot{\boldsymbol{r}}) = \frac{1}{2}m\left(\dot{\boldsymbol{r}}^2 + 2\epsilon_{ijk}\dot{r}_i\omega_j r_k + \boldsymbol{\omega}^2\boldsymbol{r}^2 - (\boldsymbol{\omega} \cdot \boldsymbol{r})^2\right)$$

mit dem konstanten Vektor $\boldsymbol{\omega}$. Stellen Sie die Bewegungsgleichungen auf. Um was für eine Bewegung handelt es sich?

Aufgabe 2   **25** *Punkte*

Die Poinsot'sche Konstruktion

Schlagwörter:
Kreisel, Euler'sche Kreiselgleichungen, Drehimpuls, Energie

In dieser Aufgabe soll die Möglichkeit das analytische Problem der Kreiselbewegung auf
ein geometrisches Problem zu reduzieren betrachtet werden.

(a) **(6 Punkte)** Verwenden Sie zunächst die Euler'schen Kreiselgleichungen für einen
kräftefreien Kreisel, um zu zeigen, dass die Energie und der Betrag des Drehimpulses
erhalten sind. Warum ist auch die Richtung des Drehimpuls im Inertialsystem erhalten?

(b) **(3 Punkte)** Verwenden Sie die Energieerhaltung, um die Gleichung

$$1 = \frac{\omega^T I \omega}{2T} \tag{2.7.1}$$

aufstellen zu können. Wie ist diese geometrisch zu interpretieren?
Hinweis: Hierin sind I und T jeweils der Trägheitstensor und die kinetische Energie
des Kreisels.

(c) **(3 Punkte)** Führen Sie $x = \frac{\omega}{\sqrt{2T}}$ ein. Wie hängt der Abstand x eines Punktes der so
definierten Oberfläche mit dem Trägheitsmoment um die Drehachse n zusammen?

(d) **(4 Punkte)** Zeigen Sie, dass der Drehimpuls, bei einer Drehung um die Drehachse n
senkrecht zu der Tangentialebene im Durchstoßpunkt der durch Gl. (2.7.1) definierten Oberfläche steht. Wann sind S und n demnach parallel. Um welche besonderen
Drehachsen handelt es sich dann?

(e) **(3 Punkte)** Warum lässt sich mit der Energieerhaltung weiter argumentieren, dass alle
Tangentialebenen den selben Abstand zum Mittelpunkt der durch Gl. (2.7.1) definierten Oberfläche haben.

(f) **(3 Punkte)** Zeigen Sie mittels der Konstanz von S^2, dass auch

$$1 = \frac{\omega^T I^2 \omega}{S^2}$$

gelten muss. Welche Schlussfolgerung ergibt sich damit für die möglichen Werte von
ω auf der durch Gl. (2.7.1) definierten Oberfläche.

(g) **(3 Punkte)** Verwenden Sie ihre bisherigen Ergebnisse, um die Bewegung der durch
Gl. (2.7.1) definierten Oberfläche zu beschreiben, wenn die Tangentialebenen aus Teilaufgabe (e) im Raum festgehalten werden? Weshalb fällt das so gewählte Koordinatensystem mit dem Inertialsystem zusammen?

Aufgabe 3 25 *Punkte*

Endliche Transformationen im Hamilton-Formalismus

Schlagwörter:
Hamilton-Formalismus, Hamilton-Funktion, Poisson-Klammern, Erhaltungsgrößen, Symmetrietransformation, Noether-Theorem

In dieser Aufgabe soll untersucht werden, wie sich endliche Transformationen durch das Anwenden von Poisson-Klammern formulieren lassen. Dazu ist es nötig die wiederholte Anwendung von Poisson-Klammern mit einer Funktion f auf g mittels

$$(\{f, \cdot\})^n = \{f, \cdot\}^n g = \left\{f, \{f, \cdot\}^{n-1} g\right\} \qquad \{f, \cdot\}^0 g = g$$

zu definieren und gleichzeitig mit dem Potenzieren von $\{f, \cdot\}$ zu identifizieren.

(a) **(6 Punkte)** Zeigen Sie zunächst, dass

$$\{\alpha f, \cdot\}^n g = \alpha^n \{f, \cdot\}^n g$$

und

$$\{f, g\} = 0 \quad \Rightarrow \quad \{f, \cdot\}^n g = 0 \quad n \geq 1$$

gelten.

(b) **(4 Punkte)** Gehen Sie von einer nicht explizit zeitabhängigen Hamilton-Funktion $H(\boldsymbol{q}, \boldsymbol{p})$ und einer ebenfalls nicht explizit zeitabhängigen Phasenraumfunktion $f(\boldsymbol{q}, \boldsymbol{p})$ aus. Drücken Sie $\frac{\mathrm{d}^n f}{\mathrm{d}t^n}$ durch geeignete Anwendung von $\{-H, \cdot\}^n$ aus.

(c) **(4 Punkte)** Bestimmen Sie $f(t) = f(\boldsymbol{q}(t), \boldsymbol{p}(t))$ als Taylor-Reihe um $t_0 = 0$ und zeigen Sie damit, dass sich

$$f(t) = U(t)f(0) = \mathrm{e}^{-t\{H, \cdot\}} f(0)$$

mit dem Zeitentwicklungsoperator $U(t)$ schreiben lässt. Wie lassen sich demnach $\boldsymbol{q}(t)$ und $\boldsymbol{p}(t)$ durch $\boldsymbol{q}(0)$ und $\boldsymbol{p}(0)$ ausdrücken?

(d) **(2 Punkte)** Betrachten Sie nun eine nicht explizit zeitabhängige Erhaltungsgröße. Werten Sie den Ausdruck $U(t)Q(0)$ aus.

(e) **(6 Punkte)** Betrachten Sie ein Teilchen in einer Dimension im Potential $V(x)$ dessen Hamilton-Funktion durch

$$H(x, p) = \frac{p^2}{2m} + V(x)$$

gegeben ist. Betrachten Sie darüber hinaus den Operator

$$\tau(a) = \mathrm{e}^{-a\{p, \cdot\}}$$

mit dem Parameter a in der Dimension einer Länge. Bestimmen Sie die Ausdrücke $\tau(a)x$, $\tau(a)p$ und $\tau(a)H$. Interpretieren Sie Ihre Ergebnisse. Wann handelt es sich um eine Symmetrietransformation?

(f) **(3 Punkte)** Betrachten Sie nun allgemeiner eine nicht explizit zeitabhängige Erhaltungsgröße Q und einen Parameter a, der die Dimension einer zu Q konjugierten Variable aufweist. Zeigen Sie nun, dass der Operator

$$\tau(a) = \mathrm{e}^{-a\{Q,\cdot\}}$$

die Hamilton-Funktion unverändert lässt, dass also $\tau(a)H = H$ gilt. Welcher Zusammenhang besteht demnach mit dem Noether-Theorem?

Aufgabe 4   **25** *Punkte*

Massenpunkt im quartischem Potential

Schlagwörter:
Hamilton-Funktion, Kanonische Bewegungsgleichungen, Erhaltungsgrößen, Stabilität

Betrachten Sie einen Massenpunkt der Masse m, das sich in einer Dimension im Potential

$$V_0(x) = C - \frac{\mu^2}{2}x^2 + \frac{\lambda}{4!}x^4$$

bewegt. Darin sind C, μ und $\lambda > 0$ reelle Konstanten.

(a) **(6 Punkte)** Bestimmen Sie die Extrema des Potentials und finden Sie heraus, ob es sich um Minima oder Maxima handelt. Bestimmen Sie anschließend die Konstante C so, dass das Potential an seinen Minima $x_\pm$ den Wert $V(x_\pm) = 0$ annimmt. Zeigen Sie so, dass sich das Potential auch als

$$V_0(x) = A \cdot \left(x^2 - x_\pm^2\right)^2$$

schreiben lässt und bestimmen Sie A.

(b) **(4 Punkte)** Skizzieren Sie das Potential und diskutieren Sie damit die Bewegung qualitativ.

(c) **(6 Punkte)** Stellen Sie die Hamilton-Funktion H und damit die Bewegungsgleichungen des Systems auf. Finden Sie alle Gleichgewichtspunkte und untersuchen Sie diese hinsichtlich ihre Stabilität. Finden Sie dabei auch die Kreisfrequenz ω, mit der sich der Massenpunkt um einen stabilen Gleichgewichtspunkt bewegt.

(d) **(4 Punkte)** Betrachten Sie nun die rotationssymmetrische Fortsetzung des Potentials für eine Bewegung in zwei Dimensionen und stellen Sie damit die Hamilton-Funktion in Polarkoordinaten auf. Zeigen Sie, dass p_ϕ eine Erhaltungsgröße ist. Welchen Wert muss p_ϕ annehmen, damit sich das bereits behandelte Problem ergibt? Finden Sie anschließend für den allgemeinen Fall die Differentialgleichung für s.

(e) **(5 Punkte)** Nehmen Sie nun an, die Bewegung findet auf einer Kreisbahn mit $\dot{s} = 0$ statt. Finden Sie die Bedingung für den Radius s_0 bei dem dies möglich ist. Nehmen Sie weiter an, dass der Einfluss der rotativen Bewegung so gering sei, dass der gesuchte Radius in der Nähe des Potentialminimus $s_0 = x_+ + \delta s$ aus Teilaufgabe (c) liegt und bestimmen Sie δs.

2.8 Klausur VIII – Analytische Mechanik – mittel

Aufgabe 1   25 *Punkte*

Kurzfragen

Schlagwörter:
Eigenwerte, Hamilton-Funktion, Wirkung, Kanonische Transformation, Lagrange-Funktion

(a) **(5 Punkte)** Finden Sie die Eigenwerte der Matrix $M = \begin{pmatrix} 1 & -2 \\ -2 & -1 \end{pmatrix}$.

(b) **(5 Punkte)** Betrachten Sie ein Teilchen der Masse m, das sich in einer Dimension in einem Kraftfeld der Form $F = -F_0 \sinh(\alpha q)$ bewegt. Bestimmen Sie die Hamilton-Funktion des Systems.

(c) **(5 Punkte)** Zeigen Sie, dass für ein System mit der Lagrange-Funktion

$$L = \frac{1}{2} m \dot{r}^2 - V(r)$$

mit $V(\lambda r) = \lambda^k V(r)$ die Variation der Wirkung für extremale $q(t)$ unverändert bleibt, wenn die Transformation $r \to \lambda r,\, t \to \lambda^{1-\frac{k}{2}} t$ vorgenommen wird.

(d) **(5 Punkte)** Bestimmen Sie aus der Erzeugenden $F_1(q, Q, t)$ einer kanonischen Transformation eine Erzeugende F_2, welche von q und P abhängt. Wie gehen aus F_2 die Größen p, Q und $\tilde{H}$ hervor?

(e) **(5 Punkte)** Betrachten Sie eine Masse m_1, die sich im festen Abstand l_1 zum Ursprung im Schwerefeld der Erde g in der xz-Ebene bewegt. An Masse m_1 ist die Masse m_2 im festen Abstand l_2 befestigt. Sie kann sich ebenfalls nur in der xz-Ebene bewegen. Finden Sie die Lagrange-Funktion mit den Auslenkungen zur Vertikalen jedes Pendels ϕ_1 und ϕ_2 als verallgemeinerten Koordinaten.

Aufgabe 2   25 *Punkte*

Der Hamilton-Jacobi-Formalismus

Schlagwörter:
Hamilton-Funktion, Kanonische Transformation, Relativität, Hamilton-Jacobi-Formalismus,
Wellengleichung

In dieser Aufgabe soll ein besonderes Lösungsverfahren für Probleme der Hamilton-Mechanik vorgestellt und die physikalischen Implikationen untersucht werden. Dazu wird von einem System ausgegangen, das durch die Hamilton-Funktion $H(q, p, t)$ beschrieben wird.

(a) **(2 Punkte)** Betrachten Sie eine kanonische Transformation, die von $S(q, p', t)$ erzeugt wird. Wie lassen sich p, q' und die neue Hamilton-Funktion $H'(q', p', t)$ aus H und S bestimmen?

(b) **(3 Punkte)** Was gilt für die neuen Koordinaten und Impulse, wenn $H' = 0$ ist? Welche Bedingung muss dafür an S gestellt werden. Bestimmen Sie daraus eine Differentialgleichung für S.

(c) **(3 Punkte)** Bestimmen Sie die totale Zeitableitung von S und interpretieren Sie das Ergebnis physikalisch.

Gehen Sie in den folgenden Teilaufgaben von einer zeitunabhängigen Hamilton-Funktion aus.

(d) **(6 Punkte)** Zerlegen Sie S in eine Summe aus den Anteilen $W(q, p')$ und $F(t, p')$ und bestimmen Sie F. Wie lässt sich S geometrisch interpretieren? Wieso lässt sich die Differentialgleichung aus Teilaufgabe (b) damit als Wellengleichung interpretieren?

(e) **(4 Punkte)** Bestimmen Sie die Geschwindigkeit u mit der sich Flächen gleicher Werte von S bewegen. Und vergleichen Sie diese mit der Teilchengeschwindigkeit v, wenn die Hamilton-Funktion einem freien Teilchen entspricht.

(f) **(7 Punkte)** Betrachten Sie ein nicht relativistisches freies Teilchen der Masse m und stellen Sie die Differentialgleichung aus Teilaufgabe (b) für dieses Teilchen auf. Zeigen Sie dann, dass sich mit $S = S' - mc^2 t$ für ein relativistisches Teilchen mit der Hamilton-Funktion

$$(H(r, p))^2 = p^2 c^2 + m^2 c^4$$

die gleiche Differentialgleichung für S' im Grenzfall $c \to \infty$ ergibt. Was passiert mit der Geschwindigkeit u im relativistischen Fall?

Aufgabe 3   **25 *Punkte***

Der schwere symmetrische Kreisel

Schlagwörter:
Kreisel, Euler-Winkel, Lagrange-Funktion, Energie, Zyklische Koordinaten, Präzession, Nutation

In dieser Aufgabe soll ein symmetrischer Kreisel im Schwerefeld g der Erde betrachtet werden. Das Körpersystem soll mit den Hauptträgheitsachsen zusammenfallen, so dass $\hat{e}_3$ der Figurenachse entspricht. Ausgedrückt durch die Euler-Winkel ist die kinetische Energie eines Kreisels durch

$$T = \frac{I_1}{2}(\dot{\phi}\sin(\theta)\sin(\psi) + \dot{\theta}\cos(\psi))^2 + \frac{I_2}{2}(\dot{\phi}\sin(\theta)\cos(\psi) - \dot{\theta}\sin(\psi))^2$$
$$+ \frac{I_3}{2}(\dot{\phi}\cos(\theta) + \dot{\psi})^2 \qquad (2.8.1)$$

gegeben.

(a) **(5 Punkte)** Finden Sie die kinetische Energie des symmetrischen Kreisels. Führen Sie dazu auch das Trägheitsmoment für die Drehung um die entartete Hauptträgheitsachse als $I_\perp$ ein.

(b) **(5 Punkte)** Der Kreisel liegt auf einem festen Punkt auf, der stets den Abstand R zum Schwerpunkt des Kreisels hat und unterliegt der Erdanziehung $-g\hat{e}_z$. Finden Sie die Lagrange-Funktion des Systems.[1]

(c) **(5 Punkte)** Welche Koordinaten sind zyklisch? Finden Sie die dazu gehörenden erhaltenen Impulse und interpretieren Sie diese physikalisch.

(d) **(5 Punkte)** Begründen Sie die Konstanz der Gesamtenergie E des Systems. Finden Sie E und verwenden Sie Ihre Ergebnisse aus Teilaufgabe (c), um

$$E = \frac{I_\perp}{2}\dot{\theta}^2 + V_{\text{eff}}(\theta)$$

mit

$$V_{\text{eff}}(\theta) = \frac{(A - B\cos(\theta))^2}{\sin^2(\theta)} + C\cos(\theta) + D$$

zu erhalten. Was sind die Konstanten A, B, C und D?

(e) **(5 Punkte)** Fertigen Sie eine Skizze von $V_{\text{eff}}(\theta)$ an und diskutieren Sie die Bewegung des Kreisels qualitativ. Berücksichtigen Sie hierzu sowohl die zeitliche Entwicklung von θ als auch von ϕ.

---

[1]Die Auflage soll so gestaltet sein, dass für den Nutationswinkel θ weiterhin prinzipiell alle Werte aus $[0, \pi]$ möglich sind.

Aufgabe 4   25 *Punkte*

Das Kepler-Problem im Hamilton-Formalimus

Schlagwörter:
Hamilton-Funktion, Kanonische Transformation, Erhaltungsgrößen, Effektives Potential,
Poisson-Klammern

In dieser Aufgabe sollen zwei Massenpunkte m_1 und m_2 mit den Ortsvektoren $\boldsymbol{r}_1$ und $\boldsymbol{r}_2$ betrachtet werden. Sie sollen dabei nur der wechselseitigen Anziehung im Potential

$$V(\boldsymbol{r}_1, \boldsymbol{r}_2) = -\frac{\alpha}{|\boldsymbol{r}_2 - \boldsymbol{r}_1|}$$

unterliegen.

(a) **(1 Punkt)** Stellen Sie die Hamilton-Funktion des Systems als eine Funktion der Orts-vektoren und der kinetischen Impulse $\boldsymbol{p}_1$ und $\boldsymbol{p}_2$ auf.

(b) **(7 Punkte)** Zeigen Sie, dass

$$\boldsymbol{R}(\boldsymbol{r}_1, \boldsymbol{r}_2, \boldsymbol{p}_1, \boldsymbol{p}_2) = \frac{m_1 \boldsymbol{r}_1 + m_2 \boldsymbol{r}_2}{m_1 + m_2} \qquad \boldsymbol{P}(\boldsymbol{r}_1, \boldsymbol{r}_2, \boldsymbol{p}_1, \boldsymbol{p}_2) = \boldsymbol{p}_1 + \boldsymbol{p}_2$$

$$\boldsymbol{r}(\boldsymbol{r}_1, \boldsymbol{r}_2, \boldsymbol{p}_1, \boldsymbol{p}_2) = \boldsymbol{r}_2 - \boldsymbol{r}_1 \qquad \boldsymbol{p}(\boldsymbol{r}_1, \boldsymbol{r}_2, \boldsymbol{p}_1, \boldsymbol{p}_2) = \frac{m_1 \boldsymbol{p}_2 - m_2 \boldsymbol{p}_1}{m_1 + m_2}$$

eine kanonische Transformation darstellt und ermitteln Sie so die neue Hamilton-Funktion.

(c) **(1 Punkt)** Zeigen Sie, dass es sich bei $\boldsymbol{P}$ um eine Erhaltungsgröße handelt und bestim-men Sie so

$$H_{\text{rel}}(\boldsymbol{r}, \boldsymbol{p}) = \frac{\boldsymbol{p}^2}{2\mu} - \frac{\alpha}{r}$$

als die Hamilton-Funktion für den Relativteil. Was ist dabei μ?

(d) **(3 Punkte)** Zeigen Sie mit Hilfe der Poisson-Klammern, dass $\boldsymbol{J} = \boldsymbol{r} \times \boldsymbol{p}$ eine erhaltene Größe ist und argumentieren Sie damit, weshalb sich auch

$$\boldsymbol{J} = J\hat{\boldsymbol{e}}_z \qquad \boldsymbol{r} = r\hat{\boldsymbol{e}}_s \qquad \boldsymbol{p} = (\boldsymbol{p} \cdot \hat{\boldsymbol{e}}_s)\hat{\boldsymbol{e}}_s + (\boldsymbol{p} \cdot \hat{\boldsymbol{e}}_\phi)\hat{\boldsymbol{e}}_\phi$$

schreiben lassen. Finden Sie den Zusammenhang zwischen J und $(\boldsymbol{p} \cdot \hat{\boldsymbol{e}}_\phi)$.

(e) **(3 Punkte)** Finden Sie nun das effektive Potential für die Koordinate r, skizzieren Sie dieses und diskutieren Sie daran die Bewegung qualitativ.

(f) **(10 Punkte)** Zeigen Sie mit Hilfe der Poisson-Klammern, dass der Laplace-Runge-Lenz-Vektor

$$\boldsymbol{A} = \boldsymbol{p} \times (\boldsymbol{r} \times \boldsymbol{p}) - \mu\alpha\frac{\boldsymbol{r}}{r}$$

eine Erhaltungsgröße ist und verwenden Sie diesen, um die Gleichung

$$r(\phi) = \frac{p}{1 + e \cos(\phi)}$$

zu finden. Drücken Sie darin auch e und p durch J, α, μ und die Gesamtenergie E aus.

2.9   Klausur IX – Analytische Mechanik – mittel

Aufgabe 1   **25 *Punkte***
Kurzfragen

Schlagwörter:
Eigenwerte, Kanonische Transformation, Euler-Lagrange-Gleichung, Poisson-Klammern,
Trägheitsmoment

(a) **(5 Punkte)** Bestimmen Sie die Eigenwerte der Matrix $M = \begin{pmatrix} 3 & 2 \\ 2 & 3 \end{pmatrix}$.

(b) **(5 Punkte)** Nehmen Sie an $F_2(\boldsymbol{q}, \boldsymbol{P}, t)$ erzeugt eine kanonische Transformation. Konstruieren Sie daraus eine erzeugende Funktion $F_1(\boldsymbol{q}, \boldsymbol{Q}, t)$. Wie lassen sich $\boldsymbol{p}$, $\boldsymbol{Q}$ und $\tilde{H}$ aus F_1 bestimmen?

(c) **(5 Punkte)** Betrachten Sie die Lagrange-Funktion

$$L(s, \dot{s}) = \frac{1}{2}m\left(1 + \frac{I}{mR^2}\right)\dot{s}^2 + mgs\sin(\alpha)$$

und leiten Sie daraus die Bewegungsgleichungen her. Um was für ein System handelt es sich und welche Bedeutung haben die einzelnen Parameter?

(d) **(5 Punkte)** Die Poisson-Klammer der Komponenten des Drehimpuls $\boldsymbol{J}$ mit Komponenten des Vektors $\boldsymbol{r}$ sind durch $\{J_i, r_j\} = \epsilon_{ijk}r_k$. Bestimmen Sie $\{J_i, \boldsymbol{r}^2\}$.

(e) **(5 Punkte)** Bestimmen Sie das Trägheitsmoment eines Kegels mit Grundradius R, Höhe H und Masse m als eine Funktion der Masse und des Grundradius. Die Rotationsachse soll mit der Symmetrieachse des Kegels zusammenfallen.

Aufgabe 2   25 *Punkte*

Der getrieben harmonische Oszillator

Schlagwörter:
Harmonischer Oszillator, Lagrange-Funktion, Kanonischer Impuls, Hamilton-Funktion

In dieser Aufgabe soll der getriebene harmonische Oszillator mit Masse m, Eigenfrequenz ω und antreibender Kraft $mf(t)$, welcher der Differentialgleichung

$$\ddot{x} + \omega^2 x = f(t)$$

folgt, betrachtet werden.

(a) **(5 Punkte)** Wie lautet die allgemeine Lösung der Bewegungsgleichung? Drücken Sie die partikuläre Lösung dazu mittels einer Green'schen Funktion aus.

(b) **(4 Punkte)** Wie lautet die Lagrange-Funktion für $f(t) = 0$?

(c) **(4 Punkte)** Zeigen Sie, dass durch das Hinzufügen des Terms $-m\dot{x}F(t)$ eine Lagrange-Funktion für den getriebenen harmonischen Oszillator gegeben ist. Darin beschreibt $F(t)$ die Stammfunktion von $f(t)$.

(d) **(5 Punkte)** Finden Sie den kanonischen Impuls p und zeigen Sie so, dass die Hamilton-Funktion durch

$$H(x,p,t) = \frac{1}{2}m\left(\frac{p}{m} + F\right)^2 + \frac{1}{2}m\omega^2 x^2$$

bestimmt werden kann. Was beschreibt die Hamilton-Funktion in diesem System?

(e) **(4 Punkte)** Wie lauten die kanonischen Bewegungsgleichungen? Vergleichen Sie diese zu der eingangs gegebenen Bewegungsgleichung.

(f) **(3 Punkte)** Finden Sie die totale Zeitableitung der Hamilton-Funktion und erklären Sie deren physikalische Bedeutung. In welchen Fällen gewinnt der Oszillator an Energie?

Aufgabe 3   **25 *Punkte***

Von Newton zu Lagrange

Schlagwörter:
Lagrange-Gleichungen erster Art, Zwangsbedingungen, Zwangskräfte, Differentialrechnung, Energie

In dieser Aufgabe soll aus den Newton'schen Bewegungsgesetzen der Lagrange-Formalismus hergeleitet werden. Dazu wird ein System aus N Teilchen mit den jeweiligen Ortsvektoren $\boldsymbol{r}_\alpha$ und Massen m_α betrachtet. Alle Teilchen unterliegen einer konservativen Kraft $\boldsymbol{F}_\alpha = -\boldsymbol{\nabla}_\alpha U(\{\boldsymbol{r}_\alpha\})$ und Zwangskräften, die aus N_z unabhängigen holonomen Zwangsbedingungen $f_a(\{\boldsymbol{r}_\alpha\}, t) = 0$ konstruiert werden. Darin bezeichnet $\boldsymbol{\nabla}_\alpha$ den Gradienten bzgl. $\boldsymbol{r}_\alpha$.

(a) **(2 Punkte)** Stellen Sie mit den Newton'schen Gesetzen die Bewegungsgleichung für jedes Teilchen auf und konstruieren Sie somit die Lagrange-Gleichungen 1. Art.

(b) **(7 Punkte)** Bestimmen Sie $\frac{\mathrm{d}f_a}{\mathrm{d}t}$. Multiplizieren Sie dann jede der Bewegungsgleichungen mit $\dot{\boldsymbol{r}}_\alpha$ und summieren Sie über α. Stellen Sie so die Energie E des Systems auf und zeigen Sie, dass diese im Fall von skleronomen Zwangsbedingungen erhalten ist.

(c) **(4 Punkte)** Betrachten Sie nun einen Satz von $f = 3N - N_z$ verallgemeinerten Koordinaten q_i, welche alle Zwangsbedingungen automatisch erfüllen, so dass $\frac{\partial f_a}{\partial q_i} = 0$ gilt. Multiplizieren Sie jede Bewegungsgleichung mit $\frac{\partial \boldsymbol{r}_\alpha}{\partial q_i}$ und summieren Sie über alle α. Zeigen Sie so, dass sich die Bewegungsgleichungen zu

$$\sum_{\alpha=1}^{N} \frac{\partial \boldsymbol{r}_\alpha}{\partial q_i} \cdot (m_\alpha \ddot{\boldsymbol{r}}_\alpha + \boldsymbol{\nabla}_\alpha U) = 0$$

vereinfachen.

(d) **(8 Punkte)** Betrachten Sie $\boldsymbol{r}_\alpha(\{q_i\}, t)$ und zeigen Sie, dass

$$\frac{\partial \dot{\boldsymbol{r}}_\alpha}{\partial \dot{q}_i} = \frac{\partial \boldsymbol{r}_\alpha}{\partial q_i}$$

gilt. Verwenden Sie dieses Ergebnis, um die Ableitungen

$$\frac{\partial U}{\partial q_i} \qquad \frac{\mathrm{d}}{\mathrm{d}t}\frac{\partial U}{\partial \dot{q}_i} \qquad \frac{\partial T}{\partial q_i} \qquad \frac{\mathrm{d}}{\mathrm{d}t}\frac{\partial T}{\partial \dot{q}_i}$$

zu bestimmen, wobei T die kinetische Energie bezeichnet.

(e) **(4 Punkte)** Verwenden Sie die Ergebnisse der vorherigen Teilaufgabe, um das Ergebnis der Teilaufgabe (c) auf

$$\mathcal{D}_i(T - U) = 0$$

umzuformen, worin $\mathcal{D}_i$ einen zu bestimmenden Differentialoperator beschreibt. Benennen Sie die Gleichung und darin auftretende Größen.

Aufgabe 4   25 *Punkte*

Stabile Achsen

Schlagwörter:
Kreisel, Euler'sche Kreiselgleichungen, Stabilität, Differentialgleichungen, Störung

In dieser Aufgabe soll untersucht werden, um welche Achsen eine stabile gleichförmige Rotation für einen kräftefreien Kreisel auftreten kann. Gleichförmig bedeutet hierbei, dass sich eine konstante Winkelgeschwindigkeit ω = konst. einstellt. Stabil bedeutet, dass kleine Abweichungen von einer vorgegebenen Achse durch die Dynamik des Systems nicht zu großen Abweichungen heranwachsen.

(a) (**3 Punkte**) Betrachten Sie einen Kugelkreisel mit $I_1 = I_2 = I_3$. Stellen Sie die Euler'schen Kreiselgleichung auf und zeigen Sie, dass die Rotation um eine beliebige Achse $\boldsymbol{n}$ gleichförmig und stabil ist.

(b) (**5 Punkte**) Betrachten Sie nun einen symmetrischen Kreisel mit $I_1 = I_2 = I_\perp$ und $I_3 = I_\parallel$. Stellen Sie die Euler'schen Kreiselgleichungen auf und zeigen Sie, dass sich diese durch

$$\omega_1 = \omega_\perp \sin(\Omega t + \psi_0) \qquad \omega_2 = \omega_\perp \cos(\Omega t + \psi_0) \qquad \omega_3 = \omega_\parallel = \text{konst.}$$

lösen lassen. $\omega_\perp$, $\omega_\parallel$ und ψ_0 sind dabei Integrationskonstanten, die durch die die Anfangsbedingungen bestimmt werden. Was ist hierbei Ω?

(c) (**3 Punkte**) Weshalb legen die Ergebnisse aus Teilaufgabe (b) nahe, dass eine gleichförmige Rotation um die Hauptträgheitsachsen auftreten?

(d) (**5 Punkte**) Betrachten Sie nun für den symmetrischen Kreisel kleine Störungen um die Achsen gleichförmiger Rotation und zeigen Sie so, dass die Rotation um die Figurenachse stabil ist. Zeigen Sie weiter, dass sich Drehungen um eine Achse mit $I_\perp$ bei kleinen Störungen nicht in eine Drehung um eine Achse mit $I_\parallel$ umwandeln kann.

(e) (**3 Punkte**) Betrachten Sie nun einen beliebigen Kreisel mit $I_1 \neq I_2 \neq I_3 \neq I_1$. Zeigen Sie zunächst, dass eine gleichförmige Rotation nur um die Hauptträgheitsachsen auftreten kann.

(f) (**6 Punkte**) Betrachten Sie für den beliebigen Kreisel nun kleine Abweichungen von der gleichförmigen Rotation, indem Sie $\omega_3 = \omega_0 + \delta\omega_3$ und $\omega_1 = \delta\omega_1$, $\omega_2 = \delta\omega_2$ annehmen. Zeigen Sie so, dass

$$\delta\ddot{\omega}_{1/2} = -\Omega^2 \delta\omega_{1/2}$$

gilt. Was ist Ω^2? Um welche der Hauptträgheitsachsen kann die gleichförmige Rotation demnach stabil sein und um welche nicht?

2.10   Klausur X – Analytische Mechanik – mittel

Aufgabe 1   **25 *Punkte***

Kurzfragen

Schlagwörter:
Eigenvektoren, Lagrange-Funktion, Kanonische Transformation, Phasenraum, Trägheitsmoment

(a) **(5 Punkte)** Beweisen Sie, dass die Eigenvektoren einer symmetrischen Matrix S zu unterschiedlichen Eigenwerten senkrecht zueinander sind.

(b) **(5 Punkte)** Stellen Sie die Lagrange-Funktion eines starren Körpers mit Radius R und Trägheitsmoment I beim Abrollen auf einer schiefen Ebene mit Inklinationswinkel α als Funktion der zurückgelegten Wegstrecke auf.

(c) **(5 Punkte)** Nehmen Sie an, die Funktion $F_1(q, Q, t)$ erzeugt eine kanonische Transformation. Konstruieren Sie eine erzeugende Transformation $F_3(p, Q, t)$. Wie lassen sich q, P und $\tilde{H}$ aus F_3 ermitteln?

(d) **(5 Punkte)** Begründen Sie, warum sich Trajektorien im Phasenraum nicht schneiden können.

(e) **(5 Punkte)** Bestimmen Sie das Trägheitsmoment eines Zylinder mit Radius R und Höhe h bei Rotation um dessen Symmetrieachse. Der Zylinder soll die Masse m und eine mit dem Radius linear zunehmende Massendichte aufweisen. Drücken Sie Ihr Ergebnis durch die Masse und den Radius des Zylinders aus.

Aufgabe 2   **25 *Punkte***

Zwangskräfte im Looping

Schlagwörter:
Euler-Lagrange-Gleichung, Zwangskräfte, Zwangsbedingungen, Lagrange-Multiplikatoren,
Differentialgleichungen, Lagrange-Gleichungen erster Art, g-Kräfte

In dieser Aufgabe sollen mit Hilfe der Lagrange-Gleichungen 1. Art die Zwangskräfte
und daraus die g-Kräfte auf einer Achterbahn bestimmt werden. Dazu wird ein Teilchen
der Masse m im Schwerefeld der Erde betrachtet, welches gewissen Zwangsbedingungen
unterliegt, die dessen Kurve festlegt.
Es soll die reibungsfreie Bewegung in einem kreisförmigen Looping mit Radius R und
Mittelpunkt $R\hat{e}_z$ betrachtet werden. Gehen Sie dazu davon aus, dass das Teilchen sich nur
in der xz-Ebene bewegt. Am tiefsten Punkt des Loopings, soll das Teilchen die Geschwindigkeit v_0 aufweisen.

(a) **(2 Punkte)** Stellen Sie eine Zwangsbedingung für die Bewegung auf dem Looping auf
und fügen Sie diese mit Hilfe eines Lagrange-Multiplikators λ der Lagrange-Funktion
zu.

(b) **(6 Punkte)** Zeigen Sie, dass sich die Bewegungsgleichungen

$$m\ddot{x} = 2\lambda x \qquad m\ddot{z} = -mg + 2\lambda(z - R)$$

ergeben.

(c) **(7 Punkte)** Verwenden Sie die zweite zeitliche Ableitung der Zwangsbedingung, um
λ zu bestimmen und ermitteln Sie so die Zwangskräfte als Funktion von x, z, $\dot{x}$ und $\dot{z}$.

(d) **(2 Punkte)** Stellen Sie mit Hilfe der Energieerhaltung einen Zusammenhang zwischen
$\dot{x}$, $\dot{z}$, v_0 und z her.

(e) **(8 Punkte)** Parametrisieren Sie die Bahn durch den momentanen Steigungswinkel θ,
um zu zeigen, dass die g-Kräfte, also die Zwangskräfte geteilt durch mg, durch

$$G = \begin{pmatrix} G_x \\ G_z \end{pmatrix} = \left(\frac{v_0^2}{gR} - 2 + 3\cos(\theta) \right) \begin{pmatrix} -\sin(\theta) \\ \cos(\theta) \end{pmatrix}$$

gegeben sind.

Aufgabe 3   **25** *Punkte*

Die Geodätengleichung

Schlagwörter:
Lagrange-Funktion, Funktional, Euler-Lagrange-Gleichung, Differentialgleichungen, Differentialrechnung

In dieser Aufgabe soll eine gekrümmte Oberfläche im dreidimensionalen Raum betrachtet werden, deren Punkte sich durch die Parameter x_1 und x_2 mittels $\boldsymbol{r}(x_1, x_2)$ beschreiben lassen. Ziel ist es, die kürzeste Verbindung zwischen zwei Punkten dieser Oberfläche zu finden.

(a) **(4 Punkte)** Zeigen Sie, dass das Wegelement durch

$$(\mathrm{d}s)^2 = g_{ij}\,\mathrm{d}x_i\,\mathrm{d}x_j$$

bestimmt werden kann, wobei g_{ij} die Komponenten einer symmetrischen Matrix sind, welche von x_1 und x_2 abhängen können. Wie hängt diese Matrix mit $\frac{\partial \boldsymbol{r}}{\partial x_i}$ zusammen?

(b) **(2 Punkte)** Betrachten Sie nun einen durch den Parameter λ beschriebenen Weg auf der Oberfläche und stellen Sie das Funktional

$$S[x_i(\lambda)] = \int \mathrm{d}\lambda\; L\left(x_i, \frac{\mathrm{d}x_i}{\mathrm{d}\lambda}, \lambda\right)$$

mit zu bestimmender Lagrange-Funktion L für die Weglänge auf.

(c) **(7 Punkte)** Zeigen Sie, dass die Euler-Lagrange-Gleichung des so gefundenen Funktionals die Geodäten-Gleichung

$$\frac{\mathrm{d}^2 x_l}{\mathrm{d}s^2} + \Gamma^l_{ij} \frac{\mathrm{d}x_i}{\mathrm{d}s} \frac{\mathrm{d}x_j}{\mathrm{d}s} = 0$$

mit den in i und j symmetrischen Christoffel-Symbolen

$$\Gamma^l_{ij} = \frac{(g^{-1})_{lk}}{2} \left(\frac{\partial g_{kj}}{\partial x_i} + \frac{\partial g_{ik}}{\partial x_j} - \frac{\partial g_{ij}}{\partial x_k} \right)$$

ergibt. Warum beschreibt diese Gleichung extremale Wege?

(d) **(12 Punkte)** Finden Sie nun g_{ij}, Γ^l_{ij} und jede Komponente der Geodäten-Gleichung für

   (i) Einen Zylinder mit Radius S, $x_1 = \phi$ und $x_2 = z$

   (ii) Eine Kugel mit Radius R und $x_1 = \theta$ und $x_2 = \phi$

und beschreiben Sie die sich so ergebenden extremalen Wege qualitativ.

Aufgabe 4   25 *Punkte*

Die isochrone Kurve

Schlagwörter:
Brachistochrone, Erhaltungsgrößen, Integralrechnung, Differentialrechnung, Pendel

In dieser Aufgabe soll eine weitere bemerkenswerte Eigenschaft der Zykloide, welche die Lösung zum Brachistochronenproblem darstellt, untersucht werden. Gehen Sie davon von einer Zykloide aus, die sich durch die Parametergleichung

$$x = R(\phi - \sin(\phi)) \qquad y = R(1 + \cos(\phi)) \qquad \phi \in [0, \pi] \qquad (2.10.1)$$

beschreiben lässt. Dabei ist R ein positiver Parameter der Dimension Länge.

(a) **(5 Punkte)** Nehmen Sie an, ein Massenpunkt der Masse m bewege sich im Schwere-feld der Erde fest auf der durch Gl. (2.10.1) definierten Kurve. Er soll dabei auf der Höhe y_0 mit Geschwindigkeit $v = 0$ starten. Zeigen Sie, dass die Zeit T, welcher Massenpunkt benötigt, um $y = 0$ zu erreichen, durch

$$T(y_0) = \int\limits_0^{y_0} dy \, \frac{\sqrt{1 + \left(\frac{dx}{dy}\right)^2}}{\sqrt{2g(y_0 - y)}}$$

ausgedrückt werden kann.

(b) **(5 Punkte)** Drücken Sie das Ergebnis aus Teilaufgabe (a) nun durch ϕ aus und zeigen Sie so, dass der Zusammenhang

$$T(\phi_0) = \sqrt{\frac{R}{g}} \int\limits_{\phi_0}^{\pi} d\phi \, \sqrt{\frac{1 - \cos(\phi)}{\cos(\phi_0) - \cos(\phi)}} \equiv \sqrt{\frac{R}{g}} \int\limits_{\phi_0}^{\pi} d\phi \, f(\phi, \phi_0)$$

gültig ist. Hierin ist ϕ_0 das zu y_0 gehörende ϕ.

(c) **(6 Punkte)** Zeigen Sie, dass die Stammfunktion von $f(\phi, \phi_0)$ bezüglich ϕ auf dem betrachtetem Intervall durch

$$F(\phi, \phi_0) = 2 \operatorname{Arctan}\left(\frac{\sqrt{\cos(\phi_0) - \cos(\phi)}}{\sqrt{2}\cos(\phi/2)} \right)$$

gegeben ist.

(d) **(3 Punkte)** Finden Sie nun $T(\phi_0)$ und zeigen Sie, dass dieses tatsächlich unabhängig von ϕ_0 ist. Welche besondere physikalische Eigenschaft hat die Zykloide daher?

Betrachten Sie ab nun ein Pendel der Masse m, dass wie in Abb. 2.10.1 zwischen zwei spiegelsymmetrischen Zykloiden, die durch Gl. (2.10.1) mit $\phi \in [-\pi, \pi]$ definiert sind, aufgehängt ist. Beim Pendeln soll der Faden sich immer perfekt auf den Zykloiden abrollen und am letzten Kontaktpunkt die Tangente zur Zykloide bilden. Die Länge l des Pendels ist dabei so gewählt, dass bei einem vollen Abrollen des Fadens die Pendelmasse auf den jeweils tiefsten Punkten der Zykloiden ankommt.

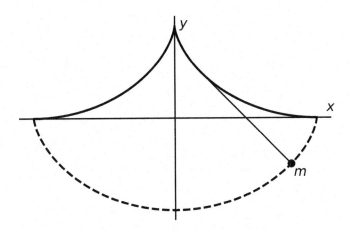

Abb. 2.10.1 Schematischer Aufbau des Pendels. Die gestrichelte Linie stellt die Trajektorie der Pendelmasse dar.

(e) **(3 Punkte)** Bestimmen Sie die Bogenlänge $L(\phi)$ der Zykloide, die durch Gl. (2.10.1) beschrieben wird und zeigen Sie, dass die Pendellänge gerade $l = 4R$ betragen muss.

(f) **(3 Punkte)** Zeigen Sie nun, dass sich die Pendelmasse auf der Zykloide

$$x = R(\phi + \sin(\phi)) \qquad y = -R(1 + \cos(\phi)) \qquad \phi \in [-\pi, \pi]$$

bewegt. Welche Periodendauer hat das Pendel demnach? Was ist der wichtigste Unterschied zu einem üblichen mathematischen Pendel?

2.11   Klausur XI – Analytische Mechanik – mittel

Aufgabe 1   **25 Punkte**

Kurzfragen

Schlagwörter:
Legendre-Transformation, Euler-Lagrange-Gleichung, Trägheitsmoment,
Hamilton-Funktion, Hamilton-Formalismus

(a) **(5 Punkte)** Führen Sie eine Legendre-Transformation an der Funktion $f(x) = \alpha\sqrt{x}$ durch.

(b) **(5 Punkte)** Bestimmen Sie die Bewegungsgleichungen eines Systems, das durch die Lagrange-Funktion

$$L = \frac{1}{2}m\dot{q}^2 - V_0\sinh(\alpha q)$$

beschrieben wird.

(c) **(5 Punkte)** Bestimmen Sie das Trägheitsmoment eines Zylinder mit Radius R, Höhe H und homogener Massendichte ρ_0 um seine Symmetrieachse, als Funktion von seiner Masse M und R.

(d) **(5 Punkte)** Finden Sie die Hamilton-Funktion eines Teilchens der Masse m im Kraftfeld

$$F = -k\frac{q}{\sqrt{|q|}}$$

bewegt.

(e) **(5 Punkte)** Zeigen Sie, dass die Skalentransformation $q \to \lambda q$, $p \to \lambda p$ und $H \to \lambda^2 H$ die kanonischen Bewegungsgleichungen invariant lässt. Was passiert mit der fundamentalen Poisson-Klammer $\{q_i, p_j\}$, wenn die neuen bzgl. der alten Koordinaten ausgewertet werden?

Aufgabe 2   **25 Punkte**

Gekoppelte Schwingungen bei Federn

Schlagwörter:
Lagrange-Funktion, Federn, Gekoppelte Schwingungen, Eigenmoden, Eigenfrequenzen,
Eigenwerte

Betrachten Sie ein System aus vier Federn mit Federkonstante k und Ruhelänge $l = 0$
sowie drei Massen $m_1 = 2m_2 = m_3 = 2m$, die wie in Abbildung 2.11.1 angeordnet und
zwischen $x = 0$ und $x = d$ eingespannt sind.

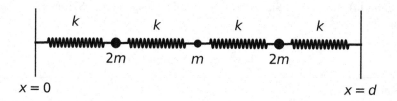

Abb. 2.11.1 Skizze des betrachteten Systems aus Federn und Massen

(a) Stellen Sie die Lagrange-Funktion des Systems auf. Verwenden Sie hierzu als verallgemeinerte Koordinaten die Auslenkung aus der jeweiligen Ruhelage δx_i und zeigen
Sie so, dass sich die Lagrange-Funktion durch

$$L = \frac{1}{2}\delta\dot{\boldsymbol{x}}^T M \delta\dot{\boldsymbol{x}} - \frac{1}{2}\delta\boldsymbol{x}^T K \delta\boldsymbol{x}$$

mit

$$M = m \begin{pmatrix} 2 & 0 & 0 \\ 0 & 1 & 0 \\ 0 & 0 & 2 \end{pmatrix} \qquad K = k \begin{pmatrix} 2 & -1 & 0 \\ -1 & 2 & -1 \\ 0 & -1 & 2 \end{pmatrix} \qquad \delta\boldsymbol{x} = \begin{pmatrix} \delta x_1 \\ \delta x_2 \\ \delta x_3 \end{pmatrix}$$

ausdrücken lässt.

(b) Finden Sie die Bewegungsgleichung und reduzieren Sie diese durch einen geeigneten
Ansatz auf das Eigenwertproblem

$$(M\omega_\lambda^2 - K)\delta\boldsymbol{x}_\lambda = \boldsymbol{0}.$$

(c) Bestimmen Sie die Eigenfrequenzen ω_λ, indem Sie λ in $\omega_\lambda^2 = \frac{k}{m}\lambda$ bestimmen.

(d) Bestimmen Sie die zu den Eigenfrequenzen gehörenden Eigenvektoren $\delta\boldsymbol{x}_\lambda$ und die
damit verbundenen Eigenmoden. Ermitteln Sie so die allgemeine Lösung.

Aufgabe 3 **25 *Punkte***

Das Brachistochronenproblem

Schlagwörter:
Variation, Brachistochrone, Differentialgleichungen, Erhaltungsgrößen, Euler-Lagrange-Gleichung, Funktional

In dieser Aufgabe soll die Kurve gefunden werden, auf der ein Massenpunkt im Schwerefeld g vom Ursprung zu einem Punkt (x_P, z_P) mit $x_P > 0$ und $z_P < 0$ in der kürzesten Zeit gelangt. Diese Kurve wird als Brachistochrone bezeichnet.

(a) **(3 Punkte)** Betrachten Sie einen Massenpunkt, dessen Bewegung auf die xz-Ebene beschränkt ist und zeigen Sie, dass die Zeit für das gleiten entlang einer vorgegebenen Kurve $z(x)$ durch das Funktional

$$T[z(x)] = \int_0^{x_P} \mathrm{d}x \ \sqrt{\frac{1 + z'^2}{-2gz}} = \int_0^{x_P} \mathrm{d}x \ K(z, z', x) \qquad (2.11.1)$$

beschrieben wird. Dabei ist $z' = \frac{\mathrm{d}z}{\mathrm{d}x}$.

(b) **(3 Punkte)** Wie lautet die Euler-Lagrange-Gleichung des Funktionals (2.11.1)?

(c) **(6 Punkte)** Zeige Sie, dass die Größe

$$F = z'\frac{\partial K}{\partial z'} - K$$

bzgl. x eine Erhaltungsgröße des Funktionals ist und verwenden Sie diesen Umstand, um

$$z' = -\sqrt{\frac{2R + z}{-z}} \qquad (2.11.2)$$

herzuleiten, darin ist R eine zu bestimmende Kombination von Parametern des Problems.

(d) **(10 Punkte)** Führen Sie eine Trennung der Variablen und die Substitution

$$z = -R(1 - \cos(\phi))$$

durch, um Gl. (2.11.2) zu lösen und $x(\phi)$ zu finden. In welchem Parameterbereich bewegt sich ϕ und wir lassen sich dessen Maximalwert ϕ_m und R bestimmen?

(e) **(3 Punkte)** Zeigen Sie, dass die Lösungen

$$(x - R\phi)^2 + (z + R)^2 = R^2$$

erfüllen. Um was für eine Kurve handelt es sich demnach?

Aufgabe 4   25 *Punkte*

Noether-Theorem im Kepler-Problem

Schlagwörter:
Noether-Theorem, Erweitertes Noether-Theorem, Lagrange-Funktion, Erhaltungsgrößen

In dieser Aufgabe soll das Noether-Theorem auf die Bewegung eines Teilchens der Masse m in einem Kraftfeld der Form

$$F(r) = -\frac{\alpha}{r^3} r$$

mit einem nicht näher bestimmten Parameter $\alpha \neq 0$ angewandt werden.

(a) **(3 Punkte)** Bestimmen Sie die Lagrange-Funktion des Systems.

(b) **(5 Punkte)** Zeigen Sie, dass es sich bei den Transformationen

   (i) $r \to r + \epsilon n \times r, t \to t$ mit beliebigen n

   (ii) $r \to r, t \to t + \epsilon$

   um Symmetrien des Systems handelt und finden Sie so die nach dem Noether-Theorem erhaltenen Größen.

(c) **(10 Punkte)** Betrachten Sie nun die Transformation

$$r \to r + \epsilon \psi \qquad \psi = m\left(\dot{r}(n \cdot r) - \frac{1}{2}r(n \cdot \dot{r}) - \frac{1}{2}(r \cdot \dot{r})n \right) \qquad t \to t$$

   und zeigen Sie zunächst, dass

$$\frac{\mathrm{d}}{\mathrm{d}\epsilon}\left[\frac{\mathrm{d}t'}{\mathrm{d}t} L\left(r', \frac{\mathrm{d}r'}{\mathrm{d}t'}, t' \right) \right]_{\epsilon=0} = \frac{\mathrm{d}}{\mathrm{d}t}\left(m\alpha \frac{n \cdot r}{r} \right)$$

   gilt. Dabei ist n ein beliebiger Vektor.

(d) **(7 Punkte)** Verwenden Sie das erweiterte Noether-Theorem um die erhaltene Größe der Transformation aus Teilaufgabe (c) zu finden. Um welche Größe handelt es sich?

2.12 Klausur XII – Analytische Mechanik – schwer

Aufgabe 1   **25 *Punkte***

Kurzfragen

Schlagwörter:
Eigenvektoren, Erhaltungsgrößen, Kanonische Transformation, Trägheitsmoment,
Hamilton-Funktion

(a) **(5 Punkte)** Bestimmen Sie die Eigenvektoren der Matrix $M = \begin{pmatrix} 2 & 1 \\ 1 & -1 \end{pmatrix}$. Sie dürfen

verwenden, dass die Eigenwerte $2\lambda_\pm = 1 \pm \sqrt{13}$ sind.

(b) **(5 Punkte)** Zeigen Sie, dass die Größe

$$H = \sum_{i=1}^{f} \frac{\partial L}{\partial \dot{q}_i} \dot{q}_i - L$$

erhalten ist, wenn die Lagrange-Funktion L nicht explizit von der Zeit abhängt.

(c) **(5 Punkte)** Überführen Sie die Erzeugende $F_2(\boldsymbol{q}, \boldsymbol{P}, t)$ einer kanonische Transformation in eine Erzeugende der Art $F_4(\boldsymbol{p}, \boldsymbol{P}, t)$. Wie lassen sich q_i, Q_i und $\tilde{H}$ aus F_4 bestimmen?

(d) **(5 Punkte)** Bestimmen Sie das Trägheitsmoment einer Kugel, bei der die Massendichte mit dem Radius linear zunimmt als Funktion ihrer Masse m und ihres Radius R.

(e) **(5 Punkte)** Betrachten Sie ein System aus zwei Massen m_1 und m_2, die sich im festen Abstand d um ihren gemeinsamen Schwerpunkt drehen. Bestimmen Sie aus der Lagrange-Funktion die Hamilton-Funktion dieses Systems, als Funktion des Drehimpulses J und des Trägheitsmoment

$$I = \frac{m_1 m_2}{m_1 + m_2} d^2$$

des Systems.

Aufgabe 2   **25 _Punkte_**

Variation der optischen Weglänge

Schlagwörter:
Variation, Erhaltungsgrößen, Funktional, Lagrange-Funktion, Hamilton-Funktion, Hamilton-
Jacobi-Formalismus

In dieser Aufgabe soll die zweidimensionale Bewegung eines Lichtstrahls in einem Medium mit sich kontinuierlich verändernden Brechungsindex $n(x,y) \geq 1$ ermittelt werden. Dazu wird die Variation der optischen Weglänge

$$\chi = c \int_{t_A}^{t_B} \mathrm{d}t = \int_{r_A}^{r_B} \mathrm{d}s \, n(x,y)$$

gemäß des Fermat'schen Prinzips betrachtet.

(a) **(2 Punkte)** Drücken Sie die optische Weglänge durch ein Funktional der Form

$$\chi[y(x)] = \int_{x_A}^{x_B} \mathrm{d}x \, L(y, y', x)$$

aus und ermitteln Sie die darin auftretende Lagrange-Funktion $L(y, y', x)$.

(b) **(7 Punkte)** Nehmen Sie an, dass der Brechungsindex nur von x abhängig ist. Welche Größe k ist demnach erhalten? Welcher Erhaltungsgröße würde diese bei einem mechanischen System entsprechen? Zeigen Sie, dass sich dadurch

$$y(x) = y_A + \int_{x_A}^{x} \mathrm{d}u \, \frac{k}{\sqrt{(n(u))^2 - k^2}}$$

finden lässt.

(c) **(9 Punkte)** Betrachten Sie nun den Brechungsindex

$$n(x) = 1 + \alpha(x - x_A) \cdot \Theta(x - x_A)$$

und bestimmen Sie für diesen $y(x)$ jeweils in den Bereichen $x < x_A$ und $x > x_A$.

(d) **(4 Punkte)** Finde Sie die zu L gehörende Hamilton-Funktion und bestimmen Sie die Hamilton'schen Bewegungsgleichungen.

(e) **(3 Punkte)** Nehmen Sie nun eine kanonische Transformation mit der erzeugenden $\chi(y, K, x)$ vor, welche die neue Hamilton-Funktion $\tilde{H} = 0$ erzeugt. Dabei sollen Y und K die neuen Koordinaten bzw. Impulse sein. Leiten Sie so die Hamilton-Jacobi-Gleichung her und zeigen Sie, dass diese der Eikonal-Gleichung

$$(\nabla \chi)^2 = n^2$$

entspricht.

Aufgabe 3   25 *Punkte*

Zwangskräfte auf der Achterbahn

Schlagwörter:
Euler-Lagrange-Gleichung, Zwangskräfte, Zwangsbedingungen, Lagrange-Multiplikatoren,
Differentialgleichungen, Lagrange-Gleichungen erster Art, g-Kräfte

In dieser Aufgabe sollen mit Hilfe der Lagrange-Gleichungen 1. Art die Zwangskräfte
und daraus die g-Kräfte auf einer Achterbahn bestimmt werden. Dazu wird ein Teilchen
der Masse m im Schwerefeld der Erde betrachtet, welches gewissen Zwangsbedingungen
unterliegt, die dessen Kurve festlegt.
Das Teilchen soll den beiden Zwangsbedingungen

$$x = R\cos\left(\frac{z}{h'}\right) \qquad y = R\sin\left(\frac{z}{h'}\right)$$

unterliegen und sich stets reibungsfrei bewegen. Darin ist $h' = \frac{h}{2\pi}$ ein Parameter mit
der Dimension einer Länge. Auf der Höhe $z = 0$ soll es die Geschwindigkeit $|v| = v_0$
aufweisen.

(a) **(3 Punkte)** Interpretieren Sie die geometrische Bedeutung der beiden Zwangsbedin-
    gungen. Auf was für einer Bahn bewegt sich das Teilchen? Welche Bedeutung hat
    h?

(b) **(2 Punkte)** Formulieren Sie die Zwangsbedingungen in Zylinderkoordinaten und stel-
    len Sie die Lagrange-Funktion auf, indem Sie die Zwangsbedingungen durch Lagrange-
    Multiplikatoren hinzufügen.

(c) **(5 Punkte)** Stellen Sie mit der Euler-Lagrange-Gleichung die Bewegungsgleichungen
    auf. Wie hängen die Lagrange-Multiplikatoren in diesem Fall mit den Zwangskräften
    zusammen?

(d) **(3 Punkte)** Leiten Sie die Zwangsbedingungen zwei mal nach der Zeit ab und bestim-
    men Sie so die Lagrange-Multiplikatoren als Funktion von m, R, h', g und $\dot{z}$.

(e) **(5 Punkte)** Stellen Sie einen Zusammenhang zwischen dem Quadrat der Geschwin-
    digkeit des Teilchens v^2 und dem Quadrat der vertikalen Geschwindigkeit $\dot{z}^2$ her.
    Verwenden Sie dann die Energieerhaltung, um $\dot{z}^2$ durch die momentane Höhe z aus-
    zudrücken. Was ist die maximal erreichbare Höhe $z_{\max}$?

(f) **(7 Punkte)** Bestimmen Sie die Zwangskräfte und damit die g-Kräfte G_s, G_ϕ und G_z
    als Funktionen von z indem Sie die Zwangskräfte durch mg teilen. Interpretieren Sie
    ihr Ergebnis physikalisch. Betrachten Sie dazu im Besonderen die Fälle $z = 0$ und
    $z_{\max}$.

Aufgabe 4   **25 *Punkte***

Drehungen mit Poisson-Klammern

Schlagwörter:
Hamilton-Formalismus, Hamilton-Funktion, Poisson-Klammern, Drehimpuls, Symmetrie-
transformation

In dieser Aufgabe sollen Drehungen eines physikalischen Systems durch das Anwenden
der Poisson-Klammern mit den Drehimpulsen beschrieben werden. Gehen Sie dazu von
einem System eines Teilchens mit der Hamilton-Funktion

$$H(\boldsymbol{r},\boldsymbol{p}) = \frac{\boldsymbol{p}^2}{2m} + V(r)$$

aus. Die Drehimpulskomponenten sind durch $J_i = \epsilon_{ijk} r_j p_k$ gegeben.

(a) **(2 Punkte)** Bestimmen Sie zunächst die Ausdrücke $\{J_i, r_j\}$ und $\{J_i, p_j\}$.

(b) **(5 Punkte)** Betrachten Sie nun die infinitesimale Transformation

$$R(\mathrm{d}\boldsymbol{\theta}) = 1 - \mathrm{d}\theta_i \{J_i, \cdot\}$$

mit einem infinitesimal kleinen Winkel $\mathrm{d}\theta = |\mathrm{d}\boldsymbol{\theta}|$. Die Anwendung der Poisson-
Klammer ist dabei durch $\{f, \cdot\} g = \{f, g\}$ definiert.
Bestimmen Sie damit $R\boldsymbol{r}$, $R\boldsymbol{p}$ und RH. Interpretieren Sie Ihre Ergebnisse.

Betrachten Sie für den Rest der Aufgabe die endliche Transformation

$$R(\boldsymbol{n} \cdot \theta) = \mathrm{e}^{-\theta\{n_i J_i, \cdot\}}$$

mit $\boldsymbol{n}^2 = 1$ und dem Winkel θ. Die Exponentialfunktion ist dabei als Potenzreihe aufzufassen, wobei für die Potenzen von $\{f, \cdot\}$ bei Wirkung auf g die Zusammenhänge

$$(\{f, \cdot\})^n g = \{f, \cdot\}^n g = \left\{f, \{f, \cdot\}^{n-1} g\right\} \qquad \{f, g\}^0 = g$$

zu verwenden sind.

(c) **(2 Punkte)** Betrachten Sie eine Phasenraumfunktion S mit der Eigenschaft

$$\{J_i, S\} = 0$$

und zeigen Sie damit, dass $RS = S$ gilt.

(d) **(4 Punkte)** Drücken Sie die Eigenschaft $\{J_i, S\} = 0$ durch $\boldsymbol{\nabla_p} S$ und $\boldsymbol{\nabla_r} S$ aus. Zeigen
Sie damit, dass $\boldsymbol{r}^2$, $\boldsymbol{p}^2$ und $\boldsymbol{J}^2$ alle diese Bedingung erfüllen.

(e) **(10 Punkte)** Betrachten Sie nun eine dreikomponentige Größe $\boldsymbol{A}$, welche die Bedingung $\{J_i, A_j\} = \epsilon_{ijk} A_k$ erfüllt. Zeigen Sie damit, dass

$$R\boldsymbol{A} = \boldsymbol{A}\cos(\theta) + (1 - \cos(\theta))\boldsymbol{n}(\boldsymbol{n} \cdot \boldsymbol{A}) + (\boldsymbol{n} \times \boldsymbol{A})\sin(\theta)$$

gilt. Überzeugen Sie sich hierfür zunächst davon, dass die Gleichungen

$$\{\boldsymbol{n} \cdot \boldsymbol{J}, \cdot\}^{2k}\,\boldsymbol{A} = -(-1)^k \boldsymbol{n} \times (\boldsymbol{n} \times \boldsymbol{A}) \qquad k \geq 1$$
$$\{\boldsymbol{n} \cdot \boldsymbol{J}, \cdot\}^{2k+1}\,\boldsymbol{A} = -(-1)^k \boldsymbol{n} \times \boldsymbol{A} \qquad k \geq 0$$

gültig sind. Was passiert demnach mit $\boldsymbol{r}$ und $\boldsymbol{p}$ bei Anwendung von R?

(f) **(2 Punkte)** Verwenden Sie Ihre bisherigen Ergebnisse und interpretieren Sie damit die Bedeutung von R. Welchen Zusammenhang zum Noether-Theorem gibt es?

2.13 Klausur XIII – Analytische Mechanik – schwer

Aufgabe 1   **25** *Punkte*

Kurzfragen

Schlagwörter:
Euler-Lagrange-Gleichung, Starrer Körper, Kanonische Bewegungsgleichungen, Poisson-Klammern, d'Alembert'sches Prinzip

(a) **(5 Punkte)** Betrachten Sie ein System, welches durch die Lagrange-Funktion

$$L = \frac{1}{2} m \dot{q}^2 + V_0 \, e^{-\frac{1}{2} \alpha q^2}$$

beschrieben wird und leiten Sie daraus die Bewegungsgleichungen her.

(b) **(5 Punkte)** Erklären Sie, weshalb ein starrer Körper mit $N \geq 3$ Teilchen sechs Freiheitsgrade besitzt.

(c) **(5 Punkte)** Betrachten Sie die Hamilton-Funktion

$$H(\phi, J) = \frac{J^2}{2I} - MgR \cos(\phi)$$

mit den Konstanten I, M, g und R. Bestimmen Sie daraus die kanonische Bewegungsgleichung. Was für ein System wird durch diese Funktion beschrieben.

(d) **(5 Punkte)** Zeigen Sie den Satz von Poisson. Zeigen Sie also für nicht explizit zeitabhängige Phasenraumfunktionen F und G, dass deren Poisson-Klammer eine Erhaltungsgröße ist, wenn F und G ebenfalls eine Erhaltungsgröße sind.

(e) **(5 Punkte)** Verwenden Sie das d'Alembert'sche Prinzip und die verallgemeinerte Koordinate ϕ, um die Bewegungsgleichungen eines Pendels der Masse m im Schwerefeld der Erde g zu bestimmen.

Aufgabe 2   **25 *Punkte***

Körper auf dem Drehtisch

Schlagwörter:
Starrer Körper, Lagrange-Funktion, Drehimpuls, Trägheitsmoment, Differentialgleichungen, Störung

In dieser Aufgabe soll die Bewegung eines sich abrollenden Körpers mit Masse M auf einem sich drehenden Tisch betrachtet werden. Der Tisch soll dabei die Winkelgeschwindigkeit $\Omega \parallel \hat{e}_z$ aufweisen. Der Ursprung des Koordinatensystems ist gleichzeitig der Mittelpunkt des sich drehenden Tisches. Der Auflagepunkt des Körpers im Inertialsystem soll mit r bezeichnet werden. Die Dynamik von r fällt mit der des Schwerpunktes des Körpers zusammen. Der Körper soll sich so abrollen, dass er sich um eine feste Achse im Körpersystem abrollt, dabei den konstanten Radius R aufweist und sein Schwerpunkt stets über seinem Auflagepunkt liegt.

(a) **(4 Punkte)** Finden Sie die Geschwindigkeit eines abrollenden Punktes auf der Oberfläche des Körpers und die Geschwindigkeit eines Punktes auf der Oberfläche des Tisches. Leiten Sie daraus zunächst die Gleichung

$$\ddot{r} = \Omega \times \dot{r} - \dot{\omega} \times R$$

her. Darin bezeichnet ω die Winkelgeschwindigkeit der Rotation des Körpers und $R \parallel \hat{e}_z$ einen Vektor vom Schwerpunkt zum Auflagepunkt des Körpers.

(b) **(4 Punkte)** Betrachten Sie nun die Änderung des Eigendrehimpulses S des Körpers und bringen Sie diesen mit der Reibungskraft F_r, die auf den Körper wirkt, in Verbindung, um so die Bewegungsgleichung

$$\left(1 + \frac{MR^2}{I}\right)\ddot{r} = \Omega \times \dot{r} \tag{2.13.1}$$

zu finden. Woraus besteht die offensichtlichste Lösung?

(c) **(7 Punkte)** Zeigen Sie nun, dass Gl. (2.13.1) auch durch kreisförmige Bahnen um einen beliebigen aber festen Vektor a mit Radius s und Umlaufperiode

$$\omega_0 = \frac{\Omega}{1 + \frac{MR^2}{I}}$$

gelöst werden kann. Bestimmen Sie ω_0 für eine Kugel, einen flachen Vollzylinder ($h \ll R$) und einen flachen Hohlzylinder, der $h \ll R_i < R$ erfüllt. Bilden Sie für letzteren auch den Grenzwert $R_i \to R$.

(d) **(3 Punkte)** Bestimmen Sie a und s als Funktionen von der initialen Position $r(0)$ und der initialen Geschwindigkeit $\dot{r}(0)$.

(e) **(7 Punkte)** Finden Sie eine zu Gl. (2.13.1) passende Lagrange-Funktion mit r als verallgemeinerten Koordinaten.
Hinweis: Sie werden von einem verallgemeinerten Potential der Form $V(r, \dot{r}, t) = \alpha\dot{r} \cdot (\Omega \times r)$ ausgehen müssen.

Aufgabe 3   **25 *Punkte***

Das Noether-Theorem in Vielteilchensystemen

Schlagwörter:
Noether-Theorem, Erweitertes Noether-Theorem, Symmetrietransformation, Erhaltungs-größen, Vielteilchensystem

Das Noether-Theorem besagt, dass für eine infinitesimale Transformation

$$q \to q' = q + \epsilon\,\psi(q,\dot{q},t) \qquad t \to t' = t + \epsilon\,\phi(q,\dot{q},t)$$

welche die Bedingungen

$$\frac{\mathrm{d}}{\mathrm{d}\epsilon}\left[\frac{\mathrm{d}t'}{\mathrm{d}t}L\left(q',\frac{\mathrm{d}q'}{\mathrm{d}t'},t'\right)\right]_{\epsilon=0} = \frac{\mathrm{d}}{\mathrm{d}t}f(q,t)$$

erfüllt, die Ladung

$$Q = \sum_{i=1}^{f}\psi_i\frac{\partial L}{\partial\dot{q}_i} + \phi\left(L - \sum_{i=1}^{f}\dot{q}_i\frac{\partial L}{\partial\dot{q}_i}\right) - f(q,t)$$

erhalten ist. Solch eine Transformation wird als Symmetrietransformation bezeichnet. Gehen Sie in dieser Aufgabe von einem abgeschlossenen N-Teilchen-System aus, dessen Lagrange-Funktion durch

$$L = \sum_{\alpha=1}^{N}\left(\frac{1}{2}m_\alpha\dot{r}_\alpha^2 - \sum_{\beta<\alpha}U_{\alpha\beta}(|r_\alpha - r_\beta|)\right)$$

gegeben ist.

(a) **(2 Punkte)** Zeigen Sie zunächst, dass sich mit

$$r'_\alpha = r_\alpha + \psi_\alpha \qquad t' = t + \epsilon\phi$$

die Erhaltungsgröße auch durch

$$Q = \sum_{\alpha=1}^{N}\psi_\alpha\cdot p_\alpha - \phi H - f(\{r_\alpha\},t)$$

formulieren lässt.

(b) **(2 Punkte)** Zeigen Sie, dass es sich bei $\psi_\alpha = \delta_{\alpha\gamma}\psi_\gamma$ für ein festes γ um keine Symmetrie-Transformation handeln kann.

(c) **(12 Punkte)** Zeigen Sie, dass die Transformationen

(i) Raumtranslation: $\boldsymbol{\psi}_\alpha = \boldsymbol{n}$, $\phi = 0$, mit beliebigen $\boldsymbol{n}$

(ii) Zeittranslation: $\boldsymbol{\psi}_\alpha = 0$, $\phi = 1$

(iii) Drehung: $\boldsymbol{\psi}_\alpha = \boldsymbol{n} \times \boldsymbol{r}_\alpha$, $\phi = 0$, mit beliebigen $\boldsymbol{n}$

Symmetrietransformationen sind und bestimmen Sie die dazugehörigen $f(\{\boldsymbol{r}_\alpha\}, t)$ und Erhaltungsgrößen Q.

(d) **(9 Punkte)** Betrachten Sie nun die Transformation $\boldsymbol{\psi}_\alpha = \boldsymbol{u}t$, $\phi = 0$. Dabei ist $\boldsymbol{u}$ beliebig. Um was für eine Transformation handelt es sich? Zeigen Sie, dass es sich um eine Symmetrie des Systems handelt und bestimmen Sie $f(\{\boldsymbol{r}_\alpha\}, t)$ sowie die Erhaltene Ladung Q. Was lässt sich aus dieser bestimmen? Berücksichtigen Sie dazu auch Ihr Ergebnis aus Teilaufgabe (c).

Aufgabe 4   **25 *Punkte***

Normalkoordinaten

Schlagwörter:
Lagrange-Funktion, Eigenvektoren, Eigenwerte, Gekoppelte Schwingungen

In dieser Aufgabe soll ein System mit kleinen Schwingungen, dass sich durch die Lagrange-Funktion

$$L(\boldsymbol{q},\dot{\boldsymbol{q}}) = \frac{1}{2}\dot{\boldsymbol{q}}^T M \dot{\boldsymbol{q}} - \frac{1}{2}\boldsymbol{q}^T V \boldsymbol{q}$$

beschreiben lässt, betrachtet werden. Darin sind M und V konstante, reelle, symmetrische und positiv definite Matrizen.

(a) **(3 Punkte)** Finden Sie die Bewegungsgleichung des Systems. Und führen Sie diese durch den Ansatz

$$\boldsymbol{q} = \boldsymbol{A}^{(k)}\cos(\omega_k t + \phi_k)$$

auf die Gleichung eines Eigenwertproblems für $\boldsymbol{A}^{(k)}$ und ω_k zurück.

(b) **(3 Punkte)** Verwenden Sie die Eigenwertgleichung und die positive Definitheit der Matrizen, um zu zeigen, dass alle $\omega_k^2 > 0$ sind.
Hinweis: Zeigen Sie zunächst, dass für alle reellen Vektoren $\boldsymbol{x} \neq \boldsymbol{0}$ bei einer positiv definiten Matrix M der Zusammenhang $\boldsymbol{x}^T M \boldsymbol{x} > 0$ gilt. Sie dürfen dazu ohne Beweis annehmen, dass eine reelle symmetrische Matrix stets durch eine orthogonale Matrix diagonalisierbar ist.

(c) **(6 Punkte)** Zeigen Sie, dass alle Eigenvektoren voneinander linear unabhängig gewählt werden können, indem Sie unter anderem die verallgemeinerte Orthogonalität

$$\left(\boldsymbol{A}^{(p)}\right)^T M \boldsymbol{A}^{(k)} = 0 \qquad k \neq p$$

herleiten und betrachten.

(d) **(5 Punkte)** Zeigen Sie nun, dass sich mit der Normierung

$$\left(\boldsymbol{A}^{(p)}\right)^T M \boldsymbol{A}^{(k)} = \delta_{pk}$$

die Normalkoordinaten $\boldsymbol{q} = O\boldsymbol{Q}$ einführen lassen, mit denen die Lagrange-Funktion die Form

$$L(\boldsymbol{Q},\dot{\boldsymbol{Q}}) = \frac{1}{2}\dot{\boldsymbol{Q}}^2 - \frac{1}{2}\boldsymbol{Q}^T \hat{\omega}^2 \boldsymbol{Q}$$

annimmt. Was sind dabei die Matrix O und die diagonale Matrix $\hat{\omega}^2$? Wie lauten die sich daraus ergebenden Bewegungsgleichungen für $\boldsymbol{Q}$? Lösen Sie diese und bestimmen Sie so die Lösung $\boldsymbol{q}(t)$ des Problems.

(e) **(8 Punkte)** Betrachten Sie zuletzt ein System mit zwei Freiheitsgraden q_1 und q_2 mit den Matrizen

$$M = M_0 \begin{pmatrix} 1 & 0 \\ 0 & 2 \end{pmatrix} \qquad V = V_0 \begin{pmatrix} 2 & -1 \\ -1 & 4 \end{pmatrix}.$$

Bestimmen Sie mit Hilfe der Ergebnisse der bisherigen Teilaufgabe die Lösung $q(t)$ dieses Systems.

2.14 Klausur XIV – Analytische Mechanik – schwer

Aufgabe 1   **25 *Punkte***

Kurzfragen

Schlagwörter:
Eigenvektoren, Kanonische Bewegungsgleichungen, Lagrange-Funktion, Euler-Lagrange-Gleichung, Trägheitsmoment

(a) **(5 Punkte)** Bestimmen Sie die Eigenvektoren der Matrix $M = \begin{pmatrix} 1 & -2 \\ -2 & -1 \end{pmatrix}$. Sie dürfen verwenden, dass die Eigenwerte der Matrix $\lambda_{\pm} = \pm\sqrt{5}$ sind.

(b) **(5 Punkte)** Betrachten Sie die Hamilton-Funktion

$$H(s,p) = \frac{p^2}{2m} - mgs\sin(\alpha)$$

mit den Konstanten $m > 0$, $g > 0$ und $0 \leq \alpha \leq \pi/2$. Bestimmen Sie die daraus resultierende Bewegungsgleichungen. Welches System wird beschrieben?

(c) **(5 Punkte)** Betrachten Sie einen Massenpunkt m, der sich auf einem Kreis mit Radius R bewegt. Stellen Sie die Lagrange-Funktion auf und identifizieren Sie zyklische Koordinaten. Welche Größe ist demnach erhalten?

(d) **(5 Punkte)** Zeigen Sie durch explizite Rechnung, dass eine Lagrange-Funktionen L_2, die sich von einer anderen Lagrange-Funktion L_1 um $\frac{\mathrm{d}}{\mathrm{d}t}\Lambda(\boldsymbol{q},t)$ unterscheidet, die Euler-Lagrange-Gleichung erfüllt, wenn diese bereits durch L_1 erfüllt wird.

(e) **(5 Punkte)** Bestimmen Sie das Trägheitsmoment eines Würfels der Kantenlänge a und homogener Massendichte ρ_0 bei einer Rotation um eine Achse, welche die Mittelpunkte zweier gegenüberliegender Seiten durchstößt. Drücken Sie Ihr Ergebnis durch die Masse m des Würfels und durch a aus.

Aufgabe 2   **25 *Punkte***

Massenpunkt im Kegel

Schlagwörter:
Lagrange-Funktion, Zwangsbedingungen, Hamilton-Funktion, Erhaltungsgrößen, Effektives Potential, Drehimpuls, Zyklische Koordinaten

Betrachten Sie einen Massenpunkt m, der sich auf der Innenseite eines nach oben geöffneten Kegels mit halben Öffnungswinkel α reibungsfrei bewegt. Das gesamte System befindet sich im Schwerefeld g der Erde.

(a) **(5 Punkte)** Stellen Sie die Zwangsbedingung des Systems auf und klassifizieren Sie diese. Wie lautet demnach die Lagrange-Funktion in Zylinderkoordinaten?

(b) **(6 Punkte)** Welche Koordinaten sind zyklisch und welche Größen sind daher erhalten? Leiten Sie so die Bewegungsgleichung für den Abstand s zur z-Achse her.

(c) **(3 Punkte)** Bestimmen Sie die Hamilton-Funktion und argumentieren Sie, dass diese erhalten ist.

(d) **(5 Punkte)** Führen Sie ein effektives Potential ein und zeigen Sie, dass dieses die Form

$$V_{\text{eff}}(s) = \frac{A}{s^2} + B \cdot s$$

hat. Was sind dabei die Konstanten A und B. Skizzieren Sie anschließend das Potential und diskutieren Sie die Bewegung qualitativ. Kann eine Kreisbahn existieren? Wenn ja, welchen Radius s_0 hat diese?

(e) **(6 Punkte)** Drücken Sie die x-, y- und z-Komponente des Drehimpulsvektors $\boldsymbol{J}$ durch s, ϕ, p_s und p_ϕ aus und zeigen Sie so, dass der Drehimpuls in seiner Projektion auf die xy-Ebene eine Kreisbahn vollführt. Bestimmen Sie deren Radius $J_\perp$. Begründen Sie mit Hilfe des Noether-Theorems warum nicht alle Komponenten des Drehimpulses erhalten sind.

Aufgabe 3   **25 *Punkte***

Die massive Feder

Schlagwörter:
Lagrange-Funktion, Kontinuumsmechanik, Euler-Lagrange-Gleichung, Differentialgleichungen, Vielteilchensystem, Wellengleichung

In dieser Aufgabe soll eine massive Feder mit Masse M, Federkonstante K und Ruhelänge L betrachtet werden. Sie soll zwischen $x = 0$ und $x = L$ eingespannt sein. Nehmen Sie an, $N + 1$ Massenpunkten mit der Masse $m = \frac{M}{N+1}$ und der Position x_k werden mit ihren nächsten Nachbarn durch eine massenlose Feder mit der Federkonstante $k = K \cdot N$ und Ruhelänge $l = L/N$ verbunden. Ziel ist es eine Funktion $x(\lambda, t)$ zu befinden, wobei λ ein Parameter aus dem Intervall $[0, 1]$ ist und beschreibt, welcher Anteil der Masse links vom betrachtetem Punkt x zum Zeitpunkt t liegt.

(a) **(9 Punkte)** Stellen Sie die kinetische Energie und die potentielle Energie auf und führen Sie einen Kontinuumslimes durch, um schließlich die Lagrange-Funktion

$$L_0 = \int\limits_0^1 d\lambda \, \frac{K}{2} \left(\tau^2 \left(\frac{\partial x}{\partial t} \right)^2 - \left(\frac{\partial x}{\partial \lambda} - L \right)^2 \right)$$

aufzustellen. Was beschreibt die Größe τ?

(b) **(4 Punkte)** Verwenden Sie ohne Beweis, dass sich für Funktionale der Form

$$S[\phi(q, t)] = \int\limits_{t_A}^{t_B} dt \int\limits_{q_1}^{q_2} dq \, \mathcal{L}(\phi, \partial_t \phi, \partial_q \phi, t, q)$$

die Euler-Lagrange-Gleichung

$$\partial_t \frac{\partial \mathcal{L}}{\partial(\partial_t \phi)} + \partial_q \frac{\partial \mathcal{L}}{\partial(\partial_q \phi)} = \frac{\partial \mathcal{L}}{\partial \phi}$$

ergibt, um die Bewegungsgleichung des Systems zu bestimmen.

(c) **(5 Punkte)** Zeigen Sie, dass die allgemeine Lösung zu dieser Gleichung durch

$$x(\lambda, t) = \lambda L + \delta x(\lambda, t) = \lambda L + f(\lambda \tau - t) + g(\lambda \tau + t)$$

mit zwei zweimal stetig differenzierbaren Funktionen f und g gegeben ist.

(d) **(5 Punkte)** Argumentieren Sie, weshalb die Energiedichte durch

$$\rho(\lambda, t) = \frac{K}{2} \left(\tau^2 \left(\frac{\partial x}{\partial t} \right)^2 + \left(\frac{\partial x}{\partial \lambda} - L \right)^2 \right)$$

gegeben sein muss. Zeigen Sie davon und von der Bewegungsgleichung ausgehend, dass die Kontinuitätsgleichung

$$\partial_t \rho(\lambda, t) + \partial_\lambda j(\lambda, t) = 0$$

mit zu bestimmendem j erfüllt sein muss.

(e) **(2 Punkte)** Bestimmen Sie ρ und j für $x(\lambda, t) = \lambda L + \delta x(\lambda, t)$, als Funktion von δx und dessen Ableitungen.

Aufgabe 4   **25 Punkte**

Lie-Algebra-Eigenschaften der Poisson-Klammern

Schlagwörter:
Hamilton-Formalismus, Poisson-Klammern, Phasenraum, Konjugierte Variablen, Kanonische Transformation

In dieser Aufgabe soll die mathematische Struktur des Phasenraums eines Systems mit N Freiheitsgraden etwas genauer untersucht werden. Die Menge der Phasenraumfunktionen bildet einen Vektorraum über den reellen Zahlen. Ein Vektorraum wird als Lie-Algebra bezeichnet, wenn es eine abgeschlossene Verknüpfung

$$[\cdot, \cdot] : V \times V \to V$$

gibt, welche die drei Eigenschaften

(i) (Bilinearität) $[a \cdot f + b \cdot g, h] = a[f, h] + b[g, h]$ und $[f, a \cdot g + b \cdot h] = a[f, h] + b[g, h]$ für beliebige f, g, h aus dem Vektorraum und a, b beliebige reelle Zahlen

(ii) $[f, f] = 0$ für beliebige f aus dem Vektorraum

(iii) (Jacobi-Identität) $[f, [g, h]] + [g, [h, f]] + [h, [f, g]] = 0$ für beliebige f, g, h aus dem Vektorraum

erfüllt.

(a) **(3 Punkte)** Nennen Sie ein Beispiel einer Verknüpfung auf dem Vektorraum $\mathbb{R}^3$, mit welcher der Vektorraum zur Lie-Algebra wird.

(b) **(2 Punkte)** Zeigen Sie zunächst, dass die Poisson-Klammer

$$\{f, g\} = \sum_{i=1}^{N} \left(\frac{\partial f}{\partial q_i} \frac{\partial g}{\partial p_i} - \frac{\partial f}{\partial p_i} \frac{\partial g}{\partial q_i} \right)$$

eine antisymmetrische Verknüpfung ist und daher $\{f, g\} = -\{g, f\}$ gilt.

(c) **(3 Punkte)** Zeigen Sie, dass die Poisson-Klammer die Leibniz-Regel

$$\{f, gh\} = g \{f, h\} + \{f, g\} h$$

erfüllt.

(d) **(12 Punkte)** Zeigen Sie nun, dass die Poisson-Klammer $\{\cdot, \cdot\}$ die drei genannten Eigenschaften einer Lie-Algebra erfüllt.
Hinweis: Um die Jacobi-Identität nicht über eine lange algebraische Rechnung beweisen zu müssen, gehen Sie am besten wie folgt vor:
Betrachten Sie eine infinitesimale kanonische Transformation $F_2 = \boldsymbol{p}' \cdot \boldsymbol{q} + \epsilon\, h(\boldsymbol{q}, \boldsymbol{p}')$ und bestimmen Sie daraus $\boldsymbol{q}' = \boldsymbol{q} + \delta\boldsymbol{q}$ und $\boldsymbol{p}' = \boldsymbol{p} + \delta\boldsymbol{p}$. Zeigen Sie dann, dass in linearer Ordnung $\delta f = \epsilon \{f, h\}$ gilt und bestimmen Sie so auf zweierlei Weisen $\delta \{f, g\}$. Berücksichtigen Sie dazu auch, dass die Poisson-Klammer in einem beliebigen Satz kanonisch konjugierter Variablen betrachtet werden kann.

(e) **(3 Punkte)** Betrachten Sie nun ein System mit $N = 1$ und zeigen Sie, dass die durch $\{q, p, 1\}$ aufgespannte Menge unter der Poisson-Klammer abgeschlossen ist und somit eine Unteralgebra bildet.

(f) **(2 Punkte)** Betrachten Sie erneut ein System mit $N = 1$ und zeigen Sie, dass die durch $\{q^2, qp, p^2\}$ aufgespannte Menge eine Unteralgebra bildet.

2.15   Klausur XV – Analytische Mechanik – sehr schwer

Aufgabe 1   **25 *Punkte***

Kurzfragen

Schlagwörter:
Lagrange-Funktion, Pendel, Poisson-Klammern, Legendre-Transformation, Trägheitsmoment, Wirkung, Hamilton'sches Prinzip

(a) **(5 Punkte)** Finden Sie die Lagrange-Funktion eines mathematischen Pendels mit Länge l, Masse m und Auslenkung θ.

(b) **(5 Punkte)** Betrachten Sie eine Hamilton-Funktion mehrerer Variablen $H(\boldsymbol{q}, \boldsymbol{p}, t)$ und zeigen Sie, dass die Poisson-Klammern

$$\{q_i, p_j\} = \delta_{ij}$$

erfüllt sind.

(c) **(5 Punkte)** Finden Sie die Legendre-Transformation der Funktion $f(x) = \frac{1}{2}\alpha x^2$. Bestimmen Sie dann die Tangentengleichung an der Stelle x in Abhängigkeit der Steigung m.

(d) **(5 Punkte)** Finden Sie den Trägheitstensor I_{ij} einer Kugel mit homogener Massendichte ρ_0, Radius R und Masse M.

(e) **(5 Punkte)** Leiten Sie für die Lagrange-Funktion $L(q, \dot{q}, t)$ die Euler-Lagrange-Gleichung aus dem Prinzip der extremalen Wirkung (Hamilton'sches Prinzip) her.

Aufgabe 2   25 *Punkte*

Harmonischer Oszillator im Hamilton-Formalismus

Schlagwörter:
Harmonischer Oszillator, Hamilton-Funktion, Kanonischer Impuls, Kanonische Bewegungsgleichungen, Konjugierte Variablen, Kanonische Transformation, Phasenraum

In dieser Aufgabe soll ein eindimensionaler harmonischer Oszillator der Masse m und mit Kreisfrequenz ω betrachtet werden.

(a) **(3 Punkte)** Wie lautet die Lagrange-Funktion dieses Systems? Zeigen Sie weiter, dass der kanonische und der kinematische Impuls $m\dot{x}$ miteinander übereinstimmen und dass die Hamilton-Funktion durch

$$H(x,p) = \frac{p^2}{2m} + \frac{1}{2}m\omega^2 x^2$$

gegeben ist.

(b) **(6 Punkte)** Stellen Sie nun die Hamilton'schen Bewegungsgleichungen auf und geben Sie die allgemeine Lösung an. Verwenden Sie für die Lösung eine Darstellung mit Amplitude A und Phase ϕ und drücken Sie die Amplitude durch E aus.
Hinweis: Der Impuls sollte so die Form

$$p(t) = \sqrt{2mE}\cos(\omega t + \phi)$$

annehmen.

(c) **(10 Punkte)** Betrachten Sie die erzeugende Funktion

$$F_2(x,p') = \frac{p'}{\omega}\operatorname{Arcsin}\left(x\sqrt{\frac{m\omega^2}{2p'}}\right) + \frac{m\omega}{2}x\sqrt{\frac{2p'}{m\omega^2} - x^2}$$

einer kanonischen Transformation. Um was handelt es sich bei dem neuen Impuls p'? Finden Sie die neue Hamilton-Funktion $\tilde{H}$ und lösen Sie die Hamilton'schen Bewegungsgleichungen für x' und p', um damit x und p zu bestimmen.

(d) **(6 Punkte)** Zeichnen Sie die Trajektorien im Phasenraum für die Paare konjugierter Variablen (x,p) und (x',p'). Bestimmen Sie das Phasenraumvolumen V_{xp} und $V_{x'p'}$ einer Periode, welches von den Trajektorien mit Energien zwischen Null und E eingenommen wird. Vergleichen Sie diese miteinander.

Aufgabe 3   **25 Punkte**

Das Kepler-Problem im Lagrange-Formalismus

Schlagwörter:
Lagrange-Funktion, Noether-Theorem, Erhaltungsgrößen, Energie, Zyklische Koordinaten, Integralrechnung

In dieser Aufgabe sollen zwei Massenpunkte mit den Massen m_1 und m_2 betrachtet werden, die sich im Potential

$$U(\boldsymbol{r}_1, \boldsymbol{r}_2) = -\frac{\alpha}{|\boldsymbol{r}_1 - \boldsymbol{r}_2|}$$

mit $\alpha > 0$ bewegen.

(a) **(2 Punkte)** Finden Sie die Lagrange-Funktion des Systems.

(b) **(3 Punkte)** Führen Sie die Größen

$$M = m_1 + m_2 \qquad \mu = \frac{m_1 m_2}{M} \qquad \boldsymbol{R} = \frac{m_1 \boldsymbol{r}_1 + m_2 \boldsymbol{r}_2}{M} \qquad \boldsymbol{r} = \boldsymbol{r}_1 - \boldsymbol{r}_2$$

ein und zeigen Sie damit, dass sich die Lagrange-Funktion als

$$L(\boldsymbol{r}, \boldsymbol{R}, \dot{\boldsymbol{r}}, \dot{\boldsymbol{R}}) = \frac{1}{2}M\dot{\boldsymbol{R}}^2 + \frac{1}{2}\mu\dot{\boldsymbol{r}}^2 + \frac{\alpha}{r}$$

schreiben lässt.

(c) **(5 Punkte)** Verwenden Sie die Zyklizität von $\boldsymbol{R}$ um die Lagrange-Funktion auf die Anteile zu reduzieren, die nur $\boldsymbol{r}$ enthalten. Verwenden Sie dann das Noether-Theorem für Drehungen, um die Einführung von Polar-Koordinaten zu rechtfertigen. Zeigen Sie so, dass sich die Lagrange-Funktion auf

$$L_{\text{eff.}}(r, \phi, \dot{r}, \dot{\phi}) = \frac{1}{2}\mu\dot{r}^2 + \frac{1}{2}\mu r^2 \dot{\phi}^2 + \frac{\alpha}{r}$$

reduzieren lässt.

(d) **(2 Punkte)** Welche Größe von $L_{\text{eff.}}$ ist zyklisch und welcher Ausdruck J ist daher eine Erhaltungsgröße?

(e) **(5 Punkte)** Finden Sie nun die zu $L_{\text{eff.}}$ gehörende, erhaltene Energie E und leiten Sie damit den Ausdruck

$$\frac{\mathrm{d}r}{\mathrm{d}\phi} = \frac{\mu r^2}{J}\sqrt{\frac{2}{\mu}\left(E + \frac{\alpha}{r} - \frac{J^2}{2\mu r^2}\right)}$$

her.

(f) **(8 Punkte)** Verwenden Sie das Integral

$$\int dz \frac{1}{\sqrt{-z^2 + az + b}} = -\operatorname{Arccos}\left(\frac{z - \frac{a}{2}}{\sqrt{b + \left(\frac{a}{2}\right)^2}}\right),$$

wobei $-b < \frac{a^2}{4}$ gilt, um den Ausdruck

$$r(\phi) = \frac{p}{1 + e \cos(\phi)}$$

zu erhalten. Was sind p und e?

Aufgabe 4   **25 *Punkte***

Gekoppelte Schwingungen bei Federn

Schlagwörter:
Lagrange-Funktion, Gekoppelte Schwingungen, Federn, Eigenfrequenzen, Eigenmoden,
Eigenwerte, Eigenvektoren

Betrachten Sie das System aus Abb. 2.15.1, welches aus zwei Massenpunkten der Masse
m besteht, die sich entlang der x-Achse bewegen können. Die Massenpunkte sind durch
eine Feder der Federkonstante $\frac{3}{2}k$ und der Ruhelänge $l = 0$ verbunden. Jede der Massen
ist mit je einer Feder der Federkonstante k und Ruhelänge $l = 0$ mit der nächstgelegenen
Wand bei $x = 0$ und $x = a$ verbunden.

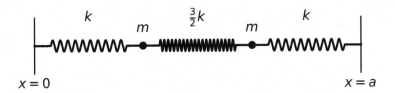

Abb. 2.15.1 Skizze des Feder-Masse-Systems

(a) **(2 Punkte)** Finden Sie die Lagrange-Funktion des Systems.

(b) **(5 Punkte)** Finden Sie die Bedingung der Ruhelagen $x_{i,0}$ der Massen und drücken Sie
die Positionen durch

$$x_i = x_{i,0} + \delta x_i$$

aus. Zeigen Sie damit, dass sich das System durch die Lagrange-Funktion

$$L = \frac{1}{2}\delta \dot{\boldsymbol{x}}^T M \delta \dot{\boldsymbol{x}} - \frac{1}{2}\delta \boldsymbol{x}^T K \delta \boldsymbol{x}$$

mit

$$\delta \boldsymbol{x} = \begin{pmatrix} \delta x_1 \\ \delta x_2 \end{pmatrix} \qquad M = \begin{pmatrix} m & 0 \\ 0 & m \end{pmatrix} \qquad K = \begin{pmatrix} \frac{5}{2}k & -\frac{3}{2}k \\ -\frac{3}{2}k & \frac{5}{2}k \end{pmatrix}$$

beschreiben lässt.

(c) **(3 Punkte)** Zeigen Sie, dass sich mit der Lagrange-Funktion aus Teilaufgabe (b) die
Bewegungsgleichung

$$\delta \ddot{\boldsymbol{x}} = -\Omega^2 \delta \boldsymbol{x}$$

ergibt. Was ist die Matrix Ω^2?

(d) **(10 Punkte)** Finden Sie die Eigenfrequenzen und die Eigenmoden des Systems und bestimmen Sie so die allgemeine Lösung.

(e) **(5 Punkte)** Betrachten Sie die Anfangsbedingungen $\delta\dot{x}_1(0) = \delta\dot{x}_2(0) = 0$ und finden Sie Anfangsbedingungen für $\delta x_1(0)$ und $\delta x_2(0)$ als Vielfache einer Anfangsauslenkung x_0, damit das System in seinen Eigenmoden schwingt. Beschreiben Sie die Bewegung dieser Eigenmoden.

3 Hinweise & Lösungen zu den Klausuren der Theoretischen Physik - Analytische Mechanik

In diesem Kapitel sind die Lösungen und Hinweise zu den Klausuren aus Kapitel 2 aufgeführt. Zunächst findet sich stets ein Bogen mit Hinweisen zu den einzelnen Aufgaben. Bei Inanspruchnahme der Hinweise sollten nur noch die Hälfte der Punkte für die jeweilige Teilaufgabe gut geschrieben werden. Bei den Lösungsbögen ist zur besseren Übersicht stets der ursprüngliche Aufgabentext beigefügt.

Überblick

M. Eichhorn, *Prüfungstraining Theoretische Physik – Analytische
Mechanik*, https://doi.org/10.1007/978-3-662-68938-7_3

3.1 Lösung zur Klausur I – Analytische Mechanik – sehr leicht

Hinweise

Aufgabe 1 - Kurzfragen

(a) Wie ist die Legendre-Transformation definiert? Was ist die Ableitung von f? Sind alle Werte von x möglich?

(b) Warum kann die Massendichte durch

$$\rho(\boldsymbol{r}) = \frac{m}{l} \Theta\left(\frac{l}{2} - |x|\right) \delta(y)\, \delta(z)$$

ausgedrückt werden? Wie ist das Trägheitsmoment definiert? Was ist $r_\perp$ in diesem Fall?

(c) Wie ist der kanonische Impuls definiert? Welche Form nehmen Ortsvektor, Impulsvektor und Drehimpulsvektor in Zylinderkoordinaten an?

(d) Wie lautet die Definition der kanonischen Bewegungsgleichungen?

(e) Wie lautet der Ausdruck für $\tilde{L}$ in ausgeschriebener Form? Wie sind kanonische Impulse definiert? Wie lässt sich die Hamilton-Funktion aus einer Legendre-Transformation der Lagrange-Funktion bestimmen? Welche Transformationen zieht der Ansatz

$$F_2(\boldsymbol{q}, \boldsymbol{P}, t) = \boldsymbol{q} \cdot \boldsymbol{P} - \Lambda(\boldsymbol{q}, t)$$

einer Erzeugenden Transformation nach sich?

Aufgabe 2 - Die durchhängende Kette

(a) Ist es hilfreich die Kette in kleine Elemente fester Länge Δs zu unterteilen und einen Grenzwert $\Delta s \to 0$ zu machen, um U zu bestimmen? Bedenken Sie, dass die gesuchte Funktion $z(x)$ ist und die Integrationsvariable im Funktional daher x sein muss. Wie hängen die Längenelemente $\mathrm{d}s$, $\mathrm{d}x$ und $\mathrm{d}z$ zusammen?

(b) Wie lässt sich die Länge als Integral ausdrücken? Können die Zusammenhänge aus Teilaufgabe (a) benutzt werden?

(c) Wie lässt sich die Nebenbedingung durch einen Lagrange-Multiplikator dem Funktional $U[z]$ hinzufügen? Haben konstante Terme einen Einfluss auf δI?

(d) Was für Terme treten auf, wenn $\frac{\mathrm{d}H}{\mathrm{d}x}$ betrachtet wird? Welche Gleichung muss L erfüllen, damit das betrachtete Funktional extremal wird? Welchen Wert hat $\frac{\partial L}{\partial x}$? Sie sollten

$$H = -\frac{\rho g z + \lambda}{\sqrt{1 + z'^2}}$$

finden. Was gilt am Punkt $x = 0$?

(e) Sie sollten die Gleichung

$$z'^2 = \left(1 + \frac{\rho g}{\lambda} z\right)^2 - 1$$

erhalten. Hilft der Zusammenhang $\cosh^2(()\, x) - \sinh^2(x) = 1$ um zu zeigen, dass der Ansatz tatsächlich eine Lösung darstellt?

(f) Was passiert, wenn die Lösung aus Teilaufgabe (e) in die Nebenbedingung

$$l_0 = \int\limits_{-a/2}^{a/2} \mathrm{d}x \ \sqrt{1 + z'^2}$$

eingesetzt wird? Wieso ist die Einführung der Größe $\tau = \frac{\beta a}{2}$ sinnvoll? Würde die Kette auf dem Mond genau so durchhängen, wie auf der Erde?

Aufgabe 3 - Komplexe Größen am harmonischen Oszillator

(a) Warum ist das Potential durch $\frac{1}{2} m\omega^2 q^2$ gegeben? Wie hängen Hamilton- und Lagrange-Funktion zusammen? Bedenken Sie, dass die Hamilton-Funktion durch Koordinaten und Impulse ausgedrückt wird.

(b) Wie lassen sich die kanonischen Bewegungsgleichungen auf $\ddot{q} = -\omega^2 q$ umformen? Können q und p komplexe Werte annehmen? Ist der Zusammenhang $\mathrm{Im}\,[iz] = \mathrm{Re}\,[z]$ nützlich?

(c) Lässt sich der Fakt benutzen, dass unter einer kanonischen Transformation $q \to Q$, $p \to P$ auch $\{Q, P\} = 1$ unter der Poisson-Klammer bzgl. q und p gelten muss? Was passiert, wenn a und b addiert bzw. subtrahiert werden?

(d) Was passiert, wenn das Produkt ab betrachtet wird? Wieso sind die Bewegungsgleichungen $\dot{a} = -i\omega a$ und $\dot{b} = i\omega b$ gültig?

(e) Was ergibt sich für $\{H, \{a, f_\lambda\}\}$ bzw. $\{H, \{b, f_\lambda\}\}$? Wie lässt sich die Jacobi-Identität für Poisson-Klammern

$$\{f, \{g, h\}\} + \{g, \{h, f\}\} + \{h, \{f, g\}\} = 0$$

verwenden?

(f) Wie können $\{a, b^n\}$ und $\{b, a^n\}$ durch rekursives Einsetzen bestimmt werden? Wie lässt sich die Leibniz-Regel für Poisson-Klammern nutzen, um die Aussagen zu beweisen?

Aufgabe 4 - Gekoppelte Schwingungen

(a) Wie sehen kinetische und potentielle Energie ausgedrückt durch x_1, x_2 und deren Ableitungen aus? Welche Bedingung muss das Potential an den Ruhelagen erfüllen?

(b) Wie ist die Lagrange-Funktion in Form von kinetischer und potentieller Energie definiert? Wie müssen die Terme aus Teilaufgabe (a) umgeformt werden, damit sich die gewünschte Matrixform ergibt? Sie sollten die Matrizen

$$M = \begin{pmatrix} m_1 & 0 \\ 0 & m_2 \end{pmatrix} \qquad K = \begin{pmatrix} k_1 + k_2 & -k_2 \\ -k_2 & k_2 + k_3 \end{pmatrix}$$

finden.

(c) Wie lautet die Euler-Lagrange-Gleichung? Wie lässt sich die Symmetrie der Matrizen M und K ausnutzen, um diese auf eine einfache Form zu bringen. Was passiert beim zweimaligen Ableiten des Ansatzes nach der Zeit?

(d) Wie lassen sich die Eigenwerte einer Matrix durch Determinanten bestimmen? Wie lässt sich eine quadratische Gleichung durch die pq-Formel lösen?

(e) Was passiert in einer Matrix, wenn der Eigenwert eingesetzt wird bei Ähnlichkeitstransformationen? Wie kann der Minus-Eins-Ergänzungstrick verwendet werden, um die Eigenvektoren zu bestimmen.

(f) Was ergibt sich, wen die Werte in die Formeln der Teilaufgaben (d) und (e) eingesetzt werden? Sie sollten als Zusammengang

$$\frac{k_2}{k_0} = \frac{n^2 - 1}{2}$$

finden. Findet die gegenphasige Schwingung mit höhere oder niedriger Frequenz als die gleichphasige Schwingung statt?

Lösungen

Aufgabe 1   25 *Punkte*

Kurzfragen

(a) **(5 Punkte)** Führen Sie eine Legendre-Transformation an der Funktion $f(x) = \frac{1}{x}$ durch.

Lösungsvorschlag:
Die Ableitung der Funktion ist durch

$$m = \frac{\mathrm{d}f}{\mathrm{d}x} = -\frac{1}{x^2}$$

gegeben. Hieran lässt sich erkennen, dass die Legendre-Transformation auf positive oder negative x einzuschränken ist. Hier sollen positive x gewählt werden. Damit lässt sich auch

$$x = \frac{1}{\sqrt{-m}}$$

bestimmen. Die Legendre-Transformation ist daher durch

$$g(m) = f(x(m)) - x(m) \cdot m = \sqrt{-m} - \frac{m}{\sqrt{-m}} = \frac{-2m}{\sqrt{-m}} = 2\sqrt{-m}$$

gegeben.

(b) **(5 Punkte)** Finden Sie das Trägheitsmoment eines unendlich dünnen Stabes der Länge l und der Masse m. Die Rotationsachse geht durch den Schwerpunkt und steht senkrecht auf dem Stab.

Lösungsvorschlag:
Der Stab kann durch die Massendichte

$$\rho(\boldsymbol{r}) = \frac{m}{l}\Theta\left(\frac{l}{2} - |x|\right)\delta(y)\,\delta(z)$$

beschrieben werden, wenn die z-Achse als Rotationsachse gewählt wird. Da das Trägheitsmoment durch

$$I = \int \mathrm{d}^3 r\, \rho(\boldsymbol{r}) r_\perp^2$$

definiert ist und $r_\perp^2 = x^2 + y^2$ gilt, kann somit

$$I = \int\limits_{-\infty}^{\infty} \mathrm{d}z \int\limits_{-\infty}^{\infty} \mathrm{d}y \int\limits_{-\infty}^{\infty} \mathrm{d}x\, \frac{m}{l}\Theta\left(\frac{l}{2} - |x|\right)\delta(y)\,\delta(z)\,(x^2 + y^2)$$

$$= \frac{m}{l} \int\limits_{-l/2}^{l/2} \mathrm{d}x\, x^2 = \frac{m}{l} \cdot \frac{2}{3} \cdot \frac{l^3}{8} = \frac{1}{12}ml^2$$

gefunden werden.

(c) **(5 Punkte)** Betrachten Sie die Lagrange-Funktion

$$L(s, \phi, z, \dot{s}, \dot{\phi}, \dot{z}) = \frac{1}{2}m(\dot{s}^2 + s^2\dot{\phi}^2 + \dot{z}^2) - V(s, \phi, z)$$

und bestimmen Sie die kanonischen Impulse. Um was für physikalische Größen handelt es sich?

Lösungsvorschlag:
Die kanonischen Impulse können durch

$$p_s = \frac{\partial L}{\partial \dot{s}} = m\dot{s} \qquad p_\phi = \frac{\partial L}{\partial \dot{\phi}} = ms^2\dot{\phi} \qquad p_z = \frac{\partial L}{\partial \dot{z}} = m\dot{z}$$

bestimmt werden. Aus dem Ortsvektor

$$\boldsymbol{r} = s\hat{\boldsymbol{e}}_s + z\hat{\boldsymbol{e}}_z$$

und dem Geschwindigkeits- bzw. Impulsvektor

$$\dot{\boldsymbol{r}} = \dot{s}\hat{\boldsymbol{e}}_s + s\dot{\phi}\hat{\boldsymbol{e}}_\phi + \dot{z}\hat{\boldsymbol{e}}_z$$

$$\Rightarrow \quad \boldsymbol{p} = m\dot{\boldsymbol{r}} = m\dot{s}\hat{\boldsymbol{e}}_s + ms\dot{\phi}\hat{\boldsymbol{e}}_\phi + m\dot{z}\hat{\boldsymbol{e}}_z$$

in Zylinderkoordinaten, lässt sich direkt ablesen, dass es sich bei p_s und p_z um die s- und z-Komponenten des kinetischen Impulses $\boldsymbol{p}$ handelt. Ebenso lässt sich

$$\boldsymbol{J} = \boldsymbol{r} \times \boldsymbol{p} = ms^2\dot{\phi}\hat{\boldsymbol{e}}_z + m(\dot{s}z - s\dot{z})\hat{\boldsymbol{e}}_\phi - msz\dot{\phi}\hat{\boldsymbol{e}}_s$$

bestimmen. Hieran lässt sich erkennen, dass es sich bei p_ϕ um die z-Komponente des Drehimpulses handelt.

(d) **(5 Punkte)** Bestimmen Sie für die Hamilton-Funktion

$$H(q, p) = \frac{p^2}{2m} - V_0\cos(\alpha q)$$

die kanonischen Bewegungsgleichungen.

Lösungsvorschlag:
Die kanonischen Bewegungsgleichungen sind durch

$$\dot{q} = \frac{\partial H}{\partial p} = \frac{p}{m}$$

und

$$\dot{p} = -\frac{\partial H}{\partial q} = V_0\frac{\partial}{\partial q}\cos(\alpha q) = -V_0\alpha\sin(\alpha q)$$

gegeben.

(e) **(5 Punkte)** Betrachten Sie die mechanische Eichtransformation $\tilde{L} = L + \frac{d}{dt}\Lambda(\boldsymbol{q}, t)$. Finden Sie die kanonischen Impulse $\boldsymbol{P}$ von $\tilde{L}$ sowie die zu $\tilde{L}$ gehörende Hamilton-Funktion $\tilde{H}$. Bestimmen Sie dann eine kanonische Transformation vom Typ $F_2(\boldsymbol{q}, \boldsymbol{P}, t)$, welche die zu L gehörende Hamilton-Funktion H in $\tilde{H}$ überführt und drücken Sie diese mit Hilfe von Λ aus.

Lösungsvorschlag:
Zunächst bietet es sich an den Ausdruck für $\tilde{L}$ gemäß

$$\tilde{L} = L + \frac{\partial \Lambda}{\partial q_i}\dot{q}_i + \frac{\partial \Lambda}{\partial t}$$

auszuschreiben. Damit können die kanonischen Impulse zu

$$P_i = \frac{\partial \tilde{L}}{\partial \dot{q}_i} = \frac{\partial L}{\partial \dot{q}_i} + \frac{\partial \Lambda}{\partial q_i}$$

bestimmt werden. Die zu $\tilde{L}$ gehörende Hamilton-Funktion kann dann durch

$$\tilde{H} = P_i\dot{q}_i - \tilde{L} = \left(\frac{\partial L}{\partial \dot{q}_i} + \frac{\partial \Lambda}{\partial q_i}\right)\dot{q}_i - \left(L + \frac{\partial \Lambda}{\partial q_i}\dot{q}_i + \frac{\partial \Lambda}{\partial t}\right)$$

$$= \frac{\partial L}{\partial \dot{q}_i}\dot{q}_i - L - \frac{\partial \Lambda}{\partial t} = H - \frac{\partial \Lambda}{\partial t}$$

ermittelt werden. Dabei wurde die zu L gehörende Hamilton-Funktion

$$H = \frac{\partial L}{\partial \dot{q}_i}\dot{q}_i - L$$

verwendet.
Es hat sich bisher gezeigt, dass die Zusammenhänge

$$P_i = p_i + \frac{\partial \Lambda}{\partial q_i} \quad \Rightarrow \quad p_i = P_i - \frac{\partial \Lambda}{\partial t}$$

und

$$\tilde{H} = H - \frac{\partial \Lambda}{\partial t}$$

gültig sind. Da sich die Koordinaten nicht verändern, bietet sich als Ansatz die Erzeugende

$$F_2(\boldsymbol{q}, \boldsymbol{P}, t) = \boldsymbol{q} \cdot \boldsymbol{P} - \Lambda(\boldsymbol{q}, t)$$

an. Mit dieser Erzeugenden einer kanonischen Transformation, ergeben sich wegen

$$p_i = \frac{\partial F_2}{\partial q_i} = P_i - \frac{\partial \Lambda}{\partial q_i} \qquad Q_i = \frac{\partial \Lambda}{\partial P_i} = q_i \qquad \tilde{H} - H = \frac{\partial F_2}{\partial t} = -\frac{\partial \Lambda}{\partial t}$$

all die gefunden Zusammenhänge.

Aufgabe 2   **25 *Punkte***

Die durchhängende Kette

In dieser Aufgabe soll die Form einer im Schwerefeld g der Erde durchhängenden Kette bestimmt werden. Betrachten Sie die Kette dazu als eindimensionale Linie. Das Koordinatensystem wird so gewählt, dass sich die Kette nur in der xz-Eben befindet und sich ihr Scheitelpunkt im Koordinatenursprung befindet. Ziel ist es, ihre Form durch eine Funktion $z(x)$ zu beschreiben. Die Kette weist die Massendichte $\rho = \frac{\mathrm{d}m}{\mathrm{d}s}$ und die Länge l_0 auf. Sie wird an zwei Punkten gleicher Höhe im Abstand $\frac{a}{2}$ links und rechts von $x = 0$ aufgehängt.

(a) **(3 Punkte)** Stellen Sie ein Funktional für die potentielle Energie $U[z]$ als die zu maximierende Größe auf.

Lösungsvorschlag:
Wird ein Element der Kette mit der Masse Δm_i, der Länge Δs und dem Ortsvektor $\boldsymbol{r}_i$ betrachtet, so ist dessen potentielle Energie durch $U_i = \Delta m_i\, g z_i$ gegeben. Die potentielle Energie der gesamten Kette ist dann durch

$$U = \sum_i U_i = \sum_i \Delta m_i\, g z_i = \sum_i \Delta s \frac{\Delta m_i}{\Delta s} g z_i$$

gegeben. Im Grenzfall kleiner Kettenelemente $\Delta s \to 0$ wird die Summe zu einem Integral über s und der Ausdruck $\frac{\Delta m_i}{\Delta s}$ zu $\frac{\mathrm{d}m}{\mathrm{d}s} = \rho$, was die konstante Linienmassendichte darstellt. Somit kann die potentielle Energie als

$$U = \int_0^{l_0} \mathrm{d}s\; \rho g z(s)$$

bestimmt werden. Da z aber nicht als Funktion von s sondern von x gesucht wird muss über den Zusammenhang

$$(\mathrm{d}s)^2 = (\mathrm{d}x)^2 + (\mathrm{d}z)^2 = (\mathrm{d}x)^2 \left(1 + \left(\frac{\mathrm{d}z}{\mathrm{d}x}\right)^2\right)$$

die Umformung

$$\mathrm{d}s = \mathrm{d}x \sqrt{1 + z'^2}$$

getätigt werden, um

$$U[z(x)] = \int_{-a/2}^{a/2} \mathrm{d}x\; \rho g z(x) \sqrt{1 + z'^2}$$

zu erhalten.

(b) (**2 Punkte**) Stellen Sie ein zweites Funktional auf, welches die Länge der Kette $l[z]$ als Nebenbedingung darstellen soll.

Lösungsvorschlag:
Die Länge der Kette ist durch

$$l = \int\limits_0^{l_0} \mathrm{d}s$$

gegeben und wegen dem Zusammenhang aus Teilaufgabe (a) daher mit

$$l[z] = \int\limits_{-a/2}^{a/2} \mathrm{d}x \ \sqrt{1 + z'^2}$$

zu bestimmen. Die Nebenbedingung muss somit

$$l[z] = l_0 \quad \Rightarrow \quad l[z] - l_0 = 0$$

lauten.

(c) (**3 Punkte**) Zeigen Sie, dass das Problem durch die Lagrange-Funktion

$$L(z, z') = (\rho g z + \lambda)\sqrt{1 + z'^2}$$

mit einem im späteren Verlauf der Aufgabe zu bestimmenden Lagrange-Multiplikator λ beschrieben werden kann.

Lösungsvorschlag:
Um den die potentielle Energie unter der Nebenbedingung einer vorgegebenen Länge zu extremalisieren, muss diese mit einem Lagrange-Multiplikator addiert werden. Daher kann das Funktional

$$I[z] = U[z] + \lambda(l[z] - l_0) = U[z] + \lambda l[z] - \lambda l_0$$

gefunden werden. Der Konstante Term hat auf die Variation δI keinen Einfluss, so dass stattdessen

$$I[z] = U[z] + \lambda l[z] = \int\limits_{-a/2}^{a/2} \mathrm{d}x \ \rho g z(x)\sqrt{1 + z'^2} + \lambda \int\limits_{-a/2}^{a/2} \mathrm{d}x \ \sqrt{1 + z'^2}$$

$$= \int\limits_{-a/2}^{a/2} \mathrm{d}x \ (\rho g z(x) + \lambda)\sqrt{1 + z'^2}$$

betrachtet werden kann. Darin nimmt

$$L(z, z', x) = (\rho g z(x) + \lambda)\sqrt{1 + z'^2}$$

die Rolle einer Lagrange-Funktion ein. Ist I maximal muss diese auch die Euler-Lagrange-Gleichung

$$\frac{\mathrm{d}}{\mathrm{d}x}\frac{\partial L}{\partial z'} = \frac{\partial L}{\partial z}$$

erfüllen.

(d) **(5 Punkte)** Zeigen Sie, dass die Größe

$$H = \frac{\partial L}{\partial z'}z' - L$$

eine Erhaltungsgröße ist und finden Sie einen Ausdruck für diese. Bestimmen Sie ihren Wert an einem geeigneten Punkt.

Lösungsvorschlag:
H ist eine Erhaltungsgröße, falls $\frac{\mathrm{d}H}{\mathrm{d}x} = 0$ ist. Es lässt sich

$$\frac{\mathrm{d}H}{\mathrm{d}x} = \left(\frac{\mathrm{d}}{\mathrm{d}x}\frac{\partial L}{\partial z'}\right)z' + \frac{\partial L}{\partial z'}z'' - \left(\frac{\partial L}{\partial z}z' + \frac{\partial L}{\partial z'}z'' + \frac{\partial L}{\partial x}\right)$$

$$= \left(\frac{\mathrm{d}}{\mathrm{d}x}\frac{\partial L}{\partial z'}\right)z' - \frac{\partial L}{\partial z}z' - \frac{\partial L}{\partial x}$$

berechnen. Da das vorliegende L nicht explizit von x abhängt ist $\frac{\partial L}{\partial x} = 0$. Daneben kann für den ersten Term die Euler-Lagrange-Gleichung

$$\frac{\mathrm{d}}{\mathrm{d}x}\frac{\partial L}{\partial z'} = \frac{\partial L}{\partial z}$$

verwendet werden, um so

$$\frac{\mathrm{d}H}{\mathrm{d}x} = \frac{\partial L}{\partial z}z' - \frac{\partial L}{\partial z}z' = 0$$

zu finden. Damit handelt es sich bei H um eine Erhaltungsgröße.
Um H zu bestimmen, muss die Ableitung

$$\frac{\partial L}{\partial z'} = \frac{\rho g z + \lambda}{\sqrt{1 + z'^2}}z' = \frac{z'}{1 + z'^2}L$$

ermittelt werden. Diese lässt sich in den Ausdruck von H einsetzen, um

$$H = \frac{\partial L}{\partial z'}z' - L = \frac{z'^2}{1 + z'^2}L - L = -\frac{L}{1 + z'^2} = -\frac{\rho g z + \lambda}{\sqrt{1 + z'^2}}$$

zu erhalten. Das Koordinatensystem sollte so gewählt sein, dass bei $x = 0$ auch $z = 0$ und $z' = 0$ gilt. Also nimmt H dort den Wert

$$H = -\frac{\rho g \cdot 0 + \lambda}{\sqrt{1 + 0^2}} = -\lambda$$

an.

(e) **(4 Punkte)** Stellen Sie die in der vorherigen Teilaufgabe gefundene Größe nach z'^2 um und zeigen Sie dann, dass die Lösung die Form

$$z(x) = \frac{1}{\beta}\left(\cosh(\beta x) - 1\right)$$

mit einer näher zu bestimmenden Konstante β annimmt.

Lösungsvorschlag:
Aus der vorherigen Teilaufgabe lässt sich die Gleichung

$$-\lambda = -\frac{\rho g z + \lambda}{\sqrt{1 + z'^2}} \quad \Rightarrow \quad \lambda\sqrt{1 + z'^2} = \rho g z + \lambda$$

aufstellen, die weiter zu

$$z'^2 = \left(1 + \frac{\rho g}{\lambda}z\right)^2 - 1$$

umgeformt werden kann. Die Ableitung des Ansatzes

$$z' = \sinh(\beta x)$$

kann in die gefundene Gleichung eingesetzt werden, um

$$\sinh^2(\beta x) = \left(1 + \frac{\rho g}{\lambda}z\right)^2 - 1 = \left(1 + \frac{\rho g}{\lambda}\frac{1}{\beta}(\cosh(\beta x) - 1)\right)^2 - 1$$

zu finden. Wenn nun

$$\beta = \frac{\rho g}{\lambda}$$

gilt, so kann dies weiter auf

$$\sinh^2(\beta x) = (1 + \cosh(\beta x) - 1)^2 - 1 = \cosh^2(\beta) - 1 = \sinh^2(\beta)$$

umgeformt werden. Die sich ergebende Gleichung ist wahr, weshalb auch der Ansatz die Lösung darstellen muss. [1]

(f) **(8 Punkte)** Zeigen Sie, dass sich λ aus der Nebenbedingung aus einem τ bestimmen lässt, welches die Gleichung

$$\sinh(\tau) = m\tau$$

erfüllt. Von welchen Größen hängt die Form $z(x)$ damit schlussendlich ab?

---

[1] Alternativ kann die Differentialgleichung auch durch Trennung der Variablen gelöst werden.

Lösungsvorschlag:
Die Nebenbedingung

$$l_0 = l[z] = \int\limits_{-a/2}^{a/2} dx \ \sqrt{1 + z'^2}$$

lässt sich mit dem in der vorherigen Teilaufgabe gefundenen z als

$$l_0 = \int\limits_{-a/2}^{a/2} dx \ \sqrt{1 + \sinh^2(x)} = \int\limits_{-a/2}^{a/2} dx \ \cosh(\beta x)$$

$$= \frac{1}{\beta} \left[\sinh(\beta x) \right]_{-a/2}^{a/2} = \frac{2}{\beta} \sinh\left(\frac{\beta a}{2} \right)$$

ermitteln. Diese Gleichung kann zu

$$\sinh\left(\frac{\beta a}{2} \right) = \frac{\beta}{2} l_0 = \frac{l_0}{a} \cdot \frac{\beta a}{2}$$

umgeformt werden. Mit der Einführung der Größen

$$\tau = \frac{\beta a}{2} = \frac{\rho g a}{2\lambda} \qquad m = \frac{l_0}{a} > 1$$

lässt sich so die Bestimmungsgleichung

$$\sinh(\tau) = m\tau$$

für die numerische Größe τ aufstellen. Hiermit lässt sich λ als

$$\lambda = \frac{\rho g a}{2\tau}$$

bestimmen. Die Lösung $z(x)$ selbst kann dann wegen

$$\beta = \frac{2\tau}{a}$$

auf

$$z(x) = \frac{a}{2\tau} \left(\cosh\left(\frac{2\tau}{a} x \right) \right)$$

umgeformt werden. Diese Lösung hängt somit nur von a und τ ab. τ ist eine numerische Größe, die ihrerseits nur vom Verhältnis $\frac{l_0}{a}$ abhängt. Die Länge der Kette und die Distanz der Aufhängungspunkte sind somit die einzigen Parameter von der die Form abhängt. Die Form hängt somit nicht von der Masse und auch nicht von g ab. Das bedeutet eine Kette hängt bei gleicher Länge und gleicher Distanz der Aufhängungspunkten auf der Erde und auf dem Mond in der gleichen Form durch.

Aufgabe 3   **25 *Punkte***

Komplexe Größen am harmonischen Oszillator

In dieser Aufgabe soll der eindimensionale harmonische Oszillator mit Masse m und Kreisfrequenz ω im Hamilton-Formalismus untersucht werden.

(a) **(2 Punkte)** Wie lautet die Hamilton-Funktion des harmonischen Oszillators?

Lösungsvorschlag:
Die Hamilton-Funktion des harmonischen Oszillators ist ein bekannter Ausdruck, der durch

$$H = \frac{p^2}{2m} + \frac{1}{2}m\omega^2 q^2$$

gegeben ist. Alternativ lässt sich dieser auch aus der Lagrange-Funktion mit dem Potential $U = \frac{1}{2}m\omega^2 q^2$ herleiten.

(b) **(4 Punkte)** Stellen Sie die kanonischen Bewegungsgleichungen auf und zeigen Sie, dass eine Lösung durch

$$q(t) = A\,e^{-i\omega t} + B\,e^{i\omega t}$$

mit den Integrationskonstanten A und B gegeben ist. Welche Bedingung müssen die Integrationskonstanten erfüllen, um eine physikalische Lösung darzustellen?

Lösungsvorschlag:
Die kanonischen Bewegungsgleichungen sind durch

$$\dot{q} = \frac{\partial H}{\partial p} = \frac{p}{m} \qquad \dot{p} = -\frac{\partial H}{\partial q} = -m\omega^2 q$$

gegeben, woraus sich

$$\ddot{q} = \frac{\dot{p}}{m} = -\omega^2 q$$

herleiten lässt. Hierin lässt sich die gegebene Lösung einsetzen, um

$$\dot{q} = i\omega\left(-A\,e^{-i\omega t} + B\,e^{i\omega t}\right)$$
$$\ddot{q} = i^2\omega^2\left(A\,e^{-i\omega t} + B\,e^{i\omega t}\right) = -\omega^2\left(A\,e^{-i\omega t} + B\,e^{i\omega t}\right) = -\omega^2 q$$

zu erhalten. Somit handelt es sich um eine Lösung der kanonischen Bewegungsgleichung. Die Größe q ist eine physikalische Größe und muss daher reell sein. Daher muss

$$0 = \text{Im}\,[q] = \text{Im}\left[A\,e^{-i\omega t}\right] + \text{Im}\left[B\,e^{i\omega t}\right] \quad \Rightarrow \quad \text{Im}\left[B\,e^{i\omega t}\right] = -\text{Im}\left[A\,e^{-i\omega t}\right]$$

sein. Daneben ist auch der Impuls eine reelle Größe, der hier aber durch

$$p = m\dot{q} = mi\omega \left(-A\,\mathrm{e}^{-i\omega t} + B\,\mathrm{e}^{i\omega t} \right)$$

gegeben ist. Damit lässt sich

$$
\begin{aligned}
0 = \mathrm{Im}\,[p] &= \mathrm{Im}\left[-mi\omega A\,\mathrm{e}^{-i\omega t} \right] + \mathrm{Im}\left[mi\omega B\,\mathrm{e}^{+i\omega t} \right] \\
&= \omega \left(-\,\mathrm{Re}\left[A\,\mathrm{e}^{-i\omega t} \right] + \mathrm{Re}\left[A\,\mathrm{e}^{i\omega t} \right] \right) \\
\Rightarrow \quad \mathrm{Re}\left[B\,\mathrm{e}^{i\omega t} \right] &= \mathrm{Re}\left[A\,\mathrm{e}^{-i\omega t} \right]
\end{aligned}
$$

herleiten. Aus beiden Bedingungen lässt sich

$$B\,\mathrm{e}^{i\omega t} = \left(A\,\mathrm{e}^{-i\omega t} \right)^{*} = A^{*}\,\mathrm{e}^{i\omega t}$$

und somit schließlich

$$B = A^{*}$$

herleiten. Die beiden Integrationskonstanten müssen also zueinander komplex konjugiert sein.

(c) **(5 Punkte)** Zeigen Sie, dass es sich bei

$$q \mapsto a = \sqrt{\frac{i}{2m\omega}}\,(m\omega q + ip) \qquad p \mapsto b = \sqrt{\frac{i}{2m\omega}}\,(m\omega q - ip)$$

um eine kanonische Transformation handelt. Drücken Sie q und p durch a und b aus.

Lösungsvorschlag:
Es handelt sich um eine kanonische Transformation, falls $\{a, b\} = 1$ ist. Dabei werden die Poisson-Klammern bezüglich p und q betrachtet. Durch Einsetzen und Ausnutzen von $\{q, p\} = 1$ kann so

$$
\begin{aligned}
\{a, b\} &= \frac{i}{2m\omega}\,\{m\omega q + ip,\ m\omega q - ip\} = \frac{i}{2m\omega}\,im\omega\,\left(-\{q, p\} + \{p, q\} \right) \\
&= -\frac{1}{2}(-2\,\{q, p\}) = 1
\end{aligned}
$$

gefunden werden. Somit handelt es sich um eine kanonische Transformation. Durch das Betrachten der Kombination

$$a + b = \sqrt{\frac{i}{2m\omega}}\,2m\omega q$$

kann

$$q = \frac{1}{\sqrt{2im\omega}}\,(a + b)$$

bestimmt werden. Ebenso kann

$$a - b = \sqrt{\frac{i}{2m\omega}} 2ip$$

und daher

$$p = \frac{1}{i}\sqrt{\frac{m\omega}{2i}}(a - b) = -i\sqrt{\frac{m\omega}{2i}}(a - b)$$

gefunden werden.

(d) **(6 Punkte)** Drücken Sie die Hamilton-Funktion durch a und b aus. Bestimmen Sie die Poisson-Klammern $\{a, H\}$ und $\{b, H\}$ und lösen Sie damit die kanonischen Bewegungsgleichungen mit den Anfangsbedingungen $a(0) = a_0$ und $b(0) = b_0$. Wie lassen sich demnach q und p bestimmen und welcher Zusammenhang besteht zwischen A, B und a_0, b_0?

Lösungsvorschlag:
Durch das Multiplizieren von a mit b kann

$$ab = \frac{i}{2m\omega}(m\omega q + ip)(m\omega q - ip) = \frac{i}{2m\omega}(m^2\omega^2 q^2 + p^2)$$

$$= \frac{i}{\omega}\left(\frac{1}{2}m\omega^2 q^2 + \frac{p^2}{2m}\right) = \frac{i}{\omega}H$$

$$\Rightarrow \quad H = \frac{1}{i}\omega ab = -i\omega ab$$

gefunden werden. [2] Damit lassen sich die Poisson-Klammern

$$\{a, H\} = \frac{\partial H}{\partial b} = -i\omega a \qquad \{b, H\} = -\frac{\partial H}{\partial a} = i\omega b$$

bestimmen. Die kanonischen Bewegungsgleichungen sind durch

$$\dot{a} = \{a, H\} + \frac{\partial a}{\partial t} = -i\omega a \qquad \dot{b} = \{b, H\} + \frac{\partial b}{\partial t} = i\omega b$$

gegeben. Sie können durch die einfachen Ausdrücke

$$a(t) = a_0 \, e^{-i\omega t} \qquad b(t) = b_0 \, e^{i\omega t}$$

gelöst werden, wobei a_0 und b_0 die genannten Anfangswerte sind. Diese Ergebnisse lassen sich in die Ausdrücke für q und p aus der vorherigen Aufgabe einsetzen, um so

$$q(t) = \frac{a_0}{\sqrt{2im\omega}} e^{-i\omega t} + \frac{b_0}{\sqrt{2im\omega}} e^{i\omega t}$$

$$p(t) = -i\sqrt{\frac{m\omega}{2i}} a_0 \, e^{-i\omega t} + i\sqrt{\frac{m\omega}{2i}} b_0 \, e^{i\omega t} = m\dot{q}$$

---

[2]Alternativ können auch die Ausdrücke für q und p in H aus Teilaufgabe (a) eingesetzt werden.

zu bestimmen. Im direkten Vergleich mit dem Ausdruck aus Teilaufgabe (b) kann daher

$$A = \frac{a_0}{\sqrt{2im\omega}} \qquad B = \frac{b_0}{\sqrt{2im\omega}}$$

gefunden werden.[3]

(e) **(4 Punkte)** Nehmen Sie an, es gäbe Phasenraumfunktionen f_λ, die

$$\{H, f_\lambda\} = -i\lambda\omega f_\lambda$$

erfüllen.[4] Zeigen Sie, dass $\{b, f_\lambda\}$ sich wie $f_{\lambda+1}$ verhält, während $\{a, f_\lambda\}$ das Verhalten von $f_{\lambda-1}$ aufweist.

Lösungsvorschlag:
Um zu prüfen, ob sich $\{b, f_\lambda\}$ wie $f_{\lambda+1}$ verhält, muss $\{H, \{b, f_\lambda\}\}$ betrachtet werden. Mit der Jacobi-Identität lässt sich diese auf

$$\begin{aligned}\{H, \{b, f_\lambda\}\} &= -\{b, \{f_\lambda, H\}\} - \{f_\lambda, \{H, b\}\} = \{b, \{H, f_\lambda\}\} - \{\{b, H\}, f_\lambda\} \\ &= \{b, -i\lambda\omega f_\lambda\} - \{i\omega b, f_\lambda\} = (-i\lambda\omega - i\omega)\{b, f_\lambda\} \\ &= -i(\lambda + 1)\omega\{b, f_\lambda\}\end{aligned}$$

umformen. Mit der Ersetzung $g = \{b, f_\lambda\}$ wird aus

$$\{H, g\} = -i(\lambda + 1)\omega g$$

ersichtlich, dass sich $g = \{b, f_\lambda\}$ wie $f_{\lambda+1}$ verhält.
Ebenso kann

$$\begin{aligned}\{H, \{a, f_\lambda\}\} &= -\{a, \{f_\lambda, H\}\} - \{f_\lambda, \{H, a\}\} = \{a, \{H, f_\lambda\}\} - \{\{a, H\}, f_\lambda\} \\ &= \{a, -i\lambda\omega f_\lambda\} - \{-i\omega a, f_\lambda\} = (-i\lambda\omega + i\omega)\{a, f_\lambda\} \\ &= -i(\lambda - 1)\omega\{a, f_\lambda\}\end{aligned}$$

betrachtet werden, woraus ersichtlich wird, dass sich $\{a, f_\lambda\}$ wie $f_{\lambda-1}$ verhält.

(f) **(4 Punkte)** Betrachten Sie nun die Funktionen $f_{nk} = a^k b^n$ und zeigen Sie, dass sich diese wie die f_λ aus der vorherigen Teilaufgabe verhalten. Was ist der Zusammenhang zwischen λ, n und k? Bestimmen Sie dann $\{a, f_{nk}\}$ und $\{b, f_{nk}\}$. Wie passt dies zur vorhergehenden Teilaufgabe?

Lösungsvorschlag:
Es bietet sich an, zunächst $\{a, b^n\}$ und $\{b, a^n\}$ zu bestimmen. Dazu können

$$\{a, b^n\} = \frac{\partial}{\partial b} b^n = nb^{n-1}$$

---

[3]Da $B = A^*$ sein muss, muss auch $b_0 = ia_0^*$ gelten.
[4]Dabei kann es für ein λ auch mehrere linear unabhängige Funktionen geben.

und

$$\{b, a^n\} = -\frac{\partial}{\partial a} a^n = -n a^{n-1}$$

betrachtet werden. Damit lassen sich

$$\{a, f_{nk}\} = \{a, a^k b^n\} = a^k \{a, b^n\} = n a^k b^{n-1}$$
$$\{b, f_{nk}\} = \{b, a^k b^n\} = \{a, a^k\} b^n = k a^{k-1} b^n$$

bestimmen. Diese Ausdrücke können nun verwendet werden, um

$$\{H, f_{nk}\} = \{-\mathrm{i}\omega ab, f_{nk}\} = -\mathrm{i}\omega \{ab, f_{nk}\} = -\mathrm{i}\omega \left(a \{b, f_{nk}\} + \{a, f_{nk}\} b\right)$$
$$= -\mathrm{i}\omega (a k a^{k-1} b^n + n a^k b^{n-1} b) = -\mathrm{i}\omega (k a^k b^n + n a^k b^n)$$
$$= -\mathrm{i}\omega (n - k) a^n b^k = -\mathrm{i}\omega (n - k) f_{nk}$$

zu ermitteln. Damit zeigt sich auch direkt, dass $\lambda = n - k$ gilt. Da sich zuvor

$$\{a, f_{nk}\} = n a^k b^{n-1} = n f_{n-1\,k}$$

gezeigt hat, verhält sich $\{a, f_{nk}\}$ als hätte es ein

$$\lambda' = n - 1 - k = n - k - 1 = \lambda - 1,$$

wie es aus der vorherigen Teilaufgabe bereits zu erwarten war. Ebenso kann der Zusammenhang

$$\{b, f_{nk}\} = k a^{k-1} b^n = k f_{n\,k-1}$$

gefunden werden. Dies verhält sich, als hätte es ein

$$\lambda' = n - (k - 1) = n - k + 1 = \lambda + 1.$$

Auch das passt zu den Erkenntnissen der vorherigen Teilaufgabe.

Nicht gefragt:
Die hier betrachteten Größen a und b spielen eine wichtige Rolle in der quantenmechanischen Beschreibung des harmonischen Oszillators. Dort werden dimensionslose Operatoren $\hat{a}$ und $\hat{b}$ betrachtet. Mit den Übersetzungsregeln

$$a \to \sqrt{\mathrm{i}\hbar}\hat{a} \qquad b \to \sqrt{\mathrm{i}\hbar}\hat{b}$$

lassen sich aus den hier gefundenen Ausdrücken, viele Zusammenhänge herleiten, die in der Quantenmechanik gültig sind. So lassen sich aus der Definition von a und b zunächst

$$a = \sqrt{\frac{\mathrm{i}}{2m\omega}}(m\omega q + \mathrm{i}p) \quad \to \quad \sqrt{\mathrm{i}\hbar}\hat{a} = \sqrt{\frac{\mathrm{i}}{2m\omega}}(m\omega \hat{q} + \mathrm{i}p)$$
$$\Rightarrow \quad \hat{a} = \frac{1}{\sqrt{2\hbar m\omega}}(m\omega \hat{q} + \mathrm{i}p)$$

$$b = \sqrt{\frac{\mathrm{i}}{2m\omega}}(m\omega q - \mathrm{i}p) \quad \to \quad \sqrt{\mathrm{i}\hbar}\hat{b} = \sqrt{\frac{\mathrm{i}}{2m\omega}}(m\omega \hat{q} - \mathrm{i}p)$$
$$\Rightarrow \quad \hat{b} = \frac{1}{\sqrt{2\hbar m\omega}}(m\omega \hat{q} - \mathrm{i}p) = \hat{a}^\dagger$$

finden. Daher kann stattdessen auch die Übersetzung $b \to \sqrt{i\hbar}\,\hat{a}^\dagger$ verwendet werden. Ebenso lassen sich damit dann auch

$$q = \frac{1}{\sqrt{2im\omega}}(a+b) \quad \to \quad \hat{q} = \frac{1}{\sqrt{2im\omega}}(\sqrt{i\hbar}\,\hat{a} + \sqrt{i\hbar}\,\hat{a}^\dagger) = \sqrt{\frac{\hbar}{2m\omega}}(\hat{a}+\hat{a}^\dagger)$$

$$p = -i\sqrt{\frac{m\omega}{2i}}(a-b) \quad \to \quad \hat{p} = -i\sqrt{\frac{m\omega}{2i}}(\sqrt{i\hbar}\,\hat{a} - \sqrt{i\hbar}\,\hat{a}^\dagger) = -i\sqrt{\frac{\hbar m\omega}{2}}(\hat{a}-\hat{a}^\dagger)$$

bestimmen.
Beim Übergang in die Quantenmechanik gibt es zwei weitere Übersetzungsregeln:

1) Poisson-Klammern werden zu Kommutatoren gemäß

$$\{A,B\} \quad \to \quad \frac{1}{i\hbar}\left[\hat{A},\hat{B}\right].$$

2) Produkte müssen vor dem Übersetzen symmetrisiert werden, gemäß

$$AB = \frac{1}{2}(AB+BA) \quad \to \quad \frac{1}{2}(\hat{A}\hat{B}+\hat{B}\hat{A}).$$

Mit diesen beiden Regeln lässt sich der Kommutator von $\hat{a}$ und $\hat{a}^\dagger$

$$\{a,b\} = 1 \quad \to \quad \frac{1}{i\hbar}\left[\sqrt{i\hbar}\,\hat{a}, \sqrt{i\hbar}\,\hat{a}^\dagger\right] = \left[\hat{a},\hat{a}^\dagger\right] = 1$$

finden. Außerdem kann der Hamilton-Operator mit

$$H = -\frac{i\omega}{2}(ab+ba) \quad \to \quad \hat{H} = -\frac{i\omega}{2}(i\hbar\hat{a}\hat{a}^\dagger + i\hbar\hat{a}^\dagger\hat{a}) = \frac{\hbar\omega}{2}(\hat{a}\hat{a}^\dagger + \hat{a}^\dagger\hat{a})$$

$$= \hbar\omega\left(\hat{a}^\dagger\hat{a} + \frac{1}{2}\right)$$

gefunden werden. Mit den Poisson-Klammern aus Teilaufgabe (d) können so auch

$$\{a,H\} = -i\omega a \quad \to \quad \frac{1}{i\hbar}\left[\sqrt{i\hbar}\,\hat{a}, \hat{H}\right] = -i\omega\sqrt{i\hbar}\,\hat{a} \quad \Rightarrow \quad \left[\hat{H},\hat{a}\right] = -\hbar\omega\hat{a}$$

$$\{b,H\} = i\omega b \quad \to \quad \frac{1}{i\hbar}\left[\sqrt{i\hbar}\,\hat{a}^\dagger, \hat{H}\right] = i\omega\sqrt{i\hbar}\,\hat{a}^\dagger \quad \Rightarrow \quad \left[\hat{H},\hat{a}^\dagger\right] = \hbar\omega\hat{a}^\dagger$$

gefunden werden. Genau wie in Teilaufgabe (e) lassen sich Funktionen f_n definieren, welche die (leicht abgewandelte) Eigenschaft

$$\hat{H}f_n = \hbar\omega\left(n + \frac{1}{2}\right)f_n$$

erfüllen. Mit den Kommutatorrelationen lässt sich dann zeigen, dass

$$\hat{H}(\hat{a}f_n) = \hbar\omega\left((n-1) + \frac{1}{2}\right)(\hat{a}f_n) \quad \Rightarrow \quad \hat{a}f_n \sim f_{n-1}$$

$$\hat{H}(\hat{a}^\dagger f_n) = \hbar\omega\left((n+1) + \frac{1}{2}\right)(\hat{a}^\dagger f_n) \quad \Rightarrow \quad \hat{a}^\dagger f_n \sim f_{n+1}$$

gültig sind. Anders als in der hier betrachten Aufgabe lässt sich sogar zeigen, dass $n \in \mathbb{N}_0$ sein muss, die möglichen Energie also quantisiert sind. All diese Zusammenhänge stellen die algebraische Lösungsmethode zur Behandlung des Harmonischen Oszillators in der Quantenmechanik dar.

Aufgabe 4   **25 *Punkte***

Gekoppelte Schwingungen

Betrachten Sie ein System aus drei Federn der Federkonstanten k_1, k_2 und k_3 mit den Ruhelängen $l_i = 0$. Zwischen den Federn k_1 und k_2 soll sich eine Masse m_1 befinden, während sich zwischen den Federn k_2 und k_3 die Masse m_2 befinden soll. Die Federn k_1 und k_3 sind zudem jeweils bei $x = 0$ und $x = L$ befestigt. Das System ist auch in Abb. 3.1.1 zu sehen.

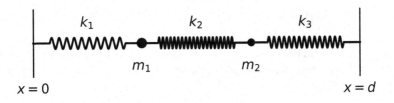

Abb. 3.1.1 Skizze des Systems aus Federn und Massen

(a) **(5 Punkte)** Stellen Sie die kinetische und potentielle Energie des Systems als Funktion von der jeweiligen Auslenkung von der Ruhelage δx_1 und δx_2 sowie deren zeitlichen Ableitungen auf.

Lösungsvorschlag:
Die kinetische Energie des Systems ist durch

$$T = \frac{1}{2}m_1\dot{x}_1^2 + \frac{1}{2}m_2\dot{x}_2^2$$

gegeben. Werden die Auslenkungen aus den Ruhelagen $x_i^{(0)}$ betrachtet, so kann der Zusammenhang

$$\delta x_i = x_i - x_i^{(0)} \quad \Rightarrow \quad \delta \dot{x}_i = \dot{x}_i$$

gefunden werden, so dass die kinetische Energie die Form

$$T = \frac{1}{2}m_1\dot{x}_1^2 + \frac{1}{2}m_2\dot{x}_2^2 = \frac{1}{2}m_1(\delta\dot{x}_1)^2 + \frac{1}{2}m_2(\delta\dot{x}_2)^2$$

annimmt.
Die potentielle Energie nimmt zunächst die Form

$$U(x_1,x_2) = \frac{1}{2}k_1x_1^2 + \frac{1}{2}(x_2 - x_1)^2 + \frac{1}{2}k_3(l - x_2)^2$$

an. Da die Ruhelagen durch

$$\frac{\partial U}{\partial x_1}\bigg|_{x_i^{(0)}} = 0 \qquad \frac{\partial U}{\partial x_2}\bigg|_{x_i^{(0)}} = 0$$

bestimmt werden und gleichzeitig

$$U = \frac{1}{2}k_1(x_1^{(0)} + \delta x_1)^2 + \frac{1}{2}(x_2^{(0)} - x_1^{(0)} + \delta x_2 - \delta x_1)^2 + \frac{1}{2}k_3(l - x_2^{(0)} - \delta x_2)^2$$

$$= U\left(x_1^{(0)}, x_2^{(0)}\right) + \frac{\partial U}{\partial x_1}\bigg|_{x_i^{(0)}} \delta x_1 + \frac{\partial U}{\partial x_2}\bigg|_{x_i^{(0)}} \delta x_2$$

$$+ \frac{1}{2}k_1(\delta x_1)^2 + \frac{1}{2}k_2(\delta x_2 - \delta x_1)^2 + \frac{1}{2}k_3(\delta x_2)^2$$

gilt. Der erste Term der ersten Zeile ist konstant und kann daher ignoriert werden. Die beiden weiteren Terme der ersten Zeile sind aufgrund der Bedingung einer Ruhelage gerade Null. Damit verbleibt

$$U(\delta x_1, \delta x_2) = \frac{1}{2}k_1(\delta x_1)^2 + \frac{1}{2}k_2(\delta x_2 - \delta x_1)^2 + \frac{1}{2}k_3(\delta x_2)^2$$

als Ausdruck für die potentielle Energie.

(b) **(4 Punkte)** Zeigen Sie, dass die Lagrange-Funktion die Form

$$L = \frac{1}{2}\delta \boldsymbol{x}^T M \delta \boldsymbol{x} - \frac{1}{2}\delta \boldsymbol{x}^T K \delta \boldsymbol{x}$$

mit zu bestimmenden symmetrischen Matrizen K und M und dem Vektor

$$\delta \boldsymbol{x} = \begin{pmatrix} \delta x_1 \\ \delta x_2 \end{pmatrix}$$

hat.

Lösungsvorschlag:
Der Ausdruck der kinetischen Energie

$$T = \frac{1}{2}m_1(\delta \dot{x}_1)^2 + \frac{1}{2}m_2(\delta \dot{x}_2)^2$$

kann in die Form

$$T = \frac{1}{2}\begin{pmatrix} \delta \dot{x}_1 & \delta \dot{x}_2 \end{pmatrix} \begin{pmatrix} m_1 & 0 \\ 0 & m_2 \end{pmatrix} \begin{pmatrix} \delta \dot{x}_1 \\ \delta \dot{x}_2 \end{pmatrix} = \frac{1}{2}\delta \dot{\boldsymbol{x}}^T M \delta \dot{\boldsymbol{x}} \qquad M = \begin{pmatrix} m_1 & 0 \\ 0 & m_2 \end{pmatrix}$$

gebracht werden.

Für die potentielle Energie kann die Form

$$U = \frac{1}{2}k_1(\delta x_1)^2 + \frac{1}{2}k_2(\delta x_2 - \delta x_1)^2 + \frac{1}{2}k_3(\delta x_2)^2$$

$$= \frac{1}{2}(k_1 + k_2)(\delta x_1)^2 + -k_2\delta x_1\delta x_2 + \frac{1}{2}(k_2 + k_3)(\delta x_2)^2$$

$$= \frac{1}{2}\begin{pmatrix} \delta x_1 & \delta x_2 \end{pmatrix}\begin{pmatrix} k_1 + k_2 & -k_2 \\ -k_2 & k_2 + k_3 \end{pmatrix}\begin{pmatrix} \delta x_1 \\ \delta x_2 \end{pmatrix}$$

$$= \frac{1}{2}\delta\boldsymbol{x}^T K \delta\boldsymbol{x} \qquad K = \begin{pmatrix} k_1 + k_2 & -k_2 \\ -k_2 & k_2 + k_3 \end{pmatrix}$$

gefunden werden.

Die Lagrange-Funktion ist die Differenz aus kinetischer und potentieller Energie und kann daher zu

$$L = T - U = \frac{1}{2}\delta\dot{\boldsymbol{x}}^T M \delta\dot{\boldsymbol{x}} - \frac{1}{2}\delta\boldsymbol{x}^T K \delta\boldsymbol{x}$$

mit den Matrizen

$$M = \begin{pmatrix} m_1 & 0 \\ 0 & m_2 \end{pmatrix} \qquad K = \begin{pmatrix} k_1 + k_2 & -k_2 \\ -k_2 & k_2 + k_3 \end{pmatrix}$$

bestimmt werden.

(c) **(4 Punkte)** Leiten Sie die Bewegungsgleichungen her und zeigen Sie, dass diese durch den Ansatz

$$\delta\boldsymbol{x} = \delta\boldsymbol{x}_\omega \cos(\omega t + \phi_\omega)$$

gelöst werden kann, wenn $\delta\boldsymbol{x}_\omega$ der Eigenwertgleichung

$$(\omega^2 M - K)\delta\boldsymbol{x}_\omega = \boldsymbol{0}$$

genügt.

Lösungsvorschlag:

Bei M und K handelt es sich um symmetrische Matrizen. Aus der Lagrange-Funktion

$$L = \frac{1}{2}M_{ij}\delta\dot{x}_i\delta\dot{x}_j - \frac{1}{2}K_{ij}\delta x_i\delta x_j$$

lassen sich die Ableitungen

$$\frac{\partial L}{\partial(\delta x_k)} = -\frac{1}{2}(K_{ik}\delta x_i + K_{kj}\delta x_j) = -K_{ki}\delta x_i$$

$$\frac{\partial L}{\partial(\delta\dot{x}_k)} = \frac{1}{2}(M_{ik}\delta\dot{x}_i + M_{kj}\delta\dot{x}_j) = M_{ki}\delta\dot{x}_i$$

$$\frac{\mathrm{d}}{\mathrm{d}t}\frac{\partial L}{\partial(\delta\dot{x}_k)} = M_{ki}\delta\ddot{x}_i$$

bilden. Damit können die Bewegungsgleichungen

$$M_{ki}\delta\ddot{x}_i = -K_{ki}\delta x_i$$

hergeleitet werden. Diese lassen sich auch in vektorieller Schreibweise

$$M\delta\ddot{\boldsymbol{x}} = -K\delta\boldsymbol{x}$$

darstellen.
Mit dem gegebenen Ansatz kann auch

$$\delta\ddot{x} = -\omega^2\delta\boldsymbol{x}_\omega\cos(\omega t + \phi_\omega)$$

gefunden werden. Wird dies in die Bewegungsgleichung eingesetzt, kann diese auf

$$-\omega^2 M\delta\boldsymbol{x}_\omega\cos(\omega t + \phi_\omega) = -K\delta\boldsymbol{x}_\omega\cos(\omega t + \phi_\omega)$$
$$(M\omega^2 - K)\delta\boldsymbol{x}_\omega\cos(\omega t + \phi_\omega) = 0$$

umgeformt werden. Sie muss für beliebige Zeiten t gültig sein, weshalb bereits die Gleichung

$$(M\omega^2 - K)\delta\boldsymbol{x}_\omega = 0$$

erfüllt sein muss. Dies ist die angegebene Eigenwertgleichung.

(d) **(4 Punkte)** Zeigen Sie, dass die Eigenwerte durch

$$\omega_\pm^2 = \frac{1}{2}\left(\frac{k_1 + k_2}{m_1} + \frac{k_2 + k_3}{m_2}\right.$$
$$\left.\pm\sqrt{\left(\frac{k_1 + k_2}{m_1} + \frac{k_2 + k_3}{m_2}\right)^2 - 4\frac{k_1 k_2 + k_2 k_3 + k_1 k_3}{m_1 m_2}}\right)$$

gegeben sind.

Lösungsvorschlag:
Die Matrix der Eigenwertgleichung kann zu

$$M\omega^2 - K = \begin{pmatrix} m_1\omega^2 - (k_1 + k_2) & k_2 \\ k_2 & m_2\omega^2 - (k_2 + k_3) \end{pmatrix}$$

ermittelt werden. Um die Eigenwerte zu bestimmen, müssen die Nullstellen des charakteristischen Polynoms

$$p(\omega^2) = \det(M\omega^2 - K) = 0$$

gefunden werden. Dieses Polynom ist in dem vorliegenden Fall durch

$$p(\omega^2) = (m_1\omega^2 - (k_1 + k_2))(m_2\omega^2 - (k_2 + k_3)) - k_2^2$$
$$= m_1 m_2\left(\left(\omega^2 - \frac{k_1 + k_2}{m_1}\right)\left(\omega^2 - \frac{k_2 + k_3}{m_2}\right) - \frac{k_2^2}{m_1 m_2}\right)$$

gegeben. Die Nullstellen sind durch die Bedingung

$$0 = \left(\omega^2 - \frac{k_1 + k_2}{m_1}\right)\left(\omega^2 - \frac{k_2 + k_3}{m_2}\right) - \frac{k_2^2}{m_1 m_2}$$

$$= \omega^4 - \left(\frac{k_1 + k_2}{m_1} + \frac{k_2 + k_3}{m_2}\right)\omega^2 + \frac{(k_1 + k_2)(k_2 + k_3)}{m_1 m_2} - \frac{k_2^2}{m_1 m_2}$$

$$= \omega^4 - \left(\frac{k_1 + k_2}{m_1} + \frac{k_2 + k_3}{m_2}\right)\omega^2 + \frac{k_1 k_2 + k_2 k_3 + k_3 k_1}{m_1 m_2}$$

zu bestimmen. Auf diesen Ausdruck lässt sich die pq-Formel anwenden, um so

$$\omega_{\pm}^2 = \frac{1}{2}\left(\frac{k_1 + k_2}{m_1} + \frac{k_2 + k_3}{m_2}\right)$$
$$\pm \frac{1}{2}\sqrt{\left(\frac{k_1 + k_2}{m_1} + \frac{k_2 + k_3}{m_2}\right)^2 - 4\frac{k_1 k_2 + k_2 k_3 + k_3 k_1}{m_1 m_2}}$$

zu erhalten. Das ist der in der Aufgabenstellung gegebene Ausdruck.

(e) **(3 Punkte)** Bestimmen Sie die Eigenvektoren in Abhängigkeit von k_1, k_2, m_1 und $\omega_{\pm}$.

Lösungsvorschlag:
Wenn die Eigenwerte in die Matrix $M\omega^2 - K$ eingesetzt werden, kann die Matrix

$$M\omega_{\pm}^2 - K = \begin{pmatrix} m_1\omega_{\pm}^2 - (k_1 + k_2) & k_2 \\ k_2 & m_2\omega_{\pm}^2 - (k_2 + k_3) \end{pmatrix}$$

gefunden werden. Um die Eigenvektoren zu finden, muss diese durch Ähnlichkeitstransformationen auf eine obere Dreiecksform gebracht werden. Im Fall von Eigenwerten der Matrix entsteht immer mindestens eine Nullzeile. Im Fall einer 2×2-Matrix kann nur eine Zeile Null werden, so dass sich durch eine Ähnlichkeitstransformation die Matrix

$$\begin{pmatrix} m_1\omega_{\pm}^2 - (k_1 + k_2) & k_2 \\ 0 & 0 \end{pmatrix}$$

und durch den Minus-Eins-Ergänzungstrick der (unnormierte) Eigenvektor

$$\delta\boldsymbol{x}_{\pm} = \begin{pmatrix} -k_2 \\ m_1\omega_{\pm}^2 - (k_1 + k_2) \end{pmatrix}$$

finden.

(f) **(5 Punkte)** Finden Sie nun die Eigenwerte und Eigenvektoren für den Fall $k_1 = k_3 = k_0$ und $m_1 = m_2 = m$. Welches Verhältnis muss zwischen k_0 und k_2 bestehen, damit $\omega_+ = n\omega_-$ mit einer natürlichen Zahl n gilt?

Lösungsvorschlag:
Im Fall $k_1 = k_3 = k_0$ und $m_1 = m_2 = m$ können die Eigenwerte zu

$$\omega_\pm^2 = \frac{1}{2}\left(\frac{k_0 + k_2}{m} + \frac{k_2 + k_0}{m}\right)$$

$$\pm \frac{1}{2}\sqrt{\left(\frac{k_0 + k_2}{m} + \frac{k_2 + k_0}{m}\right)^2 - 4\frac{k_0 k_2 + k_2 k_0 + k_0 k_0}{m \cdot m}}$$

$$= \frac{k_0 + k_2}{m} \pm \frac{1}{2}\sqrt{\left(2\frac{k_0 + k_2}{m}\right)^2 - 4\frac{2k_0 k_2 + k_0^2}{m^2}}$$

$$= \frac{k_0 + k_2}{m} \pm \sqrt{\frac{k_2^2}{m^2}} = \frac{k_0 + k_2}{m} \pm \frac{k_2}{m}$$

ermittelt werden. Daher können die beiden Eigenfrequenzen

$$\omega_+^2 = \frac{k_0 + 2k_2}{m} \qquad \omega_-^2 = \frac{k_0}{m}$$

gefunden werden. Damit sich ein ganzzahliges Verhältnis zwischen ω_+ und ω_- ergibt, muss die Bedingung

$$k_0 + 2k_2 = n^2 k_0 \quad \Rightarrow \quad k_0(n^2 - 1) = 2k_2 \quad \Rightarrow \quad \frac{k_2}{k_0} = \frac{n^2 - 1}{2}$$

erfüllt sein.
Die (unnormierten) Eigenvektoren lassen sich demnach als

$$\delta\boldsymbol{x}_\pm = \begin{pmatrix} -k_2 \\ m\omega_\pm^2 - (k_0 + k_2) \end{pmatrix} = \begin{pmatrix} -k_2 \\ (k_0 + k_2 \pm k_2) - (k_0 + k_2) \end{pmatrix}$$

$$= \begin{pmatrix} -k_2 \\ \pm k_2 \end{pmatrix} \sim \begin{pmatrix} \mp 1 \\ 1 \end{pmatrix}$$

bestimmen. Damit zeigt sich, dass es sich bei der Eigenmode von ω_+ um eine gegenphasige Schwingung mit höherer Frequenz handelt, während ω_- zu einer Eigenmode mit gleichphasiger Schwingung und niedriger Frequenz gehört.

3.2 Lösung zur Klausur II – Analytische Mechanik – leicht

Hinweise

Aufgabe 1 - Kurzfragen

(a) Welche Vektoren $\boldsymbol{v}_{\pm}$ erfüllen die Gleichung $(M - \mathbb{1}\lambda_{\pm})\boldsymbol{v}_{\pm} = \boldsymbol{0}$?

(b) Wie lauten die kanonischen Bewegungsgleichungen?

(c) Wieso lässt sich die Massendichte als

$$\rho(\boldsymbol{r}) = \frac{3M}{4\pi(R_{\mathrm{a}}^3 - R_{\mathrm{i}}^3)}\Theta(r - R_{\mathrm{i}})\,\Theta(R_{\mathrm{a}} - r)$$

beschreiben? Bedenken Sie, dass $r_\perp = r\sin(\theta)$ gilt.

(d) Wieso ist der Zusammenhang

$$\nabla_z \dot{z} = \sum_{i=1}^{f}\left(\frac{\partial q_i}{\partial \dot{q}_i} - \frac{\partial \dot{p}_i}{\partial p_i}\right)$$

gültig? Was sagt der Satz von Schwarz aus?

(e) Welcher Zwangsbedingung unterliegt das System? Wie lauten die Lagrange-Gleichungen erster Art und wie lassen sich daraus die Zwangskräfte bestimmen? Was passiert, wenn die Zwangsbedingung zweimal nach der Zeit abgeleitet wird? Lässt sich aus den Bewegungsgleichungen ein Lagrange-Multiplikator bestimmen?

Aufgabe 2 - Wirkung eines relativistischen Massenpunktes

(a) Wie lässt sich die Wirkung als Integral über t ausdrücken? Müssen zwei Lagrange-Funktionen exakt gleich sein, um die selben Bewegungsgleichungen zu erzeugen?

(b) Wie ist der kanonische Impuls definiert?

(c) Sie sollten als Zwischenergebnis

$$\boldsymbol{v} = c\frac{\boldsymbol{p}}{\sqrt{m^2 c^4 + p^2 c^2}}$$

erhalten.

(d) Wie hängen Energie und Hamilton-Funktion zusammen? Welchen Zusammenhang haben sie zur Lagrange-Funktion? Als Zwischenergebnis sollten Sie $E = \gamma mc^2$ erhalten.

(e) Wie lauten die kanonischen Gleichungen? Wieso ist der kanonische Impuls erhalten? Wird sich die gleiche Geschwindigkeit wie in Teilaufgabe (c) ergeben?

Aufgabe 3 - Die schwingende Saite im Lagrange-Formalismus

(a) Wie sieht die kinetische Energie der einzelnen Teilchen aus? Was passiert im Kontinuumslimes mit einer Summe, die eine Größe Δx beinhaltet?

(b) Wie wird die potentielle Energie als Wegintegral bestimmt? In welche Richtung wirkt die Kraft, bzw. entlang welches Weges wirkt die Kraft? Wann sollte die potentielle Energie auf Null gewählt werden? Wie ist die Lagrange-Funktion durch kinetische und potentielle Energie definiert?

(c) Was sagt das Hamilton'sche Prinzip aus? Ist es hilfreich die Ersetzung $y \to y + \delta y$ durchzuführen? Müssen zweite Ordnungen von δy beibehalten werden?

(d) Wie sieht die potentiellen Energie einer einzelnen Feder aus? Wie sieht demnach die potentielle Energie aus, die durch die Federn entsteht? Ist es möglich, den Beitrag durch die Federn zur Wirkung alleine zu variieren und auf das Ergebnis aus Teilaufgabe (c) zu addieren? Sie sollten

$$\frac{1}{c^2} \frac{\partial^2 y}{\partial t^2} - \frac{\partial^2 y}{\partial x^2} + \kappa^2 y = 0$$

erhalten.

(e) Ist es hilfreich, die Variation der Wirkung als

$$\delta S = \int \mathrm{d}t \iiint \mathrm{d}^3 r \, \delta \mathcal{L}$$

zu schreiben? Kann eine Taylor-Entwicklung hilfreich sein? Sie sollten zuletzt einen Ausdruck mit drei Termen erhalten, in denen nur noch $\delta\phi$ auftaucht. Was müsste Null sein, wenn in Teilaufgabe (c) nicht $\delta y(0,t) = \delta y(L,t) = 0$ gewählt worden wäre? Was bedeutet dass für Randterme der partiellen Integration?

Aufgabe 4 - Extremale Wege auf einem Paraboloid

(a) Wie ist das Euklid'sche Längenelement im dreidimensionalen Raum zu bestimmen? Kann der Satz des Pythagoras hilfreich sein? Wie lautet das totale Differential von $z(x,y)$?

(b) Welche Analogien ergeben sich zwischen K und der Lagrange-Funktion eines mechanischen Systems? Gibt es zyklische Koordinaten oder sonstige Symmetrien? Handelt es sich bei der Euler-Lagrange-Gleichung in diesem Fall um eine einfach lösbare Differentialgleichung?

(c) Wie lautet das Wegelement in Zylinderkoordinaten? Ist es hilfreich dazu $\mathrm{d}r$ aus $r = s\hat{e}_s + z\hat{e}_z$ zu ermitteln, um dann $(\mathrm{d}l)^2 = (\mathrm{d}r)^2$ zu bestimmen? Welche Analogien lassen sich bei dem vorliegenden Problem zu einem mechanischen System herstellen und wie muss dann die Euler-Lagrange-Gleichung für K lauten?

(d) Lässt sich die totale Ableitung von F nach ϕ mit der Euler-Lagrange-Gleichung vereinfachen? Welcher Größe entspricht F in einem mechanischem System? Welches Vorzeichen hat F?

(e) Ist die Substitution $u = s^2$ zielführend? Was gilt für $\sqrt{x^2}$, wenn $x < 0$ ist?

Lösungen

Aufgabe 1   **25 Punkte**

Kurzfragen

(a) **(5 Punkte)** Finden Sie die Eigenvektoren der Matrix $M = \begin{pmatrix} 1 & -1 \\ -1 & -1 \end{pmatrix}$. Sie dürfen dabei verwenden, dass die Eigenwerte durch $\lambda_\pm = \pm\sqrt{2}$ gegeben sind.

Lösungsvorschlag:
Eigenvektoren $v_\pm$ müssen das Gleichungssystem

$$(M - \mathbb{1}\lambda_\pm)v_\pm = 0$$

lösen. Die darin auftretende Matrix ist durch

$$M - \mathbb{1}\lambda_\pm = M \mp \sqrt{2}\mathbb{1} = \begin{pmatrix} 1 \mp \sqrt{2} & -1 \\ -1 & -1 \mp \sqrt{2} \end{pmatrix}$$

gegeben. Durch Ähnlichkeitstransformationen lässt sie sich auf

$$\begin{pmatrix} 1 \mp \sqrt{2} & -1 \\ -1 & -1 \mp \sqrt{2} \end{pmatrix} \rightsquigarrow \begin{pmatrix} 1 \mp \sqrt{2} & -1 \\ -(1 \mp \sqrt{2}) & -1 + 2 \end{pmatrix} = \begin{pmatrix} 1 \mp \sqrt{2} & -1 \\ -(1 \mp \sqrt{2}) & 1 \end{pmatrix}$$

$$\rightsquigarrow \begin{pmatrix} 1 \mp \sqrt{2} & -1 \\ 0 & 0 \end{pmatrix} \rightsquigarrow \begin{pmatrix} 1 & \frac{-1}{1 \mp \sqrt{2}} \\ 0 & 0 \end{pmatrix}$$

umformen. Mit dem Minus-Eins-Ergänzungstrick lassen sich so die Eigenvektoren

$$v_\pm = \begin{pmatrix} 1 \\ 1 \mp \sqrt{2} \end{pmatrix}$$

bestimmen. Jedes Vielfache dieser Vektoren ist ebenfalls ein Eigenvektor zum selben Eigenwert.

(b) **(5 Punkte)** Finden Sie die kanonische Bewegungsgleichung eines Systems, das durch die Hamilton-Funktion

$$H(q_1, q_2, p_1, p_2) = \frac{p_1^2}{2m_1} + \frac{p_2^2}{2m_2} + \frac{p_1 p_2}{m_1 + m_2} + \frac{1}{2}\alpha(q_1 - q_2)^2$$

beschrieben wird.

Lösungsvorschlag:
Die kanonischen Bewegungsgleichungen sind durch

$$\dot{q}_i = \frac{\partial H}{\partial p_i} \qquad \dot{p}_i = -\frac{\partial H}{\partial q_i}$$

gegeben. Somit lassen sich

$$\dot{q}_1 = \frac{\partial H}{\partial p_1} = \frac{p_1}{m_1} + \frac{p_2}{m_2 + m_1}$$

$$\dot{q}_2 = \frac{\partial H}{\partial p_2} = \frac{p_2}{m_2} + \frac{p_1}{m_2 + m_1}$$

und

$$\dot{p}_1 = -\frac{\partial H}{\partial q_1} = -\alpha(q_1 - q_2)$$

$$\dot{p}_2 = -\frac{\partial H}{\partial q_2} = \alpha(q_1 - q_2)$$

bestimmen.

(c) **(5 Punkte)** Bestimmen Sie das Trägheistmoment einer Hohlkugel mit Innenradius R_i, Außenradius R_a, Masse M und homogener Massendichte ρ_0 als Funktion von M, R_i und R_a.

Lösungsvorschlag:
Eine Hohlkugel hat das Volumen $V = \frac{4}{3}\pi(R_a^3 - R_i^3)$. Damit muss sie die homogene Massendichte

$$\rho_0 = \frac{M}{V} = \frac{3M}{4\pi(R_a^3 - R_i^3)} \quad \Rightarrow \quad \frac{4}{3}\pi(R_a^3 - R_i^3)\rho_0 = M$$

aufweisen. Die Massendichte lässt sich als Funktion in Kugelkoordinaten damit als

$$\rho(\mathbf{r}) = \rho_0 \Theta(r - R_i)\,\Theta(R_a - r)$$

beschreiben. Da das Trägheitsmoment durch

$$I = \iiint \mathrm{d}^3 r\, \rho(\mathbf{r}) r_\perp^2 = \int_0^{2\pi} \mathrm{d}\phi \int_{-1}^{1} \mathrm{d}\cos(\theta) \int_0^{\infty} \mathrm{d}r\, r^2 \rho(\mathbf{r}) r_\perp^2$$

definiert ist und $r_\perp = r\sin(\theta)$ gilt, kann

$$I = \int_0^{2\pi} \mathrm{d}\phi \int_{-1}^{1} \mathrm{d}\cos(\theta) \int_{R_i}^{R_a} \mathrm{d}r\, \rho_0 r^4 \sin^2(\theta)$$

$$= \int_0^{2\pi} \mathrm{d}\phi \int_{-1}^{1} \mathrm{d}\cos(\theta)\,(1 - \cos^2(\theta)) \int_{R_i}^{R_a} \mathrm{d}r\, \rho_0 r^4$$

$$= 2\pi \cdot 2\left[\cos(\theta) - \frac{1}{3}\cos^3(\theta)\right]_0^1 \cdot \frac{\rho_0}{5}\left[r^5\right]_{R_i}^{R_a} = \frac{8\pi}{15}\rho_0(R_a^5 - R_i^5)$$

$$= \frac{2}{5}M\frac{R_a^5 - R_i^5}{R_a^3 - R_i^3}$$

gefunden werden.

(d) **(5 Punkte)** Zeigen Sie mit den kanonischen Bewegungsgleichungen, dass die Divergenz der Zeitableitung des Phasenraumflusses verschwindet, dass also für $z^T = \left(q^T \quad p^T \right)$ der Zusammenhang $\nabla_z \dot{z} = 0$ gilt.

Lösungsvorschlag:
Die Divergenz der Zeitableitung des Phasenraumflusses ist durch

$$\nabla_z \dot{z} = \sum_{i=1}^{f} \left(\frac{\partial \dot{q}_i}{\partial q_i} - \frac{\partial \dot{p}_i}{\partial p_i} \right)$$

gegeben. Da aber die kanonischen Gleichungen durch

$$\dot{q}_i = \frac{\partial H}{\partial p_i} \qquad \dot{p}_i = -\frac{\partial H}{\partial q_i}$$

gegebenen sind, kann dieser Ausdruck weiter zu

$$\nabla_z \dot{z} = \sum_{i=1}^{f} \left(\frac{\partial}{\partial q_i} \frac{\partial H}{\partial p_i} - \frac{\partial}{\partial p_i} \frac{\partial H}{\partial q_i} \right) = \sum_{i=1}^{f} \left(\frac{\partial^2 H}{\partial q_i \partial p_i} - \frac{\partial^2 H}{\partial p_i \partial q_i} \right)$$

umgeformt werden. Aufgrund des Satz von Schwarz kann die Reihenfolge der Ableitungen vertauscht werden, so dass

$$\nabla_z \dot{z} = 0$$

gilt. Somit ist die Aussage bewiesen.

(e) **(5 Punkte)** Betrachten Sie eine Atwood'sche Fallmaschine, bei der zwei Massen m_1 und m_2 im Schwerfeld der Erde g an einem Seil der Länge l aufgehängt sind, das über eine Umlenkrolle mit Radius R geführt wird. Finden Sie mit dem den Lagrange-Gleichungen erster Art die Seilspannkraft.

Lösungsvorschlag:
Zur Beschreibung werden die beiden z-Komponenten der Massen genommen. Der Nullpunkt soll dabei auf der Höhe liegen, auf der das Seil tangential an der Umlenkrolle anliegt. Das System unterliegt dann der holonom skleronomen Zwangsbedingung

$$f(z_1, z_2) = -z_1 - z_2 + \pi R - l = 0.$$

Die Lagrange-Gleichungen erster Art können dann in der Form

$$m_1 \ddot{z}_1 = -m_1 g + \lambda \frac{\partial f}{\partial z_1} = -m_1 g - \lambda$$
$$m_2 \ddot{z}_2 = -m_2 g + \lambda \frac{\partial f}{\partial z_2} = -m_2 g - \lambda$$

aufgeschrieben werden. Hierin lässt sich bereits erkennen, dass die Seilspannkraft T durch $-\lambda$ gegeben sein muss. Um λ zu bestimmen, bietet es sich an f zweimal nach der Zeit abzuleiten, um $\ddot{z}_1 = -\ddot{z}_2$ und somit

$$-m_1\ddot{z}_2 = -m_1 g - \lambda$$
$$m_2\ddot{z}_2 = -m_2 g - \lambda$$

zu finden. Diese beiden Gleichungen können addiert werden, um

$$(m_2 - m_1)\ddot{z}_2 = -(m_1 + m_2)g - 2\lambda$$

zu erhalten, was sich wiederum durch

$$\lambda = -\frac{m_1 + m_2}{2}g + \frac{m_1 - m_2}{2}\ddot{z}_2$$

nach λ umstellen lässt. Dies lässt sich wiederum in die Differentialgleichung für $\ddot{z}$ einsetzen, um so

$$m_2\ddot{z}_2 = -m_2 g + \frac{m_1 + m_2}{2}g - \frac{m_1 - m_2}{2}\ddot{z}_2$$

$$\Rightarrow \quad \frac{m_2 + m_1}{2}\ddot{z}_2 = \frac{m_1 - m_2}{2}g$$

$$\Rightarrow \quad \ddot{z}_2 = \frac{m_1 - m_2}{m_1 + m_2}g$$

zu bestimmen. Damit kann schlussendlich auch die Seilspannkraft

$$T = -\lambda = \frac{m_1 + m_2}{2}g - \frac{m_1 - m_2}{2} \cdot \frac{m_1 - m_2}{m_1 + m_2}g$$

$$= \frac{g}{2(m_1 + m_2)}\left((m_1 + m_2)^2 - (m_1 - m_2)^2\right) = 2\frac{m_1 m_2}{m_1 + m_2}g$$

gefunden werden.

Aufgabe 2   **25 Punkte**

Wirkung eines relativistischen Massenpunktes

Um einen relativistischen Massenpunkt mit Masse m zu beschreiben, wird die Wirkung

$$S = -mc^2 \int_{\tau_a}^{\tau_b} \mathrm{d}\tau$$

verwendet. Dabei ist c die Lichtgeschwindigkeit und τ die Eigenzeit, die mittels

$$\mathrm{d}t = \frac{\mathrm{d}\tau}{\sqrt{1 - \frac{v^2}{c^2}}} = \gamma \, \mathrm{d}\tau$$

mit der Zeit in einem Bezugssystem, in welchem sich der Massenpunkt mit Geschwindigkeit $\dot{\boldsymbol{r}} = \boldsymbol{v}$ bewegt, zusammen hängt.

(a) **(5 Punkte)** Finden Sie die Lagrange-Funktion $L(\boldsymbol{r}, \dot{\boldsymbol{r}}, t)$ des Massenpunktes und zeigen Sie, dass diese für $|\boldsymbol{v}| \ll c$ äquivalent zu der Lagrange-Funktion eines freien Teilchens ist.

Lösungsvorschlag:
Die Wirkung S lässt sich als

$$S = \int_{t_a}^{t_b} \mathrm{d}t \, L(\boldsymbol{r}, \dot{\boldsymbol{r}}, t)$$

schreiben. Damit muss die Zeit t mittels

$$S = -mc^2 \int_{\tau_a}^{\tau_b} \mathrm{d}\tau = -mc^2 \int_{t_a}^{t_b} \mathrm{d}t \, \frac{\mathrm{d}\tau}{\mathrm{d}t} = -\int_{t_a}^{t_b} \mathrm{d}t \, \frac{mc^2}{\gamma}$$

eingeführt werden, so dass sich

$$L(\boldsymbol{r}, \dot{\boldsymbol{r}}, t) = -mc^2 \sqrt{1 - \frac{\dot{\boldsymbol{r}}^2}{c^2}}$$

als Lagrange-Funktion des freien Teilchens ergibt. Im Fall $|\dot{\boldsymbol{r}}| \ll c$ lässt sich die Wurzel mittels

$$\sqrt{1 - \frac{\dot{\boldsymbol{r}}^2}{c^2}} \approx 1 - \frac{1}{2} \frac{\dot{\boldsymbol{r}}^2}{c^2}$$

entwickeln, um so

$$L(\boldsymbol{r}, \dot{\boldsymbol{r}}, t) \approx -mc^2 \left(1 - \frac{1}{2} \frac{\dot{\boldsymbol{r}}^2}{c^2} \right) = -mc^2 + \frac{1}{2} m \dot{\boldsymbol{r}}^2$$

zu finden. Da additive Konstanten in der Lagrange-Funktion keinen Einfluss auf die Bewegungsgleichungen haben, ist der relevante Teil der Lagrange-Funktion durch

$$\frac{1}{2}m\dot{\boldsymbol{r}}^2$$

gegebenen, und entspricht somit der eines nicht relativistischen freien Teilchens.

(b) **(3 Punkte)** Finden Sie den kanonischen Impuls $\boldsymbol{p}$ des Massenpunktes.

Lösungsvorschlag:
Der kanonische Impuls ist mittels

$$p_i = \frac{\partial L}{\partial \dot{r}_i} = -mc^2 \frac{1}{2} \frac{-2\frac{\dot{r}_i}{c^2}}{\sqrt{1 - \frac{\dot{r}^2}{c^2}}} = \frac{m\dot{r}_i}{\sqrt{1 - \frac{\dot{r}^2}{c^2}}}$$

$$\Rightarrow \quad \boldsymbol{p} = \gamma m \boldsymbol{v}$$

zu bestimmen.

(c) **(6 Punkte)** Stellen Sie die Bewegungsgleichung für den Massenpunkt im Lagrange-Formalismus auf und lösen Sie diese für die Anfangsbedingungen $\boldsymbol{r}(0) = \boldsymbol{0}$ und $\boldsymbol{v}(0) = \boldsymbol{0}$.

Lösungsvorschlag:
In der vorliegenden Lagrange-Funktion taucht $\boldsymbol{r}$ nicht explizit auf. Alle Komponenten von $\boldsymbol{r}$ sind daher zyklische Koordinaten. Damit ist der dazugehörige kanonische Impuls $\boldsymbol{p}$ eine Erhaltungsgröße, weshalb sich

$$\frac{m\boldsymbol{v}}{\sqrt{1 - \frac{v^2}{c^2}}} = \boldsymbol{p}$$

finden lässt. Die Bewegung findet entlang einer Achse statt, sodass stattdessen auch

$$\frac{mv}{\sqrt{1 - \frac{v^2}{c^2}}} = p$$

betrachtet und nach

$$\frac{m^2 v^2}{1 - \frac{v^2}{c^2}} = p^2 \quad \Rightarrow \quad m^2 v^2 = p^2 - \frac{p^2}{c^2} v^2$$

$$\Rightarrow \quad v^2 \left(m^2 + \frac{p^2}{c^2}\right) = p^2 \quad \Rightarrow \quad v^2 = \frac{p^2 c^4}{m^2 c^4 + p^2 c^2}$$

$$\Rightarrow \quad v = \frac{pc^2}{\sqrt{m^2 c^4 + p^2 c^2}} = c \frac{pc}{\sqrt{m^2 c^4 + p^2 c^2}}$$

$$\Rightarrow \quad \boldsymbol{v} = c \frac{\boldsymbol{p}}{\sqrt{m^2 c^4 + p^2 c^2}}$$

aufgelöst werden kann. Somit ist die Geschwindigkeit bestimmt und der Ortsvektor lässt sich mit

$$\boldsymbol{r}(t) = \int \mathrm{d}t \boldsymbol{v}(t) = ct \frac{\boldsymbol{p}c}{\sqrt{m^2 c^4 + p^2 c^2}}$$

bestimmen.

(d) **(6 Punkte)** Finden Sie die Energie E als Funktion von v und zeigen Sie anschließend, dass für die Hamilton-Funktion H der Zusammenhang

$$H^2 = \boldsymbol{p}^2 c^2 + m^2 c^4$$

gilt.

Lösungsvorschlag:
Die Energie E und die Hamilton-Funktion stimmen für eine zeitunabhängige Lagrange-Funktion überein, so dass sich

$$E = \boldsymbol{p} \cdot \boldsymbol{v} - L = \gamma m \boldsymbol{v}^2 + \frac{mc^2}{\gamma} = \gamma \left(m\boldsymbol{v}^2 + \frac{mc^2}{\gamma^2} \right)$$

$$= \gamma \left(m\boldsymbol{v}^2 + mc^2 \left(1 - \frac{\boldsymbol{v}^2}{c^2} \right) \right) = \gamma mc^2 = \frac{mc^2}{\sqrt{1 - \frac{\boldsymbol{v}^2}{c^2}}}$$

bestimmen lässt.
Andererseits lässt sich für die Hamilton-Funktion v durch p ausdrücken. Dazu kann

$$H = E = \boldsymbol{p} \cdot \boldsymbol{v} - L = \frac{\boldsymbol{p}^2}{\gamma m} + \frac{mc^2}{\gamma}$$

$$= \frac{1}{\gamma mc^2} \left(\boldsymbol{p}^2 c^2 + m^2 c^4 \right) = \frac{\boldsymbol{p}^2 c^2 + m^2 c^4}{H}$$

$$\Rightarrow \quad H^2 = \boldsymbol{p}^2 c^2 + m^2 c^4$$

betrachtet werden.

(e) **(5 Punkte)** Stellen Sie die kanonischen Bewegungsgleichungen des Massenpunktes im Hamilton-Formalismus auf, lösen Sie diese und vergleichen Sie sie mit den Ergebnissen aus Teilaufgabe (c).

Lösungsvorschlag:
Nach den Erkenntnissen aus Teilaufgabe (d) muss die Hamilton-Funktion durch

$$H = \sqrt{m^2 c^4 + \boldsymbol{p}^2 c^2}$$

gegeben sein. Die Hamilton-Funktion hängt nicht von $\boldsymbol{r}$ ab, weshalb direkt

$$\dot{p}_i = -\frac{\partial H}{\partial r_i} = 0 \quad \Rightarrow \quad \boldsymbol{p} = \text{konst.}$$

gefunden werden kann. Auf der anderen Seite ist

$$\dot{r}_i = \frac{\partial H}{\partial p_i} = \frac{1}{2}\frac{2p_i c^2}{\sqrt{m^2 c^4 + \boldsymbol{p}^2 c^2}} \quad \Rightarrow \quad \dot{\boldsymbol{r}} = c\frac{\boldsymbol{p}c}{\sqrt{m^2 c^4 + \boldsymbol{p}^2 c^2}} = \text{konst.}$$

zu bestimmen, weshalb sich

$$\boldsymbol{v} = c\frac{\boldsymbol{p}c}{\sqrt{m^2 c^4 + \boldsymbol{p}^2 c^2}}$$

finden lässt. Dies ist die bereits in Teilaufgabe (c) gefundene Geschwindigkeit, womit sich die gleichen Lösungen ergeben.

Aufgabe 3   **25 _Punkte_**

Die schwingende Saite im Lagrange-Formalismus

In dieser Aufgabe soll eine schwingende Seite betrachtet werden, die zwischen $x = 0$ und $x = L$ eingespannt ist. Dazu wird davon ausgegangen, dass in äquidistanten Abständen Δx Massenpunkte mit der Masse m angebracht sind. Diese können sich nur in die y-Richtung bewegen. Sie werden von ihren nächsten Nachbarn mit einer Kraft angezogen, deren Betrag F konstant ist, aber deren Richtung der direkten Verbindungslinie der beiden Massenpunkten folgt.

(a) **(1 Punkt)** Finden Sie die kinetische Energie des Systems durch einen Kontinuumslimes. Sie sollten dabei die Linienmassendichte $\mu = \frac{m}{\Delta x}$ einführen.

Lösungsvorschlag:
Jeder Massenpunkt für sich weist die kinetische Energie

$$T_\alpha = \frac{1}{2}m\dot{r}_\alpha^2$$

auf. Da sich die Massenpunkte nur in die y-Richtung bewegen können, ist $\dot{r}_\alpha^2 = \dot{y}_\alpha^2$ und es kann

$$T_\alpha = \frac{1}{2}m\dot{y}_\alpha^2 = \Delta x \frac{\mu}{2}\dot{y}_\alpha^2$$

gefunden werden. Dabei wurde im letzten Schritt die Linienmassendichte eingeführt. Die kinetische Energie des Systems ist nun als Summe der einzelnen kinetischen Energien

$$T = \sum_\alpha T_\alpha = \sum_\alpha \Delta x \frac{\mu}{2}\dot{y}_\alpha^2$$

gegeben. Im Kontinuumslimes wird die Summe über alle Massenpunkte zu einem Integral von $x = 0$ bis $x = L$ mit dem Differential $\mathrm{d}x$, das aus Δx entsteht. Damit kann

$$T = \int\limits_0^L \mathrm{d}x \, \frac{\mu}{2}\dot{y}_\alpha^2 = \int\limits_0^L \mathrm{d}x \, \frac{\mu}{2}\left(\frac{\partial y}{\partial t}\right)^2$$

gefunden werden.

(b) **(5 Punkte)** Nehmen Sie an, dass $\left|\frac{\partial y}{\partial x}\right| \ll 1$ gilt. Finden Sie so die Lagrange-Funktion des Systems und zeigen Sie, dass

$$L = \frac{F}{2}\int\limits_0^L \mathrm{d}x \, \left(\frac{1}{c^2}\left(\frac{\partial y}{\partial t}\right)^2 - \left(\frac{\partial y}{\partial x}\right)^2\right) = \int\limits_0^L \mathrm{d}x \, \mathcal{L}\left(y, \frac{\partial y}{\partial t}, \frac{\partial y}{\partial x}, t, x\right)$$

gilt, wobei c die zu bestimmende charakteristische Geschwindigkeit ist.

Lösungsvorschlag:
Für die potentielle Energie können die einzelnen potentiellen Energien betrachtet werden, die sich für jeden Massenpunkt durch die Verbindung mit dem linken Nachbarn ergeben. Denn bei der gesamten potentiellen Energie handelt sich um die Summe der in den einzelnen „Verbindungsfäden" gespeicherte Energie aus der Spannung. Da sich potentielle Energie als das Wegintegral über die Kraft ergibt und die Kraft einen konstanten Betrag hat und stets an der Verbindungslinie ausgerichtet ist, wird die potentielle Energie des „Verbindungsfaden" von dem Unterschied in der Länge Δl zur Ruhelänge Δx bestehen, so dass

$$U_{\alpha,\alpha-1} = F\left(\sqrt{(\Delta x)^2 + (\Delta y)^2} - \Delta x\right) = F\Delta x\left(\sqrt{1 + \left(\frac{\Delta y}{\Delta x}\right)^2} - 1\right)$$

gilt. Dabei ist das Vorzeichen dadurch zu erklären, dass die Kraft nach links wirkt, der Zuwachs an Weg aber nach rechts wirkt. Die beiden Vektoren sind also antiparallel, weshalb ihr Skalarprodukt negativ ist. In der Kombination mit dem Minuszeichen aus der Definition der potentiellen Energie ergibt sich insgesamt ein positives Vorzeichen. Die gesamte potentielle Energie ist somit durch

$$U = \sum_{\alpha} U_{\alpha,\alpha-1} = \sum_{\alpha} F\Delta x\left(\sqrt{1 + \left(\frac{\Delta y}{\Delta x}\right)^2} - 1\right)$$

gegeben. Im Kontinuumslimes wird die Summe zu einem Integral mit dem Differential $\mathrm{d}x$ über dem Intervall $[0, L]$. Der Bruch $\frac{\Delta y}{\Delta x}$ wird zu der Ableitung $\frac{\partial y}{\partial x}$, sodass

$$U = \int_{0}^{L} \mathrm{d}x\; F\left(\sqrt{1 + \left(\frac{\partial y}{\partial x}\right)^2} - 1\right)$$

gilt. Da nun auch $\left|\frac{\partial y}{\partial x}\right| \ll 1$ gelten soll, kann die Wurzel durch

$$\sqrt{1 + \left(\frac{\partial y}{\partial x}\right)^2} \approx 1 + \frac{1}{2}\left(\frac{\partial y}{\partial x}\right)^2$$

genähert werden, um so

$$U = \int_{0}^{L} \mathrm{d}x\; F\left(1 + \frac{1}{2}\left(\frac{\partial y}{\partial x}\right)^2 - 1\right) = \frac{F}{2}\left(\frac{\partial y}{\partial x}\right)^2$$

zu finden.
Die Lagrange-Funktion eines Systems ist als die Differenz aus kinetischer und poten-

tieller Energie definiert, so dass sich mit dem Ergebnis aus Teilaufgabe (a)

$$L = T - U = \int\limits_0^L dx \ \left(\frac{\mu}{2} \left(\frac{\partial y}{\partial t} \right)^2 - \frac{F}{2} \left(\frac{\partial y}{\partial x} \right)^2 \right)$$

$$= \frac{F}{2} \int\limits_0^L dx \ \left(\frac{\mu}{F} \left(\frac{\partial y}{\partial t} \right)^2 - \left(\frac{\partial y}{\partial x} \right)^2 \right)$$

ergibt. Mit der Einführung von $c^2 = \frac{F}{\mu}$ kann so der gesuchte Ausdruck

$$L = \frac{F}{2} \int\limits_0^L dx \ \left(\frac{1}{c^2} \left(\frac{\partial y}{\partial t} \right)^2 - \left(\frac{\partial y}{\partial x} \right)^2 \right)$$

gefunden werden.

(c) **(6 Punkte)** Stellen Sie das Wirkungsfunktional des Systems auf und bestimmen Sie aus dem Hamilton'schen Prinzip die Bewegungsgleichung. Betrachten Sie dazu Variationen $\delta y(x,t)$ mit $\delta y(x,t_A) = \delta y(x,t_B) = 0$. Was gilt für $\delta y(0,t)$ und $\delta y(L,t)$?

Lösungsvorschlag:
Das Wirkungsfunktional ist das Integral der Lagrange-Funktion über der Zeit im Zeitintervall $[t_A, t_B]$ sodass

$$S = \int\limits_{t_A}^{t_B} dt \ L = \frac{F}{2} \int\limits_{t_A}^{t_B} dt \ \int\limits_0^L dx \ \left(\frac{1}{c^2} \left(\frac{\partial y}{\partial t} \right)^2 - \left(\frac{\partial y}{\partial x} \right)^2 \right)$$

gilt. Das Hamilton'sche Prinzip besagt, dass die Wirkung extremal sein muss, dass ihre Variation also verschwindet. Wie in der Aufgabenstellung angegeben, verschwindet die Variation der Auslenkung δy an den Grenzen des Zeitintegrals. Auf der anderen Seite ist die Saite an den Punkten $x = 0$ und $x = L$ fest eingespannt, so dass $y(x,t)$ für jeden Zeitpunkt an diesen Punkten festgelegt ist. Damit muss aber die Variation an diesen Punkten ebenfalls verschwinden.

Zunächst lässt sich

$$\delta S = \frac{F}{2} \int\limits_{t_A}^{t_B} \mathrm{d}t \int\limits_0^L \mathrm{d}x \; \left(\frac{1}{c^2} \left(\frac{\partial}{\partial t}(y + \delta y) \right)^2 - \left(\frac{\partial}{\partial x}(y + \delta y) \right)^2 \right) - S$$

$$= \frac{F}{2} \int\limits_{t_A}^{t_B} \mathrm{d}t \int\limits_0^L \mathrm{d}x \; \left(\frac{1}{c^2} \left(\left(\frac{\partial y}{\partial t} \right)^2 + 2 \frac{\partial y}{\partial x} \frac{\partial}{\partial x} \delta y \right) \right.$$

$$\left. - \left(\left(\frac{\partial y}{\partial x} \right)^2 + 2 \frac{\partial y}{\partial x} \frac{\partial}{\partial x} \delta y \right) \right) - S + \mathcal{O}((\delta y)^2)$$

$$= S + \frac{F}{2} \int\limits_{t_A}^{t_B} \mathrm{d}t \int\limits_0^L \mathrm{d}x \; 2 \left(\frac{1}{c^2} \frac{\partial y}{\partial t} \frac{\partial}{\partial t} \delta y - \frac{\partial y}{\partial x} \frac{\partial}{\partial x} \delta y \right) - S + \mathcal{O}((\delta y)^2)$$

$$= F \int\limits_{t_A}^{t_B} \mathrm{d}t \int\limits_0^L \mathrm{d}x \; \left(\frac{1}{c^2} \frac{\partial y}{\partial t} \frac{\partial}{\partial t} \delta y - \frac{\partial y}{\partial x} \frac{\partial}{\partial x} \delta y \right) + \mathcal{O}((\delta y)^2)$$

bestimmen. Mit Hilfe der Kenntnisse über die Variation an den Randpunkten der Integrationsintervalle lassen sich nun partielle Integrationen und x und t durchführen, bei denen die Randterme verschwinden, so dass sich

$$\delta S = F \int\limits_{t_A}^{t_B} \mathrm{d}t \int\limits_0^L \mathrm{d}x \; \left(\frac{1}{c^2} \frac{\partial y}{\partial t} \frac{\partial}{\partial t} \delta y + \frac{\partial^2 y}{\partial x^2} \delta y \right) + \mathcal{O}((\delta y)^2) + \left[-F \frac{\partial y}{\partial x} \delta y \right]_{x=0}^{x=L}$$

$$= -F \int\limits_{t_A}^{t_B} \mathrm{d}t \int\limits_0^L \mathrm{d}x \; \left(\frac{1}{c^2} \frac{\partial^2 y}{\partial t^2} \delta y - \frac{\partial^2 y}{\partial x^2} \delta y \right) + \left[\frac{F}{c^2} \frac{\partial y}{\partial t} \delta y \right]_{t=t_A}^{t_B} + \mathcal{O}((\delta y)^2)$$

$$= -F \int\limits_{t_A}^{t_B} \mathrm{d}t \int\limits_0^L \mathrm{d}x \; \left(\frac{1}{c^2} \frac{\partial^2 y}{\partial t^2} - \frac{\partial^2 y}{\partial x^2} \right) \delta y + \mathcal{O}((\delta y)^2)$$

ergibt. Da die Variation δy beliebig ist, muss bereits der Term in der Klammer Null sein, damit $\delta S = 0$ gelten kann. Also muss die Bewegungsgleichung durch

$$\frac{1}{c^2} \frac{\partial^2 y}{\partial t^2} - \frac{\partial^2 y}{\partial x^2} = 0$$

die Bewegungsgleichung des Systems sein.

(d) **(6 Punkte)** Wie verändern sich die Lagrange-Funktion und die Bewegungsgleichung, wenn jeder Massenpunkt durch eine Feder der Federkonstante k und der Ruhelänge Null mit der x-Achse verbunden ist? Gehen Sie dazu davon aus, dass sich die Federkonstante als $k = F\kappa^2 \Delta x$ schreiben lässt.

Lösungsvorschlag:
Zusätzlich zu der potentiellen Energie aus der Spannung der Saite kommt die potentielle Energie aus den Federn. Eine jede Feder hat

$$U_{k,\alpha} = \frac{1}{2} k y_\alpha^2 = \Delta x F \frac{\kappa^2}{2} y_\alpha^2$$

als potentielle Energie. Die gesamte potentielle Energie aus den Federn ist durch

$$U_k = \sum_\alpha U_{k,\alpha} = \sum_\alpha \Delta x F \frac{\kappa^2}{2} y_\alpha^2$$

gegeben. Im Kontinuumslimes wird die Summe zu einem Integral über x im Intervall $[0, L]$, sodass sich

$$U_k = F \int\limits_0^L \mathrm{d}x \, \frac{\kappa^2}{2} y^2$$

finden lässt. [1] Damit lässt sich der Anteil der Federn in der Lagrange-Funktion und der dazugehörige Anteil an der Wirkung durch

$$L_k = -U_k = -F \int\limits_0^L \mathrm{d}x \, \frac{\kappa^2}{2} y^2 \qquad S_k = -\int\limits_{t_A}^{t_B} \mathrm{d}t \, L_k = -F \int\limits_{t_A}^{t_B} \mathrm{d}t \, \frac{\kappa^2}{2} y^2$$

schreiben. Die gesamte Lagrange-Funktion ist damit durch

$$L = \frac{F}{2} \int\limits_0^L \mathrm{d}x \, \left(\frac{1}{c^2} \left(\frac{\partial y}{\partial t} \right)^2 - \left(\frac{\partial y}{\partial x} \right)^2 - \kappa^2 y^2 \right)$$

gegeben.
Um den Einfluss auf die Bewegungsgleichung zu finden, kann die Variation von S_k mit

$$\delta S_k = -F \int\limits_{t_A}^{t_B} \mathrm{d}t \, \frac{\kappa^2}{2} (y + \delta y)^2 - S_k = -F \int\limits_{t_A}^{t_B} \mathrm{d}t \, \frac{\kappa^2}{2} 2 y \delta y + \mathcal{O}\big((\delta y)^2\big)$$

$$= -F \int\limits_{t_A}^{t_B} \mathrm{d}t \, \kappa^2 y \delta y + \mathcal{O}\big((\delta y)^2\big)$$

---

[1] Die Begründung, weshalb sich k durch einen Term mit Δx ausdrücken lassen muss liegt daran, dass mit mehr Massenpunkten auch mehr Federn im System vorhanden wären und daher die potentielle Energie aus den Federn ins Unendliche steigern würde. Diesem Effekt wird entgegen gewirkt, indem gleichzeitig zur Zunahme an Federn die einzelnen Federn schwächer gemacht werden.

betrachtet werden. Dieser Term kann auf die Variation aus Teilaufgabe (c) addiert werden, um

$$\delta S = -F \int\limits_{t_A}^{t_B} \mathrm{d}t \int\limits_{0}^{L} \mathrm{d}x \ \left(\frac{1}{c^2} \frac{\partial^2 y}{\partial t^2} - \frac{\partial^2 y}{\partial x^2} + \kappa^2 y \right) \delta y + \mathcal{O}((\delta y)^2)$$

zu erhalten, woraus sich bei beliebigen Variationen δy die Bewegungsgleichungen

$$\frac{1}{c^2} \frac{\partial^2 y}{\partial t^2} - \frac{\partial^2 y}{\partial x^2} + \kappa^2 y = 0$$

ablesen lassen.

Nicht gefragt:
Die gefundene Lagrange-Dichte

$$\mathcal{L} = F \left(\frac{1}{2} \left(\frac{1}{c^2} \left(\frac{\partial y}{\partial t} \right)^2 - \left(\frac{\partial y}{\partial x} \right)^2 \right) - \frac{\kappa^2}{2} y^2 \right)$$

aus

$$S = \int\limits_{t_A}^{t_B} \mathrm{d}t \int\limits_{0}^{L} \mathrm{d}x \ \mathcal{L} \left(y, \frac{\partial y}{\partial t}, \frac{\partial y}{\partial x}, t, x \right)$$

entspricht der eines sogenannten Klein-Gordon-Feldes, wenn c mit der Lichtgeschwindigkeit identifiziert wird. In der Quantenmechanik wird κ mit $\frac{mc}{\hbar}$ identifiziert, wobei das Planck'sche Wirkungsquantum $\hbar$ die fundamentale Konstante der Quantenmechanik ist. m ist die Masse eines Teilchens und die Beschreibung eines Klein-Gordon-Feldes stellt eine der zwei gängigsten Methoden dar, die Quantenmechanik auf die spezielle Relativitätstheorie zu verallgemeinern. In der Quantenfeldtheorie (s. Anmerkung in Teilaufgabe (e)) wird es verwendet, um Higgs-Teilchen zu beschreiben. [2]

(e) **(7 Punkte)** Stellen Sie nun eine Verallgemeinerung der hier durchgeführten Betrachtung an, indem Sie von einer Wirkung der Form

$$S = \int \mathrm{d}t \iiint \mathrm{d}^3 \boldsymbol{r} \ \mathcal{L}(\phi, \partial_t \phi, \nabla \phi, t, \boldsymbol{r})$$

ausgehen. ϕ übernimmt somit die Rolle von y. Führen Sie dazu die Impulse

$$P_t = \frac{\partial \mathcal{L}}{\partial \phi} \qquad P_i = \frac{\partial \mathcal{L}}{\partial (\partial_i \phi)}$$

---

[2]Eine Anmerkung für alle Teilchenphysik- und Musikbegeisterte: Eine schwingende Saite entspricht somit einem masselosen Klein-Gordon-Feld.

ein und stellen Sie keine Annahmen über $\delta\phi$ und dessen Ableitungen an den Rändern der Integrationsintervalle an. Zeigen Sie so, dass die Euler-Lagrange-Gleichungen durch

$$\partial_t \frac{\partial \mathcal{L}}{\partial(\partial_t\phi)} + \partial_i \frac{\partial \mathcal{L}}{\partial(\partial_i\phi)} - \frac{\partial \mathcal{L}}{\partial\phi} = 0$$

gegeben sind. Welche Informationen lassen sich neben der Bewegungsgleichung gewinnen?

Hinweis: Sie dürfen ohne Beweis

$$\iiint_V \mathrm{d}^3 r\, \boldsymbol{A} \cdot (\boldsymbol{\nabla}\Psi) = \iint_{\partial V} \mathrm{d}^2 \boldsymbol{f} \cdot (\boldsymbol{A}\Psi) - \iiint_V \mathrm{d}^3 r\, \Psi(\boldsymbol{\nabla} \cdot \boldsymbol{A})$$

verwenden.

Lösungsvorschlag:

Es sollen Variationen im Feld ϕ durchgeführt werden, sodass für die Variation der Wirkung

$$\delta S = \int \mathrm{d}t \iiint \mathrm{d}^3 r\, \mathcal{L}(\phi + \delta\phi, \partial_t\phi + \partial_t\delta\phi, \boldsymbol{\nabla}\phi + \boldsymbol{\nabla}\delta\phi, t, \boldsymbol{r}) - \mathcal{L}(\phi, \dot{\phi}, \boldsymbol{\nabla}\phi, t, \boldsymbol{r})$$

$$\equiv \int \mathrm{d}t \iiint \mathrm{d}^3 r\, \delta\mathcal{L}$$

betrachtet werden muss. Im Integrand kann die Taylor-Entwicklung

$$\delta\mathcal{L} \approx \frac{\partial \mathcal{L}}{\partial\phi}\delta\phi + \frac{\partial \mathcal{L}}{\partial(\partial_t\phi)}\partial_t\delta\phi + \frac{\partial \mathcal{L}}{\partial(\partial_i\phi)}\partial_i\delta\phi + \mathcal{O}\big((\delta\phi)^2\big)$$

$$= \frac{\partial \mathcal{L}}{\partial\phi}\delta\phi + P_t\partial_t\delta\phi + P_i\partial_i\delta\phi + \mathcal{O}\big((\delta\phi)^2\big)$$

durchgeführt werden , wobei die in der Aufgabenstellung eingeführten Impulse verwendet wurden. Damit kann dann die Variation der Wirkung als

$$\delta S = \int \mathrm{d}t \iiint \mathrm{d}^3 r\, \left(\frac{\partial \mathcal{L}}{\partial\phi}\delta\phi + P_t\partial_t\delta\phi + P_i\partial_i\delta\phi\right) + \mathcal{O}\big((\delta\phi)^2\big)$$

bestimmt werden. Darin lässt sich eine partielle Integration bezüglich der Zeit durchführen, um

$$\int \mathrm{d}t \iiint \mathrm{d}^3 r\, P_t\partial_t\delta\phi = \left[\iiint \mathrm{d}^3 r\, P_t\delta\phi\right]_{t=t_A}^{t_B} - \int \mathrm{d}t \iiint \mathrm{d}^3 r\, (\partial_t P_t)\delta\phi$$

$$= \iiint \mathrm{d}^3 r\, [P_t\delta\phi]_{t=t_A}^{t_B} - \int \mathrm{d}t \iiint \mathrm{d}^3 r\, (\partial_t P_t)\delta\phi$$

zu finden. Für den Term mit den P_i ist es hilfreich, diesen durch

$$\int \mathrm{d}t \iiint \mathrm{d}^3 r\, P_i\partial_i\delta\phi = \int \mathrm{d}t \iiint \mathrm{d}^3 r\, \boldsymbol{P} \cdot (\boldsymbol{\nabla}\delta\phi)$$

mit

$$P = \begin{pmatrix} P_1 & P_2 & P_3 \end{pmatrix}^T$$

auszudrücken. Mit $P = A$ und $\Psi = \delta\phi$ entspricht dies aber dem angegebenen Integral, so dass sich

$$\iiint_V d^3r \, P \cdot (\nabla \delta\phi) = \iint_{\partial V} d^2f \cdot (P\delta\phi) - \iiint_V d^3r \, (\nabla \cdot P) \cdot \delta\phi$$

$$= \iint_{\partial V} d^2f_i \, P_i \delta\phi - \iiint d^3r \, (\partial_i P_i)\delta\phi$$

bestimmen lässt. Damit lässt sich die Variation der Wirkung als

$$\delta S = - \int dt \iiint d^3r \left(\partial_t P_t + \partial_i P_i - \frac{\partial \mathcal{L}}{\partial \phi} \right) \delta\phi$$

$$+ \iiint d^3r \, [P_t \delta\phi]_{t=t_A}^{t_B} + \int dt \iint_{\partial V} d^2f_i \, P_i \delta\phi$$

schreiben. Da die Variation $\delta\phi$ beliebig ist, muss für $\delta S = 0$ der Integrand des ersten Terms Null sein, so dass sich daraus die Bewegungsgleichungen

$$\partial_t P_t + \partial_i P_i - \frac{\partial \mathcal{L}}{\partial \phi} = \partial_t \frac{\partial \mathcal{L}}{\partial(\partial_t \phi)} + \partial_i \frac{\partial \mathcal{L}}{\partial(\partial_i \phi)} - \frac{\partial \mathcal{L}}{\partial \phi} = 0$$

ergeben.

Für den zweiten Term, gibt es zwei Möglichkeiten:

(i) Entweder das Feld ϕ ist an den Zeitpunkten der Intervallgrenzen eindeutig festgelegt, dann ist die Variation $\delta\phi(t_A) = \delta\phi(t_B) = 0$ und der Term ist Null. Der Ausdruck

$$\iiint d^3r P_t$$

kann beliebige Werte annehmen.

(ii) Oder das Feld ϕ ist an den Zeitpunkten der Intervallgrenzen nicht festgelegt. In diesem Fall müsste

$$\iiint d^3r P_t = 0$$

gelten.

Der erste Fall entspricht der Wahl von Anfangsbedingungen. Da es sich um physikalische Probleme handeln soll, ist nur dieser Fall relevant, da die Beschreibung eines Systems ohne seine Anfangsbedingungen nicht möglich ist.

Für den dritten Term gibt es wieder zwei Möglichkeiten:

(i) Entweder die Werte des Feldes ϕ sind auf dem Rand des Volumens ∂V festgelegt, dann ist die Variation des Feldes dort Null und der Ausdruck

$$\iint_{\partial V} \mathrm{d}^2 f_i \, P_i$$

kann beliebige Werte annehmen.

(ii) Oder das Feld ϕ ist auf dem Rand des Volumens nicht fest vorgegeben. Dann kann $\delta\phi$ beliebig sein und es muss der Ausdruck

$$\iint_{\partial V} \mathrm{d}^2 f_i \, P_i = 0$$

gelten.

Im ersten Fall werden die Werte des Feldes auf dem Rand des Volumens festgelegt und im zweiten Fall werden die Werte des Impulses P_i auf dem Rand des Volumens eingeschränkt. Da der Impuls P_i Ableitungen der Felder festlegen wird, werden hierdurch vor allem die Ableitungen der Felder festgelegt. Insgesamt handelt es sich hierbei um die Randbedingungen der Differentialgleichung. Im ersten Fall wird von Dirichlet-Randbedingungen gesprochen, während der zweite Fall als von-Neuman-Randbedingungen bekannt sind.

Neben den Bewegungsgleichungen sind also auch die Notwendigkeit von Anfangsbedingungen und Randbedingungen in der Variation der Wirkung enthalten.

Nicht gefragt:
Die im letzten Aufgabenteil betrachtete Situation stellt den Ausgangspunkt der Lagrange-Formulierung von sogenannten Feldtheorien dar. Bei diesen werden Felder als physikalische Größen betrachtet, die skalare, vektorielle oder sonstige Werte an festen Punkten im Raum und zu festen Zeiten annehmen können. Einfache physikalische Beispiele für solche Felder sind das elektrische und das magnetische Feld, die vektorielle Werte annehmen. Solche Feldtheorien stellen auch die Grundlage des Standardmodells der Elementarteilchenphysik dar, bei dem jedem Teilchen ein solches Feld zugeordnet wird. Die betrachteten Felder ordnen dabei jedem Punkt im Raum einen quantenmechanischen Operator zu, was es erlaubt die Erzeugung und Vernichtung von Teilchen zu beschreiben. Aufgrund der quantenmechanischen Natur dieser Feldtheorie wird sie als Quantenfeldtheorie, kurz QFT bezeichnet.

Aufgabe 4   **25** *Punkte*

Extremale Wege auf einem Paraboloid

In dieser Aufgabe soll ein Weg mit extremaler Länge zwischen zwei Punkten A und B auf einem Paraboloid der Form

$$z(x,y) = \frac{\alpha}{2}(x^2 + y^2) \tag{3.2.1}$$

gefunden werden. Dabei ist $\alpha > 0$ ein nicht näher bestimmter Parameter.

(a) (**3 Punkte**) Bestimmen Sie das Längendifferential $\mathrm{d}l$ als eine Funktion von x, $y(x)$ und $y'(x)$. Verwenden Sie dazu auch den gegebenen Zusammenhang (3.2.1).

Lösungsvorschlag:
Im dreidimensionalen Raum ist das Euklid'sche Längenelement durch

$$(\mathrm{d}l)^2 = (\mathrm{d}x)^2 + (\mathrm{d}y)^2 + (\mathrm{d}z)^2$$

gegeben. Das totale Differential von z lässt sich mit Gl. (3.2.1) durch

$$\mathrm{d}z = \frac{\mathrm{d}z}{\mathrm{d}x}\,\mathrm{d}x + \frac{\mathrm{d}z}{\mathrm{d}y}\,\mathrm{d}y = \alpha(x\,\mathrm{d}x + y\,\mathrm{d}y)$$

bestimmen. Somit kann

$$
\begin{aligned}
(\mathrm{d}l)^2 &= (\mathrm{d}x)^2 + (\mathrm{d}y)^2 + \alpha^2(x\,\mathrm{d}x + y\,\mathrm{d}y)^2\\
&= (\mathrm{d}x)^2 + (\mathrm{d}y)^2 + \alpha^2(x^2(\mathrm{d}x)^2 + 2xy\,\mathrm{d}x\,\mathrm{d}y + y^2(\mathrm{d}y)^2)\\
&= (\mathrm{d}x)^2\left(1 + \left(\frac{\mathrm{d}y}{\mathrm{d}x}\right)^2 + \alpha^2\left(x^2 + 2xy\frac{\mathrm{d}y}{\mathrm{d}x} + y^2\left(\frac{\mathrm{d}y}{\mathrm{d}x}\right)^2\right)\right)\\
&= (\mathrm{d}x)^2\left(1 + \alpha^2x^2 + 2\alpha^2xyy' + y'^2(1 + \alpha^2y^2)\right)\\
\Rightarrow\quad \mathrm{d}l &= \mathrm{d}x\sqrt{1 + \alpha^2x^2 + 2\alpha^2xyy' + y'^2(1 + \alpha^2y^2)}
\end{aligned}
$$

gefunden werden.

(b) (**4 Punkte**) Verwenden Sie Ihr Ergebnis aus Teilaufgabe (a), um die Weglänge als Funktional

$$L[y(x)] = \int\limits_{x_A}^{x_B} \mathrm{d}x\; K(y, y', x)$$

auszudrücken. Begründen Sie, warum die gewählten Koordinaten ungünstig sind.

Lösungsvorschlag:
Die Weglänge kann mit den Ergebnissen aus Teilaufgabe (a) durch

$$L[y(x)] = \int \mathrm{d}l = \int\limits_{x_A}^{x_B} \mathrm{d}x\;\sqrt{1 + \alpha^2x^2 + 2\alpha^2xyy' + y'^2(1 + \alpha^2y^2)}$$

bestimmt werden. Damit ist K durch

$$K(y, y', x) = \sqrt{1 + \alpha^2 x^2 + 2\alpha^2 xyy' + y'^2(1 + \alpha^2 y^2)}$$

zu bestimmen. Da die Größe K in Analogie zur Lagrange-Funktion mit der verallgemeinerten Koordinate y steht und x in Analogie zur Zeit t bei klassischen Problemen steht, lässt sich direkt erkennen, dass weder die Koordinate y zyklisch, noch die Funktion K von x unabhängig ist. Damit lassen sich auf die Schnelle keine Erhaltungsgrößen definieren, die das Problem einfach lösbar machen. Es bleibt daher nur die Möglichkeit die Euler-Lagrange-Gleichung aufzustellen, die hier die Form

$$\frac{\mathrm{d}}{\mathrm{d}x} \frac{\partial K}{\partial y'} = \frac{\partial K}{\partial y}$$

annimmt. Auf der rechten Seite kann

$$\frac{\partial K}{\partial y} = \frac{1}{2K} \left(2\alpha^2 xy' + 2y'^2 \alpha^2 y \right) = \frac{\alpha^2 y'}{K} (x + y'y)$$

bestimmt werden. Auf der linken Seite lässt sich

$$\frac{\partial K}{\partial y'} = \frac{1}{2K} \left(2\alpha^2 xy + 2y'(1 + \alpha^2 y^2) \right) = \frac{\alpha^2 xy + y'(1 + \alpha^2 y^2)}{K}$$

ermitteln. Somit gilt es die Gleichung

$$\frac{\mathrm{d}}{\mathrm{d}x} \left(\frac{\alpha^2 xy + y'(1 + \alpha^2 y^2)}{K} \right) = \frac{\alpha^2 y'}{K} (x + y'y)$$

zu lösen. Es handelt sich dabei um eine hochgradig nicht lineare Differentialgleichung zweiter Ordnung, für die es kein allgemeines Lösungsverfahren gibt. Alles in allem, gibt es keinen einfachen Ansatz, der verfolgt werden könnte, um in den gewählten Koordinaten des Problem zu lösen.

(c) **(8 Punkte)** Verwenden Sie Zylinderkoordinaten s, ϕ und z und zeigen Sie damit, dass das Funktional sich als

$$L[s(\phi)] = \int\limits_{\phi_A}^{\phi_B} \mathrm{d}\phi \; \sqrt{s^2 + (1 + \alpha^2 s^2)s'^2} = \int\limits_{\phi_A}^{\phi_B} \mathrm{d}\phi \; K(s, s', \phi)$$

schreiben lässt. Stellen Sie anschließend die Euler-Lagrange-Gleichung auf.

Lösungsvorschlag:
Das Euklidische Wegelement in Zylinderkoordinaten kann durch

$$(\mathrm{d}l)^2 = (\mathrm{d}s)^2 + s^2 (\mathrm{d}\phi)^2 + (\mathrm{d}z)^2$$

ausgedrückt werden. [3] Gleichung (3.2.1) nimmt wegen $s^2 = x^2 + y^2$ die Form

$$z(s, \phi) = \frac{\alpha}{2} s^2$$

an, so dass sich das Differential

$$dz = \frac{dz}{ds} ds + \frac{dz}{d\phi} d\phi = \alpha s \, ds$$

und damit

$$(dl)^2 = (ds)^2 + s^2 (d\phi)^2 + \alpha^2 s^2 (ds)^2$$
$$= (d\phi)^2 \left(\left(\frac{ds}{d\phi} \right)^2 + s^2 + \alpha^2 s^2 \left(\frac{ds}{d\phi} \right)^2 \right)$$
$$= (d\phi)^2 \left(s^2 + s'^2 (1 + \alpha^2 s^2) \right)$$
$$\Rightarrow \quad dl = d\phi \sqrt{s^2 + s'^2 (1 + \alpha^2 s^2)}$$

finden lässt. Damit lässt sich das Funktional

$$L[s(\phi)] = \int dl = \int_{\phi_A}^{\phi_B} d\phi \, \sqrt{s^2 + s'^2 (1 + \alpha^2 s^2)}$$

aufstellen, weshalb K durch

$$K(s, s', \phi) = \sqrt{s^2 + s'^2 (1 + \alpha^2 s^2)}$$

gegeben ist.

Für die Euler-Lagrange-Gleichung ist es hilfreich die Analogie zu einem mechanischen System zu ziehen. Dort ist das betrachtete Funktional die Wirkung S, die als Integral über die Zeit t mit der Lagrange-Funktion L als Integrand definiert ist. Daher nimmt $L[s(\phi)]$ hier die Rolle der Wirkung S, ϕ die Rolle der Zeit t und K die Rolle der Lagrange-Funktion L ein. Die Lagrange-Funktion hängt von der verallgemeinerten Koordinate q, ihre Ableitung $\dot{q}$ und der Zeit t ab. Da K prinzipiell von s, s' und ϕ abhängen kann, muss s die verallgemeinerte Koordinate sein. Die Euler-Lagrange-Gleichung eines mechanischen Systems ist durch

$$\frac{d}{dt} \frac{\partial L}{\partial \dot{q}} = \frac{\partial L}{\partial q}$$

gegeben, weshalb die Euler-Lagrange-Gleichung des vorliegenden Funktionals durch

$$\frac{d}{d\phi} \frac{\partial K}{\partial s'} = \frac{\partial K}{\partial s} \qquad (3.2.2)$$

---

[3] Am einfachsten lässt sich dies zeigen, in dem aus $\boldsymbol{r} = s\hat{\boldsymbol{e}}_s + z\hat{\boldsymbol{e}}_z$ das Differential $d\boldsymbol{r} = \hat{\boldsymbol{e}}_s \, ds + \hat{\boldsymbol{e}}_\phi s \, d\phi + \hat{\boldsymbol{e}}_z \, dz$ gebildet und $(dl)^2 = (d\boldsymbol{r})^2$ betrachtet wird.

gegeben sein muss. Die rechte Seite kann zu

$$\frac{\partial K}{\partial s} = \frac{1}{2K}(2s + 2\alpha^2 ss'^2) = \frac{s}{K}(1 + \alpha^2 s'^2)$$

bestimmt werden, während für die linke Seite

$$\frac{\partial K}{\partial s'} = \frac{1}{2K}(2(1 + \alpha^2 s^2)s') = \frac{s'}{K}(1 + \alpha^2 s^2)$$

berechnet werden kann. Somit bleibt die Gleichung

$$\frac{\mathrm{d}}{\mathrm{d}\phi}\left(\frac{s'}{K}(1 + \alpha^2 s^2)\right) = \frac{s}{K}(1 + \alpha^2 s'^2)$$

zu lösen. Es handelt sich um eine nicht lineare Differentialgleichung zweiter Ordnung.

(d) **(5 Punkte)** Zeigen Sie, dass die Größe

$$F = s'\frac{\partial K}{\partial s'} - K$$

bzgl. ϕ erhalten ist und verwenden Sie diese, um die Differentialgleichung

$$s' = s\sqrt{\frac{\frac{s^2}{F^2} - 1}{\alpha^2 s^2 + 1}} \tag{3.2.3}$$

herzuleiten. Sie dürfen dazu annehmen, dass $(\phi_B - \phi_A)(s_B - s_A) > 0$ gilt.

Lösungsvorschlag:
Für die Größe F lässt sich die Ableitung nach ϕ gemäß

$$\begin{aligned}
\frac{\mathrm{d}F}{\mathrm{d}\phi} &= s''\frac{\partial K}{\partial s'} + s'\frac{\mathrm{d}}{\mathrm{d}\phi}\frac{\partial K}{\partial s'} - \frac{\mathrm{d}K}{\mathrm{d}\phi} \\
&= s''\frac{\partial K}{\partial s'} + s'\frac{\mathrm{d}}{\mathrm{d}\phi}\frac{\partial K}{\partial s'} - \frac{\partial K}{\partial s}s' - \frac{\partial K}{\partial s'}s'' \\
&= s'\frac{\mathrm{d}}{\mathrm{d}\phi}\frac{\partial K}{\partial s'} - \frac{\partial K}{\partial s}s'
\end{aligned}$$

bilden. Da nach der Euler-Lagrange-Gleichung (3.2.2) nun aber auch

$$\frac{\mathrm{d}}{\mathrm{d}\phi}\frac{\partial K}{\partial s'} = \frac{\partial K}{\partial s}$$

gilt, muss auch

$$\frac{\mathrm{d}F}{\mathrm{d}\phi} = 0$$

gelten, weshalb die Größe F eine Erhaltungsgröße ist. [4]
Aus

$$K = \sqrt{s^2 + s'^2(1 + \alpha^2 s^2)}$$

und

$$\frac{\partial K}{\partial s'} = \frac{s'(1 + \alpha^2 s^2)}{K}$$

lässt sich die Größe F zu

$$F = s'\frac{\partial K}{\partial s'} - K = s'\frac{s'(1 + \alpha^2 s^2)}{K} - K = \frac{1}{K}(s'^2(1 + \alpha^2 s^2) - K^2)$$

$$= \frac{s'^2(1 + \alpha^2 s^2) - s^2 - s'^2(1 + \alpha^2 s^2)}{K} = \frac{-s^2}{\sqrt{s^2 + s'^2(1 + \alpha^2 s^2)}}$$

bestimmen. An dieser Gleichung ist direkt einzusehen, dass F negativ ist. Sie kann mittels

$$F^2 = \frac{s^4}{s^2 + s'^2(1 + \alpha^2 s^2)} \quad \Rightarrow \quad F^2 s^2 + F^2 s'^2(1 + \alpha^2 s^2) = s^4$$

$$\Rightarrow \quad F^2 s'^2(1 + \alpha^2 s^2) = s^2(s^2 - F^2) \quad \Rightarrow \quad s'^2 = \frac{s^2(s^2 - F^2)}{F^2(1 + \alpha^2 s^2)}$$

$$\Rightarrow \quad s'^2 = s^2 \frac{\frac{s^2}{F^2} - 1}{\alpha^2 s^2 + 1}$$

nach s'^2 umgestellt werden. Beim Ziehen der Wurzel ist nun zu beachten, ob s' positiv oder negativ ist. Da in der Aufgabe die Vorgabe $(\phi_B - \phi_A)(s_B - s_A) > 0$ gemacht wurde, ist auch der Quotient der beiden Ausdrücke in den Klammern positiv. Daher wird die Ableitung ebenfalls positiv sein, weshalb Gl. (3.2.3)

$$s' = s\sqrt{\frac{\frac{s^2}{F^2} - 1}{\alpha^2 s^2 + 1}}$$

gefunden werden kann.

(e) **(5 Punkte)** Lösen Sie Gl. (3.2.3) durch Trennung der Variablen und zeigen Sie, dass

$$\phi = \phi_A - \alpha\frac{F}{2}\int\limits_{s_A^2}^{s^2} \frac{\mathrm{d}u}{u}\sqrt{\frac{u + \frac{1}{\alpha^2}}{u - F^2}}$$

gilt. Dieses Integral muss nicht weiter gelöst werden.

---

[4]In einem mechanischen System entspricht diese der Gesamtenergie.

Lösungsvorschlag:
Durch Trennung der Variablen kann zunächst die Gleichung der Differentiale

$$\frac{\mathrm{d}s}{s} \sqrt{\frac{\alpha^2 s^2 + 1}{\frac{s^2}{F^2} - 1}} = \mathrm{d}\phi$$

und damit

$$\int_{\phi_A}^{\phi} \mathrm{d}\tilde{\phi} = \phi - \phi_A = \int_{s_A}^{s} \frac{\mathrm{d}\tilde{s}}{\tilde{s}} \sqrt{\frac{\alpha^2 \tilde{s}^2 + 1}{\frac{\tilde{s}^2}{F^2} - 1}}$$

hergeleitet werden. Hierin lässt sich nun die Substitution $u = s^2$ und damit verbunden $\mathrm{d}u = 2s\,\mathrm{d}s$ bzw.

$$\frac{\mathrm{d}s}{s} = \frac{\mathrm{d}u}{2s^2} = \frac{\mathrm{d}u}{2u}$$

finden. Die Grenzen müssen nach $u_A = s_A^2$ und $u = s^2$ angepasst werden, um so

$$\phi = \phi_A + \int_{s_A^2}^{s^2} \frac{\mathrm{d}u}{2u} \sqrt{\frac{\alpha^2 u + 1}{\frac{u}{F^2} - 1}} = \phi_A + \frac{\alpha |F|}{2} \int_{s_A^2}^{s^2} \frac{\mathrm{d}u}{u} \sqrt{\frac{u + \frac{1}{\alpha^2}}{u - F^2}}$$

zu erhalten. Da $F < 0$ ist, muss $\sqrt{F^2} = |F| = -F$ verwendet werden, um so

$$\phi = \phi_A - \alpha \frac{F}{2} \int_{s_A^2}^{s^2} \frac{\mathrm{d}u}{u} \sqrt{\frac{u + \frac{1}{\alpha^2}}{u - F^2}}$$

zu erhalten.

3.3 Lösung zur Klausur III – Analytische Mechanik – leicht

Hinweise

Aufgabe 1 - Kurzfragen

(a) Welche Gleichung müssen Eigenvektoren erfüllen? Wie funktioniert der Minus-Eins-Ergänzungstrick?

(b) Wie lautet die Definition der Euler-Lagrange-Gleichung?

(c) Wie lassen sich die Größen q, Q und $\tilde{H}$ aus F_4 bestimmen? Was passiert bei einer Legendre-Transformation von F_4 bzgl. P? Auf welche zwei Weisen lässt sich das Differential von F_3 darstellen?

(d) Wie lautet die Definition der kanonischen Bewegungsgleichungen? Wie lässt sich so $\ddot{z}$ bestimmen? Wann wird die Beschleunigung besonders klein?

(e) Wieso lässt sich die Massendichte durch

$$\rho(\boldsymbol{r}) = \rho_0 \Theta(R(z) - s)\,\Theta(z)\,\Theta(h - z)$$

ausdrücken? Wie lässt sich damit die Masse des Körpers bestimmen? Wie ist das Trägheitsmoment definiert?

Aufgabe 2 - Poisson-Klammern von Drehimpulsen

(a) Berücksichtigen Sie, dass $\frac{\partial r_i}{\partial r_j} = \delta_{ij}$ und $\frac{\partial p_i}{\partial p_j} = \delta_{ij}$ gilt. Werden r_i und p_i als abhängige oder als unabhängige Variablen im Hamilton-Formalismus betrachtet? Was gilt für das Levi-Civita-Symbol in der Kontraktion $\epsilon_{kij}\epsilon_{klm}$?

(b) Wie lässt sich die totale Zeitableitung einer Phasenraumfunktion $f(\boldsymbol{q}, \boldsymbol{p}, t)$ durch die Poisson-Klammern ausdrücken? Was für eine Zusammenhang geben die Hamilton'schen Bewegungsgleichungen über die auf das Teilchen wirkende Kraft $\boldsymbol{F}$? Wann ist der Ausdruck $\boldsymbol{r} \times \boldsymbol{F} = \boldsymbol{0}$?

(c) Lassen sich die Bilinearität und die Leibniz-Regel der Poisson-Klammern ausnutzen? Ist ein Ergebnis aus Teilaufgabe (a) hilfreich?

(d) Wie lässt sich das Skalarprodukt $\boldsymbol{a} \cdot \boldsymbol{J}$ in Indexnotation aufschreiben?

(e) Wie lässt sich mit der Leibniz-Regel die gesuchte Poisson-Klammer auf das Ergebnis von Teilaufgabe (c) zurückführen?

(f) Wieso wird $\{\boldsymbol{J}^2, J_i\}$ durch das Ergebnis von Teilaufgabe (e) trivial lösbar? Wie lassen sich $\mathrm{i}^2 = -1$ und $\frac{1}{\mathrm{i}} = -\mathrm{i}$ verwenden, um das Ergebnis von $\{J_z, J_\pm\}$ auf $J_\pm$ zurückzuführen?

Aufgabe 3 - Das Noether-Theorem

(a) Lässt sich die Integrationsvariable ändern? Was ist der einfachste Weg, um die Gleichheit zweier Integrale über gleiche Intervalle zu erreichen?

(b) Was ist die totale Zeitableitung von L? Lassen sich die Bewegungsgleichungen der q verwenden, um den Ausdruck zu vereinfachen?

(c) Kann die rechte Seite in (2.3.2) in einer Taylor-Reihe in ϵ entwickelt werden? Was gilt für die neuen Koordinaten bei $\epsilon = 0$?

(d) Müssen höhere Ordnungen von ϵ berücksichtigt werden? Kann die Entwicklung in ϵ nun explizit durchgeführt werden? Welchen Einfluss haben die Bewegungsgleichungen auf Terme, die ψ_i enthalten? Welchen Einfluss hat das Ergebnis aus Teilaufgabe (b) auf Terme, die ϕ beinhalten? Wie sind der kanonische Impuls und die Hamilton-Funktion definiert?

(e) Müssen die Wirkungen oder ihre Variationen gleich sein, um gleiche Bewegungsgleichungen zu ergeben? Was wird bei der Variation festgehalten, bzw. warum kann Λ nicht von $\dot{q}$ abhängen?

(f) Lässt sich die neue Bedingung in eine der alten Bedingungen einsetzen? Können die Ergebnisse aus Teilaufgabe (d) wieder verwendet werden? Sie sollten

$$Q = \boldsymbol{\psi} \cdot \boldsymbol{p} - \phi H - f(\boldsymbol{q}, t)$$

finden.

Aufgabe 4 - Die luni-solare Präzession

(a) Welche Kraft wirkt auf das Massenelement m_α? Lässt sich diese nähern? Wie setzt sich das Drehmoment auf die Erde durch die Drehmomente $\boldsymbol{D}_\alpha$ auf die Massenpunkte zusammen? Wo liegt der Schwerpunkt der Erde?

(b) Wie ist der Trägheitstensor definiert? Lässt er sich auf der rechten Seite der Gleichung einsetzen?

(c) Lässt sich die Angabe von $\boldsymbol{R}$ auf die übliche Vektornotation zurückführen? Was passiert, wenn $\boldsymbol{R}$ in die Gleichung aus Teilaufgabe (b) eingesetzt wird? Sind die Hauptträgheitsachsen der Erde entartet?

(d) Wie lautet die Euler'sche Kreiselgleichung für ω_3? Wie lässt sich die Änderung von S in der Zeit durch die Änderung von S in den Eulerwinkeln ausdrücken? Ist der Zusammenhang

$$\sin^2(\lambda) = \frac{1 - \cos(2\lambda)}{2}$$

hilfreich?

(e) Wie lässt sich Gl. (2.3.4) für den nicht veränderlichen Teil lösen? Stehen dann nur Konstanten auf der rechten Seite? Wie lässt sich das dritte Kepler'sche Gesetz nutzen, um die Kreisfrequenzen von Sonne und Mond einzuführen? Wenn die Werte $\frac{I_{\parallel}-I_{\perp}}{I_{\parallel}} \approx \frac{1}{300}$, $\theta_0 \approx 23{,}44°$, $T_{\text{Sonne}} \approx 365{,}256\,\text{d}$ und $T_{\text{Tag}} \approx 0{,}9973\,\text{d}$ eingesetzt werden, soll sich für den Beitrag durch die Sonne $\Delta\phi_{1\,\text{yr}}^{(\text{S})} \approx -16{,}14''$ ergeben. Wie groß ist die Amplitude des variablen Terms im Vergleich zum nicht variablen Term? Steht dieser der maßgeblichen Veränderung von ϕ im Weg?

Lösungen

Aufgabe 1   25 *Punkte*

Kurzfragen

(a) **(5 Punkte)** Bestimmen Sie die Eigenvektoren der Matrix $M = \begin{pmatrix} 3 & 2 \\ 2 & 3 \end{pmatrix}$. Sie dürfen verwenden, dass die Eigenwerte durch $\lambda_+ = 5$ und $\lambda_- = 1$ gegeben sind.

Lösungsvorschlag:
Eigenvektoren $v_\pm$ müssen die Gleichung

$$(M - \lambda_\pm \mathbb{1})v_\pm$$

erfüllen. Für den Fall $\lambda_+ = 5$ lässt sich die Matrix

$$M - \lambda_+ \mathbb{1} = \begin{pmatrix} -2 & 2 \\ 2 & -2 \end{pmatrix}$$

bestimmen, welche durch Ähnlichkeitstransformationen die Form

$$M = \begin{pmatrix} 1 & -1 \\ 0 & 0 \end{pmatrix}$$

annimmt. Durch den Minus-Eins-Ergänzungstrick kann der Eigenvektor

$$v_+ = \begin{pmatrix} 1 \\ 1 \end{pmatrix}$$

abgelesen werden. Für den Fall $\lambda_- = 1$ kann hingegen

$$M - \lambda_- \mathbb{1} = \begin{pmatrix} 2 & 2 \\ 2 & 2 \end{pmatrix}$$

gefunden werden, was sich durch Ähnlichkeitstransformationen auf

$$M = \begin{pmatrix} 1 & 1 \\ 0 & 0 \end{pmatrix}$$

umformen lässt. Wieder lässt sich mit dem Minus-Eins-Ergänzungstrick der Eigenvektor

$$v_- = \begin{pmatrix} -1 \\ 1 \end{pmatrix}$$

ablesen.

(b) **(5 Punkte)** Bestimmen Sie aus der Lagrange-Funktion

$$L = \frac{1}{2}m\dot{q}^2 + V_0\cos(\alpha q)$$

die Bewegungsgleichungen.

Lösungsvorschlag:
Für die Euler-Lagrange-Gleichung

$$\frac{\mathrm{d}}{\mathrm{d}t}\frac{\partial L}{\partial \dot{q}_i} = \frac{\partial L}{\partial q_i}$$

müssen die Ableitungen

$$\frac{\mathrm{d}}{\mathrm{d}t}\frac{\partial L}{\partial \dot{q}_i} = m\ddot{q}$$

und

$$\frac{\partial L}{\partial q_i} = -\alpha V_0\sin(\alpha q)$$

ausgewertet werden. Damit ist die Bewegungsgleichung durch

$$m\ddot{q} = -\alpha V_0\sin(\alpha q)$$

gegeben.

(c) **(5 Punkte)** Nehmen Sie an, dass die Funktion $F_4(\boldsymbol{p}, \boldsymbol{P}, t)$ eine kanonische Transformation erzeugt. Konstruieren Sie hieraus eine erzeugende Funktion $F_3(\boldsymbol{p}, \boldsymbol{Q}, t)$. Wie lassen sich $\boldsymbol{P}, \boldsymbol{q}$ und $\tilde{H}$ aus F_3 ermitteln?

Lösungsvorschlag:
Für eine kanonische Transformation des Typs F_4 können die Größen $\boldsymbol{q}$, $\boldsymbol{Q}$ und $\tilde{H}$ mittels

$$q_i = -\frac{\partial F_4}{\partial p_i} \qquad Q_i = \frac{\partial F_4}{\partial P_i} \qquad \tilde{H} - H = \frac{\partial F_4}{\partial t}$$

bestimmt werden. Um F_3 zu bestimmen muss eine Legendre-Transformation bezüglich $\boldsymbol{P}$ durchgeführt werden. Diese ist durch

$$F_3 = F_4 - \frac{\partial F_4}{\partial P_i}P_i = F_4 - Q_iP_i$$

definiert. Das totale Differential von F_3 ist durch

$$\begin{aligned}
\mathrm{d}F_3 &= \mathrm{d}F_4 - P_i\,\mathrm{d}Q_i - Q_i\,\mathrm{d}P_i \\
&= \frac{\partial F_4}{\partial p_i}\,\mathrm{d}p_i + \frac{\partial F_4}{\partial P_i}\,\mathrm{d}P_i + \frac{\partial F_4}{\partial t}\,\mathrm{d}t - P_i\,\mathrm{d}Q_i - Q_i\,\mathrm{d}P_i \\
&= -q_i\,\mathrm{d}p_i + Q_i\,\mathrm{d}P_i + (\tilde{H} - H)\,\mathrm{d}t - P_i\,\mathrm{d}Q_i - Q_i\,\mathrm{d}P_i \\
&= -q_i\,\mathrm{d}p_i - P_i\,\mathrm{d}Q_i + (\tilde{H} - H)\,\mathrm{d}t
\end{aligned}$$

gegeben. Andererseits lässt sich das totale Differential von F_3 auch durch

$$\mathrm{d}F_3 = \frac{\partial F_3}{\partial p_i} \,\mathrm{d}p_i + \frac{\partial F_3}{\partial Q_i} \,\mathrm{d}Q_i + \frac{\partial F_3}{\partial t} \,\mathrm{d}t$$

bestimmen. Ein direkter Vergleich lässt die Identifikation

$$q_i = -\frac{\partial F_3}{\partial p_i} \qquad P_i = -\frac{\partial F_3}{\partial Q_i} \qquad \tilde{H} - H = \frac{\partial F_3}{\partial t}$$

zu.

(d) **(5 Punkte)** Betrachten Sie die Hamilton-Funktion

$$H(z, p) = \frac{p^2}{2m \left(1 + \frac{I}{mr^2}\right)} + mgz$$

eines Maxwell'schen Fallrades mit der Masse m, dem Trägheitsmoment $I = \frac{1}{2}mR^2$, dem Radius des Rades R und dem Abrollradius r. Bestimmen Sie die kanonischen Bewegungsgleichungen und interpretieren Sie das Ergebnis.

Lösungsvorschlag:
Die kanonischen Bewegungsgleichungen sind durch

$$\dot{q} = \frac{\partial H}{\partial p} \qquad \dot{p} = -\frac{\partial H}{\partial q}$$

definiert. Im vorliegenden Fall können somit

$$\dot{z} = \frac{\partial H}{\partial p} = \frac{p}{m \left(1 + \frac{I}{mr^2}\right)}$$

und

$$\dot{p} = -\frac{\partial H}{\partial z} = -mg$$

gefunden werden. Somit kann die zweite Ableitung von z gemäß

$$m \left(1 + \frac{I}{mr^2}\right) \ddot{z} = \dot{p} = -mg$$

bestimmt werden. Wird noch $I = \frac{1}{2}mR^2$ eingesetzt, so kann

$$\ddot{z} = \frac{-g}{1 + \frac{R^2}{2r^2}}$$

gefunden werden. R ist der Radius des massiven Rades, während r der eigentliche Abrollradius ist. Die Beschleunigung wird umso kleiner, je größer das Verhältnis $\frac{R}{r}$ wird. Auf diese Weise lassen sich beliebige Bruchteile der Erdbeschleunigung realisieren.

(e) **(5 Punkte)** Bestimmen Sie das Trägheitsmoment eines Körpers der Masse m welcher durch die Rotation der Funktion $R(z)$ im Intervall $[0, h]$ um die z-Achse erzeugt wird. Der Körper soll dabei eine konstante Massendichte aufweisen. Drücken Sie Ihr Ergebnis durch die Masse des Körpers und Integrale über die Funktion $R(z)$ aus.

Lösungsvorschlag:
Die Massendichte lässt sich durch

$$\rho(\boldsymbol{r}) = \rho_0 \Theta(R(z) - s)\,\Theta(z)\,\Theta(h - z)$$

ausdrücken. Auf diese Weise kann die Masse des Körpers zu

$$m = \int d^3r\,\rho(\boldsymbol{r}) = \int\limits_0^h dz \int\limits_0^{2\pi} d\phi \int\limits_0^{R(z)} ds\, s\rho_0$$

$$= \rho_0 2\pi \int\limits_0^h dz\, \frac{1}{2}(R(z))^2 = \rho_0 \pi \int\limits_0^h dz\,(R(z))^2$$

bestimmt werden. Das Trägehitsmoment ist durch

$$I = \int d^3r\,\rho(\boldsymbol{r})r_\perp^2$$

definiert. Da $r_\perp = s$ gilt, lässt sich

$$I = \rho_0 \int\limits_0^h dz \int\limits_0^{2\pi} d\phi \int\limits_0^{R(z)} ds\, s^3 = 2\pi\rho_0 \int\limits_0^h dz\, \frac{1}{4}(R(z))^4$$

$$= \frac{\pi\rho_0}{2} \int\limits_0^h dz\,(R(z))^4$$

ermitteln. Mit dem Ausdruck von m kann dies schlussendlich durch

$$I = \frac{1}{2}m \cdot \frac{\int\limits_0^h dz\,(R(z))^4}{\int\limits_0^h dz\,(R(z))^2}$$

ausgedrückt werden.

Aufgabe 2   **25 Punkte**

Poisson-Klammern von Drehimpulsen

In dieser Aufgabe werden die Poisson-Klammern von Drehimpulsen untersucht. Betrachten Sie dazu die Bewegung eines Teilchens in drei Dimensionen und dem Potential $V(\boldsymbol{r})$, dessen Drehimpulskomponenten durch $J_i = \epsilon_{ijk} r_j p_k$ gegeben sind. Dabei sind r_i und p_i die Komponenten der Ortskoordinaten bzw. des Impulses.

(a) **(5 Punkte)** Bestimmen Sie zunächst $\frac{\partial J_i}{\partial r_l}$ und $\frac{\partial J_i}{\partial p_l}$. Und zeigen Sie, dass der Zusammenhang

$$r_i p_j - r_j p_i = \epsilon_{ijk} J_k$$

gültig ist.

Lösungsvorschlag:
Es lassen sich durch das Bilden der Ableitung direkt

$$\frac{\partial J_i}{\partial r_l} = \epsilon_{ijk} \frac{\partial r_j}{\partial r_l} p_k = \epsilon_{ijk} \delta_{jl} p_k = \epsilon_{ilk} p_k$$

$$\frac{\partial J_i}{\partial p_l} = \epsilon_{ijk} r_j \frac{\partial p_k}{\partial p_l} = \epsilon_{ijk} r_j \delta_{kl} = \epsilon_{ijl} r_j$$

bestimmen. Für die dritte Identität lässt sich

$$J_k = \epsilon_{klm} r_l p_m$$

mit ϵ_{ijk} multiplizieren und dabei der Zusammenhang

$$\epsilon_{ijk} \epsilon_{klm} = \epsilon_{kij} \epsilon_{klm} = \delta_{il} \delta_{jm} - \delta_{im} \delta_{jl}$$

für das Levi-Civita-Symbol ausnutzen, um so

$$\epsilon_{ijk} J_k = \epsilon_{ijk} \epsilon_{klm} r_l p_m = (\delta_{il} \delta_{jm} - \delta_{im} \delta_{jl}) r_l p_m = r_i p_j - r_j p_i$$

zu erhalten.

(b) **(7 Punkte)** Verwenden Sie das Ergebnis aus Teilaufgabe (a), um die totale Zeitableitung von J_i zu bestimmen. Zeigen Sie so, dass

$$\frac{\mathrm{d}\boldsymbol{J}}{\mathrm{d}t} = \boldsymbol{r} \times \boldsymbol{F}$$

gilt. Wie lautet hierbei der Zusammenhang zwischen $\boldsymbol{F}$ und der Hamilton-Funktion H? Wann handelt es sich bei $\boldsymbol{J}$ demnach um eine Erhaltungsgröße?

Lösungsvorschlag:
Die Hamilton-Funktion ist durch

$$H = \frac{\boldsymbol{p}^2}{2m} + V(\boldsymbol{r})$$

gegeben. Die totale Zeitableitung der Komponente J_i lässt sich wegen $\frac{\partial J_i}{\partial t} = 0$ durch

$$
\begin{aligned}
\frac{\mathrm{d} J_i}{\mathrm{d} t} &= \{J_i, H\} + \frac{\partial J_i}{\partial t} = \left(\frac{\partial J_i}{\partial r_l} \frac{\partial H}{\partial p_l} - \frac{\partial J_i}{\partial p_l} \frac{\partial H}{\partial r_i} \right) \\
&= \left(\epsilon_{ilk} p_k \frac{p_l}{m} - \epsilon_{ijl} r_j \frac{\partial V}{\partial r_l} \right) = \frac{(\boldsymbol{p} \times \boldsymbol{p})_i}{m} - (\boldsymbol{r} \times \boldsymbol{V})_i \\
&= -(\boldsymbol{r} \times \boldsymbol{V})_i
\end{aligned}
$$

bestimmen. Die auf das Teilchen wirkende Kraft ist wegen

$$
\dot{r}_i = \frac{\partial H}{\partial p_i} = \frac{p_i}{m} \qquad \dot{p}_i = -\frac{\partial H}{\partial r_i} = -\frac{\partial V}{\partial r_i}
$$

durch

$$
F_i = -\frac{\partial H}{\partial r_i} = -\frac{\partial V}{\partial r_i}
$$

gegeben. Daher muss auch

$$
\frac{\mathrm{d} J_i}{\mathrm{d} t} = (\boldsymbol{r} \times \boldsymbol{F})_i
$$

gelten, was sich in Vektorschreibweise durch

$$
\frac{\mathrm{d} \boldsymbol{J}}{\mathrm{d} t} = \boldsymbol{r} \times \boldsymbol{F}
$$

ausdrücken lässt.

Es handelt sich bei $\boldsymbol{J}$ um eine Erhaltungsgröße, wenn

$$
\boldsymbol{r} \times \boldsymbol{F} = \boldsymbol{0}
$$

gilt. Dies ist möglich, wenn $\boldsymbol{F} = \boldsymbol{0}$ ist, wenn also $\frac{\partial H}{\partial r_i} = 0$ ist, die Hamilton-Funktion also nicht explizit von den Ortskoordinaten abhängt. Die zweite Möglichkeit besteht darin, dass $\boldsymbol{F} \parallel \boldsymbol{r}$ ist. Dazu bietet es sich an, den Gradienten in Kugelkoordinaten

$$
\boldsymbol{\nabla} V = \hat{\boldsymbol{e}}_r \frac{\partial V}{\partial r} + \hat{\boldsymbol{e}}_\theta \frac{1}{r} \frac{\partial V}{\partial \theta} + \hat{\boldsymbol{e}}_\phi \frac{1}{r \sin(\theta)} \frac{\partial V}{\partial \phi}
$$

zu verwenden. Dieser ist parallel zu $\hat{\boldsymbol{e}}_r$, wenn die Ableitungen

$$
\frac{\partial V}{\partial \phi} \qquad \frac{\partial V}{\partial \theta}
$$

beide verschwinden. Das heißt, wenn das Potential nur vom Betrag des Ortsvektors r abhängt.

(c) **(5 Punkte)** Bestimmen Sie die Poisson-Klammer $\{J_i, J_j\}$.

Lösungsvorschlag:
Die Poisson-Klammer $\{J_i, J_j\}$ lässt sich wegen der fundamentalen Poisson-Klammer $\{q_i, p_j\} = \delta_{ij}$ durch

$$
\begin{aligned}
\{J_i, J_j\} &= \{\epsilon_{ikl} r_k p_l, \epsilon_{jmn} r_m p_n\} = \epsilon_{ikl}\epsilon_{jmn}\left(r_k p_n \{p_l, r_m\} + p_l r_m \{r_k, p_n\}\right) \\
&= \epsilon_{ikl}\epsilon_{jmn}(-r_k p_n \delta_{ml} + p_l r_m \delta_{kn}) \\
&= p_l r_m \epsilon_{ikl}\epsilon_{jmk} - r_k p_n \epsilon_{ikl}\epsilon_{jln} \\
&= p_l r_m (\delta_{lj}\delta_{im} - \delta_{lm}\delta_{ij}) - r_k p_n (\delta_{in}\delta_{kj} - \delta_{ij}\delta_{kn}) \\
&= p_j r_i - r_l p_l \delta_{ij} - r_j p_i + r_k p_k \delta_{ij} = r_i p_j - r_j p_i
\end{aligned}
$$

bestimmen. Mit dem Ergebnis aus Teilaufgabe (a) wird so direkt der Zusammenhang

$$
\{J_i, J_j\} = r_i p_j - r_j p_i = \epsilon_{ijk} J_k
$$

ersichtlich.

(d) **(2 Punkte)** Zeigen Sie mit dem Ergebnis der vorherigen Teilaufgabe, dass

$$
\{\boldsymbol{a} \cdot \boldsymbol{J}, \boldsymbol{b} \cdot \boldsymbol{J}\} = \boldsymbol{c} \cdot \boldsymbol{J}
$$

mit einem noch zu ermittelnden $\boldsymbol{c}$ gilt.

Lösungsvorschlag:
Die betrachtete Poisson-Klammer lässt sich durch

$$
\{\boldsymbol{a} \cdot \boldsymbol{J}, \boldsymbol{b} \cdot \boldsymbol{J}\} = \{a_i J_i, b_j J_j\} = a_i b_j \{J_i, J_j\}
$$

ausdrücken. Dies lässt sich mit dem vorher gefunden Ergebnis weiter zu

$$
\{\boldsymbol{a} \cdot \boldsymbol{J}, \boldsymbol{b} \cdot \boldsymbol{J}\} = a_i b_j \epsilon_{ijk} J_k = (\boldsymbol{a} \times \boldsymbol{b}) \cdot \boldsymbol{J}
$$

umformen. Dies entspricht der angegebenen Form, falls

$$
\boldsymbol{c} = \boldsymbol{a} \times \boldsymbol{b}
$$

gilt.

(e) **(2 Punkte)** Zeigen Sie weiter, dass $\left\{J_i, \boldsymbol{J}^2\right\} = 0$ gilt.

Lösungsvorschlag:
Es lässt sich durch das Verwenden des Ergebnisses aus Teilaufgabe (c) direkt der Zusammenhang

$$
\left\{J_i, \boldsymbol{J}^2\right\} = \{J_i, J_j J_j\} = 2J_j \{J_i, J_j\} = 2J_j \epsilon_{ijk} J_k = 2(\boldsymbol{J} \times \boldsymbol{J})_i = 0
$$

finden.

(f) **(4 Punkte)** Führen Sie $J_\pm = J_x \pm \mathrm{i}J_y$ ein und bestimmen Sie $\{J_z, J_\pm\}$, sowie $\left\{\boldsymbol{J}^2, J_\pm\right\}$. Drücken Sie Ihr Ergebnis wieder durch $J_\pm$ aus.

Lösungsvorschlag:
Zunächst lässt sich aufgrund des Ergebnisses aus Teilaufgabe (e) direkt

$$\left\{\boldsymbol{J}^2, J_\pm\right\} = \left\{\boldsymbol{J}^2, J_x \pm \mathrm{i}J_y\right\} = \left\{\boldsymbol{J}^2, J_x\right\} \pm \mathrm{i}\left\{\boldsymbol{J}^2, J_y\right\} = 0$$

bestimmen. Für die Poisson-Klammer $\{J_z, J_\pm\}$ muss hingegen

$$\{J_z, J_\pm\} = \{J_z, J_x \pm \mathrm{i}J_y\} = \{J_z, J_x\} \pm \mathrm{i}\{J_z, J_y\}$$
$$= \epsilon_{312}J_y \pm \mathrm{i}\epsilon_{321}J_x = J_y \mp \mathrm{i}J_x = \mp\mathrm{i}(\pm\mathrm{i}J_y + J_x)$$
$$= \mp\mathrm{i}(J_x \pm \mathrm{i}J_y) = \pm\frac{1}{\mathrm{i}}J_\pm$$

betrachtet werden.

Nicht gefragt:
Die Poisson-Klammern bilden eine sogenannte Lie-Algebra. Die Drehimpulse J_i spannen durch Linearkombinationen mit beliebigen Koeffizienten eine Unter-Algebra auf, bilden also selbst auch wieder eine Lie-Algebra. Die Komponenten der Drehimpulse bilden dabei eine Basis dieser Algebra. Das Quadrat des Drehimpulses bildet in der Poisson-Klammer mit jedem Basis-Element Null. Eine Größe, die so etwas leistet, wird als Casimir-Invariante bezeichnet.
Im Zuge der Quantenmechanik werden alle messbaren Phasenraumfunktionen, wie bspw. die Drehimpulse durch Operatoren ersetzt. Die Poisson-Klammern werden dann zu Kommutatoren, die durch

$$\left[\hat{A}, \hat{B}\right] = \hat{A}\hat{B} - \hat{B}\hat{A}$$

definiert sind. Dabei ist die Übersetzungsregel

$$\{A, B\} \rightsquigarrow \frac{1}{\mathrm{i}\hbar}\left[\hat{A}, \hat{B}\right]$$

mit dem reduzierten Planck'schen Wirkungsquantum $\hbar$ zu beachten. Damit zeigt sich aus den hier gefundenen Zusammenhängen, dass für die Drehimpulsoperatoren der Quantenmechanik die Zusammenhänge

$$\left[\hat{J}_i, \hat{J}_j\right] = \mathrm{i}\hbar\epsilon_{ijk}\hat{J}_k \qquad \left[\hat{\boldsymbol{J}}^2, \hat{J}_i\right] = 0 \qquad \left[\hat{\boldsymbol{J}}^2, \hat{J}_\pm\right] = 0 \qquad \left[\hat{J}_z, \hat{J}_\pm\right] = \pm\hbar\hat{J}_\pm$$

gelten müssen. Wie auch in der Klassischen Mechanik bilden die Drehimpulsoperatoren in der Quantenmechanik eine Algebra, die als Drehimpulsalgebra bezeichnet wird. Mit Hilfe dieser Kommutatorrelationen lässt sich zeigen, dass die Drehimpulse quantisiert sind. Das heißt, es gibt zwei Quantenzahlen j für $\hat{\boldsymbol{J}}^2$ und m für $\hat{J}_z$, wobei j nur nicht negative, ganzzahlige Vielfache von $\frac{1}{2}$ einnehmen darf und m die Werte $\{-j, -j+1, \ldots, j-1, j\}$ durchläuft. Die eingeführten Operatoren $\hat{J}_\pm$ erhöhen bzw. verringern m dabei jeweils um Eins und werden daher als Auf- und Absteigeoperatoren bezeichnet.

Aufgabe 3 **25 Punkte**

Das Noether-Theorem

Betrachten Sie ein System, das durch die Lagrange-Funktion

$$L(\boldsymbol{q}, \dot{\boldsymbol{q}}, t)$$

beschrieben wird. In dieser Aufgabe soll das Noether-Theorem hergeleitet werden.

(a) **(2 Punkte)** Gehen Sie zunächst von einer Transformation der Art

$$\boldsymbol{q} \to \boldsymbol{q}' = \boldsymbol{q}'(\boldsymbol{q}, \dot{\boldsymbol{q}}, t) \qquad t \to t' = t'(\boldsymbol{q}, \dot{\boldsymbol{q}}, t)$$

$$S = \int_{t_a}^{t_b} \mathrm{d}t \, L(\boldsymbol{q}, \dot{\boldsymbol{q}}, t) \quad \to \quad S' = \int_{t'_a}^{t'_b} \mathrm{d}t' \, L\left(\boldsymbol{q}', \frac{\mathrm{d}\boldsymbol{q}'}{\mathrm{d}t'}, t'\right)$$

aus. Zeigen Sie, dass für eine Symmetrietransformation mit der Bedingung $S' = S$ der Zusammenhang

$$\frac{\mathrm{d}t'}{\mathrm{d}t} L\left(\boldsymbol{q}', \frac{\mathrm{d}\boldsymbol{q}'}{\mathrm{d}t'}, t'\right) = L(\boldsymbol{q}, \dot{\boldsymbol{q}}, t) \qquad (3.3.1)$$

gelten muss.

Lösungsvorschlag:
Die Wirkung S' lässt sich auf

$$S' = \int_{t'_a}^{t'_b} \mathrm{d}t' \, L\left(\boldsymbol{q}', \frac{\mathrm{d}\boldsymbol{q}'}{\mathrm{d}t'}, t'\right) = \int_{t_a}^{t_b} \mathrm{d}t \, \frac{\mathrm{d}t'}{\mathrm{d}t} L\left(\boldsymbol{q}', \frac{\mathrm{d}\boldsymbol{q}'}{\mathrm{d}t'}, t'\right)$$

umformen. Da diese mit

$$S = \int_{t_a}^{t_b} \mathrm{d}t \, L(\boldsymbol{q}, \dot{\boldsymbol{q}}, t)$$

übereinstimmen muss, müssen die beiden Integranden übereinstimmen, sodass Bedingung (3.3.1)

$$\frac{\mathrm{d}t'}{\mathrm{d}t} L\left(\boldsymbol{q}', \frac{\mathrm{d}\boldsymbol{q}'}{\mathrm{d}t'}, t'\right) = L(\boldsymbol{q}, \dot{\boldsymbol{q}}, t)$$

gefunden werden kann.

(b) **(3 Punkte)** Zeigen Sie, dass

$$\frac{\partial L}{\partial t} = \frac{\mathrm{d}}{\mathrm{d}t}\left[L - \sum_{i=1}^{f}\frac{\partial L}{\partial \dot{q}_i}\dot{q}_i\right]$$

gilt.

Lösungsvorschlag:
Die totale Zeitableitung der Lagrange-Funktion lässt sich durch

$$\frac{\mathrm{d}L}{\mathrm{d}t} = \sum_{i=1}^{f}\left(\frac{\partial L}{\partial q_i}\dot{q}_i + \frac{\partial L}{\partial \dot{q}_i}\ddot{q}_i\right) + \frac{\partial L}{\partial t}$$

finden. Da die Koordinaten die Euler-Lagrange-Gleichungen

$$\frac{\mathrm{d}}{\mathrm{d}t}\frac{\partial L}{\partial \dot{q}_i} = \frac{\partial L}{\partial q_i}$$

erfüllen, lässt sich der gefundene Ausdruck weiter auf

$$\frac{\mathrm{d}L}{\mathrm{d}t} = \sum_{i=1}^{f}\left(\left(\frac{\mathrm{d}}{\mathrm{d}t}\frac{\partial L}{\partial \dot{q}_i}\right)\dot{q}_i + \frac{\partial L}{\partial \dot{q}_i}\left(\frac{\mathrm{d}}{\mathrm{d}t}\dot{q}_i\right)\right) + \frac{\partial L}{\partial t}$$

$$= \left(\frac{\mathrm{d}}{\mathrm{d}t}\sum_{i=1}^{f}\frac{\partial L}{\partial \dot{q}_i}\dot{q}_i\right) + \frac{\partial L}{\partial t}$$

umformen. Dieser Ausdruck lässt sich schlussendlich nach

$$\frac{\partial L}{\partial t} = \frac{\mathrm{d}}{\mathrm{d}t}\left[L - \sum_{i=1}^{f}\frac{\partial L}{\partial \dot{q}_i}\dot{q}_i\right]$$

umstellen.

(c) **(4 Punkte)** Betrachten Sie nun eine infinitesimale Transformation der Art

$$\boldsymbol{q} \to \boldsymbol{q}' = \boldsymbol{q} + \epsilon\,\boldsymbol{\psi}(\boldsymbol{q},\dot{\boldsymbol{q}},t) \qquad t \to t' = t + \epsilon\,\phi(\boldsymbol{q},\dot{\boldsymbol{q}},t)$$

und zeigen Sie, dass sich Gl. (3.3.1) nur erfüllen lässt, wenn bereits

$$\frac{\mathrm{d}}{\mathrm{d}\epsilon}\left[\frac{\mathrm{d}t'}{\mathrm{d}t}L\left(\boldsymbol{q}',\frac{\mathrm{d}\boldsymbol{q}'}{\mathrm{d}t'},t'\right)\right]_{\epsilon=0} = 0 \qquad\qquad (3.3.2)$$

ist.

Lösungsvorschlag:
Der Ausdruck der rechten Seite

$$\frac{\mathrm{d}t'}{\mathrm{d}t}L\left(\boldsymbol{q}',\frac{\mathrm{d}\boldsymbol{q}'}{\mathrm{d}t'},t'\right) \equiv \frac{\mathrm{d}t'}{\mathrm{d}t}L'$$

in Bedingung (3.3.1) lässt sich in einer Taylor-Reihe in ϵ zu

$$\frac{dt'}{dt} L' = \left[\frac{dt'}{dt} L'\right]_{\epsilon=0} + \frac{d}{d\epsilon}\left[\frac{dt'}{dt} L'\right]_{\epsilon=0} \epsilon + \frac{1}{2}\frac{d^2}{d\epsilon^2}\left[\frac{dt'}{dt} L'\right]_{\epsilon=0} \epsilon^2 + \mathcal{O}(\epsilon^3)$$

bestimmen. Für $\epsilon = 0$ ist $\boldsymbol{q}' = \boldsymbol{q}$, $t' = t$ und somit auch $\frac{d\boldsymbol{q}'}{dt'} = \frac{d\boldsymbol{q}}{dt}$ gültig. Damit lässt sich aber direkt

$$\left[\frac{dt'}{dt} L'\right]_{\epsilon=0} = L(\boldsymbol{q}, \dot{\boldsymbol{q}}, t) = L$$

auswerten. Die Bedingung (3.3.1) lässt sich dann als

$$L \overset{!}{=} L + \frac{d}{d\epsilon}\left[\frac{dt'}{dt} L'\right]_{\epsilon=0} \epsilon + \frac{1}{2}\frac{d^2}{d\epsilon^2}\left[\frac{dt'}{dt} L'\right]_{\epsilon=0} \epsilon^2 + \mathcal{O}(\epsilon^3)$$

$$\Rightarrow \quad 0 = \frac{d}{d\epsilon}\left[\frac{dt'}{dt} L'\right]_{\epsilon=0} \epsilon + \frac{1}{2}\frac{d^2}{d\epsilon^2}\left[\frac{dt'}{dt} L'\right]_{\epsilon=0} \epsilon^2 + \mathcal{O}(\epsilon^3)$$

formulieren. Da die Monome in ϵ voneinander linear unabhängig sind, muss bereits jeder Koeffizient Null sein, so dass in niedrigster Ordnung

$$\frac{d}{d\epsilon}\left[\frac{dt'}{dt} L\left(\boldsymbol{q}', \frac{d\boldsymbol{q}'}{dt'}, t'\right)\right]_{\epsilon=0} = 0$$

gilt, was der gesuchten Bedingung (3.3.2) entspricht.

(d) **(12 Punkte)** Verwenden Sie Bedingung (3.3.2), um so

$$\frac{dQ}{dt} = \frac{d}{dt}\left[\sum_{i=1}^{f} \psi_i \frac{\partial L}{\partial \dot{q}_i} + \phi\left(L - \sum_{i=1}^{f} \dot{q}_i \frac{\partial L}{\partial \dot{q}_i}\right)\right] = 0$$

herzuleiten. Wie lässt sich dabei die erhaltene Noether-Ladung Q durch den kanonischen Impuls $\boldsymbol{p}$ und die Hamilton-Funktion H ausdrücken?

Lösungsvorschlag:
Da die Ableitung nach ϵ gebildet wird und anschließend $\epsilon = 0$ gesetzt wird, müssen nur Terme bis zur ersten Ordnung in ϵ in der Rechnung berücksichtigt werden. Zunächst kann

$$\frac{dt'}{dt} = \frac{d}{dt}(t + \epsilon\,\phi) = 1 + \epsilon\,\dot{\phi}$$

bestimmt werden. Die Koordinaten werden gemäß

$$\boldsymbol{q}' = \boldsymbol{q} + \epsilon\,\boldsymbol{\psi}$$

ersetzt. Für die Ableitungen der Koordinaten kann wegen

$$\frac{dt}{dt'} = \frac{1}{\frac{dt'}{dt}} = 1 - \epsilon\,\dot{\phi} + \mathcal{O}(\epsilon^2)$$

auch

$$\frac{\mathrm{d}\boldsymbol{q}'}{\mathrm{d}t'} = \frac{\mathrm{d}t}{\mathrm{d}t'}\frac{\mathrm{d}\boldsymbol{q}'}{\mathrm{d}t} = (1 - \epsilon\,\dot{\phi})\frac{\mathrm{d}}{\mathrm{d}t}(\boldsymbol{q} + \epsilon\,\boldsymbol{\psi}) = (1 - \epsilon\,\dot{\phi})(\dot{\boldsymbol{q}} + \epsilon\,\dot{\boldsymbol{\psi}}) = \dot{\boldsymbol{q}} + \epsilon(\dot{\boldsymbol{\psi}} - \dot{\phi}\dot{\boldsymbol{q}})$$

gefunden werden. Auf diese Weise kann

$$\frac{\mathrm{d}t'}{\mathrm{d}t}L' = (1 + \epsilon\,\dot{\phi})L\left(\boldsymbol{q} + \epsilon\,\boldsymbol{\psi}, \dot{\boldsymbol{q}} + \epsilon(\dot{\boldsymbol{\psi}} - \dot{\phi}\dot{\boldsymbol{q}}), t + \epsilon\,\phi\right)$$

$$= (1 + \epsilon\,\dot{\phi})\left[L(\boldsymbol{q},\dot{\boldsymbol{q}},t) + \sum_i^f \left(\frac{\partial L}{\partial q_i}\epsilon\,\psi_i + \frac{\partial L}{\partial \dot{q}_i}\epsilon(\dot{\psi}_i - \dot{\phi}\dot{q}_i)\right) + \frac{\partial L}{\partial t}\epsilon\,\phi\right]$$

$$= L + \epsilon\left[\dot{\phi}L + \sum_i^f \left(\frac{\partial L}{\partial q_i}\psi_i + \frac{\partial L}{\partial \dot{q}_i}(\dot{\psi}_i - \dot{\phi}\dot{q}_i)\right) + \frac{\partial L}{\partial t}\phi\right] + \mathcal{O}(\epsilon^2)$$

bestimmt werden. Der Term in Klammern ist der einzig relevante, da nur dieser für

$$\frac{\mathrm{d}}{\mathrm{d}\epsilon}\left[\frac{\mathrm{d}t'}{\mathrm{d}t}L'\right]_{\epsilon=0}$$

von Null verschieden sein wird, sodass

$$\frac{\mathrm{d}}{\mathrm{d}\epsilon}\left[\frac{\mathrm{d}t'}{\mathrm{d}t}L'\right]_{\epsilon=0} = \sum_i^f \left(\frac{\partial L}{\partial q_i}\psi_i + \frac{\partial L}{\partial \dot{q}_i}(\dot{\psi}_i - \dot{\phi}\dot{q}_i)\right) + \dot{\phi}L + \frac{\partial L}{\partial t}\phi$$

$$= \sum_{i=1}^f \left(\frac{\partial L}{\partial q_i}\psi_i + \frac{\partial L}{\partial \dot{q}_i}\dot{\psi}_i\right) + \dot{\phi}\left[L - \sum_{i=1}^f \frac{\partial L}{\partial \dot{q}_i}\dot{q}_i\right] + \phi\frac{\partial L}{\partial t}$$

gilt. Die letzten beiden Terme lassen sich mit dem Ergebnis aus Teilaufgabe (b) zu

$$\dot{\phi}\left[L - \sum_{i=1}^f \frac{\partial L}{\partial \dot{q}_i}\dot{q}_i\right] + \phi\frac{\partial L}{\partial t} = \dot{\phi}\left[L - \sum_{i=1}^f \frac{\partial L}{\partial \dot{q}_i}\dot{q}_i\right] + \phi\frac{\mathrm{d}}{\mathrm{d}t}\left[L - \sum_{i=1}^f \frac{\partial L}{\partial \dot{q}_i}\dot{q}_i\right]$$

$$= \frac{\mathrm{d}}{\mathrm{d}t}\left[\phi\left(L - \sum_{i=1}^f \frac{\partial L}{\partial \dot{q}_i}\dot{q}_i\right)\right]$$

umformen, sodass noch

$$\frac{\mathrm{d}}{\mathrm{d}\epsilon}\left[\frac{\mathrm{d}t'}{\mathrm{d}t}L'\right]_{\epsilon=0} = \sum_{i=1}^f \left(\frac{\partial L}{\partial q_i}\psi_i + \frac{\partial L}{\partial \dot{q}_i}\dot{\psi}_i\right) + \frac{\mathrm{d}}{\mathrm{d}t}\left[\phi\left(L - \sum_{i=1}^f \frac{\partial L}{\partial \dot{q}_i}\dot{q}_i\right)\right]$$

verbleibt. Um den ersten Term zu vereinfachen, wird ausgenutzt, dass die Koordinaten $\boldsymbol{q}$ die Euler-Lagrange-Gleichungen

$$\frac{\mathrm{d}}{\mathrm{d}t}\frac{\partial L}{\partial \dot{q}_i} = \frac{\partial L}{\partial q_i}$$

erfüllen. Damit kann der besagte Term auf

$$\sum_{i=1}^{f} \left(\frac{\partial L}{\partial q_i} \psi_i + \frac{\partial L}{\partial \dot{q}_i} \dot{\psi}_i \right) = \sum_{i=1}^{f} \left(\left(\frac{\mathrm{d}}{\mathrm{d}t} \frac{\partial L}{\partial \dot{q}_i} \right) \psi_i + \frac{\partial L}{\partial \dot{q}_i} \dot{\psi}_i \right) = \frac{\mathrm{d}}{\mathrm{d}t} \left[\sum_{i=1}^{f} \frac{\partial L}{\partial \dot{q}_i} \psi_i \right]$$

umgeformt werden. Insgesamt wird daher

$$\frac{\mathrm{d}}{\mathrm{d}\epsilon} \left[\frac{\mathrm{d}t'}{\mathrm{d}t} L' \right]_{\epsilon=0} = \frac{\mathrm{d}}{\mathrm{d}t} \left[\sum_{i=1}^{f} \frac{\partial L}{\partial \dot{q}_i} \psi_i \right] + \frac{\mathrm{d}}{\mathrm{d}t} \left[\phi \left(L - \sum_{i=1}^{f} \frac{\partial L}{\partial \dot{q}_i} \dot{q}_i \right) \right]$$

$$= \frac{\mathrm{d}}{\mathrm{d}t} \left[\sum_{i=1}^{f} \frac{\partial L}{\partial \dot{q}_i} \psi_i + \phi \left(L - \sum_{i=1}^{f} \frac{\partial L}{\partial \dot{q}_i} \dot{q}_i \right) \right]$$

gefunden. Da dieser Ausdruck aber Null sein muss, muss die Größe

$$Q = \sum_{i=1}^{f} \frac{\partial L}{\partial \dot{q}_i} \psi_i + \phi \left(L - \sum_{i=1}^{f} \frac{\partial L}{\partial \dot{q}_i} \dot{q}_i \right)$$

eine Erhaltungsgröße mit

$$\frac{\mathrm{d}Q}{\mathrm{d}t} = \frac{\mathrm{d}}{\mathrm{d}t} \left[\sum_{i=1}^{f} \frac{\partial L}{\partial \dot{q}_i} \psi_i + \phi \left(L - \sum_{i=1}^{f} \frac{\partial L}{\partial \dot{q}_i} \dot{q}_i \right) \right] = 0$$

sein. Da die kanonischen Impulse und die Hamilton-Funktion durch

$$p_i = \frac{\partial L}{\partial \dot{q}_i} \qquad H = \sum_{i=1}^{f} \frac{\partial L}{\partial \dot{q}_i} \dot{q}_i - L$$

definiert sind, lässt sich die Erhaltungsgröße Q auch als

$$Q = \sum_{i=1}^{f} \psi_i p_i - \phi H = \boldsymbol{\psi} \cdot \boldsymbol{p} - \phi H$$

schreiben.

(e) **(2 Punkte)** Nehmen Sie nun an, dass für die allgemeinen Transformationen aus Teilaufgabe (a) statt Gl. (3.3.1) der Zusammenhang

$$\frac{\mathrm{d}t'}{\mathrm{d}t} L \left(\boldsymbol{q}', \frac{\mathrm{d}\boldsymbol{q}'}{\mathrm{d}t'}, t' \right) = L(\boldsymbol{q}, \dot{\boldsymbol{q}}, t) + \frac{\mathrm{d}}{\mathrm{d}t} \Lambda(\boldsymbol{q}, t) \qquad (3.3.3)$$

gilt. Begründen Sie, weshalb es sich dennoch um eine Symmetrietransformation des Systems handelt.

Lösungsvorschlag:

Mit der neuen Bedingung (3.3.3) würde sich in der Rechnung aus Teilaufgabe (a) der Zusammenhang

$$S' = \int_{t_a}^{t_b} dt \, \frac{dt'}{dt} L\left(\boldsymbol{q}', \frac{d\boldsymbol{q}'}{dt'}, t'\right) = \int_{t_a}^{t_b} dt \, \left(L(\boldsymbol{q}, \dot{\boldsymbol{q}}, t) + \frac{d}{dt}\Lambda(\boldsymbol{q}, t)\right)$$

$$= \left(\int_{t_a}^{t_b} dt \, L(\boldsymbol{q}, \dot{\boldsymbol{q}}, t)\right) + \Lambda(\boldsymbol{q}(t_b), t_b) - \Lambda(\boldsymbol{q}(t_a), t_a)$$

$$= S + \Lambda(\boldsymbol{q}(t_b), t_b) - \Lambda(\boldsymbol{q}(t_a), t_a)$$

ergeben. Die physikalischen Bewegungsgleichungen werden aus der Variation der Wirkung δS bzw. $\delta S'$ gewonnen. Dabei werden die Endpunkte nicht mit variiert, so dass

$$\delta\boldsymbol{q}(t_a) = \delta\boldsymbol{q}(t_b) = \boldsymbol{0}$$

gilt. Somit fallen die zusätzlichen Terme

$$\Lambda(\boldsymbol{q}(t_b), t_b) - \Lambda(\boldsymbol{q}(t_a), t_a)$$

bei der Variation weg und es ergeben sich die selben Bewegungsgleichungen, die demnach auch dieselben Erhaltungsgrößen aufweisen.

(f) **(2 Punkte)** Finden Sie nun die Verallgemeinerung von Bedingung (3.3.3) und die erhaltene Ladung für den Fall infinitesimaler Transformationen aus Teilaufgabe (c), wenn sich

$$\Lambda(\boldsymbol{q}, t) = \epsilon f(\boldsymbol{q}, t)$$

schreiben lässt.

Lösungsvorschlag:
Um die neue Bedingung zu finden, kann Bedingung (3.3.3) in die linke Seite von (3.3.2) eingesetzt werden, um so

$$\frac{d}{d\epsilon}\left[\frac{dt'}{dt} L\left(\boldsymbol{q}', \frac{d\boldsymbol{q}'}{dt'}, t'\right)\right]_{\epsilon=0} = \frac{d}{d\epsilon}\left[L(\boldsymbol{q}, \dot{\boldsymbol{q}}, t) + \frac{d}{dt}\Lambda(\boldsymbol{q}, t)\right]_{\epsilon=0}$$

$$= \frac{d}{d\epsilon}\left[\epsilon\frac{d}{dt}f(\boldsymbol{q}, t)\right]_{\epsilon=0} = \frac{d}{dt}f(\boldsymbol{q}, t)$$

zu erhalten. Wie in Teilaufgabe (d) bereits gezeigt wurde, ist der Zusammenhang

$$\frac{d}{d\epsilon}\left[\frac{dt'}{dt} L\left(\boldsymbol{q}', \frac{d\boldsymbol{q}'}{dt'}, t'\right)\right]_{\epsilon=0} = \frac{d}{dt}\left[\sum_{i=1}^{f}\psi_i\frac{\partial L}{\partial\dot{q}_i} + \phi\left(L - \sum_{i=1}^{f}\dot{q}_i\frac{\partial L}{\partial\dot{q}_i}\right)\right]$$

gültig, sodass insgesamt

$$\frac{\mathrm{d}}{\mathrm{d}t}\left[\sum_{i=1}^{f}\psi_i\frac{\partial L}{\partial \dot{q}_i} + \phi\left(L - \sum_{i=1}^{f}\dot{q}_i\frac{\partial L}{\partial \dot{q}_i}\right)\right] = \frac{\mathrm{d}}{\mathrm{d}t}f(\boldsymbol{q},t)$$

$$\Rightarrow \quad \frac{\mathrm{d}}{\mathrm{d}t}\left[\sum_{i=1}^{f}\psi_i\frac{\partial L}{\partial \dot{q}_i} + \phi\left(L - \sum_{i=1}^{f}\dot{q}_i\frac{\partial L}{\partial \dot{q}_i}\right) - f(\boldsymbol{q},t)\right] = 0$$

gefunden werden kann. Damit wird klar, dass die erhaltene Ladung durch

$$Q = \sum_{i=1}^{f}\psi_i\frac{\partial L}{\partial \dot{q}_i} + \phi\left(L - \sum_{i=1}^{f}\dot{q}_i\frac{\partial L}{\partial \dot{q}_i}\right) - f(\boldsymbol{q},t)$$

$$= \boldsymbol{\psi}\cdot\boldsymbol{p} - \phi H - f(\boldsymbol{q},t)$$

gegeben ist.

Aufgabe 4   **25 *Punkte***

Die luni-solare Präzession

In dieser Aufgabe soll die Präzession der Erde, welche durch die Sonne und den Mond verursacht wird, berechnet werden.

Nehmen Sie an, der Erdschwerpunkt befindet sich im Ursprung des Koordinatensystems. Durch einen anderen Körper der Masse M am Punkt $\boldsymbol{R}$ erfährt jeder Massenpunkt m_α an der Position $\boldsymbol{r}_\alpha$ eine Anziehungskraft $\boldsymbol{F}_\alpha$ und ein Drehmoment $\boldsymbol{D}_\alpha = \boldsymbol{r}_\alpha \times \boldsymbol{F}_\alpha$.

Für die gesamte Aufgabe wird die Erde als ein symmetrischer Kreisel angenommen mit dem Trägheitsmoment $I_\parallel$ bei Drehungen um die Figurenachse und $I_\perp$ bei Drehungen um die dazu senkrecht liegenden Hauptträgheitsachsen.

(a) (**4 Punkte**) Zeigen Sie, dass das Drehmoment, welches auf die Erde einwirkt durch

$$\boldsymbol{D} \approx 3\frac{GM}{R^5}\left(\sum_\alpha (m_\alpha \boldsymbol{r}_\alpha \times \boldsymbol{R})(\boldsymbol{R} \cdot \boldsymbol{r}_\alpha)\right)$$

gegeben ist.

Lösungsvorschlag:

Ein jeder Massenpunkt erfährt die Kraft

$$\boldsymbol{F}_\alpha = -\frac{GMm_\alpha}{|\boldsymbol{r}_\alpha - \boldsymbol{R}|^3}(\boldsymbol{r}_\alpha - \boldsymbol{R}).$$

Diese kann für $r_\alpha \ll R$ durch die Taylor-Entwicklung

$$\frac{1}{|\boldsymbol{r}_\alpha - \boldsymbol{R}|^3} = \frac{1}{R^3}\left(1 + \frac{r_\alpha^2}{R^2} - 2\frac{\boldsymbol{r}_\alpha \cdot \boldsymbol{R}}{R^2}\right)^{-3/2} \approx \frac{1}{R^3}\left(1 + 3\frac{\boldsymbol{r}_\alpha \cdot \boldsymbol{R}}{R^2}\right)$$

zu

$$\boldsymbol{F}_\alpha \approx -\frac{GMm_\alpha}{R^3}\left(1 + 3\frac{\boldsymbol{r}_\alpha \cdot \boldsymbol{R}}{R^2}\right)(\boldsymbol{r}_\alpha - \boldsymbol{R})$$

genähert werden. Daher ist das Drehmoment auf diesen Massenpunkt mit

$$\boldsymbol{D}_\alpha = \boldsymbol{r}_\alpha \times \boldsymbol{F}_\alpha = -\frac{GMm_\alpha}{R^3}\left(1 + 3\frac{\boldsymbol{r}_\alpha \cdot \boldsymbol{R}}{R^2}\right)(-\boldsymbol{r}_\alpha \times \boldsymbol{R})$$

$$= \frac{GM}{R^3}\left(1 + 3\frac{\boldsymbol{r}_\alpha \cdot \boldsymbol{R}}{R^2}\right)(m_\alpha \boldsymbol{r}_\alpha \times \boldsymbol{R})$$

zu bestimmen. Das gesamte Drehmoment ist nun die Summe über die einzelnen Drehmomente $\boldsymbol{D}_\alpha$. Der erste Term der Klammer wird dabei verschwinden, da so eine Summe der Form

$$\sum_\alpha m_\alpha \boldsymbol{r}_\alpha$$

entsteht. Diese stellt den Schwerpunkt der Massenverteilung der m_α dar, der ja gerade der Ursprung des Koordinatensystems sein soll. Somit verbleibt ausschließlich

$$D = 3\frac{GM}{R^5}\sum_\alpha (m_\alpha r_\alpha \times R)(r_\alpha \cdot R)$$

als Ausdruck für das auf die Erde wirkende Drehmoment.

(b) **(2 Punkte)** Zeigen Sie, dass der Ausdruck aus Teilaufgabe (a) mit

$$D = 3\frac{GM}{R^5}(R \times IR)$$

übereinstimmt, wobei I der Trägheitstensor der Erde ist.

Lösungsvorschlag:
Es bietet sich an den Ausdruck $R \times IR$ durch die Rechnung

$$(R \times IR)_i = \epsilon_{ijk}R_j I_{kl}R_l = \epsilon_{ijk}R_j R_l \left(\sum_\alpha m_\alpha(r_\alpha^2\delta_{kl} - r_{\alpha,k}r_{\alpha,l})\right)$$

$$= \sum_\alpha m_\alpha \left(\epsilon_{ijk}R_j R_k - \epsilon_{ijk}R_j r_{\alpha,k}(R \cdot r_\alpha)\right)$$

$$= \sum_\alpha m_\alpha \left((R \times R)_i - (R \times r_\alpha)(R \cdot r_\alpha)\right)$$

$$= \sum_\alpha (m_\alpha r_\alpha \times R)(R \cdot r_\alpha)$$

zu ermitteln. Dies lässt sich mit dem Ausdruck aus Teilaufgabe (a) vergleichen, um so direkt

$$D = 3\frac{GM}{R^5}\left(\sum_\alpha (m_\alpha r_\alpha \times R)(R \cdot r_\alpha)\right) = 3\frac{GM}{R^5}(R \times IR)$$

zu finden.

Für den Rest der Aufgabe wird ein geozentrisches Koordinatensystem betrachtet, in dem sich der Körper M um die Erde bewegt. Betrachten Sie dazu zwei Inertialsysteme mit den Basisvektoren $\hat{e}_x, \hat{e}_y, \hat{e}_z$ und $\hat{e}_K, \hat{e}_L, \hat{e}_M$. $\hat{e}_x$ und $\hat{e}_K$ liegen parallel zueinander und zeigen vom Frühlingspunkt weg. $\hat{e}_M$ ist die Figurenachse der Erde und $\hat{e}_z$ der Normalenvektor der Ekliptik. Sie können also durch eine Drehung um die $\hat{e}_K$- bzw. $\hat{e}_x$-Achse ineinander überführt werden. $\hat{e}_y$ zeigt auf einen Punkt der Ekliptik, $\hat{e}_L$ zeigt hingegen auf einen Punkt des Himmelsäquators.

(c) **(4 Punkte)** Die Position eines Himmelskörpers auf der Ekliptik lassen sich durch den Nutationswinkel θ der Erde und die ekliptikale Länge λ mittels

$$R = R(-\hat{e}_K \cos(\lambda) - \hat{e}_L \sin(\lambda)\cos(\theta) + \hat{e}_M \sin(\lambda)\sin(\theta))$$

beschreiben. Verwenden Sie dies, um D aus Teilaufgabe (b) in Komponenten von $\hat{e}_K$ und $\hat{e}_L$ auszudrücken.

Lösungsvorschlag:
Da der Ausdruck $R \times IR$ bestimmt werden muss, bietet es sich an, die Notation

$$R = R \begin{pmatrix} -\cos(\lambda) \\ -\sin(\lambda)\cos(\theta) \\ \sin(\lambda)\sin(\theta) \end{pmatrix}$$

zu verwenden. Da das Koordinatensystem $\hat{e}_K, \hat{e}_L, \hat{e}_M$ in das Hauptachsensystem der Erde überführt werden kann, indem eine Drehung um den Drehwinkel ψ um die $\hat{e}_M$-Achse stattfindet und die Erde als symmetrischer Kreisel angenommen wird, haben Drehungen um die $\hat{e}_K$- und $\hat{e}_L$-Achse ebenfalls das Trägheitsmoment $I_\perp$ und der Trägheitstensor hat weiterhin eine diagonale Gestalt. Somit kann der Ausdruck

$$R \times IR = R^2 \begin{pmatrix} -\cos(\lambda) \\ -\sin(\lambda)\cos(\theta) \\ \sin(\lambda)\sin(\theta) \end{pmatrix} \times \begin{pmatrix} -I_\perp \cos(\lambda) \\ -I_\perp \sin(\lambda)\cos(\theta) \\ I_\parallel \sin(\lambda)\sin(\theta) \end{pmatrix}$$

$$= -R^2 \begin{pmatrix} (I_\parallel - I_\perp)\sin^2(\lambda)\sin(\theta)\cos(\theta) \\ -(I_\parallel - I_\perp)\sin(\lambda)\cos(\lambda)\sin(\theta) \\ 0 \end{pmatrix}$$

$$= -\frac{1}{2}R^2(I_\parallel - I_\perp)\sin(\theta) \begin{pmatrix} (1 - \cos(2\lambda))\cos(\theta) \\ \sin(2\lambda) \\ 0 \end{pmatrix}$$

ermittelt werden. Dabei wurde im letzten Schritt die Identität

$$\sin^2(\lambda) = \frac{1 - \cos(2\lambda)}{2}$$

verwendet. Das Drehmoment lässt sich damit schlussendlich als

$$D = -\frac{3}{2}\frac{GM}{R^3}(I_\parallel - I_\perp)\sin(\theta)\left((1 - \cos(2\lambda))\cos(\theta)\,\hat{e}_K + \sin(2\lambda)\,\hat{e}_L\right)$$

ausdrücken.

(d) **(6 Punkte)** Gehen Sie nun davon aus, dass $\omega_3 \gg \omega_1, \omega_2$ ist und dass $S \approx S_\parallel \hat{e}_3$ gilt. Zeigen Sie so, dass die Gleichung

$$\dot{\phi} = -\frac{3}{2} \cdot \frac{GM}{R^3} \cdot \frac{I_\parallel - I_\perp}{I_\parallel} \cdot \frac{1}{\omega_\parallel}\cos(\theta)\left(1 - \cos(2\lambda)\right) \tag{3.3.4}$$

gültig ist.
Hinweis: Sie dürfen ohne Beweis verwenden, dass $\frac{\partial \hat{e}_3}{\partial \phi} = \sin(\theta)\,\hat{e}_K$, $\frac{\partial \hat{e}_3}{\partial \theta} = -\hat{e}_L$ und

$\frac{\partial \hat{e}_3}{\partial \psi} = 0$ gelten.

Lösungsvorschlag:
Da D_3 gerade mit D_M zusammenfällt und dieses Null ist, kann die dritte Euler-Gleichung als

$$I_3 \dot{\omega}_3 + \omega_1 \omega_2 (I_2 - I_1) = I_\| \dot{\omega}_3 = 0$$

gefunden werden. Aus dieser ergibt sich, dass ω_3 und damit $S_3 = I_3 \omega_3 = I_\| \omega_\|$ konstant ist. Daher ist der Drehimpuls in erster Näherung durch

$$S = S_3 \hat{e}_3$$

gegeben. Seine Ableitung muss gerade das gefundene Drehmoment sein. Sie kann aber auch durch

$$\frac{\mathrm{d}S}{\mathrm{d}t} = S_3 \frac{\mathrm{d}\hat{e}_3}{\mathrm{d}t} = S_3 \left(\frac{\mathrm{d}\hat{e}_3}{\mathrm{d}\phi} \dot{\phi} + \frac{\mathrm{d}\hat{e}_3}{\mathrm{d}\theta} \dot{\theta} + \frac{\mathrm{d}\hat{e}_3}{\mathrm{d}\psi} \dot{\psi} \right)$$

ausgedrückt werden. Die auftretenden Ableitungen sind im Hinweis gegeben und daher lässt sich die Änderung des Drehimpulses zu

$$\frac{\mathrm{d}S}{\mathrm{d}t} = S_3 \sin(\theta) \dot{\phi} \hat{e}_K - S_3 \dot{\theta} \hat{e}_L$$

bestimmen. Durch Gleichsetzen mit dem in Teilaufgabe (c) gefundenen Drehmoment

$$D = -\frac{3}{2} \frac{GM}{R^3} (I_\| - I_\perp) \sin(\theta) \left((1 - \cos(2\lambda)) \cos(\theta) \hat{e}_K + \sin(2\lambda) \hat{e}_L \right)$$

können so die Gleichungen

$$I_\| \omega_\| \sin(\theta) \dot{\phi} = -\frac{3}{2} \frac{GM}{R^3} (I_\| - I_\perp) \sin(\theta) \cos(\theta) (1 - \cos(2\lambda))$$

und

$$-I_\| \omega_\| \dot{\theta} = -\frac{3}{2} \frac{GM}{R^3} (I_\| - I_\perp) \sin(\theta) \sin(2\lambda)$$

gefunden werden. Die erste der beiden kann nach Gl. (3.3.4)

$$\dot{\phi} = -\frac{3}{2} \cdot \frac{GM}{R^3} \cdot \frac{I_\| - I_\perp}{I_\|} \cdot \frac{1}{\omega_\|} \cos(\theta) (1 - \cos(2\lambda))$$

umgeformt werden.

(e) **(9 Punkte)** Gehen Sie weiter davon aus, dass der Nutationswinkel konstant ist und vernachlässigen Sie den variablen Term in Gl. (3.3.4), um die Änderung des Präzessionswinkel innerhalb der Zeitspanne T

$$\Delta \phi_T = -\frac{3}{2} \cos(\theta_0) \left(\frac{I_\| - I_\perp}{I_\|} \right) \left(\left(\frac{T_{\mathrm{Tag}}}{T_{\mathrm{Sonne}}} \right)^2 + \frac{M_{\mathrm{Mond}}}{M_{\mathrm{Erde}}} \left(\frac{T_{\mathrm{Tag}}}{T_{\mathrm{Mond}}} \right)^2 \right) \omega_{\mathrm{Tag}} T$$

herzuleiten. Darin sind T_{Mond} und T_{Sonne} die „Umlaufzeiten" von Sonne und Mond, während T_{Tag} die Dauer eines siderischen Tages und somit die Rotationsperiode der Erde darstellt.

Diskutieren Sie anschließend, welchen Einfluss der variable Term in Gl. (3.3.4) hat und warum er sinnvoll vernachlässigt werden konnte.

Hinweis: Nehmen Sie vereinfachend an, dass sich der Mond in der Ekliptik bewegt.

Lösungsvorschlag:

Für den konstanten Nutationswinkel θ_0 kann für den nicht periodischen Teil die Gleichung

$$\dot{\phi} = -\frac{3}{2} \cdot \frac{GM}{R^3} \cdot \frac{I_\parallel - I_\perp}{I_\parallel} \cdot \frac{1}{\omega_\parallel} \cos(\theta_0)$$

gefunden werden. Auf der rechten Seite stehen nur Konstanten, weshalb sich die Verschiebung von ϕ in der Zeitspanne T zu

$$\Delta\phi_T = -\frac{3}{2} \cdot \frac{GM}{\omega_\parallel^2 R^3} \cdot \frac{I_\parallel - I_\perp}{I_\parallel} \cos(\theta_0)\, \omega_\parallel T$$

berechnet werden kann. Für die Sonne entspricht der Koeffizient

$$\frac{GM_{\text{Sonne}}}{R_{\text{Sonne}}^3}$$

nach dem dritten Kepler'schen Gesetz gerade dem Quadrat der Kreisfrequenz des Erdumlaufes, bzw. des scheinbaren Umlaufs der Sonne um die Erde, also ω_{Sonne}^2. Darüber hinaus ist $\omega_\parallel$ gerade die Kreisfrequenz einer Erdrotation ω_{Tag}. Somit kann in diesem Fall

$$\Delta\phi_T^{(\text{S})} = -\frac{3}{2}\left(\frac{\omega_{\text{Sonne}}}{\omega_{\text{Tag}}}\right)^2 \cdot \frac{I_\parallel - I_\perp}{I_\parallel} \cos(\theta_0)\, \omega_{\text{Tag}} T$$

$$= -\frac{3}{2}\left(\frac{T_{\text{Tag}}}{T_{\text{Sonne}}}\right)^2 \cdot \frac{I_\parallel - I_\perp}{I_\parallel} \cos(\theta_0)\, \omega_{\text{Tag}} T$$

gefunden werden. Für den Mond muss der Koeffizient

$$\frac{GM_{\text{Mond}}}{R_{\text{Mond}}^3}$$

gemäß

$$\frac{GM_{\text{Mond}}}{R_{\text{Mond}}^3} = \frac{M_{\text{Mond}}}{M_{\text{Erde}}} \frac{GM_{\text{Erde}}}{R_{\text{Mond}}^3}$$

erweitert werden, um mit dem selben Argument wie bei der Sonne

$$\frac{GM_{\text{Mond}}}{R_{\text{Mond}}^3} = \frac{M_{\text{Mond}}}{M_{\text{Erde}}} \omega_{\text{Mond}}^2$$

zu erhalten. Damit kann dann

$$\Delta\phi_T^{(M)} = -\frac{3}{2}\frac{M_{\text{Mond}}}{M_{\text{Erde}}}\left(\frac{T_{\text{Tag}}}{T_{\text{Mond}}}\right)^2 \cdot \frac{I_\| - I_\perp}{I_\|}\cos(\theta_0)\,\omega_{\text{Tag}}T$$

gefunden werden.

Die gesamte Verschiebung von ϕ in der Zeitspanne T ist als die Summe der beiden Ausdrücke zu

$$\Delta\phi_T = \Delta\phi_T^{(S)} + \Delta\phi_T^{(M)}$$

$$= -\frac{3}{2}\cos(\theta_0)\left(\frac{I_\| - I_\perp}{I_\|}\right)\left(\left(\frac{T_{\text{Tag}}}{T_{\text{Sonne}}}\right)^2 + \frac{M_{\text{Mond}}}{M_{\text{Erde}}}\left(\frac{T_{\text{Tag}}}{T_{\text{Mond}}}\right)^2\right)\omega_{\text{Tag}}T$$

zu bestimmen.

Der variable, bzw. periodische Term ϕ_{p} soll anhand des Einfluss für den Beitrag der Sonne diskutiert werden. Die Länge λ ist in erster Näherung durch $\lambda = \omega_{\text{Sonne}}t$ zu bestimmen, so dass sich für den periodischen Term

$$\dot\phi_{\text{p}}^{(S)} = \frac{3}{2}\cdot\frac{GM_{\text{Sonne}}}{R_{\text{Sonne}}^3}\frac{I_\| - I_\perp}{I_\|}\frac{1}{\omega_{\text{Tag}}}\cos(\theta_0)\cos(2\omega_{\text{Sonne}}t)$$

$$= -\frac{\Delta\phi_T^{(S)}}{T}\cos(2\omega_{\text{Sonne}}t)$$

ergibt. Diese Gleichung kann direkt integriert werden, um

$$\phi_{\text{p}}^{(S)}(t) = -\frac{\Delta\phi_T^{(S)}}{2\omega_{\text{Sonne}}T}\sin(2\omega_{\text{Sonne}}t)$$

zu erhalten. Damit zeigt sich direkt, dass die Amplitude, des periodischen Terms um den Faktor 4π kleiner sein wird und selbst eine periodische Änderung auf dem Wert $\phi(t)$ erzeugt. Diese ändert jedoch nichts an der steten Änderung von ϕ durch den nicht variablen Term, so dass die Präzession nach wie vor sichtbar wird. Im Falle für den Mond ist T die Umlaufzeit der Sonne und ω_{Mond} auf die Dauer der Monate ausgelegt, so dass die Amplitude in diesem Fall um einen Faktor von ungefähr 52π kleiner ausfällt. Damit zeigt sich, dass die Amplituden der periodischen Terme zum einen klein sind und zum anderen der periodische Term keinen Einfluss auf den (nach Jahrhunderten) sichtbar werdenden Effekt der Präzession hat.

Nicht gefragt: Mit den Werten für die Trägheitsmomente der Erde $\frac{I_\| - I_\perp}{I_\|} \approx \frac{1}{300}$, dem mittleren Nutationswinkel $\theta_0 \approx 23{,}44°$, dem Verhältnis der Mond- zur Erdmasse $\frac{M_{\text{Mond}}}{M_{\text{Erde}}} \approx \frac{1}{81,3}$, und den benötigten Umlaufzeiten $T_{\text{Tag}} \approx 23\,\text{h}\,56\,\text{min}\,4\,\text{s} \approx 0{,}9973\,\text{d}$, $T_{\text{Sonne}} \approx 365{,}256\,\text{d}$, $T_{\text{Mond}} \approx 27{,}322\,\text{d}$, können die Verschiebungen von ϕ innerhalb eines Jahres zu

$$\Delta\phi_{1\,\text{yr}}^{(S)} \approx -16{,}14'' \qquad \Delta\phi_{1\,\text{yr}}^{(M)} \approx -35{,}5'' \qquad \Delta\phi_{1\,\text{yr}} \approx -51{,}64''$$

bestimmt werden. Damit ϕ mit diesen Werten einen vollen Kreis beschreibt sind

$$T_{\text{Präzession}} = \frac{360 \cdot 3600''}{|\Delta\phi_T|} \approx \frac{1\,296\,000''}{51{,}64''} \approx 25\,097\,\text{yr}$$

nötig. Damit verschiebt sich die Lage des Frühlingspunktes entlang des Fixsternhimmels. Dieses Phänomen wird als Präzession des Frühlingspunktes bezeichnet und die hier ermittelten Werte stimmen näherungsweise mit den Beobachtungen $T_{\text{Präzession}} \approx 25\,800\,\text{yr}$ überein. Die Präzession sorgt auch dafür, dass sich der Himmelsnordpol entlang des Fixsternhimmels verschiebt. [1] Das bedeutet, der Polarstern wird in den nächsten Jahrtausenden seine Rolle als Wegweiser nach Norden an andere Sterne abgeben. Neben den hier angestellten Betrachtungen gibt es weitere Effekte. Zunächst liegt der Mond nicht in der Ekliptik sondern eine Bahn ist um etwa $5°$ dagegen geneigt. Die Punkte, an denen sich seine Bahn mit der Ekliptik scheidet, werden als Knoten bezeichnet. Ihre Lage verschiebt sich mit der Zeit, was maßgeblich durch die Sonne verursacht wird. [2] Dies ist der größte Einfluss auf den Nutationwinkel der Erde, weshalb dieser ebenfalls nicht konstant ist. Darüber hinaus üben auch die restlichen Planeten des Sonnensystems ein Drehmoment auf die Erde aus, was ebenfalls zu einem geringen Beitrag der Präzession führt.

---

[1] Der Himmelsnordpol stellt die Figurenachse der Erde dar, die ungefähr mit dem Drehimpuls der Erde übereinstimmt. Der Ekliptiknordpol hingegen stimmt ungefähr mit dem Bahndrehimpuls der Erde überein.

[2] Das ist mitunter auch der Grund, warum nicht bei jedem Voll- bzw. Neumond Mond- bzw. Sonnenfinsternissen auftreten, bzw. dass sie überhaupt auftreten.

3.4 Lösung zur Klausur IV – Analytische Mechanik – mittel

Hinweise

Aufgabe 1 - Kurzfragen

(a) Wie ist die Legendre-Transformation definiert? Was ist die Ableitung von f?

(b) Wieso kann die Massendichte durch

$$\rho(\boldsymbol{r}) = \frac{m}{2\pi Rh} \delta\left(s - R\right) \Theta\left(\frac{h}{2} - |z|\right)$$

ausgedrückt werden? Wie ist das Trägheitsmoment definiert und wieso ist in diesem Fall $r_\perp = s$?

(c) Welchen Kräften unterliegt das Teilchen? Warum lässt sich dies durch das Potential

$$U = mgz + \frac{1}{2}kz^2$$

beschreiben? Wie lautet die Definition der Euler-Lagrange-Gleichungen?

(d) Wie sind die kanonischen Bewegungsgleichungen definiert? Was für eine Differentialgleichung ergibt sich für $\ddot{s}$? Was sind typische Charakteristiken für Abrollbewegungen und Bewegungen auf der schiefen Ebene?

(e) Wie sind die Euler-Lagrange-Gleichungen definiert? Verwenden Sie beim Bilden der Ableitung von $\frac{\partial L}{\partial \dot{q}_k}$ die Symmetrie von μ noch nicht. Erst nachdem Sie die totale Zeitableitung des Ausdrucks bestimmt haben, sollten Sie diese Eigenschaft benutzen.

Aufgabe 2 - Der extremale Weg auf einer Kugel

(a) Wie lässt sich $(\mathrm{d}s)^2$ durch $\mathrm{d}\boldsymbol{r}$ ausdrücken?

(b) Ziehen Sie einen Vergleich zu einem mechanischen System. Wie wird eine Koordinate genannt, die nicht explizit in der Lagrange-Funktion auftaucht? Was gilt für ihren Impuls? Sie sollten als Zwischenergebnis

$$C = \frac{\sin^2(\theta)\,\phi'}{\sqrt{1 + \sin^2(\theta)\,\phi'^2}}$$

erhalten.

(c) Wann ist $\sin(\theta) = 0$ und welche Punkte werden damit beschrieben?

(d) Ziehen Sie einen Vergleich zu einem mechanischen System. Welche Größe ist erhalten, wenn die Lagrange-Funktion nicht explizit von der Zeit abhängt? Wie lässt sich die Euler-Lagrange-Gleichung und das Bilden eines totalen Differentials nutzen, um diesen Zusammenhang zu beweisen?

(e) Sie sollten als Zwischenergebnis

$$\frac{1}{C} = \frac{\sin^2(\theta)}{\sqrt{\theta'^2 + \sin^2(\theta)}}$$

erhalten.

(f) Wie lässt sich die Trennung der Variablen anwenden, um die vorliegende Differential-gleichung zu lösen? Welche Werte muss die Konstante C annehmen, um Längengrade, bzw. den Äquator zu beschreiben? Was passiert dann jeweils mit dem Integral.

Aufgabe 3 - Massenpunkt auf drehendem Ring

(a) Lassen sich Kugelkoordinaten in der Mitte des Rings einführen? Welcher Zusammen-hang besteht dann zwischen θ und ψ? Wieso ist die Lagrange-Funktion durch

$$L = T - U = \frac{1}{2}mR^2(\omega^2 \sin^2(\psi) + \dot{\psi}^2) + mgR\cos(\psi)$$

gegeben?

(b) Bestimmen Sie die Bewegungsgleichung aus der Euler-Lagrange-Gleichung

$$\frac{\mathrm{d}}{\mathrm{d}t}\frac{\partial L}{\partial \dot{\psi}} = \frac{\partial L}{\partial \psi}.$$

In welcher Beziehung müssen die Größen $\frac{g}{R}$ und ω^2 stehen? Wie sieht die Gleichung für kleine Winkel im Fall $\frac{g}{R} = \omega^2$ aus, wenn bis zur ersten nicht verschwindenden Ordnung entwickelt wird?

(c) Wie ist die Hamilton-Funktion durch eine Legendre-Transformation mit der Lagrange-Funktion verknüpft?

(d) Wieso ist das effektive Potential durch

$$V_{\mathrm{eff}}(\psi) = -\frac{1}{2}mR^2\omega^2 \sin^2(\psi) - mgR\cos(\psi)$$

gegeben? Warum stellt ein Minimum eines Potentials die stabilen Gleichgewichte dar?

(e) Für welche Energie treten Schwingungen um Ruhelagen auf? Ist eine Bewegung in nur eine Richtung entlang des Rings möglich? Wie lässt sich die Situation physikalisch aus dem rotierenden Bezugssystem heraus mit der Zentrifugalkraft verstehen?

Aufgabe 4 - Symplektische Formulierung kanonischer Transformationen

(a) Wie lässt sich der Vektor $\dot{z}$ auf $\nabla_z H$ zurückführen? Wieso ist $\{z_i, z_j\} = \delta_{ij}$ gültig?

(b) Wie lässt sich die totale zeitliche Ableitung von Z die totale zeitliche Ableitung von z ausdrücken? durch Durch welche Hamilton-Funktion wird die Dynamik von Z be-schrieben?

(c) Wieso ist der Zusammenhang

$$\{f, g\}_{\boldsymbol{q}, \boldsymbol{p}} = \frac{\partial f}{\partial z_i} \Omega_{ij} \frac{\partial g}{\partial z_j}$$

gültig?

(d) Bestimmen Sie für $\dot{Q}_i$ die beiden Ausdrücke $\{Q_i, H\}_{\boldsymbol{q}, \boldsymbol{p}}$ und $\frac{\partial H}{\partial P_i}$. In den beiden Ausdrücken sollten am Ende nur Ableitungen von H nach den alten Koordinaten und Impulsen auftreten.

(e) Was passiert, wenn die Determinante vom Ausdruck

$$\Lambda \Omega \Lambda^T = \Omega$$

gebildet wird? Sie können ohne Beweis den Multiplikationssatz für Determinanten und $\det(\Lambda^T) = \det(\Lambda)$ verwenden. Bedenken Sie auch, dass sich ein Volumenelement gemäß

$$\mathrm{d}^n X = \left| \frac{\partial(X_1, \ldots, X_n)}{\partial(x_1, \ldots, x_n)} \right| \mathrm{d}^n x = |\det(\Lambda)| \, \mathrm{d}^n x$$

transformiert.

(f) Wieso kann schematisch

$$\Lambda = \begin{pmatrix} \frac{\partial \boldsymbol{Q}}{\partial \boldsymbol{q}^T} & \frac{\partial \boldsymbol{Q}}{\partial \boldsymbol{p}^T} \\ \frac{\partial \boldsymbol{P}}{\partial \boldsymbol{q}^T} & \frac{\partial \boldsymbol{P}}{\partial \boldsymbol{p}^T} \end{pmatrix} \qquad \Lambda^T = \begin{pmatrix} \frac{\partial \boldsymbol{Q}^T}{\partial \boldsymbol{q}} & \frac{\partial \boldsymbol{P}^T}{\partial \boldsymbol{q}} \\ \frac{\partial \boldsymbol{Q}^T}{\partial \boldsymbol{p}} & \frac{\partial \boldsymbol{P}^T}{\partial \boldsymbol{p}} \end{pmatrix}$$

geschrieben werden? Zeigen Sie, dass jede der Transformationen

$$\Lambda \Omega \Lambda^T = \Omega$$

erfüllt.

Lösungen

Aufgabe 1   25 *Punkte*

Kurzfragen

(a) **(5 Punkte)** Bestimmen Sie die Legendre-Transformation der Funktion $f(x) = \ln(ax)$.

Lösungsvorschlag:
Die Ableitung der Funktion ist durch

$$m = \frac{\mathrm{d}f}{\mathrm{d}x} = a \cdot \frac{1}{ax} = \frac{1}{x}$$

gegeben. Damit lässt sich auch

$$x = \frac{1}{m}$$

bestimmen. Daher ist die Legende-Transformation durch

$$g(m) = f(x(m)) - x(m) \cdot m = \ln\left(\frac{a}{m}\right) - \frac{1}{m}m = \ln\left(\frac{a}{m}\right) - 1$$

gegeben.

(b) **(5 Punkte)** Bestimmen Sie das Trägheitsmoment eines Hohlzylinders mit unendlich dünner Wand, Radius R und Höhe h bei Rotation um dessen Symmetrieachse. Drücken Sie Ihr Ergebnis durch die Masse m des Zylinders und dessen Radius aus.

Lösungsvorschlag:
Als Ansatz für die Massendichte kann

$$\rho(\boldsymbol{r}) = \sigma_0 \delta\left(s - R\right) \Theta\left(\frac{h}{2} - |z|\right)$$

betrachtet werden. Die Masse ist damit durch

$$m = \int \mathrm{d}^3 r\, \rho(\boldsymbol{r}) = \int\limits_{-h/2}^{h/2} \mathrm{d}z \int\limits_{0}^{2\pi} \mathrm{d}\phi \int\limits_{0}^{\infty} \mathrm{d}s\, s\sigma_0 \delta\left(s - R\right) = 2\pi h R\sigma_0$$

gegeben, so dass die Massendichte die Form

$$\rho(\boldsymbol{r}) = \frac{m}{2\pi Rh} \delta\left(s - R\right) \Theta\left(\frac{h}{2} - |z|\right)$$

annimmt. Das Trägheitsmoment ist durch

$$I = \int \mathrm{d}^3 r\, \rho(\boldsymbol{r}) r_\perp^2$$

definiert und kann wegen $r_\perp = s$ durch

$$I = \frac{m}{2\pi R h} \int\limits_{-h/2}^{h/2} \mathrm{d}z \int\limits_{0}^{2\pi} \mathrm{d}\phi \int\limits_{0}^{\infty} \mathrm{d}s \ s^3 \delta(s - R) = \frac{m}{2\pi R h} \cdot h \cdot 2\pi \cdot R^3 = m R^2$$

bestimmt werden.

(c) **(5 Punkte)** Stellen Sie die Lagrange-Funktion eines Teilchens der Masse m auf, dass an einer Feder mit Federkonstante k und Ruhelänge $l = 0$ befestigt ist und in vertikaler Richtung im Schwerfeld der Erde g schwingen kann. Finden Sie auch die Bewegungsgleichungen des Systems.

Lösungsvorschlag:
Das Teilchen bewegt sich nur in z-Richtung weshalb sich seine kinetische Energie durch

$$T = \frac{1}{2} m \dot{z}^2$$

ausdrücken lässt. Es unterliegt zum einen dem Schwerefeld der Erde, was ein Potential der Form $U_1 = mgz$ nach sich zieht. Zum anderen ist es an der Feder mit Federkonstante k und Ruhelänge $l = 0$ befestigt, so dass sich ein Beitrag der Form $U_2 = \frac{1}{2} k z^2$ ergibt. Damit kann das Potential zu

$$U = mgz + \frac{1}{2} k z^2$$

bestimmt werden. Die Lagrange-Funktion ist somit durch

$$L = T - U = \frac{1}{2} m \dot{z}^2 - mgz - \frac{1}{2} k z^2$$

gegeben. Die Euler-Lagrange-Gleichung

$$\frac{\mathrm{d}}{\mathrm{d}t} \frac{\partial L}{\partial \dot{z}} = \frac{\partial L}{\partial z}$$

kann somit zu

$$m\ddot{z} = -mg - kz$$

ausgewertet werden.

(d) **(5 Punkte)** Bestimmen Sie aus der Hamilton-Funktion

$$H(s, p) = \frac{p^2}{2m \left(1 + \frac{I}{mR^2}\right)} - mgs \sin(\alpha)$$

die Bewegungsgleichungen und interpretieren Sie, um welches System es sich handelt. Was sind die auftretenden Größen?

Lösungsvorschlag:
Die kanonischen Bewegungsgleichungen sind durch

$$\dot{q} = \frac{\partial H}{\partial p} \qquad \dot{p} = -\frac{\partial H}{\partial q}$$

definiert. Auf die vorliegende Hamilton-Funktion können so zunächst

$$\dot{s} = \frac{\partial H}{\partial p} = \frac{p}{m\left(1 + \frac{I}{mR^2}\right)}$$

und

$$\dot{p} = -\frac{\partial H}{\partial s} = mg\sin(\alpha)$$

gefunden werden. Durch die zweite Ableitung von s kann so die Bewegungsgleichung

$$m\left(1 + \frac{I}{mR^2}\right)\ddot{s} = \dot{p} = mg\sin(\alpha)$$

gefunden werden. Die rechte Seite besagt, dass die Größe s mit einer Beschleunigung $g\sin(\alpha)$ zunimmt. Dies entspricht nur einer Projektion einer Beschleunigung g auf eine Ebene, die um den Winkel α gegen der Normalen zu g verkippt ist. Daher muss es sich um eine Bewegung auf einer schiefen Ebene handeln. Auf der rechten Seite tritt nicht einfach nur die Masse als Einfluss der Trägheit auf, sondern der zusätzliche Faktor $1 + \frac{I}{mR^2}$, der typischerweise bei einer Abrollbewegung eines Objekts mit Trägheitsmoment I und Abrollradius R auftritt. Daher muss es sich insgesamt um die Abrollbewegung eines Objektes auf einer schiefen Ebene im Schwerfeld der Erde handeln. s nimmt mit der Zeit zu und beschreibt deshalb die zurückgelegte Wegstrecke.

(e) **(5 Punkte)** Betrachten Sie die Lagrange-Funktion

$$L = \sum_{i,j=1}^{3} \frac{1}{2}\, m\mu_{ij}(\boldsymbol{q})\dot{q}_i\dot{q}_j$$

und bestimmen Sie die Bewegungsgleichungen. μ ist dabei eine symmetrische und invertierbare Matrix. Drücken Sie ihr Ergebnis durch

$$\Gamma_{ij}^{l} = \sum_{k=1}^{3} \frac{(\mu^{-1})_{lk}}{2}\left(\frac{\partial \mu_{kj}}{\partial q_i} + \frac{\partial \mu_{ik}}{\partial q_j} - \frac{\partial \mu_{ij}}{\partial q_k}\right)$$

aus.

Lösungsvorschlag:
Die Euler-Lagrange-Gleichung ist durch

$$\frac{\mathrm{d}}{\mathrm{d}t}\frac{\partial L}{\partial q_k} - \frac{\partial L}{\partial q_k} = 0$$

gegeben. Wird die Einstein'sche Summenkonvention verwendet, so kann für den zweiten Term zunächst

$$\frac{\partial L}{\partial q_k} = \frac{m}{2} \frac{\partial \mu_{ij}}{\partial q_k} \dot{q}_i \dot{q}_j$$

gefunden werden. Für den ersten Term kann zunächst der Ausdruck

$$\frac{\partial L}{\partial \dot{q}_k} = \frac{m}{2} \left(\mu_{ij} \delta_{ik} \dot{q}_j + \mu_{ij} \dot{q}_i \delta_{jk} \right) = \frac{m}{2} \left(\mu_{kj} \dot{q}_j + \mu_{ik} \dot{q}_i \right)$$

bestimmt werden. Die totale Zeitableitung dieses Ausdrucks ist durch

$$\frac{\mathrm{d}}{\mathrm{d}t} \frac{\partial L}{\partial \dot{q}_k} = \frac{m}{2} \left(\mu_{kj} \ddot{q}_j + \mu_{ik} \ddot{q}_i + \frac{\partial \mu_{kj}}{\partial q_i} \dot{q}_i \dot{q}_j + \frac{\partial \mu_{ik}}{\partial q_j} \dot{q}_i \dot{q}_j \right)$$

gegeben. Wird nun die Symmetrie von μ ausgenutzt, kann dies weiter zu

$$\frac{\mathrm{d}}{\mathrm{d}t} \frac{\partial L}{\partial \dot{q}_k} = m \mu_{ki} \ddot{q}_i + \frac{m}{2} \left(\frac{\partial \mu_{kj}}{\partial q_i} + \frac{\partial \mu_{ik}}{\partial q_j} \right) \dot{q}_i \dot{q}_j$$

umgeformt werden. Die Euler-Lagrange-Gleichung wird somit die Form

$$m \mu_{ki} \ddot{q}_i + \frac{m}{2} \left(\frac{\partial \mu_{kj}}{\partial q_i} + \frac{\partial \mu_{ik}}{\partial q_j} \right) \dot{q}_i \dot{q}_j - \frac{m}{2} \frac{\partial \mu_{ij}}{\partial q_k} \dot{q}_i \dot{q}_j = 0$$

$$\Rightarrow \quad m \mu_{ki} \ddot{q}_i + \frac{m}{2} \left(\frac{\partial \mu_{kj}}{\partial q_i} + \frac{\partial \mu_{ik}}{\partial q_j} - \frac{\partial \mu_{ij}}{\partial q_k} \right) \dot{q}_i \dot{q}_j = 0$$

annehmen. Wird diese Gleichung mit $(\mu^{-1})_{lk}$ multipliziert kann schlussendlich die Gleichung

$$m \ddot{q}_l + m \frac{(\mu^{-1})_{lk}}{2} \left(\frac{\partial \mu_{kj}}{\partial q_i} + \frac{\partial \mu_{ik}}{\partial q_j} - \frac{\partial \mu_{ij}}{\partial q_k} \right) \dot{q}_i \dot{q}_j = 0$$

$$\Rightarrow \quad m \ddot{q}_l + m \Gamma^l_{ij} \dot{q}_i \dot{q}_j = m \left(\ddot{q}_l + \Gamma^l_{ij} \dot{q}_i \dot{q}_j \right) = 0$$

gefunden werden.

Aufgabe 2 {25 *Punkte*}

Der extremale Weg auf einer Kugel

In dieser Aufgabe soll der kürzeste Weg zwischen zwei Punkten A und B auf einer Kugel-oberfläche mit dem Radius R gefunden werden.

(a) **(3 Punkte)** Stellen Sie das Funktional $S = \int \mathrm{d}s$ auf, indem Sie das Wegelement $\mathrm{d}s$ auf einer Kugeloberfläche bezüglich der Parameter θ und ϕ bestimmen. Zeigen Sie so, dass sich je nach Wahl der Bedeutung der Parameter θ und ϕ die beiden Lagrange-Funktionen

$$L_1(\phi, \phi', \theta) = R\sqrt{1 + \sin^2(\theta)\, \phi'^2} \qquad L_2(\theta, \theta', \phi) = R\sqrt{\theta'^2 + \sin^2(\theta)}$$

aufstellen lassen.

Lösungsvorschlag:

Auf einer Kugeloberfläche ist das Quadrat des Wegelements durch

$$(\mathrm{d}s)^2 = R^2((\mathrm{d}\theta)^2 + \sin^2(\theta)\,(\mathrm{d}\phi)^2)$$

gegeben. [1] Es lässt sich entweder zu

$$\mathrm{d}s = \mathrm{d}\theta\, R\sqrt{1 + \sin^2(\theta)\, \phi'^2}$$

oder zu

$$\mathrm{d}s = \mathrm{d}\phi\, R\sqrt{\sin^2(\theta) + \theta'^2}$$

umformen, worin $\phi' = \frac{\mathrm{d}\phi}{\mathrm{d}\theta}$ und $\theta' = \frac{\mathrm{d}\theta}{\mathrm{d}\phi}$ bedeuten. Demnach lässt sich das Funktional auf die beiden Formen

$$S = \int \mathrm{d}s = \int_{\theta_A}^{\theta_B} \mathrm{d}\theta\, R\sqrt{1 + \sin^2(\theta)\, \phi'^2}$$

und

$$S = \int \mathrm{d}s = \int_{\phi_A}^{\phi_B} \mathrm{d}\phi\, R\sqrt{\sin^2(\theta) + \theta'^2}$$

bringen. Daraus lassen sich auch direkt die beiden möglichen Lagrange-Funktionen

$$L_1(\phi, \phi', \theta) = R\sqrt{1 + \sin^2(\theta)\, \phi'^2} \qquad L_2(\theta, \theta', \phi) = R\sqrt{\theta'^2 + \sin^2(\theta)}$$

aufstellen.

---

[1] Das lässt sich beispielsweise durch $(\mathrm{d}s)^2 = \mathrm{d}\boldsymbol{r} \cdot \mathrm{d}\boldsymbol{r}$ schnell herleiten.

(b) **(6 Punkte)** Betrachten Sie nun zunächst L_1. Begründen Sie, weshalb $\frac{\partial L_1}{\partial \phi'} = RC$ mit einer Konstante C gilt. Bestimmen Sie so ϕ' in Abhängigkeit von C und θ.

Lösungsvorschlag:
Die Größe ϕ tritt in L_1 nicht explizit auf, ist also eine zyklische Koordinate. Daher muss der kanonische Impuls $p = \frac{\partial L_1}{\partial \phi'}$ eine Erhaltungsgröße sein. Um die Konstante R nicht dauernd ausschreiben zu müssen, ist es sinnvoll, diese in den konstanten Impuls aufzunehmen und so die Gleichung

$$\frac{\partial L_1}{\partial \phi'} = RC$$

mit einer noch unbekannten Konstante C aufzustellen. Die linke Seite dieser Gleichung lässt sich zu

$$\frac{\partial L_1}{\partial \phi'} = R \frac{2\sin^2(\theta)\,\phi'}{2\sqrt{1 + \sin^2(\theta)\,\phi'^2}} = R \frac{\sin^2(\theta)\,\phi'}{\sqrt{1 + \sin^2(\theta)\,\phi'^2}}$$

bestimmen. Damit lässt sich der Zusammenhang

$$\frac{\sin^2(\theta)\,\phi'}{\sqrt{1 + \sin^2(\theta)\,\phi'^2}} = C$$

aufstellen. Aus diesem wird direkt ersichtlich, dass C und ϕ' dasselbe Vorzeichen besitzen. Durch die Rechnung

$$\sin^2(\theta)\,\phi' = C\sqrt{1 + \sin^2(\theta)\,\phi'^2} \quad \Rightarrow \quad \sin^4(\theta)\,\phi'^2 = C^2\left(1 + \sin^2(\theta)\,\phi'^2\right)$$

$$\Rightarrow \quad \sin^2(\theta)\,\phi'^2(\sin^2(\theta) - C^2) = C^2 \quad \Rightarrow \quad \phi' = \pm \frac{C}{\sin(\theta)\,\sqrt{\sin^2(\theta) - C^2}}$$

kann ϕ' bestimmt werden. Beim Ziehen der Wurzel ist einerseits zu beachten, dass $C\phi' \geq 0$ gilt, aber andererseits auch, dass $\sqrt{x^2} = |x|$ gilt. Daher ist auf der rechten Seite zunächst noch mit beiden Vorzeichen zu rechnen, die an die jeweilige Situation auf dem Pfad angepasst werden müssen. So kann es auch Wege auf der Kugel geben, auf denen ϕ anfänglich zusammen mit θ wächst, später aber mit wachsendem θ schrumpft.

(c) **(2 Punkte)** Finden Sie Anfangsbedingungen, für welche $C = 0$ wird. Lösen Sie damit die von Ihnen gefundene Differentialgleichung und diskutieren Sie das Ergebnis.

Lösungsvorschlag:
Aus der Gleichung

$$C = \frac{\sin^2(\theta)\,\phi'}{\sqrt{1 + \sin^2(\theta)\,\phi'^2}}$$

ergeben sich drei mögliche Ansatzpunkte, um $C = 0$ werden zu lassen. $\theta = 0$ bzw. $\theta = \pi$ bringen C auf Null, beschreiben allerdings auch nur einzelne Punkte auf der

Kugeloberfläche und sind daher ungeeignet. $\phi'(\theta_0) = 0$ ist die dritte Verbleibende Möglichkeit für $C = 0$. Damit gilt wegen

$$\phi' = \pm \frac{C}{\sin(\theta)\sqrt{\sin^2(\theta) - C^2}} = 0$$

auch für alle ϕ auf dem betrachten Weg der Zusammenhang $\phi' = 0$. Diese Gleichung und die Anfangsbedingung stehen in Einklang mit der konstanten Lösung $\phi = \phi_0$. Dies entspricht den Längengraden auf einer Kugel, bei der es sich um Großkreise handelt. Da das Problem rotationssymmetrisch ist, muss jede Lösung ein Großkreis sein.

(d) **(6 Punkte)** Betrachten Sie nun die Lagrange-Funktion L_2 und zeigen Sie, dass die Größe

$$\frac{\partial L_2}{\partial \theta'}\theta' - L_2 = -\frac{R}{C}$$

mit einer Konstanten C gilt.

Lösungsvorschlag:
Die Lagrange-Funktion L_2 hängt nicht explizit von ϕ ab. Da ϕ in einem mechanischen System die Rolle der Zeit einnehmen würde, wäre die Energie erhalten, also muss hier das Analog der Energie

$$\frac{\partial L_2}{\partial \theta'}\theta' - L_2$$

eine Erhaltungsgröße sein. Um dies zu zeigen, muss die Euler-Lagrange-Gleichung

$$\frac{\mathrm{d}}{\mathrm{d}\phi}\frac{\partial L_2}{\partial \theta'} = \frac{\partial L_2}{\partial \theta}$$

verwendet werden, die auf allen extremalen Wegen erfüllt ist. Da im Fall von L_2 der Parameter ϕ den Parameter der Bahn darstellt, muss jede Erhaltungsgröße bei einer totalen Ableitung nach ϕ gerade Null ergeben. Daher gilt es

$$\frac{\mathrm{d}}{\mathrm{d}\phi}\left(\frac{\partial L_2}{\partial \theta'}\theta' - L_2\right)$$

zu ermitteln. Dies kann über die Rechnung

$$\frac{\mathrm{d}}{\mathrm{d}\phi}\left(\frac{\partial L_2}{\partial \theta'}\theta' - L_2\right) = \theta'\frac{\mathrm{d}}{\mathrm{d}\phi}\frac{\partial L_2}{\partial \theta'} + \frac{\partial L_2}{\partial \theta'}\theta'' - \frac{\mathrm{d}L_2}{\mathrm{d}\phi}$$

$$= \theta'\frac{\partial L_2}{\partial \theta} + \frac{\partial L_2}{\partial \theta'}\theta'' - \left(\frac{\partial L_2}{\partial \theta}\theta' + \frac{\partial L_2}{\partial \theta'}\theta'' + \frac{\partial L_2}{\partial \phi}\right)$$

$$= \theta'\frac{\partial L_2}{\partial \theta} + \frac{\partial L_2}{\partial \theta'}\theta'' - \frac{\partial L_2}{\partial \theta}\theta' - \frac{\partial L_2}{\partial \theta'}\theta'' = 0$$

geschehen. Dabei wurde beim Übergang in die zweite Zeile im ersten Term die Euler-Lagrange-Gleichung verwendet und beim letzten Term die totale Ableitung von L_2 nach ϕ gebildet. Beim Übergang in die letzte Zeile wurde dann ausgenutzt, dass L_2 nicht explizit von ϕ abhängt und daher die partielle Ableitung $\frac{\partial L_2}{\partial \phi}$ verschwinden muss.

Damit muss die betrachtete Größe eine Konstante sein. Es ist von Vorteil in diese Konstante ein Minus-Zeichen und den konstanten Radius R der Kugel mit einzubeziehen und so

$$-\frac{R}{C} = \frac{\partial L_2}{\partial \theta'}\theta' - L_2$$

mit einer Konstante C zu erhalten.

(e) **(6 Punkte)** Finden Sie θ' als eine Funktion von θ und C.

Lösungsvorschlag:
Aus der Lagrange-Funktion

$$L_2 = R\sqrt{\theta'^2 + \sin^2(\theta)}$$

lässt sich direkt

$$-\frac{R}{C} = \frac{\partial L_2}{\partial \theta'}\theta' - L_2 = R\frac{2\theta'}{2\sqrt{\theta'^2 + \sin^2(\theta)}}\theta' - R\sqrt{\theta'^2 + \sin^2(\theta)}$$

$$\Rightarrow \quad -\frac{1}{C} = \frac{\theta'^2}{\sqrt{\theta'^2 + \sin^2(\theta)}} - \sqrt{\theta'^2 + \sin^2(\theta)} = -\frac{\sin^2(\theta)}{\sqrt{\theta'^2 + \sin^2(\theta)}}$$

$$\Rightarrow \quad \frac{1}{C} = \frac{\sin^2(\theta)}{\sqrt{\theta'^2 + \sin^2(\theta)}}$$

herleiten. Daraus wird direkt ersichtlich, dass C eine positive Konstante sein muss. Der gefundene Ausdruck lässt sich mittels

$$\sin^4(\theta) = \frac{1}{C^2}(\theta'^2 + \sin^2(\theta)) \quad \Rightarrow \quad \theta'^2 = \sin^2(\theta)\left(C^2 \sin^2(\theta) - 1\right)$$

$$\Rightarrow \quad \theta' = \pm \sin(\theta)\sqrt{C^2 \sin^2(\theta) - 1}$$

nach θ' auflösen, wobei beim Ziehen der Wurzel wieder $\sqrt{x^2} = |x|$ berücksichtigt werden muss und deshalb auf der rechten Seite die Vorzeichen $\pm$ auftauchen. Es gibt demnach Teile des Weges auf der Kugel, auf denen θ mit wachsendem ϕ zunimmt oder abnimmt.

(f) **(2 Punkte)** Bestimmen Sie die allgemeine Lösung zu der gefundenen Differentialgleichung aus Teilaufgabe (e). Begründen Sie dann, weshalb L_2 eine ungeeignete Darstellung ist, um einfache Lösungen wie den Äquator oder die Längengrade zu finden.

Lösungsvorschlag:
Es handelt sich um eine lineare Differentialgleichung erster Ordnung, die sich durch Trennung der Variablen mittels

$$\pm \frac{\mathrm{d}\theta}{\sin(\theta)\,\sqrt{C^2 \sin^2(\theta) - 1}} = \mathrm{d}\phi$$

$$\pm \int_{\theta_A}^{\theta} \frac{\mathrm{d}\tilde{\theta}}{\sin(\tilde{\theta})\,\sqrt{C^2 \sin^2(\tilde{\theta}) - 1}} = \phi - \phi_0$$

lösen lässt.
Dadurch dass eine Trennung der Variablen vorgenommen werden muss, wird $\phi(\theta)$ bestimmt, bevor $\theta(\phi)$ bestimmt werden kann. Da für den Äquator $\theta = \pi/2$ gilt, ist es unmöglich ϕ als Funktion von θ anzugeben. Ebenso ist es für Längengrade mit $\phi = \phi_0$ unmöglich θ als Funktion ϕ anzugeben. Ein anderer Weg einzusehen, dass L_2 eine ungeeignete Darstellung ist, besteht darin die Konstante C zu untersuchen. Für die Beschreibung eines Längengrades müsste diese unendlich groß werden. Für die Beschreibung des Äquators muss sie hingegen den Wert Eins annehmen, wodurch der Radikant im Integral verschwindet.

Aufgabe 3   **25 *Punkte***

Massenpunkt auf drehendem Ring

Betrachten Sie einen Massenpunkt m im Schwerefeld der Erde g. Seine Bewegung soll auf einen Kreisring des Radius R beschränkt sein. Der Kreisring ist dabei so aufgehängt, dass zwei feste gegenüberliegende Punkte stets auf der z-Achse liegen. Er soll sich außerdem mit konstanter Winkelgeschwindigkeit ω um die z-Achse drehen.

(a) **(4 Punkte)** Bestimmen Sie die Lagrange-Funktion des Massenpunktes als eine Funktion des Winkels ψ, der die Auslenkung aus der tiefsten Position des Massenpunktes beschreiben soll.

Lösungsvorschlag:
Es bietet sich an, den Ursprung des Koordinatensystems in die Mitte des Kreisrings zu verlegen und die Position des Massenpunktes in Kugelkoordinaten unter der Berücksichtigung von $\phi = \omega t$

$$\boldsymbol{r} = R\hat{\boldsymbol{e}}_R = R \begin{pmatrix} \sin(\theta)\cos(\omega t) \\ \sin(\theta)\sin(\omega t) \\ \cos(\theta) \end{pmatrix}$$

auszudrücken. Es ist dabei anzumerken, dass hierin θ aller Werte zwischen 0 und 2π annehmen kann, damit kein Vorzeichenwechsel in ϕ bei durchqueren des niedrigsten Punktes berücksichtigt werden muss. Damit lässt sich

$$\dot{\boldsymbol{r}} = \dot{R}\hat{\boldsymbol{e}}_r + R\sin(\theta)\,\dot{\phi}\hat{\boldsymbol{e}}_\phi + R\dot{\theta}\hat{\boldsymbol{e}}_\theta$$
$$= \omega R\sin(\theta)\,\hat{\boldsymbol{e}}_\phi + R\dot{\theta}\hat{\boldsymbol{e}}_\theta$$
$$\dot{\boldsymbol{r}}^2 = \omega^2 R^2\sin^2(\theta) + R^2\dot{\theta}^2$$

finden. Daher wird die kinetische Energie durch

$$T = \frac{1}{2}m\dot{\boldsymbol{r}}^2 = \frac{1}{2}mR^2(\omega^2\sin^2(\theta) + \dot{\theta}^2)$$

bestimmt, während die potentielle Energie durch

$$U = mgR\cos(\theta)$$

gegeben ist. Da nun der Winkel bei der Auslenkung aus der Ruhelage verwendet werden soll, muss $\psi = \pi - \theta$ betrachtet werden. Damit stammt ψ aus dem Intervall $[-\pi, \pi)$ Durch die Zusammenhänge

$$\sin(\pi - \psi) = -\sin(\psi - \pi) = \sin(\psi)$$
$$\cos(\pi - \psi) = \cos(\psi - \pi) = -\cos(\psi)$$
$$\dot{\theta} = -\dot{\psi}$$

lässt sich so die Lagrange-Funktion

$$L = T - U = \frac{1}{2}mR^2(\omega^2\sin^2(\psi) + \dot{\psi}^2) + mgR\cos(\psi)$$

finden.

(b) **(4 Punkte)** Leiten Sie mit der Lagrange-Funktion die Bewegungsgleichung des Massenpunktes her. Diskutieren Sie, wann beschränkte Lösungen für kleine Winkel existieren können.

Lösungsvorschlag:
Die Euler-Lagrange-Gleichung

$$\frac{\mathrm{d}}{\mathrm{d}t}\frac{\partial L}{\partial \dot{\psi}} = \frac{\partial L}{\partial \psi}$$

verlangt das Bestimmen der Ausdrücke

$$\frac{\mathrm{d}}{\mathrm{d}t}\frac{\partial L}{\partial \dot{\psi}} = mR^2\ddot{\psi}$$

und

$$\frac{\partial L}{\partial \psi} = mR^2\omega^2\sin(\psi)\cos(\psi) - mgR\sin(\psi)\,.$$

Damit lässt sich die Bewegungsgleichung

$$mR^2\ddot{\psi} = mR^2\omega^2\sin(\psi)\cos(\psi) - mgR\sin(\psi)$$

$$\ddot{\psi} = \left(\omega^2\cos(\psi) - \frac{g}{R}\right)\sin(\psi) = -\left(\frac{g}{R} - \omega^2\cos(\psi)\right)\sin(\psi)$$

finden. Für kleine Winkel $\psi \ll 1$ lässt sich diese Gleichung durch

$$\ddot{\psi} = -\left(\frac{g}{R} - \omega^2\right)\psi$$

nähern. Im Fall $\frac{g}{R} > \omega^2$ wird diese durch

$$\psi = A\cos(\Omega t) + B\sin(\Omega t)$$

gelöst, worin

$$\Omega = \sqrt{\frac{g}{R} - \omega^2}$$

ist. In diesem Fall wächst ψ nicht über ein bestimmtes Maß hinaus und die Kleinheit der Winkel ist gewährleistet.
Im Fall $\frac{g}{R} < \omega^2$ ist die Lösung durch

$$\psi = A\cosh(\Lambda t) + B\sinh(\Lambda t) \qquad \Lambda = \sqrt{\omega^2 - \frac{g}{R}}$$

gegeben und nicht beschränkt. Es handelt sich daher um keine stabile Lösung. Im Fall $\frac{g}{R} = \omega^2$ ist die Lösung durch

$$\psi = A + Bt$$

gegeben und scheint daher nicht beschränkt zu sein. Jedoch ist in diesem speziellen Fall wegen des Auftretens des $\cos(\psi)$ in der Differenz aus ω^2 und $\frac{g}{R}$ die nächst höhere Näherung der Gleichung mit

$$\ddot{\psi} = -\left(\frac{g}{R} - \omega^2\left(1 - \frac{\psi^2}{2}\right)\right)\psi = -\left(\frac{g}{R} - \omega^2\right)\psi - \frac{1}{2}\omega^2\psi^3 = -\frac{1}{2}\omega^2\psi^3$$

zu betrachten. In dieser zeigt sich, dass ψ bei Auslenkungen wieder zu $\psi = 0$ zurückgeführt wird. Es handelt sich also auch hier um eine stabile Lösung, die sich jedoch erst in der nächst höheren Ordnung offenbart.

Damit zeigt sich, dass eine Lösung mit kleinen Winkeln $\psi \ll 1$ nur für $\frac{g}{R} \geq \omega^2$ existieren kann.

(c) (**3 Punkte**) Bestimmen Sie nun die Hamilton-Funktion und zeigen Sie so, dass

$$H = \frac{p_\psi^2}{2mR^2} - A\sin^2(\psi) - B\cos(\psi)$$

gilt. Hierin sind A und B zu bestimmende, positive Konstanten.

Lösungsvorschlag:
Der kanonische Impuls lässt sich zu

$$p_\psi = \frac{\partial L}{\partial \dot{\psi}} = mR^2\dot{\psi}$$

bestimmen, weshalb die Hamilton-Funktion zu

$$
\begin{aligned}
H &= p_\psi\dot{\psi} - L \\
&= p_\psi\frac{p_\psi}{mR^2} - \left(\frac{1}{2}mR^2\left(\omega^2\sin^2(\psi) + \left(\frac{p_\psi}{mR^2}\right)^2\right) + mgR\cos(\psi)\right) \\
&= \frac{p_\psi^2}{2mR^2} - \frac{1}{2}mR^2\omega^2\sin^2(\psi) - mgR\cos(\psi)
\end{aligned}
$$

berechnet werden kann. Ein Vergleich mit dem gegebenen Ausdruck lässt die Identifikation

$$A = \frac{1}{2}mR^2\omega^2 \qquad B = mgR$$

zu.

(d) **(7 Punkte)** Führen Sie ein effektives Potential ein und finden Sie dessen Extrema. Untersuchen Sie diese hinsichtlich ihrer Stabilität.

Lösungsvorschlag:

Da der Ausdruck $\frac{p_\psi^2}{2mR^2}$ die kinetische Energie in der Hamilton-Funktion darstellt, muss es sich bei

$$V_{\text{eff}}(\psi) = -\frac{1}{2}mR^2\omega^2 \sin^2(\psi) - mgR\cos(\psi) = -A\sin^2(\psi) - B\cos(\psi)$$

um das effektive Potential handeln.
Die Extrema lassen sich durch

$$0 = V'_{\text{eff}}(\psi) = -2A\sin(\psi)\cos(\psi) + B\sin(\psi) = -A\sin(2\psi) + B\sin(\psi)$$
$$= -\sin(\psi)\,(2A\cos(\psi) - B)$$

bestimmen. Der letzte Ausdruck kann Null werden, indem $\sin(\psi) = 0$ also $\psi \in \{0, \pi\}$ liegt. Die andere Möglichkeit besteht darin, dass

$$2A\cos(\psi) - B = 0 \quad \Leftrightarrow \quad \cos(\psi) = \frac{B}{2A}$$

gilt. Somit ergeben sich vier mögliche Extrema $\psi_0 = 0$, $\psi_\pi = \pi$, $\cos(\psi_\pm) = \frac{B}{2A}$. Ein Extremum ist auf alle Fälle stabil, wenn es ein Minimum darstellt. Daher muss die zweite Ableitung

$$V''_{\text{eff}}(\psi) = -2A\cos(2\psi) + B\cos(\psi)$$

betrachtet werden. Um ein Minimum handelt es sich für $V''_{\text{eff}}(\psi) > 0$.
Für ψ_0 kann so

$$V''_{\text{eff}}(\psi_0) = -2A + B$$

gefunden werden. Dieses Extremum ist daher nur stabil, wenn $B > 2A$ oder äquivalent $\frac{g}{R} > \omega^2$ gilt. Dies entspricht auch der Betrachtung aus Teilaufgabe (b). Für den Fall $B < 2A$ handelt es sich in jedem Fall um ein Maximum und ist daher instabil. Für den Fall $V''_{\text{eff}}(\psi_0) = 0$ muss eine genauere Untersuchung angestellt werden. Hierzu bietet es sich an, dass Potential für kleine ψ bis zur vierten Ordnung zu entwickeln, um

$$V_{\text{eff}}(\psi) \approx -A(\psi - \psi^3/6)^2 - B\left(1 - \frac{\psi^2}{2} + \frac{\psi^4}{24}\right)$$
$$= -A\left(\psi^2 - \frac{1}{3}\psi^4\right) - B\left(1 - \frac{\psi^2}{2} + \frac{\psi^4}{24}\right)$$
$$= -A\psi^2 + \frac{A}{3}\psi^4 - 2A + A\psi^2 - \frac{A}{12}\psi^4 = -2A - \frac{A}{4}\psi^4$$
$$= -mR^2\omega^2 - \frac{1}{8}mR^2\omega^2\psi^4$$

zu erhalten. Es handelt sich in diesem Fall also um ein attraktives Potential, weshalb die Bewegung auch in diesem Fall stabil ist.

Für ψ_π kann der Zusammenhang

$$V''_{\text{eff}}(\psi_\pi) = -2A - B$$

gefunden werden. Da A und B positiv sind, ist dieser Ausdruck stets negativ und es handelt sich damit um ein Maximum, also ein instabiles Gleichgewicht.

Die Extrema $\psi_\pm$ existieren nur im Fall $B \leq 2A$. Im Fall $B = 2A$ handelt es sich um ψ_0, was bereits behandelt wurde. Also muss nur $B < 2A$ untersucht werden. Es bietet sich an, die trigonometrische Identität

$$\cos(2\psi) = 2\cos^2(\psi) - 1$$

zu verwenden, um die zweite Ableitung des effektiven Potentials durch

$$V''_{\text{eff}}(\psi) = -2A\cos(2\psi) + B\cos(\psi) = -4A\cos^2(\psi) + B\cos(\psi) + 2A$$

auszudrücken. Damit kann wegen $\cos(\psi_\pm) = \frac{2A}{B}$ auch

$$V''_{\text{eff}}(\psi_\pm) = -2 \cdot 2A \frac{B^2}{(2A)^2} + B\frac{B}{2A} + 2A$$

$$= 2A - \frac{B^2}{2A} = 2A\left(1 - \left(\frac{B}{2A}\right)^2\right) > 0$$

gefunden werden. Dabei wurde ausgenutzt, dass nur $B < 2A$ betrachtet wird. Es handelt sich daher um ein Minimum und somit um eine stabile Lösung

(e) **(7 Punkte)** Skizzieren Sie das effektive Potential und diskutieren sie die Bewegung unter Berücksichtigung ihre Ergebnisse aus Teilaufgabe (d) physikalisch. Gehen Sie dazu auch die besonderen Fälle $A \gg B$ und $A \ll B$ ein.

Lösungsvorschlag:
Die Skizze des effektiven Potentials ist in Abb. 3.4.1 zu sehen. Wie sich in Teilaufgabe (d) gezeigt hat, aber wie es auch aus Teilaufgabe (b) ersichtlich wurde, ist es wichtig zu unterscheiden, ob der Ausdruck

$$\frac{B}{2A} = \frac{g}{\omega^2 R}$$

größer, kleiner oder gleich Eins ist. Nur im Fall $\frac{B}{2A} < 1$ existieren die Minima $\psi_\pm$. Aus diesem Grund wurden in Abb. 3.4.1 die drei Fälle $B \lesssim 2A$, $A \gg B$ und $A \ll B$ betrachtet.

In Abb. 3.4.1 (a) ist dabei zu sehen, dass es zur Ausbildung der zwei Minima $\psi_\pm$ und der Ausbildung eines Maximums bei $\psi = 0$ kommt. In jedem dieser Extrema kann der Massenpunkt in Ruhe verharren. Die Minima gewährleisten, dass der Massenpunkt bei kleinen Störungen eine periodische Bewegung zwischen zwei Umkehrpunkten ausführen wird. Aus Sicht des rotierenden Bezugssystems liegt das Minimum nicht bei

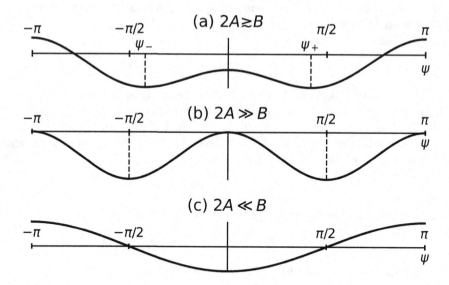

Abb. 3.4.1 Skizze des effektiven Potentials. In (a) für den Fall $2A \gtrsim B$, in (b) für den Fall $2A \gg B$ und in (c) für den Fall $2A \ll B$

$\psi_0 = 0$, weil sich die zum Ring tangentiale Komponente der Zentrifugalkraft und die zum Ring tangentiale Komponente der Schwerkraft nur in $\psi_\pm$ die Waage halten. Das Maximum bedeutet, dass eine kleine Störung auf den sich bei ψ_0 in Ruhe befindenden Massenpunkt dafür sorgt, dass eine Bewegung entlang des Rings mit zwei Umkehrpunkten stattfindet. [2] Anschaulich gewinnt in solch einem Fall aus Sicht des rotierenden Bezugssystems die Zentrifugalkraft die Oberhand über die Schwerkraft und zieht den Massenpunkt aus seinem Ruhepunkt. Ist die Energie um einiges Höher als das effektive Potential bei ψ_0, so findet ebenfalls eine Bewegung zwischen zwei Umkehrpunkten statt. Ebenfalls ein Maximum ist bei $\psi = \pi$ zu erkennen. Dazu muss die periodische Fortsetzung des Potentials betrachtet werden. Da es sich um ein Maximum handelt, handelt es sich um ein instabiles Gleichgewicht, wie bereits in Teilaufgabe (d) erkannt wurde. Bei einer kleinen Störung, beginnt der Massenpunkt eine Kreisbewegung. Physikalisch gesehen, ist der Massenpunkt bei einer kleinen Auslenkung der Zentrifugalkraft und der Schwerkraft ausgesetzt und wird daher aus seiner Gleichgewichtslage herausgezogen. Ist schlussendlich die Energie insgesamt höher als das effektive Potential, so bewegt sich der Massenpunkt entlang des Rings in eine einzige Richtung. Der Betrag seiner tangentialen Geschwindigkeit ist dabei winkelabhängig und durch

$$v = \frac{p_\psi}{mR} = \sqrt{\frac{2}{m}(E - V_{\text{eff}}(\psi))} = \sqrt{\frac{2}{m}(E + A\sin^2(\psi) + B\cos(\psi))}$$

[2]Eine solche kleine Störung sorgt auch dafür, dass die Energie des Massenpunktes leicht angehoben wird, da er nun im Punkt ψ_0 zusätzlich über eine Geschwindigkeit verfügt.

gegeben.

Ist nun, wie in Abb. 3.4.1 (b) $2A \gg B$, so kann der Einfluss von $-B\cos(\psi)$ voll-kommen vernachlässigt werden. Das effektive Potential besteht nur aus $-A\sin^2(\psi)$ mit seinen Minima bei $\psi_\pm = \pm\pi/2$. Das bedeutet eine Ruhelage kann nur für diese Einstellungen von ψ erzielt werden. Die Zentrifugalkraft drückt den Massenpunkt in eben diese Position, da der Einfluss der Schwerkraft zu vernachlässigen ist.[3] Auch hier existiert das instabile Gleichgewicht, bei $\psi_\pi = \pi$. Eine Bewegung mit einer Energie die größer als das effektive Potential ist, resultiert wieder in der andauernden Umrundung des Rings in einer Richtung, mit der oben bereits gegebenen Geschwindigkeit.

Ist schlussendlich $2A \ll B$, wie in Abb. 3.4.1 (c), so existiert nur ein Minimum bei ψ_0. Die Rotation findet geradezu so langsam statt, dass sie als nicht existent angesehen werden kann. Die Situation entspricht einem Massenpunkt, der sich auf einem ruhendem Ring bewegt. Daher liegt das Minimum bei ψ_0 und es können Bewegungen zwischen zwei Umkehrpunkten stattfinden. Wie in jedem Fall existiert auch hier das instabile Gleichgewicht bei ψ_π. Ist die Energie höher als das effektive Potential, umrundet der Massenpunkt den Ring in einer Richtung und seine Geschwindigkeit wird entsprechend der obigen Formel angepasst.

---

[3]In realen Fällen, wird das Extremum stets etwas unterhalb von $|\psi| = \pi/2$ liegen.

Aufgabe 4   **25 *Punkte***

Symplektische Formulierung kanonischer Transformationen

In dieser Aufgabe sollen kanonische Transformationen im engeren Sinne etwas näher untersucht werden. Gehen Sie dazu von einem System aus, das f Freiheitsgrade besitzt und sich durch die Hamilton-Funktion $H(\boldsymbol{q}, \boldsymbol{p}, t) = \tilde{H}(\boldsymbol{Q}(\boldsymbol{q}, \boldsymbol{p}), \boldsymbol{P}(\boldsymbol{q}, \boldsymbol{p}), t)$ mit den alten und neuen Koordinaten $\boldsymbol{q}$ und $\boldsymbol{Q}$ und alten und neuen Impulsen $\boldsymbol{p}$ und $\boldsymbol{P}$ beschreiben lässt.

(a) **(3 Punkte)** Führen Sie den Vektor $\boldsymbol{z}^T = \begin{pmatrix} \boldsymbol{q}^T & \boldsymbol{p}^T \end{pmatrix}$ ein und drücken Sie die Hamilton'schen Bewegungsgleichungen für $\frac{\mathrm{d}z_i}{\mathrm{d}t}$ mit Hilfe der Matrix

$$\Omega = \begin{pmatrix} 0 & \mathbb{1}_f \\ -\mathbb{1}_f & 0 \end{pmatrix}$$

und Ableitungen von H nach den z_i aus. Wie lässt sich die Poisson-Klammern $\{z_i, z_j\}$ mit Hilfe von Ω ausdrücken?

Lösungsvorschlag:
Die kanonischen Bewegungsgleichungen sind durch

$$\frac{\mathrm{d}q_i}{\mathrm{d}t} = \frac{\partial H}{\partial p_i} \qquad \frac{\mathrm{d}p_i}{\mathrm{d}t} = -\frac{\partial H}{\partial q_i}$$

gegeben und lassen sich in vektorieller Form durch

$$\dot{\boldsymbol{z}} = \begin{pmatrix} \dot{\boldsymbol{q}} \\ \dot{\boldsymbol{p}} \end{pmatrix} = \begin{pmatrix} \boldsymbol{\nabla}_{\boldsymbol{p}} H \\ -\boldsymbol{\nabla}_{\boldsymbol{q}} H \end{pmatrix} = \begin{pmatrix} 0 & \mathbb{1}_f \\ -\mathbb{1}_f & 0 \end{pmatrix} \begin{pmatrix} \boldsymbol{\nabla}_{\boldsymbol{q}} H \\ \boldsymbol{\nabla}_{\boldsymbol{p}} H \end{pmatrix} = \Omega \boldsymbol{\nabla}_{\boldsymbol{z}} H$$

$$\Rightarrow \quad \frac{\mathrm{d}z_i}{\mathrm{d}t} = \Omega_{ij} \frac{\partial H}{\partial z_j}$$

ausdrücken.
Für die Poisson-Klammern bietet es sich an $i', j' \in \{1, \ldots, f\}$ zu betrachten, um damit

$$\{z_{i'}, z_{j'}\} = \{q_{i'}, q_{j'}\} = 0 \qquad \{z_{i'}, z_{f+j'}\} = \{q_{i'}, p_{j'}\} = \delta_{i'j'}$$
$$\{z_{f+i'}, z_{j'}\} = \{p_{i'}, q_{j'}\} = -\delta_{i'j'} \qquad \{z_{f+i'}, z_{f+j'}\} = \{p_{i'}, p_{j'}\} = 0$$

zu finden. Dies lässt sich zusammenfassend durch

$$\{z_i, z_j\} = \Omega_{ij}$$

ausdrücken.

(b) **(2 Punkte)** Zeigen Sie, dass eine Transformation $\mathrm{d}Z_i = \Lambda_{ij}(\boldsymbol{z})\,\mathrm{d}z_j$ die Bewegungsgleichungen der vorherigen Teilaufgabe invariant lässt, falls die Transformationsmatrix Λ die Gleichung

$$\Lambda \Omega \Lambda^T = \Omega$$

erfüllt. Darin beschreibt $Z^T = \begin{pmatrix} Q^T & P^T \end{pmatrix}$ den Vektor aus den neuen Koordinaten und Impulse.

Lösungsvorschlag:
Die totale zeitliche Ableitung von Z_i ist durch

$$\frac{\mathrm{d}Z_i}{\mathrm{d}t} = \Lambda_{ik}\frac{\mathrm{d}z_k}{\mathrm{d}t} = \Lambda_{ik}\Omega_{kl}\frac{\partial H}{\partial z_l} = \Lambda_{ik}\Omega_{kl}\frac{\partial Z_j}{\partial z_l}\frac{\partial H}{\partial Z_j} = \Lambda_{ik}\Omega_{kl}\Lambda_{jl}\frac{\partial H}{\partial Z_j}$$

gegeben. Dies lässt sich weiter auf

$$\frac{\mathrm{d}Z_i}{\mathrm{d}t} = \Lambda_{ik}\Omega_{kl}(\Lambda^T)_{lj}\frac{\partial H}{\partial Z_j} = (\Lambda\Omega\Lambda^T)_{ij}\frac{\partial H}{\partial Z_j}$$

umformen. Da die Transformation zeitunabhängig und $\tilde{H} = H$ sein soll, muss die Bewegungsgleichung für Z durch

$$\frac{\mathrm{d}Z_i}{\mathrm{d}t} = \Omega_{ij}\frac{\partial H}{\partial Z_j}$$

gegeben sein. Der direkte Vergleich lässt erkennen, dass die Bedingung

$$\Lambda\Omega\Lambda^T = \Omega$$

erfüllt sein muss, damit die Transformation die Bewegungsgleichungen invariant lässt. Eine Transformation, die diese Bedingung erfüllt wird als symplektisch bezeichnet.

(c) (**4 Punkte**) Drücken Sie die Poisson-Klammer $\{f,g\}_{q,p}$ zweier beliebiger Phasenraumfunktionen f und g durch die Matrix Ω und Ableitungen nach z_i aus. Zeigen Sie so, dass die Transformation der vorherigen Teilaufgabe die Poisson-Klammer $\{f,g\}$ invariant lässt. Bestimmen Sie so auch $\{Z_i, Z_j\}_{q,p}$ Um was für eine Art von Transformation handelt es sich demnach bei Λ?

Lösungsvorschlag:
Die Poisson-Klammer kann durch

$$\{f,g\}_{q,p} = \frac{\partial f}{\partial q_l}\frac{\partial g}{\partial p_l} - \frac{\partial f}{\partial p_l}\frac{\partial g}{\partial q_l}$$

$$= \begin{pmatrix} (\nabla_q f)^T & (\nabla_p f)^T \end{pmatrix} \begin{pmatrix} 0 & \mathbb{1}_f \\ -\mathbb{1}_f & 0 \end{pmatrix} \begin{pmatrix} \nabla_q g \\ \nabla_p g \end{pmatrix}$$

$$= (\nabla_z f)^T \Omega \nabla_z g = \frac{\partial f}{\partial z_i}\Omega_{ij}\frac{\partial g}{\partial z_j}$$

ausgedrückt werden.
Mit diesem Ausdruck kann auch

$$\{f,g\}_{q,p} = \frac{\partial f}{\partial z_i}\Omega_{ij}\frac{\partial g}{\partial z_j} = \frac{\partial f}{\partial Z_k}\frac{\partial Z_k}{\partial z_i}\Omega_{ij}\frac{\partial Z_l}{\partial z_j}\frac{\partial g}{\partial Z_l} = \frac{\partial f}{\partial Z_k}(\Lambda_{ki}\Omega_{ij}\Lambda_{lj})\frac{\partial g}{\partial Z_l}$$

$$= \frac{\partial f}{\partial Z_k}(\Lambda_{ki}\Omega_{ij}(\Lambda^T)_{jl})\frac{\partial g}{\partial Z_l} = \frac{\partial f}{\partial Z_k}(\Lambda\Omega\Lambda^T)_{kl}\frac{\partial g}{\partial Z_l}$$

betrachtet werden. Da die Transformation $\Lambda\Omega\Lambda^T = \Omega$ erfüllen muss, kann auch der Zusammenhang

$$\{f,g\}_{\boldsymbol{q},\boldsymbol{p}} = \frac{\partial f}{\partial Z_k}\Omega_{kl}\frac{\partial g}{\partial Z_l} = \{f,g\}_{\boldsymbol{Q},\boldsymbol{P}}$$

gefunden werden. Somit ist die Poisson-Klammer unter der betrachteten Phasenraumfunktion invariant.

Schlussendlich kann so der Zusammenhang

$$\{Z_i, Z_j\}_{\boldsymbol{q},\boldsymbol{p}} = \{Z_i, Z_j\}_{\boldsymbol{Q},\boldsymbol{P}} = \frac{\partial Z_i}{\partial Z_k}\Omega_{kl}\frac{\partial Z_j}{\partial Z_l} = \delta_{ik}\Omega_{kl}\delta_{jl} = \Omega_{ij}$$

gefunden werden. Damit bleiben die fundamentalen Poisson-Klammern unter der Transformation erhalten. Alles in allem handelt es sich um eine kanonische Transformation, da die Poisson-Klammern forminvariant sind.

(d) **(5 Punkte)** Drücken Sie die Bewegungsgleichungen von Q und P durch die Poisson-Klammern bzgl. q und p aus und vergleichen Sie diese mit den sich ergebenden Bewegungsgleichungen aus Teilaufgabe (b). Was für Relationen müssen die neuen und alten Koordinaten demnach erfüllen?

Lösungsvorschlag:
Für Q_i kann die Bewegungsgleichung

$$\dot{Q}_i = \{Q_i, H\} = \frac{\partial Q_i}{\partial q_l}\frac{\partial H}{\partial p_l} - \frac{\partial Q_i}{\partial p_l}\frac{\partial H}{\partial q_l}$$

$$= \frac{\partial H}{\partial P_i} = \frac{\partial H}{\partial q_l}\frac{\partial q_l}{\partial P_i} + \frac{\partial H}{\partial p_l}\frac{\partial p_l}{\partial P_i}$$

gefunden werden. Der direkte Vergleich der beiden Terme lässt das Ablesen der Relationen

$$\frac{\partial Q_i}{\partial q_l} = \frac{\partial p_l}{\partial P_i} \qquad -\frac{\partial Q_i}{\partial p_l} = \frac{\partial q_l}{\partial P_i}$$

zu.
Für P_i kann hingen die Bewegungsgleichung

$$\dot{P}_i = \{P_i, H\} = \frac{\partial P_i}{\partial q_l}\frac{\partial H}{\partial p_l} - \frac{\partial P_i}{\partial p_l}\frac{\partial H}{\partial q_l}$$

$$= -\frac{\partial H}{\partial Q_i} = -\frac{\partial H}{\partial q_l}\frac{\partial q_l}{\partial Q_i} - \frac{\partial H}{\partial p_l}\frac{\partial p_l}{\partial Q_i}$$

gefunden werden. Auch hier können aus einem direkten Vergleich die Relationen

$$\frac{\partial P_i}{\partial q_l} = -\frac{\partial p_l}{\partial Q_i} \qquad \frac{\partial P_i}{\partial p_l} = \frac{\partial q_l}{\partial Q_i}$$

abgelesen werden. Es handelt sich um Maxwell-Relationen für Koordinaten und Impulse. [4]

(e) **(3 Punkte)** Bestimmen Sie den Betrag der Determinante von Λ, um zu erklären, welchen Einfluss die Transformation auf das Phasenraumvolumenelement

$$d\gamma = d^{2f} z = dq_1 \cdots dq_f \, dp_1 \cdots dp_f$$

hat.

Lösungsvorschlag:
Die Bedingung für Λ

$$\Lambda \Omega \Lambda^T = \Omega$$

lässt es durch Bildung der Determinante und durch den Multiplikationssatz von Determinanten zu, den Zusammenhang

$$\det(\Omega) = \det\left(\Lambda \Omega \Lambda^T\right) = \det(\Lambda) \det(\Omega) \det\left(\Lambda^T\right)$$
$$\Rightarrow \quad 1 = \det(\Lambda) \det\left(\Lambda^T\right)$$

zu finden. Da nun für Determinanten auch $\det(\Lambda) = \det\left(\Lambda^T\right)$ gilt, muss daher auch

$$(\det(\Lambda))^2 = 1 \quad \Rightarrow \quad |\det(\Lambda)| = 1$$

gültig sein. Da bei einer Koordinatentransformation das Volumenelement auf

$$d\Gamma = d^{2f} Z = |\det(\Lambda)| \, d\gamma$$

übergeht, ist damit auch der Zusammenhang

$$d\Gamma = d\gamma$$

gültig. Das Volumenelement ändert sich unter der betrachteten Phasenraumtransformation also nicht.

(f) **(8 Punkte)** Zeigen Sie mit den Erkenntnissen der vorherigen Teilaufgaben, dass es sich bei den Transformationen

    (i) $Z = z + c$ mit einem konstanten $c \in \mathbb{R}^{2f}$

    (ii) $Q = p, P = -q$

    (iii) $Q = Q(q), P_i = \sum\limits_{j=1}^{f} \dfrac{\partial q_i}{\partial Q_j} p_j$

---

[4]Diese legen auch Nahe, dass es erzeugende Funktionen gibt, aus denen sich die Koordinaten herleiten lassen. Die Relation $\frac{\partial P_i}{\partial q_l} = -\frac{\partial p_l}{\partial Q_i}$ impliziert bspw. eine Funktion $F(q, Q)$, mit der $p = \nabla_q F$ und $P = -\nabla_Q F$ gelten müssen.

jeweils um kanonische Transformationen handelt. Bestimmen Sie dazu auch jeweils die Transformationsmatrix Λ.

Lösungsvorschlag:
Es ist hilfreich zunächst festzuhalten, dass sich mit $i', j' \in \{1, \ldots, f\}$ auch

$$\frac{\partial Z_{i'}}{\partial z_{j'}} = \frac{\partial Q_{i'}}{\partial q_{j'}} \qquad \frac{\partial Z_{f+i'}}{\partial z_{j'}} = \frac{\partial P_{i'}}{\partial q_{j'}}$$

$$\frac{\partial Z_{i'}}{\partial z_{f+j'}} = \frac{\partial Q_{i'}}{\partial p_{j'}} \qquad \frac{\partial Z_{f+i'}}{\partial z_{f+j'}} = \frac{\partial P_{i'}}{\partial p_{j'}}$$

und somit schematisch

$$\Lambda = \begin{pmatrix} \frac{\partial \boldsymbol{Q}}{\partial \boldsymbol{q}^T} & \frac{\partial \boldsymbol{Q}}{\partial \boldsymbol{p}^T} \\ \frac{\partial \boldsymbol{P}}{\partial \boldsymbol{q}^T} & \frac{\partial \boldsymbol{P}}{\partial \boldsymbol{p}^T} \end{pmatrix} \qquad \Lambda^T = \begin{pmatrix} \frac{\partial \boldsymbol{Q}^T}{\partial \boldsymbol{q}} & \frac{\partial \boldsymbol{P}^T}{\partial \boldsymbol{q}} \\ \frac{\partial \boldsymbol{Q}^T}{\partial \boldsymbol{p}} & \frac{\partial \boldsymbol{P}^T}{\partial \boldsymbol{p}} \end{pmatrix}$$

schreiben lässt.

(i) Für die erste betrachtete Transformation ist

$$\Lambda_{ij} = \frac{\partial Z_i}{\partial z_j} = \frac{\partial z_i}{\partial z_j} = \delta_{ij}$$

und daher $\Lambda = \mathbb{1}_{2f}$ gültig, da diese

$$\Lambda \Omega \Lambda^T = \mathbb{1} \Omega \mathbb{1} = \Omega$$

erfüllt, handelt es sich um eine symplektische und damit um eine kanonische Transformation.

(ii) Diese Transformation lässt sich wegen

$$\frac{\partial Q_i}{\partial p_j} = \frac{\partial p_i}{\partial p_j} = \delta_{ij} \quad \Rightarrow \quad \frac{\partial \boldsymbol{Q}}{\partial \boldsymbol{p}^T} = \mathbb{1}_f$$

$$\frac{\partial P_i}{\partial q_j} = -\frac{\partial q_i}{\partial q_j} = -\delta_{ij} \quad \Rightarrow \quad \frac{\partial \boldsymbol{P}}{\partial \boldsymbol{Q}^T} = -\mathbb{1}_f$$

auch als

$$\Lambda = \begin{pmatrix} \frac{\partial \boldsymbol{Q}}{\partial \boldsymbol{q}^T} & \frac{\partial \boldsymbol{Q}}{\partial \boldsymbol{p}^T} \\ \frac{\partial \boldsymbol{P}}{\partial \boldsymbol{q}^T} & \frac{\partial \boldsymbol{P}}{\partial \boldsymbol{p}^T} \end{pmatrix} = \begin{pmatrix} 0 & \mathbb{1}_f \\ -\mathbb{1}_f & 0 \end{pmatrix} = \Omega$$

ausdrücken. Da $\Omega^2 = -\mathbb{1}_{2f}$ und $\Omega^T = -\Omega$ gilt, kann somit

$$\Lambda \Omega \Lambda^T = \Omega \Omega \Omega^T = \Omega^2(-\Omega) = (-\mathbb{1}_{2f})(-\Omega) = \Omega$$

gefunden werden. Daher handelt es sich um eine symplektische und somit kanonische Transformation.

(iii) Diese Transformation lässt sich durch

$$\frac{\partial Q_i}{\partial q_j} = \frac{\partial Q_i}{\partial q_j} \qquad \frac{\partial Q_i}{\partial p_j} = 0$$

$$\frac{\partial P_i}{\partial q_j} = 0 \qquad \frac{\partial P_i}{\partial p_j} = \frac{\partial q_i}{\partial Q_j} \qquad \Rightarrow \qquad \frac{\partial \boldsymbol{P}}{\partial \boldsymbol{p}^T} = \frac{\partial \boldsymbol{q}^T}{\partial \boldsymbol{Q}}$$

und daher durch

$$\Lambda = \begin{pmatrix} \frac{\partial \boldsymbol{Q}}{\partial \boldsymbol{q}^T} & \frac{\partial \boldsymbol{Q}}{\partial \boldsymbol{p}^T} \\ \frac{\partial \boldsymbol{P}}{\partial \boldsymbol{q}^T} & \frac{\partial \boldsymbol{P}}{\partial \boldsymbol{p}^T} \end{pmatrix} = \begin{pmatrix} \frac{\partial \boldsymbol{Q}}{\partial \boldsymbol{q}^T} & 0 \\ 0 & \frac{\partial \boldsymbol{q}^T}{\partial \boldsymbol{Q}} \end{pmatrix} \qquad \Rightarrow \qquad \Lambda^T = \begin{pmatrix} \frac{\partial \boldsymbol{Q}^T}{\partial \boldsymbol{q}} & 0 \\ 0 & \frac{\partial \boldsymbol{q}}{\partial \boldsymbol{Q}^T} \end{pmatrix}$$

ausdrücken. Damit können die Produkte

$$\Lambda\Omega = \begin{pmatrix} \frac{\partial \boldsymbol{Q}}{\partial \boldsymbol{q}^T} & 0 \\ 0 & \frac{\partial \boldsymbol{q}^T}{\partial \boldsymbol{Q}} \end{pmatrix} \begin{pmatrix} 0 & \mathbb{1}_f \\ -\mathbb{1}_f & 0 \end{pmatrix} = \begin{pmatrix} 0 & \frac{\partial \boldsymbol{Q}}{\partial \boldsymbol{q}^T} \\ -\frac{\partial \boldsymbol{q}^T}{\partial \boldsymbol{Q}} & 0 \end{pmatrix}$$

und

$$\Lambda\Omega\Lambda^T = \begin{pmatrix} 0 & \frac{\partial \boldsymbol{Q}}{\partial \boldsymbol{q}^T} \\ -\frac{\partial \boldsymbol{q}^T}{\partial \boldsymbol{Q}} & 0 \end{pmatrix} \begin{pmatrix} \frac{\partial \boldsymbol{Q}^T}{\partial \boldsymbol{q}} & 0 \\ 0 & \frac{\partial \boldsymbol{q}}{\partial \boldsymbol{Q}^T} \end{pmatrix}$$

$$= \begin{pmatrix} 0 & \frac{\partial \boldsymbol{Q}}{\partial q_l} \frac{\partial q_l}{\partial \boldsymbol{Q}^T} \\ -\frac{\partial q_l}{\partial \boldsymbol{Q}} \frac{\partial \boldsymbol{Q}^T}{\partial q_l} & 0 \end{pmatrix} = \begin{pmatrix} 0 & \mathbb{1}_f \\ -\mathbb{1}_f & 0 \end{pmatrix} = \Omega$$

berechnet werden. Diese erfüllt die Bedingung und ist somit eine symplektische und daher eine kanonische Transformation.

3.5   Lösung zur Klausur V – Analytische Mechanik – mittel

Hinweise

Aufgabe 1 - Kurzfragen

(a) Wie lautet das charakteristische Polynom der Matrix M?

(b) Wie lautet die Euler-Lagrange-Gleichung?

(c) Wieso lässt sich die Massendichte als

$$\rho(\boldsymbol{r}) = \frac{M}{\pi(R_{\mathrm{a}}^2 - R_{\mathrm{i}}^2)H}\Theta(s - R_{\mathrm{i}})\,\Theta(R_{\mathrm{a}} - s)\,\Theta\left(\frac{H}{2} - |z|\right)$$

schreiben? Wie kann so das Trägheitsmoment aus

$$I = \int\limits_{-\infty}^{\infty} \mathrm{d}z \int\limits_{0}^{2\pi} \mathrm{d}\phi \int\limits_{0}^{\infty} \mathrm{d}s \; s\rho(\boldsymbol{r})r_{\perp}^2$$

bestimmt werden?

(d) Wie sieht die Variation von S aus? Kann eine partielle Integration bezüglich t für $\delta\dot{q}$ durchgeführt werden? Was passiert mit den Randtermen?

(e) Wie lässt sich aus dem d'Alembert'schen Prinzip unter der Einführung einer verallgemeinerten Koordinate q die Gleichung

$$(m\ddot{\boldsymbol{r}} - \boldsymbol{F}) \cdot \frac{\mathrm{d}\boldsymbol{r}}{\mathrm{d}q} = 0$$

finden? Unter welchen Anfangsbedingungen ist

$$\boldsymbol{r} = s \begin{pmatrix} \cos(\alpha) \\ -\sin(\alpha) \end{pmatrix}$$

gültig?

Aufgabe 2 - Noether-Theorem im Hamilton-Formalismus

(a) Wie sehen die Bewegungsgleichungen vor und nach der Transformation aus? Wie verhalten sich diese zueinander, wenn Bedingung (2.5.1) eingesetzt wird?

(b) Um was für eine Erzeugende handelt es sich?

(c) Was passiert, wenn die neuen Koordinaten in die alte Hamilton-Funktion eingesetzt wird? Ist eine Taylor-Entwicklung hilfreich? Sind die Monome in ϵ linear unabhängig? Was ist die Aussage des Noether-Theorems im Lagrange-Formalismus?

(d) Warum hängt Q in erster Ordnung mit dem Drehimpuls zusammen? Lassen sich die neuen Koordinaten und Impulse bestimmen? Wie sieht eine infinitesimale Drehung aus? Ist Bedingung (2.5.1) erfüllt?

(e) Warum hängt Q in erster Ordnung mit dem Impuls zusammen? Lassen sich die neuen Koordinaten und Impulse bestimmen? Ist Bedingung (2.5.1) erfüllt?

Aufgabe 3 - Lagrange-Gleichungen erster Art

(a) Wie lautet die Lagrange-Funktion eines Teilchens im Schwerefeld der Erde? Wieso kann jede der Zwangsbedingungen mit einem Multiplikator λ_α addiert werden, ohne dabei etwas an der Lagrange-Funktion zu ändern? Sie sollten die Zwangskräfte

$$Z_\alpha = \lambda_\alpha \nabla f_\alpha$$

erhalten.

(b) Wie wird ein geometrisches Objekt genannt, dessen Punkte alle den gleichen Abstand zu einem Mittelpunkt haben, und warum wird es durch die Gleichung

$$x^2 + y^2 + z^2 - L^2 = 0$$

beschrieben? Wie lassen sich die Erkenntnisse aus Teilaufgabe (a) anwenden? Sie sollten die Bewegungsgleichungen

$$m\ddot{r} = -mg\hat{e}_z + \lambda_1 \hat{e}_y + 2\lambda_2 r$$

erhalten.

(c) Warum ist $\lambda_1 = 0$ und $y = 0$ gültig? Als Zwischenergebnis sollten Sie

$$\lambda_2 = \frac{1}{2L^2}(mgz - m(\dot{x}^2 + \dot{z}^2))$$

erhalten. Warum ist die Energie im System erhalten? Welche Energie hat der Massenpunkt am niedrigsten Punkt seiner Bahn? Was sollte sich im Fall $v_0 = 0$, $z = -L$ ergeben? Stimmt Ihr Ergebnis damit überein? Welche Bedeutung hätte Z_2, wenn es sich um einen Faden, statt um eine Stange handeln würde.

(d) Was für eine Rotationssymmetrie liegt in dem Problem vor?

(e) Ähnelt das hier behandelte Problem Teilaufgabe (c)? Wie lassen sich die dort vorgenommen Rechnungen auf dieses Problem übertragen? Sie sollten als Zwischenergebnis

$$\lambda = \frac{mg}{2R}\left(3\frac{z}{R} - \frac{v_0^2}{gR} - 2\right)$$

erhalten.

(f) Wie lässt sich z durch den Höhenwinkel θ in Kugelkoordinaten ausdrücken? Was sagt das dritte Newton'sche Axiom aus?

Aufgabe 4 - Bewegung in elektromagnetischen Feldern

(a) Wie ist die Arbeit mittels eines Wegintegrals definiert? Was passiert bei diesem Integral, wenn man es in ein Integral über die Zeit umschreibt? Wie hängen Arbeit und potentielle Energie zusammen?

(b) Wie ist der kanonische Impuls definiert?

(c) Wie lautet die Euler-Lagrange-Gleichung? Lassen sich diese nach $m\ddot{r}$ umstellen? Wie lassen sich die Definitionen der Felder E und B einarbeiten? Bietet es sich an, die Indexschreibweise zu verwenden?

(d) Wie ist die Hamilton-Funktion definiert? Wie lautet die Hamilton-Funktion eines freien Teilchens? Wie vergleicht sich diese zu der gefundenen Hamilton-Funktion?

(e) Was passiert mit der Rotation eines Gradientenfeldes? Lassen sich Raum- und Zeitableitungen vertauschen? Was passiert mit der Wirkung, wenn sich zwei Lagrange-Funktionen um eine zeitliche Ableitung einer Funktion $f(q, t)$ unterscheiden?

(f) Wieso sind $E = 0$ und $B = B_0$ gültig? Was sagt das Noether-Theorem aus und wie vereinfacht es sich, wenn $\phi = 0$ ist? Wie lassen sich eine Rotation um und eine Translation entlang der B-Achse beschreiben?

Lösungen

Aufgabe 1   **25 *Punkte***

Kurzfragen

(a) **(5 Punkte)** Bestimmen Sie die Eigenwerte der Matrix $M = \begin{pmatrix} 1 & -1 \\ -1 & -1 \end{pmatrix}$.

Lösungsvorschlag:
Die Eigenwerte einer Matrix lassen sich als die Nullstellen des charakteristischen Polynoms

$$p(\lambda) = \det(M - \lambda\mathbb{1}) = \det\begin{pmatrix} 1 - \lambda & -1 \\ -1 & -1 - \lambda \end{pmatrix} = -(1 - \lambda)(1 + \lambda) - 1 = \lambda^2 - 2$$

bestimmen. Diese sind durch

$$\lambda_\pm = \pm\sqrt{2}$$

gegeben.

(b) **(5 Punkte)** Bestimmen Sie die Bewegungsgleichungen für ein System, das durch die Lagrange-Funktion

$$L = \frac{1}{2}m\dot{q}^2 - F_0 q\Theta(q)$$

beschrieben wird.

Lösungsvorschlag:
Die Euler-Lagrange-Gleichung

$$\frac{\mathrm{d}}{\mathrm{d}t}\frac{\partial L}{\partial \dot{q}} = \frac{\partial L}{\partial q}$$

macht deutlich, dass die Ableitungen

$$\frac{\partial L}{\partial \dot{q}} = m\dot{q} \quad \Rightarrow \quad \frac{\mathrm{d}}{\mathrm{d}t}\frac{\partial L}{\partial \dot{q}} = m\ddot{q} \qquad \frac{\partial L}{\partial q} = -F_0\Theta(q) - F_0 q\delta_q = -F_0\Theta(q)$$

bestimmt werden müssen. Damit lässt sich die Bewegungsgleichung

$$m\ddot{q} = -F_0\Theta(q)$$

finden.

(c) **(5 Punkte)** Bestimmen Sie das Trägheitsmoment eines Hohlzylinders mit innerem Radius R_i, äußerem Radius R_a und Masse M um dessen Symmetrieachse als Funktion der Masse und der beiden Radien. Er soll dabei die homogene Massendichte ρ_0 und die Höhe H aufweisen.

Lösungsvorschlag:
Das Volumen des Hohlzylinders ist durch

$$V = \pi(R_{\mathrm{a}}^2 - R_{\mathrm{i}}^2)H$$

gegeben, weshalb seine Massendichte durch

$$\rho_0 = \frac{M}{V} = \frac{M}{\pi(R_{\mathrm{a}}^2 - R_{\mathrm{i}}^2)H} \quad \Rightarrow \quad \rho_0\pi(R_{\mathrm{a}}^2 - R_{\mathrm{i}}^2)H = M$$

zu bestimmen ist. Es lässt sich außerdem in Zylinder-Koordinaten der Ausdruck

$$\rho(\boldsymbol{r}) = \rho_0\Theta(s - R_{\mathrm{i}})\,\Theta(R_{\mathrm{a}} - s)\,\Theta\!\left(\frac{H}{2} - |z|\right)$$

aufstellen. Da das Trägheitsmoment durch

$$I = \iiint \mathrm{d}^3r\,\rho(\boldsymbol{r})r_\perp^2 = \int\limits_{-\infty}^{\infty}\mathrm{d}z\int\limits_{0}^{2\pi}\mathrm{d}\phi\int\limits_{0}^{\infty}\mathrm{d}s\,s\rho(\boldsymbol{r})r_\perp^2$$

gegeben ist und $r_\perp = s$ gilt, kann so

$$I = \int\limits_{-H/2}^{H/2}\mathrm{d}z\int\limits_{0}^{2\pi}\mathrm{d}\phi\int\limits_{R_{\mathrm{i}}}^{R_{\mathrm{a}}}\mathrm{d}s\,\rho_0 s^3 = H\cdot 2\pi\cdot\frac{1}{4}(R_{\mathrm{a}}^4 - R_{\mathrm{i}}^4)\rho_0$$

$$= \frac{1}{2}\rho_0\pi(R_{\mathrm{a}}^2 - R_{\mathrm{i}}^2)H\cdot(R_{\mathrm{i}}^2 + R_{\mathrm{a}}^2) = \frac{1}{2}M(R_{\mathrm{i}}^2 + R_{\mathrm{a}}^2)$$

gefunden werden.

(d) **(5 Punkte)** Leiten Sie die kanonischen Bewegungsgleichungen, indem Sie eine Variation auf das Funktional

$$S[q(t), p(t)] = \int\limits_{t_A}^{t_B}\mathrm{d}t\,(\dot{q}p - H(q, p, t))$$

anwenden. Bedenken Sie, dass nur $\delta q(t_A) = \delta q(t_b) = 0$ zwingen nötig ist, die Variationen in δq und δp aber unabhängig voneinander sind.

Lösungsvorschlag:
Die Variation von S lässt sich zunächst zu

$$\delta S = \int\limits_{t_A}^{t_B}\mathrm{d}t\,\left((\delta\dot{q})p + \dot{q}\delta p - \left(\frac{\partial H}{\partial q}\delta q + \frac{\partial H}{\partial p}\delta p\right)\right)$$

$$= \int\limits_{t_A}^{t_B}\mathrm{d}t\,\left(p\delta\dot{q} - \frac{\partial H}{\partial q}\delta q + \left(\dot{q} - \frac{\partial H}{\partial p}\right)\delta p\right)$$

bestimmen. Da $\delta\dot{q} = \frac{\mathrm{d}}{\mathrm{d}t}(\delta q)$ gilt, kann eine partielle Integration durchgeführt werden, bei der die Randterme wegen $\delta q(t_A) = \delta q(t_B) = 0$ verschwinden. Auf diese Weise kann

$$\delta S = \int\limits_{t_A}^{t_B} \mathrm{d}t \ \left(-\dot{p}\delta q - \frac{\partial H}{\partial q}\delta q + \left(\dot{q} - \frac{\partial H}{\partial p}\right)\delta p\right)$$

$$= \int\limits_{t_A}^{t_B} \mathrm{d}t \ \left(\left(\dot{q} - \frac{\partial H}{\partial p}\right)\delta p - \left(\dot{p} + \frac{\partial H}{\partial q}\right)\delta q\right)$$

gefunden werden. Da p und q unabhängig voneinander variiert werden und die Variation von S verschwinden muss $\delta S = 0$, müssen bereits die Terme in den beiden Klammern Null sein, so dass sich

$$\dot{q} = \frac{\partial H}{\partial p} \qquad \dot{p} = -\frac{\partial H}{\partial q}$$

ergeben.

(e) **(5 Punkte)** Leiten Sie aus dem d'Alembert'schen Prinzip die Bewegungsgleichungen eines Massenpunktes m in zwei Dimensionen auf einer schiefen Ebene mit dem Inklinationswinkel α im Schwerefeld g der Erde her.

Lösungsvorschlag:
Das D'Alembert'sche Prinzip besagt, dass die Zwangskräfte keine virtuelle Arbeit leisten, dass bei einer virtuellen Verschiebung δr, die mit den Zwangsbedingungen verträglich ist, also $z \cdot \delta r = 0$ gilt. Sind F die imprägnierten Kräfte, so muss demnach

$$(m\ddot{r} - F) \cdot \delta r = 0$$

gültig sein. In dem hier vorliegenden Beispiel gibt es zunächst zwei Freiheitsgrade, die durch die Bewegung auf der schiefen Ebene auf einen Freiheitsgrad beschränkt werden. Daher wird es nur eine verallgemeinerte Koordinate q geben und es lässt sich so

$$(m\ddot{r} - F) \cdot \frac{\mathrm{d}r}{\mathrm{d}q}\delta q = 0,$$

was sich wegen der Beliebigkeit der virtuellen Verschiebung δq auch als

$$(m\ddot{r} - F) \cdot \frac{\mathrm{d}r}{\mathrm{d}q} = 0$$

ausdrücken lässt. Die imprägnierte Kraft auf den Massenpunkt ist die Schwerkraft, die durch $-mg\hat{e}_z$ gegeben ist. Es bietet sich an als verallgemeinerte Koordinate die zurückgelegte Wegstrecke s zu verwenden. Startet der Massenpunkt um Ursprung des Koordinatensystems, so ist

$$r = s\begin{pmatrix} \cos(\alpha) \\ -\sin(\alpha) \end{pmatrix} \quad \Rightarrow \quad \frac{\mathrm{d}r}{\mathrm{d}s} = \begin{pmatrix} \cos(\alpha) \\ -\sin(\alpha) \end{pmatrix} \quad \ddot{r} = \ddot{s}\begin{pmatrix} \cos(\alpha) \\ -\sin(\alpha) \end{pmatrix}$$

gültig. Damit kann

$$0 = \left(m\ddot{s} \begin{pmatrix} \cos(\alpha) \\ -\sin(\alpha) \end{pmatrix} + mg \begin{pmatrix} 0 \\ 1 \end{pmatrix} \right) \cdot \begin{pmatrix} \cos(\alpha) \\ -\sin(\alpha) \end{pmatrix} = m\ddot{s} - mg\sin(\alpha)$$

gefunden werden.

Aufgabe 2   **25 *Punkte***

Noether-Theorem im Hamilton-Formalismus

In dieser Aufgabe soll das Noether-Theorem für den Hamilton-Formalismus untersucht werden. Gehen Sie dazu von einem System aus, das durch die Hamilton-Funktion $H(\boldsymbol{q}, \boldsymbol{p}, t)$ beschrieben wird.

(a) **(2 Punkte)** Begründen Sie, warum für eine kanonische Transformation mit

$$H'(\boldsymbol{q}', \boldsymbol{p}', t) = H(\boldsymbol{q}', \boldsymbol{p}', t) \tag{3.5.1}$$

dieselben Bewegungsgleichungen vorliegen und diese daher als Symmetrie-Transformation bezeichnet werden kann.

Lösungsvorschlag:
Die Bewegungsgleichungen vor der kanonischen Transformation sind durch

$$\dot{q}_i = \frac{\partial H}{\partial p_i} \qquad \dot{p}_i = -\frac{\partial H}{\partial q_i}$$

gegeben. Nach der Transformation sind sie durch

$$\dot{q}_i' = \frac{\partial H'}{\partial p_i'} \qquad \dot{p}_i' = -\frac{\partial H'}{\partial q_i'}$$

zu bestimmen. Wenn nun Gl. (3.5.1) gilt, so sind auch

$$\dot{q}_i' = \frac{\partial}{\partial p_i'} H(\boldsymbol{q}', \boldsymbol{p}', t) = \left[\frac{\partial}{\partial p_i} H(\boldsymbol{q}, \boldsymbol{p}, t) \right]_{\boldsymbol{q}=\boldsymbol{q}', \boldsymbol{p}=\boldsymbol{p}'}$$

$$\dot{p}_i' = -\frac{\partial}{\partial q_i'} H(\boldsymbol{q}', \boldsymbol{p}', t) = \left[-\frac{\partial}{\partial q_i} H(\boldsymbol{q}, \boldsymbol{p}, t) \right]_{\boldsymbol{q}=\boldsymbol{q}', \boldsymbol{p}=\boldsymbol{p}'}$$

gültig. Es ergeben sich somit die gleichen Formableitungen und daher die exakt gleichen Bewegungsgleichungen.
Die gleiche Bedingung wurde an eine Symmetrietransformation beim Noether-Theorem im Lagrange-Formalismus gestellt: Eine Symmetrietransformation sorgt dafür, dass die (Variation der) Wirkung unverändert bleibt und sich somit die selben Bewegungsgleichungen ergeben.
Da auch die hier betrachtete Transformation die gleichen Bewegungsgleichungen ergibt, kann diese als Symmetrietransformation bezeichnet werden.

(b) **(4 Punkte)** Betrachten Sie die kanonische Transformation

$$F_2(\boldsymbol{q}, \boldsymbol{p}', t) = \boldsymbol{q} \cdot \boldsymbol{p}' + \epsilon\, Q(\boldsymbol{q}, \boldsymbol{p}', t) \tag{3.5.2}$$

und finden Sie $\boldsymbol{q}'$, $\boldsymbol{p}$ und $H'(\boldsymbol{q}', \boldsymbol{p}', t)$.

Lösungsvorschlag:
Die kanonische Transformation hängt von den alten Koordinaten und den neuen Impulsen ab, so dass

$$q_i' = \frac{\partial F_2}{\partial p_i'} \qquad p_i = \frac{\partial F_2}{\partial q_i} \qquad H'(\boldsymbol{q'},\boldsymbol{p'},t) = H(\boldsymbol{q}(\boldsymbol{q'},\boldsymbol{p'},t),\boldsymbol{p}(\boldsymbol{q'},\boldsymbol{p'},t),t) + \frac{\partial F_2}{\partial t}$$

gültig ist. Die einzelnen Ableitungen von

$$F_2(\boldsymbol{q},\boldsymbol{p'},t) = q_i p_i' + \epsilon\, Q(\boldsymbol{q},\boldsymbol{p'},t)$$

lassen sich mit

$$\frac{\partial F_2}{\partial p_i'} = q_i + \epsilon\frac{\partial Q}{\partial p_i'} \qquad \frac{\partial F_2}{\partial q_i} = p_i' + \epsilon\frac{\partial Q}{\partial q_i}$$

und

$$\frac{\partial F_2}{\partial t} = \epsilon\frac{\partial Q}{\partial t}$$

berechnen, sodass

$$q_i' = \frac{\partial F_2}{\partial p_i'} = q_i + \epsilon\frac{\partial Q}{\partial p_i'} \quad\Rightarrow\quad \boldsymbol{q'} = \boldsymbol{q} + \epsilon\boldsymbol{\nabla}_{\boldsymbol{p'}} Q$$

$$p_i = \frac{\partial F_2}{\partial q_i} = p_i' + \epsilon\frac{\partial Q}{\partial q_i} \quad\Rightarrow\quad \boldsymbol{p'} = \boldsymbol{p} - \epsilon\boldsymbol{\nabla}_{\boldsymbol{q}} Q$$

$$H'(\boldsymbol{q'},\boldsymbol{p'},t) = H(\boldsymbol{q}(\boldsymbol{q'},\boldsymbol{p'},t),\boldsymbol{p}(\boldsymbol{q'},\boldsymbol{p'},t),t) + \epsilon\frac{\partial Q}{\partial t}$$

gefunden werden können.

(c) **(7 Punkte)** Verwenden Sie nun die Bedingung (3.5.1) für die Transformation (3.5.2), um so

$$\frac{\mathrm{d}Q}{\mathrm{d}t} = \{Q,H\} + \frac{\partial Q}{\partial t} = 0$$

zu zeigen. Was bedeutet dieses Ergebnis für Symmetrien und Erhaltungsgrößen im Hamilton-Formalismus?

Lösungsvorschlag:
Da nach Bedingung (3.5.1)

$$H'(\boldsymbol{q'},\boldsymbol{p'},t) = H(\boldsymbol{q'},\boldsymbol{p'},t)$$

benötigt wird, kann diese rechte Seite mittels

$$H\left(\boldsymbol{q} + \epsilon\boldsymbol{\nabla}_{\boldsymbol{p'}}Q, \boldsymbol{p} - \epsilon\boldsymbol{\nabla}_{\boldsymbol{q}}Q, t\right) \approx H(\boldsymbol{q},\boldsymbol{p},t) + \frac{\partial H}{\partial q_i}\epsilon\frac{\partial Q}{\partial p_i'} - \frac{\partial H}{\partial p_i}\epsilon\frac{\partial Q}{\partial q_i} + \mathcal{O}(\epsilon^2)$$

$$= H(\boldsymbol{q},\boldsymbol{p},t) + \epsilon\left(\frac{\partial Q}{\partial p_i}\frac{\partial H}{\partial q_i} - \frac{\partial Q}{\partial q_i}\frac{\partial H}{\partial p_i}\right) + \mathcal{O}(\epsilon^2)$$

$$= H(\boldsymbol{q},\boldsymbol{p},t) + \epsilon\{H,Q\} + \mathcal{O}(\epsilon^2)$$

berechnet werden, wobei höhere Ordnungen von ϵ vernachlässigt wurden, insbeson-
dere, da $dq_i = dq_i' + \mathcal{O}(\epsilon)$ und $dp_i = dp_i' + \mathcal{O}(\epsilon)$ gelten.
Andererseits soll dieser Ausdruck nach Bedingung (3.5.1) mit

$$H'(\boldsymbol{q}',\boldsymbol{p}',t) = H(\boldsymbol{q},\boldsymbol{p},t) + \frac{\partial F_2}{\partial t}$$

$$= H(\boldsymbol{q},\boldsymbol{p},t) + \epsilon\frac{\partial Q}{\partial t}$$

übereinstimmen. Dies ist nur der Fall, wenn beiden Ausdrücke bereits in der ersten
Ordnung von ϵ miteinander übereinstimmen, womit sich

$$\frac{\partial Q}{\partial t} = \{H,Q\} \quad \Rightarrow \quad \{Q,H\} + \frac{\partial Q}{\partial t} = \frac{dQ}{dt} = 0$$

gilt. Damit ist die Erzeugende der kanonischen Transformation Q eine erhaltene Größe. Das heißt, die Symmetrietransformationen werden durch die mit ihnen verknüpfte
erhaltene Größe erzeugt.

Betrachten Sie im Folgenden die Hamilton-Funktion

$$H(\boldsymbol{r},\boldsymbol{p},t) = \frac{\boldsymbol{p}^2}{2m} + V(\boldsymbol{r},t).$$

(d) **(8 Punkte)** Verwenden Sie $Q = \boldsymbol{n} \cdot (\boldsymbol{r} \times \boldsymbol{p}')$ und $V(\boldsymbol{r},t) = V(r,t)$, um zu zeigen, dass
der Drehimpuls eine infinitesimale Drehung des Ortsvektors und des Impulsvektors
als Symmetrietransformation erzeugt. Dabei soll $\boldsymbol{n}^2 = 1$ gelten.

Lösungsvorschlag:
Zunächst ist zu bemerken, dass wegen $\boldsymbol{p}' = \boldsymbol{p} + \mathcal{O}(\epsilon)$ auch

$$Q = \boldsymbol{n} \cdot (\boldsymbol{r} \times \boldsymbol{p}) + \mathcal{O}(\epsilon) = \boldsymbol{n} \cdot \boldsymbol{J} + \mathcal{O}(\epsilon)$$

gilt, wobei der Drehimpuls $\boldsymbol{J}$ eingeführt wurde. [1] Die Größe Q entspricht daher der
Projektion des Drehimpulses auf die beliebige Achse $\boldsymbol{n}$.
Es empfiehlt sich, die Größe Q mittels

$$Q = \epsilon_{ijk}n_i r_j p_k'$$

auszudrücken, um so für die Komponenten des Ortsvektors

$$r_l' = r_l + \epsilon\frac{\partial Q}{\partial p_l'} = r_l + \epsilon\,\epsilon_{ijk}n_i r_j \frac{\partial p_k'}{\partial p_l'}$$

$$= r_l + \epsilon\,\epsilon_{ijk}n_i r_j \delta_{kl} = r_l + \epsilon\,\epsilon_{ijl}n_i r_j$$

$$\Rightarrow \quad \boldsymbol{r}' = \boldsymbol{r} + \epsilon\,\boldsymbol{n} \times \boldsymbol{r}$$

---

[1]Da die erzeugenden einer kanonischen Transformation, sowie der Drehimpuls die Dimension einer Wirkung
haben, ist der Vektor $\boldsymbol{n}$ dimensionslos.

zu finden. Da für eine Drehung eines Vektors $\boldsymbol{a}$ um die Achse $\boldsymbol{n}$, $\boldsymbol{n}^2 = 1$ um den Winkel θ immer

$$\boldsymbol{a}' = \boldsymbol{a}_\| + \boldsymbol{a}_\perp \cos(\theta) + (\boldsymbol{n} \times \boldsymbol{a}) \sin(\theta)$$

mit

$$\boldsymbol{a}_\| = \boldsymbol{n} \cdot \boldsymbol{a} \qquad \boldsymbol{a}_\| + \boldsymbol{a}_\perp = \boldsymbol{a}$$

gilt, muss folglich für infinitesimale Drehungen $\theta = \epsilon \ll 1$ auch

$$\boldsymbol{a}' = \boldsymbol{a}_\| + \boldsymbol{a}_\perp \cos(\epsilon) + (\boldsymbol{n} \times \boldsymbol{a}) \sin(\epsilon) \approx \boldsymbol{a}_\| + \boldsymbol{a}_\perp + \epsilon \boldsymbol{n} \times \boldsymbol{a} = \boldsymbol{a} + \epsilon \boldsymbol{n} \times \boldsymbol{a}$$

gelten. Somit handelt es sich bei der Transformation für $\boldsymbol{r}$ um eine Drehung. Für den Impuls ist

$$
\begin{aligned}
p_l' = p_l - \epsilon \frac{\partial Q}{\partial r_l} &= p_l - \epsilon\, \epsilon_{ijk} n_i \frac{\partial r_j}{\partial r_l} p_k \\
&= p_l - \epsilon\, \epsilon_{ilk} n_i p_k = p_l + \epsilon\, \epsilon_{lik} n_i p_k \\
\Rightarrow \quad \boldsymbol{p}' &= \boldsymbol{p} + \epsilon \boldsymbol{n} \times \boldsymbol{p}
\end{aligned}
$$

zu bestimmen. Wie beim Ortsvektor handelt es sich auch hier um eine Drehung. Insgesamt erzeugt die Projektion des Drehimpulses auf die Achse $\boldsymbol{n}$ also eine Drehung der Koordinaten und Impulse.

Da die Hamilton-Funktion nur von $\boldsymbol{p}^2$ und $\boldsymbol{r}$ und somit von $\boldsymbol{r}^2$ abhängt, sollen diese Größen mit

$$
\begin{aligned}
\boldsymbol{r}'^2 &= \boldsymbol{r}^2 + 2\epsilon \boldsymbol{r} \cdot (\boldsymbol{n} \times \boldsymbol{r}) + \mathcal{O}(\epsilon^2) = \boldsymbol{r}^2 + \mathcal{O}(\epsilon^2) \\
\boldsymbol{p}'^2 &= \boldsymbol{p}^2 + 2\epsilon \boldsymbol{p} \cdot (\boldsymbol{n} \times \boldsymbol{p}) + \mathcal{O}(\epsilon^2) = \boldsymbol{p}^2 + \mathcal{O}(\epsilon^2)
\end{aligned}
$$

berechnet werden, wobei die Zyklizität des Spatproduktes ausgenutzt wurde. Damit ist

$$H(\boldsymbol{r}', \boldsymbol{p}', t) = H(\boldsymbol{r}, \boldsymbol{p}, t)$$

gültig und da $\frac{\partial Q}{\partial t} = 0$ ist, ist Bedingung (3.5.1) erfüllt.

(e) **(4 Punkte)** Verwenden Sie $Q = \boldsymbol{n} \cdot \boldsymbol{p}'$ und $V(\boldsymbol{r} + \epsilon \boldsymbol{n}, t) = V(\boldsymbol{r}, t)$, um zu zeigen, dass der Impuls eine infinitesimale Verschiebung des Ortsvektors als Symmetrietransformation erzeugt.

Lösungsvorschlag:
Zunächst ist wieder festzuhalten, das aufgrund von $\boldsymbol{p}' = \boldsymbol{p} + \mathcal{O}(\epsilon)$ die erhaltene Ladung durch

$$Q = n_i p_i' = \boldsymbol{n} \cdot \boldsymbol{p}' = \boldsymbol{n} \cdot \boldsymbol{p} + \mathcal{O}(\epsilon)$$

gegeben ist. Sie entspricht damit der Projektion des Impulses auf einen beliebigen Vektor $\boldsymbol{n}$.

Die neuen Komponenten des Ortsvektors sind durch

$$r_i' = r_i + \epsilon \frac{\partial Q}{\partial p_i'} = r_i + \epsilon\, n_i \quad \Rightarrow \quad \boldsymbol{r}' = \boldsymbol{r} + \epsilon\, \boldsymbol{n}$$

gegeben. Es handelt sich damit um eine Verschiebung des Ortsvektors. Andererseits kann für den Impuls

$$p_i' = p_i - \epsilon \frac{\partial Q}{\partial r_i} = p_i \quad \Rightarrow \quad \boldsymbol{p}' = \boldsymbol{p}$$

gefunden werden. Er bleibt somit unverändert.

Für die Hamilton-Funktion kann daher

$$H(\boldsymbol{r}', \boldsymbol{p}', t) = \frac{\boldsymbol{p}'^2}{2m} + V(\boldsymbol{r}', t) = \frac{\boldsymbol{p}^2}{2m} + V(\boldsymbol{r} + \epsilon\, \boldsymbol{n}, t) = \frac{\boldsymbol{p}^2}{2m} + V(\boldsymbol{r}, t)$$

gefunden werden, wobei die angegebene Eigenschaft von V ausgenutzt wurde. Da $\frac{\partial Q}{\partial t} = 0$ ist, ist Bedingung (3.5.1) gültig und es handelt sich um eine Symmetrietransformation.

Aufgabe 3   25 *Punkte*

Lagrange-Gleichungen erster Art

In dieser Aufgabe sollen Lagrange-Gleichungen 1. Art behandelt werden. Dazu wird ein Teilchen der Masse m im Schwerfeld der Erde g betrachtet, welches verschiedenen holonomen und skleronomen Zwangsbedingungen $f_\alpha(\boldsymbol{r}) = 0$ unterliegt. Alle betrachteten Bewegungen sollen reibungsfrei stattfinden.

(a) **(4 Punkte)** Stellen Sie die Lagrange-Funktion $L(\boldsymbol{r}, \dot{\boldsymbol{r}}, \{\lambda_\alpha\}, t)$ mit den Lagrange-Multiplikatoren λ_α auf und wenden Sie darauf die Euler-Lagrange-Gleichung an, um so die Bewegungsgleichungen des Teilchens zu finden. Welche Zwangskräfte $\boldsymbol{Z}_\alpha$ wirken auf das Teilchen und wie lassen sich diese durch die f_α ausdrücken?

Lösungsvorschlag:
Ein Teilchen im Schwerefeld der Erde wird durch die Lagrange-Funktion

$$L_{\mathrm{T}} = T - U = \frac{1}{2}m\dot{\boldsymbol{r}}^2 - mgz$$

beschrieben. Auf diese Lagrange-Funktion werden alle Zwangsbedingungen, welche Null sind, mit einem eigenen Multiplikator addiert, um die Lagrange-Funktion

$$L = L_{\mathrm{T}} + \sum_\alpha \lambda_\alpha f_\alpha = \frac{1}{2}m\dot{\boldsymbol{r}}^2 - mgz + \sum_\alpha \lambda_\alpha f_\alpha$$

zu erhalten. Für die Auswertung der Euler-Lagrange-Gleichung

$$\frac{\mathrm{d}}{\mathrm{d}t}\frac{\partial L}{\partial \dot{x}_i} = \frac{\partial L}{\partial x_i}$$

müssen die Ableitungen

$$\frac{\mathrm{d}}{\mathrm{d}t}\frac{\partial L}{\partial \dot{x}} = m\ddot{x} \qquad \frac{\partial L}{\partial x} = \sum_\alpha \lambda_\alpha \frac{\partial f_\alpha}{\partial x}$$

$$\frac{\mathrm{d}}{\mathrm{d}t}\frac{\partial L}{\partial \dot{y}} = m\ddot{y} \qquad \frac{\partial L}{\partial y} = \sum_\alpha \lambda_\alpha \frac{\partial f_\alpha}{\partial y}$$

$$\frac{\mathrm{d}}{\mathrm{d}t}\frac{\partial L}{\partial \dot{z}} = m\ddot{z} \qquad \frac{\partial L}{\partial z} = -mg + \sum_\alpha \lambda_\alpha \frac{\partial f_\alpha}{\partial z}$$

bestimmt werden. Daraus können die Bewegungsgleichungen

$$m\ddot{\boldsymbol{r}} = -mg\hat{\boldsymbol{e}}_z + \sum_\alpha \lambda_\alpha \boldsymbol{\nabla} f_\alpha$$

aufgestellt werden. Aus ihnen lassen sich die Zwangskräfte

$$\boldsymbol{Z} = \sum_\alpha \lambda_\alpha \boldsymbol{\nabla} f_\alpha = \sum_\alpha \boldsymbol{Z}_\alpha \qquad \boldsymbol{Z}_\alpha = \boldsymbol{\nabla} f_\alpha$$

ablesen. Daneben muss wegen

$$0 = \frac{\mathrm{d}}{\mathrm{d}t}\frac{\partial L}{\partial \dot\lambda_\alpha} = \frac{\partial L}{\partial \lambda_\alpha} = f_\alpha$$

jede der Nebenbedingungen

$$f_\alpha(\boldsymbol{r}) = 0$$

erfüllt sein.

Nehmen Sie nun an, das Teilchen sei am Ende einer Stange der Länge L befestigt, deren anderes Ende fest mit dem Ursprung des Koordinatensystems verbunden ist. Zudem soll das Teilchen sich nur in der xz-Ebene bewegen.

(b) **(4 Punkte)** Finden Sie alle Zwangsbedingungen und stellen Sie die Bewegungsgleichungen auf.

Lösungsvorschlag:
Die Bewegung in der xz-Ebene kann durch die Zwangsbedingung

$$f_1(y) = y = 0$$

beschrieben werden, während die Bewegung am Ende einer Stange mit Länge L durch

$$f_2(x,y,z) = x^2 + y^2 + z^2 - L^2 = 0$$

beschrieben wird. Nach den Erkenntnissen von Teilaufgabe (a) können damit die beiden Zwangskräfte

$$\boldsymbol{Z}_1 = \lambda_1 \boldsymbol{\nabla} f_1 = \lambda_1 \hat{\boldsymbol{e}}_z$$
$$\boldsymbol{Z}_2 = \lambda_2 \boldsymbol{\nabla} f_2 = 2\lambda_2 \boldsymbol{r}$$

bestimmt werden. Die Bewegungsgleichungen sind daher durch

$$m\ddot{\boldsymbol{r}} = -mg\hat{\boldsymbol{e}}_z + \lambda_1 \hat{\boldsymbol{e}}_y + 2\lambda_2 \boldsymbol{r}$$

bei gleichzeitiger Erfüllung der Zwangsbedingungen

$$y = 0 \qquad x^2 + y^2 + z^2 - L^2 = 0$$

gegeben.

(c) **(6 Punkte)** Differenzieren Sie die Zwangsbedingungen zwei mal nach der Zeit, um mit den Bewegungsgleichungen die Lagrange-Multiplikatoren λ_α zu bestimmen. Verwenden Sie weiter die Energieerhaltung und drücken Sie die Zwangskräfte durch die Geschwindigkeit v_0 am niedrigsten Punkt der Teilchenbahn aus. Welche physikalische Bedeutung kommt der nicht verschwindenden Zwangskraft bei?

Lösungsvorschlag:
Wird die erste Zwangsbedingung zwei mal nach der Zeit differenziert kann

$$\ddot{f}_1 = \ddot{y} = 0$$

und daher $\lambda_1 = 0$ gefunden werden. Unter Verwendung dieser Zwangsbedingung, kann f_2 zu

$$f_2 = x^2 + z^2 - L^2 = 0$$

umformuliert werden. Diese lässt sich ebenfalls zweimal nach der Zeit differenzieren, um

$$0 = \dot{f}_2 = 2\dot{x}x + 2\dot{z}z$$
$$0 = \ddot{f}_2 = 2\dot{x}^2 + 2\dot{z}^2 + 2\ddot{x}x + 2\ddot{z}z$$

zu erhalten. Damit muss auch der Zusammenhang

$$m(\dot{x}^2 + \dot{z}^2) + m\ddot{x}x + m\ddot{z}z = 0$$

gültig sein. In diesen lassen sich die x- und z-Komponente

$$m\ddot{x} = 2\lambda_2 x \qquad m\ddot{z} = -mg + 2\lambda_2 z$$

der Bewegungsgleichungen einsetzen, um

$$0 = m(\dot{x}^2 + \dot{z}^2) + 2\lambda_2 x^2 + (-mg + 2\lambda_2 z)z$$
$$= m\boldsymbol{v}^2 + 2\lambda_2(x^2 + z^2) - mgz$$

zu erhalten. Hierbei wurde die Abkürzung $\boldsymbol{v}^2 = \dot{x}^2 + \dot{z}^2$ für das Quadrat der Geschwindigkeit eingeführt. Darin lässt sich nun die Bedingung $x^2 + z^2 = L^2$ einsetzen, λ_2 durch4

$$0 = m\boldsymbol{v}^2 + 2\lambda_2 L^2 - mgz$$
$$\Rightarrow \quad \lambda_2 = \frac{1}{2L^2}(mgz - m\boldsymbol{v}^2)$$

zu ermitteln. Damit kann die Zwangskraft

$$\boldsymbol{Z}_2 = \lambda_2 \boldsymbol{\nabla} f_2 = 2\lambda_2 \boldsymbol{r} = \frac{mgz - m\boldsymbol{v}^2}{L} \cdot \frac{\boldsymbol{r}}{L} = \frac{mgz - m\boldsymbol{v}^2}{L}\hat{\boldsymbol{e}}_r$$

bestimmt werden. Hierbei wurde $\hat{\boldsymbol{e}}_r = \frac{\boldsymbol{r}}{L}$ verwendet. Da die Zwangskräfte skleronom sind, ist die Energie erhalten und kann durch

$$E = \frac{1}{2}m\boldsymbol{v}^2 + mgz$$

ausgedrückt werden. Am niedrigsten Punkt der Teilchenbahn $r = -L\hat{e}_z$ hat das Teilchen die Geschwindigkeit v_0 und somit ist seine Energie durch

$$E = \frac{1}{2}mv_0^2 - mgL$$

gegeben. Beide Zusammenhänge können verwendet werden, um

$$m\boldsymbol{v}^2 = mv_0^2 - 2mg(L + z)$$

zu finden. In die Zwangskraft eingesetzt, kann daher

$$\boldsymbol{Z}_2 = \frac{mgz - mv_0^2 + 2mg(L + z)}{L}\hat{e}_r = mg\left(3\frac{z}{L} + 2 - \frac{v_0^2}{gL}\right)\hat{e}_r$$

$$= -mg\left(\frac{v_0^2}{gL} - 2 - 3\frac{z}{L}\right)\hat{e}_r$$

ermittelt werden.

Diese Zwangskraft hält die Punktmasse auf ihrer Bahn. Auf Grund des dritten Newton'schen Gesetzes wird eine gleich große Kraft von der Masse auf die Stange ausgeübt. Es handelt sich also auch um die Kraft, die die Stange mindestens aushalten muss. Würde es sich um einen Faden statt um eine Stange handeln, entspräche $\boldsymbol{Z}_2$ der Fadenspannkraft.

Gehen Sie nun davon aus, dass das Teilchen nicht an einer Stange befestigt ist, sondern sich auf einer Kugeloberfläche mit Radius R frei bewegen kann. Es ist dabei nicht fest mit der Kugeloberfläche verbunden. Das Teilchen soll seine Bewegung am höchsten Punkt der Kugel mit der Geschwindigkeit v_0 starten.

(d) **(2 Punkte)** Argumentieren Sie, weshalb es genügt nur die Bewegung in der xz-Richtung zu berücksichtigen. Stellen Sie dann die Zwangsbedingung für die Bewegung auf.

Lösungsvorschlag:

Da Problem ist rotationssymmetrisch um die z-Achse und die anfängliche Bewegung des Teilchens kann nur horizontal verlaufen. Die zu betrachtende Ebene ist jene, die durch die beiden Vektoren $\hat{e}_z$ und $\boldsymbol{v}_0$ aufgespannt wird. Die Wahl des Koordinatensystems ist wegen der Rotationssymmetrie in der Ausrichtung der x- und y-Achse frei. Somit kann die xz-Ebene gewählt werden. Wie sich in der ersten Hälfte der Aufgabe gezeigt hat, wird durch die Zwangsbedingung $y = 0$ auch der entsprechende Multiplikator Null, so dass es reicht die Zwangsbedingung

$$f(x, z) = x^2 + z^2 - R^2 = 0$$

aufzustellen.

(e) **(5 Punkte)** Stellen Sie die Bewegungsgleichung mit Hilfe der Lagrange-Gleichungen 1. Art auf und bestimmen Sie so die auf das Teilchen wirkenden Zwangskraft.

Lösungsvorschlag:
Wie aus Teilaufgabe (a) klar ist, wird der Vektor

$$r = \begin{pmatrix} x \\ z \end{pmatrix}$$

die Bewegungsgleichung

$$m\ddot{r} = -mg\hat{e}_z + \lambda\nabla f$$

erfüllen. Da sich

$$\nabla f = 2r$$

bestimmen lässt, kann damit die Bewegungsgleichung

$$m\ddot{r} = -mg\hat{e}_z + 2\lambda r$$

$$\Rightarrow \quad m\ddot{x} = 2\lambda x \qquad m\ddot{z} = -mg + 2\lambda z$$

gefunden werden. Wird die Zwangsbedingung nun zweimal nach der Zeit abgeleitet

$$0 = \ddot{f} = 2(\dot{x}^2 + \dot{z}^2) + 2\ddot{x}x + 2\ddot{z}z$$

kann unter der Einführung von $v^2 = \dot{x}^2 + \dot{z}^2$ und unter Anwendung der Zwangsbedingung

$$0 = mv^2 + m\ddot{x}x + m\ddot{z}z = mv^2 + 2\lambda x^2 - mgz + 2\lambda z^2$$

$$= mv^2 + 2\lambda R^2 - mgz$$

$$\Rightarrow \quad \lambda = \frac{1}{2R^2}(mgz - mv^2)$$

ermittelt werden. Aufgrund der skleronomen Zwangsbedingung ist die Energie in dem System erhalten. Sie ist durch

$$E = \frac{1}{2}mv^2 + mgz$$

gegeben und nimmt am höchsten Punkt $z = R$ den Wert

$$E = \frac{1}{2}mv_0^2 + mgR$$

an, so dass der Zusammenhang

$$mv^2 = mv_0^2 + 2mg(R - z)$$

gefunden werden kann. Dies lässt sich in den Lagrange-Multiplikator einsetzen, um

$$\lambda = \frac{1}{2R^2}(mgz - mv_0^2 - 2mg(R - z)) = \frac{1}{2R}mg\left(3\frac{z}{R} - \frac{v_0^2}{gR} - 2\right)$$

zu bestimmen. Damit kann schlussendlich die Zwangskraft

$$\boldsymbol{Z} = 2\lambda \boldsymbol{r} = mg\left(3\frac{z}{R} - \frac{v_0^2}{gR} - 2\right)\frac{\boldsymbol{r}}{R} = mg\left(3\frac{z}{R} - \frac{v_0^2}{gR} - 2\right)\hat{\boldsymbol{e}}_r$$

ermittelt werden.

(f) **(4 Punkte)** Wann wird die Zwangskraft Null? Interpretieren Sie physikalisch, was zu diesem Zeitpunkt passiert. Was ergibt sich im Grenzfall $v_0 \to 0$?

Lösungsvorschlag:
Die Zwangskraft wird Null, sobald

$$3\frac{z}{R} - \frac{v_0^2}{gR} - 2 = 0 \quad \Rightarrow \quad \frac{z}{R} = \frac{2}{3} + \frac{v_0^2}{3gR}$$

gilt. Wird der Winkel θ aus den Kugelkoordinaten verwendet, kann $z = R\cos(\theta)$ eingesetzt werden, um

$$\cos(\theta_0) = \frac{2}{3} + \frac{v_0^2}{3gR}$$

für den Höhenwinkel θ_0 am gesuchten Punkt zu bestimmen. Die Zwangskraft sorgt dafür, dass der Massenpunkt nicht durch die Kugeloberfläche hindurch fällt. Sie entspricht nach dem dritten Newton'schen Gesetz dem selben Betrag, wie die Kraft, welche die Masse auf die Oberfläche ausübt. Wird die Kraft Null, so übt die Masse keine Kraft mehr auf die Oberfläche aus. Es handelt sich um den Moment, indem er Massenpunkt die Oberfläche verlässt. Im Grenzfall $v_0 = 0$ kann

$$\cos(\theta_0) = \frac{2}{3} \quad \Rightarrow \quad \theta_0 \approx 48{,}19°$$

gefunden werden.

Aufgabe 4   **25 *Punkte***

Bewegung in elektromagnetischen Feldern

Im Rahmen der Elektrodynamik wird die Bewegung von Körpern mit der Eigenschaft Ladung q in elektrischen $\boldsymbol{E}(\boldsymbol{r}, t)$ und magnetischen Feldern $\boldsymbol{B}(\boldsymbol{r}, t)$ beschrieben. Körper erfahren dabei eine Kraft der Form

$$\boldsymbol{F}(\boldsymbol{r}, \dot{\boldsymbol{r}}, t) = q(\boldsymbol{E} + \dot{\boldsymbol{r}} \times \boldsymbol{B}). \tag{3.5.3}$$

(a) **(2 Punkte)** Zeigen Sie zunächst, dass der zweite Teil der Kraft (3.5.3) keine Arbeit verrichtet. Welche Probleme könnten daher bei einer Beschreibung im Lagrange-Formalismus auftreten?

Lösungsvorschlag:
Die Arbeit wird durch das Integral

$$W_{12} = -\int_{\boldsymbol{r}_1}^{\boldsymbol{r}_2} \mathrm{d}\boldsymbol{r} \cdot \boldsymbol{F}$$

bestimmt. Mit der Kraft

$$\boldsymbol{F} = q \dot{\boldsymbol{r}} \times \boldsymbol{B}$$

kann die Arbeit

$$W_{12} = -q \int_{\boldsymbol{r}_1}^{\boldsymbol{r}_2} \mathrm{d}\boldsymbol{r} \cdot (\dot{\boldsymbol{r}} \times \boldsymbol{B}) = -q \int_{t_1}^{t_2} \mathrm{d}t\, \dot{\boldsymbol{r}} \cdot (\dot{\boldsymbol{r}} \times \boldsymbol{B}) = 0$$

bestimmt werden, die wie erwartet, verschwindet. Daher wird durch diesen Teil der Kraft keine Arbeit verrichtet. Da keine Arbeit verrichtet wird, kann diesem Anteil der Kraft auch keine übliche potentielle Energie $U(\boldsymbol{r}, t)$ zugewiesen werden. Damit würde sich dieser Teil der Kraft auch nicht aus dem Lagrange-Formalismus ableiten. Deshalb muss ein verallgemeinertes Potential der Form $U(\boldsymbol{r}, \dot{\boldsymbol{r}}, t)$ betrachtet werden.

Die Felder $\boldsymbol{E}$ und $\boldsymbol{B}$ lassen sich durch ein Skalarpotential $\Phi(\boldsymbol{r}, t)$ und durch ein Vektorpotential $\boldsymbol{A}(\boldsymbol{r}, t)$ mittels

$$\boldsymbol{E} = -\nabla \Phi - \frac{\partial \boldsymbol{A}}{\partial t} \qquad \boldsymbol{B} = \nabla \times \boldsymbol{A}$$

darstellen. Es lässt sich so die Lagrange-Funktion

$$L(\boldsymbol{r}, \dot{\boldsymbol{r}}, t) = \frac{1}{2} m \dot{\boldsymbol{r}}^2 + q \dot{\boldsymbol{r}} \cdot \boldsymbol{A}(\boldsymbol{r}, t) - q \Phi(\boldsymbol{r}, t) \tag{3.5.4}$$

formulieren.

(b) **(1 Punkt)** Finden Sie den kanonischen Impuls von (3.5.4) und zeigen Sie, dass dieser nicht mit dem kinetischen Impuls übereinstimmt.

Lösungsvorschlag:
Der kanonische Impuls ist die Ableitung der Lagrange-Funktion nach den Geschwindigkeiten, sodass

$$p_i = \frac{\partial L}{\partial \dot{r}_i} = m r_i + q A_i$$

bzw.

$$\boldsymbol{p} = m\dot{\boldsymbol{r}} + q\boldsymbol{A}$$

gefunden werden kann. Dieser stimmt nicht mit dem kinetischen Impuls $m\dot{\boldsymbol{r}}$ überein.

(c) **(4 Punkte)** Zeigen Sie, dass (3.5.4) tatsächlich die Bewegung im Kraftfeld (3.5.3) darstellt.
Hinweis: Der Zusammenhang zwischen $\boldsymbol{B}$ und $\boldsymbol{A}$ lässt auch die Identifikation

$$\partial_i A_j - \partial_j A_i = \epsilon_{ijk} B_k$$

zu.

Lösungsvorschlag:
Die Euler-Lagrange-Gleichung ist durch

$$\frac{\mathrm{d}}{\mathrm{d}t} \frac{\partial L}{\partial \dot{r}_i} = \frac{\partial L}{\partial r_i}$$

gegeben. Die linke Seite kann mit den Ergebnissen aus Teilaufgabe (b) zu

$$\frac{\mathrm{d}}{\mathrm{d}t} \frac{\partial L}{\partial \dot{r}_i} = \frac{\mathrm{d}p_i}{\mathrm{d}t} = m\ddot{r}_i + q\frac{\mathrm{d}r_j}{\mathrm{d}t}\frac{\partial A_i}{\partial r_j} + q\frac{\partial A_i}{\partial t} = m\ddot{r}_i + q\dot{r}_j\partial_j A_i + q\frac{\partial A_i}{\partial t}$$

umgeformt werden. Die rechte Seite ist hingegen durch

$$\frac{\partial L}{\partial r_i} = \partial_i L = q\,\dot{r}_j\partial_i A_j - q\partial_i \Phi$$

gegeben. Insgesamt kann somit

$$m\ddot{r}_i + q\dot{r}_j\partial_j A_i + q\frac{\partial A_i}{\partial t} = q\,\dot{r}_j\partial_i A_j - q\partial_i \Phi$$

$$\Rightarrow \quad m\ddot{r}_i = -q\partial_i \Phi - q\frac{\partial A_i}{\partial t} + q\,\dot{r}_j\partial_i A_j - q\dot{r}_j\partial_j A_i$$

$$\Rightarrow \quad m\ddot{r}_i = q\left[\left(-\frac{\partial \Phi}{\partial r_i} - \frac{\partial A_i}{\partial t}\right) + \dot{r}_j\left(\partial_i A_j - \partial_j A_i\right)\right]$$

gefunden werden. Mit den Definitionen der Felder und der sich daraus ergebenden Identitäten

$$E_i = -\frac{\partial \Phi}{\partial r_i} - \frac{\partial A_i}{\partial t} \qquad \partial_i A_j - \partial_j A_i = \epsilon_{ijk} B_k$$

lässt sich so auch

$$m \ddot{r}_i = q \left[E_i + \dot{r}_j \epsilon_{ijk} B_k \right] = q \left[E_i + (\dot{\boldsymbol{r}} \times \boldsymbol{B})_i \right] \quad \Leftrightarrow \quad m \ddot{\boldsymbol{r}} = q (\boldsymbol{E} + \dot{\boldsymbol{r}} \times \boldsymbol{B})$$

bestimmen. Daher beschreibt die gegebene Lagrange-Funktion tatsächlich die Bewegung im Kraftfeld (3.5.3).

(d) **(2 Punkte)** Finden Sie die Hamilton-Funktion und geben Sie eine Ersetzung von H und $\boldsymbol{p}$ an, um auf der Basis einer Hamilton-Funktion die Kopplung ans elektromagnetische Feld zu bestimmen.

Lösungsvorschlag:
Die Hamilton-Funktion ist durch

$$H(\boldsymbol{q}, \boldsymbol{p}, t) = \boldsymbol{p} \cdot \dot{\boldsymbol{q}} - L$$

definiert und kann deshalb zu

$$\begin{aligned} H &= (m \dot{\boldsymbol{r}} + q \boldsymbol{A}) \cdot \dot{\boldsymbol{r}} - \left(\frac{1}{2} m \dot{\boldsymbol{r}}^2 + q \dot{\boldsymbol{r}} \cdot \boldsymbol{A} - q \Phi \right) \\ &= \frac{1}{2} m \dot{\boldsymbol{r}}^2 + q \Phi = \frac{1}{2m} (m \dot{\boldsymbol{r}})^2 + q \Phi \\ &= \frac{(\boldsymbol{p} - q \boldsymbol{A})^2}{2m} + q \Phi \end{aligned}$$

bestimmt werden. Dieser Zusammenhang lässt sich auch als

$$H - q \Phi = \frac{(\boldsymbol{p} - q \boldsymbol{A})^2}{2m}$$

schreiben. Im Vergleich zur Hamilton-Funktion eines freien Teilchens

$$H = \frac{\boldsymbol{p}^2}{2m}$$

lässt sich die Ersetzung

$$H \to H - q \Phi \qquad \boldsymbol{p} \to \boldsymbol{p} - q \boldsymbol{A}$$

erkennen. Diese Ersetzung, um von einer Hamilton-Funktion ohne elektromagnetische Felder zu einer Hamilton-Funktion mit elektromagnetischen Feldern zu kommen, wird auch als minimale Kopplung bezeichnet.

(e) **(4 Punkte)** Die Felder Φ und A sind nicht eindeutig bestimmt. Zeigen Sie, dass sich die Felder E und B unter der Transformation

$$\Phi \to \Phi + \frac{\partial \Lambda}{\partial t} \qquad A \to A - \nabla \Lambda$$

nicht verändern. Dabei ist $\Lambda(r, t)$ eine mindestens zweimal stetig differenzierbare Funktion. Weshalb ergeben sich dennoch die gleichen Bewegungsgleichungen aus der veränderten Lagrange-Funktion?

Lösungsvorschlag:
Zunächst wird das B-Feld betrachtet. Hier ist

$$B = \nabla \times A \to \nabla \times (A - \nabla \Lambda) = \nabla \times A - \nabla \times (\nabla \Lambda)$$

gültig. Da die Rotation des Gradientenfeldes der zweimal stetig Differenzierbaren Funktion Λ aufgrund des Satzes von Schwartz und

$$[\nabla \times (\nabla \Lambda)]_i = \epsilon_{ijk} \partial_j \partial_k \Lambda = -\epsilon_{ikj} \partial_k \partial_j \Lambda = -\epsilon_{ijk} \partial_j \partial_k \Lambda = - [\nabla \times (\nabla \Lambda)]_i$$

verschwindet, wird sich das B-Feld unter der angegebenen Transformation nicht verändern. [2]
Das E-Feld wird sich auf

$$E = -\nabla \Phi - \frac{\partial A}{\partial t} \to -\nabla \phi - \nabla \left(\frac{\partial \Lambda}{\partial t} \right) - \frac{\partial A}{\partial t} + \frac{\partial}{\partial t} \nabla \Lambda$$

abändern. Da Λ zweimal stetig Differenzierbar ist, vertauschen die partiellen Zeit- und Raumableitungen, so dass

$$E \to -\nabla \phi - \frac{\partial A}{\partial t} = E$$

gilt. Das E-Feld bleibt also auch unverändert.
Die Lagrange-Funktion

$$L = \frac{1}{2} m \dot{r}^2 + q \dot{r} \cdot A - q \Phi$$

geht hingegen zu

$$L \to L' = \frac{1}{2} m \dot{r}^2 + q \dot{r} \cdot (A - \nabla \Lambda) - q \left(\Phi + \frac{\partial \Lambda}{\partial t} \right)$$
$$= \frac{1}{2} m \dot{r}^2 + q \dot{r} \cdot A - q \Phi - q \left(\dot{r} \cdot \nabla \Lambda + \frac{\partial \Lambda}{\partial t} \right) = L - q \left(\dot{r} \cdot \nabla \Lambda + \frac{\partial \Lambda}{\partial t} \right)$$

über. Diese unterscheidet sich wegen

$$\frac{d}{dt} \Lambda(r, t) = \frac{dr_i}{dt} \frac{\partial \Lambda}{\partial r_i} + \frac{\partial \Lambda}{\partial t} = \dot{r} \cdot \nabla \Lambda + \frac{\partial \Lambda}{\partial t}$$

---

[2] Im zweiten Schritt wird die Reihenfolge der Indices und der Ableitungen aufgrund des Satzes von Schwartz vertauscht, im dritten Schritt werden die Summationsindices $j \leftrightarrow k$ umbenannt.

nur um die totale Zeitableitung von $q\Lambda(\boldsymbol{r}, t)$ von der ursprünglichen Lagrange-Funktion. Damit ist die Wirkung der beiden Lagrange-Funktionen bis auf eine additive Konstante gleich und die Variation der Wirkung wird demnach gleich sein, so dass sich dieselben Bewegungsgleichungen ergeben.

(f) **(12 Punkte)** Betrachten Sie nun die Potentiale $\Phi = 0$ und $\boldsymbol{A} = -\frac{1}{2}(\boldsymbol{r} \times \boldsymbol{B}_0)$ wobei $\boldsymbol{B}_0$ ein konstanter Vektor sein soll. Finden Sie die Felder $\boldsymbol{B}$ und $\boldsymbol{E}$ und zeigen Sie, dass eine Drehung um die $\boldsymbol{B}$-Achse, sowie eine Translation entlang der $\boldsymbol{B}$-Achse jeweils eine Symmetrie des Systems darstellen und finden Sie die dazugehörigen Erhaltungsgrößen.

Lösungsvorschlag:
Da das Feld Φ Null ist und das Feld $\boldsymbol{A}$ unabhängig von t, wird $\boldsymbol{E} = \boldsymbol{0}$ sein. Auf der anderen Seite lässt sich aus

$$A_k = -\frac{1}{2}\epsilon_{klm}r_l B_{0,m}$$

das Feld

$$B_i = [\boldsymbol{\nabla} \times \boldsymbol{A}]_i = \epsilon_{ijk}\partial_j A_k = -\frac{1}{2}\epsilon_{ijk}\epsilon_{klm}B_{0,m}\partial_j r_l$$

$$= \frac{1}{2}\epsilon_{kji}\epsilon_{kjm}B_{0,m} = \delta_{im}B_{0,m} = B_{0,i}$$

bestimmen. Dabei wurden die Identitäten

$$\partial_j r_l = \delta_{jl} \qquad \epsilon_{kji}\epsilon_{kjm} = 2\delta_{im}$$

verwendet. Das $\boldsymbol{B}$-Feld ist also gerade der konstante Vektor $\boldsymbol{B}_0$. Der Einfachheit halber wird dieser für den Rest der Aufgabe nur noch mit $\boldsymbol{B}$ mit Betrag B bezeichnet. Das Noether-Theorem besagt, dass bei einer Symmetrietransformation

$$\boldsymbol{r}' \to \boldsymbol{r} + \epsilon\boldsymbol{\psi} \qquad t' \to t + \epsilon\,\Phi$$

die Ladung

$$Q = \boldsymbol{\psi} \times \boldsymbol{p} - \phi H$$

erhalten ist. Ist $\phi = 0$, so handelt es sich um eine Symmetrietransformation, wenn

$$L(\boldsymbol{r}', \dot{\boldsymbol{r}}', t) = L(\boldsymbol{r}, \dot{\boldsymbol{r}}, t) + \mathcal{O}(\epsilon^2)$$

gilt.
Bei einer vollständigen Drehung um die $\boldsymbol{B}$-Achse um den Winkel θ ist die Transformation durch

$$\boldsymbol{r}' = \boldsymbol{r}_{\|} + \boldsymbol{r}_{\perp}\cos(\theta) + \left(\frac{\boldsymbol{B}}{B} \times \boldsymbol{r}\right)\sin(\theta)$$

$$\boldsymbol{r}_{\|} = \frac{\boldsymbol{B}\cdot\boldsymbol{r}}{B} \qquad \boldsymbol{r}_{\perp} = \boldsymbol{r} - \boldsymbol{r}_{\|}$$

gegeben. Für einen infinitesimalen Winkel ϵ kann stattdessen auch

$$\boldsymbol{r}' \approx \boldsymbol{r}_{\parallel} + \boldsymbol{r}_{\perp} + \left(\frac{\boldsymbol{B}}{B} \times \boldsymbol{r}\right)\epsilon = \boldsymbol{r} + \epsilon\left(\frac{\boldsymbol{B}}{B} \times \boldsymbol{r}\right) = \boldsymbol{r} + \epsilon\boldsymbol{\psi}$$

gefunden werden. In der Lagrange-Funktion

$$L = \frac{1}{2}m\dot{\boldsymbol{r}}^2 + q\dot{\boldsymbol{r}} \cdot \boldsymbol{A} = \frac{1}{2}m\dot{\boldsymbol{r}}^2 - \frac{q}{2}\dot{\boldsymbol{r}} \cdot (\boldsymbol{r} \times \boldsymbol{B}) = \frac{1}{2}m\dot{\boldsymbol{r}}^2 + \frac{q}{2}\boldsymbol{B} \cdot (\boldsymbol{r} \times \dot{\boldsymbol{r}})$$

tauchen nur $\dot{\boldsymbol{r}}^2$ und $\boldsymbol{r} \times \dot{\boldsymbol{r}}$ auf. Der Term $\dot{\boldsymbol{r}}^2$ lässt sich mit

$$\dot{\boldsymbol{r}}' = \dot{\boldsymbol{r}} + \epsilon\left(\frac{\boldsymbol{B}}{B} \times \dot{\boldsymbol{r}}\right)$$

$$\Rightarrow \quad \dot{\boldsymbol{r}}'^2 = \dot{\boldsymbol{r}}^2 + 2\epsilon\dot{\boldsymbol{r}} \cdot \left(\frac{\boldsymbol{B}}{B} \times \dot{\boldsymbol{r}}\right) + \mathcal{O}(\epsilon^2) = \dot{\boldsymbol{r}}^2 + \mathcal{O}(\epsilon^2)$$

betrachten. Dieser ist bis zur ersten Ordnung in ϵ mit den ursprünglichen Ausdrücken äquivalent. Für den Ausdruck $\boldsymbol{r} \times \dot{\boldsymbol{r}}$ kann hingegen

$$\boldsymbol{r}' \times \dot{\boldsymbol{r}}' = \left(\boldsymbol{r} + \epsilon\left(\frac{\boldsymbol{B}}{B} \times \boldsymbol{r}\right)\right) \times \left(\dot{\boldsymbol{r}} + \epsilon\left(\frac{\boldsymbol{B}}{B} \times \dot{\boldsymbol{r}}\right)\right)$$

$$= \boldsymbol{r} \times \dot{\boldsymbol{r}} + \epsilon\boldsymbol{r} \times \left(\frac{\boldsymbol{B}}{B} \times \dot{\boldsymbol{r}}\right) + \epsilon\left(\frac{\boldsymbol{B}}{B} \times \boldsymbol{r}\right) \times \dot{\boldsymbol{r}} + \mathcal{O}(\epsilon^2)$$

$$= \boldsymbol{r} \times \dot{\boldsymbol{r}} + \epsilon\left(\boldsymbol{r} \times \left(\frac{\boldsymbol{B}}{B} \times \dot{\boldsymbol{r}}\right) + \dot{\boldsymbol{r}} \times \left(\boldsymbol{r} \times \frac{\boldsymbol{B}}{B}\right)\right) + \mathcal{O}(\epsilon^2)$$

$$= \boldsymbol{r} \times \dot{\boldsymbol{r}} - \epsilon\frac{\boldsymbol{B}}{B}(\boldsymbol{r} \times \dot{\boldsymbol{r}}) + \mathcal{O}(\epsilon^2)$$

gefunden werden. Dabei wurde im letzten Schritt die Jacobi-Identität für Kreuzprodukte ausgenutzt. Da dieser Ausdruck noch im Skalarprodukt mit $\boldsymbol{B}$ steht, verschwinden die Terme erster Ordnung in ϵ und die Lagrange-Funktion ist als ganzes invariant unter der betrachten infinitesimalen Transformation. Damit muss nach dem Noether-Theorem die Größe

$$Q = \boldsymbol{\psi} \cdot \boldsymbol{p} - \phi H = \left(\frac{\boldsymbol{B}}{B} \times \boldsymbol{r}\right) \cdot \boldsymbol{p} = \frac{\boldsymbol{B}}{B} \cdot (\boldsymbol{r} \times \boldsymbol{p})$$

einer Erhaltungsgröße sein. Dies ist die Projektion des Kreuzproduktes des Ortsvektors und des kanonischen Impulses auf die $\boldsymbol{B}$-Feld-Achse. Da diese Achse nicht beliebig ist, ist der Vektor $\boldsymbol{r} \times \boldsymbol{p}$ im Allgemeinen nicht erhalten.

Für eine Translation entlang der $\boldsymbol{B}$-Feld-Achse kann die infinitesimale Transformation

$$\boldsymbol{r} \to \boldsymbol{r}' = \boldsymbol{r} + \frac{\boldsymbol{B}}{B}\epsilon = \boldsymbol{r} + \epsilon\boldsymbol{\psi}$$

betrachtet werden. [3] Damit kann auch

$$\dot{\boldsymbol{r}}' = \dot{\boldsymbol{r}}$$

---

[3] In diesem Fall hat ϵ die Dimension einer Länge

gefunden werden. Für den Ausdruck $r \times \dot{r}$ muss hingegen

$$r' \times \dot{r}' = r \times \dot{r} + \epsilon \frac{B \times \dot{r}}{B} + \mathcal{O}(\epsilon)^2$$

betrachtet werden. Da dieser noch im Skalarprodukt mit B steht, verschwindet der Term in linearer Ordnung von ϵ und die Lagrange-Funktion ist damit invariant unter der betrachteten infinitesimalen Transformation. Daher muss nach dem Noether-Theorem die Größe

$$Q = \psi \cdot p - \phi H = \frac{B \cdot p}{B}$$

erhalten sein. Da der Vektor B nicht beliebig war, ist der kanonische Impuls nur in B-Richtung erhalten. Darüber hinaus ist zu bemerken, dass der kanonische Impuls hier durch

$$p = m\dot{r} + qA = m\dot{r} - \frac{q}{2}(r \times B)$$

gegeben ist. Bei der Projektion auf die B-Achse verschwindet der zweite Term und es zeigt sich, dass die Projektion des kinetischen Impulses $m\dot{r}$ auf die B-Achse erhalten ist.

3.6 Lösung zur Klausur VI – Analytische Mechanik – mittel

Hinweise

Aufgabe 1 - Kurzfragen

(a) Wie ist die Legendre-Transformation definiert? Was ist die Ableitung m von f? wie lässt sich die x durch m ausdrücken?

(b) Wie kann aus der Massendichte $\rho(\boldsymbol{r}) = \sigma_0 \delta\,(r - R)$ die Masse der Kugelschale bestimmt werden? Durch welches Integral kann I bestimmt werden? Bedenken Sie, dass $r_\perp = r \sin(\theta)$ gilt.

(c) Wie lautet die Leibniz-Regeln für Poisson-Klammern? Wie lautet die fundamentale Poisson-Klammer?

(d) Wieso beschreibt die Zwangsbedingung $f(x, z) = z - x \tan(\alpha)$ die schiefe Ebene? Wie lassen sich die Zwangskräfte durch einen Lagrange-Multiplikator ausdrücken? Was passiert, wenn die Zwangsbedingung zwei mal nach der Zeit abgeleitet wird?

(e) Wie lassen sich aus den kanonischen Bewegungsgleichungen $z(t)$ und $p(t)$ bestimmen? Wie sehen für zwei Teilchen des Ensembles die Abstände Δz und Δp als Funktion der Zeit aus? Was ergibt sich daraus für die vier Ecken des Ensembles im Phasenraumdiagramm? Warum bleibt das Phasenraumvolumen gleich?

Aufgabe 2 - Massenpunkt an einer Schnur

(a) Wie lassen sich die Ortsvektoren der beiden Massen in Zylinder-Koordinaten ausdrücken? Sind Konstanten im Potential für die Bewegungsgleichungen wichtig? Hängt die Lagrange-Funktion von ϕ ab? Wie ist der Drehimpuls in Zylinderkoordinaten definiert?

(b) Wie sieht die Definition der Hamilton-Funktion über eine Legendre-Transformation aus? Wie lauten die kanonischen Bewegungsgleichungen? Wieso ist p_ϕ erhalten? Sollten sich die gleichen Bewegungsgleichungen ergeben? Wie lässt sich die totale Zeitableitung einer Größe durch die Poisson-Klammern bestimmen?

(c) Lässt sich ein konstanter Impuls in der Hamilton-Funktion ersetzen? Sie sollten

$$A = \frac{J^2}{2m} \qquad B = Mg$$

finden.

(d) Was gilt für $\ddot{s}$ auf einer Kreisbahn? Wie lässt sich eine Funktion $f(x)$ in der Nähe um einen Punkt $x = x_0 \delta x$ entwickeln? Warum könnte die effektive Masse durch $(M+m)$ gegeben sein? Für den Fall gleicher Massen $M = m$ muss sich das Ergebnis für die Kreisfrequenz auf

$$\omega^2 = \frac{3J^2}{2m^2 s_0^4}$$

reduzieren.

Aufgabe 3 - Gekoppelte Schwingungen

(a) Lassen sich die Ruhelängen aus Symmetrieüberlegungen heraus ermitteln? Haben additive Konstanten in der Lagrange-Funktion einen Einfluss auf die Bewegungsgleichungen?

(b) Sind die Matrizen M und K symmetrisch? Was folgt daraus beim Bilden der Ableitungen? Ist der Ansatz $\delta \boldsymbol{x} = \delta \boldsymbol{x}_\lambda \cos(\omega_\lambda t + \Psi_\lambda)$ zielführend?

(c) Wann verfügt die Eigenwertgleichung über unendlich viele Lösungen? Sie sollten $\lambda_0 = 2$ und $\lambda_\pm = \frac{3 \pm \sqrt{5}}{2}$ finden.

(d) Lässt sich die Koeffizientenmatrix über Ähnlichkeitstransformationen umformen? Wie funktioniert der Minus-Eins-Ergänzungstrick?

Aufgabe 4 - Die schwingende Membran

(a) Wie lautet die kinetische Energie eines einzelnen Massenpunktes? Wie lässt sich eine Summe über das Gitter geschickt ausführen? Wie lassen sich die Summen unter Einführung der Flächenmassendichte σ im Kontinuumslimes in Integrale umwandeln?

(b) Wie ist die potentielle Energie als Wegintegral definiert? Wie lassen sich die Wegelemente Δl_x und Δl_y bestimmen? Was passiert mit Ausdrücken der Form $\frac{\Delta z}{\Delta x}$ im Kontinuumslimes? Ist die Taylor-Entwicklung der Wurzel

$$\sqrt{1 + u^2} \approx 1 + \frac{1}{2} u^2 + \mathcal{O}(u^4)$$

hilfreich?

(c) Wie lässt sich der Laplace-Operator Δ über ∂_i ausdrücken?

(d) Was passiert bei einer Ableitung, mit Faktoren, die nicht von der betrachteten Variable abhängig sind? Lässt sich die gesamte Gleichung durch z teilen?

(e) Was passiert mit den einzelnen Seiten der Gleichung, wenn t, s und ϕ verändert werden?

(f) Muss Φ ein exponentielles oder oszillatorisches Verhalten aufweisen?

Lösungen

Aufgabe 1   25 *Punkte*
Kurzfragen

(a) **(5 Punkte)** Bestimmen Sie die Legendre-Transformation an der Funktion $f(x) = e^{ax}$.

Lösungsvorschlag:
Für die Legendre-Transformation wird die Ableitung

$$m = \frac{\mathrm{d}f}{\mathrm{d}x} = a\,e^{ax}$$

und x als Funktion von m

$$x = \frac{1}{a}\ln\left(\frac{m}{a}\right)$$

benötigt. Dies lässt sich in die Definition der Legendre-Transformation

$$g(m) = f(x(m)) - x(m) \cdot m$$

einsetzen, um

$$g(m) = e^{a \cdot \frac{1}{a}\ln\left(\frac{m}{a}\right)} - \frac{1}{a}\ln\left(\frac{m}{a}\right)\cdot m = \frac{m}{a} - \frac{m}{a}\ln\left(\frac{m}{a}\right) = \frac{m}{a}\left(1 - \ln\left(\frac{m}{a}\right)\right)$$

zu erhalten.

(b) **(5 Punkte)** Bestimmen Sie das Trägheitsmoment einer Kugelschale mit Radius R und konstanter Flächenmassendichte σ_0. Drücken Sie Ihr Ergebnis durch die Masse m der Kugelschale und deren Radius aus.

Lösungsvorschlag:
Eine Kugelschale wird durch die Massendichte

$$\rho(\boldsymbol{r}) = \sigma_0 \delta\,(r - R)$$

beschrieben. Wegen

$$m = \int \mathrm{d}^3 r\, \rho(\boldsymbol{r}) = \int_0^{2\pi} \mathrm{d}\phi \int_{-1}^{1} \mathrm{d}\cos(\theta) \int_0^{\infty} \mathrm{d}r\; r^2 \sigma_0 \delta\,(r - R) = 4\pi R^2 \sigma_0$$

kann

$$\sigma_0 = \frac{m}{4\pi R^2}$$

ermittelt werden. Das Trägheitsmoment ist durch

$$I = \int \mathrm{d}^3 r\, \rho(\boldsymbol{r}) r_\perp^2$$

definiert. Es ist zu beachten, dass $r_\perp = r\sin(\theta)$ gilt und somit

$$I = \int_0^{2\pi} d\phi \int_{-1}^{1} d\cos(\theta) \int_0^{\infty} dr \; r^2 \sigma_0 \delta(r-R) \, r^2 \sin^2(\theta)$$

$$= 2\pi\sigma_0 \int_{-1}^{1} d\cos(\theta) \, (1-\cos^2(\theta)) \int_0^{\infty} dr \; r^4 \delta(r-R)$$

$$= 4\pi\sigma_0 R^4 \int_0^{1} du \, (1-u^2) = mR^2 \left[u - \frac{1}{3}u^3 \right]_0^1$$

$$= mR^2 \frac{2}{3} = \frac{2}{3}mR^2$$

gefunden werden kann.

(c) **(5 Punkte)** Bestimmen Sie die Poisson-Klammern $\{q^2, p^2\}$.

Lösungsvorschlag:
Durch die Leibniz-Regel kann die betrachtete Poisson-Klammer zunächst auf

$$\{q^2, p^2\} = q\{q, p^2\} + \{q, p^2\}q = 2q\{q, p^2\} = 4qp\{q, p\}$$

umgeformt werden. Da die fundamentale Poisson-Klammer $\{q, p\} = 1$ ist, kann somit

$$\{q^2, p^2\} = 4qp$$

gefunden werden.

(d) **(5 Punkte)** Verwenden Sie die Lagrange-Gleichungen erster Art, um die Normalen-kraft bei einer Bewegung auf einer schiefen Ebene mit Inklinationswinkel α zu ermit-teln.

Lösungsvorschlag:
Das Teilchen auf der schiefen Ebene soll durch die Koordinaten x und z beschrieben werden. Diese hängen über die Zwangsbedingung

$$f(x, z) = z - x\tan(\alpha) = 0$$

zusammen. Durch diese Zwangsbedingung steigt die schiefe Ebene mit zunehmendem x an. Die Lagrange-Gleichung erster Art

$$m\ddot{\boldsymbol{r}} = \boldsymbol{F} + \lambda \boldsymbol{\nabla} f$$

lässt sich dann zu den beiden Gleichungen

$$m\ddot{x} = -\lambda\tan(\alpha) \qquad m\ddot{z} = -mg + \lambda$$

auswerten. Wird die Zwangsbedingung zwei mal nach der Zeit differenziert, kann so der Zusammenhang

$$\ddot{f} = \ddot{z} - \ddot{x}\tan(\alpha) = 0 \quad \Rightarrow \quad \ddot{z} = \ddot{x}\tan(\alpha)$$

gefunden werden. Dieser lässt sich wiederum in den Bewegungsgleichungen einsetzen, um so

$$-mg + \lambda = m\ddot{z} = m\ddot{x}\tan(\alpha) = -\lambda\tan^2(\alpha)$$

$$\Rightarrow \quad \lambda\left(1 + \tan^2(\alpha)\right) = \frac{\lambda}{\cos^2(\alpha)} = mg$$

$$\Rightarrow \quad \lambda = mg\cos^2(\alpha)$$

zu erhalten. Aus den beiden Bewegungsgleichungen lassen sich somit die Zwangskräfte

$$Z_x = -\lambda\tan(\alpha) = -mg\cos(\alpha)\sin(\alpha) \qquad Z_z = \lambda = mg\cos^2(\alpha)$$

ablesen. [1]

(e) **(5 Punkte)** Betrachten Sie ein Ensemble aus Teilchen der Masse m, die durch die Hamilton-Funktion

$$H(z,p) = \frac{p^2}{2m} + mgz$$

beschrieben werden. Die Koordinaten und Impulse sollen für $t = 0$ aus dem Intervall $[0, z_0]$ und $[0, p_0]$ kommen. Skizzieren Sie das besetzte Phasenraumvolumen zu einem späteren Zeitpunkt t. Welche Aussage darüber trifft der Satz von Liouville?

Lösungsvorschlag:
Es bietet sich an zunächst die Form des Phasenraumflusses zu untersuchen. Dazu werden die kanonischen Bewegungsgleichungen

$$\dot{q} = \frac{\partial H}{\partial p} \qquad \dot{p} = -\frac{\partial H}{\partial q}$$

gemäß

$$\dot{z} = \frac{p}{m} \qquad \dot{p} = -mg$$

ausgewertet. Mit den Anfangsbedingungen $z(0) = z_0$ und $p(0) = p_0$ lässt sich die resultierende Bewegungsgleichung

$$\ddot{z} = -g$$

---

[1]Bei der Betrachtung von Kräfteparallelogrammen würden diese Ausdrücke ebenfalls zu Stande kommen. Ein Faktor $\cos(\alpha)$ kommt daher, dass die Gewichtskraft auf die Normale zur Ebene projiziert werden muss. Dadurch ergibt sich der Betrag der Normalkraft. Für die einzelnen Komponenten muss dann noch jeweils mit $\sin(\alpha)$ bzw. $\cos(\alpha)$ multipliziert werden.

durch

$$z(t) = z_0 + \frac{p_0}{m}t - \frac{1}{2}gt^2 \qquad p(t) = p_0 - mgt$$

lösen. Hierin lässt sich t nach p auflösen, um so durch

$$t = \frac{p_0 - p(t)}{mg}$$

den funktionalen Zusammenhang

$$z(t) = z_0 + \frac{p_0}{m} \cdot \frac{p_0 - p}{mg} - \frac{1}{2}g\left(\frac{p_0 - p}{mg}\right)^2$$

$$= z_0 - \frac{p_0}{m^2g}(p - p_0) - \frac{1}{2m^2g}(p - p_0)^2$$

zischen z und p zu erhalten. Hieraus lassen sich die Phasenraumtrajektorien konstruieren. Es handelt sich bei $z(p)$ um Parabeln.

Werden nun zwei Teile des Ensembles mit den Anfangsbedingungen z_1, p_1 und z_2, p_2 betrachtet, so kann der Abstand der beiden in z und p zu

$$\Delta z(t) = z_2(t) - z_1(t) = z_2 - z_1 + \frac{p_2 - p_1}{m}t$$

$$\Delta p(t) = p_2 - p_1 = \Delta p(0) \quad \Rightarrow \quad \Delta z(t) = \Delta z(0) + \frac{\Delta p(0)}{m}t$$

bestimmt werden. Hieraus lässt sich erkennen, dass der Abstand $\Delta z(t)$ für Teile des Ensembles mit $\Delta p(0) = 0$ gerade konstant $\Delta z(0)$ ist. Für Teile des Ensembles mit $\Delta z(0) = 0$ und $\Delta p(0) \neq 0$ bleibt der Abstand $\Delta p(t)$ konstant $\Delta p(0)$ während $\Delta z(t)$ linear wächst. Die Folge ist, dass sich das anfängliche Rechteck mit Breite z_0 und Höhe p_0 in ein Parallelogramm mit gleichbleibender Breite und Höhe verformt. Dies ist in Abb. 3.6.1 zu sehen. Die Fläche des Parallelogramms ist dabei durch $\Gamma = z_0 p_0$ gegeben und stellt das Phasenraumvolumen dar. Es bleibt konstant, genau so, wie es der Satz von Liouville verlangt.

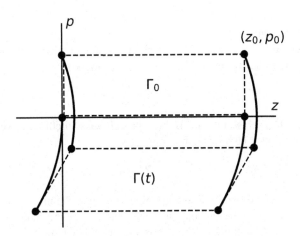

Abb. 3.6.1 Skizze des besetzten Phasenraumvolumens beim freien Fall

Aufgabe 2   25 *Punkte*

Massenpunkt an einer Schnur

Betrachten Sie einen Massenpunkt m, der reibungsfrei auf einem Tisch gleiten soll. Er ist an einer massenlosen Schnur der Länge l befestigt, die durch ein Loch in der Mitte des Tisches führt. Am anderen Ende der Schnur ist ein Massenpunkt der Masse M befestigt. Der gesamte Aufbau befindet sich im Schwerefeld g der Erde. Die Bewegung soll dabei auf Fälle beschränkt sein, in denen keine der beiden Massen durch das Loch in der Mitte des Tisches gezogen wird.

(a) **(6 Punkte)** Stellen Sie die Lagrange-Funktion des Systems in Zylinderkoordinaten auf. Gibt es zyklische Koordinaten? Wenn ja, welche physikalische Größe ist damit erhalten? Stellen Sie die Bewegungsgleichung für den Abstand s des Massenpunktes m zum Loch auf.

Lösungsvorschlag:
Der Massenpunkt m bewegt sich auf einer konstanten Höhe, die als $z = 0$ gewählt werden kann. Seine Bewegung lässt sich in Zylinderkoordinaten vollständig durch

$$\boldsymbol{r} = s\hat{\boldsymbol{e}}_s$$

beschreiben. Der Massenpunkt M bewegt sich ausschließlich in vertikaler Richtung und sein Ortsvektor lässt deshalb durch

$$\boldsymbol{R} = z\hat{\boldsymbol{e}}_z$$

beschreiben. Da die beiden Massenpunkte über eine Schnur der Länge l verbunden sind, sind z und s nicht unabhängig voneinander, sondern hängen durch $z = s - l$ zusammen. Die Ableitungen der Vektoren können daher zu

$$\dot{\boldsymbol{r}} = \dot{s}\hat{\boldsymbol{e}}_s + s\dot{\phi}\hat{\boldsymbol{e}}_\phi \qquad \dot{\boldsymbol{R}} = \dot{s}\hat{\boldsymbol{e}}_z$$

bestimmt werden, weshalb die kinetische Energie des Systems durch

$$T = \frac{1}{2}m\dot{\boldsymbol{r}}^2 + \frac{1}{2}M\dot{\boldsymbol{R}}^2 = \frac{1}{2}m(\dot{s}^2 + s^2\dot{\phi}^2) + \frac{1}{2}M\dot{s}^2 = \frac{1}{2}(M + m)\dot{s}^2 + \frac{1}{2}ms^2\dot{\phi}^2$$

gegeben ist. Die potentielle Energie hängt nur der Höhenlage der beiden Massenpunkte ab. Da nur der Massenpunkt M seine Höhe verändern kann, ist diese durch

$$V = Mgz = Mg(s - l)$$

gegeben. Da nur die Ableitungen des Potentials physikalisch sind, kann die Konstante $-Mgl$ ignoriert werden, um so die Lagrange-Funktion

$$L(s, \phi, \dot{s}, \dot{\phi}) = T - V = \frac{1}{2}(M + m)\dot{s}^2 + \frac{1}{2}ms^2\dot{\phi}^2 - Mgs$$

zu finden.
Die Koordinate ϕ ist dabei zyklisch, sodass

$$p_\phi = \frac{\partial L}{\partial \dot\phi} = ms^2 \dot\phi$$

eine Erhaltungsgröße ist. Der Vergleich

$$\boldsymbol{J} = m\boldsymbol{r} \times \dot{\boldsymbol{r}} = ms^2 \dot\phi \hat{\boldsymbol{e}}_z = J\hat{\boldsymbol{e}}_z$$

zeigt, dass es sich bei p_ϕ gerade um die z-Komponente des Drehimpulses der Masse auf dem Tisch handelt.
Die Euler-Lagrange-Gleichung für s ist durch

$$\frac{\mathrm{d}}{\mathrm{d}t} \frac{\partial L}{\partial \dot s} = \frac{\partial L}{\partial s}$$

gegeben. Die linke Seite dieser Gleichung lässt sich zu

$$\frac{\mathrm{d}}{\mathrm{d}t} \frac{\partial L}{\partial \dot s} = (M+m)\ddot s$$

bestimmen, während sich für die rechte Seite

$$\frac{\partial L}{\partial s} = ms\dot\phi^2 - Mg$$

ermitteln lässt. In letzterer kann $\dot\phi$ wegen der Erhaltung von J auch durch

$$\frac{\partial L}{\partial s} = \frac{J^2}{ms^3} - Mg$$

ersetzt werden, um so schlussendlich die Bewegungsgleichung

$$(M+m)\ddot s = \frac{J^2}{ms^3} - Mg$$

zu erhalten.

(b) **(6 Punkte)** Ermitteln Sie die Hamilton-Funktion und stellen Sie damit die Bewegungs-gleichungen auf. Vergleichen Sie diese mit dem Ergebnis aus Teilaufgabe (a). Warum stellt die Hamilton-Funktion in diesem System eine Erhaltungsgröße dar?

Lösungsvorschlag:
Um die Hamilton-Funktion zu bestimmen, muss noch der kanonische Impuls für s durch

$$p_s = \frac{\partial L}{\partial \dot s} = (M+m)\dot s$$

ermittelt werden. Die Hamilton-Funktion ist durch

$$H = \sum_i p_i \dot q_i - L = p_s \dot s + p_\phi \dot\phi_L$$

definiert und kann daher mit

$$H = (M + m)\dot{s}^2 + ms^2\dot{\phi}^2 - \frac{1}{2}(M + m)\dot{s}^2 - \frac{1}{2}ms^2\dot{\phi}^2 + Mgs$$

$$= \frac{1}{2}(M + m)\dot{s}^2 + \frac{1}{2}ms^2\dot{\phi}^2 + Mgs = \frac{p_s^2}{2(M + m)} + \frac{p_\phi^2}{2ms^2} + Mgs$$

bestimmt werden. Die kanonischen Bewegungsgleichungen sind durch

$$\dot{s} = \frac{\partial H}{\partial p_s} \qquad \dot{p}_s = -\frac{\partial H}{\partial s}$$

$$\dot{\phi} = \frac{\partial H}{\partial p_\phi} \qquad \dot{p}_\phi = -\frac{\partial H}{\partial \phi}$$

gegeben. Zunächst lässt sich aus den Gleichungen für ϕ mittels

$$\dot{\phi} = \frac{\partial H}{\partial p_\phi} = \frac{p_\phi}{ms^2} \quad \Rightarrow \quad p_\phi = ms^2\dot{\phi} = J$$

$$\dot{p}_\phi = -\frac{\partial H}{\partial \phi} = 0 \quad \Rightarrow \quad J = \text{konst.}$$

die Drehimpulserhaltung bestimmen.
Damit kann aus den Gleichungen für s

$$\dot{p}_s = -\frac{\partial H}{\partial s} = -\left(-\frac{p_\phi^2}{ms^3} + Mg\right) = \frac{J^2}{ms^3} - Mg$$

$$\dot{s} = \frac{\partial H}{\partial p_s} = \frac{p_s}{M + m}$$

$$\Rightarrow \quad (M + m)\ddot{s} = \dot{p}_s = \frac{J^2}{ms^3} - Mg$$

ermittelt werden. Diese Gleichung stimmt, wie es zu erwarten war, mit den Ergebnissen aus Teilaufgabe (a) überein.
Da die Hamilton-Funktion nicht explizit von der Zeit abhängt, kann

$$\frac{\mathrm{d}H}{\mathrm{d}t} = \{H, H\} + \frac{\partial H}{\partial t} = \frac{\partial H}{\partial t} = 0$$

gefunden werden. Damit ist die Hamilton-Funktion eine Erhaltungsgröße, die die Gesamtenergie des Systems darstellt.

(c) **(8 Punkte)** Führen Sie ein effektives Potential ein und zeigen Sie, dass es sich als

$$V_{\text{eff}}(s) = \frac{A}{s^2} + Bs$$

schreiben lässt. Was sind hierbei die Konstanten A und B? Fertigen Sie anschließend eine Skizze des Potentials an und diskutieren Sie damit qualitativ die Bewegung. Gehen Sie dabei auch auf den Fall $s > l$ ein.

Lösungsvorschlag:
Wie sich in Teilaufgabe (b) gezeigt hat, ist der Drehimpuls des Systems erhalten, so dass eine effektive Hamilton-Funktion für s und p_s definiert werden kann, indem p_ϕ durch J ersetzt wird. So kann

$$H(s, p_s) = \frac{p_s^2}{2(M + m)} + \frac{J^2}{2ms^2} + Mgs$$

gefunden werden. Da der erste Summand die kinetische Energie für die radiale Bewegung darstellt, können die beiden letzten Terme als das effektive Potential betrachtet werden. Diese haben mit

$$A = \frac{J^2}{2m} \qquad B = Mg$$

die gesuchte Form. Eine Skizze dieses Potentials ist in Abb. 3.6.2 zu sehen. Da die

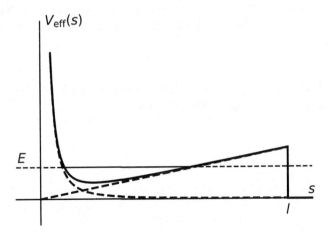

Abb. 3.6.2 Schematische Skizze des effektiven Potentials

kinetische Energie stets nicht negativ und die Gesamtenergie erhalten sein muss, kann für die Bewegung mit einer festen Energie eine gerade parallel zur s-Achse auf der Höhe E eingezogen werden. Die Schnittpunkte mit dem effektiven Potential stellen die Umkehrpunkte dar. Nur wenn das Potential kleiner oder gleich der Energie ist, ist eine Bewegung möglich. Es zeigt sich so, dass entweder der tiefste Punkt des Potentials mit einem festen Wert s_0 eingenommen werden kann oder, dass die Werte für s zwischen einem minimalen und maximalen s hin und her pendeln. Zusätzlich hat der Massenpunkt auf dem Tisch einen nicht verschwindenden Drehimpuls $J = ms^2\dot{\phi}$, so

dass der Massenpunkt stets um das Loch herum kreisen wird. Im Falle $s = s_0$ ergibt
sich hierbei eine Kreisbahn. Für den zweiten Fall variiert der Abstand zum Loch stän-
dig. An der Form des Drehimpulses ist auch zu erkennen, dass der Massenpunkt sich
schneller bewegt, wenn er in der Nähe des Loches ist.

Abschließend bleibt anzumerken, dass dies nur möglich ist, sofern $s < l$ ist. Sollte
durch eine bestimmte Anfangskonfiguration $s > l$ erreicht werden, würde die Masse
M unterhalb des Tisches durch das Loch gezogen und durch die Trägheit der Masse m
fortgerissen werden, so dass beide über den Tisch gleiten. Da sich in diesem Fall aber
die Zwangsbedingungen ändern, weil die Masse M nicht mehr auf eine Bewegung
entlang der z-Achse beschränkt ist, kann diese Bewegung nicht durch die verwendete
Lagrange-Funktion beschrieben werden.

(d) **(5 Punkte)** Bestimmen Sie das Minimum des effektiven Potentials und zeigen Sie,
dass bei kleinen Abweichungen $s = s_0 + \delta s$ um die Kreisbahn s_0 die Hamilton-
Funktion äquivalent zu der in der Form eines harmonischen Oszillators

$$H_{\text{eff}}(q, p) = \frac{p^2}{2m} + \frac{1}{2}m\omega^2 q^2$$

ist. Beachten Sie, dass Sie statt m eine effektive Masse m_{eff} des Systems erhalten
werden. Wie setzt sich die Kreisfrequenz ω aus den anderen Parametern des Problems
zusammen?

Lösungsvorschlag:
Für eine Kreisbahn muss $s = s_0 = $ konst. und Somit auch $\ddot{s} = 0$ sein, weshalb sich
aus der gefundenen Bewegungsgleichung die Bedingung

$$0 = \frac{J^2}{ms_0^3} - Mg = V'_{\text{eff}}(s_0) \quad \Rightarrow \quad s_0 = \sqrt[3]{\frac{J^2}{Mmg}}$$

bestimmen lässt. Außerdem lässt sich wegen

$$p_s = (M + m)\dot{s} \qquad \dot{s} = \delta\dot{s}$$

auch der Impuls

$$p_{\delta s} = (M + m)\delta\dot{s}$$

einführen. Daher lässt sich die Hamilton-Funktion zunächst zu

$$H(\delta s, p_{\delta s}) = \frac{p_{\delta s}^2}{2(M + m)} + V_{\text{eff}}(s_0 + \delta s)$$

$$\approx \frac{p_{\delta s}^2}{2(M + m)} + V_{\text{eff}}(s_0) + V'_{\text{eff}}(s_0)\delta s + \frac{1}{2}V''_{\text{eff}}(s_0)\delta s^2$$

$$= \frac{p_{\delta s}^2}{2(M + m)} + V_{\text{eff}}(s_0) + \frac{1}{2}V''_{\text{eff}}(s_0)\delta s^2$$

nähern. Da konstanten im Potential keinen Unterschied für die Bewegungsgleichungen machen, kann stattdessen auch die Hamilton-Funktion

$$H_{\text{eff}}(\delta s, p_{\delta s}) = \frac{p_{\delta s}^2}{2(M+m)} + \frac{1}{2}V_{\text{eff}}''(s_0)\delta s^2$$

gefunden werden. Die zweite Ableitung des Potentials ist wegen

$$V_{\text{eff}}'(s) = -\frac{J^2}{ms^3} + Mg$$

durch

$$V_{\text{eff}}''(s) = \frac{3J^2}{ms^4}$$

gegeben, sodass

$$H_{\text{eff}}(\delta s, p_{\delta s}) = \frac{p_{\delta s}^2}{2(M+m)} + \frac{3}{2}\frac{J^2}{ms_0^4}\delta s^2$$

gefunden werden kann. Für die effektive Masse des Systems muss offenbar $m_{\text{eff}} = M + m$ angesetzt werden, so dass sich das Potential weiter durch

$$\frac{3}{2}\frac{J^2}{ms_0^4}\delta s^2 = \frac{1}{2}(M+m)\frac{3J^2}{m(M+m)s_0^4} = \frac{1}{2}m_{\text{eff}}\omega^2$$

mit

$$\omega^2 = \frac{3J^2}{m(M+m)s_0^4} = \frac{3J^2}{m(M+m)}\left(\frac{Mmg}{J^2}\right)^{\frac{4}{3}} = \frac{3Mg}{M+m}\sqrt[3]{\frac{Mmg}{J^2}}$$

bestimmen lässt.

Aufgabe 3   25 *Punkte*

Gekoppelte Schwingungen

Betrachten Sie ein System aus vier Federn mit Federkonstante k und Ruhelänge $l = 0$ sowie drei Massen $2m_1 = m_2 = 2m_3 = 2m$, die wie in Abbildung 3.6.3 angeordnet und zwischen $x = 0$ und $x = d$ eingespannt sind.

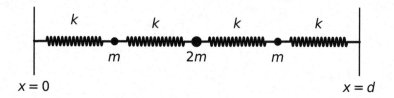

Abb. 3.6.3 Skizze des betrachteten Systems aus Federn und Massen

(a) **(10 Punkte)** Stellen Sie die Lagrange-Funktion des Systems auf. Verwenden Sie hierzu als verallgemeinerte Koordinaten die Auslenkung aus der jeweiligen Ruhelage δx_i und zeigen Sie so, dass sich die Lagrange-Funktion durch

$$L = \frac{1}{2}\delta\dot{\boldsymbol{x}}^T M \delta\dot{\boldsymbol{x}} - \frac{1}{2}\delta\boldsymbol{x}^T K \delta\boldsymbol{x}$$

mit

$$M = m\begin{pmatrix} 1 & 0 & 0 \\ 0 & 2 & 0 \\ 0 & 0 & 1 \end{pmatrix} \qquad K = k\begin{pmatrix} 2 & -1 & 0 \\ -1 & 2 & -1 \\ 0 & -1 & 2 \end{pmatrix} \qquad \delta\boldsymbol{x} = \begin{pmatrix} \delta x_1 \\ \delta x_2 \\ \delta x_3 \end{pmatrix}$$

ausdrücken lässt.

Lösungsvorschlag:
Werden zunächst die Positionen x_i der Massen verwendet, lassen sich die kinetische Energie

$$T = \frac{1}{2}m(\dot{x}_1^2 + 2\dot{x}_2^2 + \dot{x}_3^2)$$

und die potentielle Energie

$$U = \frac{1}{2}k(x_1^2 + (x_2 - x_1)^2 + (x_3 - x_2)^2 + (d - x_3)^2)$$

aufstellen. Soll nun stattdessen die Auslenkung aus der Ruhelage δx_i mit

$$x_i = x_i^{(0)} + \delta x_i$$

betrachtet werden, so kann wegen $\dot{x}_i = \delta \dot{x}_i$ der Ausdruck

$$T = \frac{1}{2}m(\delta \dot{x}_1^2 + 2\delta \dot{x}_2^2 + \delta \dot{x}_3^2)$$

für die kinetische Energie gefunden werden. Für die potentielle Energie müssen zunächst die Ruhelagen bestimmt werden. Da es sich um vier gleiche Federn handelt, liegt es nahe, dass die Ruhelagen durch

$$x_1^{(0)} = \frac{d}{4} \qquad x_2^{(0)} = 2\frac{d}{4} \qquad x_3^{(0)} = 3\frac{d}{4}$$

gegeben sind. Diese können in U eingesetzt werden, und falls sich daraus eine quadratische Form ergibt, handelt es sich tatsächlich um die Ruhelagen. Somit können zunächst

$$x_1^2 = \left(\frac{d}{4}\right)^2 + \frac{d}{2}\delta x_1 + \delta x_1^2$$

$$(x_2 - x_1)^2 = \left(\frac{d}{4}\right)^2 + \frac{d}{2}(\delta x_2 - \delta x_1) + (\delta x_2 - \delta x_1)^2$$

$$(x_3 - x_2)^2 = \left(\frac{d}{4}\right)^2 + \frac{d}{2}(\delta x_3 - \delta x_2) + (\delta x_3 - \delta x_2)^2$$

$$(d - x_3)^2 = \left(\frac{d}{4}\right)^2 - \frac{d}{2}\delta x_3 + \delta x_3^2$$

gefunden werden. Eingesetzt in die potentielle Energie kann der Ausdruck

$$U = \frac{1}{2}k(x_1^2 + (x_2 - x_1)^2 + (x_3 - x_2)^2 + (d - x_3)^2)$$

$$= \frac{1}{2}k\left(\frac{d^2}{4} + 2\delta x_1^2 + 2\delta x_2^2 + 2\delta x_3^2 - 2\delta x_1\delta x_2 + 2\delta x_2\delta x_3\right)$$

bestimmt werden, bei dem es sich um eine quadratische Form mit additiver und daher vernachlässigbarer Konstante handelt. Kinetische und potentielle Energie lassen sich daher auch als

$$T = \frac{1}{2}\begin{pmatrix} \delta \dot{x}_1 & \delta \dot{x}_2 & \delta \dot{x}_3 \end{pmatrix} m \begin{pmatrix} 1 & 0 & 0 \\ 0 & 2 & 0 \\ 0 & 0 & 1 \end{pmatrix} \begin{pmatrix} \delta \dot{x}_1 \\ \delta \dot{x}_2 \\ \delta \dot{x}_3 \end{pmatrix} = \frac{1}{2}\delta \dot{\boldsymbol{x}}^T M \delta \dot{\boldsymbol{x}}$$

$$U = \frac{1}{2}\begin{pmatrix} \delta x_1 & \delta x_2 & \delta x_3 \end{pmatrix} m \begin{pmatrix} 2 & -1 & 0 \\ -1 & 2 & -1 \\ 0 & -1 & 2 \end{pmatrix} \begin{pmatrix} \delta x_1 \\ \delta x_2 \\ \delta x_3 \end{pmatrix} = \frac{1}{2}\delta \boldsymbol{x}^T K \delta \boldsymbol{x}$$

schreiben. [2] Daher ist die Lagrange-Funktion durch

$$L = \frac{1}{2}\delta\dot{\boldsymbol{x}}^T M \delta\dot{\boldsymbol{x}} - \frac{1}{2}\delta\boldsymbol{x}^T K \delta\boldsymbol{x}$$

mit

$$M = m\begin{pmatrix} 1 & 0 & 0 \\ 0 & 2 & 0 \\ 0 & 0 & 1 \end{pmatrix} \qquad K = k\begin{pmatrix} 2 & -1 & 0 \\ -1 & 2 & -1 \\ 0 & -1 & 2 \end{pmatrix}$$

bestimmt.

(b) **(2 Punkte)** Finden Sie die Bewegungsgleichung und reduzieren Sie diese durch einen geeigneten Ansatz auf das Eigenwertproblem

$$(M\omega_\lambda^2 - K)\delta\boldsymbol{x}_\lambda = \boldsymbol{0}.$$

Lösungsvorschlag:
Die Lagrange-Funktion hat die Form

$$L = \frac{1}{2}M_{ij}\delta\dot{x}_i\delta\dot{x}_j - \frac{1}{2}K_{ij}\delta x_i\delta x_j,$$

mit den symmetrischen Matrizen $M_{ij} = M_{ji}$ und $K_{ij} = K_{ji}$. Daher lassen sich die Ableitungen

$$\frac{\partial L}{\partial(\delta\dot{x}_k)} = \frac{1}{2}(M_{ij}\delta_{ik}\delta\dot{x}_j + M_{ij}\delta\dot{x}_i\delta_{jk}) = M_{kj}\delta\dot{x}_j$$

$$\frac{\mathrm{d}}{\mathrm{d}t}\frac{\partial L}{\partial(\delta x_k)} = M_{kj}\ddot{x}_j$$

$$\frac{\partial L}{\partial(\delta x_k)} = -\frac{1}{2}(K_{ij}\delta_{ik}\delta x_j + K_{ij}\delta x_i\delta_{jk}) = -K_{kj}\delta x_j$$

und somit die Bewegungsgleichungen

$$M\delta\ddot{\boldsymbol{x}} = -K\delta\boldsymbol{x}$$

bestimmen. Mit dem Ansatz

$$\delta\boldsymbol{x} = \delta\boldsymbol{x}_\lambda \cos(\omega_\lambda t + \Psi_\lambda)$$

und der dazugehörigen zweiten Ableitung

$$\delta\ddot{\boldsymbol{x}} = -\omega_\lambda^2\delta\boldsymbol{x}_\lambda \cos(\omega_\lambda t + \Psi_\lambda)$$

kann so das Eigenwertproblem

$$-M\delta\omega_\lambda^2\boldsymbol{x}_\lambda \cos(\omega_\lambda t + \Psi_\lambda) = -K\delta\boldsymbol{x}_\lambda \cos(\omega_\lambda t + \Psi_\lambda)$$
$$\Rightarrow \quad (M\omega_\lambda^2 - K)\delta x_\lambda = \boldsymbol{0}$$

gefunden werden.

---

[2]Dafür wurde die Konstante $\frac{kd^2}{8}$ vernachlässigt, da sie nichts zu den Bewegungsgleichungen beiträgt.

(c) **(3 Punkte)** Bestimmen Sie die Eigenfrequenzen ω_λ, indem Sie λ in $\omega_\lambda^2 = \frac{k}{m}\lambda$ bestimmen.

Lösungsvorschlag:
Für die Eigenfrequenzen muss die Gleichung

$$\det\left(M\omega_\lambda^2 - K\right) = 0$$

gelöst werden. Da

$$
M\omega_\lambda^2 - K = k \begin{pmatrix} \lambda & 0 & 0 \\ 0 & 2\lambda & 0 \\ 0 & 0 & \lambda \end{pmatrix} - k \begin{pmatrix} 2 & -1 & 0 \\ -1 & 2 & -1 \\ 0 & -1 & 2 \end{pmatrix}
$$

$$
= k \begin{pmatrix} \lambda - 2 & 1 & 0 \\ 1 & 2(\lambda - 1) & 1 \\ 0 & 1 & \lambda - 2 \end{pmatrix}
$$

gilt, kann stattdessen auch die Gleichung

$$
0 = \begin{vmatrix} \lambda - 2 & 1 & 0 \\ 1 & 2(\lambda - 1) & 1 \\ 0 & 1 & \lambda - 2 \end{vmatrix} = 2(\lambda - 2)^2(\lambda - 1) - 2(\lambda - 2)
$$

$$
= 2(\lambda - 2)((\lambda - 1)(\lambda - 2) - 1) = 2(\lambda - 2)(\lambda^2 - 3\lambda + 1)
$$

nach λ gelöst werden. Zunächst kann so

$$\lambda_0 = 2$$

abgelesen werden. Durch die *pq*- oder *abc*-Formel können die fehlenden beiden Eigenwerte

$$\lambda_\pm = \frac{3}{2} \pm \sqrt{\frac{9}{4} - 1} = \frac{3 \pm \sqrt{5}}{2}$$

bestimmt werden. Damit sind die Eigenfrequenzen durch

$$\omega_0 = \sqrt{2\frac{k}{m}} \qquad \omega_\pm = \sqrt{\frac{k}{m} \cdot \frac{3 \pm \sqrt{5}}{2}}$$

gegeben.

(d) **(10 Punkte)** Bestimmen Sie die zu den Eigenfrequenzen gehörenden Eigenvektoren δx_λ und die damit verbundenen Eigenmoden. Ermitteln Sie so die allgemeine Lösung.

Lösungsvorschlag:
Für ω_0 kann so die Gleichung

$$\frac{1}{k}(M\omega_0^2 - K)\delta\boldsymbol{x}_\lambda = \begin{pmatrix} 0 & 1 & 0 \\ 1 & 2 & 1 \\ 0 & 1 & 0 \end{pmatrix}\delta\boldsymbol{x}_\lambda = \boldsymbol{0}$$

gefunden werden. Diese lässt sich lösen, indem die Koeffizientenmatrix durch Ähnlichkeitstransformationen zu

$$\begin{pmatrix} 0 & 1 & 0 \\ 1 & 2 & 1 \\ 0 & 1 & 0 \end{pmatrix} \rightsquigarrow \begin{pmatrix} 1 & -1 & 1 \\ 1 & 2 & 1 \\ 0 & 0 & 0 \end{pmatrix} \rightsquigarrow \begin{pmatrix} 1 & -1 & 1 \\ 0 & 3 & 0 \\ 0 & 0 & 0 \end{pmatrix} \rightsquigarrow \begin{pmatrix} 1 & 0 & 1 \\ 0 & 1 & 0 \\ 0 & 0 & 0 \end{pmatrix}$$

umgeformt wird. Durch den Minus-Eins-Ergänzungs-Trick lässt sich in der letzten Spalte der zu normierende Eigenvektor

$$\delta\boldsymbol{x}_0 \sim \begin{pmatrix} 1 \\ 0 \\ -1 \end{pmatrix} \quad \Rightarrow \quad \delta\boldsymbol{x}_0 = \frac{1}{\sqrt{2}}\begin{pmatrix} 1 \\ 0 \\ -1 \end{pmatrix}$$

ablesen. Anschaulich beschreibt die Lösung, die gegenphasige Schwingung der beiden äußeren Massen m_1 und m_3 und das gleichzeitige Verharren der mittleren Masse m_2. Für $\omega_\pm$ kann die Gleichung

$$\frac{1}{k}(M\omega_\pm^2 - K)\delta\boldsymbol{x}_\lambda = \begin{pmatrix} \frac{-1\pm\sqrt{5}}{2} & 1 & 0 \\ 1 & 1\pm\sqrt{5} & 1 \\ 0 & 1 & \frac{-1\pm\sqrt{5}}{2} \end{pmatrix}\delta\boldsymbol{x}_\lambda = \boldsymbol{0}$$

gefunden werden. Diese lässt sich lösen, indem die Koeffizientenmatrix durch Ähnlichkeitstransformationen zu

$$\frac{M\omega_\pm^2 - K}{k} = \begin{pmatrix} \frac{-1\pm\sqrt{5}}{2} & 1 & 0 \\ 1 & 1\pm\sqrt{5} & 1 \\ 0 & 1 & \frac{-1\pm\sqrt{5}}{2} \end{pmatrix} \rightsquigarrow \begin{pmatrix} 1 & \frac{2}{-1\pm\sqrt{5}} & 0 \\ 1 & 1\pm\sqrt{5} & 1 \\ 0 & 2 & -1\pm\sqrt{5} \end{pmatrix}$$

$$\rightsquigarrow \begin{pmatrix} 1 & \frac{2}{-1\pm\sqrt{5}} & 0 \\ 0 & \frac{2}{-1\pm\sqrt{5}} & 1 \\ 0 & 2 & -1\pm\sqrt{5} \end{pmatrix} \rightsquigarrow \begin{pmatrix} 1 & \frac{2}{-1\pm\sqrt{5}} & 0 \\ 0 & 1 & \frac{-1\pm\sqrt{5}}{2} \\ 0 & 2 & -1\pm\sqrt{5} \end{pmatrix}$$

$$\rightsquigarrow \begin{pmatrix} 1 & \frac{2}{-1\pm\sqrt{5}} & 0 \\ 0 & 1 & \frac{-1\pm\sqrt{5}}{2} \\ 0 & 0 & 0 \end{pmatrix} \rightsquigarrow \begin{pmatrix} 1 & 0 & -1 \\ 0 & 1 & \frac{-1\pm\sqrt{5}}{2} \\ 0 & 0 & 0 \end{pmatrix}$$

umgeformt wird. [3] Durch den Minus-Eins-Ergänzungs-Trick lässt sich in der letzten Spalte der zu normierende Eigenvektor

$$\delta\boldsymbol{x}_{\pm} \sim \begin{pmatrix} -1 \\ \frac{-1\pm\sqrt{5}}{2} \\ -1 \end{pmatrix} \sim \begin{pmatrix} 2 \\ 1 \mp \sqrt{5} \\ 2 \end{pmatrix}$$

$$\Rightarrow \quad \delta\boldsymbol{x}_{\pm} = \frac{1}{\sqrt{14 \mp 2\sqrt{5}}} \begin{pmatrix} 2 \\ 1 \mp \sqrt{5} \\ 2 \end{pmatrix}$$

ablesen. Anschaulich beschreibt die Lösung mit ω_+, eine gleichphasige Schwingung aller drei Massen. Die Lösung mit ω_- beschreibt den Fall, dass die äußeren Massen gegenphasig zur mittleren Masse schwingen. In beiden Fällen weicht die Amplitude der mittleren Masse von denen der äußeren Massen ab.

Insgesamt kann so die allgemeine Lösung mit noch zu bestimmenden Integrations-konstanten A_0, $A_\pm$, Ψ_0 und $\Psi_\pm$ als

$$\delta\boldsymbol{x}(t) = \frac{A_0}{\sqrt{2}} \begin{pmatrix} 1 \\ 0 \\ -1 \end{pmatrix} \cos\left(\sqrt{2\frac{k}{m}}t + \Psi_0\right)$$

$$+ \frac{A_+}{\sqrt{14 - 2\sqrt{5}}} \begin{pmatrix} 2 \\ 1 - \sqrt{5} \\ 2 \end{pmatrix} \cos\left(\sqrt{\frac{k}{m} \cdot \frac{3+\sqrt{5}}{2}}t + \Psi_+\right)$$

$$+ \frac{A_-}{\sqrt{14 + 2\sqrt{5}}} \begin{pmatrix} 2 \\ 1 + \sqrt{5} \\ 2 \end{pmatrix} \cos\left(\sqrt{\frac{k}{m} \cdot \frac{3-\sqrt{5}}{2}}t + \Psi_-\right)$$

angegeben werden.

---

[3]Dabei wurde von $1 \pm \sqrt{5} = \frac{(1\pm\sqrt{5})(-1\pm\sqrt{5})}{-1\pm\sqrt{5}} = \frac{-1+(\pm\sqrt{5})^2}{-1\pm\sqrt{5}} = \frac{4}{-1\pm\sqrt{5}}$ Gebrauch gemacht.

Aufgabe 4   **25 Punkte**

Die schwingende Membran

In dieser Aufgabe soll eine schwingende Membran behandelt werden. Zu diesem Zweck wird von einer Ansammlung von Massenpunkten mit Masse m in einem quadratischen Gitter mit Separationen $\Delta x = \Delta y$ ausgegangen. Gesucht wird die zeitliche Entwicklung der Auslenkung $z(x, y, t)$. Die Massenpunkte sollen sich dabei nur in z-Richtung bewegen dürfen und werden durch ihre nächsten Nachbarn mit der Kraft $F = f\Delta x = f\Delta y$ in direkter Verbindungslinie angezogen.

(a) **(3 Punkte)** Bestimmen Sie die kinetische Energie des Systems durch einen Kontinuumslimes. Führen Sie dazu auch die Flächenmassendichte über $m = \sigma\Delta x\Delta y$ ein.

Lösungsvorschlag:
Ein jeder Massenpunkt kann sich nur in die z-Richtung bewegen und hat daher nur $\dot{z}$ als Geschwindigkeit. Auf einem zweidimensionalen Gitter in der xy-Ebene lassen sich die Punkte durch ihre xy-Koordinate charakterisieren, sie können aber auch durch zwei Indices beschrieben werden. Es soll im Folgenden stets α für die x-Richtung und β für die y-Richtung verwendet werden. Damit kann die kinetische Energie für den Massenpunkt $m_{\alpha\beta}$ zu

$$T_{\alpha\beta} = \frac{1}{2}m_{\alpha\beta}\dot{z}_{\alpha\beta}^2$$

bestimmt werden, während sich die gesamte kinetische Energie durch eine Summe über die Indices α und β zu

$$T = \sum_\alpha \sum_\beta T_{\alpha\beta} = \sum_\alpha \sum_\beta \frac{1}{2}m_{\alpha\beta}\dot{z}_{\alpha\beta}^2$$

bestimmen lässt. Da sich die Masse des Massenpunktes aber durch $m_{\alpha\beta} = \sigma\Delta x\Delta y$ ausdrücken lässt, kann die kinetische Energie auch durch

$$T = \sum_\alpha \sum_\beta \frac{1}{2}\sigma\Delta x\Delta y\, \dot{z}_{\alpha\beta}^2 = \sum_\alpha \Delta x \sum_\beta \Delta y \frac{\sigma}{2}\dot{z}_{\alpha\beta}^2$$

ausgedrückt werden. Im Kontinuumslimes wird die Summe über α zusammen mit Δx zu einem Integral über x, während die Summe über β zusammen mit Δy zu einem Integral über y wird. Somit kann die kinetische Energie

$$T = \int \mathrm{d}x \int \mathrm{d}y\, \frac{\sigma}{2}\dot{z}^2 = \iint \mathrm{d}x\,\mathrm{d}y\, \frac{\sigma}{2}\left(\frac{\partial z}{\partial t}\right)^2$$

gefunden werden.

(b) **(8 Punkte)** Bestimmen Sie die potentielle Energie, für kleine Auslenkungen indem Sie die Kraftdichte f verwenden und zeigen Sie so, dass die Lagrange-Funktion durch

$$L = \iint \mathrm{d}x\,\mathrm{d}y\; \frac{f}{2} \left(\frac{1}{c^2} \left(\frac{\partial z}{\partial t} \right)^2 - \left(\left(\frac{\partial z}{\partial x} \right)^2 + \left(\frac{\partial z}{\partial x} \right)^2 \right) \right)$$

gegeben ist. Dabei ist c die zu bestimmende, für das System charakteristische Geschwindigkeit.

Lösungsvorschlag:
Die Massenpunkten werden nur durch ihre nächsten Nachbarn mit einer konstanten Kraft in der direkten Verbindungslinie angezogen. Damit gibt es für jeden Massenpunkt in der x-, wie in der y-Richtung einen Beitrag zum Potential. Um keines der Potentiale doppelt zu zählen, bietet es sich an nur das Potential aus der Kraft zwischen dem betrachteten Punkt und dem Punkt mit einem um eins verringerten Index in der entsprechenden Richtung zu betrachten. Das Potential ist das negative Wegintegral aus der Kraft und des Weges entlang dem diese wirkt $U \sim -\int \mathrm{d}\mathbf{r} \cdot \mathbf{F}$. Daher wird es nur von dem Unterschied zwischen der ursprünglichen Länge der Verbindungslinie und der tatsächlichen Länge der Verbindungslinie Δl abhängen. Da die Kraft und die Zunahme der Verbindungslinie in zwei unterschiedliche Richtungen zeigen, ist das Skalarprodukt negativ und die potentielle Energie für den Beitrag entlang der x-Achse muss durch

$$U_\alpha = F(\Delta l_x - \Delta x)$$

bestimmt werden, während der Beitrag entlang der y-Achse durch

$$U_\beta = F(\Delta l_y - \Delta y)$$

gegeben ist. Insgesamt ist die potentielle Energie für einen Massenpunkt daher durch

$$U_{\alpha\beta} = U_\alpha + U_\beta = F(\Delta l_x - \Delta x) + F(\Delta l_y - \Delta y)$$

zu bestimmen, weshalb die gesamte potentielle Energie mit

$$U = \sum_\alpha \sum_\beta U_{\alpha\beta} = \sum_\alpha \sum_\beta F(\Delta l_x - \Delta x) + F(\Delta l_y - \Delta y)$$

zu bestimmen ist.
Da das Wegelement allgemein durch

$$\Delta l = \sqrt{(\Delta x)^2 + (\Delta y)^2 + (\Delta z)^2}$$

gegeben ist, können für den Abstand in der x-Richtung

$$\Delta l_x = \sqrt{(\Delta x)^2 + (\Delta z)^2} = \Delta x \sqrt{1 + \left(\frac{\Delta z}{\Delta x} \right)^2}$$

und für den Abstand in der y-Richtung

$$\Delta l_y = \sqrt{(\Delta y)^2 + (\Delta z)^2} = \Delta y \sqrt{1 + \left(\frac{\Delta z}{\Delta y}\right)^2}$$

gefunden werden.
Damit lässt sich die potentielle Energie durch

$$U = \sum_\alpha \sum_\beta F\left(\Delta x \sqrt{1 + \left(\frac{\Delta z}{\Delta x}\right)^2} - \Delta x\right) + F\left(\Delta y \sqrt{1 + \left(\frac{\Delta z}{\Delta y}\right)^2} - \Delta y\right)$$

$$= \sum_\alpha \sum_\beta f \Delta y \Delta x \left(\sqrt{1 + \left(\frac{\Delta z}{\Delta x}\right)^2} - 1\right) + f \Delta x \Delta y \left(\sqrt{1 + \left(\frac{\Delta z}{\Delta y}\right)^2} - 1\right)$$

ausdrücken. Dabei wurde im letzten Schritt die Kraftdichte $F = f\Delta x = f\Delta y$ eingeführt. Im Kontinuumslimes wird wie in Teilaufgabe (a) die Summe über α zusammen mit Δx zu einem Integral über x und die Summe über β zusammen mit Δy zu einem Integral über y. Die Ausdrücke

$$\frac{\Delta z}{\Delta x} \qquad \frac{\Delta z}{\Delta y}$$

werden indessen zu den partiellen Ableitungen

$$\frac{\partial z}{\partial x} \qquad \frac{\partial z}{\partial y},$$

womit sich wiederum

$$U = \int dx \int dy \, f\left(\sqrt{1 + \left(\frac{\partial z}{\partial x}\right)^2} - 1\right) + f\left(\sqrt{1 + \left(\frac{\partial z}{\partial y}\right)^2} - 1\right)$$

bestimmen lässt. Da kleine Auslenkungen mit $\left|\frac{\partial z}{\partial x}\right| \ll 1$ und $\left|\frac{\partial z}{\partial y}\right| \ll 1$ betrachtet werden sollen, können die Wurzeln gemäß

$$\sqrt{1 + u^2} \approx 1 + \frac{1}{2}u^2 + \mathcal{O}(u^4)$$

entwickelt werden, um

$$U = \int dx \int dy \, f\left(\frac{1}{2}\left(\frac{\partial z}{\partial x}\right)^2 + \frac{1}{2}\left(\frac{\partial z}{\partial y}\right)^2\right)$$

$$= \iint dx \, dy \, \frac{f}{2}\left(\left(\frac{\partial z}{\partial x}\right)^2 + \left(\frac{\partial z}{\partial y}\right)^2\right)$$

zu finden.

Die Lagrange-Funktion eines Systems ist die Differenz aus der kinetischen und der potentiellen Energie, so dass

$$L = T - U = \iint \mathrm{d}x\,\mathrm{d}y\,\frac{\sigma}{2}\left(\frac{\partial z}{\partial t}\right)^2 - \frac{f}{2}\left(\left(\frac{\partial z}{\partial x}\right)^2 + \left(\frac{\partial z}{\partial y}\right)^2\right)$$

$$= \iint \mathrm{d}x\,\mathrm{d}y\,\frac{f}{2}\left(\frac{\sigma}{f}\left(\frac{\partial z}{\partial t}\right)^2 - \left(\left(\frac{\partial z}{\partial x}\right)^2 + \left(\frac{\partial z}{\partial y}\right)^2\right)\right)$$

gefunden werden kann. Im Vergleich mit der Lagrange-Funktion in der Aufgabe, muss

$$\frac{1}{c^2} = \frac{\sigma}{f} \quad \Rightarrow \quad c = \sqrt{\frac{f}{\sigma}}$$

die charakteristische Geschwindigkeit kein.

(c) **(2 Punkte)** Für eine Wirkung mit der Lagrange-Dichte

$$S = \int \mathrm{d}t \int \mathrm{d}^2x\,\mathcal{L}(\phi, \dot{\phi}, \boldsymbol{\nabla}\phi, x, \boldsymbol{r})$$

ist die Euler-Lagrange-Gleichung durch

$$\partial_t \frac{\partial \mathcal{L}}{\partial(\partial_t \phi)} + \partial_i \frac{\partial \mathcal{L}}{\partial(\partial_i \phi)} - \frac{\partial \mathcal{L}}{\partial \phi} = 0$$

zu bestimmen. Zeigen Sie so, dass die Bewegungsgleichung durch

$$\frac{1}{c^2}\frac{\partial^2 z}{\partial t^2} - \Delta z = 0$$

gegeben ist.

Lösungsvorschlag:

Die Wirkung des Systems ist das Zeitintegral über die Lagrange-Funktion, so dass mit den Ergebnissen aus Teilaufgabe (b)

$$S = \int \mathrm{d}t\,L = \int \mathrm{d}t \iint \mathrm{d}x\,\mathrm{d}y\,\frac{f}{2}\left(\frac{1}{c^2}\left(\frac{\partial z}{\partial t}\right)^2 - \left(\left(\frac{\partial z}{\partial x}\right)^2 + \left(\frac{\partial z}{\partial x}\right)^2\right)\right)$$

gilt. Daher ist die Lagrange-Dichte $\mathcal{L}$ durch

$$\mathcal{L}(z, \partial_t z, \partial_i z, t, x, y) = \frac{f}{2}\left(\frac{1}{c^2}\left(\frac{\partial z}{\partial t}\right)^2 - \left(\left(\frac{\partial z}{\partial x}\right)^2 + \left(\frac{\partial z}{\partial x}\right)^2\right)\right)$$

gegeben. z übernimmt daher die Rolle von ϕ. Da $\mathcal{L}$ nicht explizit von z abhängt, ist der letzte Ausdruck in der Euler-Lagrange-Gleichung gerade Null. Die Ableitung der Lagrange-Funktion nach $\partial_t z$ ist mit

$$\frac{\partial \mathcal{L}}{\partial(\partial_t z)} = \frac{f}{2}\frac{1}{c^2}2\frac{\partial z}{\partial t} = f\frac{1}{c^2}\frac{\partial z}{\partial t}$$

zu bestimmen. Die Ableitung nach den einzelnen Komponenten x_i kann durch

$$\frac{\partial \mathcal{L}}{\partial(\partial_i z)} = -\frac{f}{2} 2 \frac{\partial z}{\partial x_i} = -f \partial_i z$$

bestimmt werden. Damit ist die Euler-Lagrange-Gleichung durch

$$\partial_t \frac{\partial \mathcal{L}}{\partial(\partial_t z)} + \partial_i \frac{\partial \mathcal{L}}{\partial(\partial_i z)} = f \frac{1}{c^2} \frac{\partial^2 z}{\partial t^2} - f \partial_i \partial_i z = 0$$

gegeben. Diese lässt sich mit dem Laplace-Operator $\Delta = \partial_i \partial_i$ auch als

$$\frac{1}{c^2} \frac{\partial^2 z}{\partial t^2} - \Delta z = 0$$

schreiben.

(d) **(5 Punkte)** Gehen Sie nun davon aus, dass die Membran in einem Kreisring des Radius R eingespannt ist. Verwenden Sie den Laplace-Operator in Polarkoordinaten

$$\Delta f(s, \phi) = \frac{1}{s} \frac{\partial}{\partial s} \left(s \frac{\partial f}{\partial s} \right) + \frac{1}{s^2} \frac{\partial^2 f}{\partial \phi^2}$$

um mit dem Ansatz

$$z(s, \phi, t) = u(s) \cdot \Phi(\phi) \cdot \vartheta(t)$$

die Gleichung

$$\frac{1}{c^2} \frac{1}{\vartheta} \partial_t^2 \vartheta = \frac{1}{u} \cdot \frac{1}{s} \partial_s(s \partial_s u) + \frac{1}{\Phi} \cdot \frac{1}{s^2} \partial_\phi^2 \Phi \qquad (3.6.1)$$

herzuleiten.

Lösungsvorschlag:
Zunächst bietet es sich an, die Bewegungsgleichung aus Teilaufgabe (c) als

$$\frac{1}{c^2} \partial_t^2 z = \Delta z = \frac{1}{s} \partial_s(s \partial_s z) + \frac{1}{s^2} \partial_\phi^2 z$$

zu schreiben. Da ϑ nur von t abhängen soll, kann die linke Seite als

$$\partial_t^2 z = \partial_t^2 (u \Phi \vartheta) = u \Phi \partial_t^2 \vartheta$$

geschrieben werden. Aus den gleichen Gründen ist auch

$$\partial_s(s \partial_s z) = \Phi \vartheta \partial_s(s \partial_s u) \qquad \partial_\phi^2 z = u \vartheta \partial_\phi^2 \Phi$$

gültig. Die Bewegungsgleichung nimmt so also die Form

$$\frac{1}{c^2} u \Phi \partial_t^2 \vartheta = \frac{1}{s} \Phi \vartheta \partial_s(s \partial_s u) + \frac{1}{s^2} u \vartheta \partial_\phi^2 \Phi$$

an. Solange z nicht Null wird, kann die Gleichung durch z geteilt werden. [4] Dabei ist es hilfreich z direkt als $u\Phi\vartheta$ auszudrücken und so die gewünschte Gl. (3.6.1)

$$\frac{1}{c^2}\frac{1}{\vartheta}\partial_t^2\vartheta = \frac{1}{u}\cdot\frac{1}{s}\partial_s(s\partial_s u) + \frac{1}{\Phi}\cdot\frac{1}{s^2}\partial_\phi^2\Phi$$

zu erhalten.

(e) **(2 Punkte)** Argumentieren Sie, weshalb beide Seiten von Gl. (3.6.1) mit einer Konstante $-k^2$ übereinstimmen müssen. Welche Werte sind für k möglich, damit sich ein zeitlich periodisches Verhalten ergibt. Finden Sie so $\vartheta(t)$ mit unbestimmten Integrationskonstanten.

Lösungsvorschlag:
Die linke Seite von Gl. (3.6.1) beinhaltet nur Größen, die von t abhängen, während die rechte Seite nur Größen beinhaltet, die von s und ϕ abhängen. Wenn sich die linke Seite mit t ändern würde, hätte dies auf die rechte Seite keinen Effekt. Ebenso, wenn sich die rechte Seite mit s und ϕ ändern würde, hätte dies keinen Effekt auf die linke Seite. In beiden Fällen wäre die Gleichung nicht mehr erfüllt. Die einzige Möglichkeit besteht darin, dass beide Seite eine Konstante sind. Für diese Konstante wird die Notation $-k^2$ gewählt. Die Größe k kann zunächst eine komplexe Zahl sein, die möglichen Werte werden durch physikalische Bedingungen eingeschränkt. Somit kann die Differentialgleichung in die zwei Gleichungen

$$\frac{1}{c^2}\frac{1}{\vartheta}\partial_t^2\vartheta = \frac{1}{c^2}\frac{1}{\vartheta}\frac{d^2\vartheta}{dt^2} = -k^2$$

$$\frac{1}{u}\cdot\frac{1}{s}\partial_s(s\partial_s u) + \frac{1}{\Phi}\cdot\frac{1}{s^2}\partial_\phi^2\Phi = -k^2$$

aufgespalten werden. Die erste Gleichung kann auch als

$$\frac{d^2\vartheta}{dt^2} = \ddot\vartheta = -k^2c^2\vartheta$$

geschrieben werden. Es handelt sich um die Gleichung eines harmonischen Oszillators, wenn k eine reelle Zahl ist. Auf diese Weise wird sich

$$\vartheta_k(t) = A_k\cos(kct) + B_k\sin(kct)$$

für die einzelnen Moden $\vartheta_k(t)$ ergeben. Da sich durch k und $-k$ keine linear unabhängige Lösungen ergeben, kann k auf die nicht negativen reellen Zahlen $\mathbb{R}_0^+$ eingeschränkt werden. A_k und B_k sind unbestimmte, reelle Integrationskonstanten. Die allgemeine Lösung der Differentialgleichung wird dann durch eine Linearkombination all dieser Moden gegeben sein.

(f) **(5 Punkte)** Gehen Sie analog für die verbleibende Gleichung vor, um $\Phi(\phi)$ und die Differentialgleichung

$$s^2u'' + su' + (k^2s^2 - \nu^2)u = 0$$

---

[4]Obwohl die sich so ergebenden Lösungen Nullstellen enthalten werden, stellen sie eine adäquate Beschreibung des Problems dar.

für $u(s)$ zu finden, letztere müssen Sie nicht lösen. Welche Werte kann ν annehmen? *Hinweis*: Bedenken Sie, dass $\Phi(\phi + 2\pi) = \Phi(\phi)$ gelten muss.

Lösungsvorschlag:
Es bleibt die Gleichung

$$\frac{1}{u} \cdot \frac{1}{s} \partial_s(s\partial_s u) + \frac{1}{\Phi} \cdot \frac{1}{s^2} \partial_\phi^2 \Phi = -k^2$$

zu lösen. Diese kann zunächst mit s^2 multipliziert werden, um so

$$\frac{1}{u} s\partial_s(s\partial_s u) + \frac{1}{\Phi} \partial_\phi^2 \Phi = -k^2 s^2$$

$$\frac{1}{u} s\partial_s(s\partial_s u) + k^2 s^2 = -\frac{1}{\Phi} \partial_\phi^2 \Phi$$

zu erhalten. In dieser Gleichung ist die rechte Seite nur von ϕ und die linke Gleichung nur von s abhängig. Mit derselben Argumentation wie in Teilaufgabe (e) müssen beide Seiten konstant sein, da ihre Argumente unabhängig voneinander variiert werden können. Die Funktion Φ muss eine periodische Funktion sein, um $\Phi(\phi + 2\pi) = \Phi(\phi)$ erfüllen zu können. Aus diesem Grund, muss die rechte Seite die Form

$$\frac{1}{\Phi} \partial_\Phi^2 = \frac{1}{\Phi} \frac{\mathrm{d}^2\Phi}{\mathrm{d}\phi^2} = -\nu^2$$

annehmen, wobei $-\nu^2$ ein Platzhalter für dem konstanten Wert der beiden Seiten ist. Damit es sich um eine periodische Funktion handelt, muss ν eine reelle Zahl sein. Die Lösung für die Mode $\Phi_\nu(\phi)$ kann demnach zu

$$\Phi_\nu(\phi) = C_\nu \cos(\nu\phi) + D_\nu \sin(\nu\phi)$$

bestimmt werden. Darin sind C_ν und D_ν Integrationskonstanten, die durch die Randbedingungen festgelegt wird. Wie auch für die Lösungen von ϑ liefern ν und $-\nu$ keine unabhängigen Lösungen, so dass ν zunächst auf die nicht-negativen reelle Zahlen eingeschränkt wird. Da für die trigonometrischen Funktionen

$$\cos(x + 2\pi n) = \cos(x) \qquad \sin(x + 2\pi n) = \sin(x)$$

mit beliebigen ganzzahligen n gilt, kann die Bedingung $\Phi(\phi + 2\pi) = \Phi(\phi)$ nur erfüllt werden, wenn $2\nu\pi$ ein ganzzahliges Vielfaches von 2π ist. Damit wird ν weiter auf die natürlichen Zahlen inklusive Null $\mathbb{N}_0$ eingeschränkt.
Der Zusammenhang $\partial_\phi^2 = -\nu^2\Phi$ kann nun in die obige Gleichung eingesetzt werden, um so

$$\frac{1}{u} s\partial_s(s\partial_s u) + k^2 s^2 = \nu^2$$

$$\Rightarrow \quad \frac{1}{u} s\partial_s(s\partial_s u) + k^2 s^2 - \nu^2 = 0$$

$$\Rightarrow \quad s\partial_s(s\partial_s u) + (k^2 s^2 - \nu^2)u = 0$$

$$\Rightarrow \quad s^2\partial_s^2 u + s\partial_s u + (k^2 s^2 - \nu^2)u = 0$$

$$\Rightarrow \quad s^2 u'' + s u' + (k^2 s^2 - \nu^2)u = 0$$

zu erhalten. Dabei handelt es sich um die gesuchte Differentialgleichung, die nicht weiter gelöst werden soll.

Nicht gefragt:
Bei der gefunden Differentialgleichung handelt es sich um die sogenannte Bessel-Gleichung. Ihre Lösung sind die reellwertigen Bessel-Funktionen $j_\nu(ks)$. [5] Da die Membran in einem Kreisring des Radius R eingespannt sein soll, muss die Auslenkung z an der Stelle $s = R$ für beliebige t und beliebige ϕ gerade Null sein. Daher muss $u(s)$ in jeder Mode dort ebenfalls Null sein, so dass sich die Bedingung $j_\nu(kR) = 0$ finden lässt. Damit lassen sich die Werte von k auf diskrete Werte $k_{\nu n}$ einschränken, die durch $j_\nu(k_{\nu n}R) = 0$ bestimmt werden. n sind dabei diskrete Werte, die ab Eins gezählt werden solln. Daher werden die Moden von ϑ auch durch n sowie ν bestimmt und mit $\vartheta_{\nu n}$ bezeichnet. Die allgemeine Lösung lässt sich damit als

$$z(s,\phi,t) = \sum_{\nu=0}^{\infty} \sum_{n=1}^{\infty} \vartheta_{\nu n}(t)\Phi_\nu(\phi)j_\nu(k_{\nu n}s)$$

$$= \sum_{\nu=0}^{\infty} \sum_{n=1}^{\infty} (A_{\nu n}\cos(k_{\nu n}ct) + B_{\nu n}\sin(k_{\nu n}ct))$$

$$\times (C_{\nu n}\cos(\nu\phi) + D_{\nu n}\sin(\nu\phi))\, j_\nu(k_{\nu n}s)$$

schreiben.

---

[5]Es gibt zwei Arten (Gattungen) von Lösungen, jedoch führt nur eine zum realen Verhalten einer Membran, da die andere Lösungen Polstellen bei $s = 0$ beinhalten.

3.7 Lösung zur Klausur VII – Analytische Mechanik – mittel

Hinweise

Aufgabe 1 - Kurzfragen

(a) Wie ist das charakteristische Polynom einer Matrix definiert? Welche Nullstellen hat dieses?

(b) Wie lässt sich die Zwangsbedingung in der Form $f(z, t) = 0$ bringen? Wie lautet die Definition der Lagrange-Gleichung erster Art? Was passiert, wenn die Zwangsbedingung zweimal nach der Zeit abgeleitet wird?

(c) Wie lautet die Leibniz-Regel für Poisson-Klammern? Wie lautet die fundamentale Poisson-Klammer?

(d) Wie lassen sich r und $\dot{r}$ in Kugelkoordinaten ausdrücken? Welche Form nimmt der Drehimpuls in diesem Koordinatensystem an?

(e) Wie lautet die Definition der Euler-Lagrange-Gleichung? Wie sehen Bewegungsgleichungen in beschleunigten Bezugssystemen aus?

Aufgabe 2 - Die Poinsot'sche Konstruktion

(a) Wie lauten die Euler-Gleichungen $\dot{S}_\mu + \epsilon_{\mu\nu\sigma}\omega_\nu S_\sigma = D_\mu$ ausgeschrieben? Wie ist der Drehimpuls definiert? Lässt sich jede der Gleichungen mit einer bestimmten Größe multiplizieren und anschließend addieren, um verschwindende Zeitableitungen zu konstruieren?

(b) Lässt sich eine Gleichung der Form

$$1 = \left(\frac{\omega_1}{a}\right)^2 + \left(\frac{\omega_2}{b}\right)^2 \left(\frac{\omega_3}{c}\right)^2$$

finden? Was für eine Oberfläche beschreibt diese Gleichung im Raum?

(c) Wie ist das Trägheitsmoment um die Drehachse n mit dem Trägheitstensor definiert?

(d) Wie lässt sich für eine Oberfläche, die über $F(\omega) =$ konst. definiert ist, der Normalenvektor bestimmen? Wann sind bei Ellipsoiden der Normalenvektor und der Richtungsvektor des betrachteten Punktes n parallel?

(e) Wie lässt sich die Energie durch $S \cdot \omega$ ausdrücken? Wie lässt sich aus einem Punkt in der Ebene und dem Normalenvektor der Ebene der Abstand zum Ursprung bestimmen?

(f) Was gilt für die Schnittmenge zweier konzentrischer Ellipsoide? Was ist die Polhodie?

(g) Welcher Vektor muss festgehalten werden, damit die Tangentialebenen ihre Ausrichtung nicht ändern? In welchem physikalischen Bezugssystem ist dieser Vektor konstant? In der bisherigen Betrachtung haben sich der Kontaktpunkt auf dem Ellipsoid und damit der Auflagepunkt der Tangentialebenen stets geändert. Wie kann sich dieser Punkt weiterhin verändern, ohne dass sich der Normalenvektor der Ebene ändert? Was ist die invariable Ebene? Was ist die Herpolhodie?

Aufgabe 3 - Endliche Transformationen im Hamilton-Formalismus

(a) Lassen sich die beiden Aussagen über vollständige Induktion beweisen? Wie lassen sich beim Induktionsschritt die Definition der wiederholten Anwendung und die Eigenschaften der Poisson-Klammern anwenden, um den Ausdruck auf die Form der Induktionsvoraussetzung zu bringen?

(b) Wie lassen sich die ersten paar zeitlichen Ableitungen, $n \in \{1, 2, 3\}$ durch die wiederholte Anwendung von $\{-H, \cdot\}$ ausdrücken? Lässt sich der Ansatz

$$\frac{\mathrm{d}^n f}{\mathrm{d} t^n} = \{-H, \cdot\}^n f$$

durch vollständige Induktion beweisen?

(c) Wie ist die Taylor-Reihe einer Funktion definiert? Wie ist die Taylor-Reihe der Exponentialfunktion definiert? Wie lässt sich die wiederholte Anwendung durch Identifikation mit dem Potenzieren auf eine passende Form für die Exponentialfunktion bringen?

(d) Wie kann eines der Ergebnisse aus Teilaufgabe (a) hilfreich sein? Was ist für eine Erhaltungsgröße zu erwarten? Deckt sich die Erwartung mit dem erhaltenen Ergebnis?

(e) Es ist hilfreich die ersten paar Ausdrücke $n \in \{1, 2, 3\}$ für

$$\{p, \cdot\}^n X$$

für $X \in \{q, p, H\}$ zu bestimmen, um eine Idee für die Ausdrücke mit beliebigen n zu bekommen. Wie lässt sich die Potenzreihenform des Operators ausnutzen, um die gesuchten Ausdrücke zu bestimmen? Wieso entspricht das Anwenden von τ einer Transformation $x \to x + a$?

(f) Was gilt bei einer Erhaltungsgröße der gegebenen Art für $\{Q, H\}$? Wie lässt sich die Potenzreihenform nutzen, um $\tau(a)H$ zu bestimmen? Welcher Zusammenhang besteht zwischen Erhaltungsgrößen und Symmetrietransformationen?

Aufgabe 4 - Massenpunkt im quartischem Potential

(a) Was muss für das Extremum einer Funktion für die erste Ableitung gelten? Was sagt die zweite Ableitung an dieser Stelle aus? Sie sollten die Konstanten

$$C = \frac{3}{2} \frac{\mu^4}{\lambda} \qquad A = \frac{\lambda}{4!}$$

finden. Daneben liegen die Minima bei

$$x_\pm = \pm\sqrt{3!\frac{\mu^2}{\lambda}}.$$

(b) Wann kann es zu einer Bewegung kommen? Was muss für Umkehrpunkte gelten? Gibt es Werte für die Energie, die den Massenpunkt auf eine Seite der x-Achse zwingen?

(c) Was gilt für ein Gleichgewicht? Wie verhält sich der Massenpunkt bei kleinen Abweichungen $delta x$ von diesem Gleichgewicht?

(d) Was gilt für die kinetische Energie in Polar-Koordinaten? Achten Sie auf den kanonischen Impuls von ϕ! Wieso ist die Bewegungsgleichung durch

$$m\ddot{s} = \frac{p_\phi^2}{ms^3} + \mu^2 s - \frac{\lambda}{3!}s^3$$

gegeben?

(e) Muss auf einer Kreisbahn auch $\ddot{s} = 0$ gelten? Wenn s nur wenig von x_+ abweicht, müssen dann höhere Potenzen von δs berücksichtigt werden? Wie lässt sich so

$$s_0 \approx \sqrt{3!\frac{\mu^2}{\lambda}} + \frac{\lambda^{3/2}p_\phi^2}{12\sqrt{6}m\mu^5}$$

finden?

Lösungen

Aufgabe 1   **25** *Punkte*

Kurzfragen

(a) **(5 Punkte)** Bestimmen Sie die Eigenwerte der Matrix $M = \begin{pmatrix} 2 & 1 \\ 1 & -1 \end{pmatrix}$.

Lösungsvorschlag:
Die Eigenwerte einer Matrix können über die Nullstellen des charakteristischen Polynoms

$$p(\lambda) = \det(M - \lambda \mathbb{1}) = \det \begin{pmatrix} 2 - \lambda & 1 \\ 1 & -1 - \lambda \end{pmatrix} = (2 - \lambda)(-1 - \lambda) - 1$$

$$= (\lambda - 2)(\lambda + 1) - 1 = \lambda^2 - \lambda - 2 - 1 = \lambda^2 - \lambda - 3$$

ermittelt werden. Die Nullstellen sind in diesem Fall durch

$$\lambda_\pm = \frac{1}{2} \pm \sqrt{\frac{1}{4} + 3} = \frac{1 \pm \sqrt{13}}{2}$$

gegeben.

(b) **(5 Punkte)** Betrachten Sie einen kräftefreien Massenpunkt, der sich in der Ebene $z(t) = \frac{1}{2}gt^2$ bewegt. Stellen Sie die Lagrange-Gleichungen 1. Art auf und bestimmen Sie die Zwangskräfte. Interpretieren Sie ihr Ergebnis.

Lösungsvorschlag:
Es lässt sich die Zwangsbedingung

$$f(t,t) = z - \frac{1}{2}gt^2 = 0$$

formulieren, mit der die Lagrange-Gleichungen erster Art die Form

$$m\ddot{\boldsymbol{r}} = \boldsymbol{Z} = \lambda \boldsymbol{\nabla} f = \lambda \hat{\boldsymbol{e}}_z$$

annehmen. Um λ zu bestimmen, bietet es sich an, die Zwangsbedingung zweimal nach der Zeit abzuleiten, um so

$$\ddot{f} = \ddot{z} - g = 0$$

zu erhalten. Dies kann in die z-Komponente der Bewegungsgleichung eingesetzt werden, um

$$m\ddot{z} = mg = \lambda$$

zu erhalten. Damit muss die Zwangskraft durch

$$\boldsymbol{Z} = g\hat{\boldsymbol{e}}_z$$

gegeben sein. Es handelt sich um die gleiche Zwangskraft, die ein Punkt im Schwerefeld der Erde g von einer Bewegung auf einer festen Ebene $z = 0$ erfahren würde. Die Bewegung in einer beschleunigten Ebene ist von der Bewegung auf einer festen Ebene in einem homogenen Schwerefeld nicht zu unterscheiden. Dieser Umstand ist eine Formulierung des Äquivalenzprinzips und ein entscheidender Gedanke der Albert Einstein zu der Formulierung der allgemeinen Relativitätstheorie gebracht hat.

(c) **(5 Punkte)** Bestimmen Sie die Poisson-Klammer $\{p, q^3\}$.

Lösungsvorschlag:
Mit der Leibniz-Regel der Poisson-Klammer lässt sich zunächst

$$\{p, q^3\} = q^2\{p, q\} + \{p, q^2\}q = q^2\{p, q\} + (q\{p, q\} + \{p, q\}q) = 3q^2\{q, p\}$$

bestimmen. Da die fundamentale Poisson-Klammer durch $\{q, p\} = 1$ gegeben ist, kann insgesamt

$$\{p, q^3\} = 3q^2$$

gefunden werden.

(d) **(5 Punkte)** Betrachten Sie die Lagrange-Funktion

$$L(r, \theta, \phi, \dot{r}, \dot{\theta}, \dot{\phi}) = \frac{1}{2}m(\dot{r}^2 + r^2\dot{\theta}^2 + r^2\sin^2(\theta)\,\dot{\phi}^2) - V(r, \theta, \phi)$$

und bestimmen Sie die kanonischen Impulse zu r, θ und ϕ. Um was für physikalische Größen handelt es sich?

Lösungsvorschlag:
Die kanonischen Impulse sind durch

$$p_r = \frac{\partial L}{\partial \dot{r}} = m\dot{r}$$

$$p_\theta = \frac{\partial L}{\partial \dot{\theta}} = mr^2\dot{\theta}$$

$$p_\phi = \frac{\partial L}{\partial \dot{\phi}} = mr^2\dot{\phi}\sin^2(\theta)$$

gegeben. Da der Ortsvektor in Kugelkoordinaten durch

$$\boldsymbol{r} = r\hat{\boldsymbol{e}}_r$$

gegeben ist und der Geschwindigkeits- bzw. Impulsvektor dann durch

$$\dot{\boldsymbol{r}} = \dot{r}\hat{\boldsymbol{e}}_r + r\dot{\theta}\hat{\boldsymbol{e}}_\theta + r\dot{\phi}\sin(\theta)\,\hat{\boldsymbol{e}}_\phi$$

$$\boldsymbol{p} = m\dot{\boldsymbol{r}} = m\dot{r}\hat{\boldsymbol{e}}_r + mr\dot{\theta}\hat{\boldsymbol{e}}_\theta + mr\dot{\phi}\sin(\theta)\,\hat{\boldsymbol{e}}_\phi$$

gegeben sein muss, zeig sich, dass es sich bei p_r um die radiale Komponente des kinetischen Impulses $\boldsymbol{p}$ handelt. Ebenso lässt sich der Drehimpuls

$$\boldsymbol{J} = \boldsymbol{r} \times \boldsymbol{p} = mr^2\dot{\theta}\hat{\boldsymbol{e}}_\phi - mr^2\dot{\phi}\sin(\theta)\,\hat{\boldsymbol{e}}_\theta$$

bestimmen. Mit den Vektoren

$$\hat{\boldsymbol{e}}_s = \cos(\phi)\,\hat{\boldsymbol{e}}_x + \sin(\phi)\,\hat{\boldsymbol{e}}_y$$

und $\hat{\boldsymbol{e}}_z$ lässt sich der Vektor $\hat{\boldsymbol{e}}_\theta$ durch

$$\hat{\boldsymbol{e}}_\theta = (\hat{\boldsymbol{e}}_\theta \cdot \hat{\boldsymbol{e}}_s)\hat{\boldsymbol{e}}_s + (\hat{\boldsymbol{e}}_\theta \cdot \hat{\boldsymbol{e}}_z)\hat{\boldsymbol{e}}_z = \cos(\theta)\,\hat{\boldsymbol{e}}_s - \sin(\theta)\,\hat{\boldsymbol{e}}_z$$

ausdrücken. Somit kann der Drehimpuls durch

$$\boldsymbol{J} = mr^2\dot{\theta}\hat{\boldsymbol{e}}_\phi - mr^2\dot{\phi}\sin(\theta)\cos(\theta)\,\hat{\boldsymbol{e}}_s + mr^2\dot{\phi}\sin^2(\theta)\,\hat{\boldsymbol{e}}_z$$

ausgedrückt werden. Hieran lässt sich erkennen, dass es sich bei p_θ um die ϕ-Komponente des Drehimpulses handelt, während p_ϕ die z-Komponente des Drehimpulses darstellt.

(e) **(5 Punkte)** Betrachten Sie die Lagrange-Funktion

$$L(\boldsymbol{r},\dot{\boldsymbol{r}}) = \frac{1}{2}m\left(\dot{\boldsymbol{r}}^2 + 2\epsilon_{ijk}\dot{r}_i\omega_j r_k + \boldsymbol{\omega}^2\boldsymbol{r}^2 - (\boldsymbol{\omega}\cdot\boldsymbol{r})^2\right)$$

mit dem konstanten Vektor $\boldsymbol{\omega}$. Stellen Sie die Bewegungsgleichungen auf. Um was für eine Bewegung handelt es sich?

Lösungsvorschlag:
Die Euler-Lagrange-Gleichung ist durch

$$\frac{\mathrm{d}}{\mathrm{d}t}\frac{\partial L}{\partial \dot{r}_i} = \frac{\partial L}{\partial r_i}$$

gegeben. Sie rechte Seite der Gleichung lässt sich zunächst durch

$$\frac{\partial L}{\partial r_i} = m(\epsilon_{jki}\dot{r}_j\omega_k + \boldsymbol{\omega}^2 r_i - (\boldsymbol{\omega}\cdot\boldsymbol{r})\omega_i) = -m\epsilon_{ikj}\omega_k\dot{r}_j - m(\boldsymbol{\omega}\times(\boldsymbol{\omega}\times\boldsymbol{r}))_i$$

$$= -m(\boldsymbol{\omega}\times\dot{\boldsymbol{r}})_i - m(\boldsymbol{\omega}\times(\boldsymbol{\omega}\times\boldsymbol{r}))_i$$

bestimmen, wobei im vorletzten Schritt die bac-cab-Regel

$$\boldsymbol{\omega}\times(\boldsymbol{\omega}\times\boldsymbol{r}) = \boldsymbol{\omega}(\boldsymbol{\omega}\cdot\boldsymbol{r}) - \boldsymbol{\omega}^2\boldsymbol{r}$$

verwendet wurde. Für die linke Seite der Euler-Lagrange-Gleichung muss zunächst

$$\frac{\partial L}{\partial \dot{r}_i} = m\dot{r}_i + m\epsilon_{ijk}\omega_j r_k$$

bestimmt werden. Da $\boldsymbol{\omega}$ ein konstanter Vektor sein soll, lässt sich hieraus direkt

$$\frac{\mathrm{d}}{\mathrm{d}t}\frac{\partial L}{\partial \dot{r}_i} = m\ddot{r}_i + m\epsilon_{ijk}\omega_j\dot{r}_k = m\ddot{r}_i + m(\boldsymbol{\omega}\times\boldsymbol{r})_i$$

ermitteln. Damit nimmt die Euler-Lagrange-Gleichung im vorliegenden Fall die Form

$$m\ddot{r}_i + m(\boldsymbol{\omega}\times\boldsymbol{r})_i = -m(\boldsymbol{\omega}\times\dot{\boldsymbol{r}})_i - m(\boldsymbol{\omega}\times(\boldsymbol{\omega}\times\boldsymbol{r}))_i$$
$$m\ddot{r}_i = -2m(\boldsymbol{\omega}\times\dot{\boldsymbol{r}})_i - m(\boldsymbol{\omega}\times(\boldsymbol{\omega}\times\boldsymbol{r}))_i$$

an. Dies entspricht einer kräftefreien Bewegung in einem rotierenden Bezugssystem mit konstanter Rotationsachse. Der erste auftretende Term ist die Coriolis-Kraft, während der zweite Term die Zentrifugalkraft darstellt.

Aufgabe 2   25 *Punkte*

Die Poinsot'sche Konstruktion

In dieser Aufgabe soll die Möglichkeit das analytische Problem der Kreiselbewegung auf ein geometrisches Problem zu reduzieren betrachtet werden.

(a) (**6 Punkte**) Verwenden Sie zunächst die Euler'schen Kreiselgleichungen für einen kräftefreien Kreisel, um zu zeigen, dass die Energie und der Betrag des Drehimpulses erhalten sind. Warum ist auch die Richtung des Drehimpuls im Inertialsystem erhalten?

Lösungsvorschlag:

Die Euler'schen Kreiselgleichungen sind durch $\dot{S}_\mu + \epsilon_{\mu\nu\sigma}\omega_\nu S_\sigma = D_\mu$ gegeben. Da ein kräftefreier Kreisel vorliegen soll, ist $D = 0$. Darüber hinaus ist der Drehimpuls im Körpersystem durch

$$S = I_1\omega_1\hat{e}_1 + I_2\omega_2\hat{e}_2 + I_3\omega_3\hat{e}_3$$

gegeben. Damit lassen sich die Euler'schen Kreiselgleichungen explizit als

$$I_1\dot{\omega}_1 + \omega_2\omega_3(I_3 - I_2) = 0$$
$$I_2\dot{\omega}_2 + \omega_3\omega_1(I_1 - I_3) = 0$$
$$I_3\dot{\omega}_3 + \omega_1\omega_2(I_2 - I_1) = 0$$

schreiben. Wird jede Gleichung mit der dazugehörigen Winkelgeschwindigkeit ω_μ multipliziert und addiert, so kürzen sich die rechten Terme und es kann

$$I_1\dot{\omega}_1\omega_1 + I_2\dot{\omega}_2\omega_2 + I_3\dot{\omega}_3\omega_3 = 0$$
$$\Rightarrow \quad \frac{\mathrm{d}}{\mathrm{d}t}\left[\frac{I_1\omega_1^2 + I_2\omega_2^2 + I_3\omega_3^2}{2} = \right] = \frac{\mathrm{d}}{\mathrm{d}t}\left[\frac{\boldsymbol{\omega}^T I \boldsymbol{\omega}}{2}\right] = 0$$

gefunden werden. Somit ist die Rotationsenergie $T = \frac{\boldsymbol{\omega}^T I \boldsymbol{\omega}}{2}$ erhalten.

Analog kann jede Gleichung mit der dazugehörigen Komponente des Drehimpulses S_μ multipliziert werden, um anschließend alle Gleichungen zu addieren. Wieder werden die rechten Terme wegfallen, so dass nur noch

$$\dot{S}_1 S_1 + \dot{S}_2 S_2 + \dot{S}_3 S_3 = \frac{1}{2}\frac{\mathrm{d}}{\mathrm{d}t}|S|^2 = 0$$

verbleibt. Daher ist der Betrag des Drehimpulses erhalten.

Alternativ lassen sich in der Indexschreibweise auch die beiden Rechnungen

$$\omega_\mu\dot{S}_\mu + \epsilon_{\mu\nu\sigma}\omega_\mu\omega_\nu S_\sigma = \omega_\mu\dot{S}_\mu = 0$$

und

$$S_\mu\dot{S}_\mu + \epsilon_{\mu\nu\sigma}\omega_\nu S_\mu S_\sigma = S_\mu\dot{S}_\mu = 0$$

betrachten, um zu den selben Ergebnissen zu kommen.

Da der Kreisel kräftefrei ist und im Inertialsystem $\frac{\mathrm{d}S}{\mathrm{d}t} = D = 0$ gilt, muss der Drehimpuls im Inertialsystem in Richtung und Betrag konstant sein.

(b) (**3 Punkte**) Verwenden Sie die Energieerhaltung, um die Gleichung

$$1 = \frac{\omega^T I \omega}{2T} \tag{3.7.1}$$

aufstellen zu können. Wie ist diese geometrisch zu interpretieren?
Hinweis: Hierin sind I und T jeweils der Trägheitstensor und die kinetische Energie des Kreisels.

Lösungsvorschlag:
Die Energieerhaltung ist durch

$$T = \frac{\omega^T I \omega}{2} = \text{konst.}$$

gegeben. Wird diese Gleichung durch T dividiert kann Gl. (3.7.1)

$$1 = \frac{\omega^T I \omega}{2T}$$

gefunden werden. Da außer ω nur Konstanten auftreten, handelt es sich wegen

$$1 = \frac{I_1}{2T}\omega_1^2 + \frac{I_2}{2T}\omega_2^2 + \frac{I_3}{2T}\omega_3^2 = \left(\frac{\omega_1}{\sqrt{\frac{2T}{I_1}}}\right)^2 + \left(\frac{\omega_2}{\sqrt{\frac{2T}{I_2}}}\right)^2 + \left(\frac{\omega_3}{\sqrt{\frac{2T}{I_3}}}\right)^2$$

um die Gleichung eines Ellipsoiden. Er wird als Poinsot'scher Ellipsoid oder auch Energieellipsoid bezeichnet. Es zeigt sich daran auch, dass die Hauptträgheitsmomente eng mit den Halbachsen des Ellipsoids verknüpft sind.

(c) (**3 Punkte**) Führen Sie $x = \frac{\omega}{\sqrt{2T}}$ ein. Wie hängt der Abstand x eines Punktes der so definierten Oberfläche mit dem Trägheitsmoment um die Drehachse n zusammen?

Lösungsvorschlag:
Mit $x = \frac{\omega}{\sqrt{2T}}$ lässt sich Gl. (3.7.1) direkt in

$$1 = x^T I x$$

umwandeln. Hierdurch wird ebenfalls ein Ellipsoid definiert, der nur von dem Trägheitstensor des betrachteten Körpers abhängt. Er wird als Trägheitsellipsoid bezeichnet.
Wird mit n die Richtung des Vektors x bezeichnet, lässt sich dieser durch $x = xn$ schreiben. Damit kann dann

$$1 = xn^T I n x = x^2 I_n$$

gefunden werden. Dabei ist I_n das Trägheitsmoment bei Drehung um die Achse n. Der Abstand des Punktes ist daher durch

$$x = \frac{1}{\sqrt{I_n}}$$

gegeben. Das bedeutet, um das Trägheitsmoment eines Körpers um eine beliebige Achse zu finden, kann der Trägheitsellipsoid konstruiert und der Abstand des Punktes, der in Richtung der Drehachse n gelegen ist, zum Ursprung gemessen werden.

(d) **(4 Punkte)** Zeigen Sie, dass der Drehimpuls, bei einer Drehung um die Drehachse n senkrecht zu der Tangentialebene im Durchstoßpunkt der durch Gl. (3.7.1) definierten Oberfläche steht. Wann sind S und n demnach parallel. Um welche besonderen Drehachsen handelt es sich dann?

Lösungsvorschlag:
Zunächst soll der Normalenvektor N der Tangentialebene berechnet werden. Zu diesem Zweck wird die Gleichung des Ellipsoids (3.7.1) als Funktion von ω in der Form

$$F(\omega) = \frac{\omega^T I \omega}{2T} \overset{!}{=} 1$$

aufgefasst. Da sich der Wert von F nicht ändern soll, solange Punkte auf der Oberfläche betrachtet werden, kann der Gradient der Funktion F nur senkrecht auf der Oberfläche stehen. Somit lässt sich

$$N \parallel \nabla_\omega F(\omega) = \hat{e}_\mu \frac{\partial}{\partial \omega_\mu} \left[\frac{\omega_\nu I_{\nu\sigma} \omega_\sigma}{2T} \right] = \hat{e}_\mu \frac{1}{2T} (I_{\mu\sigma} \omega_\sigma + \omega_\nu I_{\nu\sigma}) = \frac{I\omega}{T}$$

bestimmen. Wird nun ω als Drehachse betrachtet, so stellt $I\omega$ gerade den Drehimpuls dar und es zeigt sich direkt, dass

$$N \parallel S$$

gilt. S und n können nur parallel sein, wenn n ebenfalls parallel zum Normalenvektor der Oberfläche ist. Für Ellipsoide ist dies aber nur der Fall, wenn n eine der Achsen des Ellipsoids darstellt. Andererseits ist bekannt, dass n und S nur dann parallel sind, wenn eine Drehung entlang der Hauptträgheitsachsen erfolgt. Auch so zeigt sich, dass die Hauptträgheitsachsen mit den Halbachsen des Energieellipsoids zusammenfallen.

(e) **(3 Punkte)** Warum lässt sich mit der Energieerhaltung weiter argumentieren, dass alle Tangentialebenen den selben Abstand zum Mittelpunkt der durch Gl. (3.7.1) definierten Oberfläche haben.

Lösungsvorschlag:
Die Energieerhaltung verlangt ebenfalls, dass $T = \frac{1}{2} S \cdot \omega = $ konst. ist. Damit ist die Projektion von ω auf S konstant. Da S parallel zum Normalenvektor der Tangentialebene ist und ω den Abstand der eines Kontaktpunktes in der Tangentialebene zum Ursprung des Koordinatensystems darstellt, ist die Projektion auf den Drehimpuls gerade proportional zu der Projektion auf den Normalenvektor und somit zum Abstand der Tangentialebene zum Ursprung. Da diese Projektion aber gerade konstant ist, muss auch der Abstand aller Tangentialebenen zum Ursprung konstant sein.

(f) **(3 Punkte)** Zeigen Sie mittels der Konstanz von S^2, dass auch

$$1 = \frac{\omega^T I^2 \omega}{S^2}$$

gelten muss. Welche Schlussfolgerung ergibt sich damit für die möglichen Werte von ω auf der durch Gl. (3.7.1) definierten Oberfläche.

Lösungsvorschlag:
Das Betragsquadrat des Drehimpulses lässt sich mittels

$$S^2 = S^2 = (I\omega)^2 = (I\omega)^T I\omega = \omega^T I^T I\omega = \omega^T I^2 \omega$$

bestimmen. Dabei wurde im letzten Schritt die Symmetrie des Trägheitstensors $I^T = I$ ausgenutzt. Somit lässt sich direkt die Gleichung

$$1 = \frac{\omega^T I^2 \omega}{S^2}$$

finden. Auch hier handelt es sich um die Definitionsgleichung eines Ellipsoids. Nun müssen sowohl diese Gleichung, als auch Gl. (3.7.1) gleichzeitig erfüllt sein. Das bedeutet, die möglichen Werte für ω sind der Schnitt aus den Flächen zweier Ellipsoide. Solche Schnitte beschränken die zunächst dreidimensionale Möglichkeit der Lösungsmenge (alle Werte auf der Oberfläche aus Gl. (3.7.1)) auf eine zweidimensionale. Darüber hinaus handelt es sich bei den Schnitten zweier konzentrischer Ellipsoide stets um geschlossene Kurven. Das bedeutet, auf dem Energieellipsoid ergeben sich geschlossene Kurven als mögliche Lösungen von ω. Sie werden als Polhodie bezeichnet.

(g) **(3 Punkte)** Verwenden Sie ihre bisherigen Ergebnisse, um die Bewegung der durch Gl. (3.7.1) definierten Oberfläche zu beschreiben, wenn die Tangentialebenen aus Teilaufgabe (e) im Raum festgehalten werden? Weshalb fällt das so gewählte Koordinatensystem mit dem Inertialsystem zusammen?

Lösungsvorschlag:
Werden die jeweiligen Tangentialebenen des Energieellipsoids festgehalten, so wird ihr Normalenvektor und damit der Drehimpuls S im Raum festgehalten. Da die Bewegung des Körpers kräftefrei von Statten geht, ist der Drehimpuls im Inertialsystem in Betrag und Richtung erhalten. Somit entspricht die Wahl dieses Koordinatensystems einer Betrachtung der Bewegung des Körpers im Inertialsystem.
Die zunächst unterschiedlichen Tangentialebenen sind nun alle ein und die selbe Ebene und werden als invariable Ebene bezeichnet. Da das ursprüngliche Koordinatensystem dem körperfesten System entsprach und ω die Möglichkeit hatte sich kontinuierlich in der in Teilaufgabe (f) besprochenen Lösungsmenge zu ändern, hat sich auch stets der Kontaktpunkt zu den Tangentialebenen verschoben. Das bedeutet im System mit der invariablen Ebene muss sich der Kontaktpunkt auf dem Ellipsoid ebenfalls kontinuierlich ändern. Das entspricht ist nur möglich, wenn sich der Ellipsoid auf der invariablen Ebene abrollt. Die Spur des Kontaktpunktes auf der invariablen Ebene wird als Herpolhodie bezeichnet. Die gesamte Umformulierung des analytischen in ein geometrisches Problem in Form einer Abrollbewegung eines Ellipsoids auf einer ebene wird als Poinsot'sche Konstruktion bezeichnet.

Aufgabe 3   **25 *Punkte***

Endliche Transformationen im Hamilton-Formalismus

In dieser Aufgabe soll untersucht werden, wie sich endliche Transformationen durch das Anwenden von Poisson-Klammern formulieren lassen. Dazu ist es nötig die wiederholte Anwendung von Poisson-Klammern mit einer Funktion f auf g mittels

$$(\{f,\cdot\})^n = \{f,\cdot\}^n\, g = \left\{f,\{f,\cdot\}^{n-1}\, g\right\} \qquad \{f,\cdot\}^0\, g = g$$

zu definieren und gleichzeitig mit dem Potenzieren von $\{f,\cdot\}$ zu identifizieren.

(a) **(6 Punkte)** Zeigen Sie zunächst, dass

$$\{\alpha f,\cdot\}^n\, g = \alpha^n\, \{f,\cdot\}^n\, g$$

und

$$\{f,g\} = 0 \quad \Rightarrow \quad \{f,\cdot\}^n\, g = 0 \quad n \geq 1$$

gelten.

Lösungsvorschlag:
Für die erste Aussage bietet es sich an, eine vollständige Induktion durchzuführen. Der Induktionsanfang ist bei $n = 0$ zu machen. Dort ist der Zusammenhang

$$\{\alpha f,\cdot\}^n\, g = g = \alpha^0 g$$

gültig. Wird nun als Induktionsvoraussetzung angesetzt, dass für ein beliebiges aber festes n die Aussage

$$\{\alpha f,\cdot\}^n\, g = \alpha^n\, \{f,\cdot\}^n\, g$$

wahr ist, so kann im Induktionsschritt für $n + 1$ der Zusammenhang

$$\{\alpha f,\cdot\}^{n+1}\, g = \{\alpha f,\{\alpha f,\cdot\}^n\, g\} = \{\alpha f, \alpha^n\, \{f,\cdot\}^n\, g\}$$
$$= \alpha^{n+1}\, \{f,\{f,\cdot\}^n\, g\} = \alpha^{n+1}\, \{f,\cdot\}^{n+1}\, g$$

gefunden werden. Im ersten Schritt wird dabei die Definition der wiederholten Anwendung verwendet. In zweiten Schritt wird die Induktionsvoraussetzung eingesetzt. Im dritten Schritt wird die Linearität der Poisson-Klammern ausgenutzt. Im letzten Schritt wird wieder die Definition der wiederholten Anwendung verwendet, um die Terme zusammen zu fassen. Das Ergebnis entspricht der gesuchten Form, womit die Aussage für alle $n \in \mathbb{N}_0$ gültig ist. Die so bewiesene Aussage gibt auch einen ersten Hinweis darauf, dass die Definition der wiederholten Anwendung mit der Identifikation mit dem Potenzieren verträglich ist.

Die zweite Aussage kann auch über eine vollständige Induktion bewiesen werden. Der Induktionsanfang ist dabei bei $n = 1$ zu machen und kann durch

$$\{f, \cdot\}^n g = \left\{f, \{f, \cdot\}^0 g\right\} = \{f, g\} = 0$$

geprüft werden. Für die Induktionsvoraussetzung wird für ein beliebiges aber festes $n \in \mathbb{N}$ der Zusammenhang

$$\{f, \cdot\}^n g = 0$$

angenommen. Im Induktionsschritt wird dann $n + 1$ betrachtet und es kann so

$$\{f, \cdot\}^{n+1} g = \{f, \{f, \cdot\}^n g\} = \{f, 0\} = 0$$

gefunden werden. Damit ist die Aussage für alle $n \geq 1$ wahr.

(b) **(4 Punkte)** Gehen Sie von einer nicht explizit zeitabhängigen Hamilton-Funktion $H(\boldsymbol{q}, \boldsymbol{p})$ und einer ebenfalls nicht explizit zeitabhängigen Phasenraumfunktion $f(\boldsymbol{q}, \boldsymbol{p})$ aus. Drücken Sie $\frac{\mathrm{d}^n f}{\mathrm{d}t^n}$ durch geeignete Anwendung von $\{-H, \cdot\}^n$ aus.

Lösungsvorschlag:
Die erste zeitliche Ableitung kann durch

$$\frac{\mathrm{d}f}{\mathrm{d}t} = \{f, H\} + \frac{\partial f}{\partial t} = -\{H, f\} = -\{H, \cdot\}^1 f$$

ausgedrückt werden. Hierbei wurde ausgenutzt, dass die Phasenraumfunktion nicht explizit zeitabhängig ist. Die zweite zeitliche Ableitung ist dann durch

$$\frac{\mathrm{d}^2 f}{\mathrm{d}t^2} = \left\{\frac{\mathrm{d}f}{\mathrm{d}t}, H\right\} + \frac{\partial}{\partial t}\frac{\mathrm{d}f}{\mathrm{d}t} = \left\{-\{H, \cdot\}^1 f, H\right\} = \left\{H, \{H, \cdot\}^1 f\right\} = \{H, \cdot\}^2 f$$

gegeben. Dabei wurde ausgenutzt, dass weder die Phasenraumfunktion f noch die Hamilton-Funktion H explizit zeitabhängig sind. Auf ähnliche Weise lassen sich für die dritte und vierte Zeitableitung die Ausdrücke

$$\frac{\mathrm{d}^3 f}{\mathrm{d}t^3} = -\{H, \cdot\}^3 f \qquad \frac{\mathrm{d}^4 f}{\mathrm{d}t^4} = \{H, \cdot\}^4 f$$

finden. Damit lässt sich die Vermutung

$$\frac{\mathrm{d}^n f}{\mathrm{d}t^n} = \{-H, \cdot\}^n f$$

aufstellen. Diese kann durch vollständige Induktion bewiesen werden. Der Induktionsanfang wird dabei mit $n = 0$ durch

$$f(t) = \frac{\mathrm{d}^0 f}{\mathrm{d}t^0} = \{-H, \cdot\}^0 f = f$$

begründet. Gilt nun für ein beliebiges aber festes n der Zusammenhang

$$\frac{\mathrm{d}^n f}{\mathrm{d}t^n} = \{-H, \cdot\}^n f$$

als Induktionsvoraussetzung, so kann im Induktionsschritt mit $n + 1$

$$\frac{\mathrm{d}^{n+1} f}{\mathrm{d}t^{n+1}} = \left\{\frac{\mathrm{d}^n f}{\mathrm{d}t^n}, H\right\} + \frac{\partial}{\partial t}\frac{\mathrm{d}^n f}{\mathrm{d}t^n} = \left\{-H, \frac{\mathrm{d}^n f}{\mathrm{d}t^n}\right\}$$

$$= \{-H, \{-H, \cdot\}^n f\} = \{-H, \cdot\}^{n+1} f$$

gefunden werden. Dies entspricht dem gewünschten Ausdruck, womit die Aussage für alle $n \in \mathbb{N}$ gültig ist.

(c) **(4 Punkte)** Bestimmen Sie $f(t) = f(\boldsymbol{q}(t), \boldsymbol{p}(t))$ als Taylor-Reihe um $t_0 = 0$ und zeigen Sie damit, dass sich

$$f(t) = U(t)f(0) = \mathrm{e}^{-t\{H, \cdot\}} f(0)$$

mit dem Zeitentwicklungsoperator $U(t)$ schreiben lässt. Wie lassen sich demnach $\boldsymbol{q}(t)$ und $\boldsymbol{p}(t)$ durch $\boldsymbol{q}(0)$ und $\boldsymbol{p}(0)$ ausdrücken?

Lösungsvorschlag:
Die Phasenraumfunktion lässt sich als Taylor-Reihe durch

$$f(t) = \sum_{n=0}^{\infty} \frac{1}{n!} \frac{\mathrm{d}^n f}{\mathrm{d}t^n}\bigg|_{t=0} t^n$$

ausdrücken. Mit den Erkenntnissen der vorherigen Teilaufgabe, lässt sich diese auf

$$f(t) = \sum_{n=0}^{\infty} \frac{t^n}{n!} \{-H, \cdot\}^n f(0)$$

umformen. Da das wiederholte Anwenden der Poisson-Klammern mit dem Potenzieren zu identifizieren ist, lässt sich stattdessen auch

$$f(t) = \left(\sum_{n=0}^{\infty} \frac{(t\{-H, \cdot\})^n}{n!}\right) f(0)$$

schreiben. Da die Taylor-Reihe einer Exponentialfunktion aber durch

$$\mathrm{e}^x = \sum_{n=0}^{\infty} \frac{x^n}{n!}$$

gegeben ist, lässt sich der gefundene Ausdruck mit

$$f(t) = \mathrm{e}^{t\{-H, \cdot\}} f(0) = \mathrm{e}^{-t\{H, \cdot\}} f(0) = U(t)f(0)$$

identifizieren.[1] Damit kann auch die Zeitentwicklung der generalisierten Koordinaten und kanonischen Impulse durch

$$\boldsymbol{q}(t) = U(t)\boldsymbol{q}(0) = \mathrm{e}^{-t\{H,\cdot\}}\,\boldsymbol{q}(0)$$

$$\boldsymbol{p}(t) = U(t)\boldsymbol{p}(0) = \mathrm{e}^{-t\{H,\cdot\}}\,\boldsymbol{p}(0)$$

ausgedrückt werden.

(d) **(2 Punkte)** Betrachten Sie nun eine nicht explizit zeitabhängige Erhaltungsgröße. Werten Sie den Ausdruck $U(t)Q(0)$ aus.

Lösungsvorschlag:
Für eine nicht explizit zeitabhängige Erhaltungsgröße Q muss mit

$$\frac{\partial Q}{\partial t} = 0$$

auch der Zusammenhang

$$\frac{\mathrm{d}Q}{\mathrm{d}t} = \{Q, H\} + \frac{\partial Q}{\partial t} = 0 \quad \Rightarrow \quad \{Q, H\} = 0$$

gelten. Aus dem Ergebnis von Teilaufgabe (a) muss daher auch

$$\{H, \cdot\}^n\, Q = 0 \quad n \geq 1$$

folgen. Dies kann in die Reihenentwicklung der Zeitentwicklung eingesetzt werden, um

$$Q(t) = \mathrm{e}^{-t\{H,\cdot\}}\, Q(0) = \left(\sum_{n=0}^{\infty} \frac{(t\,\{-H,\cdot\})^n}{n!} \cdot \right) Q(0) = \frac{t^0}{0!}\, \{-H, \cdot\}^0\, Q(0) = Q(0)$$

zu erhalten. Die Erhaltungsgröße ist also stets durch ihren Wert bei $t = 0$ gegeben, wie es auch zu erwarten war.

(e) **(6 Punkte)** Betrachten Sie ein Teilchen in einer Dimension im Potential $V(x)$ dessen Hamilton-Funktion durch

$$H(x, p) = \frac{p^2}{2m} + V(x)$$

gegeben ist. Betrachten Sie darüber hinaus den Operator

$$\tau(a) = \mathrm{e}^{-a\{p,\cdot\}}$$

---

[1]Es ist bisher offen gelassen worden, ob die Hamilton-Funktion und die Poisson-Klammern zu beliebigen Zeiten oder bei $t = 0$ betrachtet werden. Aus der Herleitung heraus müssten sie bei $t = 0$ betrachtet werden. Da sowohl die Hamilton-Funktion, wie auch die betrachtete Größe nicht explizit zeitabhängig sind und die Zeitentwicklung eine kanonische Transformation darstellt, ist es irrelevant, zu welchen Zeiten die Poisson-Klammern und die Hamilton-Funktion betrachtet werden.

mit dem Parameter a in der Dimension einer Länge. Bestimmen Sie die Ausdrücke $\tau(a)x$, $\tau(a)p$ und $\tau(a)H$. Interpretieren Sie Ihre Ergebnisse. Wann handelt es sich um eine Symmetrietransformation?

Lösungsvorschlag:
Um den Ausdruck $\tau(a)x$ zu bestimmen, ist es sinnvoll zunächst die Ausdrücke

$$\{p,\cdot\}^1\, x = \{p,x\} = -1 \qquad \{p,\cdot\}^2\, x = \{p,1\} = 0$$

zu bestimmen. Analog zu der Betrachtung in Teilaufgabe (a) lässt sich zeigen, dass so $\{p,\cdot\}^n\, x = 0$ für alle $n \geq 2$ gilt. Damit kann durch die Potenzreihenform der Exponentialfunktion der Zusammenhang

$$\mathrm{e}^{-a\{p,\cdot\}}\, x = \left(\sum_{n=0}^{\infty} \frac{(-a\,\{p,\cdot\})^n}{n!}\right) x = \frac{(-a)^0}{0!}\,\{p,\cdot\}^0\, x + \frac{(-a)^1}{1!}\,\{p,\cdot\}^1\, x = x + a$$

gefunden werden. x wird also um den Wert a verschoben.
Für den Ausdruck $\tau(a)p$ lässt sich zunächst

$$\{p,\cdot\}^1\, p = \{p,p\} = 0 \quad \Rightarrow \quad \{p,\cdot\}^n\, p = 0 \quad n \geq 1$$

bestimmen. In der Potenzreihenform kann so

$$\mathrm{e}^{-a\{p,\cdot\}}\, p = \left(\sum_{n=0}^{\infty} \frac{(-a\,\{p,\cdot\})^n}{n!}\right) p = \frac{(-a)^0}{0!}\,\{p,\cdot\}^0\, p = p$$

ermittelt werden. p verändert sich unter der Anwendung von τ demnach nicht.
Für die Anwendung von τ auf H empfiehlt es sich zunächst die Ausdrücke

$$\{p,\cdot\}^1\, H = \{p,H\} = \left\{p, \frac{p^2}{2m} + V(x)\right\} = \{p, V(x)\} = -\frac{\mathrm{d}V}{\mathrm{d}x}$$

$$\{p,\cdot\}^2\, H = \{p,\{p,H\}\} = \left\{p, -\frac{\mathrm{d}V}{\mathrm{d}x}\right\} = \frac{\mathrm{d}^2V}{\mathrm{d}x^2}$$

$$\{p,\cdot\}^3\, H = \left\{p, \{p,\cdot\}^2\, H\right\} = \left\{p, \frac{\mathrm{d}^2V}{\mathrm{d}x^2}\right\} = -\frac{\mathrm{d}^3V}{\mathrm{d}x^3}$$

zu betrachten. Damit liegt die Vermutung

$$\{-p,\cdot\}^n\, H = \frac{\mathrm{d}^n V}{\mathrm{d}x^n} \qquad n \geq 1$$

nahe, die sich induktiv beweisen lässt. Dazu wird der Induktionsanfang bei $n = 1$ mit

$$\{-p,\cdot\}^1\, H = \{-p,H\} = \frac{\mathrm{d}V}{\mathrm{d}x}$$

betrachtet. Gilt nun für ein beliebiges aber festes n der Zusammenhang

$$\{-p,\cdot\}^n\, H = \frac{\mathrm{d}^n V}{\mathrm{d}x^n}$$

als Induktionsvoraussetzung, so kann im Induktionsschritt für $n + 1$ der Ausdruck

$$\{-p, \cdot\}^{n+1} H = \{-p, \{-p, \cdot\}^n H\} = \left\{ -p, \frac{\mathrm{d}^n V}{\mathrm{d}x^n} \right\} = \frac{\mathrm{d}^{n+1} V}{\mathrm{d}x^{n+1}}$$

gefunden werden. Dies entspricht dem erwartetem Ausdruck, womit die Aussage für alle $n \geq 1$ wahr ist. Damit kann nun in der Potenzreihenform

$$\mathrm{e}^{-a\{p, \cdot\}} H = \left(\sum_{n=0}^{\infty} \frac{(a\{-p, \cdot\})^n}{n!} \right) H = H + \sum_{n=1}^{\infty} \frac{a^n}{n!} \{-p, \cdot\}^n H$$

$$= \frac{p^2}{2m} + V(x) + \sum_{n=1}^{\infty} \frac{a^n}{n!} \left. \frac{\mathrm{d}V}{\mathrm{d}x} \right|_x = \frac{p^2}{2m} + \sum_{n=0}^{\infty} \frac{a^n}{n!} \left. \frac{\mathrm{d}V}{\mathrm{d}x} \right|_x$$

$$= \frac{p^2}{2m} + V(x + a)$$

gefunden werden. Im letzten Schritt wurde dabei die Definition der Taylor-Reihe von $V(x + a)$ bei einer Entwicklung um x verwendet.

Insgesamt zeigt sich, dass der Operator τ die Koordinate x auf $x + a$ transformiert. Seine Anwendung entspricht also einer Translation des physikalischen Systems. Um eine Symmetrietransformation handelt es sich dann, wenn die Hamilton-Funktion sich unter der Anwendung von τ nicht ändert. Dies ist der Fall, wenn $V(x + a) = V(x)$ ist. Es gibt zwei Möglichkeiten, um dies zu realisieren. Entweder die Gleichung gilt nur für ganz bestimmte a, dann handelt es sich um eine diskrete Symmetrie, was durch ein periodisches Potential erreicht werden könnte. Die Gleichung kann auch für alle beliebigen a erfüllt sein, dann handelt es sich um eine kontinuierliche Symmetrie. Der letzte Fall lässt sich nur umsetzen, wenn $\frac{\mathrm{d}V}{\mathrm{d}x} = 0$ und somit $\{p, H\} = 0$ gilt. In diesem Fall ist der Impuls p eine Erhaltungsgröße.

(f) **(3 Punkte)** Betrachten Sie nun allgemeiner eine nicht explizit zeitabhängige Erhaltungsgröße Q und einen Parameter a, der die Dimension einer zu Q konjugierten Variable aufweist. Zeigen Sie nun, dass der Operator

$$\tau(a) = \mathrm{e}^{-a\{Q, \cdot\}}$$

die Hamilton-Funktion unverändert lässt, dass also $\tau(a)H = H$ gilt. Welcher Zusammenhang besteht demnach mit dem Noether-Theorem?

Lösungsvorschlag:
Da Q eine nicht explizit zeitabhängige Erhaltungsgröße sein soll, muss

$$0 = \frac{\mathrm{d}Q}{\mathrm{d}t} = \{Q, H\} + \frac{\partial Q}{\partial t} = \{Q, H\}$$

gelten. Mit den Erkenntnissen aus Teilaufgabe (a) muss somit auch $\{Q, \cdot\}^n H = 0$ für alle $n \geq 1$ gültig sein. Damit lässt sich in der Potenzreihenform

$$\mathrm{e}^{-a\{Q, \cdot\}} H = \left(\sum_{n=0}^{\infty} \frac{(-a\{Q, \cdot\})^n}{n!} \right) H = \frac{(-a)^0}{0!} \{Q, \cdot\}^0 H = H$$

finden.

Mit diesem Zusammenhang lässt sich erkennen, dass durch eine Erhaltungsgröße eine Symmetrie-Transformation definiert werden kann. Mit den Erkenntnissen aus Teilaufgabe (e) lässt sich weiter begründen, dass die Erhaltungsgröße, welche nach dem Noether-Theorem zu dieser Symmetrietransformation gehört, gerade die erzeugende Größe Q ist.

Nicht gefragt:

Im Rahmen der Quantenmechanik werden physikalische Systeme durch eine Wellenfunktion $\Psi(\boldsymbol{r}, t)$ beschrieben. Soll auf dieses System eine Transformation ausgeführt werden, so lässt sich dies durch das Anwenden eines Operators

$$e^{-ia\hat{Q}/\hbar}$$

beschrieben. Hierin ist a ein reeller Parameter, $\hbar$ das reduzierte Planck'sche Wirkungsquantum und $\hat{Q}$ ein hermitescher ($\hat{Q}^\dagger = \hat{Q}$) Operator, der eine physikalische messbare Größe Q beschreibt. Die Wellenfunktion nach der Transformation ist durch

$$\Psi'(\boldsymbol{r}, t) = e^{-ia\hat{Q}/\hbar}\,\Psi(\boldsymbol{r}, t)$$

gegeben. So kann für zeitunabhängige Systeme der Zeitentwicklungsoperator

$$\hat{U}(t) = e^{-it\hat{H}/\hbar}$$

und für Translationen der Operator

$$\hat{T}(a) = e^{-ia\hat{p}/\hbar}$$

gefunden werden. Darin sind $\hat{H}$ und $\hat{p}$ die zur Hamilton-Funktion und zum Impuls gehörenden Operatoren. Wie auch in der hier vorliegenden Aufgabe sind die Erzeuger der Transformationen diejenigen physikalischen Größen, die bei einer vorliegenden Symmetrie unter dieser Transformation erhalten sind. In der Quantenmechanik liegt eine Symmetrie vor, wenn eine Größe $\hat{Q}$ den Zusammenhang $\left[\hat{Q}, \hat{H}\right] = 0$ erfüllt. In diesem Fall besitzen $\hat{Q}$ und $\hat{H}$ einen Satz gemeinsamer Eigenzustände und Quantenzahlen. Die hier gefundenen Zusammenhänge untermauern die Regel $\{A, B\} \rightarrow \frac{1}{i\hbar}\left[\hat{A}, \hat{B}\right]$, die ein Teil des Korrespondenzprinzips ist, welches erlaubt aus klassischen Formulierungen Ansätze für quantenmechanische Gesetzmäßigkeiten auf zu stellen.

Aufgabe 4   **25 *Punkte***

Massenpunkt im quartischem Potential

Betrachten Sie einen Massenpunkt der Masse m, das sich in einer Dimension im Potential

$$V_0(x) = C - \frac{\mu^2}{2}x^2 + \frac{\lambda}{4!}x^4$$

bewegt. Darin sind C, μ und $\lambda > 0$ reelle Konstanten.

(a) **(6 Punkte)** Bestimmen Sie die Extrema des Potentials und finden Sie heraus, ob es sich um Minima oder Maxima handelt. Bestimmen Sie anschließend die Konstante C so, dass das Potential an seinen Minima $x_\pm$ den Wert $V(x_\pm) = 0$ annimmt. Zeigen Sie so, dass sich das Potential auch als

$$V_0(x) = A \cdot \left(x^2 - x_\pm^2\right)^2$$

schreiben lässt und bestimmen Sie A.

Lösungsvorschlag:
Für das Extremum muss die erste Ableitung verschwinden, so dass die Bedingung

$$V'(x) = -\mu^2 x + \frac{\lambda}{3!}x^3 \overset{!}{=} 0$$

gefunden werden kann. In dieser Bedingung lässt sich

$$\left(-\mu^2 + \frac{\lambda}{3!}x^2\right)x = 0$$

ausklammern, so dass ein mögliches Extremum bei $x_0 = 0$ liegt. Die Klammer kann hingegen auch Null werden, so dass sich die beiden möglichen Positionen

$$x_\pm = \pm\sqrt{3!\frac{\mu^2}{\lambda}}$$

ergeben. Um zu bestimmen, ob es sich um ein Minimum oder Maximum handelt, muss die zweite Ableitung mit

$$V''(x) = -\mu^2 + \frac{\lambda}{2}x^2$$

bestimmt werden. In dieses werden nun die möglichen Werte für x eingesetzte. Mit $x_0 = 0$ kann so

$$V''(x_0) = -\mu^2 < 0$$

gefunden werden, weshalb es sich um ein lokales Maximum der Funktion handelt. Für $x_\pm$ kann hingegen

$$V''(x_\pm) = -\mu^2 + \frac{\lambda}{2}\frac{3!\mu^2}{\lambda} = -\mu^2 + 3\mu^2 = 2\mu^2 > 0$$

bestimmt werden, weshalb es sich hier um ein lokales Minimum handeln muss. An dieser Stelle nimmt das Potential den Wert

$$V(x_\pm) = C - \frac{\mu^2}{2}\frac{3!\mu^2}{\lambda} + \frac{\lambda}{4!}\left(\frac{3!\mu^2}{\lambda}\right)^2 = C - 3\frac{\mu^4}{\lambda} + \frac{3}{2}\frac{\mu^4}{\lambda} = C - \frac{3}{2}\frac{\mu^4}{\lambda}$$

an, so dass mit der Bedingung $V(x_\pm) = 0$ die Konstante

$$C = \frac{3}{2}\frac{\mu^4}{\lambda}$$

bestimmt werden kann. Mit ihr lässt sich das Potential auch durch

$$V(x) = \frac{3}{2}\frac{\mu^4}{\lambda} - \frac{\mu^2}{2}x^2 + \frac{\lambda}{4!}x^4 = \frac{\lambda}{4!}\left(x^4 - 4!\frac{\mu^2}{2\lambda}x^2 + 4!\frac{3}{2}\frac{\mu^4}{\lambda^2}\right)$$

$$= \frac{\lambda}{4!}\left(x^4 - 2\frac{3!\mu^2}{\lambda}x^2 + \left(\frac{3!\mu^2}{\lambda}\right)^2\right) = \frac{\lambda}{4!}\left(x^2 - x_\pm^2\right)^2$$

ausdrücken, womit sich die Konstante A zu

$$A = \frac{\lambda}{4!}$$

ergibt.

(b) **(4 Punkte)** Skizzieren Sie das Potential und diskutieren Sie damit die Bewegung qualitativ.

Lösungsvorschlag:
Eine Skizze ist in Abb. 3.7.1 zu sehen. Da es das Potential der Bewegung darstellt, kann für eine vorgegebene Energie eine Gerade parallel zur x-Achse auf der Höhe von E eingezogen werden. Nur wenn das Potential unterhalb dieser Linie liegt, ist eine Bewegung in diesem Bereich möglich.
Es ergibt sich eine Linie bei $E = 0$. Hier sind zwei Punkte bei $x = x_\pm$ möglich. Der Massenpunkt ruht an diesen Stellen.
Ist die Energie geringfügig höher, wird der Massenpunkt zwischen zwei Umkehrpunkten um einen dieser beiden Punkte herum pendeln.
Stimmt die Energie E gerade mit

$$V(0) = C = \frac{3}{2}\frac{\mu^4}{\lambda}$$

überein, so ist es möglich, dass für den Zustand der anfänglichen Ruhe bei $x = 0$ der Massenpunkt an dieser Stelle dauerhaft verharrt. Bewegt sich hingegen der Massenpunkt im Anfangszustand bei $x \neq 0$ so wird er an einen Umkehrpunkt gelangen, dort umkehren und seine Bewegung schließlich einstellen, sobald er den Punkt $x = 0$ erreicht hat.
Ist die Energie größer als C findet eine Bewegung zwischen zwei Umkehrpunkten statt. Nähert der Punkt sich $x = 0$ wird er zwar verlangsamt, passiert aber $x = 0$ ohne seine Bewegung einzustellen.

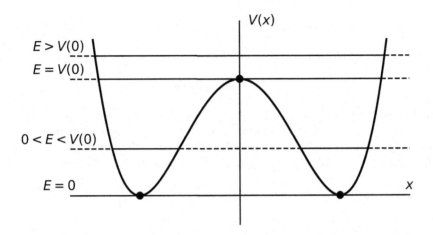

Abb. 3.7.1 Schematische Zeichnung des Potentials mit verschiedenen möglichen Energien.

(c) **(6 Punkte)** Stellen Sie die Hamilton-Funktion H und damit die Bewegungsgleichungen des Systems auf. Finden Sie alle Gleichgewichtspunkte und untersuchen Sie diese hinsichtlich ihre Stabilität. Finden Sie dabei auch die Kreisfrequenz ω, mit der sich der Massenpunkt um einen stabilen Gleichgewichtspunkt bewegt.

Lösungsvorschlag:
Die kinetische Energie des Massenpunktes lässt sich mit seinem Impuls $p = m\dot{x}$ durch

$$T = \frac{p^2}{2m}$$

ausdrücken, um so

$$H = T + V = \frac{p^2}{2m} + \frac{3}{2}\frac{\mu^4}{\lambda} - \frac{\mu^2}{2}x^2 + \frac{\lambda}{4!}x^4$$

zu erhalten. Die Hamilton'schen Bewegungsgleichungen reduzieren sich auf die Newton'schen Bewegungsgleichungen und sind durch

$$\dot{p} = -\frac{\partial H}{\partial x} = -V'(x) \qquad \dot{x} = \frac{\partial H}{\partial p} = \frac{p}{m}$$

$$\Rightarrow \quad m\ddot{x} = -V'(x)$$

gegeben. Für einen Gleichgewichtspunkt muss $V'(x) = 0$ gelten. Daher befinden sich alle Gleichgewichtspunkte an den in Teilaufgabe (a) bestimmten Extrema $x_\pm$ und x_0.

Um diese Punkte $x = x_* + \delta x$ mit $V(x_*) = 0$ lässt sich das Potential gemäß

$$V(x_* + \delta x) \approx V(x_*) + V'(x_+)\delta x + \frac{V''(x_*)}{2}\delta x^2 = V(x_0) + \frac{V''(x_*)}{2}\delta x^2$$

nähern, so dass stattdessen

$$m\delta\ddot{x} = -V''(x_*)\delta x$$

betrachtet werden kann.

Ist $V''(x_*) > 0$ so handelt es sich um einen stabilen Gleichgewichtspunkt. Diese Bedingung ist äquivalent dazu, dass V an dieser Stelle ein **Minimum** aufweisen muss. Daher sind $x_\pm$ stabile Gleichgewichtspunkte. Die Kreisfrequenz kann über

$$\delta\ddot{x} = -\omega^2\delta x = -\frac{V''(x_\pm)}{m}\delta x = -2\frac{\mu^2}{m}\delta x$$

zu

$$\omega = \frac{\mu}{\sqrt{m}}$$

ermittelt werden.

Ist $V''(x_*) < 0$ so handelt es sich hingegen um ein instabiles Gleichgewicht. Dieser Fall tritt also auf, wenn es sich um ein **Maximum** des Potentials handelt. Dies ist bei $x_0 = 0$ der Fall. Wird der Massenpunkt nur leicht aus dem Gleichgewicht gebracht, verändert er seinen Bewegungszustand und seine Lage dramatisch.

(d) **(4 Punkte)** Betrachten Sie nun die rotationssymmetrische Fortsetzung des Potentials für eine Bewegung in zwei Dimensionen und stellen Sie damit die Hamilton-Funktion in Polarkoordinaten auf. Zeigen Sie, dass p_ϕ eine Erhaltungsgröße ist. Welchen Wert muss p_ϕ annehmen, damit sich das bereits behandelte Problem ergibt? Finden Sie anschließend für den allgemeinen Fall die Differentialgleichung für s.

Lösungsvorschlag:

Für die Rotationssymmetrische Fortsetzung, soll sich $V(x)$ für $\phi = 0$ ergeben. Dieses Profil soll sich auch für jedes ϕ ergeben, so dass x mit s ersetzt werden kann. Das Potential ist daher durch

$$V(s, \phi) = V(s) = \frac{3}{2}\frac{\mu^4}{\lambda} - \frac{\mu^2}{2}s^2 + \frac{\lambda}{4!}s^4$$

gegeben. Wichtig ist hierbei zu beachten, dass es nur für $s \geq 0$ definiert ist. Die kinetische Energie in Polarkoordinaten ist wegen

$$\dot{\boldsymbol{r}} = \dot{s}\hat{\boldsymbol{e}}_s + s\dot{\phi}\hat{\boldsymbol{e}}_\phi \quad \Rightarrow \quad L = T - V = \frac{1}{2}m\dot{s}^2 + \frac{1}{2}ms^2\dot{\phi}^2 - V(s)$$

$$\Rightarrow \quad p_\phi = \frac{\partial L}{\partial\dot{\phi}} = ms^2\dot{\phi}$$

durch

$$T = \frac{p_s^2}{2m} + \frac{p_\phi^2}{2ms^2}$$

gegeben. Damit lässt sich die Hamilton-Funktion zu

$$H = T + V = \frac{p_s^2}{2m} + \frac{p_\phi^2}{2ms^2} + \frac{3}{2}\frac{\mu^4}{\lambda} - \frac{\mu^2}{2}s^2 + \frac{\lambda}{4!}s^4$$

bestimmen. Die Bewegungsgleichungen für den ϕ-Anteil können durch

$$\dot{\phi} = \frac{\partial H}{\partial p_\phi} = \frac{p_\phi}{ms^2} \quad \Rightarrow \quad p_\phi = ms^2\dot{\phi}$$

$$\dot{p}_\phi = -\frac{\partial H}{\partial \phi} = 0 \quad \Rightarrow \quad p_\phi = \text{konst.}$$

bestimmt werden, wobei sich zeigt, dass p_ϕ eine Erhaltungsgröße ist. Sie entspricht dem Drehimpuls. Für $p_\phi = 0$ reduziert sich die Hamilton-Funktion auf jene aus Teilaufgabe (c).

Für den s-Anteil lassen sich die beiden Gleichungen

$$\dot{s} = \frac{\partial H}{\partial p_s} = \frac{p_s}{m}$$

$$\dot{p}_s = -\frac{\partial H}{\partial s} = \frac{p_\phi^2}{ms^3} - V'(s)$$

aufstellen, um

$$m\ddot{s} = \frac{p_\phi^2}{ms^3} - V'(s) = \frac{p_\phi^2}{ms^3} + \mu^2 s - \frac{\lambda}{3!}s^3$$

zu erhalten.

(e) **(5 Punkte)** Nehmen Sie nun an, die Bewegung findet auf einer Kreisbahn mit $\dot{s} = 0$ statt. Finden Sie die Bedingung für den Radius s_0 bei dem dies möglich ist. Nehmen Sie weiter an, dass der Einfluss der rotativen Bewegung so gering sei, dass der gesuchte Radius in der Nähe des Potentialminimus $s_0 = x_+ + \delta s$ aus Teilaufgabe (c) liegt und bestimmen Sie δs.

Lösungsvorschlag:
Für eine Kreisbewegung muss auch $\ddot{s} = 0$ gelten, weshalb mit der Bewegungsgleichung aus Teilaufgabe (d) die Bedingung

$$0 = \frac{p_\phi^2}{ms_0^3} + \mu^2 s_0 - \frac{\lambda}{3!}s_0^3 \quad \Leftrightarrow \quad s_0^6 - \frac{3!\mu^2}{\lambda}s_0^4 - \frac{3!p_\phi^2}{\lambda m} = 0$$

gefunden werden kann. Dies ist eine kubische Gleichung, die beispielsweise mit den Cardanischen Formeln gelöst werden könnten. Stattdessen wird aber davon ausgegangen, dass s_0 ungefähr

$$x_+ = \sqrt{3!\frac{\mu^2}{\lambda}}$$

entspricht. Auf diese Weise lässt sich mit der Rechnung

$$0 = (x_+ + \delta s)^6 - \frac{3!\mu^2}{\lambda}(x_+ + \delta s)^4 - \frac{3!p_\phi^2}{\lambda m}$$

$$\approx x_+^6 + 6x_+^5 \delta s - \frac{3!\mu^2}{\lambda}(x_+^4 + 4x_+^3 \delta s) - \frac{3!p_\phi^2}{\lambda m}$$

$$= x_+^4\left(3!\frac{\mu^2}{\lambda} - 3!\frac{\mu^2}{\lambda}\right) + x_+^3\left(6\cdot 3!\frac{\mu^2}{\lambda} - 4\frac{3!\mu^2}{\lambda}\right)\delta s - 3!\frac{p_\phi^2}{\lambda m}$$

$$= 12x_+^3\frac{\mu^2}{\lambda}\delta s - 3!\frac{p_\phi^2}{m\lambda} = \frac{3!}{\lambda}\left(12x_+\frac{\mu^4}{\lambda}\delta s - \frac{p_\phi^2}{m}\right)$$

der Wert

$$\delta s = \frac{\lambda p_\phi^2}{12m\mu^4 x_+} = \frac{\lambda p_\phi^2}{12m\mu^4}\sqrt{\frac{\lambda}{3!\mu^2}} = \frac{\lambda^{3/2}p_\phi^2}{12\sqrt{6}m\mu^5}$$

bestimmen.[2] Daher ist der Kreisradius näherungsweise durch

$$s_0 \approx \sqrt{3!\frac{\mu^2}{\lambda} + \frac{\lambda^{3/2}p_\phi^2}{12\sqrt{6}m\mu^5}}$$

gegeben.

Nicht gefragt:

Das hier betrachtete Potential spielt eine entscheidende Rolle in der Teilchenphysik. Dort werden für alle Teilchen sogenannte Felder definiert. Das prominenteste untere ihnen dürfte das Higgs-Feld ϕ sein, dessen dazugehörige Teilchen, dass Higgs-Teichen 2012 am LHC in Genf nachgewiesen werden konnte.[3] Dem Higgs-Feld wird eine Lagrange-Dichte

$$\mathcal{L}_{\text{Higgs}} = (\partial_\mu \phi)^\dagger(\partial^\mu \phi) - V(\phi)$$

mit dem Potential

$$V(\phi) = -\mu^2|\phi|^2 + \lambda|\phi|^4$$

zugewiesen.[4] Es entspricht dem in dieser Aufgabe betrachteten Potential und wird auch als Mexican-Hat-Potential bezeichnet, da es in seiner Rotationsymmetrischen Form an einen

---

[2]Je nach Näherung lassen sich hier auch noch genauerer Werte bestimmen. Wird beispielsweise von der Gleichung ausgegangen, die nach wie vor ein $\frac{1}{s^3}$ enthält, kann

$$\delta s = \frac{\frac{p_\phi^2}{mx_+}}{12\frac{\mu^4}{\lambda} + \frac{\lambda p_\phi^2}{2m\mu^2}}$$

gefunden werden. Dies reduziert sich für kleine Werte von p_ϕ, im Sinne von $\lambda^2 p_\phi^2 \ll 24m\mu^6$, aber auf den gefundenen Ausdruck.

[3]ATLAS Collaboration, *Observation of a new particle in the search for the Standard Model Higgs boson with the ATLAS detector at the LHC*, Phys. Lett. **B 716**, (2012), S. 1-29, [arXiv:1207.7214v2]

[4]In manchen Quelle werden auch leicht veränderte Koeffizienten verwendet, um die zu betrachtenden Ausdrücke zu vereinfachen.

Sombrero erinnert. Das Feld versucht wie ein klassisches Teilchen bei geringen Energi-
en den Zustand niedrigster Energie im Potential anzunehmen. Da das Feld komplex ist,
bewegt es sich wie der Massenpunkt in dieser Aufgabe, in einem rotationssymmetrischen
Potential. Es gibt nun zwei Bewegungen, aus denen sich die „Bewegung" des Feldes zu-
sammensetzen kann.

1. Die Bewegung um das Minimum herum in radialer Richtung, was der Betrachtung
   aus Teilaufgabe (c) entspricht. In diesem Fall stellt die „Bewegung" des Feldes ein
   Teilchen, das Higgs-Teilchen dar.

2. Die Bewegung entlang eines Kreises, also entlang der Hutkrempe, wie es der Betrachtung in Teilaufgabe (e) entspricht. In diesem Fall stellt die „Bewegung" des
   Feldes ein sogenanntes masseloses Goldstone-Boson dar. Es ist ein weiterer Freiheitsgrad des Feldes. Durch die Kopplung an das Elektromagnetische Feld und die
   Schwache Wechselwirkung lässt sich so erklären, weshalb die $W^{\pm}$-Bosonen und
   das Z^0-Boson, welche die Austauschteilchen der schwachen Wechselwirkung sind,
   eine Masse habe. Sie nehmen den Freiheitsgrad des Goldstone-Boson in sich auf
   und erhalten dadurch ihre Masse. [5]

---

[5]Manchmal wird auch davon gesprochen, dass die $W^{\pm}$-Bosonen und das Z^0-Boson die Goldstone-Bosonen
„auffressen".

3.8 Lösung zur Klausur VIII – Analytische Mechanik – mittel

Hinweise

Aufgabe 1 - Kurzfragen

(a) Was ist das charakteristische Polynom der Matrix M? Was sind dessen Nullstellen?

(b) Wie lässt sich ein Potential $V(q)$ aus einem Kraftfeld bestimmen?

(c) Wie ist die Wirkung definiert? Das gilt für δS, wenn $q(t)$ die Euler-Lagrange-Gleichung erfüllt?

(d) Was passiert, wenn eine Legendre-Transformation bzgl. Q durchgeführt wird? Was sind die totalen Differentiale von F_1 und F_2?

(e) Wie sind die kinetische und potentielle Energie in diesem Fall zu bestimmen? Ist das Additionstheorem

$$\cos(\phi_1 - \phi_2) = \cos(\phi_1)\cos(\phi_2) + \sin(\phi_1)\sin(\phi_2)$$

hilfreich?

Aufgabe 2 - Der Hamilton-Jacobi-Formalismus

(a) Wie sind kanonische Transformationen definiert? Sie sollten für die restlichen Teilaufgabe den Zusammenhang $H' = H + \frac{\partial S}{\partial t}$ kennen.

(b) Wie lauten die kanonischen Gleichungen der neuen Koordinaten? Wieso ist die Hamilton-Jacobi-Gleichung

$$H\left(\boldsymbol{q}, \boldsymbol{\nabla_q}S, t\right) + \frac{\partial S}{\partial t} = 0$$

gültig?

(c) Wie ist die Lagrange-Funktion definiert? Wie ist die Wirkung definiert?

(d) Wieso ist $F = Et$ gültig? Wie lassen sich Wellenfronten über gemeinsame Phasenwerte definieren?

(e) Warum muss das totale Differential $\mathrm{d}S$ null sein? Wieso ist $pu = E$ gültig?

(f) Für das nicht relativistische Teilchen sollten Sie die Gleichung

$$\frac{1}{2m}(\boldsymbol{\nabla}S)^2 + \frac{\partial S}{\partial t} = 0$$

finden. Wie lassen sich im relativistischen Fall H und $\boldsymbol{p}$ durch Ableitungen von S ersetzen, um die Hamilton-Jacobi-Gleichung zu finden?

Aufgabe 3 - Der schwere symmetrische Kreisel

(a) Verwenden Sie den Satz des Pythagoras, um ihr Ergebnis zu vereinfachen.

(b) Welche potentielle Energie kann jedem Massenpunkt des Kreisels zugeordnet werden? Wie hängt diese mit der Lage des Schwerpunktes zusammen?

(c) Von welchen Koordinaten ist die Lagrange-Funktion unabhängig? Lassen sich aus der kinetischen Energie die Winkelgeschwindigkeiten des Körpersystems ω_μ ausgedrückt durch die Euler-Winkel bestimmen? Wie lautet die z-Komponente des Drehimpulses?

(d) Hängt die Lagrange-Funktion explizit von der Zeit ab? Wie lassen sich die Erhaltungsgrößen aus Teilaufgabe (c) verwenden, um den Ausdruck zu vereinfachen?

(e) Wann und wo besitzt das Potential Polstellen? Sind alle Werte für θ möglich? Welche Besonderheit ergibt sich für $\dot{\phi}$, wenn $S_z < S_3$ ist?

Aufgabe 4 - Das Kepler-Problem im Hamilton-Formalimus

(a) Wie sieht die kinetische Energie des Systems aus? Wie setzt sich die Hamilton-Funktion aus kinetischer und potentieller Energie zusammen?

(b) Was gilt für die neuen Koordinaten für die Poisson-Klammern bezüglich der alten Koordinaten bei einer kanonischen Transformation? Sie sollten die neue Hamilton-Funktion

$$H(\boldsymbol{r}, \boldsymbol{R}, \boldsymbol{p}, \boldsymbol{P}) = \frac{\boldsymbol{P}^2}{2M} + \frac{\boldsymbol{p}^2}{2\mu} - \frac{\alpha}{r}$$

erhalten.

(c) Wie lässt sich die zeitliche Änderung einer Größe mit den Poisson-Klammern und der Hamilton-Funktion bestimmen?

(d) Setzen Sie die Definition von J_i in die Poisson-Klammer $\{J_i, H\}$ ein und ermitteln Sie diese.

(e) Weshalb lässt sich die kinetische Energie auch als

$$T = \frac{p_r^2}{2\mu} + \frac{J^2}{2\mu r^2}$$

mit $p_r = \mu \dot{r}$ dem zu r konjugierten Impuls, schreiben? Wann treten gebundene Bewegungszustände auf? Wann kommt es zu ungebundenen Bewegungen? Können Kreisbahnen auftreten?

(f) Setzen Sie die Definition von A_i in die Poisson-Klammer $\{A_i, H\}$ ein. Machen Sie von der Zyklizität des Spatproduktes $\boldsymbol{a} \cdot (\boldsymbol{b} \times \boldsymbol{c}) = \boldsymbol{b} \cdot (\boldsymbol{c} \times \boldsymbol{a})$ Gebrauch. Wieso ist

$$A^2 = \mu^2 \alpha^2 \left(1 + \frac{2EJ^2}{\mu \alpha^2}\right)$$

gültig?

Lösungen

Aufgabe 1 **25 *Punkte***

Kurzfragen

(a) (**5 Punkte**) Finden Sie die Eigenwerte der Matrix $M = \begin{pmatrix} 1 & -2 \\ -2 & -1 \end{pmatrix}$.

Lösungsvorschlag:
Die Eigenwerte lassen sich als Nullstellen des charakteristischen Polynoms

$$p(\lambda) = \det(M - \mathbb{1}\lambda) = \det \begin{pmatrix} 1 - \lambda & -2 \\ -2 & -1 - \lambda \end{pmatrix}$$

$$= -(\lambda - 1)(\lambda + 1) - 4 = \lambda^2 - 1 - 4 = \lambda^2 - 5$$

bestimmen und sind somit durch

$$\lambda_{\pm} = \pm\sqrt{5}$$

gegeben.

(b) (**5 Punkte**) Betrachten Sie ein Teilchen der Masse m, das sich in einer Dimension in einem Kraftfeld der Form $F = -F_0 \sinh(\alpha q)$ bewegt. Bestimmen Sie die Hamilton-Funktion des Systems.

Lösungsvorschlag:
Die Hamilton-Funktion eines Teilchens der Masse m in einer Dimension in einem konservativen Kraftfeld mit Potential V ist durch

$$H(q, p) = \frac{p^2}{2m} + V(q)$$

gegeben. Das Potential $V(q)$ muss sich dabei durch

$$V(q) = -\int_0^q dq' \, F(q')$$

aus dem Kraftfeld ergeben, sofern dieses konservativ ist. Da $F(q)$ stetig und somit integrabel ist, muss es konservativ sein. Es lässt sich so

$$V(q) = \int_0^q dq' \, F_0 \sinh(\alpha q) = \frac{F_0}{\alpha}(\cosh(\alpha q) - 1)$$

bestimmen. Da konstanten keinen Einfluss auf die Bewegungsgleichungen haben, wird das System durch die Hamilton-Funktion

$$H(q, p) = \frac{p^2}{2m} + \frac{F_0}{\alpha} \cosh(\alpha q)$$

beschrieben.

(c) **(5 Punkte)** Zeigen Sie, dass für ein System mit der Lagrange-Funktion

$$L = \frac{1}{2}m\dot{\boldsymbol{r}}^2 - V(\boldsymbol{r})$$

mit $V(\lambda\boldsymbol{r}) = \lambda^k V(\boldsymbol{r})$ die Variation der Wirkung für extremale $q(t)$ unverändert bleibt, wenn die Transformation $\boldsymbol{r} \to \lambda\boldsymbol{r}$, $t \to \lambda^{1-\frac{k}{2}}t$ vorgenommen wird.

Lösungsvorschlag:
Das Potential gehorcht

$$V(\boldsymbol{r}) \to V(\lambda\boldsymbol{r}) = \lambda^k V(\boldsymbol{r})$$

unter der betrachteten Transformation. Für die kinetische Energie kann hingegen das Verhalten

$$\frac{1}{2}m\left(\frac{\mathrm{d}\boldsymbol{r}}{\mathrm{d}t}\right)^2 \to \frac{1}{2}m\left(\frac{\lambda}{\lambda^{1-\frac{k}{2}}}\frac{\mathrm{d}\boldsymbol{r}}{\mathrm{d}t}\right)^2 = \lambda^k\frac{1}{2}m\left(\frac{\mathrm{d}\boldsymbol{r}}{\mathrm{d}t}\right)^2$$

gefunden werden. Somit weißt die Lagrange-Funktion insgesamt das Transformationsverhalten

$$L \to \lambda^k L$$

auf. Gleichzeitig wird die Wirkung sich wie

$$S = \int \mathrm{d}tL \to S' = \int \mathrm{d}t\,\lambda^{1-\frac{k}{2}}\lambda^k L = \lambda^{1+\frac{k}{2}}\int \mathrm{d}tL = \lambda^{1+\frac{k}{2}}S$$

transformieren. Damit wird auch die Variation der Wirkung auf

$$\delta S \to \delta S' = \lambda^{1+\frac{k}{2}}\delta S$$

übergehen. Erfüllt $q(t)$ die Euler-Lagrange-Gleichung, so ist $\delta S = 0$ und somit auch $\delta S' = 0$. Die Bewegungsgleichungen sind unter der angegebenen Transformation also invariant. Das Ergebnis ist als mechanische Ähnlichkeit bekannt und kann wegen

$$l' = \lambda l \quad \Rightarrow \quad \lambda = \frac{l'}{l}$$

$$t' = \lambda^{1-\frac{k}{2}}t \quad \Rightarrow \quad \frac{t'}{t} = \lambda^{1-\frac{k}{2}} = \left(\frac{l'}{l}\right)^{1-\frac{k}{2}}$$

zusammen gefasst werden.

(d) **(5 Punkte)** Bestimmen Sie aus der Erzeugenden $F_1(\boldsymbol{q}, \boldsymbol{Q}, t)$ einer kanonischen Transformation eine Erzeugende F_2, welche von $\boldsymbol{q}$ und $\boldsymbol{P}$ abhängt. Wie gehen aus F_2 die Größen $\boldsymbol{p}$, $\boldsymbol{Q}$ und $\tilde{H}$ hervor?

Lösungsvorschlag:
Die Größen $\boldsymbol{p}$, $\boldsymbol{Q}$ und $tilde H$ gehen aus F_1 durch

$$p_i = \frac{\partial F_1}{\partial q_i} \qquad P_i = -\frac{\partial F_1}{\partial Q_i} \qquad \tilde{H} = H + \frac{\partial F_1}{\partial t}$$

hervor. Um die Abhängigkeit von Q_i in eine Abhängigkeit von P_i zu ändern, muss also eine Legendre-Transformation in diesen Koordinaten gemäß

$$F_2(\boldsymbol{q}, \boldsymbol{P}, t) = F_1 - \frac{\partial F_1}{\partial Q_i} Q_i = F_1 + P_i Q_i$$

durchgeführt werden. Für das totale Differential von F_2 kann demnach

$$\begin{aligned}
\mathrm{d}F_2 &= \mathrm{d}F_1 + P_i \,\mathrm{d}Q_i + Q_i \,\mathrm{d}P_i \\
&= \frac{\partial F_1}{\partial q_i} \,\mathrm{d}q_i + \frac{\partial F_1}{\partial Q_i} \,\mathrm{d}Q_i + \frac{\partial F_1}{\partial t} \,\mathrm{d}t + P_i \,\mathrm{d}Q_i + Q_i \,\mathrm{d}P_i \\
&= p_i \,\mathrm{d}q_i - P_i \,\mathrm{d}Q_i + \frac{\partial F_1}{\partial t} \,\mathrm{d}t + P_i \,\mathrm{d}Q_i + Q_i \,\mathrm{d}P_i \\
&= p_i \,\mathrm{d}q_i + Q_i \,\mathrm{d}P_i + \frac{\partial F_1}{\partial t} \,\mathrm{d}t
\end{aligned}$$

gefunden werden. Andererseits ist das totale Differential von F_2 durch

$$\mathrm{d}F_2 = \frac{\partial F_2}{\partial q_i} \,\mathrm{d}q_i + \frac{\partial F_2}{\partial P_i} \,\mathrm{d}P_i + \frac{\partial F_2}{\partial t} \,\mathrm{d}t$$

gegeben. Somit ist die Identifikation

$$p_i = \frac{\partial F_2}{\partial q_i} \qquad Q_i = \frac{\partial F_2}{\partial P_i} \qquad \frac{\partial F_2}{\partial t} = \frac{\partial F_2}{\partial t} = \tilde{H} - H$$

gültig.

(e) **(5 Punkte)** Betrachten Sie eine Masse m_1, die sich im festen Abstand l_1 zum Ursprung im Schwerefeld der Erde g in der xz-Ebene bewegt. An Masse m_1 ist die Masse m_2 im festen Abstand l_2 befestigt. Sie kann sich ebenfalls nur in der xz-Ebene bewegen. Finden Sie die Lagrange-Funktion mit den Auslenkungen zur Vertikalen jedes Pendels ϕ_1 und ϕ_2 als verallgemeinerten Koordinaten.

Lösungsvorschlag:
Zunächst ist es sinnvoll die beiden Ortsvektoren zu bestimmen. Der erste ist durch

$$\boldsymbol{r}_1 = l_1 \begin{pmatrix} \sin(\phi_1) \\ -\cos(\phi_1) \end{pmatrix}$$

gegeben. Der zweite Ortsvektor hingegen, muss durch

$$\boldsymbol{r}_2 = \boldsymbol{r}_1 + l_2 \begin{pmatrix} \sin(\phi_2) \\ -\cos(\phi_2) \end{pmatrix} = l_1 \begin{pmatrix} \sin(\phi_1) \\ -\cos(\phi_1) \end{pmatrix} + l_2 \begin{pmatrix} \sin(\phi_2) \\ -\cos(\phi_2) \end{pmatrix}$$

gegeben sein. Die zeitlichen Ableitungen dieser beiden Vektoren können zu

$$\dot{\boldsymbol{r}}_1 = l_1 \dot{\phi}_1 \begin{pmatrix} \cos(\phi_1) \\ \sin(\phi_1) \end{pmatrix}$$

und

$$\dot{\boldsymbol{r}}_2 = l_1 \dot{\phi}_1 \begin{pmatrix} \cos(\phi_1) \\ \sin(\phi_1) \end{pmatrix} + l_2 \dot{\phi}_2 \begin{pmatrix} \cos(\phi_2) \\ \sin(\phi_2) \end{pmatrix}$$

bestimmt werden. Die beiden darin auftretenden Vektoren haben den Betrag Eins, was es erlaubt die Betragsquadrate der Geschwindigkeiten einfach durch

$$\dot{\boldsymbol{r}}_1^2 = l_1^2 \dot{\phi}_1^2$$

und

$$\dot{\boldsymbol{r}}_2^2 = l_1^2 \dot{\phi}_1^2 + l_2^2 \dot{\phi}_2^2 + 2 l_1 l_2 \dot{\phi}_1 \dot{\phi}_2 \begin{pmatrix} \cos(\phi_1) \\ \sin(\phi_1) \end{pmatrix} \cdot \begin{pmatrix} \cos(\phi_2) \\ \sin(\phi_2) \end{pmatrix}$$
$$= l_1^2 \dot{\phi}_1^2 + l_2^2 \dot{\phi}_2^2 + 2 l_1 l_2 \dot{\phi}_1 \dot{\phi}_2 \cos(\phi_1 - \phi_2)$$

zu bestimmen. Damit ist die kinetische Energie durch

$$T = \frac{1}{2} m_1 \dot{\boldsymbol{r}}_1^2 + \frac{1}{2} m_2 \dot{\boldsymbol{r}}_2^2$$
$$= \frac{1}{2} m_1 l_1^2 \dot{\phi}_1^2 + \frac{1}{2} m_2 (l_1^2 \dot{\phi}_1^2 + l_2^2 \dot{\phi}_2^2 + 2 l_1 l_2 \dot{\phi}_1 \dot{\phi}_2 \cos(\phi_1 - \phi_2))$$
$$= \frac{1}{2} (m_1 + m_2) l_1^2 \dot{\phi}_1^2 + \frac{1}{2} m_2 l_2^2 \dot{\phi}_2^2 + m_2 l_1 l_2 \dot{\phi}_1 \dot{\phi}_2 \cos(\phi_1 - \phi_2)$$

gegeben. Die potentielle Energie hingegen ist durch

$$U = m_1 g z_1 + m_2 g z_2 = -m_1 g l_1 \cos(\phi_1) - m_2 g (l_1 \cos(\phi_1) + l_2 \cos(\phi_2))$$

zu bestimmen. Da die Lagrange-Funktion durch $L = T - U$ gegeben ist, muss sie im vorliegenden Fall durch

$$L = T - U = \frac{1}{2} (m_1 + m_2) l_1^2 \dot{\phi}_1^2 + \frac{1}{2} m_2 l_2^2 \dot{\phi}_2^2 + m_2 l_1 l_2 \dot{\phi}_1 \dot{\phi}_2 \cos(\phi_1 - \phi_2)$$
$$+ m_1 g l_1 \cos(\phi_1) + m_2 g (l_1 \cos(\phi_1) + l_2 \cos(\phi_2))$$

bestimmt werden.

Aufgabe 2   **25 Punkte**

Der Hamilton-Jacobi-Formalismus

In dieser Aufgabe soll ein besonderes Lösungsverfahren für Probleme der Hamilton-Mechanik vorgestellt und die physikalischen Implikationen untersucht werden. Dazu wird von einem System ausgegangen, das durch die Hamilton-Funktion $H(\boldsymbol{q}, \boldsymbol{p}, t)$ beschrieben wird.

(a) **(2 Punkte)** Betrachten Sie eine kanonische Transformation, die von $S(\boldsymbol{q}, \boldsymbol{p}', t)$ erzeugt wird. Wie lassen sich $\boldsymbol{p}$, $\boldsymbol{q}'$ und die neue Hamilton-Funktion $H'(\boldsymbol{q}', \boldsymbol{p}', t)$ aus H und S bestimmen?

Lösungsvorschlag:
Die erzeugende der kanonischen Transformation ist von den alten Koordinaten und den neuen Impulsen abhängig, so dass sich

$$p_i = \frac{\partial S}{\partial q_i} \qquad q_i' = \frac{\partial S}{\partial p_i'}$$

bestimmen lassen. Die neue Hamilton-Funktion wird mit

$$H'(\boldsymbol{q}', \boldsymbol{p}', t) = H(\boldsymbol{q}(\boldsymbol{q}', \boldsymbol{p}', t), \boldsymbol{p}((\boldsymbol{q}', \boldsymbol{p}', t)), t) + \frac{\partial S}{\partial t}$$

bestimmt.

(b) **(3 Punkte)** Was gilt für die neuen Koordinaten und Impulse, wenn $H' = 0$ ist? Welche Bedingung muss dafür an S gestellt werden. Bestimmen Sie daraus eine Differentialgleichung für S.

Lösungsvorschlag:
Die kanonischen Gleichungen sind durch

$$\dot{q}_i' = \frac{\partial H'}{\partial p_i'} \qquad \dot{p}_i' = -\frac{\partial H'}{\partial q_i'}$$

gegeben. Wenn die neue Hamilton-Funktion $H' = 0$ ist, sind auch alle möglichen Ableitungen Null und somit sind die neuen Koordinaten und Impulse konstant. Damit die neue Hamilton-Funktion Null ist, muss

$$H' = H + \frac{\partial S}{\partial t} = 0$$

gelten. Mit den Erkenntnissen aus Teilaufgabe (a) lassen sich die alten Impulse durch die Ableitungen von S ausdrücken, so dass

$$H\left(\boldsymbol{q}, \boldsymbol{\nabla}_{\boldsymbol{q}} S, t\right) + \frac{\partial S}{\partial t} = 0 \tag{3.8.1}$$

gefunden werden kann. Diese Gleichung wird als Hamilton-Jacobi-Gleichung bezeichnet.

(c) **(3 Punkte)** Bestimmen Sie die totale Zeitableitung von S und interpretieren Sie das Ergebnis physikalisch.

Lösungsvorschlag:
Die totale Zeitableitung von S ist zunächst durch

$$\frac{\mathrm{d}S}{\mathrm{d}t} = \frac{\mathrm{d}S}{\mathrm{d}q_i}\frac{\mathrm{d}q_i}{\mathrm{d}t} + \frac{\mathrm{d}S}{\mathrm{d}p_i'}\frac{\mathrm{d}p_i'}{\mathrm{d}t} + \frac{\partial S}{\partial t} = \frac{\mathrm{d}S}{\mathrm{d}q_i}\dot{q}_i + \frac{\mathrm{d}S}{\mathrm{d}p_i'}\dot{p}_i' + \frac{\partial S}{\partial t}$$

gegeben. Die neuen Impulse sind konstant, so dass $\dot{p}_i' = 0$ gilt. Da nun die alten Impulse mittels $p_i = \frac{\mathrm{d}S}{\mathrm{d}q_i}$ ausgedrückt werden können und nach Gl. (3.8.1) auch $\frac{\partial S}{\partial t} = -H$ gilt, kann auch

$$\frac{\mathrm{d}S}{\mathrm{d}t} = p_i q_i - H = L$$

gefunden werden. Dieser Ausdruck entspricht aber der Definition der Lagrange-Funktion. Da die totale Zeitableitung von S die Lagrange-Funktion ist, muss die Größe S nach dem Hauptsatz der Differential- und Integralrechnung aber das zeitliche Integral der Lagrange-Funktion sein. Bei dieser Größe handelt es sich jedoch um die Wirkung. Daher erzeugt die Wirkung eine kanonische Transformation, die ein mechanisches Problem trivial lösbar macht. [1]

Gehen Sie in den folgenden Teilaufgaben von einer zeitunabhängigen Hamilton-Funktion aus.

(d) **(6 Punkte)** Zerlegen Sie S in eine Summe aus den Anteilen $W(\boldsymbol{q},\boldsymbol{p}')$ und $F(t,\boldsymbol{p}')$ und bestimmen Sie F. Wie lässt sich S geometrisch interpretieren? Wieso lässt sich die Differentialgleichung aus Teilaufgabe (b) damit als Wellengleichung interpretieren?

Lösungsvorschlag:
Wird S als die Summe

$$S(\boldsymbol{q},\boldsymbol{p}',t) = W(\boldsymbol{q},\boldsymbol{p}') + F(\boldsymbol{q},t)$$

geschrieben, so lässt sich die Gleichung (3.8.1)

$$H\left(\boldsymbol{q},\nabla_{\boldsymbol{q}}S\right) + \frac{\partial S}{\partial t} = 0$$

auch als

$$H\left(\boldsymbol{q},\nabla_{\boldsymbol{q}}W,t\right) + \frac{\partial F}{\partial t} = 0 \quad \Rightarrow \quad H\left(\boldsymbol{q},\nabla_{\boldsymbol{q}}W,t\right) = -\frac{\partial F}{\partial t}$$

schreiben. Die linke Seite ist unabhängig von t, während die rechte Seite von t abhängt. Wenn nun aber unterschiedliche Zeiten betrachtet werden und sich die rechte

---

[1]Es ist dabei zu beachten, dass die extremale Wirkung ein Funktional ist und es sich somit um ein bestimmtes Integral handelt. Die hier betrachtete Größe S ist allerdings ein unbestimmtes Integral.

Seite ändern würde, würde die Gleichung nicht mehr gültig sein. Demnach kann die Gleichung nur erfüllt sein, wenn beide Seiten bereits konstant sind. Da in zeitlich unabhängigen Systemen die Gesamtenergie erhalten ist und mit der Hamilton-Funktion zusammenfällt, müssen die beiden Gleichungen

$$H\left(\boldsymbol{q}, \boldsymbol{\nabla}_{\boldsymbol{q}} W, t\right) = E \qquad \frac{\partial F}{\partial t} = -E$$

gültig sein. Die zweite Gleichung lässt sich dabei durch

$$F(t, \boldsymbol{p}') = -Et$$

lösen. Dabei wurde keine Integrationskonstante eingeführt, da diese in S mit den Integrationskonstanten aus W kombiniert werden kann.
Die erste Gleichung

$$H\left(\boldsymbol{q}, \boldsymbol{\nabla}_{\boldsymbol{q}} W, t\right) = E$$

kann dazu verwendet werden, um $W(\boldsymbol{q}, \boldsymbol{p}')$ zu bestimmen. Da $\boldsymbol{p}'$ konstant ist, hängen die W nur von $\boldsymbol{q}$ als dynamischer Variable ab.
Es können verschiedene Konstante Werte für W angesetzt werden. Diese konstanten Werte definieren dann eine Hyperfläche im Konfigurationsraum. Wenn bspw. ein Massenpunkt mit den kartesischen Koordinaten $\boldsymbol{q} = \boldsymbol{r}$ betrachtet würde, so würde es sich bei konstanten Werten von W um dreidimensionale Flächen handeln.
Da S aber durch

$$S = W + F = W - Et$$

gegeben ist, könnten auch konstante Werte für S betrachtet werden. Für $t = 0$ ergäbe sich gerade die Fläche für W mit dem selben Wert. Konstante Werte von S bilden also auch solche Hyperflächen im Konfigurationsraum. Mit zunehmender Zeit, nimmt die Konstante, die für W zur Verfügung steht ab. [2] Damit ändert sich die Fläche, die durch einen konstanten Wert von S beschrieben wird. Es handelt sich bei konstanten Werten von S also um eine Hyperfläche, welche mit der Zeit die Hyperflächen konstanter W überstreicht. Anders ausgedrückt handelt es sich um eine wandernde Fläche konstanten Wertes.
Wellenfronten lassen sich dadurch definieren, dass sie Hyperflächen konstanter Phase sind, die sich mit der Zeit ausbreiten. In diesem Sinne stellt S die Phase einer Wellenfront dar. Es wird in diesem Zuge auch von Wirkungswellen gesprochen. Da S eine Interpretation als eine Phase einer Welle zulässt, kann die Differentialgleichung (3.8.1) als Wellengleichung aufgefasst werden.

(e) **(4 Punkte)** Bestimmen Sie die Geschwindigkeit u mit der sich Flächen gleicher Werte von S bewegen. Und vergleichen Sie diese mit der Teilchengeschwindigkeit v, wenn die Hamilton-Funktion einem freien Teilchen entspricht.

---

[2] Sofern die Energie positiv ist. Im Falle negativer Energien würde die Konstante zunehmen.

Lösungsvorschlag:
Für Flächen gleichen Wertes, darf sich der Wert von S offensichtlich nicht ändern und es muss daher $dS = 0$ sein. Somit lässt sich

$$dS = \frac{\partial S}{\partial q_i}\, dq_i + \frac{\partial S}{\partial p_i'}\, dp_i' + \frac{\partial S}{\partial t}\, dt = \frac{\partial S}{\partial q_i}\, dq_i + \frac{\partial S}{\partial t}\, dt = 0$$

bestimmen. Dabei fällt der zweite Term weg, da p' konstant ist. Die gesamte Gleichung lässt sich nach der Zeit differenzieren, um so

$$\frac{\partial S}{\partial q_i}\frac{dq_i}{dt} + \frac{\partial S}{\partial t} = 0$$

zu erhalten. Der erste Term stellt ein Skalarprodukt aus $\boldsymbol{p} = \boldsymbol{\nabla}_{\boldsymbol{q}}S$ mit der Geschwindigkeit der Wellenfront $\boldsymbol{u} \equiv \frac{d\boldsymbol{q}}{dt}$ dar. Die Geschwindigkeit der Wellenfront steht senkrecht zur Wellenfront. Ebenso steht wegen $\boldsymbol{\nabla}_{\boldsymbol{q}}S = \boldsymbol{\nabla}_{\boldsymbol{q}}W$ der Impuls $\boldsymbol{p}$ senkrecht auf der Wellenfront, so dass sich mit $E = -\frac{\partial S}{\partial t}$ auch

$$\boldsymbol{p} \cdot \boldsymbol{u} = E \quad \Rightarrow \quad pu = E \quad \Rightarrow \quad uv = \frac{E}{m}$$

finden lässt. Dabei wurde ausgenutzt, dass für ein freies Teilchen definitiv $\boldsymbol{p} = m\boldsymbol{v}$ gültig ist. Da die Energie für ein freies Teilchen eine konstante ist, ist zu erkennen, dass die Ausbreitungsgeschwindigkeit u der Wirkungswille umkehrt proportional zur Teilchengeschwindigkeit ist.

(f) **(7 Punkte)** Betrachten Sie ein nicht relativistisches freies Teilchen der Masse m und stellen Sie die Differentialgleichung aus Teilaufgabe (b) für dieses Teilchen auf. Zeigen Sie dann, dass sich mit $S = S' - mc^2t$ für ein relativistisches Teilchen mit der Hamilton-Funktion

$$(H(\boldsymbol{r},\boldsymbol{p}))^2 = \boldsymbol{p}^2c^2 + m^2c^4$$

die gleiche Differentialgleichung für S' im Grenzfall $c \to \infty$ ergibt. Was passiert mit der Geschwindigkeit u im relativistischen Fall?

Lösungsvorschlag:
Die Hamilton-Funktion des betrachteten Teilchens ist durch

$$H(\boldsymbol{r},\boldsymbol{p}) = \frac{\boldsymbol{p}^2}{2m}$$

gegeben. Damit muss nach den Erkenntnissen von Teilaufgabe (b) die Hamilton-Jacobi-Gleichung

$$H\left(\boldsymbol{r}, \boldsymbol{\nabla}S\right) + \frac{\partial S}{\partial t} = \frac{1}{2m}(\boldsymbol{\nabla}S)^2 + \frac{\partial S}{\partial t} = 0$$

erfüllt werden.
Für die gegebene relativistische Hamilton-Funktion müssen H mit $-\frac{\partial S}{\partial t}$ und $\boldsymbol{p}$ mit

∇S ersetzt werden, um die Hamilton-Jacobi-Gleichung

$$\left(\frac{\partial S}{\partial t}\right)^2 = c^2 (\nabla S)^2 + m^2 c^4$$

$$\Rightarrow \quad \frac{1}{c^2} \left(\frac{\partial S}{\partial t}\right)^2 - (\nabla S)^2 = m^2 c^2$$

zu finden. Hierin kann die angegebene Ersetzung

$$S = S' - mc^2 t$$

durchgeführt werden. Es bietet sich an, zunächst die einzelnen Ableitungen

$$\frac{\partial S}{\partial t} = \frac{\partial S'}{\partial t} - mc^2 \qquad \nabla S = \nabla S'$$

und ihre Quadrate

$$\left(\frac{\partial S}{\partial t}\right)^2 = \left(\frac{\partial S'}{\partial t}\right)^2 - 2mc^2 \frac{\partial S'}{\partial t} + m^2 c^4 \qquad (\nabla S)^2 = (\nabla S')^2$$

zu bestimmen. Die Hamilton-Jacobi-Gleichung nimmt somit die Form

$$\frac{1}{c^2} \left(\left(\frac{\partial S}{\partial t}\right)^2 = \left(\frac{\partial S'}{\partial t}\right)^2 - 2mc^2 \frac{\partial S'}{\partial t} + m^2 c^4 \right) - (\nabla S')^2 = m^2 c^4$$

$$\Rightarrow \quad \frac{1}{c^2} \left(\frac{\partial S'}{\partial t}\right)^2 - 2m \frac{\partial S'}{\partial t} + m^2 c^2 - (\nabla S')^2 = m^2 c^2$$

$$\Rightarrow \quad \frac{\partial S'}{\partial t} + \frac{1}{2m} (\nabla S')^2 = \frac{1}{c^2} \left(\frac{\partial S'}{\partial t}\right)^2$$

an. Im Grenzwert $c \to \infty$ verschwindet die rechte Seite dieser Gleichung, so dass nur noch

$$\frac{1}{2m} (\nabla S')^2 + \frac{\partial S'}{\partial t} = 0$$

verbleibt, was der Hamilton-Jacobi-Gleichung eines nicht relativistischen freien Teilchens entsprach.

Nach wie vor gilt die Betrachtung $pu = E$. Im relativistischen Fall ist der kanonische Impuls allerdings durch $\gamma m v$ gegeben, während die Energie mit $\gamma m c^2$ zu bestimmen ist. Daher kann

$$\gamma m v u = \gamma m c^2 \quad \Rightarrow \quad uv = c^2$$

gefunden werden. Da massenhaftete Teilchen sich stets mit einer Geschwindigkeit kleiner als der Lichtgeschwindigkeit $v < c$ bewegen müssen, muss sich die Wirkungswelle in diesem Fall mit Überlichtgeschwindigkeit $u > c$ ausbreiten.

Aufgabe 3   **25 Punkte**

Der schwere symmetrische Kreisel

In dieser Aufgabe soll ein symmetrischer Kreisel im Schwerefeld g der Erde betrachtet werden. Das Körpersystem soll mit den Hauptträgheitsachsen zusammenfallen, so dass $\hat{e}_3$ der Figurenachse entspricht. Ausgedrückt durch die Euler-Winkel ist die kinetische Energie eines Kreisels durch

$$T = \frac{I_1}{2}(\dot{\phi}\sin(\theta)\sin(\psi) + \dot{\theta}\cos(\psi))^2 + \frac{I_2}{2}(\dot{\phi}\sin(\theta)\cos(\psi) - \dot{\theta}\sin(\psi))^2$$
$$+ \frac{I_3}{2}(\dot{\phi}\cos(\theta) + \dot{\psi})^2 \tag{3.8.2}$$

gegeben.

(a) **(5 Punkte)** Finden Sie die kinetische Energie des symmetrischen Kreisels. Führen Sie dazu auch das Trägheitsmoment für die Drehung um die entartete Hauptträgheitsachse als $I_\perp$ ein.

Lösungsvorschlag:
Wird das Trägheitsmoment um die Figurenachse $\hat{e}_3$ mit $I_3 = I_\parallel$ und das Trägheitsmoment um die $\hat{e}_1$- und $\hat{e}_2$-Achse und all ihre Linearkombinationen mit $I_1 = I_2 = I_\perp$ bezeichnet, so lassen sich in der ersten beiden Terme in Gl. (3.8.2) durch Ausmultiplizieren vereinfachen. Dazu kann die Rechnung

$$T_{12} = \frac{I_1}{2}(\dot{\phi}\sin(\theta)\sin(\psi) + \dot{\theta}\cos(\psi))^2 + \frac{I_2}{2}(\dot{\phi}\sin(\theta)\cos(\psi) - \dot{\theta}\sin(\psi))^2$$
$$= \frac{I_\perp}{2}(\dot{\phi}^2\sin^2(\theta)\sin^2(\psi) + \dot{\theta}^2\cos^2(\psi) + 2\dot{\phi}\dot{\theta}\sin(\theta)\sin(\psi)\cos(\psi))$$
$$+ \frac{I_\perp}{2}(\dot{\phi}^2\sin^2(\theta)\cos^2(\psi) + \dot{\theta}^2\sin^2(\psi) - 2\dot{\phi}\dot{\theta}\sin(\theta)\cos(\psi)\sin(\psi))$$
$$= \frac{I_\perp}{2}(\dot{\phi}^2\sin^2(\theta) + \dot{\theta}^2)$$

betrachtet werden. Insgesamt lässt sich so die kinetische Energie

$$T = \frac{I_\perp}{2}(\dot{\phi}^2\sin^2(\theta) + \dot{\theta}^2) + \frac{I_\parallel}{2}(\dot{\phi}\cos(\theta) + \dot{\psi})^2$$

bestimmen.

(b) **(5 Punkte)** Der Kreisel liegt auf einem festem Punkt auf, der stets den Abstand R zum Schwerpunkt des Kreisels hat und unterliegt der Erdanziehung $-g\hat{e}_z$. Finden Sie die Lagrange-Funktion des Systems.[3]

---

[3]Die Auflage soll so gestaltet sein, dass für den Nutationswinkel θ weiterhin prinzipiell alle Werte aus $[0, \pi]$ möglich sind.

Lösungsvorschlag:
Ein jeder Massenpunkt des starren Körpers hat die potentielle Energie $V_\alpha = m_\alpha g z_\alpha$. Damit lässt sich das Gesamtpotential zu

$$V = \sum_\alpha V_\alpha = g \sum_\alpha m_\alpha z_\alpha = MgZ$$

bestimmen. Hierbei ist Z die z-Komponente des Schwerpunktes $\boldsymbol{R}$ und M die Masse des Kreisels. Es ist zweckmäßig den Auflagepunkt zum Referenzpunkt für die potentielle Energie zu machen. Da der Schwerpunkt zum Auflagepunkt den Abstand R hat und der Nutationswinkel θ die Verkippung des Kreisels gegenüber der z-Achse angibt, lässt sich Z auch als $R\cos(\theta)$ ausdrücken, so dass

$$V = MgR\cos(\theta)$$

gefunden werden kann. Die Lagrange-Funktion ist daher durch

$$L = T - V = \frac{I_\perp}{2}(\dot\phi^2 \sin^2(\theta) + \dot\theta^2) + \frac{I_\parallel}{2}(\dot\phi\cos(\theta) + \dot\psi)^2 - MgR\cos(\theta)$$

gegeben.

(c) **(5 Punkte)** Welche Koordinaten sind zyklisch? Finden Sie die dazu gehörenden erhaltenen Impulse und interpretieren Sie diese physikalisch.

Lösungsvorschlag:
Die Euler'schen Winkel stellen die verallgemeinerten Koordinaten des Systems dar. Da die Winkel ϕ und ψ nicht explizit in der Lagrange-Funktion vorkommen, sind die partiellen Ableitungen der Lagrange-Funktion nach ihnen null

$$\frac{\partial L}{\partial \phi} = 0 \qquad \frac{\partial L}{\partial \psi} = 0$$

und somit handelt es sich um zyklische Koordinaten. Damit müssen ihre kanonischen Impulse in Form der partiellen Ableitung der Lagrange-Funktion nach ihren zeitlichen Ableitungen erhalten sein. Es lassen sich daher

$$p_\phi = \frac{\partial L}{\partial \dot\phi} = I_\perp \dot\phi \sin^2(\theta) + I_\parallel(\dot\phi\cos(\theta) + \dot\psi)\cos(\theta)$$

und

$$p_\psi = \frac{\partial L}{\partial \dot\psi} = I_\parallel(\dot\phi\cos(\theta) + \dot\psi)$$

bestimmen.
Da die kinetische Energie allgemein durch

$$T = \frac{I_1}{2}\omega_1^2 + \frac{I_2}{2}\omega_2^2 + \frac{I_3}{2}\omega_3^2$$

gegeben ist, lassen sich an ihr die ω_μ ausgedrückt durch die Euler-Winkel ablesen. Ein Vergleich mit Gl. (3.8.2) zeigt, dass

$$\omega_1 = \dot{\phi}\sin(\theta)\sin(\psi) + \dot{\theta}\cos(\psi)$$
$$\omega_3 = \dot{\phi}\sin(\theta)\cos(\psi) - \dot{\theta}\sin(\psi)$$
$$\omega_3 = \dot{\phi}\cos(\theta) + \dot{\psi}$$

gilt. Somit lässt sich p_ψ auch als

$$p_\psi = I_\|\omega_3 = I_3\omega_3 = S_3$$

ausdrücken. Es handelt sich daher um die Komponente des Drehimpulses entlang der Figurenachse.

Damit lässt sich ebenfalls in p_ϕ die Ersetzung

$$p_\phi = I_\perp\dot{\phi}\sin^2(\theta) + S_3\cos(\theta)$$

vornehmen. Dies legt den Verdacht nahe, dass es sich bei p_ϕ um eine bestimmte Kombination der Komponenten des Drehimpulses im Körpersystem handeln könnte. Da der Euler-Winkel ϕ die Drehung um die z-Achse beschreibt soll die Projektion des Drehimpulses

$$\boldsymbol{S} = S_1\hat{\boldsymbol{e}}_1 + S_2\hat{\boldsymbol{e}}_2 + S_3\hat{\boldsymbol{e}}_3 = I_\perp(\omega_1\hat{\boldsymbol{e}}_1 + \omega_2\hat{\boldsymbol{e}}_2) + I_\|\omega_3\hat{\boldsymbol{e}}_3$$

auf die z-Achse

$$\hat{\boldsymbol{e}}_z = \sin(\theta)\sin(\psi)\,\hat{\boldsymbol{e}}_1 + \sin(\theta)\cos(\psi)\,\hat{\boldsymbol{e}}_2 + \cos(\theta)\,\hat{\boldsymbol{e}}_3$$

betrachtet werden. Diese ist durch

$$\begin{aligned} S_z = \boldsymbol{S}\cdot\hat{\boldsymbol{e}}_z &= \sin(\theta)\sin(\psi)\,S_1 + \sin(\theta)\cos(\psi)\,S_2 + \cos(\theta)\,S_3 \\ &= I_\perp(\sin(\psi)\,\omega_1 + \cos(\psi)\,\omega_2) + I_\|\omega_3\cos(\theta) \\ &= I_\perp\dot{\phi}\sin^2(\theta) + S_3\cos(\theta) \end{aligned}$$

gegeben. Dabei wurden im letzten Schritt die gefundenen ω_i und S_3 eingesetzt. Sie stimmt mit p_ϕ überein, weshalb es sich bei p_ϕ um die z-Komponente des Drehimpulses handelt.

Insgesamt zeigt sich also, dass der Drehimpuls um die Figurenachse und der Drehimpuls um die z-Achse erhalten sind.

(d) **(5 Punkte)** Begründen Sie die Konstanz der Gesamtenergie E des Systems. Finden Sie E und verwenden Sie Ihre Ergebnisse aus Teilaufgabe (c), um

$$E = \frac{I_\perp}{2}\dot{\theta}^2 + V_{\text{eff}}(\theta)$$

mit

$$V_{\text{eff}}(\theta) = \frac{(A - B\cos(\theta))^2}{\sin^2(\theta)} + C\cos(\theta) + D$$

zu erhalten. Was sind die Konstanten A, B, C und D?

Lösungsvorschlag:
Die Lagrange-Funktion hängt nicht explizit von der Zeit ab $\frac{\partial L}{\partial t} = 0$ weshalb nach dem Noether-Theorem die Größe

$$E = \sum_{i=1}^{3} \frac{\partial L}{\partial \dot{q}_i} \dot{q}_i - L = \frac{\partial L}{\partial \dot{\phi}} \dot{\phi} + \frac{\partial L}{\partial \dot{\theta}} \dot{\theta} + \frac{\partial L}{\partial \dot{\psi}} \dot{\psi} - L$$

erhalten ist. Da das Potential nicht von den Ableitungen der Koordinaten abhängt, lässt sich diese Erhaltungsgröße auch direkt über

$$E = T + V = \frac{I_\perp}{2}(\dot{\phi}^2 \sin^2(\theta) + \dot{\theta}^2) + \frac{I_\parallel}{2}(\dot{\phi}\cos(\theta) + \dot{\psi})^2 + MgR\cos(\theta)$$

ausdrücken. Darin lässt sich zunächst die Ersetzung

$$\dot{\phi}\cos(\theta) + \dot{\psi} = \frac{S_3}{I_\parallel}$$

vornehmen, um

$$E = \frac{I_\perp}{2}\dot{\theta}^2 + \frac{I_\perp}{2}\dot{\phi}^2 \sin^2(\theta) + \frac{S_3^2}{2I_\parallel} + MgR\cos(\theta)$$

zu erhalten. Durch

$$S_z = p_\phi = I_\perp \dot{\phi}\sin^2(\theta) + S_3 \cos(\theta)$$

lässt sich auch

$$\dot{\phi} = \frac{S_z - S_3\cos(\theta)}{I_\perp \sin^2(\theta)} \tag{3.8.3}$$

finden. Dies kann ebenfalls in die Energie eingesetzt werden, um

$$E = \frac{I_\perp}{2}\dot{\theta}^2 + \frac{(S_z - S_3\cos(\theta))^2}{2I_\perp \sin^2(\theta)} + \frac{S_3^2}{2I_\parallel} + MgR\cos(\theta) = \frac{I_\perp}{2}\dot{\theta}^2 + V_{\text{eff}}(\theta)$$

zu bestimmen. Damit zeigt sich, dass das effektive Potential

$$V_{\text{eff}}(\theta) = \frac{(A - B\cos(\theta)^2)}{\sin^2(\theta)} + C\cos(\theta) + D$$

durch

$$V_{\text{eff}}(\theta) = \frac{(S_z - S_3\cos(\theta))^2}{2I_\perp \sin^2(\theta)} + MgR\cos(\theta) + \frac{S_3^2}{2I_\parallel}$$

gegeben ist, weshalb sich die Konstanten

$$A = \frac{S_z}{\sqrt{2I_\perp}} \qquad B = \frac{S_3}{\sqrt{2I_\perp}} \qquad C = MgR \qquad D = \frac{S_3^2}{2I_\parallel}$$

bestimmen lassen.

(e) **(5 Punkte)** Fertigen Sie eine Skizze von $V_{\text{eff}}(\theta)$ an und diskutieren Sie die Bewegung des Kreisels qualitativ. Berücksichtigen Sie hierzu sowohl die zeitliche Entwicklung von θ als auch von ϕ.

Lösungsvorschlag:
Um die Bewegung zu diskutieren, ist die Konstante D im effektiven Potential unerheblich, solange sie in der Bilanz von E mit einbezogen wird. Es kann zu diesem Zweck bspw. die reduzierte Energie $E' = E - D$ eingeführt werden. Der erste Term des effektiven Potentials

$$\frac{(A - B\cos(\theta)^2)}{\sin^2(\theta)}$$

zeigt für $A \neq B$ je einen Pol bei $\theta = 0$ und $\theta = \pi$ auf. Die Bewegung wird folglich zwischen einem minimalen und maximalen θ verlaufen. Im Fall $A = B$ hingegen, lässt sich für $\theta = 0$ der Ausdruck

$$\frac{A^2(1 - \cos(\theta)^2)}{\sin^2(\theta)} \approx A^2 \frac{\left(\frac{\theta^2}{2}\right)^2}{\theta^2} = \frac{A^2}{4}\theta^2$$

finden. Dieser Term geht gegen Null, wenn θ gegen Null geht. Somit wird in diesem Fall kein Pol auftreten.
Wie das Potential genau geartet ist, hängt von der Kombination der Größen A, B und C ab. Das Minimum kann sowohl links als auch rechts von $\theta = \pi/2$ liegen. Garantiert werden kann jedoch, dass die Bewegung stets zwischen einem minimalen und einem maximalen θ stattfinden $\theta \in [\theta_{\min}, \theta_{\max}]$, wobei bei passender Wahl von A und B das minimale θ sogar den Wert Null annehmen kann. Diese Bewegung wird als Nutation bezeichnet. Da der Präzessionswinkel mit Gl. (3.8.3) durch

$$\dot{\phi} = \frac{S_z - S_3\cos(\theta)}{I_\perp \sin^2(\theta)}$$

gegeben ist, wird er sich zeitlich auch verändern. Wenig überraschend heißt dieser Teil der Bewegung Präzession. Sind S_z und S_3 beide positiv, so wird ϕ stets zunehmen, wenn $S_z > S_3$ gilt. Ist hingegen $S_z < S_3$ kann auch eine Umkehrung der Präzessionsrichtung auftreten.
Eine Skizze, in der $A > B > 0$ und $C > 0$, sowie $C \ll A^2$ angenommen wurde ist in Abb. 3.8.1 zu sehen. Die Bewegung findet dabei zwischen dem minimalen und maximalen θ statt, da nur hier die Energie größer ist, als das effektive Potential. Es zeigt sich, dass in diesem speziellen Fall das Minimum des Potentials leicht links von $\pi/2$ liegt.

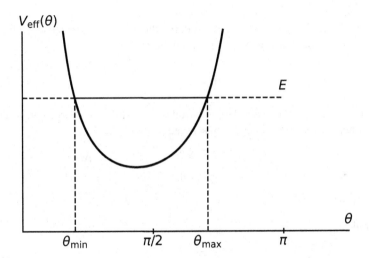

Abb. 3.8.1 Schematische Auftragung des effektiven Potentials eines schweren Kreisels über θ

Aufgabe 4   **25 Punkte**

Das Kepler-Problem im Hamilton-Formalimus

In dieser Aufgabe sollen zwei Massenpunkte m_1 und m_2 mit den Ortsvektoren $\boldsymbol{r}_1$ und $\boldsymbol{r}_2$ betrachtet werden. Sie sollen dabei nur der wechselseitigen Anziehung im Potential

$$V(\boldsymbol{r}_1, \boldsymbol{r}_2) = -\frac{\alpha}{|\boldsymbol{r}_2 - \boldsymbol{r}_1|}$$

unterliegen.

(a) **(1 Punkt)** Stellen Sie die Hamilton-Funktion des Systems als eine Funktion der Ortsvektoren und der kinetischen Impulse $\boldsymbol{p}_1$ und $\boldsymbol{p}_2$ auf.

Lösungsvorschlag:
Die kinetische Energie des Systems ist durch die Summe der kinetischen Energien der beiden Massenpunkte gegeben und kann daher zu

$$T = \frac{p_1^2}{2m_1} + \frac{p_2^2}{2m_2}$$

bestimmt werden. Wie in der Aufgabenstellung ausdrücklich dargelegt, soll die potentielle Energie nur durch V gegeben sein, so dass sich

$$H = T + V = \frac{p_1^2}{2m_1} + \frac{p_2^2}{2m_2} - \frac{\alpha}{|\boldsymbol{r}_2 - \boldsymbol{r}_1|}$$

finden lässt.

(b) **(7 Punkte)** Zeigen Sie, dass

$$\boldsymbol{R}(\boldsymbol{r}_1, \boldsymbol{r}_2, \boldsymbol{p}_1, \boldsymbol{p}_2) = \frac{m_1 \boldsymbol{r}_1 + m_2 \boldsymbol{r}_2}{m_1 + m_2} \qquad \boldsymbol{P}(\boldsymbol{r}_1, \boldsymbol{r}_2, \boldsymbol{p}_1, \boldsymbol{p}_2) = \boldsymbol{p}_1 + \boldsymbol{p}_2$$

$$\boldsymbol{r}(\boldsymbol{r}_1, \boldsymbol{r}_2, \boldsymbol{p}_1, \boldsymbol{p}_2) = \boldsymbol{r}_2 - \boldsymbol{r}_1 \qquad \boldsymbol{p}(\boldsymbol{r}_1, \boldsymbol{r}_2, \boldsymbol{p}_1, \boldsymbol{p}_2) = \frac{m_1 \boldsymbol{p}_2 - m_2 \boldsymbol{p}_1}{m_1 + m_2}$$

eine kanonische Transformation darstellt und ermitteln Sie so die neue Hamilton-Funktion.

Lösungsvorschlag:
Wenn es sich im eine kanonische Transformation handelt, so müssen die neuen Koordinaten $\boldsymbol{R}$, $\boldsymbol{r}$ und die neuen Impuls $\boldsymbol{P}$, $\boldsymbol{p}$ die kanonischen Relationen der Poisson-Klammern bezüglich der alten Koordinaten $\boldsymbol{r}_1$, $\boldsymbol{r}_2$ und Impulse $\boldsymbol{p}_1$, $\boldsymbol{p}_2$ erfüllen. Dazu bietet es sich an, die kanonischen Relationen der alten Koordinate

$$\{r_{1,i}, p_{1,j}\} = \delta_{ij} \qquad \{r_{2,i}, p_{2,j}\} = \delta_{ij}$$
$$\{r_{1,i}, r_{2,j}\} = 0 \qquad \{p_{1,i}, p_{2,j}\} = 0$$
$$\{r_{1,i}, p_{2,j}\} = 0 \qquad \{r_{2,i}, p_{1,j}\} = 0$$

zu verwenden. Mit den Rechnungen

$$(m_1 + m_2) \{R_i, r_j\} = \{m_1 r_{1,i} + m_2 r_{2,i}, r_{2,j} - r_{1,j}\} = 0$$

und

$$(m_1 + m_2) \{P_i, p_j\} = \{p_{1,i} + p_{2,i}, m_1 p_{2,j} - m_2 p_{1,j}\} = 0$$

zeigt sich, dass die Relationen für die Koordinaten und Impulse untereinander bereits erfüllt sind.
Die Relationen für die nicht zueinander gehörenden Impulse und Koordinaten können mit den Rechnungen

$$\{r_i, P_j\} = \{r_{2,i} - r_{1,i}, p_{1,j} + p_{2,j}\} = \{r_{2,i}, p_{2,j}\} - \{r_{1,i}, p_{1,j}\} = \delta_{ij} - \delta_{ij} = 0$$

und

$$
\begin{aligned}
(m_1 + m_2)^2 \{R_i, p_j\} &= \{m_1 r_{1,i} + m_2 r_{2,i}, m_1 p_{2,j} - m_2 p_{1,j}\} \\
&= -m_1 m_2 \{r_{1,i}, p_{1,j}\} + m_1 m_2 \{r_{2,i}, p_{2,j}\} \\
&= m_1 m_2 (-\delta_{ij} + \delta_{ij}) = 0
\end{aligned}
$$

überprüft werden und zeigen sich als gültig.
Zuletzt bleiben noch die Relationen von den zueinander gehörenden Koordinaten und Impulse zu prüfen, was mit den Rechnungen

$$
\begin{aligned}
(m_1 + m_2) \{R_i, P_j\} &= \{m_1 r_{1,i} + m_2 r_{2,i}, p_{1,j} + p_{2,j}\} \\
&= m_1 \{r_{1,i}, p_{1,j}\} + m_2 \{r_{2,i}, p_{2,j}\} \\
&= m_1 \delta_{ij} + m_2 \delta_{ij} = (m_1 + m_2) \delta_{ij} \\
\Rightarrow \quad \{R_i, P_j\} &= \delta_{ij}
\end{aligned}
$$

und

$$
\begin{aligned}
(m_1 + m_2) \{r_i, p_j\} &= \{r_{2,i} - r_{1,i}, m_1 p_{2,j} - m_2 p_{1,j}\} \\
&= m_1 \{r_{2,i}, p_{2,j}\} + m_2 \{r_{1,i}, p_{1,j}\} \\
&= m_1 \delta_{ij} + m_2 \delta_{ij} = (m_1 + m_2) \delta_{ij} \\
\Rightarrow \quad \{r_i, p_j\} &= \delta_{ij}
\end{aligned}
$$

geschehen kann.
Insgesamt gelten die kanonischen Relationen also, weshalb es sich in der Tat um eine kanonische Transformation handelt.

Für die neue Hamilton-Funktion ist es vor allem notwendig, die alten Impulse durch die neuen auszudrücken. Zu diesem Zweck lässt sich

$$(m_1 + m_2)\boldsymbol{p} + m_2 \boldsymbol{P} = m_1 \boldsymbol{p_2} - m_2 \boldsymbol{p_1} + m_2 \boldsymbol{p_1} + m_2 \boldsymbol{p_2} = (m_1 + m_2)\boldsymbol{p_2}$$

$$\Rightarrow \quad \boldsymbol{p_2} = \boldsymbol{p} + \frac{m_2}{m_1 + m_2} \boldsymbol{P}$$

betrachten. Hieraus kann auch

$$p_1 = P - p_2 = P - p - \frac{m_2}{m_1 + m_2}P = \frac{m_1}{m_1 + m_2}P - p$$

bestimmt werden. Die Quadrate der alten Impulse sind damit durch

$$p_1^2 = \left(\frac{m_1}{m_1 + m_2}\right)^2 P^2 + p^2 - \frac{2m_1}{m_1 + m_2}p \cdot P$$

und durch

$$p_2^2 = p^2 + \left(\frac{m_2}{m_1 + m_2}\right)^2 P^2 + \frac{2m_2}{m_1 + m_2}p \cdot P$$

gegeben. Daher lässt sich die kinetische Energie auch durch

$$
\begin{aligned}
T = \frac{p_1^2}{2m_1} + \frac{p_2^2}{2m_2} &= \frac{1}{2m_1}\left(\left(\frac{m_1}{m_1 + m_2}\right)^2 P^2 + p^2 - \frac{2m_1}{m_1 + m_2}p \cdot P\right) \\
&\quad + \frac{1}{2m_2}\left(p^2 + \left(\frac{m_2}{m_1 + m_2}\right)^2 P^2 + \frac{2m_2}{m_1 + m_2}p \cdot P\right) \\
&= \frac{P^2}{2(m_1 + m_2)^2}(m_1 + m_2) + \frac{p^2}{2}\left(\frac{1}{m_1} + \frac{1}{m_2}\right) \\
&= \frac{P^2}{2(m_1 + m_2)} + \frac{p^2}{2\frac{m_1 m_2}{m_1 + m_2}} = \frac{P^2}{2M} + \frac{p^2}{2\mu}
\end{aligned}
$$

ausdrücken. Dabei wurden im letzten Schritt die Gesamtmasse $M = m_1 + m_2$ und die reduzierte Masse $\mu = \frac{m_1 m_2}{m_1 + m_2}$ eingeführt. In der potentiellen Energie muss lediglich die Ersetzung

$$V = -\frac{\alpha}{|r|} = -\frac{\alpha}{r}$$

vorgenommen werden, so dass die Hamilton-Funktion nach der kanonischen Transformation die Form

$$H(r, R, p, P) = \frac{P^2}{2M} + \frac{p^2}{2\mu} - \frac{\alpha}{r}$$

hat.

(c) **(1 Punkt)** Zeigen Sie, dass es sich bei P um eine Erhaltungsgröße handelt und bestimmen Sie so

$$H_{\text{rel}}(r, p) = \frac{p^2}{2\mu} - \frac{\alpha}{r}$$

als die Hamilton-Funktion für den Relativteil. Was ist dabei μ?

Lösungsvorschlag:
Da $\frac{\partial H}{\partial R_i} = 0$ ist, ist P_i eine Erhaltungsgröße. Damit ist der Schwerpunktsimpuls $\boldsymbol{P}$ erhalten und sein Beitrag zur kinetischen Energie kann in der Gesamtenergie absorbiert werden. Es lässt sich alternativ auch argumentieren, dass sein Beitrag zur kinetischen Energie als additive Konstante nicht zu den Ableitungen nach r_i oder p_i beiträgt. Noch etwas allgemeiner kann argumentiert werden, dass die Hamilton-Funktion in die Form

$$H(\boldsymbol{r}, \boldsymbol{R}, \boldsymbol{p}, \boldsymbol{P}) = H_{\mathrm{SP}}(\boldsymbol{R}, \boldsymbol{P}) + H_{\mathrm{rel}}(\boldsymbol{r}, \boldsymbol{p})$$

zerfällt und die Bewegungsgleichungen der einzelnen Teile daher unabhängig voneinander sind und sich einzelnen betrachten lassen.
In jedem Fall muss nur noch

$$H_{\mathrm{rel}}(\boldsymbol{r}, \boldsymbol{p}) = \frac{\boldsymbol{p}^2}{2\mu} - \frac{\alpha}{r}$$

betrachtet werden. Der Einfachheit halber wird diese Hamilton-Funktion im Folgenden einfach nur mit H bezeichnet. $\mu = \frac{m_1 m_2}{m_1 + m_2}$ ist die bereits in Teilaufgabe (b) eingeführte reduzierte Masse.

(d) **(3 Punkte)** Zeigen Sie mit Hilfe der Poisson-Klammern, dass $\boldsymbol{J} = \boldsymbol{r} \times \boldsymbol{p}$ eine erhaltene Größe ist und argumentieren Sie damit, weshalb sich auch

$$\boldsymbol{J} = J\hat{\boldsymbol{e}}_z \qquad \boldsymbol{r} = r\hat{\boldsymbol{e}}_s \qquad \boldsymbol{p} = (\boldsymbol{p} \cdot \hat{\boldsymbol{e}}_s)\hat{\boldsymbol{e}}_s + (\boldsymbol{p} \cdot \hat{\boldsymbol{e}}_\phi)\hat{\boldsymbol{e}}_\phi$$

schreiben lassen. Finden Sie den Zusammenhang zwischen J und $(\boldsymbol{p} \cdot \hat{\boldsymbol{e}}_\phi)$.

Lösungsvorschlag:
Die i-te Komponente des Drehimpulses ist durch $J_i = \epsilon_{ijk} r_j p_k$ gegeben. Die zeitliche Ableitung einer Größe $f(\boldsymbol{q}, \boldsymbol{p}, t)$ ist im Hamilton-Formalismus durch

$$\frac{\mathrm{d}f}{\mathrm{d}t} = \{f, H\} + \frac{\partial f}{\partial t}$$

zu bestimmen. Da $\frac{\partial J_i}{\partial t} = 0$ gilt, kann

$$
\begin{aligned}
\frac{\mathrm{d}J_i}{\mathrm{d}t} &= \{\epsilon_{ijk} r_j p_k, H\} = \epsilon_{ijk} \left\{ r_j p_k, \frac{p_l p_l}{2\mu} - \frac{\alpha}{r} \right\} \\
&= \epsilon_{ijk} \left(-\alpha r_j \left\{ p_k, \frac{1}{r} \right\} + \{r_j, p_l p_l\} \frac{p_k}{2\mu} \right) \\
&= \epsilon_{ijk} \left(-\alpha r_j \left(-\frac{\partial p_k}{\partial p_m} \left(\frac{\partial}{\partial r_m} \frac{1}{r} \right) \right) + (p_l \{r_j, p_l\} + \{r_j, p_l\} p_l) \frac{p_k}{2\mu} \right) \\
&= \epsilon_{ijk} \left(-\alpha r_j \frac{r_k}{r^3} + \frac{p_k p_j}{\mu} \right) \\
&= -\alpha \frac{(\boldsymbol{r} \times \boldsymbol{r})_i}{r^3} + \frac{(\boldsymbol{p} \times \boldsymbol{p})_i}{\mu} = 0
\end{aligned}
$$

gefunden werden. Dabei wurde auch die kanonische Poisson-Klammer $\{r_j, p_l\} = \delta_{jl}$ ausgenutzt. Damit ist jede Komponente von $\boldsymbol{J}$ erhalten und es muss sich beim Drehimpuls daher um eine Erhaltungsgröße handeln. Er ist in Betrag *und* Richtung erhalten. Daher muss die Bewegung in einer Ebene stattfinden. Der Einfachheit halber lässt sich für diese Ebene die xy-Ebene wählen, so dass das Problem in Zylinderkoordinaten mit $z = 0$ beschrieben werden kann. Der Ortsvektor ist dann durch

$$\boldsymbol{r} = r\hat{\boldsymbol{e}}_s$$

gegeben, womit sich die Geschwindigkeit

$$\dot{\boldsymbol{r}} = \dot{r}\hat{\boldsymbol{e}}_s + r\dot{\phi}\hat{\boldsymbol{e}}_\phi$$

und somit der kinetische Impuls

$$\boldsymbol{p} = m\dot{\boldsymbol{r}} = m\dot{r}\hat{\boldsymbol{e}}_s + mr\dot{\phi}\hat{\boldsymbol{e}}_\phi = (\boldsymbol{p} \cdot \hat{\boldsymbol{e}}_s)\hat{\boldsymbol{e}}_s + (\boldsymbol{p} \cdot \hat{\boldsymbol{e}}_\phi)\hat{\boldsymbol{e}}_\phi$$

ergeben. Der Drehimpuls ist dadurch mit

$$\boldsymbol{J} = \boldsymbol{r} \times \boldsymbol{p} = r\hat{\boldsymbol{e}}_s \times (m\dot{r}\hat{\boldsymbol{e}}_s + mr\dot{\phi}\hat{\boldsymbol{e}}_\phi) = mr^2\dot{\phi}\hat{\boldsymbol{e}}_z = J\hat{\boldsymbol{e}}_z = \frac{\boldsymbol{p} \cdot \hat{\boldsymbol{e}}_\phi}{r}\hat{\boldsymbol{e}}_z$$

zu bestimmen. Damit zeigt sich auch direkt

$$J = \frac{\boldsymbol{p} \cdot \hat{\boldsymbol{e}}_\phi}{r}$$

als Zusammenhang zwischen $\boldsymbol{p} \cdot \hat{\boldsymbol{e}}_\phi$ und J.

(e) **(3 Punkte)** Finden Sie nun das effektive Potential für die Koordinate r, skizzieren Sie dieses und diskutieren Sie daran die Bewegung qualitativ.

Lösungsvorschlag:
Mit den Ergebnissen der vorherigen Aufgabe lässt sich

$$\boldsymbol{p}^2 = (\hat{\boldsymbol{e}}_s \cdot \boldsymbol{p})^2 + (\hat{\boldsymbol{e}}_\phi \cdot \boldsymbol{p})^2 = m^2\dot{r}^2 + \frac{J^2}{r^2}$$

ermitteln. Da die Lagrange-Funktion nach einer ähnlichen Überlegung den Ausdruck $\dot{r}$ nur in der Kombination $\frac{1}{2}m\dot{r}^2$ enthält, muss der zu r gehörende Impuls durch $p_r = m\dot{r}$ gegeben sein. Daher lässt sich $\boldsymbol{p}^2$ weiter zu

$$\boldsymbol{p}^2 = p_r^2 + \frac{J^2}{r^2}$$

umformen. Somit nimmt die Hamilton-Funktion die Form

$$H(r, p_r) = \frac{p_r^2}{2\mu} + \frac{J^2}{2\mu r^2} - \frac{\alpha}{r} = \frac{p_r^2}{2\mu} + V_{\text{eff}}$$

an. Der erste Term stellt die kinetische Energie eines Massenpunktes μ dar, der eine eindimensionalen Bewegung bzgl. r ausführt. Somit ist der verbleibende Term

$$V_{\text{eff}}(r) = \frac{J^2}{2\mu r^2} - \frac{\alpha}{r}$$

mit dem effektiven Potential zu identifizieren. Es besteht aus dem attraktiven Potential $-\frac{\alpha}{r}$ und dem repulsiven Zentrifugalterm $\frac{J^2}{2\mu r^2}$. Eine Skizze ist in Abb. 3.8.2 zu sehen. Aus dieser geht hervor, dass es vier Arten der Bewegung gibt.

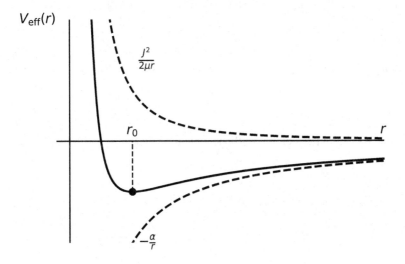

Abb. 3.8.2 Skizze des effektiven Potentials im Kepler-Problem

- Das Potential besitzt ein Minimum. Hier wird sich r nicht ändern sondern einen festen Wert r_0 annehmen. Diese Bewegung entspricht einer Kreisbahn und der Winkel wird mit der konstanten Winkelgeschwindigkeit $\dot{\phi} = \frac{J}{\mu r_0^2}$ zunehmen.

- Liegt die Energie über diesem minimalen Wert aber unter Null, so gibt es zwei Umkehrpunkte. Es gibt also einen minimalen und einen maximalen Abstand. Der Winkel wird sich dort gemäß $\dot{\phi} = \frac{J}{\mu r^2}$ verändern. Die spätere Analyse zeigt, dass es sich um eine Ellipse handelt.

- Ist die Energie gerade Null, gibt es nur einen Umkehrpunkt, während der Massenpunkt im Unendlichen eine verschwindende kinetische Energie hat. Er hat damit keine Geschwindigkeit. Geometrisch handelt es sich um eine Parabel.

- Schlussendlich kann die Energie größer als Null sein. Hier gibt es, wie bei der Parabel, nur einen Umkehrpunkt. Im Gegensatz zur Parabel hat der Massenpunkt im Unendlichen eine nicht verschwindende Geschwindigkeit. Eine weitere Analyse zeigt, dass es sich um eine Hyperbel handelt. [4]

(f) (**10 Punkte**) Zeigen Sie mit Hilfe der Poisson-Klammern, dass der Laplace-Runge-Lenz-Vektor

$$A = p \times (r \times p) - \mu\alpha\frac{r}{r}$$

eine Erhaltungsgröße ist und verwenden Sie diesen, um die Gleichung

$$r(\phi) = \frac{p}{1 + e\cos(\phi)}$$

zu finden. Drücken Sie darin auch e und p durch J, α, μ und die Gesamtenergie E aus.

Lösungsvorschlag:
Wie aus Teilaufgabe (d) bereits bekannt ist, handelt es sich bei $J = r \times p$ um eine Erhaltungsgröße, für die $\{J_i, H\} = 0$ gilt. Daher lässt sich die i-te Komponente von A durch

$$A_i = \epsilon_{ijk}p_j J_k - \mu\alpha\frac{r_i}{r}$$

ausdrücken. Damit lässt sich die zeitliche Ableitung wegen $\frac{\partial A_i}{\partial t} = 0$ bereits zu

$$\begin{aligned}
\frac{\mathrm{d}A_i}{\mathrm{d}t} &= \{A_i, H\} \\
&= \left\{\epsilon_{ijk}p_j J_k - \mu\alpha\frac{r_i}{r}, H\right\} \\
&= \epsilon_{ijk}\left(p_j\{J_k, H\} + \{p_j, H\}J_k\right) - \mu\alpha\left(\frac{1}{r}\{r_i, H\} + r_i\left\{\frac{1}{r}, H\right\}\right) \\
&= \epsilon_{ijk}\{p_j, H\}J_k - \mu\alpha\left(\frac{1}{r}\{r_i, H\} + r_i\left\{\frac{1}{r}, H\right\}\right)
\end{aligned}$$

bestimmen. Die drei verbleibenden Poison-Klammern können mit

$$H = \frac{p_l p_l}{2\mu} - \frac{\alpha}{r}$$

zu

$$\{p_j, H\} = -\frac{\partial H}{\partial r_j} = -\frac{\partial r}{\partial r_j}\frac{\partial H}{\partial r} = -\frac{r_j}{r}\frac{\alpha}{r^2} = -\frac{\alpha}{r^3}r_j$$

$$\{r_i, H\} = \frac{\partial H}{\partial p_i} = \frac{\partial p_l}{\partial p_i}\frac{\partial H}{\partial p_l} = \delta_{il}\frac{p_l}{\mu} = \frac{p_i}{\mu}$$

$$\left\{\frac{1}{r}, H\right\} = \left(\frac{\partial}{\partial r_i}\frac{1}{r}\right)\cdot\frac{\partial H}{\partial p_i} = -\frac{1}{r^2}\frac{\partial r}{\partial r_i}\cdot\frac{p_i}{\mu} = -\frac{1}{\mu r^3}r_i p_i = -\frac{1}{\mu r^3}(r \cdot p)$$

---

[4]Ein Beispiel, um diese Situation besser zu veranschaulichen sind Raumsonden, die an Planeten wie Jupiter oder Saturn vorbei gelenkt werden, um den Kurs und die Geschwindigkeit zu ändern. (Swing-by-Manöver) Die Raumsonden kommen relativ zum Planet mit einer nicht verschwindenden Geschwindigkeit aus dem Unendlichen, ziehen an diesem vorbei und entweichen ins Unendliche, wieder mit einer nicht verschwindenden Geschwindigkeit.

bestimmt werden. Eingesetzt in den obigen Ausdruck, kann so

$$\{A_i, H\} = -\epsilon_{ijk} \frac{\alpha}{r^3} r_j J_k - \mu\alpha \left(\frac{p_i}{\mu r} - \frac{r_i(\boldsymbol{r} \cdot \boldsymbol{p})}{\mu r^3} \right)$$

$$= -\frac{\alpha}{r^3} (\boldsymbol{r} \times \boldsymbol{J})_i - \frac{\alpha}{r^3} (p_i r^2 - r_i(\boldsymbol{r} \cdot \boldsymbol{p}))$$

gefunden werden. Da nun mit $\boldsymbol{J} = \boldsymbol{r} \times \boldsymbol{p}$ auch

$$\boldsymbol{r} \times \boldsymbol{J} = \boldsymbol{r} \times (\boldsymbol{r} \times \boldsymbol{p}) = \boldsymbol{r}(\boldsymbol{r} \cdot \boldsymbol{p}) - \boldsymbol{p} r^2$$

gilt, kann insgesamt

$$\{A_i, H\} = -\frac{\alpha}{r^3} \left(r_i(\boldsymbol{r} \cdot \boldsymbol{p}) - p_i r^2 \right) - \frac{\alpha}{r^3} (p_i r^2 - r_i(\boldsymbol{r} \cdot \boldsymbol{p})) = 0$$

gefolgerter werden. Daher handelt es sich bei $\boldsymbol{A}$ um eine Erhaltungsgröße.
Wird nun das Skalarprodukt von $\boldsymbol{r}$ und $\boldsymbol{A}$ mit dem Winkel ϕ zwischen den beiden betrachtet, kann

$$\boldsymbol{r} \cdot \boldsymbol{A} = rA\cos(\phi)$$

$$= \boldsymbol{r} \cdot (\boldsymbol{p} \times \boldsymbol{J}) - \mu\alpha \frac{\boldsymbol{r} \cdot \boldsymbol{r}}{r}$$

$$= \boldsymbol{J} \cdot (\boldsymbol{r} \times \boldsymbol{p}) - \mu\alpha r = J^2 - \mu\alpha r$$

gefunden werden. Dies lässt sich gemäß

$$r(\mu\alpha + A\cos(\phi)) = J^2 \quad \Rightarrow \quad r(\phi) = \frac{J^2}{\mu\alpha + A\cos(\phi)} = \frac{\frac{J^2}{\mu\alpha}}{1 + \frac{A}{\mu\alpha}\cos(\phi)}$$

umstellen. Dieser Ausdruck entspricht der gesuchten Form, wenn

$$p = \frac{J^2}{\mu\alpha} \qquad e = \frac{A}{\mu\alpha}$$

gilt. p ist somit bereits vollständig durch J, μ und α ausgedrückt. Es muss noch ein Ausdruck für A gefunden werden. Dafür wird mit $\boldsymbol{p} \cdot \boldsymbol{J} = 0$ zunächst

$$A^2 = (\boldsymbol{p} \times \boldsymbol{J})^2 + (\mu\alpha)^2 \frac{\boldsymbol{r}^2}{r^2} - 2\frac{\mu\alpha}{r}(\boldsymbol{r} \cdot (\boldsymbol{p} \times \boldsymbol{J}))$$

$$= \boldsymbol{p}^2 \boldsymbol{J}^2 - (\boldsymbol{p} \cdot \boldsymbol{J})^2 + \mu^2\alpha^2 - 2\frac{\mu\alpha}{r} J^2$$

$$= \boldsymbol{p}^2 \boldsymbol{J}^2 + \mu^2\alpha^2 - 2\frac{\mu\alpha}{r} J^2 = 2\mu J^2 \left(\frac{p^2}{2\mu} - \frac{\alpha}{r} + \frac{\mu\alpha^2}{2J^2} \right)$$

betrachtet. Der darin auftauchende Ausdruck

$$\frac{p^2}{2\mu} - \frac{\alpha}{r}$$

ist gerade die Hamilton-Funktion H und entspricht daher der Energie des Systems. Damit lässt sich also

$$A^2 = 2\mu J^2 \left(E + \frac{\mu \alpha^2}{2 J^2} \right) = 2\mu J^2 E + \mu^2 \alpha^2 = \mu^2 \alpha^2 \left(1 + \frac{2 E J^2}{\mu \alpha^2} \right)$$

schreiben. Somit kann schlussendlich

$$e = \frac{A}{\mu \alpha} = \sqrt{1 + \frac{2 E J^2}{\mu \alpha^2}}$$

gefunden werden und die Exzentrizität e der Bahnkurve ist durch den Drehimpuls J und die Energie E bestimmt.

3.9 Lösung zur Klausur IX – Analytische Mechanik – mittel

Hinweise

Aufgabe 1 - Kurzfragen

(a) Wie ist das charakteristische Polynom einer Matrix definiert? Was haben dessen Nullstellen mit den Eigenwerten der Matrix zu tun?

(b) Wie lassen sich die Größen p, Q und $\tilde{H}$ aus F_2 bestimmen? Wie ist eine Legendre-Transformation in P definiert? Wie lassen sich die totalen Differentiale von F_1 auf zweierlei Weisen darstellen?

(c) Wie lautet die Definition der Euler-Lagrange-Gleichung? Was ist typisch für eine Abrollbewegung und die Bewegung auf einer schiefen Ebene?

(d) Wie lässt sich r^2 in Indexschreibweise ausdrücken? Wie lautet die Leibniz-Regel für Poisson-Klammern?

(e) Warum ist die Massendichte durch

$$\rho(\boldsymbol{r}) = \frac{3m}{\pi R^2 h} \Theta\left(R\left(1 - \frac{z}{h}\right) - s\right) \Theta(z)\, \Theta(h - z)$$

zu bestimmen? Wie ist das Trägheitsmoment definiert? Warum ist $r_\perp = s$ gültig?

Aufgabe 2 - Der getrieben harmonische Oszillator

(a) Damit die partikuläre Lösung durch

$$x_{\mathrm{p}}(t) = \int\limits_{-\infty}^{\infty} \mathrm{d}t'\, G(t - t') f(t')$$

ausgedrückt werden kann, muss die Green'sche Funktion in diesem Fall die Differentialgleichung

$$\ddot{G} + \omega^2 G = \delta\left(t\right)$$

erfüllen.

(b) Warum ist

$$L_0 = \frac{1}{2} m \dot{x}^2 - \frac{1}{2} m \omega^2 x^2$$

die richtige Lagrange-Funktion?

(c) Bestimmen Sie die Euler-Lagrange-Gleichung für die Lagrange-Funktion

$$L = L_0 - m \dot{x} F(t)$$

und zeigen Sie so, dass die Bewegungsgleichung des getrieben harmonischen Oszillators erfüllt wird. Bedenken Sie, dass nach dem Hauptsatz der Differential- und Integralrechnung $F'(t) = f(t)$ gilt.

(d) Der kanonische Impuls ist durch

$$p = \frac{\partial L}{\partial \dot{x}}$$

definiert, während sich die Hamilton-Funktion durch

$$H = p\dot{x} - L$$

bestimmen lässt. Dabei muss $\dot{x}$ durch einen Ausdruck mit p ersetzt werden.

(e) Die kanonischen Bewegungsgleichungen können durch das Einsetzen in

$$\dot{x} = \frac{\partial H}{\partial p} \qquad \dot{p} = -\frac{\partial H}{\partial x}$$

ermittelt werden.

(f) Die totale zeitliche Ableitungen kann mittels Poisson-Klammern durch

$$\frac{\mathrm{d}f}{\mathrm{d}t} = \{f, H\} + \frac{\partial f}{\partial t}$$

ausgedrückt werden. Was ergibt sich demnach für den hier vorliegenden Fall? Wie hängt dies mit der Leistung zusammen?

Aufgabe 3 - Von Newton zu Lagrange

(a) Welche Zwangskraft erfährt das Teilchen α durch die Zwangsbedingung f_a? Sie sollten die Bewegungsgleichungen

$$m_\alpha \ddot{\boldsymbol{r}}_\alpha = -\boldsymbol{\nabla}_\alpha U + \sum_{a=1}^{N_z} \lambda_a \boldsymbol{\nabla}_\alpha f_a$$

finden.

(b) Berücksichtigen Sie die Zeitabhängigkeit von $\boldsymbol{r}_\alpha$ beim Bestimmen von $\frac{\mathrm{d}f_a}{\mathrm{d}t}$. Sie sollten den Zusammenhang

$$\dot{\boldsymbol{r}}_\alpha \cdot \boldsymbol{\nabla}_\alpha f_a = -\frac{\partial f_a}{\partial t}$$

finden. Wie lassen sich die totalen Zeitableitungen von der kinetischen Energie

$$T = \sum_{\alpha=1}^{N} \frac{1}{2} m_\alpha \dot{\boldsymbol{r}}_\alpha^2$$

und der potentiellen Energie $U(\{\boldsymbol{r}_\alpha\})$ bestimmen? Wie hängt E mit T und U zusammen?

(c) Wie lässt sich $\frac{\partial f}{\partial q_i}$ noch ausdrücken?

(d) Wie sieht $\dot{\boldsymbol{r}}_\alpha$ aus? Wovon kann $\frac{\partial \boldsymbol{r}_\alpha}{\partial t}$ abhängen? Wieso ist $\frac{\partial U}{\partial \dot{q}_i} = 0$? Weshalb ist der Zusammenhang

$$\frac{\mathrm{d}}{\mathrm{d}t} \frac{\partial \boldsymbol{r}_\alpha}{\partial q_i} = \frac{\partial \dot{\boldsymbol{r}}_\alpha}{\partial q_i}$$

gültig? Sie sollten

$$\frac{\mathrm{d}}{\mathrm{d}t} \frac{\partial T}{\partial \dot{q}_i} - \frac{\partial T}{\partial q_i} = \sum_{\alpha=1}^{N} m_\alpha \ddot{\boldsymbol{r}}_\alpha \cdot \frac{\partial \boldsymbol{r}_\alpha}{\partial q_i}$$

finden.

(e) Sie sollten $L = T - U$ mit

$$\frac{\mathrm{d}}{\mathrm{d}t} \frac{\partial L}{\partial \dot{q}_i} - \frac{\partial L}{\partial q_i} = 0$$

finden.

Aufgabe 4 - Stabile Achsen

(a) Ist es von Bedeutung, ob $\boldsymbol{\omega}$ im Inertial- oder im Körpersystem als konstant aufgefasst wird? Wie lässt sich der Drehimpuls im Körpersystem über den Trägheitstensor definieren? Welche besondere Eigenschaft hat der Trägheitstensor im Hauptträgheitsachsensystem?

(b) Vereinfacht sich eine der drei Euler'schen Kreiselgleichungen durch die Symmetrie des Kreisels? Wie kann

$$\Omega^2 = \omega_\parallel^2 \frac{(I_\parallel - I_\perp)^2}{I_\perp^2}$$

gefunden werden? Welches Vorzeichen ist beim Ziehen der Wurzel zu wählen?

(c) Wann sind die ω_μ konstant? Ist $\omega_\perp = 0$ die einzige Möglichkeit die Komponenten konstant zu machen?

(d) Müssen die Differentialgleichungen noch einmal gelöst werden? In welcher Größenordnung wird $\omega_\perp$ liegen, wenn die ursprüngliche Rotation um die Figurenachse stattfindet?

(e) Wie lässt sich mit den Euler'schen Kreiselgleichungen zeigen, dass das Produkt aus zwei beliebigen Komponenten ω_μ verschwinden muss? Wie lässt sich diese Bedingung erfüllen, so dass dennoch eine Rotation stattfindet?

(f) Können die quadratischen Ordnungen der Störung vernachlässigt werden? Weshalb ist Ω^2 direkt proportional zu dem Produkt $(I_3 - I_2)(I_3 - I_1)$? Wann sind die Lösungen für $\omega_{1/2}$ beschränkt und wann wachsen sie exponentiell an?

Lösungen

Aufgabe 1   **25** *Punkte*

Kurzfragen

(a) **(5 Punkte)** Bestimmen Sie die Eigenwerte der Matrix $M = \begin{pmatrix} 3 & 2 \\ 2 & 3 \end{pmatrix}$.

Lösungsvorschlag:
Die Eigenwerte lassen sich als Nullstellen des charakteristischen Polynoms

$$p(\lambda) = \det(M - \lambda \mathbb{1}) = \det\begin{pmatrix} 3 - \lambda & 2 \\ 2 & 3 - \lambda \end{pmatrix} = (3 - \lambda)^2 - 4$$

bestimmen. Diese können zu

$$|3 - \lambda| = 2 \quad \Rightarrow \quad \lambda_\pm = 3 \pm 2$$
$$\lambda_+ = 5 \quad \lambda_- = 1$$

bestimmt werden.

(b) **(5 Punkte)** Nehmen Sie an $F_2(\boldsymbol{q}, \boldsymbol{P}, t)$ erzeugt eine kanonische Transformation. Konstruieren Sie daraus eine erzeugende Funktion $F_1(\boldsymbol{q}, \boldsymbol{Q}, t)$. Wie lassen sich $\boldsymbol{p}$, $\boldsymbol{Q}$ und $\tilde{H}$ aus F_1 bestimmen?

Lösungsvorschlag:
Für eine Erzeugende des Typs F_2 sind die Zusammenhänge

$$p_i = \frac{\partial F_2}{\partial q_i} \qquad Q_i = -\frac{\partial F_2}{\partial P_i} \qquad \tilde{H} - H = \frac{\partial F_2}{\partial t}$$

gültig. Um eine Erzeugende der Art $F_1(\boldsymbol{q}, \boldsymbol{Q}, t)$ zu konstruieren muss eine Legendre-Transformation in $\boldsymbol{P}$ durchgeführt werden. Mit der Einstein'schen Summenkonvention lässt sich diese durch

$$F_1 = F_2 - \frac{\partial F_2}{\partial P_i} P_i = F_2 - Q_i P_i$$

ausdrücken. Das totale Differential von F_1 kann damit durch

$$\begin{aligned}
\mathrm{d}F_1 &= \mathrm{d}F_2 - P_i \, \mathrm{d}Q_i - Q_i \, \mathrm{d}P_i \\
&= \frac{\partial F_2}{\partial q_i} \, \mathrm{d}q_i + \frac{\partial F_2}{\partial P_i} \, \mathrm{d}P_i + \frac{\partial F_2}{\partial t} \, \mathrm{d}t - P_i \, \mathrm{d}Q_i - Q_i \, \mathrm{d}P_i \\
&= p_i \, \mathrm{d}q_i + Q_i \, \mathrm{d}P_i + (\tilde{H} - H) \, \mathrm{d}t - P_i \, \mathrm{d}Q_i - Q_i \, \mathrm{d}P_i \\
&= p_i \, \mathrm{d}q_i - P_i \, \mathrm{d}Q_i + (\tilde{H} - H) \, \mathrm{d}t
\end{aligned}$$

ausgedrückt werden. Andererseits muss das totale Differential von F_1 auch durch

$$dF_1 = \frac{\partial F_1}{\partial q_i}\,dq_i + \frac{\partial F_1}{\partial Q_i}\,dQ_i + \frac{\partial F_1}{\partial t}\,dt$$

gegeben sein. Ein direkter Vergleich lässt die Identifikation

$$p_i = \frac{\partial F_1}{\partial q_i} \qquad P_i = -\frac{\partial F_1}{\partial Q_i} \qquad \tilde{H} - H = \frac{\partial F_1}{\partial t}$$

zu.

(c) **(5 Punkte)** Betrachten Sie die Lagrange-Funktion

$$L(s,\dot{s}) = \frac{1}{2}m\left(1 + \frac{I}{mR^2}\right)\dot{s}^2 + mgs\sin(\alpha)$$

und leiten Sie daraus die Bewegungsgleichungen her. Um was für ein System handelt es sich und welche Bedeutung haben die einzelnen Parameter?

Lösungsvorschlag:
Zur Auswertung der Euler-Lagrange-Gleichung

$$\frac{d}{dt}\frac{\partial L}{\partial \dot{s}} = \frac{\partial L}{\partial s}$$

können die Ableitungen

$$\frac{d}{dt}\frac{\partial L}{\partial \dot{s}} = m\left(1 + \frac{I}{mR^2}\right)\ddot{s}$$

und

$$\frac{\partial L}{\partial s} = mg\sin(\alpha)$$

gebildet werden. Damit lassen sich die Bewegungsgleichungen zu

$$m\left(1 + \frac{I}{mR^2}\right)\ddot{s} = mg\sin(\alpha)$$

auswerten. Der Term auf der rechten Seite zeigt eine Beschleunigung an, die durch eine Projektion um den Faktor $\sin(\alpha)$ gemindert ist. Solch ein Term ist typisch für eine Bewegung auf einer schiefen Ebene. Auf der linken Seite ist die Trägheit nicht allein durch die Masse m sondern auch durch einen zusätzlichen Faktor $1 + \frac{I}{mR^2}$ gemindert. Ein solcher Term ist typisch für eine Abrollbewegung eines Körpers mit Abrollradius R und Trägheitsmoment I. Es handelt sich insgesamt also um eine Abrollbewegung auf einer schiefen Ebene im Schwerfeld der Erde g. Der Parameter s nimmt mit der Zeit zu und stellt daher die zurückgelegte Wegstrecke dar.

(d) **(5 Punkte)** Die Poisson-Klammer der Komponenten des Drehimpuls $\boldsymbol{J}$ mit Komponenten des Vektors $\boldsymbol{r}$ sind durch $\{J_i, r_j\} = \epsilon_{ijk} r_k$. Bestimmen Sie $\{J_i, \boldsymbol{r}^2\}$.

Lösungsvorschlag:
Es soll die Poisson-Klammer

$$\{J_i, \boldsymbol{r}^2\} = \{J_i, r_j r_j\}$$

bestimmt werden. Dazu kann die Leibniz-Regel für Poisson-Klammern gemäß

$$\{J_i, r_j r_j\} = r_j \{J_i, r_j\} + \{J_i, r_j\} r_j = 2 r_j \{J_i, r_j\}$$

ausgenutzt werden. Mit der angegebenen Poisson-Klammer kann so

$$\{J_i, r_j r_j\} = 2 r_j \epsilon_{ijk} r_k = 2 (\boldsymbol{r} \times \boldsymbol{r})_i = 0$$

gefunden werden.

(e) **(5 Punkte)** Bestimmen Sie das Trägheitsmoment eines Kegels mit Grundradius R, Höhe H und Masse m als eine Funktion der Masse und des Grundradius. Die Rotationsachse soll mit der Symmetrieachse des Kegels zusammenfallen.

Lösungsvorschlag:
Die Höhe z und der Radius auf dieser hängen über die Funktion

$$f(z) = R \left(1 - \frac{z}{h}\right)$$

zusammen. Damit kann der Ansatz

$$\rho(\boldsymbol{r}) = \rho_0 \Theta(f(z) - s) \, \Theta(z) \, \Theta(h - z)$$

für die Massendichte gemacht werden. Die Gesamtmasse des Kegels ist somit durch

$$m = \int \mathrm{d}^3 r \, \rho(\boldsymbol{r}) = \int\limits_0^h \mathrm{d}z \int\limits_0^{2\pi} \mathrm{d}\phi \int\limits_0^{f(z)} \mathrm{d}s \, s \rho_0$$

$$= 2\pi\rho_0 \int\limits_0^h \mathrm{d}z \, \frac{1}{2} (f(z))^2 = \pi\rho_0 \int\limits_0^1 \mathrm{d}u \, h R^2 (1 - u)^2$$

$$= \pi R^2 h \int\limits_0^1 \mathrm{d}u \, (1 - 2u + u^2) = \pi R^2 h \left(1 - 2 \cdot \frac{1}{2} + \frac{1}{3}\right) = \frac{1}{3} \pi R^2 h$$

gegeben. Somit kann die Massendichte zu

$$\rho(\boldsymbol{r}) = \frac{3m}{\pi R^2 h} \Theta(f(z) - s) \, \Theta(z) \, \Theta(h - z)$$

bestimmt werden. Das Trägheitsmoment ist durch

$$I = \int \mathrm{d}^3 r \, \rho(\boldsymbol{r}) r_\perp^2$$

definiert. Da $r_\perp = s$ gilt, kann somit

$$I = \frac{3m}{\pi R^2 h} \int_0^h \mathrm{d}z \int_0^{2\pi} \mathrm{d}\phi \int_0^{f(z)} \mathrm{d}s \, s^3 = \frac{6m}{R^2 h} \int_0^h \mathrm{d}z \, \frac{1}{4} (f(z))^4$$

$$= \frac{3m}{2R^2 h} \int_0^1 \mathrm{d}u \, R^4 h (1-u)^4 = \frac{3mR^2}{2} \int_0^1 \mathrm{d}u \, (1 - 4u + 6u^2 - 4u^3 + u^4)$$

$$= \frac{3}{2} mR^2 \left(1 - 4 \cdot \frac{1}{2} + 6 \cdot \frac{1}{3} - 4 \cdot \frac{1}{4} + \frac{1}{5} \right) = \frac{3}{10} mR^2$$

bestimmt werden.

Aufgabe 2   **25 *Punkte***

Der getrieben harmonische Oszillator

In dieser Aufgabe soll der getriebene harmonische Oszillator mit Masse m, Eigenfrequenz ω und antreibender Kraft $mf(t)$, welcher der Differentialgleichung

$$\ddot{x} + \omega^2 x = f(t)$$

folgt, betrachtet werden.

(a) **(5 Punkte)** Wie lautet die allgemeine Lösung der Bewegungsgleichung? Drücken Sie die partikuläre Lösung dazu mittels einer Green'schen Funktion aus.

Lösungsvorschlag:
Die homogene Lösung ist durch

$$x_{\text{hom}} = A\cos(\omega t) + B\sin(\omega t)$$

gegeben. Die Green'sche Funktion $G(t)$ ist die Lösung zur Inhomogenität $\delta(t)$. Daher muss sie die Gleichung

$$\ddot{G} + \omega^2 G = \delta(t)$$

erfüllen. Diese Gleichung lässt sich nun über das Intervall $[-\epsilon, \epsilon]$ integrieren, um so

$$\int\limits_{-\epsilon}^{\epsilon} dt\,(\ddot{G} + \omega^2 G) = \dot{G}(\epsilon) - \dot{G}(-\epsilon) + \omega^2 \int\limits_{-\epsilon}^{\epsilon} dt\, G(t) = 1$$

zu erhalten. Da es sich bei G um die Koordinate x handelt und diese selbst bei Kraftstößen stetig sein muss, wird das verbleibende Integral im Grenzfall $\epsilon \to 0$ verschwinden. Damit können die Anschlussbedingungen bei $t = 0$

$$G(0+) = G(0-) \qquad \dot{G}(0+) = \dot{G}(0-) + 1$$

festgelegt werden. An allen Stellen außer $t = 0$ ist G durch die homogene Lösung gegeben. Bei einem Kraftstoß, ist der Oszillator in Ruhe, so dass $G(x) = 0$ für alle $x < 0$ gilt. Für $t > 0$ muss G durch

$$G(t > 0) = A\cos(\omega t) + B\sin(\omega t)$$

gegeben sein. Aus den Anschlussbedingungen können so mit

$$\dot{G}(t > 0) = -A\omega\sin(\omega t) + B\omega\cos(\omega t)$$

die Konstanten

$$A = 0 \qquad B = \frac{1}{\omega}$$

ermittelt werden. Insgesamt kann die Green'sche Funktion so durch

$$G(t) = \Theta(t) \frac{\sin(\omega t)}{\omega}$$

dargestellt werden. Die partikuläre Lösung ist dann durch

$$x_{\mathrm{p}}(t) = \int\limits_{-\infty}^{\infty} \mathrm{d}t' \; G(t - t') f(t')$$

bestimmen. Daher ist die allgemeine Lösung der Bewegungsgleichung durch

$$x(t) = x_{\mathrm{hom}}(t) + x_{\mathrm{p}}(t) = A \cos(\omega t) + B \sin(\omega t) + \int\limits_{-\infty}^{\infty} \mathrm{d}t' \; G(t - t') f(t')$$

gegeben.

(b) **(4 Punkte)** Wie lautet die Lagrange-Funktion für $f(t) = 0$?

Lösungsvorschlag:
Für $f(t) = 0$ handelt es sich um einen gewöhnlichen harmonischen Oszillator, dessen Lagrange-Funktion durch

$$L_0 = \frac{1}{2} m \dot{x}^2 - \frac{1}{2} m \omega^2 x^2$$

gegeben. Dies lässt sich einfach zeigen, in dem die Ableitungen

$$\frac{\partial L_0}{\partial x} = -m \omega^2 x \qquad \frac{\partial L_0}{\partial \dot{x}} = m \dot{x} \qquad \frac{\mathrm{d}}{\mathrm{d}t} \frac{\partial L_0}{\partial \dot{x}} = m \ddot{x}$$

gebildet und in die Euler-Lagrange-Gleichung

$$\frac{\mathrm{d}}{\mathrm{d}t} \frac{\partial L_0}{\partial \dot{x}} - \frac{\partial L_0}{\partial x} = 0$$

eingesetzt werden, um die Bewegungsgleichung

$$m \ddot{x} + m \omega^2 x^2 = 0 \quad \Rightarrow \quad \ddot{x} + \omega^2 x = 0$$

zu erhalten.

(c) **(4 Punkte)** Zeigen Sie, dass durch das Hinzufügen des Terms $-m \dot{x} F(t)$ eine Lagrange-Funktion für den getriebenen harmonischen Oszillator gegeben ist. Darin beschreibt $F(t)$ die Stammfunktion von $f(t)$.

Lösungsvorschlag:
Die neue Lagrange-Funktion soll durch

$$L = L_0 + L_1 = L_0 - m \dot{x} F(t)$$

gegeben sein. Die relevanten Ableitungen von L_1

$$\frac{\partial L_1}{\partial x} = 0 \qquad \frac{\partial L_1}{\partial \dot{x}} = -mF(t) \qquad \frac{\mathrm{d}}{\mathrm{d}t}\frac{\partial L_1}{\partial \dot{x}} = -mF'(t) = -mf(t)$$

können der Euler-Lagrange-Gleichung

$$\frac{\mathrm{d}}{\mathrm{d}t}\frac{\partial L}{\partial \dot{x}} - \frac{\partial L}{\partial x} = 0$$

$$\Rightarrow \quad \frac{\mathrm{d}}{\mathrm{d}t}\frac{\partial L_0}{\partial \dot{x}} - \frac{\partial L_0}{\partial x} = -\frac{\mathrm{d}}{\mathrm{d}t}\frac{\partial L_1}{\partial \dot{x}} + \frac{\partial L_1}{\partial x}$$

hinzugefügt werden, um so die Bewegungsgleichung

$$m\ddot{x} + m\omega^2 x^2 = -\frac{\mathrm{d}}{\mathrm{d}t}\frac{\partial L_1}{\partial \dot{x}} = mf(t) \quad \Rightarrow \quad \ddot{x} + \omega^2 x = f(t)$$

zu erhalten. Es zeigt sich so, dass die Lagrange-Funktion L_1 tatsächlich den getriebenen harmonischen Oszillator beschreibt.

(d) (**5 Punkte**) Finden Sie den kanonischen Impuls p und zeigen Sie so, dass die Hamilton-Funktion durch

$$H(x,p,t) = \frac{1}{2}m\left(\frac{p}{m} + F\right)^2 + \frac{1}{2}m\omega^2 x^2$$

bestimmt werden kann. Was beschreibt die Hamilton-Funktion in diesem System?

Lösungsvorschlag:
Der kanonische Impuls $p = \frac{\partial L}{\partial \dot{x}}$ der Lagrange-Funktion

$$L = \frac{1}{2}m\dot{x}^2 - \frac{1}{2}m\omega^2 x^2 - m\dot{x}F(t)$$

kann als

$$p = m\dot{x} - mF \quad \Rightarrow \quad \dot{x} = \frac{p}{m} + F$$

ermittelt werden. Er stimmt daher *nicht* mit dem kinetischen Impuls überein. Die Hamilton-Funktion ist durch

$$H(x,p,t) = p\dot{x} - L$$

definiert und kann somit zu

$$H = p \cdot \left(\frac{p}{m} + F\right) - \left(\frac{1}{2}m\left(\frac{p}{m} + F\right)^2 - \frac{1}{2}m\omega^2 x^2 - m\left(\frac{p}{m} + F\right)F\right)$$

$$= m\frac{p}{m}\left(\frac{p}{m} + F\right) + mF\left(\frac{p}{m} + F\right) - \frac{1}{2}m\left(\frac{p}{m} + F\right)^2 + \frac{1}{2}m\omega^2 x^2$$

$$= m\left(\frac{p}{m} + F\right)^2 - \frac{1}{2}m\left(\frac{p}{m} + F\right)^2 + \frac{1}{2}m\omega^2 x^2$$

$$= \frac{1}{2}m\left(\frac{p}{m} + F\right)^2 + \frac{1}{2}m\omega^2 x^2$$

bestimmt werden. Diese stimmt mit dem angegeben Ausdruck überein. Da auch

$$\dot{x} = \frac{p}{m} + F$$

gilt, kann die Hamilton-Funktion auch durch

$$H = \frac{1}{2}m\dot{x}^2 + \frac{1}{2}m\omega^2 x^2$$

ausgedrückt werden. Dies entspricht der gesamten Energie des Oszillators.

(e) **(4 Punkte)** Wie lauten die kanonischen Bewegungsgleichungen? Vergleichen Sie diese zu der eingangs gegebenen Bewegungsgleichung.

Lösungsvorschlag:
Die kanonischen Bewegungsgleichungen sind durch

$$\dot{x} = \frac{\partial H}{\partial p} = m \cdot \frac{1}{m}\left(\frac{p}{m} + F\right) = \frac{p}{m} + F$$

und

$$\dot{p} = -\frac{\partial H}{\partial x} = -m\omega^2 x$$

gegeben. Die erste lässt sich erneut nach der Zeit ableiten, um

$$\ddot{x} = \frac{\dot{p}}{m} + F'(t) = -\omega^2 x + f(t) \quad \Rightarrow \quad \ddot{x} + \omega^2 x = f(t)$$

zu erhalten. Dies entspricht der ursprünglichen Bewegungsgleichung. Daher beschreibt die Hamilton-Funktion auch tatsächlich das betrachtete System.

(f) **(3 Punkte)** Finden Sie die totale Zeitableitung der Hamilton-Funktion und erklären Sie deren physikalische Bedeutung. In welchen Fällen gewinnt der Oszillator an Energie?

Lösungsvorschlag:
Die totale Zeitableitung der Hamilton-Funktion ist durch

$$\frac{\mathrm{d}H}{\mathrm{d}t} = \{H, H\} + \frac{\partial H}{\partial t} = \frac{\partial H}{\partial t} = m\left(\frac{p}{m} + F\right)F'(t) = m\dot{x}f(t)$$

gegeben. Ist die Geschwindigkeit des Oszillators in die gleiche Richtung wie die Kraft gerichtet, so gewinnt der Oszillator an Energie. Sind Kraft und Geschwindigkeit entgegengesetzt gerichtet, so verliert der Oszillator an Energie. Daher beschreibt die totale Zeitableitung der Hamilton-Funktion das negative der Leistung, welcher der Oszillator gegen die Kraft leistet. Es ist also der bekannte Zusammenhang

$$P = -\frac{\mathrm{d}H}{\mathrm{d}t} = -m\dot{x}f(t)$$

gültig.

Aufgabe 3 *25 Punkte*

Von Newton zu Lagrange

In dieser Aufgabe soll aus den Newton'schen Bewegungsgesetzen der Lagrange-Formalismus hergeleitet werden. Dazu wird ein System aus N Teilchen mit den jeweiligen Ortsvektoren $\boldsymbol{r}_\alpha$ und Massen m_α betrachtet. Alle Teilchen unterliegen einer konservativen Kraft $\boldsymbol{F}_\alpha = -\boldsymbol{\nabla}_\alpha U(\{\boldsymbol{r}_\alpha\})$ und Zwangskräften, die aus N_z unabhängigen holonomen Zwangsbedingungen $f_a(\{\boldsymbol{r}_\alpha\}, t) = 0$ konstruiert werden. Darin bezeichnet $\boldsymbol{\nabla}_\alpha$ den Gradienten bzgl. $\boldsymbol{r}_\alpha$.

(a) **(2 Punkte)** Stellen Sie mit den Newton'schen Gesetzen die Bewegungsgleichung für jedes Teilchen auf und konstruieren Sie somit die Lagrange-Gleichungen 1. Art.

Lösungsvorschlag:
Die Zwangskraft auf das Teilchen α, die durch die Zwangsbedingung f_a erzeugt wird, ist durch

$$\boldsymbol{Z}_{a,\alpha} = \lambda_a \boldsymbol{\nabla}_\alpha f_a$$

gegeben, wobei λ_a ein zeitabhängiger und zunächst unbekannter Lagrange-Multiplikator ist. Das zweite Newton'sche Gesetz besagt, dass die Änderung des Impulses die Summe aller auf das Teilchen wirkenden Kräfte ist. Damit lassen sich die Bewegungsgleichungen

$$m_\alpha \ddot{\boldsymbol{r}}_\alpha = -\boldsymbol{\nabla}_\alpha U + \sum_{a=1}^{N_z} \lambda_a \boldsymbol{\nabla}_\alpha f_a$$

aufstellen. Dies sind die Lagrange-Gleichungen 1. Art.

(b) **(7 Punkte)** Bestimmen Sie $\frac{\mathrm{d} f_a}{\mathrm{d}t}$. Multiplizieren Sie dann jede der Bewegungsgleichungen mit $\dot{\boldsymbol{r}}_\alpha$ und summieren Sie über α. Stellen Sie so die Energie E des Systems auf und zeigen Sie, dass diese im Fall von skleronomen Zwangsbedingungen erhalten ist.

Lösungsvorschlag:
Bei der totalen Zeitableitung von f_a muss die Zeitabhängigkeit der $\boldsymbol{r}_\alpha$ berücksichtigt werden, so dass sich

$$\frac{\mathrm{d} f_a}{\mathrm{d}t} = \sum_{i=1}^{3} \frac{\partial f_a}{\partial r_{\alpha,i}} \frac{\mathrm{d} r_{\alpha,i}}{\mathrm{d}t} + \frac{\partial f_a}{\partial t} = \dot{\boldsymbol{r}}_\alpha \cdot \boldsymbol{\nabla}_\alpha f_a + \frac{\partial f_a}{\partial t}$$

ergibt. Da $f_a = 0$ ist, muss auch $\frac{\mathrm{d} f_a}{\mathrm{d}t} = 0$ sein, so dass sich der Zusammenhang

$$\dot{\boldsymbol{r}}_\alpha \cdot \boldsymbol{\nabla}_\alpha f_a = -\frac{\partial f_a}{\partial t}$$

ergibt.

Werden die Bewegungsgleichungen mit $\dot{r}_\alpha$ multipliziert und anschließend über α summiert, kann die Gleichung

$$\sum_{\alpha=1}^{N} m_\alpha \dot{r}_\alpha \ddot{r}_\alpha = -\sum_{\alpha=1}^{N} \dot{r}_\alpha \cdot \boldsymbol{\nabla}_\alpha U + \sum_{\alpha=1}^{N} \lambda_a \dot{r}_\alpha \cdot \boldsymbol{\nabla}_\alpha f_a$$

gefunden werden. Mit der kinetischen Energie

$$T = \sum_{\alpha=1}^{N} \frac{1}{2} m_\alpha \dot{r}_\alpha^2$$

und der potentiellen Energie $U(\{r_\alpha\})$ lassen sich die Ausdrücke

$$\frac{\mathrm{d}T}{\mathrm{d}t} = \sum_{\alpha=1}^{N} m_\alpha \dot{r}_\alpha \ddot{r}_\alpha \qquad \frac{\mathrm{d}U}{\mathrm{d}t} = \sum_{\alpha=1}^{N} \dot{r}_\alpha \cdot \boldsymbol{\nabla}_\alpha U$$

finden. Damit lässt sich die gefundene Gleichung weiter zu

$$\frac{\mathrm{d}T}{\mathrm{d}t} = -\frac{\mathrm{d}U}{\mathrm{d}t} + \sum_{\alpha=1}^{N} \lambda_a \dot{r}_\alpha \cdot \boldsymbol{\nabla}_\alpha f_a$$

umformen. Da mit den Erkenntnissen vom Beginn dieser Teilaufgabe auch

$$\dot{r}_\alpha \cdot \boldsymbol{\nabla}_\alpha f_a = -\frac{\partial f_a}{\partial t}$$

gilt, lässt sich mit der Energie $E = T + U$ der Zusammenhang

$$\frac{\mathrm{d}}{\mathrm{d}t}(T + U) = \frac{\mathrm{d}E}{\mathrm{d}t} = \sum_{\alpha=1}^{N} \lambda_a \dot{r}_\alpha \cdot \boldsymbol{\nabla}_\alpha f_a = -\sum_{\alpha=1}^{N} \lambda_a \frac{\partial f_a}{\partial t}$$

ermitteln. Skleronome Zwangsbedingungen sind nicht explizit zeitabhängig, weshalb $\frac{\partial f_a}{\partial t}$ und somit $\frac{\mathrm{d}E}{\mathrm{d}t}$ gilt. Bei skleronomen Zwangsbedingungen ist die Energie daher erhalten.

(c) **(4 Punkte)** Betrachten Sie nun einen Satz von $f = 3N - N_z$ verallgemeinerten Koordinaten q_i, welche alle Zwangsbedingungen automatisch erfüllen, so dass $\frac{\partial f_a}{\partial q_i} = 0$ gilt. Multiplizieren Sie jede Bewegungsgleichung mit $\frac{\partial r_\alpha}{\partial q_i}$ und summieren Sie über alle α. Zeigen Sie so, dass sich die Bewegungsgleichungen zu

$$\sum_{\alpha=1}^{N} \frac{\partial r_\alpha}{\partial q_i} \cdot (m_\alpha \ddot{r}_\alpha + \boldsymbol{\nabla}_\alpha U) = 0$$

vereinfachen.

Lösungsvorschlag:
Zunächst ist es sinnvoll den Ausdruck $\frac{\partial f_a}{\partial q_i} = 0$ genauer zu analysieren. Dazu wird

$$0 = \frac{\partial}{\partial q_i} f_a(\{\boldsymbol{r}_\alpha(\{q_i\}, t)\}) = \frac{\partial \boldsymbol{r}_\alpha}{\partial q_i} \cdot \boldsymbol{\nabla}_\alpha f_a$$

betrachtet. Wird die Bewegungsgleichung aus Teilaufgabe (a) mit $\frac{\partial \boldsymbol{r}_\alpha}{\partial q_i}$ multipliziert und über α summiert, kann somit

$$\sum_{\alpha=1}^{N} \frac{\partial \boldsymbol{r}_\alpha}{\partial q_i} \cdot (m_\alpha \ddot{\boldsymbol{r}}_\alpha + \boldsymbol{\nabla}_\alpha U) = \sum_{a=1}^{N_z} \lambda_a \frac{\partial \boldsymbol{r}_\alpha}{\partial q_i} \cdot \boldsymbol{\nabla}_\alpha f_a$$

erhalten werden. Die rechte Seite wird nach den eben gewonnen Erkenntnissen gerade Null, so dass sich die gegebene Gleichung

$$\sum_{\alpha=1}^{N} \frac{\partial \boldsymbol{r}_\alpha}{\partial q_i} \cdot (m_\alpha \ddot{\boldsymbol{r}}_\alpha + \boldsymbol{\nabla}_\alpha U) = 0$$

ergibt. Dies sind auch die Bewegungsgleichungen, die sich aus dem d'Alambert'schen Prinzip ergeben.

(d) **(8 Punkte)** Betrachten Sie $\boldsymbol{r}_\alpha(\{q_i\}, t)$ und zeigen Sie, dass

$$\frac{\partial \dot{\boldsymbol{r}}_\alpha}{\partial \dot{q}_i} = \frac{\partial \boldsymbol{r}_\alpha}{\partial q_i}$$

gilt. Verwenden Sie dieses Ergebnis, um die Ableitungen

$$\frac{\partial U}{\partial q_i} \qquad \frac{\mathrm{d}}{\mathrm{d}t} \frac{\partial U}{\partial \dot{q}_i} \qquad \frac{\partial T}{\partial q_i} \qquad \frac{\mathrm{d}}{\mathrm{d}t} \frac{\partial T}{\partial \dot{q}_i}$$

zu bestimmen, wobei T die kinetische Energie bezeichnet.

Lösungsvorschlag:
Die totale Zeitableitung von $\boldsymbol{r}_\alpha$ ist durch

$$\dot{\boldsymbol{r}}_\alpha = \frac{\mathrm{d}\boldsymbol{r}_\alpha}{\mathrm{d}t} = \sum_{i=1}^{f} \frac{\partial \boldsymbol{r}_\alpha}{\partial q_i} \dot{q}_i + \frac{\partial \boldsymbol{r}_\alpha}{\partial t}$$

gegeben. Da der letzte Term nur von den q_i und der Zeit abhängen kann, muss

$$\frac{\partial \dot{\boldsymbol{r}}_\alpha}{\partial \dot{q}_i} = \frac{\partial \boldsymbol{r}_\alpha}{\partial q_i}$$

gelten. Die potentielle Energie kann mittels

$$\frac{\partial U}{\partial q_i} = \sum_{\alpha=1}^{N} \frac{\partial \boldsymbol{r}_\alpha}{\partial q_i} \cdot \boldsymbol{\nabla}_\alpha U$$

nach q_i abgeleitet werden. Bei der Ableitung nach $\dot{q}_i$ stellt sich wegen $\frac{\partial \boldsymbol{r}_\alpha}{\partial \dot{q}_i} = 0$ hingegen

$$\frac{\partial U}{\partial \dot{q}_i} = \sum_{\alpha=1}^N \frac{\partial \boldsymbol{r}_\alpha}{\partial \dot{q}_i} \cdot \boldsymbol{\nabla}_\alpha U = 0$$

heraus, weshalb auch

$$\frac{\mathrm{d}}{\mathrm{d}t} \frac{\partial U}{\partial \dot{q}_i} = 0$$

gilt. Für die kinetische Energie kann bei der Ableitung nach q_i der Ausdruck

$$\frac{\partial T}{\partial q_i} = \sum_{\alpha=1}^N \frac{1}{2} m_\alpha \frac{\partial}{\partial q_i} \dot{\boldsymbol{r}}_\alpha^2 = \sum_{\alpha=1}^N m_\alpha \dot{\boldsymbol{r}}_\alpha \cdot \frac{\partial \dot{\boldsymbol{r}}_\alpha}{\partial q_i}$$

gefunden werden, der zunächst nicht weiter umgeformt werden soll. Für die Ableitung nach $\dot{q}_i$ kann

$$\frac{\partial T}{\partial \dot{q}_i} = \sum_{\alpha=1}^N \frac{1}{2} m_\alpha \frac{\partial}{\partial \dot{q}_i} \dot{\boldsymbol{r}}_\alpha^2 = \sum_{\alpha=1}^N m_\alpha \dot{\boldsymbol{r}}_\alpha \cdot \frac{\partial \dot{\boldsymbol{r}}_\alpha}{\partial \dot{q}_i} = \sum_{\alpha=1}^N m_\alpha \dot{\boldsymbol{r}}_\alpha \cdot \frac{\partial \boldsymbol{r}_\alpha}{\partial q_i}$$

gefunden werden, womit sich

$$\frac{\mathrm{d}}{\mathrm{d}t} \frac{\partial T}{\partial \dot{q}_i} = \sum_{\alpha=1}^N m_\alpha \ddot{\boldsymbol{r}}_\alpha \cdot \frac{\partial \boldsymbol{r}_\alpha}{\partial q_i} + \sum_{\alpha=1}^N m_\alpha \dot{\boldsymbol{r}}_\alpha \frac{\mathrm{d}}{\mathrm{d}t} \frac{\partial \boldsymbol{r}_\alpha}{\partial q_i}$$

ergibt. Der darin auftretende Term $\frac{\mathrm{d}}{\mathrm{d}t} \frac{\partial \boldsymbol{r}_\alpha}{\partial q_i}$ lässt sich somit weiter durch

$$\frac{\mathrm{d}}{\mathrm{d}t} \frac{\partial \boldsymbol{r}_\alpha}{\partial q_i} = \frac{\partial^2 \boldsymbol{r}_\alpha}{\partial q_k \partial q_i} \dot{q}_k + \frac{\partial^2 \boldsymbol{r}_\alpha}{\partial t \partial q_i}$$

ausdrücken. Wegen des Satzes von Schwarz lassen sich die Ableitungen vertauschen, um so

$$\frac{\mathrm{d}}{\mathrm{d}t} \frac{\partial \boldsymbol{r}_\alpha}{\partial q_i} = \frac{\partial^2 \boldsymbol{r}_\alpha}{\partial q_i \partial q_k} \dot{q}_k + \frac{\partial^2 \boldsymbol{r}_\alpha}{\partial q_i \partial t} = \frac{\partial}{\partial q_i} \left(\frac{\partial \boldsymbol{r}_\alpha}{\partial q_k} \dot{q}_k + \frac{\partial \boldsymbol{r}_\alpha}{\partial t} \right)$$
$$= \frac{\partial}{\partial q_i} \frac{\mathrm{d}}{\mathrm{d}t} \boldsymbol{r}_\alpha = \frac{\partial \dot{\boldsymbol{r}}_\alpha}{\partial q_i}$$

zu erhalten. Damit lässt sich die Ableitung $\frac{\mathrm{d}}{\mathrm{d}t} \frac{\partial T}{\partial \dot{q}_i}$ weiter auf

$$\frac{\mathrm{d}}{\mathrm{d}t} \frac{\partial T}{\partial \dot{q}_i} = \sum_{\alpha=1}^N m_\alpha \ddot{\boldsymbol{r}}_\alpha \cdot \frac{\partial \boldsymbol{r}_\alpha}{\partial q_i} + \sum_{\alpha=1}^N m_\alpha \dot{\boldsymbol{r}}_\alpha \frac{\partial \dot{\boldsymbol{r}}_\alpha}{\partial q_i} = \sum_{\alpha=1}^N m_\alpha \ddot{\boldsymbol{r}}_\alpha \cdot \frac{\partial \boldsymbol{r}_\alpha}{\partial q_i} + \frac{\partial T}{\partial q_i}$$

umformen, woraus sich

$$\frac{\mathrm{d}}{\mathrm{d}t} \frac{\partial T}{\partial \dot{q}_i} - \frac{\partial T}{\partial q_i} = \sum_{\alpha=1}^N m_\alpha \ddot{\boldsymbol{r}}_\alpha \cdot \frac{\partial \boldsymbol{r}_\alpha}{\partial q_i}$$

erhalten lässt.

(e) **(4 Punkte)** Verwenden Sie die Ergebnisse der vorherigen Teilaufgabe, um das Ergebnis der Teilaufgabe (c) auf

$$\mathcal{D}_i(T - U) = 0$$

umzuformen, worin $\mathcal{D}_i$ einen zu bestimmenden Differentialoperator beschreibt. Benennen Sie die Gleichung und darin auftretende Größen.

Lösungsvorschlag:
Die Bewegungsgleichung

$$0 = \sum_{\alpha=1}^{N} \frac{\partial \boldsymbol{r}_\alpha}{\partial q_i} \cdot (m_\alpha \ddot{\boldsymbol{r}}_\alpha + \boldsymbol{\nabla}_\alpha U) = \sum_{\alpha=1}^{N} m_\alpha \ddot{\boldsymbol{r}}_\alpha \cdot \frac{\partial \boldsymbol{r}_\alpha}{\partial q_i} + \sum_{\alpha=1}^{N} \frac{\partial \boldsymbol{r}_\alpha}{\partial q_i} \cdot \boldsymbol{\nabla}_\alpha U$$

aus Teilaufgabe (c) kann mit den Erkenntnissen der vorherigen Teilaufgabe

$$\frac{\mathrm{d}}{\mathrm{d}t} \frac{\partial T}{\partial \dot{q}_i} - \frac{\partial T}{\partial q_i} = \sum_{\alpha=1}^{N} m_\alpha \ddot{\boldsymbol{r}}_\alpha \cdot \frac{\partial \boldsymbol{r}_\alpha}{\partial q_i} \qquad \frac{\partial U}{\partial q_i} = \sum_{\alpha=1}^{N} \frac{\partial \boldsymbol{r}_\alpha}{\partial q_i} \cdot \boldsymbol{\nabla}_\alpha U$$

auf

$$\left(\frac{\mathrm{d}}{\mathrm{d}t} \frac{\partial}{\partial \dot{q}_i} - \frac{\partial}{\partial q_i} \right) T + \frac{\partial}{\partial q_i} U = 0$$

umgeformt werden. Da auch $\frac{\partial U}{\partial \dot{q}_i} = 0$ gilt, lässt sich weiter

$$\left(\frac{\mathrm{d}}{\mathrm{d}t} \frac{\partial}{\partial \dot{q}_i} - \frac{\partial}{\partial q_i} \right) T - \left(\frac{\mathrm{d}}{\mathrm{d}t} \frac{\partial}{\partial \dot{q}_i} - \frac{\partial}{\partial q_i} \right) U = \left(\frac{\mathrm{d}}{\mathrm{d}t} \frac{\partial}{\partial \dot{q}_i} - \frac{\partial}{\partial q_i} \right) (T - U) = 0$$

finden. Im Vergleich mit der Aufgabenstellung lässt sich so der Differentialoperator

$$\mathcal{D}_i = \left(\frac{\mathrm{d}}{\mathrm{d}t} \frac{\partial}{\partial \dot{q}_i} - \frac{\partial}{\partial q_i} \right)$$

finden. Die Größe

$$L = T - U$$

wird als Lagrange-Funktion bezeichnet und sie erfüllt die Lagrange-Gleichung zweiter Art

$$\frac{\mathrm{d}}{\mathrm{d}t} \frac{\partial L}{\partial \dot{q}_i} - \frac{\partial L}{\partial q_i} = 0.$$

Aufgabe 4   **25 *Punkte***

Stabile Achsen

In dieser Aufgabe soll untersucht werden, um welche Achsen eine stabile gleichförmige Rotation für einen kräftefreien Kreisel auftreten kann. Gleichförmig bedeutet hierbei, dass sich eine konstante Winkelgeschwindigkeit ω = konst. einstellt. Stabil bedeutet, dass kleine Abweichungen von einer vorgegebenen Achse durch die Dynamik des Systems nicht zu großen Abweichungen heranwachsen.

(a) **(3 Punkte)** Betrachten Sie einen Kugelkreisel mit $I_1 = I_2 = I_3$. Stellen Sie die Euler'schen Kreiselgleichung auf und zeigen Sie, dass die Rotation um eine beliebige Achse n gleichförmig und stabil ist.

Lösungsvorschlag:
Zunächst ist zu bemerken, dass es egal ist, ob die Konstanz von ω unabhängig davon ist, ob sie im Körpersystem oder im Inertialsystem betrachtet wird. Da ω die Rotationsachse definiert und konstant sein soll, nimmt es sowohl im Inertialsystem als auch im Körpersystem feste Werte an. Damit reicht es ω_μ = konst. zu fordern. Die Euler'schen Kreiselgleichungen sind durch

$$\dot{S}_\mu + \epsilon_{\mu\nu\sigma}\omega_\nu S_\sigma = D_\mu$$

gegeben. Da die Bewegung kräftefrei ist, ist $D_\mu = 0$ gültig. Weiter lässt sich im Körpersystem der Drehimpuls durch $S = I\omega$ ausdrücken, wobei I der diagonale und konstante Trägheitstensor ist. Damit sind die Euler'schen Kreiselgleichungen durch

$$I_1\dot{\omega}_1 + \omega_2\omega_3(I_3 - I_2) = 0$$
$$I_2\dot{\omega}_2 + \omega_3\omega_1(I_1 - I_3) = 0$$
$$I_3\dot{\omega}_3 + \omega_1\omega_2(I_2 - I_1) = 0$$

gegeben. Wird ein Kugelkreisel betrachtet, bei dem alle Trägheitsmomente konstant sind, so werden die rechten Terme alle Null sein, so dass sich die Euler'schen Kreiselgleichungen auf

$$I_1\dot{\omega}_1 = I_2\dot{\omega}_2 = I_3\dot{\omega}_3 = 0$$

vereinfachen. Diese sind durch konstante ω_μ zu erfüllen. Der Wert der ω_μ ist dabei beliebig. Daher kann eine Drehung um eine beliebige Achse gleichförmig sein. Wird eine kleine Abweichung der Form

$$\omega_\mu = \omega_\mu^{(0)} + \delta\omega_\mu$$

betrachtet, so sind die neuen Euler'schen Kreiselgleichungen durch

$$I_1\delta\dot{\omega}_1 = I_2\delta\dot{\omega}_2 = I_3\delta\dot{\omega}_3 = 0$$

gegeben. Auch sie werden durch konstante $\delta\omega_\mu$ gelöst. Das bedeutet, bei einer kleinen Störung in der Drehachse, wird die neue Drehachse einfach beibehalten und die Störung wächst nicht exponentiell an, sondern bleibt konstant. Somit ist jede gleichförmige Bewegung stabil.

(b) **(5 Punkte)** Betrachten Sie nun einen symmetrischen Kreisel mit $I_1 = I_2 = I_\perp$ und $I_3 = I_\parallel$. Stellen Sie die Euler'schen Kreiselgleichungen auf und zeigen Sie, dass sich diese durch

$$\omega_1 = \omega_\perp \sin(\Omega t + \psi_0) \qquad \omega_2 = \omega_\perp \cos(\Omega t + \psi_0) \qquad \omega_3 = \omega_\parallel = \text{konst.}$$

lösen lassen. $\omega_\perp$, $\omega_\parallel$ und ψ_0 sind dabei Integrationskonstanten, die durch die die Anfangsbedingungen bestimmt werden. Was ist hierbei Ω?

Lösungsvorschlag:
Die Euler'sche Kreiselgleichungen aus Teilaufgabe (a) können mit den eingeführten Trägheitsmomenten $I_\perp = I_1 = I_2$, $I_\parallel = I_3$ zu

$$I_\perp \dot{\omega}_1 + \omega_2 \omega_3 (I_\parallel - I_\perp) = 0$$
$$I_\perp \dot{\omega}_2 + \omega_3 \omega_1 (I_\perp - I_\parallel) = 0$$
$$I_\parallel \dot{\omega}_3 = 0$$

ausformuliert werden. Die dritte dieser Gleichungen wird direkt durch

$$\omega_3 = \omega_\parallel = \text{konst.}$$

gelöst werden. Die ersten beiden Gleichungen können damit zunächst je einmal abgeleitet und umgestellt werden, um

$$\ddot{\omega}_1 = -\omega_\parallel \frac{I_\parallel - I_\perp}{I_\perp} \dot{\omega}_2$$
$$\ddot{\omega}_2 = \omega_\parallel \frac{I_\parallel - I_\perp}{I_\perp} \dot{\omega}_1$$

zu erhalten. Hierin lassen sich wiederum die ersten Ableitungen auf der rechten Seite ersetzen, um

$$\ddot{\omega}_1 = -\omega_\parallel^2 \frac{(I_\parallel - I_\perp)^2}{I_\perp^2} \omega_1 = -\Omega^2 \omega_1^2$$
$$\ddot{\omega}_2 = -\omega_\parallel^2 \frac{(I_\parallel - I_\perp)^2}{I_\perp^2} \omega_2 = -\Omega^2 \omega_2^2$$

zu erhalten. Es handelt sich also um zwei harmonische Oszillatoren deren Lösungen trigonometrische Funktionen sein müssen. Dabei wurde

$$\Omega^2 = \omega_\parallel^2 \frac{(I_\parallel - I_\perp)^2}{I_\perp^2}$$

eingeführt. Damit zeigt sich bereits, dass die angegebenen Lösungen

$$\omega_1 = \omega_\perp \sin(\Omega t + \psi_0) \qquad \omega_2 = \omega_\perp \cos(\Omega t + \psi_0)$$

mögliche Lösungen darstellen. Durch Einsetzen vom gegebenen ω_1 in die Gleichung

$$\omega_2\omega_\|(I_\perp - I_\|) = I_\perp\dot\omega_1 \quad \Rightarrow \quad \omega_2 = \frac{1}{\omega_\|}\frac{I_\perp}{I_\perp - I_\|}\dot\omega_1$$

kann die Bedingung

$$\omega_2 = \omega_\perp\cos(\Omega t + \psi_0) = \frac{\Omega}{\omega_\|}\frac{I_\perp}{I_\perp - I_\|}\omega_\perp\cos(\Omega t + \psi_0)$$

gefunden werden, aus der sich schlussendlich

$$\Omega = \frac{I_\perp - I_\|}{I_\perp}\omega_\|$$

bestimmen lässt. [1]

(c) (**3 Punkte**) Weshalb legen die Ergebnisse aus Teilaufgabe (b) nahe, dass eine gleich-förmige Rotation um die Hauptträgheitsachsen auftreten?

Lösungsvorschlag:
Für eine gleichförmige Rotation müssen die ω_μ konstant sein. Da die einzigen nicht konstanten Komponenten ω_1 und ω_2 sind, müssen Wege gefunden werden, sie kon-stant zu machen.
Die erste Möglichkeit besteht darin, dass $\omega_\perp = 0$ ist. Dann sind auch ω_1 und ω_2 gerade Null und die Drehung findet nur um die $\hat e_3$-Achse statt. Diese ist aber eine Hauptträg-heitsachse.
Die zweite Möglichkeit besteht darin, $\Omega = 0$ zu setzen, da so ω_1 und ω_2 die konstanten Werte

$$\omega_1 = \omega_\perp\sin(\psi_0) \qquad \omega_2 = \omega_\perp\cos(\psi_0)$$

annehmen. Damit

$$\Omega = \frac{I_\perp - I_\|}{I_\perp}\omega_\| = 0$$

gilt, gibt es auch hier zwei Möglichkeiten. Entweder $I_\perp = I_\|$, was aber den schon betrachteten Kugelkreisel darstellt und daher ausscheidet, oder dass $\omega_\| = 0$ ist. Im letzten Fall findet die Drehung um die Achse

$$\boldsymbol{n}_{\psi_0} = \hat e_1\sin(\psi_0) + \hat e_2\cos(\psi_0)$$

statt. Da die Hauptträgheitsachsen $\hat e_1$ und $\hat e_2$ wegen $I_1 = I_2 = I_\perp$ entartet sind, ist je-de Linearkombination dieser Hauptträgheitsachsen ebenfalls eine Hauptträgheitsachse mit Trägheitsmoment $I_\perp$.
Insgesamt zeigt sich auch in diesem Fall, dass gleichförmige Drehungen nur um die Hauptträgheitsachsen auftreten.

---

[1] Alternativ können auch die Gleichungen des Harmonischen Oszillators gelöst und die Lösungen über die betrachtete Gleichung miteinander in Verbindung gesetzt werden.

(d) (**5 Punkte**) Betrachten Sie nun für den symmetrischen Kreisel kleine Störungen um die Achsen gleichförmiger Rotation und zeigen Sie so, dass die Rotation um die Figurenachse stabil ist. Zeigen Sie weiter, dass sich Drehungen um eine Achse mit $I_\perp$ bei kleinen Störungen nicht in eine Drehung um eine Achse mit $I_\parallel$ umwandeln kann.

Lösungsvorschlag:
Da die einzigen Lösungen aus

$$\omega_1 = \omega_\perp \sin(\Omega t + \psi_0) \qquad \omega_2 = \omega_\perp \cos(\Omega t + \psi_0) \qquad \omega_3 = \omega_\parallel = \text{konst.}$$

bestehen, können für $\omega_3 = \omega_\parallel + \delta\omega_3$ und $\omega_{1/2} = \delta\omega_{1/2}$ die Ausdrücke

$$\delta\omega_1 = \omega_\perp \cos(\Omega t + \psi_0) \qquad \delta\omega_2 = \omega_\perp \sin(\Omega t + \psi_0)$$

gefunden werden. Damit lässt sich $\omega_\perp$ zu

$$\omega_\perp = \sqrt{\omega_1^2 + \omega_2^2} = \sqrt{\delta\omega_1^2 + \delta\omega_2^2}$$

bestimmen. $\omega_\perp$ ist somit selbst in der Größenordnung der Störung. [2] Die Rotation wird daher weiter hauptsächlich um die $\hat{e}_3$-Achse stattfinden, welche gerade die Figurenachse war. Also handelt es sich bei dieser Rotation um eine stabile Lösung.
Findet die gleichförmige Rotation zunächst um eine Drehachse mit Hauptträgheitsmoment $I_\perp$ statt, können beispielsweise $\omega_1 = \omega_\perp + \delta\omega_1$, $\omega_2 = \delta\omega_2$ und $\omega_3 = \delta\omega_3 = $ konst. betrachtet werden. Der letzte Zusammenhang gilt aufgrund der Euler'schen Kreiselgleichungen. Damit nimmt Ω den Wert

$$\Omega = \frac{I_\perp - I_\parallel}{I_\perp} \delta\omega_3$$

an. Auch wenn Ω in der Größenordnung der Störung liegt, wird es dafür sorgen, dass ω_1 gegenüber $\delta\omega_2$ verschwindend gering wird. Immerhin ist die Lösung durch

$$\omega_1 = \omega_\perp \sin(\Omega t + \psi_0) \qquad \omega_2 = \omega_\perp \cos(\Omega t + \psi_0)$$

gegeben. Jedoch wird ω_3 stets wesentlich klein gegenüber ω_1 und ω_2 bleiben. Das bedeutet, obwohl die Rotation nicht fortlaufend um die gleiche Drehachse stattfinden wird, wird sie doch stets um eine Drehachse mit dem Trägheitsmoment $I_\perp$ stattfinden.

(e) (**3 Punkte**) Betrachten Sie nun einen beliebigen Kreisel mit $I_1 \neq I_2 \neq I_3 \neq I_1$. Zeigen Sie zunächst, dass eine gleichförmige Rotation nur um die Hauptträgheitsachsen auftreten kann.

Lösungsvorschlag:
Für einen beliebigen Kreisel sind die Euler'sche Kreiselgleichungen durch

$$I_1\dot{\omega}_1 + \omega_2\omega_3(I_3 - I_2) = 0$$
$$I_2\dot{\omega}_2 + \omega_3\omega_1(I_1 - I_3) = 0$$
$$I_3\dot{\omega}_3 + \omega_1\omega_2(I_2 - I_1) = 0$$

---

[2] Technisch gesehen erhält Ω eine kleine Korrektur durch $\delta\omega_3$. Sie kann jedoch vernachlässigt werden, da sie gar nicht in das gefundene Ergebnis eingeht.

gegeben. Da die Komponenten $\dot{\omega}_\mu = 0$ sein soll sollen, muss bereits

$$\omega_2\omega_3(I_3 - I_2) = \omega_3\omega_1(I_1 - I_3) = \omega_1\omega_2(I_2 - I_1) = 0$$

gelten. Die Trägheitsmomente sind alle unterschiedlich, so dass nur

$$\omega_2\omega_3 = \omega_3\omega_1 = \omega_1\omega_2 = 0$$

gelten muss. Also alle Produkte aus zwei unterschiedlichen Komponenten der Winkel-geschwindigkeit müssen verschwinden. Sind zwei der Winkelgeschwindigkeiten von Null verschieden kann dies nicht gelingen. Sind alle Winkelgeschwindigkeiten Null, sind die Gleichungen zwar erfüllt, aber es findet keine Rotation statt. Ist hingegen nur eine Winkelgeschwindigkeit nicht Null, so lassen sich immer noch alle Gleichungen erfüllen. Das bedeutet es sind für gleichförmige Rotationen nur die Fälle

(i) $\omega_2 = \omega_3 = 0, \omega_1 \neq 0$ und somit $\boldsymbol{\omega} = \omega_1\hat{\boldsymbol{e}}_1$,

(ii) $\omega_3 = \omega_1 = 0, \omega_2 \neq 0$ und somit $\boldsymbol{\omega} = \omega_2\hat{\boldsymbol{e}}_2$ und

(iii) $\omega_1 = \omega_2 = 0, \omega_3 \neq 0$ und somit $\boldsymbol{\omega} = \omega_3\hat{\boldsymbol{e}}_3$

möglich. In allen drei Fällen handelt es sich um die Rotation um eine der Hauptträg-heitsachsen.

(f) **(6 Punkte)** Betrachten Sie für den beliebigen Kreisel nun kleine Abweichungen von der gleichförmigen Rotation, indem Sie $\omega_3 = \omega_0 + \delta\omega_3$ und $\omega_1 = \delta\omega_1$, $\omega_2 = \delta\omega_2$ annehmen. Zeigen Sie so, dass

$$\delta\ddot{\omega}_{1/2} = -\Omega^2\delta\omega_{1/2}$$

gilt. Was ist Ω^2? Um welche der Hauptträgheitsachsen kann die gleichförmige Rota-tion demnach stabil sein und um welche nicht?

Lösungsvorschlag:
werden in die Euler'schen Kreiselgleichungen die gegebenen Ansätze eingesetzt, so lassen sich

$$I_1\delta\dot{\omega}_1 + \delta\omega_2(\omega_0 + \delta\omega_3)(I_3 - I_2) = 0$$
$$I_2\delta\dot{\omega}_2 + (\omega_0 + \delta\omega_3)\delta\omega_1(I_1 - I_3) = 0$$
$$I_3\delta\dot{\omega}_3 + \delta\omega_1\delta\omega_2(I_2 - I_1) = 0$$

finden. Da zunächst nur die erste Ordnung der Störung interessant ist, können alle quadratischen Ordnungen vernachlässigt werden, um

$$I_1\delta\dot{\omega}_1 + \delta\omega_2\omega_0(I_3 - I_2) = 0$$
$$I_2\delta\dot{\omega}_2 + \omega_0\delta\omega_1(I_1 - I_3) = 0$$
$$I_3\delta\dot{\omega}_3 = 0$$

zu erhalten. Die letzte dieser drei Gleichungen wird durch $\delta\omega_3 = $ konst. gelöst. Um die ersten beiden Gleichungen zu lösen können sie zunächst umgestellt und dann je einmal abgeleitet werden, um

$$\delta\dot{\omega}_1 = -\omega_0\frac{I_3 - I_2}{I_1}\delta\omega_2$$

$$\delta\dot{\omega}_2 = -\omega_0\frac{I_1 - I_3}{I_2}\delta\omega_1$$

und

$$\delta\ddot{\omega}_1 = -\omega_0\frac{I_3 - I_2}{I_1}\delta\dot{\omega}_2$$

$$\delta\ddot{\omega}_2 = -\omega_0\frac{I_1 - I_3}{I_2}\delta\dot{\omega}_1$$

zu finden. In den letzten beiden Gleichungen lassen sich auf der rechten Seite die ersten beiden Gleichungen einsetzen, womit sich

$$\delta\ddot{\omega}_1 = \omega_0^2\frac{(I_3 - I_2)(I_1 - I_3)}{I_1 I_2}\delta\dot{\omega}_1 = -\omega_0^2\frac{(I_3 - I_2)(I_3 - I_1)}{I_1 I_2}\delta\dot{\omega}_1 = -\Omega^2\delta\omega_1$$

$$\delta\ddot{\omega}_2 = \omega_0^2\frac{(I_1 - I_3)(I_3 - I_2)}{I_2 I_1}\delta\dot{\omega}_1 = -\omega_0^2\frac{(I_3 - I_2)(I_3 - I_1)}{I_1 I_2}\delta\dot{\omega}_2 = -\Omega^2\delta\omega_2$$

ergibt. Somit kann die Konstante

$$\Omega^2 = \omega_0^2\frac{(I_3 - I_2)(I_3 - I_1)}{I_1 I_2}$$

identifiziert werden. Ist sie positiv, so handelt es sich bei den Gleichungen um die eines harmonischen Oszillators. Das bedeutet, dass $\delta\omega_1$ und $\delta\omega_2$ in ihrer Amplitude beschränkt sind und die Rotation um die $\hat{e}_3$-Achse somit stabil ist. Ist die Konstante Ω^2 hingegen negativ, so wachsen $\delta\omega_1$ und $\delta\omega_2$ exponentielle an. Die Rotation um die $\hat{e}_3$-Achse wäre damit instabil.

Damit eine stabile Rotation auftritt, muss also

$$\Omega^2 = \omega_0^2\frac{(I_3 - I_2)(I_3 - I_1)}{I_1 I_2} > 0$$

gelten, was alleine dadurch zu erreichen ist, dass bereits $(I_3 - I_2)(I_3 - I_1) > 0$ ist. Das bedeutet, dass de beiden Terme in Klammern dasselbe Vorzeichen haben müssen. Es muss sich bei I_3 daher entweder, um das größte $I_3 > I_1, I_2$ oder das kleinste $I_3 < I_1, I_2$ Trägheitsmoment handeln.

Die Diskussion, die beispielhaft an der $\hat{e}_3$-Achse durchgeführt wurde, kann auf die anderen Hauptträgheitsachsen übertragen werden. Somit zeigt sich, dass die stabile Rotation nur um die Hauptträgheitsachsen mit dem kleinsten und dem größtem Trägheitsmoment möglich ist. Eine stabile gleichförmige Rotation um das mittlere Trägheitsmoment ist nicht möglich.

Dieser Umstand lässt sich auch besonders eindrucksvoll am Energie- und Drallellipsoid diskutieren. Da die Lösung ein Schnitt zwischen diesen beiden Ellipsoiden sein muss, kann aus der geometrischen Konstruktion das Verhalten in der Nähe der Durchstoßpunkte der Hauptträgheitsachsen diskutiert werden, wenn bspw. die Größe des Drallellipsoids variiert wird. Es zeigt sich auch hier, dass kreis- bis ellipsenförmige Bahnen mit kleinen Ausdehnungen nur um die Achse mit dem größten und kleinsten Trägheitsmoment auftreten.

3.10 Lösung zur Klausur X – Analytische Mechanik – mittel

Hinweise

Aufgabe 1 - Kurzfragen

(a) Wieso ist für eine symmetrische Matrix $0 = S^T - S$ gültig? Was passiert, wenn dieser Ausdruck von links, bzw. von rechts mit zwei unterschiedlichen Eigenvektoren multipliziert wird?

(b) Aus welchen beiden Teilen setzt sich die kinetische Energie zusammen? Wie hängen der Abrollwinkel ϕ und die zurückgelegte Wegstrecke s zusammen? Wie lässt sich der zurückgelegte Höhenunterschied auf der schiefen Ebene durch s und α ausdrücken?

(c) Wie können die Größen p, P und $\tilde{H}$ aus F_1 bestimmt werden? Was passiert bei einer Legendre-Transformation von F_1 in q? Wie lässt sich das totale Differential von F_3 auf zwei Weisen ausdrücken?

(d) Wie sieht die totale Zeitableitung von q und p aus? Ist diese durch den Phasenraumpunkt voll bestimmt? Was würde es demnach bedeuten, wenn zwei Trajektorien einen gemeinsamen Punkt im Phasenraum hätten?

(e) Wieso ist die Massendichte durch

$$\rho(\boldsymbol{r}) = \frac{3m}{2\pi h R^3} s\Theta(R - s)\,\Theta\left(\frac{h}{2} - |z|\right)$$

zu bestimmen? Wie ist das Trägheitsmoment definiert und weshalb ist $r_\perp = s$?

Aufgabe 2 - Zwangskräfte im Looping

(a) Wie lässt sich ein Kreis in einer Ebene beschreiben? Wie muss der Mittelpunkt in diese Gleichung mit einbezogen werden?

(b) Wie lautet die Euler-Lagrange-Gleichung? Welche Ableitungen der Lagrange-Funktion müssen dafür gebildet werden? Sie müssen auch die Zwangsbedingung

$$f(x, z) = x^2 + (z - R)^2 - R^2 = 0$$

aus Teilaufgabe (a) berücksichtigen.

(c) Wie lassen sich in der zweiten Ableitung der Zwangsbedingung $\ddot{x}$ und $\ddot{z}$ ersetzen? Lässt sich der Ausdruck mit der Zwangsbedingung vereinfachen? Sie sollten

$$Z = \frac{mg(z - R) - m(\dot{x}^2 + \dot{z}^2)}{R^2}\begin{pmatrix} x \\ z - R \end{pmatrix}$$

erhalten.

(d) Warum ist die Energie im System erhalten? Aus welchen Beiträgen setzt sich die Energie zusammen? Was ist die Energie am niedrigsten Punkt es Loopings?

(e) Wieso sind die Zusammenhänge

$$x = R\sin(\theta) \qquad z - R = -R\cos(\theta)$$

gültig? Wie lassen sich die Ergebnisse der vorherigen Teilaufgaben verknüpfen, um $\dot{x}^2$ und $\dot{z}^2$ aus den Zwangskräften zu eliminieren?

Aufgabe 3 - Die Geodätengleichung

(a) Nutzen Sie aus, dass das Quadrat des Wegelements durch

$$(\mathrm{d}s)^2 = \mathrm{d}\boldsymbol{r} \cdot \mathrm{d}\boldsymbol{r}$$

gegeben ist. Wie lässt sich $\mathrm{d}\boldsymbol{r}$ durch die Parameter ausdrücken?

(b) Sie sollten die Lagrange-Funktion

$$L\left(x_i, \frac{\mathrm{d}x_i}{\mathrm{d}\lambda}, \lambda\right) = \sqrt{g_{ij}\frac{\mathrm{d}x_i}{\mathrm{d}\lambda}\frac{\mathrm{d}x_j}{\mathrm{d}\lambda}}$$

erhalten.

(c) Es ist hilfreich zunächst zu zeigen, dass der Zusammenhang

$$\frac{\mathrm{d}}{\mathrm{d}\lambda} = L\frac{\mathrm{d}}{\mathrm{d}s}$$

gilt. Auch wenn die Matrix g symmetrisch ist, empfiehlt es sich in der Ableitung $\frac{\partial L}{\partial\left(\frac{\mathrm{d}x_i}{\mathrm{d}\lambda}\right)}$ beide Terme zu behalten.

(d) Wie sind die Ortsvektoren auf einer Zylinder- bzw. Kugeloberfläche definiert? Lässt sich die Rotationssymmetrie einer Kugel ausnutzen, um das Problem einfacher zu lösen?

Aufgabe 4 - Die isochrone Kurve

(a) Welchen Zusammenhang gibt es zwischen Wegstrecke und Geschwindigkeit? Wie lässt sich ein Abstandsdifferential $\mathrm{d}s$ durch die Differentiale der kartesischen Koordinaten $\mathrm{d}x$ und $\mathrm{d}y$ ausdrücken? Wie lässt sich die Geschwindigkeit aus der Energieerhaltung bestimmen?

(b) Wie lauten die Differentiale $\mathrm{d}x$ und $\mathrm{d}y$ wenn x und y jeweils nur von ϕ abhängen?

(c) Was gilt für eine Funktion und ihre Stammfunktion? Wie lautet die Ableitung des $\mathrm{Arctan}(x)$ nach x? Warum ist die trigonometrische Identität $2\sin^2(\phi/2) = 1-\cos(\phi)$ gültig?

(d) Welchen Wert hat der $\mathrm{Arctan}(x)$ für $x \to \infty$? Sie sollten $T(\phi_0) = \pi\sqrt{\frac{R}{g}}$ erhalten.

(e) Lassen sich Teilergebnisse aus den Teilaufgaben (a) und (b) weiter verwenden? Wieso ist $L(\phi) = 4R(1 - \cos(\phi/2))$ gültig?

(f) Ist es möglich die Koordinaten der Pendelmasse durch den Kontaktpunkt des Fadens mit der Zykloide zu beschreiben? Warum ist er entsprechende Tangentenvektor durch

$$\hat{e}_t = \begin{pmatrix} \sin(\phi/2) \\ -\cos(\phi/2) \end{pmatrix}$$

gegeben? Welcher Anteil der Pendelbewegung wird durch das Ergebnis aus Teilaufgabe (d) beschrieben?

Lösungen

Aufgabe 1   25 *Punkte*

Kurzfragen

(a) **(5 Punkte)** Beweisen Sie, dass die Eigenvektoren einer symmetrischen Matrix S zu unterschiedlichen Eigenwerten senkrecht zueinander sind.

Lösungsvorschlag:
Eine Symmetrische Matrix S erfüllt die Eigenschaft $S^T = S$, sodass für zwei Eigenvektoren $\boldsymbol{v}_1$ und $\boldsymbol{v}_2$ zu den Eigenwerten λ_1 und λ_2 auch

$$0 = S^T - S \quad \Rightarrow \quad 0 = \boldsymbol{v}_2^T (S^T - S)\boldsymbol{v}_1$$

gültig sein muss. Dieser Ausdruck lässt sich weiter zu

$$0 = (S\boldsymbol{v}_2)^T \boldsymbol{v}_1 - \boldsymbol{v}_2^T (S\boldsymbol{v}_1) = (\lambda_2 \boldsymbol{v}_2)^T \boldsymbol{v}_1 - \boldsymbol{v}_2^T (\lambda_1)\boldsymbol{v}_1 = (\lambda_2 - \lambda_1)(\boldsymbol{v}_2^T \boldsymbol{v}_1)$$

umformen. Da die Eigenwerte unterschiedlich sein sollen, muss das Skalarprodukt der Vektoren null sein. Dies ist jedoch nur der Fall, wenn die Vektoren senkrecht aufeinander stehen. Damit ist gezeigt, das Vektoren zu unterschiedlichen Eigenwerten senkrecht zueinander sind.

(b) **(5 Punkte)** Stellen Sie die Lagrange-Funktion eines starren Körpers mit Radius R und Trägheitsmoment I beim Abrollen auf einer schiefen Ebene mit Inklinationswinkel α als Funktion der zurückgelegten Wegstrecke auf.

Lösungsvorschlag:
Der zurückgelegte Höhenunterschied z lässt sich durch die zurückgelegte Wegstrecke mittels

$$z = -s\sin(\alpha)$$

in Verbindung setzen, so dass die potentielle Energie zu

$$U(s) = mgz = -mgs\sin(\alpha)$$

bestimmt werden kann. Die kinetische Energie setzt sich aus einem translativen Teil $\frac{1}{2}m\dot{s}^2$ und einem rotativen Teil $\frac{1}{2}I\dot{\phi}^2$ zusammen, so dass sich diese zunächst durch

$$T = \frac{1}{2}m\dot{s}^2 + \frac{1}{2}I\dot{\phi}^2$$

ausdrücken lässt. Der Winkel ϕ und die zurückgelegte Wegstrecke sind durch die Abrollbedingung

$$\mathrm{d}s = R\,\mathrm{d}s$$

miteinander verbunden, so dass sich $\dot{\phi} = \frac{\dot{s}}{R}$ ergibt. Damit kann die kinetische Energie auf

$$T = \frac{1}{2}m\dot{s}^2 + \frac{1}{2}I\left(\frac{\dot{s}}{R}\right)^2 = \frac{1}{2}m\left(1 + \frac{I}{mR^2}\right)\dot{s}^2$$

umgeformt werden. Somit ist die Lagrange-Funktion durch

$$L = T - U = \frac{1}{2}m\left(1 + \frac{I}{mR^2}\right)\dot{s}^2 + mgs\sin(\alpha)$$

gegeben.

(c) **(5 Punkte)** Nehmen Sie an, die Funktion $F_1(\boldsymbol{q}, \boldsymbol{Q}, t)$ erzeugt eine kanonische Transformation. Konstruieren Sie eine erzeugende Transformation $F_3(\boldsymbol{p}, \boldsymbol{Q}, t)$. Wie lassen sich $\boldsymbol{q}$, $\boldsymbol{P}$ und $\tilde{H}$ aus F_3 ermitteln?

Lösungsvorschlag:
Die Größen $\boldsymbol{p}$, $\boldsymbol{P}$ und $\tilde{H}$ lassen sich aus der Erzeugenden F_1 durch

$$p_i = \frac{\partial F_1}{\partial q_i} \qquad P_i = -\frac{\partial F_1}{\partial Q_i} \qquad \tilde{H} - H = \frac{\partial F_1}{\partial t}$$

bestimmen. Um F_3 zu konstruieren muss eine Legendre-Transformation in $\boldsymbol{q}$ durchgeführt werden, welche durch

$$F_3 = F_1 - \frac{\partial F_1}{\partial q_i}q_i = F_1 - p_iq_i$$

definiert ist. Dabei wurde die Einstein'sche Summekonvention verwendet. Das totale Differential von F_3 kann somit durch

$$\begin{aligned} \mathrm{d}F_3 &= \mathrm{d}F_1 - p_i\,\mathrm{d}q_i - q_i\,\mathrm{d}p_i = \frac{\partial F_1}{\partial q_i}\,\mathrm{d}q_i + \frac{\partial F_1}{\partial Q_i}\,\mathrm{d}Q_i + \frac{\partial F_1}{\partial t}\,\mathrm{d}t - p_i\,\mathrm{d}q_i - q_i\,\mathrm{d}p_i \\ &= p_i\,\mathrm{d}q_i - P_i\,\mathrm{d}Q_i + (\tilde{H} - H)\,\mathrm{d}t - p_i\,\mathrm{d}q_i - q_i\,\mathrm{d}p_i \\ &= -q_i\,\mathrm{d}p_i - P_i\,\mathrm{d}Q_i + (\tilde{H} - H)\,\mathrm{d}t \end{aligned}$$

bestimmt werden. Andererseits lässt sich das totale Differential von F_3 aber auch durch

$$\mathrm{d}F_3 = \frac{\partial F_3}{\partial p_i}\,\mathrm{d}p_i + \frac{\partial F_3}{\partial Q_i}\,\mathrm{d}Q_i + \frac{\partial F_3}{\partial t}\,\mathrm{d}t$$

ausdrücken. Ein direkter Vergleich lässt die Identifikation

$$q_i = -\frac{\partial F_3}{\partial p_i} \qquad P_i = -\frac{\partial F_3}{\partial Q_i} \qquad \tilde{H} - H = \frac{\partial F_3}{\partial t}$$

zu.

(d) **(5 Punkte)** Begründen Sie, warum sich Trajektorien im Phasenraum nicht schneiden können.

Lösungsvorschlag:

Die Punkte im Phasenraum sind durch $\boldsymbol{Z}^T(t) = \begin{pmatrix} \boldsymbol{q}(t) & \boldsymbol{p}(t) \end{pmatrix}^T$ gegeben. Ihre zeitliche Ableitung kann wegen der kanonischen Bewegungsgleichungen durch

$$\dot{\boldsymbol{Z}}^T = \begin{pmatrix} \dot{\boldsymbol{q}}^T & \dot{\boldsymbol{p}}^T \end{pmatrix} = \begin{pmatrix} \boldsymbol{\nabla}_{\boldsymbol{p}}^T H & -\boldsymbol{\nabla}_{\boldsymbol{q}}^T H \end{pmatrix}$$

bestimmt werden. Damit ist die zeitliche Ableitung durch den Phasenraumpunkt bereits vollständig definiert. Das bedeutet ein Phasenraumpunkt beschreibt die Entwicklung des Systems bei gegebenem H. Wenn sich zwei Trajektorien schneiden würden, so müssten sie ab dem Schnittpunkt auf einer gemeinsamen Trajektorie weiter verlaufen. Da die klassischen Bewegungsgleichungen aber umkehrbar in der Zeit sind, funktioniert das Argument auch die andere Zeitrichtung. Das bedeutet, zwei Trajektorien im Phasenraum können sich nicht schneiden oder sie sind gleich.

(e) **(5 Punkte)** Bestimmen Sie das Trägheitsmoment eines Zylinder mit Radius R und Höhe h bei Rotation um dessen Symmetrieachse. Der Zylinder soll die Masse m und eine mit dem Radius linear zunehmende Massendichte aufweisen. Drücken Sie Ihr Ergebnis durch die Masse und den Radius des Zylinders aus.

Lösungsvorschlag:
Zunächst bietet es sich an den Ansatz

$$\rho(\boldsymbol{r}) = \rho_0 \frac{s}{R} \Theta(R - s) \, \Theta\left(\frac{h}{2} - |z|\right)$$

für die Massendichte des Zylinders zu machen. Die Gesamtmasse des Zylinders ist dann durch

$$m = \int \mathrm{d}^3 r \rho(\boldsymbol{r}) = \int\limits_{-h/2}^{h/2} \mathrm{d}z \int\limits_0^{2\pi} \mathrm{d}\phi \int\limits_0^R \mathrm{d}s \, s \rho_0 \frac{s}{R}$$

$$= \frac{\rho_0}{R} \cdot h \cdot 2\pi \cdot \frac{1}{3} R^3 = \frac{2\pi}{3} h R^2 \rho_0$$

gegeben. Damit ist die Massendichte tatsächlich durch

$$\rho(\boldsymbol{r}) = \frac{3m}{2\pi h R^3} s \Theta(R - s) \, \Theta\left(\frac{h}{2} - |z|\right)$$

gegeben. Da das Trägheitsmoment durch

$$I = \int \mathrm{d}^3 r \, \rho(\boldsymbol{r}) r_\perp^2$$

definiert ist und $r_\perp = s$ gilt, muss auch

$$I = \frac{3m}{2\pi hR^3} \int\limits_{-h/2}^{h/2} \mathrm{d}z \int\limits_{0}^{2\pi} \mathrm{d}\phi \int\limits_{0}^{R} \mathrm{d}s \; s^4 = \frac{3m}{2\pi hR^3} \cdot h \cdot 2\pi \cdot \frac{1}{5}R^5 = \frac{3}{5}mR^2$$

gelten.

Aufgabe 2   **25 *Punkte***

Zwangskräfte im Looping

In dieser Aufgabe sollen mit Hilfe der Lagrange-Gleichungen 1. Art die Zwangskräfte und daraus die g-Kräfte auf einer Achterbahn bestimmt werden. Dazu wird ein Teilchen der Masse m im Schwerefeld der Erde betrachtet, welches gewissen Zwangsbedingungen unterliegt, die dessen Kurve festlegt.

Es soll die reibungsfreie Bewegung in einem kreisförmigen Looping mit Radius R und Mittelpunkt $R\hat{e}_z$ betrachtet werden. Gehen Sie dazu davon aus, dass das Teilchen sich nur in der xz-Ebene bewegt. Am tiefsten Punkt des Loopings, soll das Teilchen die Geschwindigkeit v_0 aufweisen.

(a) **(2 Punkte)** Stellen Sie eine Zwangsbedingung für die Bewegung auf dem Looping auf und fügen Sie diese mit Hilfe eines Lagrange-Multiplikators λ der Lagrange-Funktion zu.

Lösungsvorschlag:
Da der Mittelpunkt bei $R\hat{e}_z$ liegt, beschreibt der Ausdruck

$$x^2 + (z - R)^2 = R^2$$

den Looping. Damit lässt sich die Zwangsbedingung

$$f(x, z) = x^2 + (z - R)^2 - R^2 = 0$$

aufstellen. Die Lagrange-Funktion eines Teilchens im Schwerefeld der Erde ist durch

$$L_\mathrm{T} = \frac{1}{2}m(\dot{x}^2 + \dot{z}^2) - mgz$$

gegeben. Durch das Hinzufügen des Terms $\lambda f(x, z)$ kann so die Lagrange-Funktion mit Nebenbedingung

$$L = L_\mathrm{T} + \lambda f(x, z) = \frac{1}{2}m(\dot{x}^2 + \dot{z}^2) - mgz + \lambda(x^2 + (z - R)^2 - R^2)$$

gefunden werden.

(b) **(6 Punkte)** Zeigen Sie, dass sich die Bewegungsgleichungen

$$m\ddot{x} = 2\lambda x \qquad m\ddot{z} = -mg + 2\lambda(z - R)$$

ergeben.

Lösungsvorschlag:
Aufgrund der Euler-Lagrange-Gleichung

$$\frac{\mathrm{d}}{\mathrm{d}t}\frac{\partial L}{\partial \dot{x}_i} - \frac{\partial L}{\partial x_i} = 0$$

müssen die Ableitungen

$$\frac{\partial L}{\partial \dot{x}_i} = m\dot{x}_i \quad \Rightarrow \quad \frac{\mathrm{d}}{\mathrm{d}t}\frac{\partial L}{\partial \dot{x}_i} = m\ddot{x}_i$$

$$\frac{\partial L}{\partial x} = 2\lambda x \qquad \frac{\partial L}{\partial z} = 2\lambda z - mg$$

gefunden werden, womit sich die Bewegungsgleichungen

$$m\ddot{x} = 2\lambda x \qquad m\ddot{z} = -mg + 2\lambda(z - R)$$

unter der Zwangsbedingung

$$f(x, z) = x^2 + (z - R)^2 - R^2 = 0$$

aufstellen lassen.

(c) **(7 Punkte)** Verwenden Sie die zweite zeitliche Ableitung der Zwangsbedingung, um λ zu bestimmen und ermitteln Sie so die Zwangskräfte als Funktion von x, z, $\dot{x}$ und $\dot{z}$.

Lösungsvorschlag:
Die erste zeitliche Ableitung der Zwangsbedingung ist durch

$$\frac{\mathrm{d}}{\mathrm{d}t}f = 2x\dot{x} + 2\dot{z}(z - R) = 0$$

gegeben, während sich daher die zweite Ableitung durch

$$\frac{\mathrm{d}}{\mathrm{d}t}f = 2x\ddot{x} + 2\ddot{z}(z - R) + 2\dot{x}^2 + 2\dot{z}^2 = 0$$

bestimmen lässt. Damit muss auch der Zusammenhang

$$xm\ddot{x} + m\ddot{z}(z - R) + m\boldsymbol{v}^2 = 0$$

gültig sein. Hierin wurde zur Abkürzung die Geschwindigkeit $\boldsymbol{v}^2 = \dot{x}^2 + \dot{z}^2$ des Teilchens eingeführt. Durch das Einsetzen der Bewegungsgleichung kann so der Ausdruck

$$0 = x(2\lambda x) + (-mg + 2\lambda(z - R))(z - R) + m\boldsymbol{v}^2$$
$$= 2\lambda(x^2 + (z - R)^2) - mg(z - R) + m\boldsymbol{v}^2$$

gefunden werden. Darin lässt sich die Zwangsbedingung einsetzen, um so

$$2\lambda R^2 = mg(z - R) - m\boldsymbol{v}^2$$
$$\Rightarrow \quad \lambda = \frac{1}{2R^2}(mg(z - R) - m\boldsymbol{v}^2)$$

zu erhalten. Aus den Bewegungsgleichungen wird ersichtlich, dass die Zwangskraft durch

$$\boldsymbol{Z} = 2\lambda \begin{pmatrix} x \\ z - R \end{pmatrix} = 2\lambda\boldsymbol{a}$$

mit dem Vektor

$$a = \begin{pmatrix} x \\ z - R \end{pmatrix}$$

gegeben ist. Hierin lässt sich λ einsetzen, um die Zwangskraft

$$Z = \frac{mg(z-R) - mv^2}{R^2} a = \frac{mg(z-R) - m(\dot{x}^2 + \dot{z}^2)}{R^2} \begin{pmatrix} x \\ z - R \end{pmatrix}$$

zu bestimmen.

(d) **(2 Punkte)** Stellen Sie mit Hilfe der Energieerhaltung einen Zusammenhang zwischen $\dot{x}$, $\dot{z}$, v_0 und z her.

Lösungsvorschlag:
Die Zwangsbedingung ist skleronom, weshalb die Energie des Systems erhalten ist. Die Gesamtenergie des Systems ist durch

$$E = \frac{1}{2}m(\dot{x}^2 + \dot{z}^2) + mgz = \frac{1}{2}mv^2 + mgz$$

gegeben. Da das Teilchen am tiefsten Punkt es Loopings bei $R = 0$ die Geschwindigkeit v_0 haben soll, kann auch

$$E = \frac{1}{2}mv_0^2 = \frac{1}{2}mv^2 + mgz$$

und damit der Zusammenhang

$$v^2 = v_0^2 - 2gz$$

gefunden werden.

(e) **(8 Punkte)** Parametrisieren Sie die Bahn durch den momentanen Steigungswinkel θ, um zu zeigen, dass die g-Kräfte, also die Zwangskräfte geteilt durch mg, durch

$$G = \begin{pmatrix} G_x \\ G_z \end{pmatrix} = \left(\frac{v_0^2}{gR} - 2 + 3\cos(\theta) \right) \begin{pmatrix} -\sin(\theta) \\ \cos(\theta) \end{pmatrix}$$

gegeben sind.

Lösungsvorschlag:
Mit dem momentanen Steigungswinkel θ lassen sich die Zusammenhänge

$$x = R\sin(\theta) \qquad z - R = -R\cos(\theta)$$

aufstellen. Zunächst lässt sich damit der Vektor a auf

$$a = \begin{pmatrix} x \\ z - R \end{pmatrix} = \begin{pmatrix} R\sin(\theta) \\ -R\cos(\theta) \end{pmatrix} = -R \begin{pmatrix} -\sin(\theta) \\ \cos(\theta) \end{pmatrix} = -Rn$$

umformen. Darin beschreibt $\boldsymbol{n}$ den Normalenvektor der Bahn. Somit ist die Zwangs-kraft zunächst durch

$$\boldsymbol{Z} = \frac{mg(z-R) - m\boldsymbol{v}^2}{R^2}\boldsymbol{a} = -\frac{-mgR\cos(\theta) - m\boldsymbol{v}^2}{R}\boldsymbol{n}$$

$$= mg\left(\cos(\theta) + \frac{\boldsymbol{v}^2}{gR}\right)\boldsymbol{n}$$

gegeben. Hierin lässt sich die Erkenntnis aus Teilaufgabe (d) in der Form

$$\boldsymbol{v}^2 = v_0^2 - 2gz = v_0^2 - 2gR + 2gR\cos(\theta)$$

einsetzen, um weiter

$$\boldsymbol{Z} = mg\left(\cos(\theta) + \frac{v_0^2}{gR} - 2 + 2\cos(\theta)\right)\boldsymbol{n}$$

$$= mg\left(3\cos(\theta) + \frac{v_0^2}{gR} - 2\right)\boldsymbol{n}$$

zu erhalten. Um die g-Kräfte zu bestimmen wird die Zwangskraft nun durch mg ge-teilt, um so

$$\boldsymbol{G} = \frac{\boldsymbol{Z}}{mg} = \left(\frac{v_0^2}{gR} - 2 + 3\cos(\theta)\right)\boldsymbol{n}$$

$$= \left(\frac{v_0^2}{gR} - 2 + 3\cos(\theta)\right)\begin{pmatrix} -\sin(\theta) \\ \cos(\theta) \end{pmatrix}$$

zu erhalten.

Aufgabe 3   **25** *Punkte*

Die Geodätengleichung

In dieser Aufgabe soll eine gekrümmte Oberfläche im dreidimensionalen Raum betrachtet werden, deren Punkte sich durch die Parameter x_1 und x_2 mittels $\boldsymbol{r}(x_1, x_2)$ beschreiben lassen. Ziel ist es, die kürzeste Verbindung zwischen zwei Punkten dieser Oberfläche zu finden.

(a) **(4 Punkte)** Zeigen Sie, dass das Wegelement durch

$$(\mathrm{d}s)^2 = g_{ij}\,\mathrm{d}x_i\,\mathrm{d}x_j$$

bestimmt werden kann, wobei g_{ij} die Komponenten einer symmetrischen Matrix sind, welche von x_1 und x_2 abhängen können. Wie hängt diese Matrix mit $\frac{\partial \boldsymbol{r}}{\partial x_i}$ zusammen?

Lösungsvorschlag:
Das Wegelement $\mathrm{d}s$ lässt sich durch

$$(\mathrm{d}s)^2 = \mathrm{d}\boldsymbol{r} \cdot \mathrm{d}\boldsymbol{r}$$

bestimmen. Da $\boldsymbol{r}$ von den Parametern x_1 und x_2 abhängt, lässt sich $\mathrm{d}\boldsymbol{r}$ weiter durch

$$\mathrm{d}\boldsymbol{r} = \frac{\partial \boldsymbol{r}}{\partial x_1}\,\mathrm{d}x_1 + \frac{\partial \boldsymbol{r}}{\partial x_2}\,\mathrm{d}x_2 = \frac{\partial \boldsymbol{r}}{\partial x_i}\,\mathrm{d}x_i$$

ausdrücken. Durch das Ausführen der Skalarmultiplikation kann daher

$$(\mathrm{d}s)^2 = \left(\frac{\partial \boldsymbol{r}}{\partial x_i}\,\mathrm{d}x_i\right) \cdot \left(\frac{\partial \boldsymbol{r}}{\partial x_j}\,\mathrm{d}x_j\right) = \left(\frac{\partial \boldsymbol{r}}{\partial x_i} \cdot \frac{\partial \boldsymbol{r}}{\partial x_j}\right)\mathrm{d}x_i\,\mathrm{d}x_j$$

gefunden werden. Daher lässt sich das Wegelement durch

$$(\mathrm{d}s)^2 = g_{ij}\,\mathrm{d}x_i\,\mathrm{d}x_j$$

ausdrücken, wobei die Komponenten der Matrix g durch

$$g_{ij} = \frac{\partial \boldsymbol{r}}{\partial x_i} \cdot \frac{\partial \boldsymbol{r}}{\partial x_j}$$

gegeben sind. Da das Skalarprodukt symmetrisch ist, ist auch die Matrix symmetrisch. g wird auch als metrischer Tensor bezeichnet.

(b) **(2 Punkte)** Betrachten Sie nun einen durch den Parameter λ beschriebenen Weg auf der Oberfläche und stellen Sie das Funktional

$$S[x_i(\lambda)] = \int \mathrm{d}\lambda\, L\left(x_i, \frac{\mathrm{d}x_i}{\mathrm{d}\lambda}, \lambda\right)$$

mit zu bestimmender Lagrange-Funktion L für die Weglänge auf.

Lösungsvorschlag:
Die Weglänge S lässt sich durch

$$S = \int \mathrm{d}s$$

bestimmen. Auf einem vorgegebenen Weg sind die Parameter x_1 und x_2 Funktionen des Parameters λ, weshalb

$$S = \int\limits_{\lambda_A}^{\lambda_B} \mathrm{d}\lambda\, \frac{\mathrm{d}s}{\mathrm{d}\lambda}$$

gilt. Darin beschreiben λ_A und λ_B mit $\lambda_B > \lambda_A$ die Werte des Parameters am Start- und Zielpunkt und werden im Folgenden nicht mehr explizit aufgeführt.
Für die Ableitung $\frac{\mathrm{d}s}{\mathrm{d}\lambda}$ kann

$$\left(\frac{\mathrm{d}s}{\mathrm{d}\lambda}\right)^2 = \frac{(\mathrm{d}s)^2}{(\mathrm{d}\lambda)^2} = g_{ij}\frac{\mathrm{d}x_i}{\mathrm{d}\lambda}\frac{\mathrm{d}x_j}{\mathrm{d}\lambda}$$

und somit

$$\frac{\mathrm{d}s}{\mathrm{d}\lambda} = \sqrt{g_{ij}\frac{\mathrm{d}x_i}{\mathrm{d}\lambda}\frac{\mathrm{d}x_j}{\mathrm{d}\lambda}}$$

betrachtet werden. Somit ist das Funktional der Weglänge durch

$$S[x_i(\lambda)] = \int \mathrm{d}\lambda\sqrt{g_{ij}\frac{\mathrm{d}x_i}{\mathrm{d}\lambda}\frac{\mathrm{d}x_j}{\mathrm{d}\lambda}}$$

gegeben und die dazugehörende Lagrange-Funktion kann durch

$$L(x_i, x_i', \lambda) = \frac{\mathrm{d}s}{\mathrm{d}\lambda} = \sqrt{g_{ij}\frac{\mathrm{d}x_i}{\mathrm{d}\lambda}\frac{\mathrm{d}x_j}{\mathrm{d}\lambda}} = \sqrt{g_{ij}x_i'x_j'}$$

bestimmt werden. Dabei wurde die abkürzende Schreibweise

$$x_i' = \frac{\mathrm{d}x_i}{\mathrm{d}\lambda}$$

verwendet. Es ist zu beachten, dass g_{ij} selbst abhängig von den Parametern x_k ist.

(c) **(7 Punkte)** Zeigen Sie, dass die Euler-Lagrange-Gleichung des so gefundenen Funktionals die Geodäten-Gleichung

$$\frac{\mathrm{d}^2 x_l}{\mathrm{d}s^2} + \Gamma^l_{ij}\frac{\mathrm{d}x_i}{\mathrm{d}s}\frac{\mathrm{d}x_j}{\mathrm{d}s} = 0$$

mit den in i und j symmetrischen Christoffel-Symbolen

$$\Gamma^l_{ij} = \frac{(g^{-1})_{lk}}{2}\left(\frac{\partial g_{kj}}{\partial x_i} + \frac{\partial g_{ik}}{\partial x_j} - \frac{\partial g_{ij}}{\partial x_k}\right)$$

ergibt. Warum beschreibt diese Gleichung extremale Wege?

Lösungsvorschlag:

In diesem System übernimmt λ die Rolle der Zeit und x_i' die Rolle der Geschwindig-keiten, so dass die Euler-Lagrange-Gleichung

$$\frac{\mathrm{d}}{\mathrm{d}\lambda}\frac{\partial L}{\partial x_k'} = \frac{\partial L}{\partial x_k}$$

lautet. Zunächst soll die rechte Seite betrachtet werden, die sich als

$$\frac{\partial L}{\partial x_k} = \frac{\partial L}{\partial g_{ij}}\frac{\partial g_{ij}}{\partial x_k} = \frac{x_i' x_j'}{2L}\frac{\partial g_{ij}}{\partial x_k}$$

bestimmen lässt. Da die zu findende Gleichung Ableitungen nach s statt nach λ ent-hält, ist es von Vorteil mit dem Zusammenhang

$$\frac{\mathrm{d}s}{\mathrm{d}\lambda} = L \quad \Rightarrow \quad \frac{\mathrm{d}}{\mathrm{d}\lambda} = L\frac{\mathrm{d}}{\mathrm{d}s}$$

die Ersetzung

$$x_i' = L\frac{\mathrm{d}x_i}{\mathrm{d}s} = L\dot{x}_i$$

vorzunehmen. Dabei wurde die abkürzende Schreibweise

$$\dot{x}_i = \frac{\mathrm{d}x_i}{\mathrm{d}s}$$

eingeführt.

$$\frac{\partial L}{\partial x_k} = \frac{L}{2}\frac{\partial g_{ij}}{\partial x_k}\dot{x}_i\dot{x}_j$$

umzuformen.

Für die linke Seite der Euler-Lagrange-Gleichung wird zunächst

$$\frac{\partial L}{\partial x_k'} = \frac{g_{ij}}{2L}\frac{\partial}{\partial x_k'}(x_i' x_j') = \frac{g_{ij}}{2L}(\delta_{ik}x_j' + x_i'\delta_{jk}) = \frac{1}{2L}(g_{kj}x_j' + x_i'g_{ik})$$

ermittelt. Erneut lässt sich dies mit Hilfe von $x_i' = L\dot{x}_i$ durch

$$\frac{\partial L}{\partial x_k'} = \frac{1}{2}(g_{kj}\dot{x}_j + \dot{x}_ig_{ik})$$

ausdrücken.

Werden beide Terme in die Euler-Lagrange-Gleichung eingesetzt, kann

$$\frac{\mathrm{d}}{\mathrm{d}\lambda}\left(\frac{1}{2}(g_{kj}\dot{x}_j + \dot{x}_ig_{ik})\right) = \frac{L}{2}\frac{\partial g_{ij}}{\partial x_k}\dot{x}_i\dot{x}_j$$

$$\Rightarrow \quad \frac{1}{L}\frac{\mathrm{d}}{\mathrm{d}\lambda}(g_{kj}\dot{x}_j + \dot{x}_ig_{ik}) = \frac{\partial g_{ij}}{\partial x_k}\dot{x}_i\dot{x}_j$$

gefunden werden. Die linke Seite kann wiederum mittels $\frac{1}{L}\frac{d}{d\lambda} = \frac{d}{ds}$ auf

$$\frac{1}{L}\frac{d}{d\lambda}\left(g_{kj}\dot{x}_j + \dot{x}_i g_{ik}\right) = \frac{d}{ds}\left(g_{kj}\dot{x}_j + \dot{x}_i g_{ik}\right)$$

$$= \frac{\partial g_{kj}}{\partial x_i}\dot{x}_i\dot{x}_j + \frac{\partial g_{ik}}{\partial x_j}\dot{x}_i\dot{x}_j + g_{kj}\ddot{x}_j + \ddot{x}_i g_{ik}$$

umgeformt werden. Da die Matrix symmetrisch ist und nur der Index k festgelegt ist und alle anderen Summationsindizes frei sind, können die letzten beiden Terme zu $2g_{kn}\ddot{x}_n$ zusammengefasst werden. Damit lässt sich die Euler-Lagrange-Gleichung auch durch

$$2g_{kn}\ddot{x}_n + \frac{\partial g_{kj}}{\partial x_i}\dot{x}_i\dot{x}_j + \frac{\partial g_{ik}}{\partial x_j}\dot{x}_i\dot{x}_j - \frac{\partial g_{ij}}{\partial x_k}\dot{x}_i\dot{x}_j = 0$$

$$\Rightarrow \quad g_{kn}\ddot{x}_n + \frac{1}{2}\left(\frac{\partial g_{kj}}{\partial x_i} + \frac{\partial g_{ik}}{\partial x_j} - \frac{\partial g_{ij}}{\partial x_k}\right)\dot{x}_i\dot{x}_j = 0$$

darstellen. Wird nun mit der Inversen von g mittels $(g^{-1})_{lk}$ multipliziert kann schlussendlich

$$\delta_{ln}\ddot{x}_n + \frac{(g^{-1})_{lk}}{2}\left(\frac{\partial g_{kj}}{\partial x_i} + \frac{\partial g_{ik}}{\partial x_j} - \frac{\partial g_{ij}}{\partial x_k}\right)\dot{x}_i\dot{x}_j = 0$$

$$\Rightarrow \quad \ddot{x}_l + \frac{(g^{-1})_{lk}}{2}\left(\frac{\partial g_{kj}}{\partial x_i} + \frac{\partial g_{ik}}{\partial x_j} - \frac{\partial g_{ij}}{\partial x_k}\right)\dot{x}_i\dot{x}_j = 0$$

gefunden werden, was sich durch das einführen der Christoffel-Symbole

$$\Gamma^l_{ij} = \Gamma^l_{ji} = \frac{(g^{-1})_{lk}}{2}\left(\frac{\partial g_{kj}}{\partial x_i} + \frac{\partial g_{ik}}{\partial x_j} - \frac{\partial g_{ij}}{\partial x_k}\right)$$

und das Ausschreiben $\dot{x}_i = \frac{dx_i}{ds}$ und $\ddot{x}_i = \frac{d^2 x_i}{ds^2}$ auf

$$\frac{d^2 x_i}{ds^2} + \Gamma^l_{ij}\frac{dx_i}{ds}\frac{dx_j}{ds} = 0$$

reduzieren lässt.
Die Euler-Lagrange-Gleichung ergibt sich aus der Forderung, dass die Variation des Funktionals verschwinden muss, dass also $\delta S = 0$ gilt. Das bedeutet, dass alle Lösungen der Euler-Lagrange-Gleichungen den Wert von S auf einen lokalen, extremen Wert bringen. Daher beschreiben die Lösungen der Geodäten-Gleichung die extremalen Wege.

(d) **(12 Punkte)** Finden Sie nun g_{ij}, Γ^l_{ij} und jede Komponente der Geodäten-Gleichung für

   (i) Einen Zylinder mit Radius S, $x_1 = \phi$ und $x_2 = z$

   (ii) Eine Kugel mit Radius R und $x_1 = \theta$ und $x_2 = \phi$

und beschreiben Sie die sich so ergebenden extremalen Wege qualitativ.

Lösungsvorschlag:

(i) Der Ortsvektor auf der Mantelfläche eines Zylinders lässt sich durch

$$\boldsymbol{r} = S\hat{\boldsymbol{e}}_s + z\hat{\boldsymbol{e}}_z$$

beschreiben, weshalb die Ableitungen

$$\frac{\partial \boldsymbol{r}}{\partial \phi} = S\hat{\boldsymbol{e}}_\phi \qquad \frac{\partial \boldsymbol{r}}{\partial z} = 0$$

ermittelt werden können. Um die betrachteten Komponenten Übersichtlicher zu gestalten, wird statt der Indices 1 und 2 die Parameter ϕ und z verwendet. Damit zeigt sich, dass die einzige nicht verschwindende Komponente von g durch

$$g_{\phi\phi} = S^2$$

gegeben ist. Es handelt sich hierbei um eine konstante Größe. Da die Christoffel-Symbole Ableitungen von g beinhalten, werden sie alle Null sein $\Gamma^l_{ij} = 0$. Damit ist die Geodätengleichung durch

$$\frac{\mathrm{d}^2 x_i}{\mathrm{d}s^2} = 0$$

gegeben. Die Lösungen sind linear Funktionen für ϕ und z, die mit den Anfangs-bedingungen $\phi(0) = \phi_0$, $\dot{\phi}(0) = \dot{\phi}_0$ und $z(0) = z_0$, $\dot{z}(0) = \dot{z}_0$ durch

$$\phi(s) = \phi_0 + \dot{\phi}_0 s \qquad z(s) = z_0 + \dot{z}_0 s$$

ausgedrückt werden können. Diese können ineinander eingesetzt werden, um bspw.

$$z(\phi) = z_0 + \frac{\dot{z}_0}{\dot{\phi}_0}(\phi - \phi_0)$$

zu erhalten. Es handelt sich also um gerade Linien in der ϕ, z-Ebene. Anders ausgedrückt, lässt sich die Manteloberfläche eines Zylinders auf eine zweidi-mensionale Ebene mit Euklid'scher Geometrie abbilden. Dies kann anschaulich durch das Abrollen der Zylinderoberfläche verstanden werden.

(ii) Der Ortsvektor einer Kugeloberfläche ist durch

$$\boldsymbol{r} = R\hat{\boldsymbol{e}}_r$$

gegeben. Seine Ableitungen lassen sich daher zu

$$\frac{\partial \boldsymbol{r}}{\partial \theta} = R\hat{\boldsymbol{e}}_\theta \qquad \frac{\partial \boldsymbol{r}}{\partial \phi} = R\sin(\theta)\,\hat{\boldsymbol{e}}_\phi$$

bestimmen. Da die Einheitsvektoren der Kugelkoordinaten orthogonal sind, können nur die Diagonalterme von g nicht verschwindend sein. Es lässt sich so

$$g_{\theta\theta} = R^2 \qquad g_{\phi\phi} = R^2 \sin^2(\theta)$$

bestimmen. Da die Matrix eine diagonale Gestalt hat, lässt sich auch einfach einsehen, dass die Komponenten der Inversen durch

$$(g^{-1})_{\theta\theta} = \frac{1}{R^2} \qquad (g^{-1})_{\phi\phi} = \frac{1}{R^2 \sin^2(\theta)}$$

gegeben sein müssen. Da nur $g_{\phi\phi}$ keine Konstante ist, kann die einzige nicht verschwindende Ableitung von g zu

$$\frac{\partial g_{\phi\phi}}{\partial \theta} = 2R^2 \sin(\theta) \cos(\theta)$$

ermittelt werden. Die Definition der Christoffel-Symbole ausgewertet für $l = \theta$

$$\Gamma^\theta_{ij} = \frac{(g^{-1})_{\theta\theta}}{2} \left(\frac{\partial g_{\theta j}}{\partial x_i} + \frac{\partial g_{i\theta}}{\partial x_j} - \frac{\partial g_{ij}}{\partial \theta} \right)$$

zeigt wegen der bereits verwendeten diagonalen Gestalt von g^{-1}, dass der einzige Beitrag für $i = j = \phi$ auftreten kann. In diesem Fall lässt sich

$$\Gamma^\theta_{\phi\phi} = -\frac{(g^{-1})_{\theta\theta}}{2} \frac{\partial g_{\phi\phi}}{\partial x_\theta} = -\sin(\theta) \cos(\theta)$$

finden. Werden die Christoffel-Symbole für $l = \phi$ mit

$$\Gamma^\phi_{ij} = \frac{(g^{-1})_{\phi\phi}}{2} \left(\frac{\partial g_{\phi j}}{\partial x_i} + \frac{\partial g_{i\phi}}{\partial x_j} - \frac{\partial g_{ij}}{\partial \phi} \right)$$

ausgewertet, zeigt sich, dass die einzigen ein nicht verschwindenden Beiträge für $i = \phi$ und $j = \theta$ auftreten. Aufgrund der Symmetrie bzgl. i und j ist auch der Beitrag von $i = \theta$ und $j = \phi$ nicht verschwindende. Dies sind die einzigen nicht verschwindenden Beiträge, die sich zu

$$\Gamma^\phi_{\theta\phi} = \Gamma^\phi_{\phi\theta} = \frac{(g^{-1})_{\phi\phi}}{2} \frac{\partial g_{\phi\phi}}{\partial \theta} = \frac{1}{2R^2 \sin^2(\theta)} 2R^2 \sin(\theta) \cos(\theta)$$

$$= \frac{\cos(\theta)}{\sin(\theta)} = \cot(\theta)$$

ermitteln lassen.
Die Geodäten-Gleichung für θ ist demnach durch

$$\frac{\mathrm{d}^2\theta}{\mathrm{d}s^2} + \Gamma^\theta_{ij} \frac{\mathrm{d}x_i}{\mathrm{d}s} \frac{\mathrm{d}x_j}{\mathrm{d}s} = \ddot{\theta} + \Gamma^\theta_{\phi\phi} \dot{\phi}\dot{\phi} = \ddot{\theta} - \sin(\theta) \cos(\theta) \dot{\phi}^2 = 0$$

gegeben, während die Geodäten-Gleichung für ϕ zu

$$\frac{d^2\phi}{ds^2} + \Gamma^\phi_{ij}\frac{dx_i}{ds}\frac{dx_j}{ds} = \ddot{\phi} + \Gamma^\phi_{\theta\phi}\dot{\theta}\dot{\phi} + \Gamma^\phi_{\phi\theta}\dot{\phi}\dot{\theta} = \ddot{\phi} + 2\cot(\theta)\,\dot{\theta}\dot{\phi} = 0$$

bestimmt werden kann. Da das Problem rotationssymmetrisch ist, genügt es eine Lösung zu finden und damit Rückschlüsse auf das gesamte Problem zu ziehen. Eine mögliche Lösung ergibt sich, wenn $\theta = \pi/2$ gesetzt wird. In diesem Fall ist $\cos(\theta) = \cot(\theta) = 0$. Ersteres sorgt dafür, dass die Gleichung für θ automatisch erfüllt ist. Aus zweiterem kann so

$$\ddot{\phi} = 0$$

gefunden werden. ϕ nimmt also linear mit s zu. Der so beschriebene Weg entspricht dem Äquator einer Kugel. Bei diesem handelt es sich um einen Kreis, welcher den maximalen Umfang besitzt, weshalb er auch als Großkreis bezeichnet wird. Auf ähnliche Weise könnte stattdessen auch $\phi = \phi_0 = $ konst. betrachtet werden. In diesem Fall ist die Gleichung für ϕ automatisch erfüllt und für θ würde sich

$$\ddot{\theta} = 0$$

ergeben, weshalb θ linear mit s wachsen würde. Ein solcher Weg beschreibt Längengrade auf einer Kugel. Bei diesen handelt es sich ebenfalls um Großkreise. Insgesamt zeigt sich daher, dass die extremalen Wege auf einer Kugeloberfläche durch Großkreise gegebene sind. [1]

Nicht gefragt:

Die hier betrachten Größen spielen eine essentielle Rolle in der mathematischen Formulierung der allgemeinen Relativitätstheorie.

In der Newton'schen Mechanik bewegen sich Körper, auf die keine Kräfte einwirken, auf einer geradlinig, gleichförmigen Bahn. Solche geraden Linien stellen die extremalen Wege in einem nicht gekrümmten Raum dar.

Im Rahmen der speziellen Relativitätstheorie zeigt sich, dass Raum und Zeit nicht getrennt voneinander betrachtet werden können, sondern als eine gemeinsame Raumzeit aufgefasst werden müssen. In ihr bewegen sich Körper, auf die keine Kräfte einwirken, nach wie vor auf den extremalen Wegen.

In der allgemeinen Relativitätstheorie wird hingegen eine gekrümmte Raumzeit betrachtet. Diese wird durch den metrischen Tensor g beschrieben. Genau wie in der Newton'schen Mechanik, bzw. der speziellen Relativitätstheorie bewegen sich Körper weiterhin auf den extremalen Wegen, die sich nun durch die Geodäten-Gleichung beschreiben lassen. Die Geodäten-Gleichung

$$\frac{d^2x_l}{ds^2} + \Gamma^l_{ij}\dot{x}_i\dot{x}_j = 0$$

---

[1] Wichtig ist auch zu beachten, dass Breitengrade *keine* Großkreise darstellen. Dies äußert sich dadurch, dass $\theta = $ konst. nur dann eine Lösung der Geodäten-Gleichung darstellen kann, wenn $\theta = \pi/2$ gilt. In allen anderen Fällen ist die Gleichung für θ nicht erfüllt. Ausgenommen hiervon sind die Pole, die aber nur einzelne Punkte und daher keine Wege beschreiben.

lässt eine Ähnlichkeit zum zweiten Newton'schen Gesetz in nicht inertialen Systemen

$$m\frac{\mathrm{d}^2 r_i}{\mathrm{d}t^2} + F_i^{(S)} = 0$$

erkennen. Demnach beschreiben die Christoffel-Symbole eine Art Schein- bzw. Trägheits-
kraft. Im nicht relativistischen Grenzfall handelt es sich bei den Christoffel-Symbolen um
die Komponenten der Gravitationskraft. Da sie die Ableitungen des metrischen Tensors
g beinhalten, muss g mit den Gravitationspotentialen ϕ zusammenhängen. Da die Quelle
von Gravitationsfeldern Massen sind, bedeutet dies, dass Massen die Raumzeit krümmen.
Dieser Zusammenhang wird durch die Einstein'schen Feldgleichungen beschrieben. [2]

---

[2]Es lässt sich eine Analogie zwischen Relativitätstheorie und der Elektrodynamik herstellen. Die Einstein'schen Feldgleichungen sind dabei analog zu den Maxwell'schen Feldgleichungen. Sie beschreiben, wie
die betrachteten Felder durch ihre jeweiligen Quellen erzeugt werden. Die Geodäten-Gleichung steht in Analogie zur Lorentz-Kraft (genauer gesagt zum zweiten Newton'schen Axiom mit Lorentz-Kraft). Sie beschreiben,
wie die Anwesenheit der Felder die Bewegung von Körpern beeinflusst.

Aufgabe 4   **25 Punkte**

Die isochrone Kurve

In dieser Aufgabe soll eine weitere bemerkenswerte Eigenschaft der Zykloide, welche die Lösung zum Brachistochronenproblem darstellt, untersucht werden. Gehen Sie davon von einer Zykloide aus, die sich durch die Parametergleichung

$$x = R(\phi - \sin(\phi)) \qquad y = R(1 + \cos(\phi)) \qquad \phi \in [0, \pi] \tag{3.10.1}$$

beschreiben lässt. Dabei ist R ein positiver Parameter der Dimension Länge.

(a) **(5 Punkte)** Nehmen Sie an, ein Massenpunkt der Masse m bewege sich im Schwerefeld der Erde fest auf der durch Gl. (3.10.1) definierten Kurve. Er soll dabei auf der Höhe y_0 mit Geschwindigkeit $v = 0$ starten. Zeigen Sie, dass die Zeit T, welcher Massenpunkt benötigt, um $y = 0$ zu erreichen, durch

$$T(y_0) = \int\limits_0^{y_0} \mathrm{d}y \, \frac{\sqrt{1 + \left(\frac{\mathrm{d}x}{\mathrm{d}y}\right)^2}}{\sqrt{2g(y_0 - y)}}$$

ausgedrückt werden kann.

Lösungsvorschlag:
Der Zusammenhang zwischen der Geschwindigkeit und dem zurückgelegten Weg ist durch $\mathrm{d}s = v \, \mathrm{d}t$ gegeben, womit sich bereits

$$T = \int\limits_0^T \mathrm{d}t = \int\limits_0^L \frac{\mathrm{d}s}{v}$$

aufstellen lässt. Das Wegelement $\mathrm{d}s$ lässt sich nach dem Satz des Pythagoras durch

$$(\mathrm{d}s)^2 = (\mathrm{d}x)^2 + (\mathrm{d}y)^2 \quad \Rightarrow \quad \mathrm{d}s = -\mathrm{d}y\sqrt{1 + \left(\frac{\mathrm{d}x}{\mathrm{d}y}\right)^2}$$

ausdrücken. Das Minuszeichen kommt daher, dass bei einer Bewegung nach unten mit abnehmendem y die Wegstrecke s zunimmt. Ist die Wegstrecke Null, so befindet sich der Massenpunkt auf Höhe y_0. Ist der Massenpunkt am Ende seiner Bahn angelangt, hat er die Wegstrecke L zurückgelegt und die Höhe $y = 0$ erreicht. Somit kann

$$T = -\int\limits_{y_0}^0 \frac{\mathrm{d}y}{v} \sqrt{1 + \left(\frac{\mathrm{d}x}{\mathrm{d}y}\right)^2} = \int\limits_0^{y_0} \frac{\mathrm{d}y}{v} \sqrt{1 + \left(\frac{\mathrm{d}x}{\mathrm{d}y}\right)^2}$$

für die entsprechende Zeitspanne gefunden werden.
Zusätzlich lässt sich die Energieerhaltung betrachten. Auf der Höhe y_0 hat der Massenpunkt ausschließlich die potentielle Energie $E = mgy_0$. Auf einer beliebigen Höhe

y, setzt sich die Energie des Massenpunktes aus der potentiellen Energie mgy und der kinetischen Energie $\frac{1}{2}mv^2$ zusammen. Somit lässt sich auch

$$E = \frac{1}{2}mv^2 + mgy = mgy_0 \quad \Rightarrow \quad v^2 = 2g(y_0 - y)$$

und damit schlussendlich

$$T(y_0) = \int\limits_0^{y_0} dy\; \frac{\sqrt{1 + \left(\frac{dx}{dy}\right)^2}}{\sqrt{2g(y_0 - y)}}$$

finden.

(b) **(5 Punkte)** Drücken Sie das Ergebnis aus Teilaufgabe (a) nun durch ϕ aus und zeigen Sie so, dass der Zusammenhang

$$T(\phi_0) = \sqrt{\frac{R}{g}} \int\limits_{\phi_0}^{\pi} d\phi\; \sqrt{\frac{1 - \cos(\phi)}{\cos(\phi_0) - \cos(\phi)}} \equiv \sqrt{\frac{R}{g}} \int\limits_{\phi_0}^{\pi} d\phi\; f(\phi, \phi_0)$$

gültig ist. Hierin ist ϕ_0 das zu y_0 gehörende ϕ.

Lösungsvorschlag:
Aus der gegebenen Parameterform der Bahn aus Gl. (3.10.1)

$$x = R(\phi - \sin(\phi)) \qquad y = R(1 + \cos(\phi))$$

lässt sich das Integral als ein Integral über ϕ statt über y ausdrücken. Dazu bietet es sich an, die Differentiale dx und dy mit

$$dx = \frac{dx}{d\phi}\, d\phi = R(1 - \cos(\phi))\, d\phi$$

$$dy = \frac{dy}{d\phi}\, d\phi = -R\sin(\phi)\, d\phi$$

zu ermitteln. Damit kann der Ausdruck

$$\frac{dx}{dy} = \frac{R(1 - \cos(\phi))\, d\phi}{-R\sin(\phi)\, d\phi}\frac{d\phi}{d\phi} = \frac{\cos(\phi) - 1}{\sin(\phi)}$$

bestimmt werden. Da auch $y_0 = R(1 + \cos(\phi_0))$ gilt, kann auch

$$y_0 - y = R(1 + \cos(\phi_0)) - R(1 + \cos(\phi)) = R(\cos(\phi_0) - \cos(\phi))$$

gefunden werden. Schlussendlich ist zur berücksichtigen, das die Grenzen des Integrals für $y = 0$ auf $\phi = \pi$ und für $y = y_0$ auf $\phi = 0$ geändert werden müssen, um so zunächst den Ausdruck

$$T(\phi_0) = -R \int\limits_{\pi}^{\phi_0} d\phi\; \sin(\phi)\, \frac{\sqrt{1 + \frac{(\cos(\phi) - 1)^2}{\sin^2(\phi)}}}{\sqrt{2gR(\cos(\phi_0) - \cos(\phi))}}$$

zu erhalten. Nun ist $\phi_0 \in [0, \pi]$ wodurch der Sinus auf dem gesamten Intervall der Integration positiv ist und daher ohne Berücksichtigung des Betrags aus der Wurzel gezogen und verrechnet werden kann. Damit kann dann

$$T(\phi_0) = -R \int\limits_{\pi}^{\phi_0} \mathrm{d}\phi \; \frac{\sqrt{\sin^2(\phi) + (\cos(\phi) - 1)^2}}{\sqrt{2gR(\cos(\phi_0) - \cos(\phi))}}$$

$$= \sqrt{\frac{R}{g}} \int\limits_{\phi_0}^{\pi} \mathrm{d}\phi \; \frac{\sqrt{\sin^2(\phi) + \cos^2(\phi) - 2\cos(\phi) + 1}}{\sqrt{2(\cos(\phi_0) - \cos(\phi))}}$$

$$= \sqrt{\frac{R}{g}} \int\limits_{\phi_0}^{\pi} \mathrm{d}\phi \; \frac{\sqrt{2 - 2\cos(\phi)}}{\sqrt{2(\cos(\phi_0) - \cos(\phi))}} = \sqrt{\frac{R}{g}} \int\limits_{\phi_0}^{\pi} \mathrm{d}\phi \; \sqrt{\frac{1 - \cos(\phi)}{\cos(\phi_0) - \cos(\phi)}}$$

gefunden werden.

(c) **(6 Punkte)** Zeigen Sie, dass die Stammfunktion von $f(\phi, \phi_0)$ bezüglich ϕ auf dem betrachtetem Intervall durch

$$F(\phi, \phi_0) = 2\,\mathrm{Arctan}\left(\frac{\sqrt{\cos(\phi_0) - \cos(\phi)}}{\sqrt{2}\cos(\phi/2)} \right)$$

gegeben ist.

Lösungsvorschlag:
Für eine Funktion $f(x)$ und ihre Stammfunktion $F(x)$ gilt nach dem Hauptsatz der Differential und Integralrechnung $F'(x) = f(x)$. Daher genügt es zu zeigen, dass

$$\frac{\partial}{\partial \phi} F(\phi, \phi_0) = f(\phi, \phi_0)$$

gilt. Vorweg ist es sinnvoll zu bemerken, dass

$$(\mathrm{Arctan}(x))' = \frac{1}{1 + x^2}$$

gilt. Damit kann zunächst

$$\frac{\partial}{\partial \phi} F(\phi, \phi_0) = \frac{\frac{\sin(\phi)}{2\sqrt{\cos(\phi_0) - \cos(\phi)}} \sqrt{2}\cos(\phi/2) + \frac{1}{2}\sqrt{2}\sin(\phi/2)\sqrt{\cos(\phi_0) - \cos(\phi)}}{2\cos^2(\phi/2)}$$

$$\times \frac{2}{1 + \frac{\cos(\phi_0) - \cos(\phi)}{2\cos^2(\phi/2)}}$$

$$= \frac{\sqrt{2}(\sin(\phi)\cos(\phi/2) + \sin(\phi/2)(\cos(\phi_0) - \cos(\phi)))}{\sqrt{\cos(\phi_0) - \cos(\phi)}}$$

$$\times \frac{1}{2\cos^2(\phi/2) + \cos(\phi_0) - \cos(\phi)}$$

gefunden werden. Es lässt sich nun die trigonometrische Identität für doppelte Winkel $\sin(\phi) = 2\sin(\phi/2)\cos(\phi/2)$ verwenden, um dies weiter auf

$$\frac{\partial}{\partial\phi}F(\phi,\phi_0) = \frac{\sqrt{2}\sin(\phi/2)}{\sqrt{\cos(\phi_0)-\cos(\phi)}} \frac{2\cos^2(\phi/2)+\cos(\phi_0)-\cos(\phi)}{2\cos^2(\phi/2)+\cos(\phi_0)-\cos(\phi)}$$

$$= \frac{\sqrt{2}\sin(\phi/2)}{\sqrt{\cos(\phi_0)-\cos(\phi)}}$$

umzuformen. Nun lässt sich

$$1-\cos(\phi) = 1-\cos^2(\phi/2)+\sin^2(\phi/2) = 2\sin^2(\phi/2)$$

$$\Rightarrow \quad \sqrt{2}\sin(\phi/2) = \sqrt{1-\cos(\phi)} \qquad \phi \in [0,2\pi]$$

verwenden, um so schlussendlich

$$\frac{\partial}{\partial\phi}F(\phi,\phi_0) = \frac{\sqrt{2}\sin(\phi/2)}{\sqrt{\cos(\phi_0)-\cos(\phi)}} = \frac{\sqrt{1-\cos(\phi)}}{\sqrt{\cos(\phi_0)-\cos(\phi)}} = f(\phi,\phi_0)$$

zu finden, womit sich zeigt, dass es sich bei $F(\phi,\phi_0)$ tatsächlich um die Stammfunktion von $f(\phi,\phi_0)$ handelt.

(d) **(3 Punkte)** Finden Sie nun $T(\phi_0)$ und zeigen Sie, dass dieses tatsächlich unabhängig von ϕ_0 ist. Welche besondere physikalische Eigenschaft hat die Zykloide daher?

Lösungsvorschlag:
Die Stammfunktion lässt sich an den beiden Grenzen zu

$$F(\pi-\epsilon,\phi_0) = 2\operatorname{Arctan}\left(\frac{\sqrt{\cos(\phi_0)-\cos(\pi-\epsilon)}}{\sqrt{2}\cos((\pi-\epsilon)/2)}\right)$$

$$= 2\operatorname{Arctan}\left(\frac{\sqrt{\cos(\phi_0)+1}}{\sqrt{2}\cdot(0+\epsilon/2)}\right) \overset{\epsilon\to 0}{\to} 2\operatorname{Arctan}(\infty) = \pi$$

und

$$F(\phi_0+\epsilon,\phi_0) = 2\operatorname{Arctan}\left(\frac{\sqrt{\cos(\phi_0)-\cos(\phi_0+\epsilon)}}{\sqrt{2}\cos((\phi_0+\epsilon)/2)}\right)$$

$$= 2\operatorname{Arctan}\left(\frac{0-\epsilon\sin(\phi_0)}{\sqrt{2}\cdot\cos((\phi_0+\epsilon)/2)}\right) \overset{\epsilon\to 0}{\to} 2\operatorname{Arctan}(0) = 0$$

auswerten. Und daher ist das Integral durch

$$T(\phi_0) = \sqrt{\frac{R}{g}}\int_{\phi_0}^{\pi} d\phi\, f(\phi,\phi_0) = \sqrt{\frac{R}{g}}(F(\pi,\phi_0)-F(\phi_0,\phi_0)) = \pi\sqrt{\frac{R}{g}}$$

zu bestimmen. Tatsächlich taucht ϕ_0 in diesem Ausdruck nicht mehr auf und die Zeit, die der Massenpunkt benötigt um den tiefsten Punkt zu erreichen ist unabhängig von ϕ_0. Da ϕ_0 aber direkt mit der Starthöhe zusammenhängt, zeigt sich allgemeiner, dass der Massenpunkt auf der betrachteten Kurve von jeder Starthöhe und somit von jedem Startpunkt aus, die selbe Zeit benötigt, um den tiefsten Punkt zu erreichen. Diese Eigenschaft, stets die gleiche Zeitspanne zu benötigen wird als *isochron* bezeichnet. [3]

Betrachten Sie ab nun ein Pendel der Masse m, dass wie in Abb. 3.10.1 zwischen zwei spiegelsymmetrischen Zykloiden, die durch Gl. (3.10.1) mit $\phi \in [-\pi, \pi]$ definiert sind, aufgehängt ist. Beim Pendeln soll der Faden sich immer perfekt auf den Zykloiden abrollen und am letzten Kontaktpunkt die Tangente zur Zykloide bilden. Die Länge l des Pendels ist dabei so gewählt, dass bei einem vollen Abrollen des Fadens die Pendelmasse auf den jeweils tiefsten Punkten der Zykloiden ankommt.

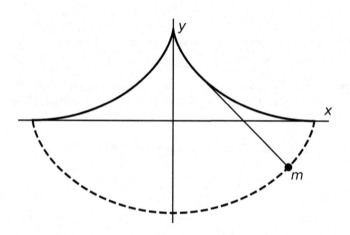

Abb. 3.10.1 Schematischer Aufbau des Pendels. Die gestrichelte Linie stellt die Trajektorie der Pendelmasse dar.

(e) **(3 Punkte)** Bestimmen Sie die Bogenlänge $L(\phi)$ der Zykloide, die durch Gl. (3.10.1) beschrieben wird und zeigen Sie, dass die Pendellänge gerade $l = 4R$ betragen muss.

Lösungsvorschlag:

---

[3] „Isos" bedeutet gleich und „Chronos" bedeutet Zeit auf griechisch.

Die Bogenlänge einer Kurve lässt sich mittels

$$L = \int_0^L \mathrm{d}s = -\int_{y_{max}}^y \mathrm{d}\tilde{y}\,\sqrt{1 + \left(\frac{\mathrm{d}x}{\mathrm{d}\tilde{y}}\right)^2}$$

$$\Rightarrow\quad L(\phi) = R\int_{\phi_{max}}^\phi \mathrm{d}\psi\,\sin(\psi)\,\sqrt{1 + \frac{(1 - \cos(\psi))^2}{\sin^2(\psi)}}$$

$$= 2R\int_0^\phi \mathrm{d}\psi\,\sin(\psi/2) = 4R(1 - \cos(\phi/2))$$

bestimmen, wobei die gleichen Ersetzungen wie in Teilaufgabe (a) und (b) vorgenommen und $\phi_{max} = 0$ sowie $2\sin^2(\psi/2) = 1 - \cos(\psi)$ ausgenutzt wurden. Nun kann die Bogenlänge für $\phi = \pi$ ausgewertet werden, um die Pendellänge

$$l = L(\pi) = 4R(1 - \cos(\pi/2)) = 4R$$

zu erhalten.

(f) **(3 Punkte)** Zeigen Sie nun, dass sich die Pendelmasse auf der Zykloide

$$x = R(\phi + \sin(\phi))\qquad y = -R(1 + \cos(\phi))\qquad \phi \in [-\pi, \pi]$$

bewegt. Welche Periodendauer hat das Pendel demnach? Was ist der wichtigste Unterschied zu einem üblichen mathematischen Pendel?

Lösungsvorschlag:
Da bekannt ist, dass der Pendelfaden einen Kontaktpunkt mit der Zykloide aus Gl. (3.10.1) hat, bietet es sich an, den Ortsvektor der Pendelmasse in Abhängigkeit dieses Kontaktpunktes bzw. dessen Parameter ϕ auszudrücken. Damit lässt sich der Ortsvektor $\boldsymbol{r}$ durch

$$\boldsymbol{r}(\phi) = \boldsymbol{r}_Z(\phi) + (l - L(\phi))\hat{\boldsymbol{e}}_t$$

beschreiben. Wobei

$$\boldsymbol{r}_Z(\phi) = R\begin{pmatrix} \phi - \sin(\phi) \\ 1 + \cos(\phi) \end{pmatrix}$$

der Kontaktpunkt zwischen der Zykloide und dem Pendel und

$$\hat{\boldsymbol{e}}_t(\phi) = \begin{pmatrix} \sin(\phi/2) \\ -\cos(\phi/2) \end{pmatrix}$$

der Tangentenvektor am entsprechenden Kontaktpunkt ist. [4] $L(\phi)$ ist die in Teilaufgabe (e) bestimmte Bogenlänge. Daher lässt sich der Ortsvektor der Pendelmasse zu

$$
\begin{aligned}
\boldsymbol{r}(\phi) &= R\begin{pmatrix} \phi - \sin(\phi) \\ 1 + \cos(\phi) \end{pmatrix} + (4R - 4R + 4R\cos(\phi/2))\begin{pmatrix} \sin(\phi/2) \\ -\cos(\phi/2) \end{pmatrix} \\
&= R\begin{pmatrix} \phi - \sin(\phi) \\ 1 + \cos(\phi) \end{pmatrix} + \begin{pmatrix} 2R\sin(\phi) \\ -4R\cos^2(\phi/2) \end{pmatrix} \\
&= R\begin{pmatrix} \phi - \sin(\phi) \\ 1 + \cos(\phi) \end{pmatrix} + \begin{pmatrix} 2R\sin(\phi) \\ -2R(1 + \cos(\phi)) \end{pmatrix} = R\begin{pmatrix} \phi + \sin(\phi) \\ -(1 + \cos(\phi)) \end{pmatrix}
\end{aligned}
$$

bestimmen. Das entspricht der angegebenen Bahnkurve. Da diese auch den Zusammenhang

$$
(x(\phi) - R\phi)^2 + (y(\phi) + R)^2 = R^2
$$

erfüllt, liegen alle Punkte auf einem Kreis mit Radius R, dessen Mittelpunkt sich bei $(R\phi, -R)$ befindet, der also abgerollt wird. Es handelt sich also um die Abrollpunkte eines Kreises, also um eine Zykloide.

Wie in Teilaufgabe (d) gezeigt wurde ist die Zeit τ vom höchsten Punkt auf der Zykloide zum niedrigsten Punkt auf der Zykloide konstant durch $\tau = \pi\sqrt{\frac{R}{g}}$ gegeben. Dieser Teil entspricht aber nur einem viertel der gesamten Bewegung, weswegen sich als Periodendauer

$$
T = 4\tau = 4\pi\sqrt{\frac{R}{g}}
$$

ergibt. Da es üblich ist, die Periodendauer über die Pendellänge $l = 4R$ auszudrücken, kann

$$
T = 4\pi\sqrt{\frac{l}{4g}} = 2\pi\sqrt{\frac{l}{g}}
$$

gefunden werden. Dies entspricht der Periodendauer eines mathematischen Pendels bei geringer initialer Auslenkung. Die Periodendauer eines solchen normalen Fadenpendels hängt jedoch von der tatsächlichen initialen Auslenkung statt. Während sie bei dem hier betrachteten Pendel, das auch als *Zykloidenpendel* bezeichnet wird, nicht von der Auslenkung abhängt. Egal wie weit das Pendel ausgelenkt wird, eine Periode dauert immer gleich lang.

---

[4]Eine genaue Herleitung des Tangentenvektors würde durch die Rechnung $\hat{\boldsymbol{e}}_t = \frac{\partial \boldsymbol{r}_Z}{\partial L} = \frac{\partial \boldsymbol{r}_z}{\partial \phi}\frac{\partial \phi}{\partial L}$ erfolgen und zu eben diesem Ergebnis führen. Andererseits ist klar, dass der Tangentenvektor nur von trigonometrischen Funktionen von ϕ abhängen kann und für $\phi = 0$ gerade $-\hat{\boldsymbol{e}}_y$ und für $\phi = \pi$ gerade $\hat{\boldsymbol{e}}_x$ entsprechen muss, womit sich ebenfalls der gesuchte Vektor gekonnt erraten lässt.

3.11 Lösung zur Klausur XI – Analytische Mechanik – mittel

Hinweise

Aufgabe 1 - Kurzfragen

(a) Wie lautet $m = \frac{\mathrm{d}f}{\mathrm{d}x}$? Verwenden Sie die Formel

$$g(m) = f(x(m)) - m \cdot x(m),$$

um die Legendre-Transformierte $g(m)$ zu finden.

(b) Wie lautet die Euler-Lagrange-Gleichung?

(c) Weshalb ist die Massendichte durch

$$\rho(\boldsymbol{r}) = \rho_0 \Theta(R - s) \, \Theta\left(\frac{H}{2} - |z|\right)$$

gegeben?

(d) Wie lässt aus dem Kraftfeld

$$F(q) = -k\sqrt{|q|} \cdot \begin{cases} 1 & q > 0 \\ -1 & q < 0 \end{cases}$$

das Potential $V(q)$ bestimmen?

(e) Wie lauten die kanonischen Bewegungsgleichungen? Warum ist

$$\{\lambda q_i, \lambda p_i\}_{\boldsymbol{q},\boldsymbol{p}} \neq \{\lambda q_i, \lambda p_i\}_{\lambda\boldsymbol{q},\lambda\boldsymbol{p}}$$

gültig?

Aufgabe 2 - Gekoppelte Schwingungen bei Federn

(a) Lassen sich die Ruhelängen aus Symmetrieüberlegungen heraus ermitteln? Haben additive Konstanten in der Lagrange-Funktion einen Einfluss auf die Bewegungsgleichungen?

(b) Sind die Matrizen M und K symmetrisch? Was folgt daraus beim Bilden der Ableitungen? Ist der Ansatz $\delta\boldsymbol{x} = \delta\boldsymbol{x}_\lambda \cos(\omega_\lambda t + \Psi_\lambda)$ zielführend?

(c) Wann verfügt die Eigenwertgleichung über unendlich viele Lösungen? Sie sollten $\lambda_0 = 1$ und $\lambda_\pm = \frac{3\pm\sqrt{5}}{2}$ finden.

(d) Lässt sich die Koeffizientenmatrix über Ähnlichkeitstransformationen umformen? Wie funktioniert der Minus-Eins-Ergänzungstrick?

Aufgabe 3 - Das Brachistochronenproblem

(a) Wie hängen zurückgelegte Wegstrecke und Zeit zusammen? Wie lässt sich das Weglängenelement ds durch dx und dz ausdrücken? Wie lautet die Energie des Massenpunktes?

(b) Lässt sich das gegebene Funktional mit dem eines mechanischen Systems vergleichen? Was nimmt die Rolle der Zeit ein? Was die Rolle der Lagrange-Funktion?

(c) Lässt sich die totale Ableitung der Größe F bilden? Wie lässt sich ein solcher Ausdruck durch die Euler-Lagrange-Gleichung vereinfachen? Sie sollten

$$R = \frac{1}{4gF^2}$$

finden.

(d) Können die trigonometrischen Identitäten

$$\sin(2x) = 2\sin(x)\cos(x) \qquad \cos(2x) = \cos^2(x) - \sin^2(x)$$
$$\sin^2(x) + \cos^2(x) = 1$$

hilfreich sein? Kann die Stammfunktion

$$\int dx \, \sin^2(x) = \frac{x}{2} - \frac{\sin(2x)}{4} + C$$

verwendet werden?

(e) Welches geometrische Objekt wird durch die Gleichung

$$x^2 + y^2 = R^2$$

dargestellt?

Aufgabe 4 - Noether-Theorem im Kepler-Problem

(a) Wie sieht die kinetische Energie eines Massenpunktes aus? Wie sieht die potentielle Energie des gegebenen Kraftfeldes aus? Sie sollten

$$L(\boldsymbol{r}, \dot{\boldsymbol{r}}, t) = \frac{1}{2}m\dot{\boldsymbol{r}}^2 + \frac{\alpha}{r}$$

erhalten.

(b) Wann ist eine infinitesimale Transformation eine Symmetrietransformation? Warum lassen sich quadratische und höhere Ordnungen in ϵ während der Rechnung vernachlässigen? Welche Größe ist dann laut dem Noether-Theorem erhalten?

  (i) Suchen Sie $\boldsymbol{r}'^2$ und $\dot{\boldsymbol{r}}'^2$. Welche Erhaltungsgröße gehört zu räumlicher Isotropie? Es kann hilfreich sein, die Einheiten von $\boldsymbol{n}$ zu bestimmen, um Zwischenergebnisse mittels Dimensionsanalyse zu überprüfen.

(ii) Hängt die Lagrange-Funktion explizit von t ab? Welche Erhaltungsgröße gehört zu zeitlicher Translationsinvarianz.

(c) Finden Sie zuerst r'^2 und zeigen Sie, dass

$$\frac{\alpha}{r'} = \frac{\alpha}{r} - \epsilon\alpha\frac{\boldsymbol{r}\cdot\boldsymbol{\psi}}{r^3} + \mathcal{O}(\epsilon^2)$$

gilt. Bestimmen Sie außerdem den Ausdruck

$$\frac{\mathrm{d}}{\mathrm{d}t}\frac{\boldsymbol{n}\cdot\boldsymbol{r}}{r}.$$

Zeigen Sie, dass

$$T(\dot{\boldsymbol{r}}') = \frac{1}{2}m\dot{\boldsymbol{r}}^2 + \epsilon\, m\dot{\boldsymbol{r}}\cdot\dot{\boldsymbol{\psi}} + \mathcal{O}(\epsilon^2)$$

gilt. Um $\dot{\boldsymbol{\psi}}$ zu bestimmen, ist es hilfreich, die Bewegungsgleichungen in Betracht zu ziehen.

(d) Wie lautet das erweiterte Noether-Theorem? Sie sollten den erhaltenen Vektor

$$\boldsymbol{A} = \boldsymbol{p} \times (\boldsymbol{r} \times \boldsymbol{p}) - m\alpha\frac{\boldsymbol{r}}{r}$$

finden.

Lösungen

Aufgabe 1   25 *Punkte*

Kurzfragen

(a) **(5 Punkte)** Führen Sie eine Legendre-Transformation an der Funktion $f(x) = \alpha\sqrt{x}$ durch.

Lösungsvorschlag:
Die Ableitung der Funktion ist durch

$$m = \frac{\mathrm{d}f}{\mathrm{d}x} = \frac{\alpha}{2\sqrt{x}} \quad \Rightarrow \quad \sqrt{x} = \frac{\alpha}{2m}$$

gegeben. Damit lässt sich

$$g(m) = f(x(m)) - m \cdot x(m) = \alpha\frac{\alpha}{2m} - = m\left(\frac{\alpha}{2m}\right)^2 \frac{\alpha^2}{2m} - \frac{\alpha^2}{4m} = \frac{\alpha^2}{4m}$$

finden.

(b) **(5 Punkte)** Bestimmen Sie die Bewegungsgleichungen eines Systems, das durch die Lagrange-Funktion

$$L = \frac{1}{2}m\dot{q}^2 - V_0 \sinh(\alpha q)$$

beschrieben wird.

Lösungsvorschlag:
Die Euler-Lagrange-Gleichung

$$\frac{\mathrm{d}}{\mathrm{d}t}\frac{\partial L}{\partial \dot{q}} = \frac{\partial L}{\partial q}$$

macht klar, dass die Ableitungen

$$\frac{\partial L}{\partial \dot{q}} = m\dot{q} \quad \Rightarrow \quad \frac{\mathrm{d}}{\mathrm{d}t}\frac{\partial L}{\partial \dot{q}} = m\ddot{q} \qquad \frac{\partial L}{\partial q} = -\alpha V_0 \cosh(\alpha q)$$

gefunden werden müssen. Damit lässt sich die Bewegungsgleichung

$$m\ddot{q} = -\alpha V_0 \cosh(\alpha q)$$

aufstellen.

(c) **(5 Punkte)** Bestimmen Sie das Trägheitsmoment eines Zylinder mit Radius R, Höhe H und homogener Massendichte ρ_0 um seine Symmetrieachse, als Funktion von seiner Masse M und R.

Lösungsvorschlag:
Das Volumen des Zylinders ist durch $V = \pi R^2 H$ gegeben, weshalb die homogene Massendichte durch

$$\rho_0 = \frac{M}{V} = \frac{M}{\pi R^2 H} \quad \Rightarrow \quad M = \rho_0 \pi R^2 H$$

gegeben sein muss, während sich die Massendichte in Zylinder-Koordinaten durch

$$\rho(\boldsymbol{r}) = \rho_0 \Theta(R - s) \, \Theta\left(\frac{H}{2} - |z|\right)$$

ausdrücken lässt. Da das Trägheitsmoment durch

$$I = \iiint \mathrm{d}^3 r \, \rho(\boldsymbol{r}) r_\perp^2 = \int\limits_{-\infty}^{\infty} \mathrm{d}z \int\limits_{0}^{2\pi} \mathrm{d}\phi \int\limits_{0}^{\infty} \mathrm{d}s \, s\rho(\boldsymbol{r}) r_\perp^2$$

zu berechnen ist und $r_\perp = s$ gilt, kann

$$I = \int\limits_{-H/2}^{H/2} \mathrm{d}z \int\limits_{0}^{2\pi} \mathrm{d}\phi \int\limits_{0}^{R} \mathrm{d}s \, \rho_0 \cdot s^3$$

$$= H \cdot 2\pi \cdot \frac{1}{4} R^4 \rho_0 = \frac{1}{2} \rho_0 \pi R^2 H \cdot R^2 = \frac{1}{2} M R^2$$

gefunden werden.

(d) **(5 Punkte)** Finden Sie die Hamilton-Funktion eines Teilchens der Masse m im Kraftfeld

$$F = -k \frac{q}{\sqrt{|q|}}$$

bewegt.

Lösungsvorschlag:
Die Hamilton-Funktion eines Teilchens in einem konservativen Kraftfeld mit Potential $V(q)$ ist durch

$$H(q, p) = \frac{p^2}{2m} + V(q)$$

gegeben. Sofern das Kraftfeld konservativ ist, kann das Potential aus

$$V(q) = -\int\limits_{0}^{q} \mathrm{d}q' \, F(q')$$

bestimmt werden. Das Kraftfeld ist stetig und somit integrabel, weshalb $V(q)$ existieren muss. Da das Kraftfeld hier durch

$$F(q) = -k\sqrt{|q|} \cdot \begin{cases} 1 & q > 0 \\ -1 & q < 0 \end{cases}$$

gegeben ist, bietet sich eine Fallunterscheidung an. Zunächst wird $q > 0$ betrachtet, um dort

$$V_>(q) = -\int_0^q dq'\ (-k\sqrt{q'}) = k\int_0^q dq'\ \sqrt{q'} = k\frac{2}{3}q^{3/2}$$

zu finden. Für $q < 0$ kann hingegen

$$V_<(q) = -\int_0^q dq'\ (k\sqrt{-q'}) = -k\int_0^q dq'\ \sqrt{-q'} = k\frac{2}{3}(-q)^{3/2}$$

gefunden werden. Zusammenfassend lässt sich so

$$V(q) = \frac{2}{3}|q|\sqrt{|q|}$$

finden, weshalb die Hamilton-Funktion durch

$$H(q,p) = \frac{p^2}{2m} + \frac{2}{3}|q|\sqrt{|q|}$$

gegeben sein muss.

(e) **(5 Punkte)** Zeigen Sie, dass die Skalentransformation $q \to \lambda q$, $p \to \lambda p$ und $H \to \lambda^2 H$ die kanonischen Bewegungsgleichungen invariant lässt. Was passiert mit der fundamentalen Poisson-Klammer $\{q_i, p_j\}$, wenn die neuen bzgl. der alten Koordinaten ausgewertet werden?

Lösungsvorschlag:
Die kanonischen Bewegungsgleichungen sind durch

$$\dot{q}_i = \frac{\partial H}{\partial p_i} \qquad \dot{p}_i = -\frac{\partial H}{\partial q_i}$$

gegeben. Unter der betrachteten Transformation kann so

$$\dot{q}_i = \frac{\partial H}{\partial p_i} \quad \to \quad \lambda\dot{q}_i = \frac{\partial(\lambda^2 H)}{\partial(\lambda p_i)} = \lambda\frac{\partial H}{\partial p_i} \quad \Leftrightarrow \quad \dot{q}_i = \frac{\partial H}{\partial p_i}$$

$$\dot{p}_i = -\frac{\partial H}{\partial q_i} \quad \to \quad \lambda\dot{p}_i = -\frac{\partial(\lambda^2 H)}{\partial(\lambda q_i)} = -\lambda\frac{\partial H}{\partial q_i} \quad \Leftrightarrow \quad \dot{p}_i = -\frac{\partial H}{\partial q_i}$$

gefunden werden. Die kanonischen Bewegungsgleichungen behalten somit ihre Form. Die fundamentale Poisson-Klammer wird auf

$$\{\lambda q_i, \lambda p_i\}_{\boldsymbol{q},\boldsymbol{p}} = \lambda^2 \{q_i, p_i\}_{\boldsymbol{q},\boldsymbol{p}} = \lambda^2 \delta_{ij}$$

übergehen und ändert sich daher. Bezüglich der neuen Koordinaten, gilt zwar nach wie vor

$$\{\lambda q_i, \lambda p_i\}_{\lambda\boldsymbol{q},\lambda\boldsymbol{p}} = \delta_{ij}$$

aber es macht nun einen unterschied, bzgl. welcher Koordinaten die Poisson-Klammern bestimmt werden. [1]

---

[1] Die Skalentransformationen lassen zwar die Bewegungsgleichungen invariant und sind daher kanonisch, ändern aber die Poisson-Klammern. Daher ist es üblich die kanonischen Transformationen zu Klassifizieren. Solche ohne Skalentransformationen werden als lokal kanonisch bezeichnet, während solche mit Skalentransformationen als erweiterte kanonische Transformationen bezeichnet werden.

Aufgabe 2 **25 *Punkte***

Gekoppelte Schwingungen bei Federn

Betrachten Sie ein System aus vier Federn mit Federkonstante k und Ruhelänge $l = 0$ sowie drei Massen $m_1 = 2m_2 = m_3 = 2m$, die wie in Abbildung 3.11.1 angeordnet und zwischen $x = 0$ und $x = d$ eingespannt sind.

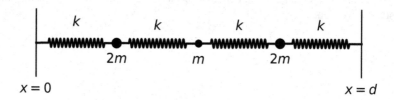

Abb. 3.11.1 Skizze des betrachteten Systems aus Federn und Massen

(a) Stellen Sie die Lagrange-Funktion des Systems auf. Verwenden Sie hierzu als verallgemeinerte Koordinaten die Auslenkung aus der jeweiligen Ruhelage δx_i und zeigen Sie so, dass sich die Lagrange-Funktion durch

$$L = \frac{1}{2}\delta\dot{\boldsymbol{x}}^T M \delta\dot{\boldsymbol{x}} - \frac{1}{2}\delta\boldsymbol{x}^T K \delta\boldsymbol{x}$$

mit

$$M = m\begin{pmatrix} 2 & 0 & 0 \\ 0 & 1 & 0 \\ 0 & 0 & 2 \end{pmatrix} \qquad K = k\begin{pmatrix} 2 & -1 & 0 \\ -1 & 2 & -1 \\ 0 & -1 & 2 \end{pmatrix} \qquad \delta\boldsymbol{x} = \begin{pmatrix} \delta x_1 \\ \delta x_2 \\ \delta x_3 \end{pmatrix}$$

ausdrücken lässt.

Lösungsvorschlag:
Werden zunächst die Positionen x_i der Massen verwendet, lassen sich die kinetische Energie

$$T = \frac{1}{2}m(2\dot{x}_1^2 + \dot{x}_2^2 + 2\dot{x}_3^2)$$

und die potentielle Energie

$$U = \frac{1}{2}k(x_1^2 + (x_2 - x_1)^2 + (x_3 - x_2)^2 + (d - x_3)^2)$$

aufstellen. Soll nun stattdessen die Auslenkung aus der Ruhelage δx_i mit

$$x_i = x_i^{(0)} + \delta x_i$$

betrachtet werden, so kann wegen $\dot{x}_i = \delta \dot{x}_i$ der Ausdruck

$$T = \frac{1}{2}m(2\delta \dot{x}_1^2 + \delta \dot{x}_2^2 + 2\delta \dot{x}_3^2)$$

für die kinetische Energie gefunden werden. Für die potentielle Energie müssen zunächst die Ruhelagen bestimmt werden. Da es sich um vier gleiche Federn handelt, liegt es nahe, dass die Ruhelagen durch

$$x_1^{(0)} = \frac{d}{4} \qquad x_2^{(0)} = 2\frac{d}{4} \qquad x_3^{(0)} = 3\frac{d}{4}$$

gegeben sind. Diese können in U eingesetzt werden, und falls sich daraus eine quadratische Form ergibt, handelt es sich tatsächlich um die Ruhelagen. Somit können zunächst

$$x_1^2 = \left(\frac{d}{4}\right)^2 + \frac{d}{2}\delta x_1 + \delta x_1^2$$

$$(x_2 - x_1)^2 = \left(\frac{d}{4}\right)^2 + \frac{d}{2}(\delta x_2 - \delta x_1) + (\delta x_2 - \delta x_1)^2$$

$$(x_3 - x_2)^2 = \left(\frac{d}{4}\right)^2 + \frac{d}{2}(\delta x_3 - \delta x_2) + (\delta x_3 - \delta x_2)^2$$

$$(d - x_3)^2 = \left(\frac{d}{4}\right)^2 - \frac{d}{2}\delta x_3 + \delta x_3^2$$

gefunden werden. Eingesetzt in die potentielle Energie kann der Ausdruck

$$U = \frac{1}{2}k(x_1^2 + (x_2 - x_1)^2 + (x_3 - x_2)^2 + (d - x_3)^2)$$

$$= \frac{1}{2}k\left(\frac{d^2}{4} + 2\delta x_1^2 + 2\delta x_2^2 + 2\delta x_3^2 - 2\delta x_1 \delta x_2 + 2\delta x_2 \delta x_3\right)$$

bestimmt werden, bei dem es sich um eine quadratische Form mit additiver und daher vernachlässigbarer Konstante handelt. Kinetische und potentielle Energie lassen sich daher auch als

$$T = \frac{1}{2}\begin{pmatrix} \delta \dot{x}_1 & \delta \dot{x}_2 & \delta \dot{x}_3 \end{pmatrix} m \begin{pmatrix} 2 & 0 & 0 \\ 0 & 1 & 0 \\ 0 & 0 & 2 \end{pmatrix} \begin{pmatrix} \delta \dot{x}_1 \\ \delta \dot{x}_2 \\ \delta \dot{x}_3 \end{pmatrix} = \frac{1}{2}\delta \dot{\boldsymbol{x}}^T M \delta \dot{\boldsymbol{x}}$$

$$U = \frac{1}{2}\begin{pmatrix} \delta x_1 & \delta x_2 & \delta x_3 \end{pmatrix} m \begin{pmatrix} 2 & -1 & 0 \\ -1 & 2 & -1 \\ 0 & -1 & 2 \end{pmatrix} \begin{pmatrix} \delta x_1 \\ \delta x_2 \\ \delta x_3 \end{pmatrix} = \frac{1}{2}\delta \boldsymbol{x}^T K \delta \boldsymbol{x}$$

schreiben. [2] Daher ist die Lagrange-Funktion durch

$$L = \frac{1}{2}\delta\dot{\boldsymbol{x}}^T M \delta\dot{\boldsymbol{x}} - \frac{1}{2}\delta\boldsymbol{x}^T K \delta\boldsymbol{x}$$

mit

$$M = m \begin{pmatrix} 2 & 0 & 0 \\ 0 & 1 & 0 \\ 0 & 0 & 2 \end{pmatrix} \qquad K = k \begin{pmatrix} 2 & -1 & 0 \\ -1 & 2 & -1 \\ 0 & -1 & 2 \end{pmatrix}$$

bestimmt.

(b) Finden Sie die Bewegungsgleichung und reduzieren Sie diese durch einen geeigneten Ansatz auf das Eigenwertproblem

$$(M\omega_\lambda^2 - K)\delta\boldsymbol{x}_\lambda = \boldsymbol{0}.$$

Lösungsvorschlag:
Die Lagrange-Funktion hat die Form

$$L = \frac{1}{2}M_{ij}\delta\dot{x}_i\delta\dot{x}_j - \frac{1}{2}K_{ij}\delta x_i\delta x_j,$$

mit den symmetrischen Matrizen $M_{ij} = M_{ji}$ und $K_{ij} = K_{ji}$. Daher lassen sich die Ableitungen

$$\frac{\partial L}{\partial(\delta\dot{x}_k)} = \frac{1}{2}(M_{ij}\delta_{ik}\delta\dot{x}_j + M_{ij}\delta\dot{x}_i\delta_{jk}) = M_{kj}\delta\dot{x}_j$$

$$\frac{\mathrm{d}}{\mathrm{d}t}\frac{\partial L}{\partial(\delta x_k)} = M_{kj}\ddot{x}_j$$

$$\frac{\partial L}{\partial(\delta x_k)} = -\frac{1}{2}(K_{ij}\delta_{ik}\delta x_j + K_{ij}\delta x_i\delta_{jk}) = -K_{kj}\delta x_j$$

und somit die Bewegungsgleichungen

$$M\delta\ddot{\boldsymbol{x}} = -K\delta\boldsymbol{x}$$

bestimmen. Mit dem Ansatz

$$\delta\boldsymbol{x} = \delta\boldsymbol{x}_\lambda \cos(\omega_\lambda t + \Psi_\lambda)$$

und der dazugehörigen zweiten Ableitung

$$\delta\ddot{\boldsymbol{x}} = -\omega_\lambda^2\delta\boldsymbol{x}_\lambda \cos(\omega_\lambda t + \Psi_\lambda)$$

kann so das Eigenwertproblem

$$-M\delta\omega_\lambda^2\boldsymbol{x}_\lambda \cos(\omega_\lambda t + \Psi_\lambda) = -K\delta\boldsymbol{x}_\lambda \cos(\omega_\lambda t + \Psi_\lambda)$$
$$\Rightarrow \quad (M\omega_\lambda^2 - K)\delta x_\lambda = \boldsymbol{0}$$

gefunden werden.

---

[2]Dafür wurde die Konstante $\frac{kd^2}{8}$ vernachlässigt, da sie nichts zu den Bewegungsgleichungen beiträgt.

(c) Bestimmen Sie die Eigenfrequenzen ω_λ, indem Sie λ in $\omega_\lambda^2 = \frac{k}{m}\lambda$ bestimmen.

Lösungsvorschlag:
Für die Eigenfrequenzen muss die Gleichung

$$\det\left(M\omega_\lambda^2 - K\right) = 0$$

gelöst werden. Da

$$M\omega_\lambda^2 - K = k\begin{pmatrix} 2\lambda & 0 & 0 \\ 0 & \lambda & 0 \\ 0 & 0 & 2\lambda \end{pmatrix} - k\begin{pmatrix} 2 & -1 & 0 \\ -1 & 2 & -1 \\ 0 & -1 & 2 \end{pmatrix}$$

$$= k\begin{pmatrix} 2(\lambda - 1) & 1 & 0 \\ 1 & \lambda - 2 & 1 \\ 0 & 1 & 2(\lambda - 1) \end{pmatrix}$$

gilt, kann stattdessen auch die Gleichung

$$0 = \begin{vmatrix} 2(\lambda - 1) & 1 & 0 \\ 1 & \lambda - 2 & 1 \\ 0 & 1 & 2(\lambda - 1) \end{vmatrix} = 4(\lambda - 1)^2(\lambda - 2) - 4(\lambda - 1)$$

$$= 4(\lambda - 1)((\lambda - 1)(\lambda - 2) - 1) = 4(\lambda - 1)(\lambda^2 - 3\lambda + 1)$$

nach λ gelöst werden. Zunächst kann so

$$\lambda_0 = 1$$

abgelesen werden. Durch die *pq*- oder *abc*-Formel können die fehlenden beiden Eigenwerte

$$\lambda_\pm = \frac{3}{2} \pm \sqrt{\frac{9}{4} - 1} = \frac{3 \pm \sqrt{5}}{2}$$

bestimmt werden. Damit sind die Eigenfrequenzen durch

$$\omega_0 = \sqrt{\frac{k}{m}} \qquad \omega_\pm = \sqrt{\frac{k}{m} \cdot \frac{3 \pm \sqrt{5}}{2}}$$

gegeben.

(d) Bestimmen Sie die zu den Eigenfrequenzen gehörenden Eigenvektoren $\delta\boldsymbol{x}_\lambda$ und die damit verbundenen Eigenmoden. Ermitteln Sie so die allgemeine Lösung.

Lösungsvorschlag:
Für ω_0 kann so die Gleichung

$$\frac{1}{k}(M\omega_0^2 - K)\delta\boldsymbol{x}_\lambda = \begin{pmatrix} 0 & 1 & 0 \\ 1 & -1 & 1 \\ 0 & 1 & 0 \end{pmatrix} \delta\boldsymbol{x}_\lambda = \boldsymbol{0}$$

gefunden werden. Diese lässt sich lösen, indem die Koeffizientenmatrix durch Ähnlichkeitstransformationen zu

$$\begin{pmatrix} 0 & 1 & 0 \\ 1 & -1 & 1 \\ 0 & 1 & 0 \end{pmatrix} \rightsquigarrow \begin{pmatrix} 1 & 0 & 1 \\ 1 & -1 & 1 \\ 0 & 0 & 0 \end{pmatrix} \rightsquigarrow \begin{pmatrix} 1 & 0 & 1 \\ 0 & -1 & 0 \\ 0 & 0 & 0 \end{pmatrix} \rightsquigarrow \begin{pmatrix} 1 & 0 & 1 \\ 0 & 1 & 0 \\ 0 & 0 & 0 \end{pmatrix}$$

umgeformt wird. Durch den Minus-Eins-Ergänzungs-Trick lässt sich in der letzten Spalte der zu normierende Eigenvektor

$$\delta\boldsymbol{x}_0 \sim \begin{pmatrix} 1 \\ 0 \\ -1 \end{pmatrix} \quad \Rightarrow \quad \delta\boldsymbol{x}_0 = \frac{1}{\sqrt{2}} \begin{pmatrix} 1 \\ 0 \\ -1 \end{pmatrix}$$

ablesen. Anschaulich beschreibt die Lösung, die gegenphasige Schwingung der beiden äußeren Massen m_1 und m_3 und das gleichzeitige Verharren der mittleren Masse m_2. Für $\omega_\pm$ kann die Gleichung

$$\frac{1}{k}(M\omega_\pm^2 - K)\delta\boldsymbol{x}_\lambda = \begin{pmatrix} 1 \pm \sqrt{5} & 1 & 0 \\ 1 & \frac{-1 \pm \sqrt{5}}{2} & 1 \\ 0 & 1 & 1 \pm \sqrt{5} \end{pmatrix} \delta\boldsymbol{x}_\lambda = \boldsymbol{0}$$

gefunden werden. Diese lässt sich lösen, indem die Koeffizientenmatrix durch Ähnlichkeitstransformationen zu

$$\frac{M\omega_\pm^2 - K}{k} = \begin{pmatrix} 1 \pm \sqrt{5} & 1 & 0 \\ 1 & \frac{-1 \pm \sqrt{5}}{2} & 1 \\ 0 & 1 & 1 \pm \sqrt{5} \end{pmatrix} \rightsquigarrow \begin{pmatrix} 1 & \frac{1}{1 \pm \sqrt{5}} & 0 \\ 2 & -1 \pm \sqrt{5} & 2 \\ 0 & 1 & 1 \pm \sqrt{5} \end{pmatrix}$$

$$\rightsquigarrow \begin{pmatrix} 1 & \frac{1}{1 \pm \sqrt{5}} & 0 \\ 0 & \frac{2}{1 \pm \sqrt{5}} & 2 \\ 0 & 1 & 1 \pm \sqrt{5} \end{pmatrix} \rightsquigarrow \begin{pmatrix} 1 & \frac{1}{1 \pm \sqrt{5}} & 0 \\ 0 & \frac{1}{1 \pm \sqrt{5}} & 1 \\ 0 & 1 & 1 \pm \sqrt{5} \end{pmatrix}$$

$$\rightsquigarrow \begin{pmatrix} 1 & 0 & -1 \\ 0 & 1 & 1 \pm \sqrt{5} \\ 0 & 0 & 0 \end{pmatrix}$$

umgeformt wird. [3] Durch den Minus-Eins-Ergänzungs-Trick lässt sich in der letzten Spalte der zu normierende Eigenvektor

$$
\delta \boldsymbol{x}_\pm \sim \begin{pmatrix} -1 \\ 1 \pm \sqrt{5} \\ -1 \end{pmatrix} \sim \begin{pmatrix} 1 \\ -1 \mp \sqrt{5} \\ 1 \end{pmatrix}
$$

$$
\Rightarrow \quad \delta \boldsymbol{x}_\pm = \frac{1}{\sqrt{8 \pm 2\sqrt{5}}} \begin{pmatrix} 1 \\ -1 \mp \sqrt{5} \\ 1 \end{pmatrix}
$$

ablesen. Anschaulich beschreibt die Lösung mit ω_-, eine gleichphasige Schwingung aller drei Massen. Die Lösung mit ω_+ beschreibt den Fall, dass die äußeren Massen gegenphasig zur mittleren Masse schwingen. In beiden Fällen weicht die Amplitude der mittleren Masse von denen der äußeren Massen ab.

Insgesamt kann so die allgemeine Lösung mit noch zu bestimmenden Integrationskonstanten A_0, $A_\pm$, Ψ_0 und $\Psi_\pm$ als

$$
\delta \boldsymbol{x}(t) = \frac{A_0}{\sqrt{2}} \begin{pmatrix} 1 \\ 0 \\ -1 \end{pmatrix} \cos\left(\sqrt{\frac{k}{m}} t + \Psi_0 \right)
$$

$$
+ \frac{A_+}{\sqrt{8 + 2\sqrt{5}}} \begin{pmatrix} 1 \\ -1 - \sqrt{5} \\ 1 \end{pmatrix} \cos\left(\sqrt{\frac{k}{m} \cdot \frac{3 + \sqrt{5}}{2}} t + \Psi_+ \right)
$$

$$
+ \frac{A_-}{\sqrt{8 - 2\sqrt{5}}} \begin{pmatrix} 1 \\ -1 + \sqrt{5} \\ 1 \end{pmatrix} \cos\left(\sqrt{\frac{k}{m} \cdot \frac{3 - \sqrt{5}}{2}} t + \Psi_- \right)
$$

angegeben werden.

---

[3]Dabei wurde von $-1 \pm \sqrt{5} = \frac{(-1 \pm \sqrt{5})(1 \pm \sqrt{5})}{1 \pm \sqrt{5}} = \frac{-1 + (\pm\sqrt{5})^2}{1 \pm \sqrt{5}} = \frac{4}{1 \pm \sqrt{5}}$ Gebrauch gemacht.

Aufgabe 3   **25 Punkte**

Das Brachistochronenproblem

In dieser Aufgabe soll die Kurve gefunden werden, auf der ein Massenpunkt im Schwerefeld g vom Ursprung zu einem Punkt (x_P, z_P) mit $x_P > 0$ und $z_P < 0$ in der kürzesten Zeit gelangt. Diese Kurve wird als Brachistochrone bezeichnet.

(a) **(3 Punkte)** Betrachten Sie einen Massenpunkt, dessen Bewegung auf die xz-Ebene beschränkt ist und zeigen Sie, dass die Zeit für das gleiten entlang einer vorgegebenen Kurve $z(x)$ durch das Funktional

$$T[z(x)] = \int\limits_0^{x_P} dx \ \sqrt{\frac{1 + z'^2}{-2gz}} = \int\limits_0^{x_P} dx \ K(z, z', x) \tag{3.11.1}$$

beschrieben wird. Dabei ist $z' = \frac{dz}{dx}$.

Lösungsvorschlag:
Die Geschwindigkeit und der zurückgelegte Weg s hängen über

$$v = \frac{ds}{dt}$$

zusammen, sodass die benötigte Zeit durch

$$T = \int\limits_0^T dt \ = \int\limits_0^L ds \ \frac{dt}{ds} = \int\limits_0^L ds \ \frac{1}{\frac{ds}{dt}} = \int\limits_0^L \frac{ds}{v}$$

gegeben ist. Dabei ist L die Länge der Bahnkurve und in der weiteren Betrachtung unbedeutend. Das Differential ds erfüllt mit

$$ds^2 = dx^2 + dz^2$$

den Satz des Pythagoras, so dass sich

$$ds^2 = dx^2 \left(1 + \left(\frac{dz}{dx} \right)^2 \right)$$

$$\Rightarrow ds = dx \sqrt{1 + \left(\frac{dz}{dx} \right)^2} = dx \sqrt{1 + z'^2}$$

herleiten lässt. Damit lässt sich die benötigte Zeit bereits durch

$$T = \int\limits_0^{x_P} dx \ \frac{\sqrt{1 + z'^2}}{v(x)}$$

ausdrücken lässt. Nun ist in dem System die Energie erhalten, so dass

$$E = \frac{1}{2}mv^2 + mgz = \text{konst.}$$

gilt. Zu Anfang hat der Massenpunkt kein Geschwindigkeit und die Höhe $z = 0$. Damit ist die Gesamtenergie Null und es lässt sich

$$v^2 = -2gz \quad \Rightarrow \quad v(x) = \sqrt{-2gz(x)}$$

finden, weshalb die benötigte Zeit zum gleiten entlang der Kurve durch das Funktional (3.11.1)

$$T[z(x)] = \int\limits_0^{x_P} \mathrm{d}x \; K(z, z', x)$$

mit

$$K(z, z', x) = \sqrt{\frac{1 + z'^2}{-2gz}}$$

ausdrücken lässt.

(b) **(3 Punkte)** Wie lautet die Euler-Lagrange-Gleichung des Funktionals (3.11.1)?

Lösungsvorschlag:
Es ist hilfreich, die hier auftretenden Größen denen eines mechanischen Systems zu-zuordnen:

- Die Integrationsvariable des Funktionals ist in einem mechanischen System die Zeit t, während es sich hier um die Koordinate der x-Achse x handelt.

- Der Integrand des Funktionals ist in einem mechanischen System die Lagrange-Funktion $L(q, \dot{q}, t)$, hier hingegen handelt es sich um die Größe $K(z, z', x)$.

- Die nicht abgeleitete Größe im Funktional ist in einem mechanischen System die verallgemeinerte Koordinate q. Hier handelt es sich um die Koordinate entlang der z-Achse z.

- Die nach der Integrationsvariable gebildete Ableitung der verallgemeinerten Koordinate q ist die verallgemeinerte Geschwindigkeit $\dot{q}$. Hier handelt es sich um die Ableitung z'

Da in einem mechanischen System die Euler-Lagrange-Gleichung durch

$$\frac{\mathrm{d}}{\mathrm{d}t} \frac{\partial L}{\partial \dot{q}} = \frac{\partial L}{\partial q}$$

gegeben sind und die Übersetzungsregeln

$$t \to x \qquad L \to K \qquad q \to z \qquad \dot{q} \to z'$$

gelten, muss

$$\frac{\mathrm{d}}{\mathrm{d}x}\frac{\partial K}{\partial z'} = \frac{\partial K}{\partial z}$$

die Euler-Lagrange-Gleichung des Systems sein. Die rechte Seite lässt sich direkt zu

$$\frac{\partial K}{\partial z} = K\sqrt{z}\frac{\mathrm{d}}{\mathrm{d}z}\frac{1}{\sqrt{z}} = K\sqrt{z}\cdot\left(-\frac{1}{2z^{3/2}}\right) = -\frac{K}{2z}$$

auswerten. Für die linke Seite kann

$$\frac{\partial K}{\partial z'} = \frac{K}{\sqrt{1+z'^2}}\frac{\mathrm{d}}{\mathrm{d}z'}\sqrt{1+z'^2} = \frac{K}{\sqrt{1+z'^2}}\cdot\left(\frac{1}{2}\cdot\frac{2z'}{\sqrt{1+z'^2}}\right) = \frac{Kz'}{1+z'^2}$$

bestimmt werden. Somit ist die Euler-Lagrange-Gleichung durch

$$\frac{\mathrm{d}}{\mathrm{d}x}\frac{Kz'}{1+z'^2} = -\frac{K}{2z}$$

gegeben und muss nicht weiter ausgewertet werden.

(c) **(6 Punkte)** Zeige Sie, dass die Größe

$$F = z'\frac{\partial K}{\partial z'} - K$$

bzgl. x eine Erhaltungsgröße des Funktionals ist und verwenden Sie diesen Umstand, um

$$z' = -\sqrt{\frac{2R+z}{-z}} \tag{3.11.2}$$

herzuleiten, darin ist R eine zu bestimmende Kombination von Parametern des Problems.

Lösungsvorschlag:
Zunächst lässt sich die totale Ableitung von F nach x bilden, um so

$$\begin{aligned}
\frac{\mathrm{d}F}{\mathrm{d}x} &= z''\frac{\partial K}{\partial z'} + z'\frac{\mathrm{d}}{\mathrm{d}x}\frac{\partial K}{\partial z'} - \frac{\mathrm{d}K}{\mathrm{d}x}\\
&= z''\frac{\partial K}{\partial z'} + z'\frac{\mathrm{d}}{\mathrm{d}x}\frac{\partial K}{\partial z'} - \left(\frac{\partial K}{\partial z}z' + \frac{\partial K}{\partial z'}z'' + \frac{\partial K}{\partial x}\right)\\
&= z'\left(\frac{\mathrm{d}}{\mathrm{d}x}\frac{\partial K}{\partial z'} - \frac{\partial K}{\partial z}\right) - \frac{\partial K}{\partial x}
\end{aligned}$$

zu erhalten. Der Term in der Klammer, ist wegen der Euler-Lagrange-Gleichung aus Teilaufgabe (b)

$$\frac{\mathrm{d}}{\mathrm{d}x}\frac{\partial K}{\partial z'} = \frac{\partial K}{\partial z}$$

gerade Null. Der Term $\frac{\partial K}{\partial x}$ ist Null, da die Größe K nicht explizit von x abhängt. Daher ist der gesamte Ausdruck Null und es ist somit

$$\frac{\mathrm{d}F}{\mathrm{d}x} = 0 \quad \Rightarrow \quad F = \text{konst.}$$

gültig.

Mit der in Teilaufgabe (c) gefundenen Ableitung

$$\frac{\partial K}{\partial z'} = K \frac{z'}{1 + z'^2}$$

lässt sich die Größe F zunächst zu

$$F = z' \frac{\partial K}{\partial z'} - K = K \left(\frac{z'^2}{1 + z'^2} - 1 \right) = -\frac{K}{1 + z'^2}$$

bestimmen. Durch explizites Einsetzen von

$$K = \sqrt{\frac{1 + z'^2}{-2gz}}$$

kann so

$$F = -\frac{1}{1 + z'^2} \sqrt{\frac{1 + z'^2}{-2gz}} = -\frac{1}{\sqrt{-2gz(1 + z'^2)}}$$

gefunden werden. Hieran ist direkt zu erkennen, dass F negativ sein wird. Der Ausdruck lässt sich nach z' umstellen, um so

$$F^2 = \frac{1}{-2gz(1 + z'^2)} \quad \Rightarrow \quad 1 + z'^2 = -\frac{1}{2F^2 gz}$$

$$\Rightarrow \quad z'^2 = -\left(\frac{1}{2F^2 gz} + 1 \right) \quad \Rightarrow \quad z'^2 = -\left(\frac{2gF^2 z + 1}{2gF^2 z} \right)$$

$$\Rightarrow \quad z'^2 = \left(\frac{\mathrm{d}z}{\mathrm{d}x} \right)^2 = \frac{\frac{1}{2gF^2} + z}{-z}$$

zu erhalten. Beim ziehen der Wurzel ist nun darauf zu achten, dass wegen $x_P > 0$ und $z_P < 0$ die Ableitung zu Beginn der Bahnkurve negativ ist und daher auch das negative Vorzeichen gewählt werden muss, um

$$z' = -\sqrt{\frac{\frac{1}{2gF^2} + z}{-z}}$$

zu erhalten. Der Vergleich mit dem gesuchten Ergebnis, offenbart dass $2R = \frac{1}{2gF^2}$ bzw.

$$R = \frac{1}{4gF^2}$$

gelten muss, damit sich Gl. (3.11.2)

$$z' = -\sqrt{\frac{2R+z}{-z}}$$

schreiben lässt.

(d) **(10 Punkte)** Führen Sie eine Trennung der Variablen und die Substitution

$$z = -R(1 - \cos(\phi))$$

durch, um Gl. (3.11.2) zu lösen und $x(\phi)$ zu finden. In welchem Parameterbereich bewegt sich ϕ und wir lassen sich dessen Maximalwert ϕ_m und R bestimmen?

Lösungsvorschlag:
Mit einer Trennung der Variablen lässt sich die Integralgleichung

$$-\int_0^z \mathrm{d}\tilde{z} \, \sqrt{\frac{-z}{2R+z}} = \int_0^x \mathrm{d}\tilde{x} \ = x$$

finden. Dabei wurden direkt die Anfangsbedingungen der Kurve $x = 0$ und $z = 0$ eingesetzt. Auf der linken Seite lässt sich nun die angegebene Substitution

$$z = -R(1 - \cos(\phi)) \quad \Rightarrow \quad \mathrm{d}z = -R\sin(\phi) \, \mathrm{d}\phi$$
$$z = 0 \Rightarrow \phi = 0 \quad\quad z = z(\phi) \Leftrightarrow \phi = \phi(z)$$
$$2R + z = R + R\cos(\phi)$$

durchführen, um

$$x(\phi) = R \int_0^\phi \mathrm{d}\psi \ \sin(\psi) \sqrt{\frac{R(1 - \cos(\psi))}{R(1 + \cos(\psi))}} = R \int_0^\phi \mathrm{d}\psi \ \sin(\psi) \sqrt{\frac{1 - \cos(\psi)}{1 + \cos(\psi)}}$$

zu bestimmen. Dabei wurde ψ als Integrationsvariable gewählt, um keine Verwechslung mit ϕ zu verursachen. Mit Hilfe der trigonometrischen Identitäten

$$\sin(\psi) = 2\cos(\psi/2)\sin(\psi/2) \quad\quad \cos(\psi) = \cos^2(\psi/2) - \sin^2(\psi/2)$$
$$\sin^2(\psi/2) + \cos^2(\psi/2) = 1$$

und den sich damit ergebenden Folgerungen

$$1 - \cos(\psi) = 1 - \cos^2(\psi/2) + \sin^2(\psi/2) = 2\sin^2(\psi/2)$$
$$1 + \cos(\psi) = 1 + \cos^2(\psi/2) - \sin^2(\psi/2) = 2\cos^2(\psi/2)$$

kann

$$x(\phi) = R \int_0^\phi \mathrm{d}\psi \ 2\cos(\psi/2)\sin(\psi/2) \sqrt{\frac{2\sin^2(\psi/2)}{2\cos^2(\psi/2)}}$$

$$= 2R \int_0^\phi \mathrm{d}\psi \ \sin^2(\psi/2) = 4R \int_0^{\phi/2} \mathrm{d}\beta \ \sin^2(\beta)$$

gefunden werden. Dabei wurde im letzten Schritt die Substitution $\beta = \psi/2$ durchgeführt. Mit der Stammfunktion des Quadrats des Sinus

$$\int du \, \sin^2(u) = \frac{u}{2} - \frac{\sin(2u)}{4}$$

kann schlussendlich

$$x(\phi) = 4R \left[\frac{\beta}{2} - \frac{\sin(2\beta)}{4} \right]_{\beta=0}^{\phi/2} = 4R \left(\frac{\phi}{4} - \frac{\sin(\phi)}{4} \right) = R(\phi - \sin(\phi))$$

bestimmt werden.

Wie bereits bei der Substitution festgestellt wurde, muss für $z = 0$ auch $\phi = 0$ sein. Gleiches gilt für x, sodass die untere Grenze durch $\phi = 0$ zu bestimmen ist. Es wird ein maximales ϕ geben, welches mit ϕ_m bezeichnet wird. Der einzig andere bekannte Punkt auf der Kurve ist der Endpunkt P, sodass

$$x_P = R(\phi_m - \sin(\phi_m)) \qquad z_P = -R(1 - \cos(\phi_m))$$

gelten muss. Über diese Gleichungen lassen sich R und ϕ_m implizit bestimmen.

(e) **(3 Punkte)** Zeigen Sie, dass die Lösungen

$$(x - R\phi)^2 + (z + R)^2 = R^2$$

erfüllen. Um was für eine Kurve handelt es sich demnach?

Lösungsvorschlag:
Wegen

$$x(\phi) = R(\phi - \sin(\phi)) \qquad z(\phi) = -R(1 - \cos(\phi))$$

können die Ausdrücke

$$x - R\phi = -R\sin(\phi) \qquad z + R = R\cos(\phi)$$

gefunden werden, sodass auch

$$(x - R\phi)^2 + (z + R)^2 = R^2 \sin^2(\phi) + R^2 \cos^2(\phi) = R^2$$

gilt. Damit handelt es sich bei der Kurve um die Spur eines Punktes auf einem abgerollten Kreis. Denn x und y beschreiben Punkte auf einem Kreis mit Radius R und Mittelpunkt $(R\phi, -R)$, was bedeutet, dass der Kreis die x-Achse entlang wandert. Eine solche Kurve wird als Zykloide bezeichnet.

Aufgabe 4   25 *Punkte*

Noether-Theorem im Kepler-Problem

In dieser Aufgabe soll das Noether-Theorem auf die Bewegung eines Teilchens der Masse m in einem Kraftfeld der Form

$$\boldsymbol{F}(\boldsymbol{r}) = -\frac{\alpha}{r^3}\boldsymbol{r}$$

mit einem nicht näher bestimmten Parameter $\alpha \neq 0$ angewandt werden.

(a) **(3 Punkte)** Bestimmen Sie die Lagrange-Funktion des Systems.

Lösungsvorschlag:
Die kinetische Energie des Massenpunktes ist durch

$$T(\dot{\boldsymbol{r}}) = \frac{1}{2}m\dot{\boldsymbol{r}}^2$$

zu bestimmen. Für die potentielle Energie kann das Potential

$$U(r) = -\frac{\alpha}{r}$$

betrachtet werden, dass wegen

$$\boldsymbol{\nabla}U(r) = -\alpha\hat{\boldsymbol{e}}_i\partial_i\frac{1}{r} = -\alpha\hat{\boldsymbol{e}}_i\left(-\frac{1}{r^2}\right)\partial_i r = \hat{\boldsymbol{e}}_i\frac{\alpha}{r^2}\frac{r_i}{r} = \frac{\alpha}{r^3}\boldsymbol{r}$$

$$\Rightarrow \quad \boldsymbol{F}(\boldsymbol{r}) = -\boldsymbol{\nabla}U(r) = -\frac{\alpha}{r^3}\boldsymbol{r}$$

das zum Kraftfeld gehörende Potential ist. Die Lagrange-Funktion des Systems kann daher zu

$$L(\boldsymbol{r},\dot{\boldsymbol{r}},t) = T - U = \frac{1}{2}m\dot{\boldsymbol{r}}^2 + \frac{\alpha}{r}$$

ermittelt werden.

(b) **(5 Punkte)** Zeigen Sie, dass es sich bei den Transformationen

   (i) $\boldsymbol{r} \to \boldsymbol{r} + \epsilon\boldsymbol{n} \times \boldsymbol{r}, t \to t$ mit beliebigen $\boldsymbol{n}$

  (ii) $\boldsymbol{r} \to \boldsymbol{r}, t \to t + \epsilon$

um Symmetrien des Systems handelt und finden Sie so die nach dem Noether-Theorem erhaltenen Größen.

Lösungsvorschlag:
Das Noether-Theorem besagt, dass bei einer infinitesimalen Transformation der Art

$$\boldsymbol{r} \to \boldsymbol{r}' + \epsilon\boldsymbol{\psi}(\boldsymbol{r},\dot{\boldsymbol{r}},t) \qquad t \to t' = t + \epsilon\phi(\boldsymbol{r},\dot{\boldsymbol{r}},t),$$

welche eine Symmetrietransformation mit

$$\frac{\mathrm{d}}{\mathrm{d}\epsilon}\left[\frac{\mathrm{d}t'}{\mathrm{d}t}L\left(\boldsymbol{r}',\frac{\mathrm{d}\boldsymbol{r}'}{\mathrm{d}t'},t'\right)\right]_{\epsilon=0}=0$$

ist, die Größe

$$Q=\boldsymbol{\psi}\cdot\boldsymbol{p}-H\phi$$

eine Erhaltungsgröße ist. Da die Ableitung nach ϵ gebildet wird und anschließend ϵ auf Null gesetzt wird, können in den Rechnungen alle quadratischen und höheren Ordnungen von ϵ vernachlässigt werden.

(i) Unter der gegebenen Transformation

$$\boldsymbol{r}\rightarrow\boldsymbol{r}'=\boldsymbol{r}+\epsilon\boldsymbol{n}\times\boldsymbol{r}\qquad t\rightarrow t'=t$$

$$\boldsymbol{\psi}=\boldsymbol{n}\times\boldsymbol{r}\qquad \phi=0$$

lässt sich auch

$$\frac{\mathrm{d}\boldsymbol{r}'}{\mathrm{d}t'}=\frac{\mathrm{d}\boldsymbol{r}'}{\mathrm{d}t}=\dot{\boldsymbol{r}}'=\dot{\boldsymbol{r}}+\epsilon\boldsymbol{n}\times\dot{\boldsymbol{r}}$$

bestimmen. [4] Die Quadrate von $\boldsymbol{r}$ und $\dot{\boldsymbol{r}}$ lassen sich als

$$\boldsymbol{r}'^2=\boldsymbol{r}^2+2\epsilon\boldsymbol{r}\cdot(\boldsymbol{n}\times\boldsymbol{r})+\mathcal{O}(\epsilon^2)=\boldsymbol{r}^2+\mathcal{O}(\epsilon^2)$$

und

$$\dot{\boldsymbol{r}}'^2=\dot{\boldsymbol{r}}^2+2\epsilon\dot{\boldsymbol{r}}\cdot(\boldsymbol{n}\times\dot{\boldsymbol{r}})+\mathcal{O}(\epsilon^2)=\dot{\boldsymbol{r}}^2+\mathcal{O}(\epsilon^2)$$

ermitteln. Somit kann auch

$$r=\sqrt{\boldsymbol{r}^2}\rightarrow r'=\sqrt{\boldsymbol{r}'^2}=\sqrt{\boldsymbol{r}}+\mathcal{O}(\epsilon^2)=r+\mathcal{O}(\epsilon^2)$$

gefunden werden. Da die Lagrange-Funktion nur von r und $\dot{\boldsymbol{r}}^2$ abhängt, hängt der Ausdruck

$$\frac{\mathrm{d}t'}{\mathrm{d}t}L\left(\boldsymbol{r}',\frac{\mathrm{d}\boldsymbol{r}'}{\mathrm{d}t'},t'\right)=\frac{1}{2}m\dot{\boldsymbol{r}}^2+\frac{\alpha}{r}+\mathcal{O}(\epsilon^2)$$

nur in quadratischer Ordnung von ϵ ab, sodass

$$\frac{\mathrm{d}}{\mathrm{d}\epsilon}\left[\frac{\mathrm{d}t'}{\mathrm{d}t}L\left(\boldsymbol{r}',\frac{\mathrm{d}\boldsymbol{r}'}{\mathrm{d}t'},t'\right)\right]_{\epsilon=0}=0$$

gilt. Daher muss die Größe

$$Q=\boldsymbol{p}\cdot\boldsymbol{\psi}-\phi H=\boldsymbol{p}\cdot(\boldsymbol{n}\times\boldsymbol{r})=\boldsymbol{n}\cdot(\boldsymbol{r}\times\boldsymbol{p})$$

erhalten sein. Im letzten Schritt wurde dabei die Zyklizität des Spatprodukts ausgenutzt. Da $\boldsymbol{r}\times\boldsymbol{p}$ der Drehimpuls $\boldsymbol{J}$ ist, ist die Größe $Q=\boldsymbol{n}\cdot\boldsymbol{J}$ erhalten. Da $\boldsymbol{n}$ beliebig ist, muss bereits der Drehimpuls $\boldsymbol{J}$ erhalten sein.

---

[4]Soll ϵ ein dimensionsloser Parameter sein, so muss es sich aus dimensionstechnischen Gründen bei $\boldsymbol{n}$ ebenfalls um eine dimensionslose Größe handeln.

(ii) Unter der gegebenen Transformation

$$r \to r' = r \qquad t \to t + \epsilon$$
$$\psi = 0 \qquad \phi = 1$$

bleibt

$$\dot{r} \to \frac{\mathrm{d}r'}{\mathrm{d}t'} = \frac{\mathrm{d}r}{\mathrm{d}t} = \dot{r}$$

invariant. [5] Da sich r nicht ändert, wird sich auch r nicht verändern. Die Lagrange-Funktion ist von t unabhängig, so dass

$$\frac{\mathrm{d}t'}{\mathrm{d}t} L\left(r', \frac{\mathrm{d}r'}{\mathrm{d}t'}, t'\right) = \frac{1}{2}m\dot{r}^2 + \frac{\alpha}{r}$$

gilt. Dieser Ausdruck ist unabhängig von ϵ, so dass die Bedingung für das Noether-Theorem erfüllt ist. Daher handelt sich bei

$$Q = \boldsymbol{p} \cdot \boldsymbol{\psi} - \phi H = -H = -T - U = -\left(\frac{1}{2}m\dot{r}^2 - \frac{\alpha}{r}\right)$$

um eine erhaltene Größe. Mit

$$E = \frac{1}{2}m\dot{r}^2 - \frac{\alpha}{r} = -Q$$

lässt sich so die Energieerhaltung einsehen.

(c) **(10 Punkte)** Betrachten Sie nun die Transformation

$$r \to r + \epsilon\boldsymbol{\psi} \qquad \boldsymbol{\psi} = m\left(\dot{r}(\boldsymbol{n} \cdot \boldsymbol{r}) - \frac{1}{2}r(\boldsymbol{n} \cdot \dot{r}) - \frac{1}{2}(\boldsymbol{r} \cdot \dot{r})\boldsymbol{n}\right) \qquad t \to t$$

und zeigen Sie zunächst, dass

$$\frac{\mathrm{d}}{\mathrm{d}\epsilon}\left[\frac{\mathrm{d}t'}{\mathrm{d}t} L\left(r', \frac{\mathrm{d}r'}{\mathrm{d}t'}, t'\right)\right]_{\epsilon=0} = \frac{\mathrm{d}}{\mathrm{d}t}\left(m\alpha\frac{\boldsymbol{n} \cdot \boldsymbol{r}}{r}\right)$$

gilt. Dabei ist $\boldsymbol{n}$ ein beliebiger Vektor.

Lösungsvorschlag:
Unter der gegebenen Transformation

$$r \to r' = r + \epsilon\boldsymbol{\psi}$$

lässt sich zunächst

$$r'^2 = r^2 + 2\epsilon\boldsymbol{r} \cdot \boldsymbol{\psi} + \mathcal{O}(\epsilon^2)$$

---

[5] In dieser Notation hat ϵ die Dimension einer Zeit.

betrachten, um

$$\frac{\alpha}{r'} = \frac{\alpha}{\sqrt{r'^2}} = \frac{\alpha}{\sqrt{r^2 + 2\epsilon\, \boldsymbol{r} \cdot \boldsymbol{\psi}}} = \frac{\alpha}{r} \frac{1}{\sqrt{1 + 2\epsilon\frac{\boldsymbol{r}\cdot\boldsymbol{\psi}}{r^2}}}$$

$$= \frac{\alpha}{r}\left(1 - \frac{1}{2}2\epsilon\,\frac{\boldsymbol{r}\cdot\boldsymbol{\psi}}{r^2}\right) + \mathcal{O}(\epsilon^2) = \frac{\alpha}{r} - \epsilon\,\alpha\frac{\boldsymbol{r}\cdot\boldsymbol{\psi}}{r^3} + \mathcal{O}(\epsilon^2)$$

bestimmen zu können. Der Ausdruck $\boldsymbol{r} \cdot \boldsymbol{\psi}$ kann zu

$$\boldsymbol{r} \cdot \boldsymbol{\psi} = m\left((\boldsymbol{r}\cdot\dot{\boldsymbol{r}})(\boldsymbol{n}\cdot\boldsymbol{r}) - \frac{1}{2}r^2(\boldsymbol{n}\cdot\dot{\boldsymbol{r}}) - \frac{1}{2}(\boldsymbol{r}\cdot\dot{\boldsymbol{r}})(\boldsymbol{r}\cdot\boldsymbol{n})\right)$$

$$= \frac{m}{2}\left((\boldsymbol{r}\cdot\dot{\boldsymbol{r}})(\boldsymbol{n}\cdot\boldsymbol{r}) - r^2(\boldsymbol{n}\cdot\dot{\boldsymbol{r}})\right)$$

ausformuliert werden. Somit kann

$$\frac{\alpha}{r'} = \frac{\alpha}{r} - \epsilon\frac{m}{2}\frac{(\boldsymbol{r}\cdot\dot{\boldsymbol{r}})(\boldsymbol{n}\cdot\boldsymbol{r}) - r^2(\boldsymbol{n}\cdot\dot{\boldsymbol{r}})}{r^3} + \mathcal{O}(\epsilon^2)$$

gefunden werden. Da aber

$$\frac{\mathrm{d}}{\mathrm{d}t}\frac{\boldsymbol{n}\cdot\boldsymbol{r}}{r} = \frac{(\boldsymbol{n}\cdot\dot{\boldsymbol{r}})r - (\boldsymbol{n}\cdot\boldsymbol{r})\frac{\mathrm{d}r}{\mathrm{d}t}}{r^2} = \frac{(\boldsymbol{n}\cdot\dot{\boldsymbol{r}})r - (\boldsymbol{n}\cdot\boldsymbol{r})\left(\dot{\boldsymbol{r}}\cdot\frac{\boldsymbol{r}}{r}\right)}{r^2}$$

$$= \frac{(\boldsymbol{n}\cdot\dot{\boldsymbol{r}})r^2 - (\boldsymbol{n}\cdot\boldsymbol{r})(\dot{\boldsymbol{r}}\cdot\boldsymbol{r})}{r^3}$$

gilt, wobei

$$\frac{\mathrm{d}r}{\mathrm{d}t} = \frac{\mathrm{d}r_i}{\mathrm{d}t}\frac{\mathrm{d}r}{\mathrm{d}r_i} = \dot{\boldsymbol{r}}\cdot\frac{\boldsymbol{r}}{r}$$

ausgenutzt wurde, lässt sich der gefundene Ausdruck weiter zu

$$\frac{\alpha}{r'} = \frac{\alpha}{r} + \frac{1}{2}\epsilon\frac{\mathrm{d}}{\mathrm{d}t}\left(m\alpha\frac{\boldsymbol{n}\cdot\boldsymbol{r}}{r}\right)$$

umformen, weshalb für die potentielle Energie

$$U(r) = -\frac{\alpha}{r} \rightarrow U(r') = -\frac{\alpha}{r'} = U(r) - \frac{1}{2}\epsilon\frac{\mathrm{d}}{\mathrm{d}t}\left(m\alpha\frac{\boldsymbol{n}\cdot\boldsymbol{r}}{r}\right)$$

gilt.

Für die kinetische Energie kann

$$\frac{\mathrm{d}\boldsymbol{r}'}{\mathrm{d}t'} = \frac{\mathrm{d}\boldsymbol{r}'}{\mathrm{d}t} = \dot{\boldsymbol{r}}' = \dot{\boldsymbol{r}} + \epsilon\dot{\boldsymbol{\psi}}$$

$$\Rightarrow \quad \dot{\boldsymbol{r}}'^2 = \dot{\boldsymbol{r}}^2 + 2\epsilon\dot{\boldsymbol{r}}\cdot\dot{\boldsymbol{\psi}} + \mathcal{O}(\epsilon^2)$$

betrachtet werden. Der Ausdruck $\dot{\psi}$ lässt sich als

$$\dot{\psi} = m\left(\ddot{r}(n \cdot r) + \dot{r}(n \cdot \dot{r}) - \frac{1}{2}\dot{r}(n \cdot \dot{r}) - \frac{1}{2}r(n \cdot \ddot{r}) - \frac{1}{2}\dot{r}^2 n - \frac{1}{2}(r \cdot \ddot{r})n\right)$$

$$= m\left(\ddot{r}(n \cdot r) + \frac{1}{2}\dot{r}(n \cdot \dot{r}) - \frac{1}{2}r(n \cdot \ddot{r}) - \frac{1}{2}\dot{r}^2 n - \frac{1}{2}(r \cdot \ddot{r})n\right)$$

ermitteln. Da die Lagrange-Funktion die Bewegungsgleichung

$$m\ddot{r} = F(r) = -\frac{\alpha}{r^3}r$$

ergibt, kann $\dot{\psi}$ weiter zu

$$\dot{\psi} = -\frac{\alpha}{r^3}r(n \cdot r) + \frac{1}{2}m\dot{r}(n \cdot \dot{r}) + \frac{\alpha}{2r^3}r(n \cdot r) - \frac{1}{2}m\dot{r}^2 n + \frac{\alpha}{2r^3}r^2 n$$

$$= -\frac{\alpha}{2r^3}r(n \cdot r) + \frac{1}{2}m\dot{r}(n \cdot \dot{r}) - \frac{1}{2}m\dot{r}^2 n + \frac{\alpha}{2r}n$$

vereinfacht werden. Im Skalarprodukt mit $\dot{r}$ kann so

$$\dot{r} \cdot \dot{\psi} = -\frac{\alpha}{2r^3}(\dot{r} \cdot r)(n \cdot r) + \frac{1}{2}m\dot{r}^2(n \cdot \dot{r}) - \frac{1}{2}m\dot{r}^2(\dot{r} \cdot n) + \frac{\alpha}{2r}(\dot{r} \cdot n)$$

$$= \frac{\alpha}{2}\frac{(n \cdot \dot{r})r^2 - (\dot{r} \cdot r)(n \cdot r)}{r^3} = \frac{1}{2}\frac{\mathrm{d}}{\mathrm{d}t}\left(\alpha\frac{n \cdot r}{r}\right)$$

gefunden werden. Dabei wurde im letzten Schritt die gleiche Beobachtung über

$$\frac{\mathrm{d}}{\mathrm{d}t}\frac{n \cdot r}{r}$$

wie in der Rechnung zur potentiellen Energie verwendet. Damit kann für die kinetische Energie insgesamt

$$T(\dot{r}) \to T(\dot{r}') = \frac{1}{2}m\dot{r}^2 + \epsilon\, m\dot{r} \cdot \dot{\psi} = T(\dot{r}) + \frac{1}{2}\epsilon\frac{\mathrm{d}}{\mathrm{d}t}\left(m\alpha\frac{n \cdot r}{r}\right)$$

gefunden werden.

Insgesamt erfüllt die Lagrange-Funktion also den Zusammenhang

$$L \to L\left(r', \frac{\mathrm{d}r'}{\mathrm{d}t'}, t'\right) = T + \frac{1}{2}\epsilon\frac{\mathrm{d}}{\mathrm{d}t}\left(m\alpha\frac{n \cdot r}{r}\right) - U + \frac{1}{2}\epsilon\frac{\mathrm{d}}{\mathrm{d}t}\left(m\alpha\frac{n \cdot r}{r}\right)$$

$$= L + \epsilon\frac{\mathrm{d}}{\mathrm{d}t}\left(m\alpha\frac{n \cdot r}{r}\right)$$

weshalb auch

$$\frac{\mathrm{d}}{\mathrm{d}\epsilon}\left[\frac{\mathrm{d}t'}{\mathrm{d}t}L\left(r', \frac{\mathrm{d}r'}{\mathrm{d}t'}, t'\right)\right]_{\epsilon=0} = \frac{\mathrm{d}}{\mathrm{d}t}\left(m\alpha\frac{n \cdot r}{r}\right)$$

gefunden werden kann.

(d) **(7 Punkte)** Verwenden Sie das erweiterte Noether-Theorem um die erhaltene Größe der Transformation aus Teilaufgabe (c) zu finden. Um welche Größe handelt es sich?

Lösungsvorschlag:
Das erweiterte Noether-Theorem besagt, dass eine infinitesimale Transformation, unter der

$$\frac{\mathrm{d}}{\mathrm{d}\epsilon}\left[\frac{\mathrm{d}t'}{\mathrm{d}t}L\left(\boldsymbol{r}',\frac{\mathrm{d}\boldsymbol{r}'}{\mathrm{d}t'},t'\right)\right]_{\epsilon=0} = \frac{\mathrm{d}}{\mathrm{d}t}f(\boldsymbol{r},t)$$

gilt, die Erhaltungsgröße

$$Q = \boldsymbol{p}\cdot\boldsymbol{\psi} - \phi H - f(\boldsymbol{r},t)$$

nach sich zieht. Im vorliegenden Fall ist f durch

$$f(\boldsymbol{r},t) = m\alpha\frac{\boldsymbol{n}\cdot\boldsymbol{r}}{r}$$

gegeben. Mit $\boldsymbol{p} = m\dot{\boldsymbol{r}}$ lässt sich auch das Skalarprodukt

$$\begin{aligned}
\boldsymbol{p}\cdot\boldsymbol{\psi} &= m^2\left(\dot{r}^2(\boldsymbol{n}\cdot\boldsymbol{r}) - \frac{1}{2}(\dot{\boldsymbol{r}}\cdot\boldsymbol{r})(\boldsymbol{n}\cdot\dot{\boldsymbol{r}}) - \frac{1}{2}(\boldsymbol{r}\cdot\dot{\boldsymbol{r}})(\boldsymbol{n}\cdot\dot{\boldsymbol{r}})\right)\\
&= m^2\left(\dot{r}^2(\boldsymbol{n}\cdot\boldsymbol{r}) - (\dot{\boldsymbol{r}}\cdot\boldsymbol{r})(\boldsymbol{n}\cdot\dot{\boldsymbol{r}})\right)\\
&= p^2(\boldsymbol{n}\cdot\boldsymbol{r}) - (\boldsymbol{p}\cdot\boldsymbol{r})(\boldsymbol{n}\cdot\boldsymbol{p})\\
&= \boldsymbol{n}\cdot(\boldsymbol{r}\,p^2 - \boldsymbol{p}\,(\boldsymbol{p}\cdot\boldsymbol{r})) = \boldsymbol{n}\cdot(\boldsymbol{p}\times(\boldsymbol{r}\times\boldsymbol{p}))
\end{aligned}$$

bestimmen. Dabei wurde im letzten Schritt die bac-cab-Regel

$$\boldsymbol{a}\times(\boldsymbol{b}\times\boldsymbol{c}) = \boldsymbol{b}(\boldsymbol{a}\cdot\boldsymbol{c}) - \boldsymbol{c}(\boldsymbol{a}\cdot\boldsymbol{b})$$

verwendet. Da $\phi = 0$ ist, muss die Erhaltungsgröße durch

$$\begin{aligned}
Q &= \boldsymbol{p}\cdot\boldsymbol{\psi} - \phi H - f(\boldsymbol{r},t) = \boldsymbol{n}\cdot(\boldsymbol{p}\times(\boldsymbol{r}\times\boldsymbol{p})) - m\alpha\frac{\boldsymbol{n}\cdot\boldsymbol{r}}{r}\\
&= \boldsymbol{n}\left(\boldsymbol{p}\times(\boldsymbol{r}\times\boldsymbol{p})) - m\alpha\frac{\boldsymbol{r}}{r}\right) = \boldsymbol{n}\cdot\boldsymbol{A}
\end{aligned}$$

gegeben sein. Der Vektor $\boldsymbol{n}$ ist beliebig, so dass bereits der Vektor

$$\boldsymbol{A} = \boldsymbol{p}\times(\boldsymbol{r}\times\boldsymbol{p}) - m\alpha\frac{\boldsymbol{r}}{r}$$

konstant sein muss. Mit dem Drehimpuls $\boldsymbol{J}$ aus Teilaufgabe (b) lässt sich der Vektor $\boldsymbol{A}$ auch durch

$$\boldsymbol{A} = \boldsymbol{p}\times\boldsymbol{J} - m\alpha\frac{\boldsymbol{r}}{r}$$

ausdrücken. Es handelt sich um den Laplace-Runge-Lenz-Vektor.

3.12 Lösung zur Klausur XII – Analytische Mechanik – schwer

Hinweise

Aufgabe 1 - Kurzfragen

(a) Welche Gleichung müssen Eigenvektoren erfüllen? Wie lautet der Minus-Eins-Ergänzungstrick?

(b) Wie sieht die totale Zeitableitung von H aus? Was sagt die Euler-Lagrange-Gleichung über verschiedene Ableitungen von L aus?

(c) Wie ist eine Legendre-Transformation in q_i definiert? Wie lassen sich zwei Weisen angeben, um das totale Differential von F_4 zu bestimmen?

(d) Wie ist das Trägheitsmoment definiert? Warum ist die Massendichte durch

$$\rho(\boldsymbol{r}) = \frac{m}{\pi R^4} r \Theta(R - r)$$

gegeben? Bedenken Sie auch, dass $r_\perp = R \sin(\theta)$ gilt.

(e) Wie ist der Schwerpunkt eines Systems definiert? Welcher Zusammenhang zwischen $\boldsymbol{r}_1$ und $\boldsymbol{r}_2$ ergibt sich damit? Sie sollten $H = \frac{J^2}{2I}$ erhalten.

Aufgabe 2 - Variation der optischen Weglänge

(a) Wie lässt sich das Wegelement $\mathrm{d}s$ durch $\mathrm{d}x$ und $\mathrm{d}y$ ausdrücken?

(b) Gibt es zyklische Größen in der Lagrange-Funktion? Lässt sich eine Differentialgleichung erster Ordnung durch Trennung der Variablen lösen?

(c) Was ist für $x < x_A$ der Zusammenhang zwischen y' und k? Ist im Fall $x > x_A$ eine Substitution der Art $n = |k| \cosh(\tau)$ sinnvoll und nützlich?

(d) Wie hängen Hamilton-Funktion und Lagrange-Funktion zusammen? Sie sollten $H = -\sqrt{n^2 - k^2}$ erhalten.

(e) Was für ein Zusammenhang besteht zwischen H und χ? Was für ein Zusammenhang besteht zwischen k und χ? Verwenden Sie die Definition

$$\nabla \chi = \begin{pmatrix} \frac{\partial}{\partial x} \\ \frac{\partial}{\partial y} \end{pmatrix} \chi = \begin{pmatrix} \frac{\partial \chi}{\partial x} \\ \frac{\partial \chi}{\partial y} \end{pmatrix}$$

für den zweidimensionalen Gradient $\nabla \chi$.

Aufgabe 3 - Zwangskräfte auf der Achterbahn

(a) Wie lassen sich x und y in Zylinder-Koordinaten ausdrücken? Welche Identifikationen sind damit möglich? Was passiert nach einem Umlauf mit z?

(b) Wie ist die Geschwindigkeit $\dot{\vec{r}}$ in Zylinder-Koordinaten definiert? Sie sollten die Lagrange-Funktion

$$L = \frac{1}{2}m(\dot{s}^2 + s^2\dot{\phi}^2 + \dot{z}^2) - mgz + \lambda_1(s - R) + \lambda_2(z - h'\phi)$$

finden.

(c) Wie sehen die Komponenten der Beschleunigung $\ddot{\vec{r}}$ in Zylinder-Koordinaten aus? Was sagt das zweite Newton'sche Gesetz über den Zusammenhang zwischen Beschleunigung und Kräften aus? Welche Kräfte beinhalten Lagrange-Multiplikatoren und sind daher Zwangskräfte?

(d) Sie sollten die Lagrange-Multiplikatoren

$$\lambda_1 = -m\frac{R}{h'^2}\dot{z}^2 \qquad \lambda_2 = \frac{R^2}{R^2 + h'^2}mg$$

finden.

(e) Wie ist die Geschwindigkeit in Zylinder-Koordinaten definiert? Wie lassen sich die Zwangsbedingungen verwenden, um diese zu vereinfachen? Sie sollten als Zwischenergebnis

$$\dot{z}^2 = \frac{h'^2}{h'^2 + R^2}\vec{v}^2$$

finden. Wieso ist die Energie im System erhalten und wie ist sie definiert? Welche Energie hat das Teilchen bei $z = 0$? Wie lässt sich $x^2 \geq 0$ für beliebige $x \in \mathbb{R}$ nutzen, um die maximale Höhe zu bestimmen?

(f) Wie lassen sich die Ergebnisse der bisherigen Teilaufgaben kombinieren, um

$$G_s = -\frac{R^2}{R^2 + h'^2}\left(\frac{v_0^2}{gR} - 2\frac{z}{R}\right)$$

$$G_\phi = -\frac{Rh'}{R^2 + h'^2} \qquad G_z = \frac{R^2}{R^2 + h'^2}$$

zu erhalten? Lassen sich die Kräfte G_z und G_ϕ mit denen auf einer schiefen Ebene vergleichen?

Aufgabe 4 - Drehungen mit Poisson-Klammern

(a) Wie lauten die fundamentalen Poisson-Klammern? Wie lassen sich die zu betrachtenden Poisson-Klammern auf die fundamentalen Poisson-Klammern zurückführen?

(b) Wie lassen sich die Ergebnisse von Teilaufgabe (a) verwenden, um Rr_j und Rp_j und $\{J_i, H\}$ zu bestimmen? Wie verhalten sich skalare Größen und Vektorgrößen bei Drehungen um infinitesimale kleine Winkel?

(c) Lässt sich zunächst zeigen, dass

$$\{a_i J_i, \cdot\}^n S = 0 \quad n \geq 1$$

für ein beliebiges $a \in \mathbb{R}^3$ gilt? Wie ist die Taylor-Reihe einer Exponentialfunktion definiert?

(d) Wie lässt sich aus der Poisson-Klammer die Bedingung

$$p \times \nabla_p S + r \times \nabla_r S = 0$$

herleiten? Wie lässt sich $J^2 = (r \times p)^2$ noch ausdrücken?

(e) Wieso sind die Zusammenhänge

$$\{n \cdot J, A\} = -n \times A$$
$$\{n \cdot J, n \times A\} = -n \times (n \times A)$$
$$\{n \cdot J, n(n \cdot A)\} = 0$$

gültig? Lassen sich damit die gegebenen Aussagen beweisen? Sie können den Rest der Aufgabe auch bearbeiten, ohne diese Aussagen bewiesen zu haben. (Sie sollten sich dann aber 6 Punkte abziehen) Wie sind die Potenzreihen von Sinus und Kosinus definiert?

(f) Welche Aussage trifft das Noether-Theorem über den Drehimpuls bei einer Symmetrie unter Drehungen?

Lösungen

Aufgabe 1   **25 *Punkte***

Kurzfragen

(a) **(5 Punkte)** Bestimmen Sie die Eigenvektoren der Matrix $M = \begin{pmatrix} 2 & 1 \\ 1 & -1 \end{pmatrix}$. Sie dürfen

verwenden, dass die Eigenwerte $2\lambda_\pm = 1 \pm \sqrt{13}$ sind.

Lösungsvorschlag:
Die Eigenvektoren $v_\pm$ einer Matrix müssen die Gleichung

$$(M - \lambda_\pm \mathbb{1})v_\pm = 0$$

erfüllen. Die darin auftretende Matrix $M - \lambda_\pm \mathbb{1}$ kann zu

$$M - \lambda_\pm \mathbb{1} = \begin{pmatrix} \frac{3 \mp \sqrt{13}}{2} & 1 \\ 1 & \frac{-3 \mp \sqrt{13}}{2} \end{pmatrix}$$

bestimmt werden. Durch Ähnlichkeitstransformationen und da bei Eigenvektoren stets eine Nullzeile entstehen muss kann diese Matrix auf

$$\begin{pmatrix} \frac{3 \mp \sqrt{13}}{2} & 1 \\ 1 & \frac{-3 \mp \sqrt{13}}{2} \end{pmatrix} \rightsquigarrow \begin{pmatrix} 3 \mp \sqrt{13} & 2 \\ 0 & 0 \end{pmatrix} \rightsquigarrow \begin{pmatrix} 1 & \frac{2}{3 \mp \sqrt{13}} \\ 0 & 0 \end{pmatrix}$$

umgeformt werden. Mit dem Minus-Eins-Ergänzungs-Trick können so die Eigenvektoren

$$v_\pm = \begin{pmatrix} -2 \\ 3 \mp \sqrt{13} \end{pmatrix}$$

gefunden werden.

(b) **(5 Punkte)** Zeigen Sie, dass die Größe

$$H = \sum_{i=1}^{f} \frac{\partial L}{\partial \dot{q}_i} \dot{q}_i - L$$

erhalten ist, wenn die Lagrange-Funktion L nicht explizit von der Zeit abhängt.

Lösungsvorschlag:
Die totale Zeitableitung von H ist unter Verwendung der Einstein'schen Summenkon-

vention durch

$$\frac{\mathrm{d}H}{\mathrm{d}t} = \left(\frac{\mathrm{d}}{\mathrm{d}t} \frac{\partial L}{\partial \dot{q}_i} \right) \dot{q}_i + \frac{\partial L}{\partial \dot{q}_i} \ddot{q}_i - \frac{\mathrm{d}L}{\mathrm{d}t}$$

$$= \left(\frac{\mathrm{d}}{\mathrm{d}t} \frac{\partial L}{\partial \dot{q}_i} \right) \dot{q}_i + \frac{\partial L}{\partial \dot{q}_i} \ddot{q}_i - \left(\frac{\partial L}{\partial q_i} \dot{q}_i + \frac{\partial L}{\partial \dot{q}_i} \ddot{q}_i + \frac{\partial L}{\partial t} \right)$$

$$= \left(\frac{\mathrm{d}}{\mathrm{d}t} \frac{\partial L}{\partial \dot{q}_i} \right) \dot{q}_i - \frac{\partial L}{\partial q_i} \dot{q}_i - \frac{\partial L}{\partial t}$$

gegeben. Da nun die Euler-Lagrange-Gleichung besagt, dass

$$\frac{\mathrm{d}}{\mathrm{d}t} \frac{\partial L}{\partial \dot{q}_i} = \frac{\partial L}{\partial q_i}$$

gilt, lässt sich der gefundene Ausdruck weiter auf

$$\frac{\mathrm{d}H}{\mathrm{d}t} = -\frac{\partial L}{\partial t}$$

vereinfachen. Ist L nicht explizit von der Zeit abhängig, so ist in der Tat

$$\frac{\mathrm{d}H}{\mathrm{d}t} = 0$$

gültig, weshalb es sich bei H um eine Erhaltungsgröße handeln muss.

(c) **(5 Punkte)** Überführen Sie die Erzeugende $F_2(\boldsymbol{q}, \boldsymbol{P}, t)$ einer kanonische Transformation in eine Erzeugende der Art $F_4(\boldsymbol{p}, \boldsymbol{P}, t)$. Wie lassen sich q_i, Q_i und $\tilde{H}$ aus F_4 bestimmen?

Lösungsvorschlag:
Bei einer Erzeugenden des Typs F_2 sind die Zusammenhänge

$$p_i = \frac{\partial F_2}{\partial q_i} \qquad Q_i = \frac{\partial F_2}{\partial P_i} \qquad \tilde{H} - H = \frac{\partial F_2}{\partial t}$$

gültig. Um eine Erzeugende der Art $F_4(\boldsymbol{p}, \boldsymbol{P}, t)$ zu konstruieren, muss eine Legendre-Transformation

$$F_4 = F_2 - q_i \frac{\partial F_2}{\partial q_i} = F_2 - q_i p_i$$

durchgeführt werden. Das totale Differential von F_4 kann daher durch

$$\mathrm{d}F_4 = \mathrm{d}F_2 - q_i \, \mathrm{d}p_i - p_i \, \mathrm{d}q_i$$

$$= \frac{\partial F_2}{\partial q_i} \, \mathrm{d}q_i + \frac{\partial F_2}{\partial P_i} \, \mathrm{d}P_i + \frac{\partial F_2}{\partial t} \, \mathrm{d}t - q_i \, \mathrm{d}p_i - p_i \, \mathrm{d}q_i$$

$$= p_i \, \mathrm{d}q_i + Q_i \, \mathrm{d}P_i + (\tilde{H} - H) \, \mathrm{d}t - q_i \, \mathrm{d}p_i - p_i \, \mathrm{d}q_i$$

$$= -q_i \, \mathrm{d}p_i + Q_i \, \mathrm{d}P_i + (\tilde{H} - H) \, \mathrm{d}t$$

bestimmt werden. Auf der anderen Seite muss das totale Differential von F_4 durch

$$\mathrm{d}F_4 = \frac{\partial F_4}{\partial p_i}\,\mathrm{d}p_i + \frac{\partial F_4}{\partial P_i}\,\mathrm{d}P_i + \frac{\partial F_4}{\partial t}\,\mathrm{d}t$$

gegeben sein. Ein direkter Vergleich lässt die Identifikationen

$$q_i = -\frac{\partial F_4}{\partial p_i} \qquad Q_i = \frac{\partial F_4}{\partial P_i} \qquad \tilde{H} - H = \frac{\partial F_4}{\partial t}$$

zu.

(d) **(5 Punkte)** Bestimmen Sie das Trägheitsmoment einer Kugel, bei der die Massendichte mit dem Radius linear zunimmt als Funktion ihrer Masse m und ihres Radius R.

Lösungsvorschlag:
Die Massendichte der Kugel lässt sich zunächst durch

$$\rho(\boldsymbol{r}) = \rho_0 \frac{r}{R}\Theta(R - r)$$

angeben. Die Gesamtmasse kann durch

$$m = \int \mathrm{d}^3 r\,\rho(\boldsymbol{r}) = \frac{\rho_0}{R}\int\limits_0^{2\pi}\mathrm{d}\phi \int\limits_{-1}^{1}\mathrm{d}\cos(\theta) \int\limits_0^{R}\mathrm{d}r\,r^3 = \frac{4\pi\rho_0}{R}\int\limits_0^{R}\mathrm{d}r\,r^3 = \pi R^3 \rho_0$$

bestimmt werden. Die Massendichte muss daher durch

$$\rho(\boldsymbol{r}) = \frac{m}{\pi R^4} r\Theta(R - r)$$

gegeben sein. Da das Trägheitsmoment durch

$$I = \int \mathrm{d}^3 r\,\rho(\boldsymbol{r})r_\perp^2 = \int\limits_0^{2\pi}\mathrm{d}\phi \int\limits_{-1}^{1}\mathrm{d}\cos(\theta) \int\limits_0^{\infty}\mathrm{d}r\,r^2\rho(\boldsymbol{r})r_\perp^2$$

definiert ist und $r_\perp = r\sin(\theta)$ gilt, muss somit auch

$$I = \frac{m}{\pi R^4}\int\limits_0^{2\pi}\mathrm{d}\phi \int\limits_{-1}^{1}\mathrm{d}\cos(\theta)\,(1 - \cos^2(\theta)) \int\limits_0^{R}\mathrm{d}r\,r^5$$

$$= \frac{m}{\pi R^4}\cdot 2\pi \cdot \left(2\int\limits_0^{1}\mathrm{d}u\,(1 - u^2)\right)\cdot\frac{1}{6}R^6$$

$$= \frac{2}{3}mR^2\left(1 - \frac{1}{3}\right) = \frac{4}{9}mR^2$$

gelten.

(e) (**5 Punkte**) Betrachten Sie ein System aus zwei Massen m_1 und m_2, die sich im festen Abstand d um ihren gemeinsamen Schwerpunkt drehen. Bestimmen Sie aus der Lagrange-Funktion die Hamilton-Funktion dieses Systems, als Funktion des Drehimpulses J und des Trägheitsmoment

$$I = \frac{m_1 m_2}{m_1 + m_2} d^2$$

des Systems.

Lösungsvorschlag:
Die kinetische Energie des Systems ist durch

$$T = \frac{1}{2} m_1 \dot{\boldsymbol{r}}_1^2 + \frac{1}{2} m_2 \dot{\boldsymbol{r}}_2^2$$

gegeben. Da die beiden Massen im festen Abstand d um ihren Schwerpunkt rotieren, muss die Gleichung

$$m_1 \boldsymbol{r}_1 + m_2 \boldsymbol{r}_2 = \mathbf{0}$$

gegeben sein, womit sich aus

$$\boldsymbol{r}_1 = -\frac{m_2}{m_1} \boldsymbol{r}_2$$

die kinetische Energie

$$T = \frac{1}{2} \left(m_1 \frac{m_2^2}{m_1^2} + m_2 \right) \dot{\boldsymbol{r}}_2^2 = \frac{1}{2} \frac{m_2}{m_1} (m_1 + m_2) \dot{\boldsymbol{r}}_2^2$$

bestimmen lässt. Weiter lässt sich mit

$$\boldsymbol{r} = \boldsymbol{r}_2 - \boldsymbol{r}_1 = d\hat{\boldsymbol{e}}_r$$

auch der Zusammenhang

$$d\hat{\boldsymbol{e}}_r = \boldsymbol{r}_2 + \frac{m_2}{m_1} \boldsymbol{r}_2 = \frac{m_1 + m_2}{m_1} \boldsymbol{r}_2$$

und damit

$$\dot{\boldsymbol{r}}_2 = \frac{m_1}{m_1 + m_2} d\dot{\phi}\hat{\boldsymbol{e}}_\phi$$

der Ausdruck

$$T = \frac{1}{2} \frac{m_2}{m_1} (m_1 + m_2) \cdot \left(\frac{m_1}{m_1 + m_2} \right)^2 d^2 \dot{\phi}^2 = \frac{1}{2} \frac{m_1 m_2}{m_1 + m_2} d^2 \dot{\phi}^2$$

für die kinetische Energie finden. Mit dem angegebenen Trägheitsmoment I lässt sich so die Lagrange-Funktion

$$L = T = \frac{1}{2} I \dot{\phi}^2$$

aufstellen. Der dazugehörende kanonische Impuls ist daher durch

$$p = \frac{\partial L}{\partial \dot{\phi}} = I\dot{\phi}$$

gegeben. Bei diesem handelt es sich um den Drehimpuls J. Somit kann die Hamilton-Funktion mittels

$$H = J \cdot \dot{\phi} - L = \frac{J^2}{I} - \frac{J^2}{2I} = \frac{J^2}{2I}$$

bestimmt werden. Das betrachtete System wird als starrer Rotator bezeichnet.

Aufgabe 2 25 *Punkte*

Variation der optischen Weglänge

In dieser Aufgabe soll die zweidimensionale Bewegung eines Lichtstrahls in einem Medium mit sich kontinuierlich verändernden Brechungsindex $n(x,y) \geq 1$ ermittelt werden. Dazu wird die Variation der optischen Weglänge

$$\chi = c \int_{t_A}^{t_B} \mathrm{d}t \; = \int_{r_A}^{r_B} \mathrm{d}s \; n(x,y)$$

gemäß des Fermat'schen Prinzips betrachtet.

(a) **(2 Punkte)** Drücken Sie die optische Weglänge durch ein Funktional der Form

$$\chi[y(x)] = \int_{x_A}^{x_B} \mathrm{d}x \; L(y,y',x)$$

aus und ermitteln Sie die darin auftretende Lagrange-Funktion $L(y,y',x)$.

Lösungsvorschlag:
Da für das Wegelement

$$(\mathrm{d}s)^2 = (\mathrm{d}x)^2 + (\mathrm{d}y)^2 = (\mathrm{d}x)^2 \left(1 + \left(\frac{\mathrm{d}y}{\mathrm{d}x}\right)^2\right)$$

$$\Rightarrow \quad \mathrm{d}s = \mathrm{d}x \sqrt{1 + \left(\frac{\mathrm{d}y}{\mathrm{d}x}\right)^2}$$

gilt, kann das Funktional

$$\chi = \int_{r_A}^{r_B} \mathrm{d}s \; n(x,y) = \int_{x_A}^{x_B} \mathrm{d}x \; n(x,y) \sqrt{1 + \left(\frac{\mathrm{d}y}{\mathrm{d}x}\right)^2}$$

und daher die Lagrange-Funktion

$$L(y,y',x) = n(x,y)\sqrt{1 + y'^2}$$

gefunden werden.

(b) **(7 Punkte)** Nehmen Sie an, dass der Brechungsindex nur von x abhängig ist. Welche Größe k ist demnach erhalten? Welcher Erhaltungsgröße würde diese bei einem mechanischen System entsprechen? Zeigen Sie, dass sich dadurch

$$y(x) = y_A + \int_{x_A}^{x} \mathrm{d}u \; \frac{k}{\sqrt{(n(u))^2 - k^2}}$$

finden lässt.

Lösungsvorschlag:
Mit $n(x, y) = n(x)$ ist auch

$$L(y, y', x) = n(x)\sqrt{1 + y'^2}$$

gültig. Die Lagrange-Funktion hängt damit nicht von y ab. Da y somit eine zyklische Variable ist, ist der damit verbundene Impuls

$$k = P_y = \frac{\partial L}{\partial y'} = n(x)\frac{y'}{\sqrt{1 + y'^2}}$$

erhalten. In einem mechanischen System, würde es sich um den zur verallgemeinerten Variable q gehörenden kanonischen Impuls handeln. Da k erhalten ist, lässt sich die gefundene Gleichung nach y' mittels

$$k^2 = \frac{n^2 y'^2}{1 + y'^2} \quad \Rightarrow \quad k^2(1 + y'^2) = n^2 y'^2$$

$$\Rightarrow \quad y'^2(n^2 - k^2) = k^2 \quad \Rightarrow \quad y'^2 = \frac{k^2}{n^2 - k^2}$$

$$\Rightarrow \quad y' = \frac{k}{\sqrt{(n(x))^2 - k^2}}$$

umstellen. Im letzten Schritt wurde dabei ausgenutzt, dass y' und k wegen $n(x) \geq 1$ das selbe Vorzeichen haben müssen. Diese Differentialgleichung erster Ordnung lässt sich nun durch einfaches Integrieren lösen, um so

$$\int_{y_A}^{y} d\tilde{y} = \int_{x_A}^{x} du \, \frac{k}{\sqrt{(n(u))^2 - k^2}}$$

$$\Rightarrow \quad y = y_A + \int_{x_A}^{x} du \, \frac{k}{\sqrt{(n(u))^2 - k^2}}$$

zu erhalten.

(c) **(9 Punkte)** Betrachten Sie nun den Brechungsindex

$$n(x) = 1 + \alpha(x - x_A) \cdot \Theta(x - x_A)$$

und bestimmen Sie für diesen $y(x)$ jeweils in den Bereichen $x < x_A$ und $x > x_A$.

Lösungsvorschlag:
Zunächst kann der Bereich $x < x_A$ betrachtet werden. Hier ist $\Theta(x - x_A) = 0$ und somit $n(x) = 1$. Damit ist das Integral

$$\int_{x_A}^{x} du \, \frac{k}{\sqrt{1 - k^2}} = \frac{k}{\sqrt{1 - k^2}}(x - x_A)$$

zu bestimmen. es handelt sich daher um einen geradlinig verlaufenden Lichtstrahl. Da auch

$$y'_A = y'(x_A) = \frac{k}{\sqrt{(n(x_A))^2 - k^2}}$$

gefunden werden kann, kann stattdessen auch zusammenfassend

$$y(x) = y_A + y'_A(x - x_A)$$

geschrieben werden. [1]
Für den Fall $x > x_A$ ist das Integral

$$\int\limits_{x_A}^{x} du \, \frac{k}{\sqrt{(1 + \alpha(u - x_A))^2 - k^2}}$$

zu lösen. Dazu kann zunächst die Substitution $n = 1 + \alpha(u - x_A)$ betrachtet werden, um stattdessen das Integral

$$\int\limits_{x_A}^{x} du \, \frac{k}{\sqrt{(1 + \alpha(x - x_A))^2 - k^2}} = \frac{1}{\alpha} \int\limits_{1}^{n(x)} dn \, \frac{k}{\sqrt{n^2 - k^2}}$$

zu erhalten. Mit der Substitution $n = |k| \cosh(\tau)$ lässt sich dann auch das Integral

$$\frac{1}{\alpha} \int\limits_{1}^{n(x)} dn \, \frac{k}{\sqrt{v^2 - k^2}} = \frac{k}{\alpha} \int\limits_{\tau(1)}^{\tau(n)} d\tau \, |k| \frac{\sinh(\tau)}{\sqrt{k^2 \cosh^2(\tau) - k^2}} = \frac{k}{\alpha} \int\limits_{\tau(1)}^{\tau(n)} d\tau$$

$$= \frac{k}{\alpha} \left(\text{Arcosh}\left(\frac{1 + \alpha(x - x_A)}{|k|} \right) - \text{Arcosh}\left(\frac{1}{|k|} \right) \right)$$

finden. Darin ist $\tau(n) = \text{Arcosh}\left(\frac{n}{|k|} \right)$. [2]

(d) (**4 Punkte**) Finde Sie die zu L gehörende Hamilton-Funktion und bestimmen Sie die Hamilton'schen Bewegungsgleichungen.

Lösungsvorschlag:
Die Hamilton-Funktion H wird mittels einer Legendre-Transformation gefunden und muss daher aus

$$H = ky' - L$$

---

[1]Das ist in dieser Form tatsächlich nur möglich, da $n(x)$ stetig und y stetig differenzierbar ist.
[2]Es ist zu beachten, dass $|k|$ betrachtet werden muss, da im gewählten Bereich $n > 1$ gilt und wegen $\cosh(\tau) \geq 1$ das gleiche Vorzeichen gewährleistet sein muss. Durch diese Einschränkung wird auch der $\sinh(\tau)$ auf seinen positiven Definitionsbereich eingeschränkt.

ermittelt werden. Es bietet sich dabei an y' direkt über k mittels

$$y' = \frac{k}{\sqrt{n^2 - k^2}}$$

auszudrücken, um so

$$H = k\frac{k}{\sqrt{n^2 - k^2}} - n\sqrt{1 + \frac{k^2}{n^2 - k^2}} = \frac{k^2}{\sqrt{n^2 - k^2}} - \frac{n^2}{\sqrt{n^2 - k^2}} = -\sqrt{n^2 - k^2}$$

zu finden. Hierin ist zunächst noch $n = n(x, y)$. Daher werden die kanonischen Bewegungsgleichungen durch

$$y' = \frac{\partial H}{\partial k} = -\frac{-2k}{2\sqrt{n^2 - k^2}} = \frac{k}{\sqrt{n^2 - k^2}} \qquad k' = -\frac{\partial H}{\partial y} = \frac{n}{\sqrt{n^2 - k^2}} \cdot \frac{\partial n}{\partial y}$$

gegeben sein.

(e) **(3 Punkte)** Nehmen Sie nun eine kanonische Transformation mit der erzeugenden $\chi(y, K, x)$ vor, welche die neue Hamilton-Funktion $\tilde{H} = 0$ erzeugt. Dabei sollen Y und K die neuen Koordinaten bzw. Impulse sein. Leiten Sie so die Hamilton-Jacobi-Gleichung her und zeigen Sie, dass diese der Eikonal-Gleichung

$$(\nabla\chi)^2 = n^2$$

entspricht.

Lösungsvorschlag:
Die neue Hamilton-Funktion ist durch

$$\tilde{H} = H + \frac{\partial \chi}{\partial x} = 0$$

gegeben, weshalb für die Erzeugende $H = -\frac{\partial \chi}{\partial x}$ gelten muss. Darüber hinaus lassen sich die alten Impulse k über $k = \frac{\partial \chi}{\partial y}$ ermitteln. Dies lässt sich nun in die Hamilton-Funktion

$$H = -\sqrt{n^2 - k^2}$$

einsetzen, um die Hamilton-Jacobi-Gleichung

$$-\frac{\partial \chi}{\partial x} = -\sqrt{n^2 - \left(\frac{\partial \chi}{\partial y}\right)^2}$$

zu erhalten. Diese Gleichung kann quadriert werden, um so

$$\left(\frac{\partial \chi}{\partial x}\right)^2 = n^2 - \left(\frac{\partial \chi}{\partial y}\right)^2 \quad \Rightarrow \quad \left(\frac{\partial \chi}{\partial x}\right)^2 + \left(\frac{\partial \chi}{\partial y}\right)^2 = n^2$$

zu finden. Wegen

$$\nabla \chi = \begin{pmatrix} \frac{\partial \chi}{\partial x} \\ \frac{\partial \chi}{\partial y} \end{pmatrix} \quad \Rightarrow \quad \left(\frac{\partial \chi}{\partial x} \right)^2 + \left(\frac{\partial \chi}{\partial y} \right)^2 = (\nabla \chi)^2$$

entspricht die gefundene Gleichung gerade der Eikonal-Gleichung, welche durch

$$(\nabla \chi)^2 = n^2$$

gegeben ist.

Aufgabe 3   **25 *Punkte***

Zwangskräfte auf der Achterbahn

In dieser Aufgabe sollen mit Hilfe der Lagrange-Gleichungen 1. Art die Zwangskräfte und daraus die g-Kräfte auf einer Achterbahn bestimmt werden. Dazu wird ein Teilchen der Masse m im Schwerefeld der Erde betrachtet, welches gewissen Zwangsbedingungen unterliegt, die dessen Kurve festlegt.
Das Teilchen soll den beiden Zwangsbedingungen

$$x = R \cos\left(\frac{z}{h'}\right) \qquad y = R \sin\left(\frac{z}{h'}\right)$$

unterliegen und sich stets reibungsfrei bewegen. Darin ist $h' = \frac{h}{2\pi}$ ein Parameter mit der Dimension einer Länge. Auf der Höhe $z = 0$ soll es die Geschwindigkeit $|\boldsymbol{v}| = v_0$ aufweisen.

(a) **(3 Punkte)** Interpretieren Sie die geometrische Bedeutung der beiden Zwangsbedingungen. Auf was für einer Bahn bewegt sich das Teilchen? Welche Bedeutung hat h?

Lösungsvorschlag:
Aus den Zwangsbedingungen kann auch

$$x^2 + y^2 = R^2 \cos^2\left(\frac{z}{h'}\right) + R^2 \sin^2\left(\frac{z}{h'}\right) = R^2$$

gefunden werden. Damit ist klar, dass sich das Teilchen in der xy-Ebene auf einem Kreis bewegt. Gleichzeitig lässt sich in Zylinderkoordinaten

$$x = s \cos(\phi) \qquad y = s \sin(\phi)$$

ausdrücken. Daher muss die Identifikation

$$s = R \qquad \psi = \frac{z}{h'} \quad \Rightarrow \quad z = h'\psi$$

gegeben sein. Das bedeutet mit zunehmendem ϕ nimmt auch z zu. Es handelt sich daher um eine Schrauben- bzw. Helixbahn. Da x und y bei $\phi = 0$ mit zunehmendem ϕ ebenfalls zunehmen, handelt es sich um eine rechtshändige Schraube.
Nach einem Umlauf $\Delta\phi = 2\pi$ wird die Höhe

$$\Delta z = h'\Delta\phi = 2\pi\frac{h}{2\pi} = h$$

überschritten. Damit gibt h die Ganghöhe, also den Höhenunterschied nach einem Umlauf an.

(b) **(2 Punkte)** Formulieren Sie die Zwangsbedingungen in Zylinderkoordinaten und stellen Sie die Lagrange-Funktion auf, indem Sie die Zwangsbedingungen durch Lagrange-Multiplikatoren hinzufügen.

Lösungsvorschlag:
Aus den Identifikationen aus Teilaufgabe (a) lassen sich die beiden Zwangsbedingungen

$$f_1(s) = s - R = 0 \qquad f_2(\phi, z) = z - h'\phi = 0$$

in Zylinderkoordinaten formulieren. Damit kann die Lagrange-Funktion

$$L = \frac{1}{2}m\dot{\boldsymbol{r}}^2 - mgz + \lambda_1 f_1 + \lambda_2 f_2$$

aufgestellt werden. Da die Geschwindigkeit in Zylinderkoordinaten durch

$$\dot{\boldsymbol{r}} = \dot{s}\hat{\boldsymbol{e}}_s + s\dot{\phi}\hat{\boldsymbol{e}}_\phi + \dot{z}\hat{\boldsymbol{e}}_z$$

gegeben ist und daher

$$\boldsymbol{v}^2 = \dot{\boldsymbol{r}}^2 = \dot{s}^2 + s^2\dot{\phi}^2 + \dot{z}^2$$

gilt, kann die Lagrange-Funktion auf

$$L = \frac{1}{2}m(\dot{s}^2 + s^2\dot{\phi}^2 + \dot{z}^2) - mgz + \lambda_1(s - R) + \lambda_2(z - h'\phi)$$

umgeformt werden.

(c) **(5 Punkte)** Stellen Sie mit der Euler-Lagrange-Gleichung die Bewegungsgleichungen auf. Wie hängen die Lagrange-Multiplikatoren in diesem Fall mit den Zwangskräften zusammen?

Lösungsvorschlag:
Die Euler-Lagrange-Gleichung

$$\frac{\mathrm{d}}{\mathrm{d}t}\frac{\partial L}{\partial \dot{q}_i} = \frac{\partial L}{\partial q_i}$$

erlaubt es die Gleichungen

$$\frac{\mathrm{d}}{\mathrm{d}t}\frac{\partial L}{\partial \dot{s}} = m\ddot{s} = \frac{\partial L}{\partial s} = ms\dot{\phi}^2 + \lambda_1$$

$$\frac{\mathrm{d}}{\mathrm{d}t}\frac{\partial L}{\partial \dot{\phi}} = \frac{\mathrm{d}}{\mathrm{d}t}\left(ms^2\dot{\phi}\right) = \frac{\partial L}{\partial \phi} = -h'\lambda_2$$

$$\frac{\mathrm{d}}{\mathrm{d}t}\frac{\partial L}{\partial \dot{z}} = m\ddot{z} = \frac{\partial L}{\partial z} = -mg + \lambda_2$$

aufzustellen. Daneben müssen die beiden Zwangsbedingungen

$$s = R \qquad z = h'\phi$$

erfüllt sein. Die Gleichung für s lässt sich zu

$$m\ddot{s} - ms\dot{\phi}^2 = \lambda_1$$

umformen. Da die linke Seite die Beschleunigungskomponente ma_s darstellt, muss auf der rechten Seite die Kraftkomponente bzgl. s stehen. Die einzige Kraft, die auftritt beinhalten einen Lagrange-Multiplikator und muss damit eine Zwangskraft sein. Somit kann die Zwangskraft

$$Z_s = \lambda_1$$

gefunden werden. Die dritte Gleichung

$$m\ddot{z} = -mg + \lambda_2$$

setzt sich auf der rechten Seite durch $-mg$ und λ_2 zusammen. Die rechte Seite entspricht der Beschleunigung in z-Richtung ma_z. Damit muss es sich bei dem Term mit dem Multiplikator um die Zwangskraft handeln, so dass

$$Z_z = \lambda_2$$

gelten muss. Die zweite Gleichung

$$\frac{\mathrm{d}}{\mathrm{d}t}\left(ms^2\dot{\phi}\right) = -h'\lambda_2$$

drückt auf der linken Seite

$$\frac{\mathrm{d}}{\mathrm{d}t}\left(ms^2\dot{\phi}\right) = m(2s\dot{s}\dot{\phi} + s^2\ddot{\phi})$$

das s-fache der Beschleunigungskomponente a_ϕ aus, weshalb

$$Z_\phi = -\frac{h'}{s}\lambda_2$$

die Zwangskraft in ϕ-Richtung darstellen muss. [3]

(d) **(3 Punkte)** Leiten Sie die Zwangsbedingungen zwei mal nach der Zeit ab und bestimmen Sie so die Lagrange-Multiplikatoren als Funktion von m, R, h', g und $\dot{z}$.

Lösungsvorschlag:
Die erste Zwangsbedingung

$$f_1 = s - R = 0$$

kann zweimal nach der Zeit abgeleitet werden, um

$$\ddot{s} = 0$$

zu erhalten. Damit kann wegen der Bewegungsgleichung von s direkt der Zusammenhang

$$\lambda_1 = -ms\dot{\phi}^2 = -mR\dot{\phi}^2$$

---

[3] Alternativ kann auch verwendet werden, dass $\boldsymbol{Z}_\alpha = \lambda_\alpha \boldsymbol{\nabla} f_\alpha$ gilt und der Gradient in Zylinder-Koordinaten durch $\boldsymbol{\nabla} = \hat{\boldsymbol{e}}_s\partial_s + \frac{1}{s}\hat{\boldsymbol{e}}_\phi\partial_\phi + \hat{\boldsymbol{e}}_z\partial_z$ gegeben ist, um die Zwangskräfte zu ermitteln.

gefunden werden. Wird nun die zweite Zwangsbedingung

$$f_2 = z - h'\phi = 0$$

einmal nach der Zeit abgeleitet, so muss auch der Zusammenhang

$$\dot\phi = \frac{\dot z}{h'}$$

gefunden werden. Dies kann in λ_1 eingesetzt werden, um

$$\lambda_1 = -m\frac{R}{h'^2}\dot z^2$$

zu erhalten. Damit bleibt noch λ_2 zu bestimmen. Zu diesem Zweck wird die Zwangs-bedingung f_2 zweimal nach der Zeit abgeleitet, um

$$\ddot\phi = \frac{\ddot z}{h'}$$

zu erhalten. Die Bewegungsgleichung von ϕ nimmt wegen $s = R$ die Form

$$\frac{\mathrm{d}}{\mathrm{d}t}\left(ms^2\dot\phi\right) = mR^2\ddot\phi = -h'\lambda_2$$

an. Daher kann der Zusammenhang

$$mR^2\frac{\ddot z}{h'} = -h'\lambda_2 \quad\Rightarrow\quad \lambda_2 = -\frac{R^2}{h'^2}m\ddot z$$

gefunden werden. Wird hierin nun die Bewegungsgleichung für z eingesetzt, lässt sich dieser Ausdruck auf

$$\lambda_2 = -\frac{R^2}{h'^2}(-mg + \lambda_2) \quad\Rightarrow\quad \left(1 + \frac{R^2}{h'^2}\right) = \frac{R^2}{h'^2}mg$$

$$\Rightarrow\quad \lambda_2 = \frac{R^2}{R^2 + h'^2}mg$$

umformen. Es handelt sich hierbei um eine Konstante, womit sofort klar wird, dass auch Z_z und Z_ϕ konstante Größen sein müssen.

(e) **(5 Punkte)** Stellen Sie einen Zusammenhang zwischen dem Quadrat der Geschwin-digkeit des Teilchens v^2 und dem Quadrat der vertikalen Geschwindigkeit $\dot z^2$ her. Verwenden Sie dann die Energieerhaltung, um $\dot z^2$ durch die momentane Höhe z aus-zudrücken. Was ist die maximal erreichbare Höhe z_{max}?

Lösungsvorschlag:
Das Quadrat der Geschwindigkeit in Zylinderkoordinaten ist durch

$$v^2 = \dot s^2 + s^2\dot\phi^2 + \dot z^2$$

gegeben, was bereits in Teilaufgabe (b) verwendet wurde. Werden nun die beiden Zwangsbedingungen

$$s = R \qquad \dot{\phi} = \frac{\dot{z}}{h'}$$

darauf angewandt, kann somit der Zusammenhang

$$\boldsymbol{v}^2 = R^2 \frac{\dot{z}^2}{h'^2} + \dot{z}^2 = \left(1 + \frac{R^2}{h'^2}\right)\dot{z}^2 \quad \Rightarrow \quad \dot{z}^2 = \frac{h'^2}{h'^2 + R^2}\boldsymbol{v}^2$$

gefunden werden. Da die betrachteten Zwangsbedingungen skleronom sind, ist auch die Energie erhalten. Sie ist durch

$$E = \frac{1}{2}m\boldsymbol{v}^2 + mgz = \frac{1}{2}mv_0^2$$

gegeben. Durch Umformen kann so der Zusammenhang

$$\boldsymbol{v}^2 = v_0^2 - 2gz$$

gefunden werden. Daher kann auch

$$\dot{z}^2 = \frac{h'^2}{h'^2 + R^2}\boldsymbol{v}^2 = \frac{h'^2}{h'^2 + R^2}(v_0^2 - 2gz)$$

ermittelt werden. Da

$$0 \le \dot{z}^2 = \frac{h'^2}{h'^2 + R^2}(v_0^2 - 2gz)$$

gelte muss, muss auch

$$0 \le v_0^2 - 2gz$$

und somit

$$z \le \frac{v_0^2}{2g} = z_{\max}$$

gültig sein.

(f) **(7 Punkte)** Bestimmen Sie die Zwangskräfte und damit die dimensionslosen g-Kräfte G_s, G_ϕ und G_z als Funktionen von z indem Sie die Zwangskräfte durch mg teilen. Interpretieren Sie ihr Ergebnis physikalisch. Betrachten Sie dazu im Besonderen die Fälle $z = 0$ und $z_{\max}$.

Lösungsvorschlag:
λ_2 war durch die Ergebnisse in Teilaufgabe (d) bereits durch

$$\lambda_2 = \frac{R^2}{R^2 + h'^2}mg$$

als Funktion von z vollständig bestimmt. Es bleibt

$$\lambda_1 = -m\frac{R}{h'^2}\dot{z}^2$$

durch die Ergebnisse aus der vorherigen Teilaufgabe auf

$$\lambda_1 = -m\frac{R}{h'^2} \cdot \frac{h'^2}{h'^2 + R^2}(v_0^2 - 2gz) = -mg\frac{R^2}{R^2 + h'^2}\left(\frac{v_0^2}{gR} - 2\frac{z}{R}\right)$$

um zu formen. Damit können die Zwangskräfte nun zu

$$Z_s = \lambda_1 = -mg\frac{R^2}{R^2 + h'^2}\left(\frac{v_0^2}{gR} - 2\frac{z}{R}\right)$$

$$Z_\phi = -\frac{h'}{s}\lambda_2 = -\frac{h'}{R}\lambda_2 = -mg\frac{Rh'}{R^2 + h'^2}$$

$$Z_z = \lambda_2 = mg\frac{R^2}{R^2 + h'^2}$$

bestimmt werden. Um die g-Kräfte zu erhalten, werden diese durch mg geteilt, um so

$$G_s = -\frac{R^2}{R^2 + h'^2}\left(\frac{v_0^2}{gR} - 2\frac{z}{R}\right)$$

$$G_\phi = -\frac{Rh'}{R^2 + h'^2} \qquad G_z = \frac{R^2}{R^2 + h'^2}$$

zu ermitteln.

Die Kräfte G_z und G_ϕ sind konstant. Für ein besseres Verständnis dieser Kräfte ist es hilfreich sich die Bewegung in einer abgerollten Mantelfläche des Zylinders, auf welchem die Helix liegt, zu betrachten. Bei einem Überstreichen der horizontalen Strecke $2\pi R$ wird die vertikale Distanz h in einer geraden Linie überwunden. Das daraus resultierende Steigungsdreieck lässt es zu, den Inklinationswinkel θ dieser Geraden als

$$\tan(\theta) = \frac{h}{2\pi R} = \frac{h'}{R}$$

zu ermitteln. Darüber hinaus können die Zusammenhänge

$$\sin(\theta) = \frac{h}{\sqrt{(2\pi)^2 R^2 + h^2}} = \frac{h'}{\sqrt{R^2 + h'^2}}$$

$$\cos(\theta) = \frac{2\pi R}{\sqrt{(2\pi)^2 R^2 + h^2}} = \frac{R}{\sqrt{R^2 + h'^2}}$$

gefunden werden. Damit lassen sich G_ϕ und G_z durch

$$G_z = \cos^2(\theta) \qquad G_\phi = -\sin(\theta)\cos(\theta)$$

ausdrücken. Befindet sich ein Körper der Masse m auf einer schiefen Ebene mit dem Inklinationswinkel θ, so ist die Normalenkraft darauf durch $F_N = mg\cos(\theta)$ gegeben.

Diese kann in einen vertikalen Anteil $F_{\mathrm{N},z}$ und einen horizontalen Anteil $F_{\mathrm{N},h}$ zerlegt werden. Diese sind dann durch

$$F_{\mathrm{N},z} = F_{\mathrm{N}} \cos(\theta) = mg \cos^2(\theta) \qquad F_{\mathrm{N},h} = F_{\mathrm{N}} \sin(\theta) = mg \cos(\theta) \sin(\theta)$$

gegeben. Sie entsprechen den hier auftretenden Kräften G_z und G_ϕ, welche daher die Zwangskraft für die Bewegung auf der nach oben gerichteten Schraubenbahn wie auf einer schiefen Ebene ausdrücken.
Die Kraft G_s kann so auch durch

$$G_s = -\cos^2(\theta) \left(\frac{v_0^2}{gR} - 2\frac{z}{R} \right)$$

ausgedrückt werden. Sie beschreibt die Kraft, die notwendig ist, um das Teilchen auf seiner Kreisbahn zu halten. Sie ist jederzeit durch

$$G_s = -\cos^2(\theta) \frac{\boldsymbol{v}^2}{gR}$$

gegeben, was gerade der Zentripetalbeschleunigung entspricht. Für $z = 0$ ist sie daher auch durch

$$G_s(z = 0) = -\cos^2(\theta) \frac{v_0^2}{gR}$$

gegeben, während sie für z_{max} mit $\boldsymbol{v} = \boldsymbol{0}$ durch

$$G_s(z = z_{\mathrm{max}}) = 0$$

gegeben sein muss.

Aufgabe 4   **25 Punkte**

Drehungen mit Poisson-Klammern

In dieser Aufgabe sollen Drehungen eines physikalischen Systems durch das Anwenden der Poisson-Klammern mit den Drehimpulsen beschrieben werden. Gehen Sie dazu von einem System eines Teilchens mit der Hamilton-Funktion

$$H(\boldsymbol{r}, \boldsymbol{p}) = \frac{\boldsymbol{p}^2}{2m} + V(r)$$

aus. Die Drehimpulskomponenten sind durch $J_i = \epsilon_{ijk} r_j p_k$ gegeben.

(a) **(2 Punkte)** Bestimmen Sie zunächst die Ausdrücke $\{J_i, r_j\}$ und $\{J_i, p_j\}$.

Lösungsvorschlag:
Durch Einsetzen und Verwenden der fundamentalen Poisson-Klammern $\{r_i, p_j\} = \delta_{ij}$ können einerseits

$$\{J_i, r_j\} = \{\epsilon_{ikm} r_k p_m, r_j\} = \epsilon_{ikm} r_k \{p_m, r_j\} = -\epsilon_{ikm} r_k \delta_{mj} = \epsilon_{ijk} r_k$$

und andererseits

$$\{J_i, p_j\} = \{\epsilon_{imk} r_m p_k, p_j\} = \epsilon_{imk} p_k \{r_m, p_j\} = \epsilon_{imk} p_k \delta_{mj} = \epsilon_{ijk} p_k$$

gefunden werden.

(b) **(5 Punkte)** Betrachten Sie nun die infinitesimale Transformation

$$R(\mathrm{d}\boldsymbol{\theta}) = 1 - \mathrm{d}\theta_i \{J_i, \cdot\}$$

mit einem infinitesimal kleinen Winkel $\mathrm{d}\theta = |\mathrm{d}\boldsymbol{\theta}|$. Die Anwendung der Poisson-Klammer ist dabei durch $\{f, \cdot\} g = \{f, g\}$ definiert.
Bestimmen Sie damit $R\boldsymbol{r}$, $R\boldsymbol{p}$ und RH. Interpretieren Sie Ihre Ergebnisse.

Lösungsvorschlag:
Zunächst können

$$Rr_j = (1 - \mathrm{d}\theta_i \{J_i, \cdot\}) r_j = r_j - \mathrm{d}\theta_i \{J_i, r_j\}$$
$$Rp_j = (1 - \mathrm{d}\theta_i \{J_i, \cdot\}) p_j = p_j - \mathrm{d}\theta_i \{J_i, p_j\}$$

bestimmt werden. Mit den Ergebnissen aus Teilaufgabe (a) lassen sich diese Ergebnisse weiter zu

$$Rr_j = r_j - \mathrm{d}\theta_i \{J_i, r_j\} = r_j - \mathrm{d}\theta_i \epsilon_{ijk} r_k = (\boldsymbol{r} + \mathrm{d}\boldsymbol{\theta} \times \boldsymbol{r})_j$$
$$Rp_j = p_j - \mathrm{d}\theta_i \{J_i, p_j\} = p_j - \mathrm{d}\theta_i \epsilon_{ijk} p_k = (\boldsymbol{p} + \mathrm{d}\boldsymbol{\theta} \times \boldsymbol{p})_j$$

umformen. Dies entspricht aber gerade einer infinitesimalen Drehung um den Winkel $\mathrm{d}\theta$ um die Achse $\boldsymbol{n} = \frac{\mathrm{d}\boldsymbol{\theta}}{\mathrm{d}\theta}$.

Für RH muss zunächst $\{J_i, H\}$ gefunden werden, was sich durch die Rechnung

$$\{J_i, H\} = \left\{J_i, \frac{p_j p_j}{2m}\right\} + \{J_i, V(r)\} = \frac{p_j}{m}\{J_i, p_j\} - \frac{\partial J_i}{\partial p_j}\frac{\partial V}{\partial r_j}$$

$$= \frac{1}{m}\epsilon_{ijk}p_j p_k - \epsilon_{ikj}r_k\frac{\partial r}{\partial r_j}\frac{\mathrm{d}V}{\mathrm{d}r} = \frac{(\boldsymbol{p}\times\boldsymbol{p})_i}{m} - \frac{1}{r}\frac{\mathrm{d}V}{\mathrm{d}r}(\boldsymbol{r}\times\boldsymbol{r})_i = 0$$

bewerkstelligen lässt. Dabei wurde auch die Ableitung $\frac{\partial r}{\partial r_i} = \frac{r_i}{r}$ ausgenutzt. Somit zeigt sich, dass

$$RH = (1 - \mathrm{d}\theta_i\{J_i, \cdot\})H = H - \mathrm{d}\theta_i\{J_i, H\} = H$$

gilt. Die Hamilton-Funktion ändert sich daher nicht unter der Anwendung von R. Schon bei der Transformation von $\boldsymbol{r}$ und $\boldsymbol{p}$ war zu sehen, dass der gegebene Operator eine infinitesimale Rotation beschreibt. Da die Energie mit einem kugelsymmetrischen Potential eine skalare Größe unter einer Drehung darstellt, ändert sich auch die Hamilton-Funktion unter dieser Transformation nicht.

Betrachten Sie für den Rest der Aufgabe die endliche Transformation

$$R(\boldsymbol{n}\cdot\theta) = \mathrm{e}^{-\theta\{n_i J_i, \cdot\}}$$

mit $\boldsymbol{n}^2 = 1$ und dem Winkel θ. Die Exponentialfunktion ist dabei als Potenzreihe aufzufassen, wobei für die Potenzen von $\{f, \cdot\}$ bei Wirkung auf g die Zusammenhänge

$$(\{f, \cdot\})^n g = \{f, \cdot\}^n g = \left\{f, \{f, \cdot\}^{n-1}g\right\} \qquad \{f, g\}^0 = g$$

zu verwenden sind.

(c) **(2 Punkte)** Betrachten Sie eine Phasenraumfunktion S mit der Eigenschaft

$$\{J_i, S\} = 0$$

und zeigen Sie damit, dass $RS = S$ gilt.

Lösungsvorschlag:
Zunächst empfiehlt es sich zu zeigen, dass auch

$$\{a_i J_i, \cdot\}^n S = 0 \quad n \geq 1$$

mit einem beliebigen $\boldsymbol{a} \in \mathbb{R}^3$ gilt. Dazu wird eine vollständige Induktion mit dem Induktionsanfang $n = 1$ durch die Rechnung

$$\{a_i J_i, \cdot\}^1 S = \{a_i J_i, S\} = a_i\{J_i, S\} = 0$$

begründet. Gilt nun für ein beliebiges aber festes n der Zusammenhang

$$\{a_i J_i, \cdot\}^n S = 0$$

als Induktionsvoraussetzung, so kann mit der Definition der wiederholten Anwendung auch

$$\{a_i J_i, \cdot\}^{n+1} S = \{a_i J_i, \{a_j J_j, \cdot\}^n S\} = \{a_j J_j, 0\} = 0$$

gefunden werden. Dies ist der zu erwartende Ausdruck, womit die Behauptung für alle $n \geq 1$ gilt. Nun lässt sich die endliche Transformation in ihrer Potenzreihenform durch

$$RS = \sum_{n=0}^{\infty} \frac{(-\theta)^n}{n!} \{n_i J_i, \cdot\}^n S = \frac{(-\theta)^0}{0!} \{n_i J_i, \cdot\}^0 S = S$$

bestimmen. Somit zeigt sich das gesuchte Ergebnis.

(d) **(4 Punkte)** Drücken Sie die Eigenschaft $\{J_i, S\} = 0$ durch $\nabla_{\boldsymbol{p}} S$ und $\nabla_{\boldsymbol{r}} S$ aus. Zeigen Sie damit, dass r^2, p^2 und $\boldsymbol{J}^2$ alle diese Bedingung erfüllen.

Lösungsvorschlag:
Durch die Definition der Poisson-Klammer kann

$$0 = \{J_i, S\} = \frac{\partial J_i}{\partial r_j} \frac{\partial S}{\partial p_j} - \frac{\partial J_i}{\partial p_j} \frac{\partial S}{\partial r_i} = \epsilon_{ijk} p_k (\nabla_{\boldsymbol{p}} S)_j - \epsilon_{ikj} r_k (\nabla_{\boldsymbol{r}} S)_j$$
$$= -(\boldsymbol{p} \times \nabla_{\boldsymbol{p}} S + \boldsymbol{r} \times \nabla_{\boldsymbol{r}} S)$$

gefunden werden. Daher lässt sich die Bedingung $\{J_i, S\} = 0$ auch durch

$$\boldsymbol{p} \times \nabla_{\boldsymbol{p}} S + \boldsymbol{r} \times \nabla_{\boldsymbol{r}} S = 0$$

ausdrücken. Mit dieser Bedingung lassen sich dann die Zusammenhänge

$$\boldsymbol{p} \times \nabla_{\boldsymbol{p}} r^2 + \boldsymbol{r} \times \nabla_{\boldsymbol{r}} r^2 = 2\boldsymbol{r} \times \boldsymbol{r} = 0$$
$$\boldsymbol{p} \times \nabla_{\boldsymbol{p}} p^2 + \boldsymbol{r} \times \nabla_{\boldsymbol{r}} p^2 = 2\boldsymbol{p} \times \boldsymbol{p} = 0$$

finden. Für $\boldsymbol{J}^2$ kann der Zusammenhang

$$\boldsymbol{J}^2 = (\boldsymbol{r} \times \boldsymbol{p})^2 = r^2 p^2 - (\boldsymbol{r} \cdot \boldsymbol{p})^2$$

verwendet werden, um damit

$$\boldsymbol{p} \times \nabla_{\boldsymbol{p}} \boldsymbol{J}^2 + \boldsymbol{r} \times \nabla_{\boldsymbol{r}} \boldsymbol{J}^2 = \boldsymbol{p} \times (2r^2 \cdot \boldsymbol{p} - 2(\boldsymbol{r} \cdot \boldsymbol{p})\boldsymbol{r}) + \boldsymbol{r} \times (2p^2 \cdot \boldsymbol{r} - 2(\boldsymbol{r} \cdot \boldsymbol{p})\boldsymbol{p})$$
$$= 2(\boldsymbol{r} \cdot \boldsymbol{p})(\boldsymbol{r} \times \boldsymbol{p}) - 2(\boldsymbol{r} \cdot \boldsymbol{p})(\boldsymbol{r} \times \boldsymbol{p}) = 0$$

zu finden. Alle drei betrachteten Größen erfüllen die genannte Bedingung und ändern sich unter Anwendung der gegebenen Transformation R daher nicht. Bei allen drei Größen handelt es sich auch um Skalare unter Drehungen.

(e) **(10 Punkte)** Betrachten Sie nun eine dreikomponentige Größe $\boldsymbol{A}$, welche die Bedingung $\{J_i, A_j\} = \epsilon_{ijk} A_k$ erfüllt. Zeigen Sie damit, dass

$$R\boldsymbol{A} = \boldsymbol{A} \cos(\theta) + (1 - \cos(\theta))\boldsymbol{n}(\boldsymbol{n} \cdot \boldsymbol{A}) + (\boldsymbol{n} \times \boldsymbol{A}) \sin(\theta)$$

gilt. Überzeugen Sie sich hierfür zunächst davon, dass die Gleichungen

$$\{n \cdot J, \cdot\}^{2k} A = -(-1)^k n \times (n \times A) \qquad k \geq 1$$
$$\{n \cdot J, \cdot\}^{2k+1} A = -(-1)^k n \times A \qquad k \geq 0$$

gültig sind. Was passiert demnach mit r und p bei Anwendung von R?

Lösungsvorschlag:
Aus der Bedingung für A kann direkt

$$\{n \cdot J, A\} = -n \times A$$

gefolgert werden. Nun lässt sich mittels

$$\{J_l, (n \times A)_i\} = \{J_l, \epsilon_{ijk} n_j A_k\} = \epsilon_{ijk} n_j \{J_l, A_k\} = \epsilon_{ijk} \epsilon_{lkm} n_j A_m$$
$$= (\delta_{im}\delta_{jl} - \delta_{il}\delta_{mj}) n_j A_m = n_l A_i - n_i A_m = \epsilon_{lik}(n \times A)_k$$

ermitteln, woraus sich wiederum

$$\{n \cdot J, n \times A\} = -n \times (n \times A) = A - n(n \cdot A)$$

bestimmen lässt. Im letzte Schritt wurde dabei die bac-cab-Formel zusammen mit der Bedingung $n^2 = 1$ verwendet. Nun lässt sich schlussendlich

$$\{n_l J_l, n_m(n \cdot A)\} = \{n_l J_l, n_m n_i A_i\} = n_l n_m n_i \epsilon_{lik} A_k = n_m A \cdot (n \times n) = 0$$

zeigen, woraus

$$\{n \cdot J, n(n \cdot A)\} = 0$$

gefolgert werden kann. Mit diesen Vorbereitungen lässt sich die erste Aussage

$$\{n \cdot J, \cdot\}^{2k} A = -(-1)^k n \times (n \times A) \qquad k \geq 1$$

durch eine vollständige Induktion beweisen. Der Induktionsanfang bei $n = 1$ kann durch

$$\{n \cdot J, \cdot\}^2 A = \{n \cdot J, \{n \cdot J, A\}\} = \{n \cdot J, -n \times A\}$$
$$= n \times (n \times A) = -(-1)^1 n \times (n \times A)$$

beweisen werden. Gilt als Induktionsvoraussetzung nun der Ausdruck

$$\{n \cdot J, \cdot\}^{2k} A = -(-1)^k n \times (n \times A)$$

für ein beliebiges aber festes k, so lässt sich im Induktionsschritt der Ausdruck für

$k + 1$ durch

$$\{\boldsymbol{n} \cdot \boldsymbol{J}, \cdot\}^{2(k+1)} \boldsymbol{A} = \left\{\boldsymbol{n} \cdot \boldsymbol{J}, \left\{\boldsymbol{n} \cdot \boldsymbol{J}, \{\boldsymbol{n} \cdot \boldsymbol{J}, \cdot\}^{2k} \boldsymbol{A}\right\}\right\}$$
$$= \left\{\boldsymbol{n} \cdot \boldsymbol{J}, \{\boldsymbol{n} \cdot \boldsymbol{J}, -(-1)^k \boldsymbol{n} \times (\boldsymbol{n} \times \boldsymbol{A})\}\right\}$$
$$= -(-1)^k \left\{\boldsymbol{n} \cdot \boldsymbol{J}, \{\boldsymbol{n} \cdot \boldsymbol{J}, \boldsymbol{n}(\boldsymbol{n} \cdot \boldsymbol{A}) - \boldsymbol{A}\}\right\}$$
$$= -(-1)^k \left\{\boldsymbol{n} \cdot \boldsymbol{J}, \{\boldsymbol{n} \cdot \boldsymbol{J}, -\boldsymbol{A}\}\right\} = (-1)^k \left\{\boldsymbol{n} \cdot \boldsymbol{J}, \{\boldsymbol{n} \cdot \boldsymbol{J}, \boldsymbol{A}\}\right\}$$
$$= (-1)^k \{\boldsymbol{n} \cdot \boldsymbol{J}, -\boldsymbol{n} \times \boldsymbol{A}\} = -(-1)^k \{\boldsymbol{n} \cdot \boldsymbol{J}, \boldsymbol{n} \times \boldsymbol{A}\}$$
$$= (-1)^k \boldsymbol{n} \times (\boldsymbol{n} \times \boldsymbol{A}) = -(-1)^{k+1} \boldsymbol{n} \times (\boldsymbol{n} \times \boldsymbol{A})$$

ermitteln. Dies ist der gesuchte Ausdruck, womit die Aussage wahr ist. Ebenso lässt sich die zweite Aussage

$$\{\boldsymbol{n} \cdot \boldsymbol{J}, \cdot\}^{2k+1} \boldsymbol{A} = -(-1)^k \boldsymbol{n} \times \boldsymbol{A} \qquad k \geq 0$$

durch vollständige Induktion beweisen. Hierzu wird der Induktionsanfang bei $k = 0$ durch

$$\{\boldsymbol{n} \cdot \boldsymbol{J}, \cdot\}^1 \boldsymbol{A} = \{\boldsymbol{n} \cdot \boldsymbol{J}, \boldsymbol{A}\} = -\boldsymbol{n} \times \boldsymbol{A} = -(-1)^0 \boldsymbol{n} \times \boldsymbol{A}$$

begründet. Ist als Induktionsvoraussetzung der Zusammenhang

$$\{\boldsymbol{n} \cdot \boldsymbol{J}, \cdot\}^{2k+1} \boldsymbol{A} = -(-1)^k \boldsymbol{n} \times \boldsymbol{A}$$

nun für ein beliebiges aber festes k gültig, so kann im Induktionsschritt der Term für $k + 1$ mittels

$$\{\boldsymbol{n} \cdot \boldsymbol{J}, \cdot\}^{2(k+1)+1} \boldsymbol{A} = \left\{\boldsymbol{n} \cdot \boldsymbol{J}, \left\{\boldsymbol{n} \cdot \boldsymbol{J}, \{\boldsymbol{n} \cdot \boldsymbol{J}, \cdot\}^{2k+1} \boldsymbol{A}\right\}\right\}$$
$$= \left\{\boldsymbol{n} \cdot \boldsymbol{J}, \{\boldsymbol{n} \cdot \boldsymbol{J}, -(-1)^k \boldsymbol{n} \times \boldsymbol{A}\}\right\}$$
$$= -(-1)^k \left\{\boldsymbol{n} \cdot \boldsymbol{J}, \{\boldsymbol{n} \cdot \boldsymbol{J}, \boldsymbol{n} \times \boldsymbol{A}\}\right\}$$
$$= -(-1)^k \{\boldsymbol{n} \cdot \boldsymbol{J}, -\boldsymbol{n} \times (\boldsymbol{n} \times \boldsymbol{A})\}$$
$$= (-1)^k \{\boldsymbol{n} \cdot \boldsymbol{J}, \boldsymbol{n}(\boldsymbol{n} \cdot \boldsymbol{A}) - \boldsymbol{A}\} = -(-1)^k \{\boldsymbol{n} \cdot \boldsymbol{J}, \boldsymbol{A}\}$$
$$= (-1)^k (\boldsymbol{n} \times \boldsymbol{A}) = -(-1)^{k+1} \boldsymbol{n} \times \boldsymbol{A}$$

bestimmt werden. Dies ist der gesuchte Ausdruck, womit die Aussage bewiesen ist.

Mit den bewiesenen Aussagen kann nun der Ausdruck $R\boldsymbol{A}$ mit der Rechnung

$$\mathrm{e}^{-\theta\{\boldsymbol{n}\cdot\boldsymbol{J},\cdot\}}\,\boldsymbol{A} = \sum_{k=0}^{\infty}\frac{(-\theta)^k}{k!}\,\{\boldsymbol{n}\cdot\boldsymbol{J},\cdot\}^k\,\boldsymbol{A}$$

$$= \boldsymbol{A} + \sum_{k=1}^{\infty}\frac{(-\theta)^{2k}}{(2k)!}\,\{\boldsymbol{n}\cdot\boldsymbol{J},\cdot\}^{2k}\,\boldsymbol{A} + \sum_{k=0}^{\infty}\frac{(-\theta)^{2k+1}}{(2k+1)!}\,\{\boldsymbol{n}\cdot\boldsymbol{J},\cdot\}^{2k+1}\,\boldsymbol{A}$$

$$= \boldsymbol{A} + \sum_{k=1}^{\infty}\frac{\theta^{2k}}{(2k)!}(-(-1)^k\boldsymbol{n}\times(\boldsymbol{n}\times\boldsymbol{A}))$$

$$\qquad - \sum_{k=0}^{\infty}\frac{\theta^{2k+1}}{(2k+1)!}(-(-1)^k\boldsymbol{n}\times\boldsymbol{A})$$

$$= \boldsymbol{A} - \left(\sum_{k=1}^{\infty}\frac{(-1)^k\theta^{2k}}{(2k)!}\right)\boldsymbol{n}\times(\boldsymbol{n}\times\boldsymbol{A}) + \left(\sum_{k=0}^{\infty}\frac{\theta^{2k+1}}{(2k+1)!}\right)\boldsymbol{n}\times\boldsymbol{A}$$

ausgewertet werden. Mit den Potenzreihen von Sinus und Kosinus

$$\cos(\theta) = \sum_{k=0}^{\infty}\frac{(-1)^k\theta^{2k}}{(2k)!}\qquad \sin(\theta) = \sum_{k=0}^{\infty}\frac{\theta^{2k+1}}{(2k+1)!}$$

und der bac-cab-Formel lässt sich der gefundene Ausdruck weiter zu

$$\mathrm{e}^{-\theta\{\boldsymbol{n}\cdot\boldsymbol{J},\cdot\}}\,\boldsymbol{A} = \boldsymbol{A} - (\cos(\theta) - 1)(\boldsymbol{n}(\boldsymbol{n}\cdot\boldsymbol{A}) - \boldsymbol{A}) + \sin(\theta)\,\boldsymbol{n}\times\boldsymbol{A}$$

$$= \boldsymbol{A}\cos(\theta) + (1 - \cos(\theta))\boldsymbol{n}(\boldsymbol{n}\cdot\boldsymbol{A}) + \sin(\theta)\,\boldsymbol{n}\times\boldsymbol{A}$$

umformen. Dies ist das in der Aufgabenstellung angegebene Ergebnis. Es beschreibt die Drehung eines Vektors $\boldsymbol{A}$ um eine Drehachse $\boldsymbol{n}$ um den Winke θ. Da $\boldsymbol{r}$ und $\boldsymbol{p}$ nach den Ergebnissen von Teilaufgabe (a) die Bedingung $\{J_i, A_j\} = \epsilon_{ijk}A_k$ erfüllen, werden auch $\boldsymbol{r}$ und $\boldsymbol{p}$ unter der Anwendung von R einer Drehung unterzogen.

(f) **(2 Punkte)** Verwenden Sie Ihre bisherigen Ergebnisse und interpretieren Sie damit die Bedeutung von R. Welchen Zusammenhang zum Noether-Theorem gibt es?

Lösungsvorschlag:
Es hat sich in Teilaufgabe (d) gezeigt, dass Objekte, die als Skalare Größen unter Drehungen anzusehen sind, von R unbeeinflusst bleiben. Diese Größen sind dabei Durch $\{J_i, S\} = 0$ charakterisiert.
In der letzten Teilaufgabe hat sich dann gezeigt, dass Größen, die unter Drehungen als Vektoren aufzufassen sind, unter der Anwendung von R gerade solch eine Drehung unterlaufen. Solche Größen sind dabei durch $\{J_i, A_j\} = \epsilon_{ijk}A_k$ charakterisiert.
Offenbar beschreibt der Operator R Drehungen des Systems und ist auf Phasenraumfunktionen anwendbar. Daneben zeigt sich, dass der Operator R durch den Drehimpuls $\boldsymbol{J}$ und einem Parametervektor $\boldsymbol{\theta} = \theta\boldsymbol{n}$ definiert ist. Der Drehimpuls ist aber gerade die Größe, die unter einer vorliegenden Symmetrie unter Rotationen erhalten ist. Demnach lässt sich vermuten, dass Transformationen für die Phasenraumfunktionen durch

jene Größen erzeugt werden, die bei einer vorliegenden Symmetrie unter dieser Transformation erhalten sind.

Nicht gefragt:
In der Quantenmechanik lassen sich die Komponenten eines Drehimpulsoperators

$$\hat{J}_i = \epsilon_{ijk}\hat{r}_j\hat{p}_k$$

definieren. Diese erfüllen die Kommutatorrelation

$$\left[\hat{J}_i, \hat{J}_j\right] = i\hbar\epsilon_{ijk}\hat{J}_k.$$

Mit ihnen lässt sich auch ein Drehoperator

$$\hat{D}(\boldsymbol{\theta}) = e^{-i\theta_i\hat{J}_i/\hbar}$$

definieren, welcher bei Anwendung auf die Wellenfunktion eine Drehung des physikalischen Systems beschreibt. Skalare Größen erfüllen analog wie in der Klassischen Mechanik die Gleichung

$$\left[\hat{J}_i, \hat{S}\right] = 0,$$

während vektorartige Größen die Bedingung

$$\left[\hat{J}_i, \hat{A}_j\right] = i\hbar\epsilon_{ijk}\hat{A}_k$$

erfüllen. Mit diesen Erkenntnissen lässt sich einmal mehr die Korrespondenzregel der Quantenmechanik $\{A, B\} \rightarrow \frac{1}{i\hbar}\left[\hat{A}, \hat{B}\right]$ erkennen.

3.13 Lösung zur Klausur XIII – Analytische Mechanik – schwer

Hinweise

Aufgabe 1 - Kurzfragen

(a) Wie lautet die Euler-Lagrange-Gleichung? Welche Ableitungen treten darin auf?

(b) Wie viele Freiheitsgrade und unabhängige Zwangsbedingungen haben zwei/drei/vier Teilchen in einem starren Körper? Welches Muster ergibt sich?

(c) Wie lautet die Definition der kanonischen Bewegungsgleichungen? Welche Ableitungen müssen demnach hier berechnet werden? Was für essentielle Größen besitzt ein physikalisches Pendel?

(d) Wie lässt sich die totale Zeitableitung einer Größe durch Poisson-Klammern ausdrücken? Was gilt für die Poisson-Klammern von nicht explizit zeitabhängige Erhaltungsgrößen? Die Poisson-Klammern sind nicht assoziativ, welche Identität erfüllen sie stattdessen?

(e) Was besagt das d'Alembert'sche Prinzip? Welche Kräfte sind im vorliegenden System Zwangskräfte? Wie lassen sich virtuelle Verschiebungen durch Verschiebungen in ϕ ausdrücken?

Aufgabe 2 - Körper auf dem Drehtisch

(a) Aus welchen beiden Beiträgen setzt sich die Geschwindigkeit eines Punktes auf dem Körper zusammen? An welchem Punkt des Körpers, muss die Geschwindigkeit mit der Geschwindigkeit des Punktes auf dem Tisch übereinstimmen?

(b) Wie ist der Drehimpuls bei einer Rotation um eine feste Achse definiert? Wie lautet das zweite Newton'sche Gesetz? Welche Kräfte wirken alle auf den Körper ein? Welche davon sind Zwangskräfte und können daher ignoriert werden?

(c) Hilft es den Auflagepunkt durch $r = a + s$ auszudrücken, wobei s vom Zentrum des Kreises auf den Auflagepunkt zeigt? Wie ist die Ableitung eines solchen Vektors auf einer Kreisbahn durch die Winkelgeschwindigkeit zu bestimmen?

(d) Wie lässt sich der Betrag der Geschwindigkeit durch ω_0 und s ausdrücken? Lässt sich auf einer Kreisbahn der Vektor zwischen Zentrum und Position auf dem Kreis durch die Geschwindigkeit und die Winkelgeschwindigkeit bestimmen?

(e) Wie kann die linke Seite der Bewegungsgleichung als Beitrag aus der kinetischen Energie berechnet werden? Wie sieht die Euler-Lagrange-Gleichung mit dem gegebenen Ansatz für das Potential aus?

Aufgabe 3 - Das Noether-Theorem in Vielteilchensystemen

(a) Lassen sich die verallgemeinerten Koordinaten durch die kartesischen Koordinaten der einzelnen Massenpunkte ausdrücken?

(b) Was passiert bei der gegebenen Transformation mit der potentiellen Energie?

(c) Wie lässt sich die Symmetriebedingung vereinfachen, wenn ϕ = konst. ist? Überlegen Sie sich für jeden Fall die Dimensionen von ϵ und anderen auftretenden Parametern, um ihr Ergebnis per Dimensionanalyse prüfen zu können. Welche Erhaltungsgrößen sind in einem Ein-Teilchen-System mit den gegebenen Transformationen verknüpft? Was gilt für ein Spatprodukt der Art $\boldsymbol{a} \cdot (\boldsymbol{a} \times \boldsymbol{b})$?

(d) Wie ändern sich potentielle und kinetische Energie? Ist es hilfreich den Schwerpunkt und den Gesamtimpuls einzuführen?

Aufgabe 4 - Normalkoordinaten

(a) Ist es hilfreich die Lagrange-Funktion in Komponentenschreibweise aufzuschreiben? Wie lässt sich so die Bewegungsgleichung

$$M\ddot{\boldsymbol{q}} = -V\boldsymbol{q}$$

aufstellen?

(b) Was gilt für die Eigenwerte einer positiv definiten Matrix? Welche Form nimmt $\boldsymbol{x}^T M \boldsymbol{x}$ an, wenn die Matrix M diagonalisiert wird? Wie lässt sich in der Eigenwertgleichung ein Ausdruck dieser Form konstruieren? Weshalb ist

$$\omega_k^2 = \frac{\left(\boldsymbol{A}^{(k)}\right)^T V \boldsymbol{A}^{(k)}}{\left(\boldsymbol{A}^{(k)}\right)^T M \boldsymbol{A}^{(k)}}$$

gültig?

(c) Was passiert, wenn die Eigenwertgleichung von Links mit dem Eigenvektor $\boldsymbol{A}^{(p)}$ zum Eigenwert ω_p^2 multipliziert wird? Was passiert, wenn $p = k$ ist. Ist es auch möglich, dass für $p \neq k$ dennoch $\omega_p^2 = \omega_k^3$ gilt? Ist in diesem Fall die Linearkombination der beiden Eigenvektoren auch ein Eigenvektor? Was muss für lineare Abhängigkeit gelten?

(d) Ist der Ansatz

$$O_{ik} = A_i^{(k)}$$

hilfreich? Wie lässt sich die Eigenwertgleichung benutzten, um zu zeigen, dass $\hat{\omega}^2$ diagonal ist? Ist die Lösung $\boldsymbol{q}(t)$ eine Linearkombination der Eigenmoden?

(e) Wie lautet das charakteristische Polynom der Eigenwertgleichung? Ist es hilfreich, die Eigenwerte durch

$$\omega_k^2 = \lambda_k \frac{V_0}{M_0}$$

auszudrücken? Wie lassen sich die Eigenvektoren über Ähnlichkeitstransformationen bestimmen?

Lösungen

Aufgabe 1   **25 _Punkte_**

Kurzfragen

(a) (**5 Punkte**) Betrachten Sie ein System, welches durch die Lagrange-Funktion

$$L = \frac{1}{2} m \dot{q}^2 + V_0 \, e^{-\frac{1}{2}\alpha q^2}$$

beschrieben wird und leiten Sie daraus die Bewegungsgleichungen her.

Lösungsvorschlag:
Die Euler-Lagrange-Gleichung ist durch

$$\frac{\mathrm{d}}{\mathrm{d}t} \frac{\partial L}{\partial \dot{q}} = \frac{\partial L}{\partial q}$$

gegeben. Die benötigten Ableitungen können durch

$$\frac{\partial L}{\partial \dot{q}} = m\dot{q} \qquad \frac{\mathrm{d}}{\mathrm{d}t} \frac{\partial L}{\partial \dot{q}} = m\ddot{q}$$

$$\frac{\partial L}{\partial q} = V_0 \left(-\alpha q\right) e^{-\frac{1}{2}\alpha q^2} = -\alpha q V_0 \, e^{-\frac{1}{2}\alpha q^2}$$

bestimmt werden. Daher muss die Bewegungsgleichung durch

$$m\ddot{q} = -\alpha q V_0 \, e^{-\frac{1}{2}\alpha q^2}$$

gegeben sein.

(b) (**5 Punkte**) Erklären Sie, weshalb ein starrer Körper mit $N \geq 3$ Teilchen sechs Freiheitsgrade besitzt.

Lösungsvorschlag:
N Teilchen verfügen zunächst über $3N$ Freiheitsgrade. Liegen N_z unabhängige Zwangsbedingungen vor, so ist die tatsächliche Anzahl der Freiheitsgrade durch

$$f(N, N_z) = 3N - N_z$$

gegeben. Ein starrer Körper aus zwei Teilchen unterliegt einer Zwangsbedingung, so dass die Anzahl der Freiheitsgrade durch $f(2,1) = 5$ gegeben ist. Im Fall von drei Teilchen, kommen 3 Freiheitsgrade durch das zusätzliche Teilchen hinzu, während zwei Freiheitsgrade durch zwei weitere Zwangsbedingungen über feste Abstände entfallen. Somit muss in diesem Fall die Anzahl der Freiheitsgrade bei $f(3,3) = 6$ liegen. Kommt nun ein weiteres Teilchen hinzu, würden drei neue Freiheitsgrade hinzu kommen. Gleichzeitig werden durch die drei festen Abstände zu den anderen Teilchen diese drei Freiheitsgrade aber wieder entfernt, so dass weiterhin $f(4,6) = 6$ gilt.

Für jedes weitere Teilchen, was hinzu kommt, reichen drei feste Abstände zu anderen Teilchen vollkommen aus, um die Bewegung des Teilchens durch die anderen auszudrücken. Die hinzukommenden Freiheitsgrade werden also direkt wieder entfernt. Es lässt sich mit den vorangegangen Überlegungen klar machen, dass

$$N_z = 1 + 2 + 3 \cdot (N - 2) = 3N - 6 \qquad N \geq 3$$

gilt. Daraus lässt sich auch

$$f(N, N_z) = f(N, 3N - 6) = 3N - (3N - 6) = 6$$

bestimmen.

(c) **(5 Punkte)** Betrachten Sie die Hamilton-Funktion

$$H(\phi, J) = \frac{J^2}{2I} - MgR\cos(\phi)$$

mit den Konstanten I, M, g und R. Bestimmen Sie daraus die kanonische Bewegungsgleichung. Was für ein System wird durch diese Funktion beschrieben.

Lösungsvorschlag:
Die kanonischen Bewegungsgleichungen sind durch

$$\dot{q} = \frac{\partial H}{\partial p} \qquad \dot{p} = -\frac{\partial H}{\partial q}$$

gegeben, sie lassen sich im vorliegenden Fall durch die Ableitungen

$$\frac{\partial H}{\partial J} = \frac{J}{I} \qquad \frac{\partial H}{\partial \phi} = MgR\sin(\phi)$$

zu

$$\dot{phi} = \frac{J}{I} \qquad \dot{J} = -MgR\sin(\phi)$$

$$\ddot{\phi} = \frac{\dot{J}}{I} = -\frac{MgR}{I}\sin(\phi)$$

auswerten. Es handelt sich im ein physikalisches Pendel mit Trägheitsmoment I, Verschiebung des Schwerpunkts aus dem Aufhängungspunkt R und Masse M.

(d) **(5 Punkte)** Zeigen Sie den Satz von Poisson. Zeigen Sie also für nicht explizit zeitabhängige Phasenraumfunktionen F und G, dass deren Poisson-Klammer eine Erhaltungsgröße ist, wenn F und G ebenfalls eine Erhaltungsgröße sind.

Lösungsvorschlag:
Die Zeitableitung einer beliebigen Phasenraumfunktion f lässt sich durch

$$\frac{\mathrm{d}f}{\mathrm{d}t} = \{f, H\} + \frac{\partial f}{\partial t}$$

ausdrücken. Wenn nun f nicht explizit zeitabhängig ist, so ist

$$\frac{\mathrm{d}f}{\mathrm{d}t} = \{f, H\}$$

gültig. Das bedeutet, wenn F und G Erhaltungsgrößen sind und nicht explizit zeit-abhängig sind, so muss $\{F, H\} = \{G, H\} = 0$ sein. Da F und G nicht explizit zeitabhängig sind, kann ihre Poisson-Klammer auch nicht explizit zeitabhängig sein. Ihre totale Zeitableitung ist dann durch

$$\frac{\mathrm{d}}{\mathrm{d}t}\{F, G\} = \{\{F, G\}, H\}$$

gegeben. Die Poisson-Klammern erfüllen die Jacobi-Identität, so dass

$$\frac{\mathrm{d}}{\mathrm{d}t}\{F, G\} = -\{\{G, H\}, F\} - \{\{H, F\}, G\}$$

gelten muss. Nun sind die inneren Poisson-Klammern Null, da F und G erhalten sind. Daher muss auch

$$\frac{\mathrm{d}}{\mathrm{d}t}\{F, G\} = 0$$

gelten, womit der Satz von Poisson bewiesen ist.

(e) **(5 Punkte)** Verwenden Sie das d'Alembert'sche Prinzip und die verallgemeinerte Koordinate ϕ, um die Bewegungsgleichungen eines Pendels der Masse m im Schwerefeld der Erde g zu bestimmen.

Lösungsvorschlag:
Das d'Alembert'sche Prinzip besagt, dass die virtuelle Arbeit von Zwangskräften verschwindet, dass also $\mathbf{Z} \cdot \delta\mathbf{r} = 0$ gilt. Dabei ist $\delta\mathbf{r}$ eine virtuelle Verschiebung, die mit den Zwangsbedingungen verträglich ist. Bei einem Pendel ist die Zwangskraft durch die Seilspannkraft $\mathbf{T}$ gegeben, so dass die Gleichung

$$0 = (m\ddot{\mathbf{r}} - \mathbf{F} - \mathbf{T}) \cdot \delta\mathbf{r} = (m\ddot{\mathbf{r}} + mg\hat{\mathbf{e}}_z) \cdot \delta\mathbf{r}$$

gelten muss. Der Ortsvektor lässt sich durch

$$\mathbf{r} = l\hat{\mathbf{e}}_r = l\sin(\phi)\,\hat{\mathbf{e}}_x - l\cos(\phi)\,\hat{\mathbf{e}}_z$$

ausdrücken, so dass sich die virtuelle Verschiebung $\delta\mathbf{r}$ durch eine virtuelle Verschiebung in ϕ mittels

$$\delta\mathbf{r} = \frac{\partial\mathbf{r}}{\partial\phi}\delta\phi = (-l\cos(\phi)\,\hat{\mathbf{e}}_x + l\sin(\phi)\,\hat{\mathbf{e}}_z)\delta\phi = l\hat{\mathbf{e}}_\phi\delta\phi$$

bestimmen lässt. Dies kann in die obige Gleichung eingesetzt werden, um

$$0 = (m\ddot{\mathbf{r}} + mg\hat{\mathbf{e}}_z) \cdot \hat{\mathbf{e}}_\phi l\delta\phi$$

zu erhalten. Da die virtuelle Verschiebung in ϕ beliebig sein kann, muss bereits das Skalarprodukt null sein, das sich wegen

$$\dot{\boldsymbol{r}} = l\dot{\phi}\hat{\boldsymbol{e}}_\phi \qquad \ddot{\boldsymbol{r}} = l\ddot{\phi}\hat{\boldsymbol{e}}_\phi - l\dot{\phi}^2\hat{\boldsymbol{e}}_r$$

und

$$\ddot{\boldsymbol{r}} \cdot \hat{\boldsymbol{e}}_\phi = l\ddot{\phi}$$

zu

$$0 = (m\ddot{\boldsymbol{r}} + mg\hat{\boldsymbol{e}}_z) \cdot \hat{\boldsymbol{e}}_\phi = ml\ddot{\phi} + mgl\sin(\phi)$$

bestimmen lässt. Dies lässt sich schlussendlich auf die bekannte Bewegungsgleichung

$$\ddot{\phi} = -\frac{g}{l}\sin(\phi)$$

umformen.

Aufgabe 2   **25 *Punkte***

Körper auf dem Drehtisch

In dieser Aufgabe soll die Bewegung eines sich abrollenden Körpers mit Masse M auf einem sich drehenden Tisch betrachtet werden. Der Tisch soll dabei die Winkelgeschwindigkeit $\Omega \parallel \hat{e}_z$ aufweisen. Der Ursprung des Koordinatensystems ist gleichzeitig der Mittelpunkt des sich drehenden Tisches. Der Auflagepunkt des Körpers im Inertialsystem soll mit r bezeichnet werden. Die Dynamik von r fällt mit der des Schwerpunktes des Körpers zusammen. Der Körper soll sich so abrollen, dass er sich um eine feste Achse im Körpersystem abrollt, dabei den konstanten Radius R aufweist und sein Schwerpunkt stets über seinem Auflagepunkt liegt. [1]

(a) **(4 Punkte)** Finden Sie die Geschwindigkeit eines abrollenden Punktes auf der Oberfläche des Körpers und die Geschwindigkeit eines Punktes auf der Oberfläche des Tisches. Leiten Sie daraus zunächst die Gleichung

$$\ddot{r} = \Omega \times \dot{r} - \dot{\omega} \times R$$

her. Darin bezeichnet ω die Winkelgeschwindigkeit der Rotation des Körpers und $R \parallel \hat{e}_z$ einen Vektor vom Schwerpunkt zum Auflagepunkt des Körpers.

Lösungsvorschlag:
Ein Punkt auf der Oberfläche des Tisches am Punkt a hat die Geschwindigkeit $\Omega \times a$. Die Geschwindigkeit eines Punktes auf der Oberfläche des Körpers setzt sich aus der Geschwindigkeit des Schwerpunktes, was hier der Geschwindigkeit des Auflagepunktes $\dot{r}$ entsprechen soll und der Rotationsgeschwindigkeit $\omega \times R\hat{e}_R$ zusammen, wobei $\hat{e}_R$ vom Schwerpunkt des Körpers auf den Punkt auf der Oberfläche zeigt. Die beiden Geschwindigkeiten müssen am Auflagepunkt übereinstimmen, so dass sich a mit r ersetzten lässt und $\hat{e}_R$ gerade $-\hat{e}_z$ sein muss. Somit kann der Vektor $R = -R\hat{e}_z$ eingeführt werden, um damit

$$\Omega \times r = \dot{r} + \omega \times R$$

zu finden.
Diese Gleichung kann nun nach der Zeit differenziert werden, um sie auf

$$\Omega \times \dot{r} = \ddot{r} + \dot{\omega} \times R$$

umzuformen. Hierbei wurde ausgenutzt, dass Ω und R konstante Vektoren sind. Diese Gleichung lässt sich nun nach $\ddot{r}$ umstellen, um schlussendlich die gesuchte Gleichung

$$\ddot{r} = \Omega \times \dot{r} - \dot{\omega} \times R$$

zu erhalten.

---

[1] Die Betrachtungen in dieser Aufgabe orientiert sich an den Ausführungen in Klaus Weltner, *Stable circular orbits of freely moving balls on rotating discs*, American Journal of Physics **47**, 984 (1979).

(b) **(4 Punkte)** Betrachten Sie nun die Änderung des Eigendrehimpulses S des Körpers und bringen Sie diesen mit der Reibungskraft $\boldsymbol{F}_r$, die auf den Körper wirkt, in Verbindung, um so die Bewegungsgleichung

$$\left(1 + \frac{MR^2}{I}\right)\ddot{\boldsymbol{r}} = \boldsymbol{\Omega} \times \dot{\boldsymbol{r}} \tag{3.13.1}$$

zu finden. Woraus besteht die offensichtlichste Lösung?

Lösungsvorschlag:
Der Eigendrehimpuls S ist bei der Drehung um eine Achse durch $\boldsymbol{S} = I\boldsymbol{\omega}$ definiert, wobei I das konstante Trägheitsmoment um diese Achse ist. Daher ist seine Änderung durch

$$\dot{\boldsymbol{S}} = I\dot{\boldsymbol{\omega}}$$

gegeben. Andererseits muss die Änderung des Drehimpulses gerade dem auf den Körper einwirkendem Drehmoment entsprechen. Die einzige Kraft, welche keine Zwangskraft ist und auf den Körper wirkt, ist die Reibungskraft $\boldsymbol{F}_r$. Sie setzt am Auflagepunkt, also bei $\boldsymbol{R}$ an. Daher sind sowohl

$$\dot{\boldsymbol{S}} = \boldsymbol{R} \times \boldsymbol{F}_r$$

als auch

$$M\ddot{\boldsymbol{r}} = \boldsymbol{F}_r$$

gültig. Hieraus lässt sich

$$\dot{\boldsymbol{\omega}} = \frac{M}{I}\boldsymbol{R} \times \ddot{\boldsymbol{r}}$$

für die Ableitung der Rotationsgeschwindigkeit des Körpers bestimmen. Wird dieser Zusammenhang in die in Teilaufgabe (a) gefundene Gleichung eingesetzt, so kann

$$\ddot{\boldsymbol{r}} = \boldsymbol{\Omega} \times \dot{\boldsymbol{r}} - \frac{M}{I}(\boldsymbol{R} \times \ddot{\boldsymbol{r}}) \times \boldsymbol{R}$$

gefunden werden. Da sich der Auflagepunkt nur in der xy-Ebene verändern kann und $\boldsymbol{R} \parallel \hat{\boldsymbol{e}}_z$ ist, stehen $\ddot{\boldsymbol{r}}$ und $\boldsymbol{R}$ senkrecht aufeinander. Mit der bac-cab-Regel kann das doppelte Kreuzprodukt daher zu

$$(\boldsymbol{R} \times \ddot{\boldsymbol{r}}) \times \boldsymbol{R} = \boldsymbol{R} \times (\ddot{\boldsymbol{r}} \times \boldsymbol{R}) = \ddot{\boldsymbol{r}}R^2 - \boldsymbol{R}(\boldsymbol{R} \cdot \ddot{\boldsymbol{r}}) = R^2\ddot{\boldsymbol{r}}$$

ausgewertet werden. Also kann die Bewegungsgleichung auf Gl. (3.13.1)

$$\ddot{\boldsymbol{r}} = \boldsymbol{\Omega} \times \dot{\boldsymbol{r}} - \frac{MR^2}{I}\ddot{\boldsymbol{r}}$$

$$\Rightarrow \quad \left(1 + \frac{MR^2}{I}\right)\ddot{\boldsymbol{r}} = \boldsymbol{\Omega} \times \dot{\boldsymbol{r}}$$

umgeformt werden.

Da in der Bewegungsgleichung nur Konstanten und Ableitungen von r auftauchen, sind die einfachsten Lösungen durch konstante Werte von r gegeben. Das bedeutet, ein Körper, der an einem Punkt auf dem drehenden Tisch platziert wird und dessen Oberflächengeschwindigkeit im Kontaktpunkt mit der Bahngeschwindigkeit am platzierten Punkt übereinstimmt, wird sich nicht von diesem Punkt entfernen, sondern dort verharren.

(c) **(7 Punkte)** Zeigen Sie nun, dass Gl. (3.13.1) auch durch kreisförmige Bahnen um einen beliebigen aber festen Vektor a mit Radius s und Umlaufperiode

$$\omega_0 = \frac{\Omega}{1 + \frac{MR^2}{I}}$$

gelöst werden kann. Bestimmen Sie ω_0 für eine Kugel, einen flachen Vollzylinder ($h \ll R$) und einen flachen Hohlzylinder, der $h \ll R_i < R$ erfüllt. Bilden Sie für letzteren auch den Grenzwert $R_i \to R$.

Lösungsvorschlag:

Ausgehend vom Punkt a lässt sich eine Verbindungslinie zum tatsächlichen Punkt r ziehen, die mit s bezeichnet werden soll. Bewegt sich der Körper tatsächlich mit der konstanten Winkelgeschwindigkeit ω_0 auf einem Kreis, um den Punkt a, so muss die zeitliche Ableitung von s durch $\omega_0 \times s$ gegeben sein, wobei $\omega_0 = \omega_0 \hat{e}_z$ ist. Damit lassen sich dann aber die Vektoren

$$\dot{r} = \omega_0 \times s \qquad \ddot{r} = \omega_0 \times (\omega_0 \times s)$$

finden. Für den letzteren kann wieder die bac-cab-Regel zusammen mit der Orthogonalität von s und ω_0 benutzt werden, um

$$\ddot{r} = \omega_0(\omega_0 \cdot s) - s\omega_0^2 = -\omega_0^2 s$$

zu erhalten. Die gefunden Vektoren können nun in die Bewegungsgleichung (3.13.1) eingesetzt werden, so dass sich mittels der Rechnung

$$-\left(1 + \frac{MR^2}{I}\right)\omega_0^2 s = \Omega \times (\omega_0 \times s) = \omega_0(\Omega \cdot s) - s(\omega_0 \cdot \Omega) = -\omega_0 \Omega s$$

die gesuchte Winkelgeschwindigkeit

$$\left(1 + \frac{MR^2}{I}\right)\omega_0 = \Omega \quad \Rightarrow \quad \omega_0 = \frac{\Omega}{1 + \frac{MR^2}{I}}$$

ergibt. Im Besonderen ist dieses Ergebnis unabhängig vom Zentrum des Kreises a und unabhängig vom Radius des Kreises s.

Für eine Kugel ist das Trägheitsmoment um jede Achse durch $I = \frac{2}{5}MR^2$ gegeben, wodurch sich

$$\omega_0 = \frac{\Omega}{1 + \frac{5}{2}} = \frac{2}{7}\Omega$$

ergibt.

Für einen dünnen Vollzylinder, der einer Scheibe gleicht, kann die Abrollbewegung nur dann stattfinden, wenn sich der Zylindermantel auf der Oberfläche abrollt, die Symmetrieachse also gleichzeitig die Rotationsachse ist. [2] In diesem Fall ist das Trägheitsmoment durch $I = \frac{1}{2}MR^2$ gegeben und es kann

$$\omega_0 = \frac{\Omega}{1 + \frac{2}{1}} = \frac{1}{3}\Omega$$

gefunden werden.

Für einen Hohlzylinder kann aus den gleichen Gründen wie beim Hohlzylinder die Rotation nur um die Symmetrieachse stattfinden. Das Trägheitsmoment ist dann durch $I = \frac{1}{2}M(R_i^2 + R^2)$ gegeben. Somit kann zunächst die Kreisfrequenz

$$\omega_0 = \frac{\Omega}{1 + 2\frac{R^2}{R^2 + R_i^2}} = \frac{1 + \frac{R_i^2}{R^2}}{3 + \frac{R_i^2}{R^2}}\Omega$$

gefunden werden. Durch den Grenzwert $R_i \to 0$ geht der Hohlzylinder in einen Vollzylinder über und tatsächlich ergibt sich so auch $\omega_0 = \frac{1}{3}\Omega$, was die Kreisfrequenz für den Vollzylinder war. Im Grenzfall $R_i \to R$ wird der Hohlzylinder zu einem Zylinderring und es ergibt sich die Kreisfrequenz $\omega_0 = \frac{2}{4}\Omega = \frac{1}{2}\Omega$, was aufgrund des Trägheitsmoments $I = MR^2$ in diesem Fall auch offensichtlich richtig ist.

(d) (3 Punkte) Bestimmen Sie a und s als Funktionen von der initialen Position $r(0)$ und der initialen Geschwindigkeit $\dot{r}(0)$.

Lösungsvorschlag:

Da die Geschwindigkeit an jedem Punkt der Kreisbahn durch

$$\dot{r} = \dot{s} = \omega_0 \times s$$

bestimmt ist, muss für den Betrag auch

$$\dot{r}^2 = (\omega_0 \times s)^2 = \omega_0^2 s^2$$

gelten, weshalb sich so der Radius aus

$$s = \frac{|\dot{r}(0)|}{\omega_0}$$

ermitteln lässt. Auf einer Kreisbahn lässt sich aus dem Geschwindigkeitsvektor $\dot{r} = \dot{s}$ und dem Winkelgeschwindigkeitsvektor ω_0 auch der Ortsvektor auf der Kreisbahn über

$$s = \frac{\dot{s} \times \omega_0}{\omega_0^2} = \frac{\dot{r} \times \omega_0}{\omega_0^2}$$

---

[2]Damit wird auch klar, dass die Bedingung eines dünnen Zylinders notwendig ist, da hier mehrere Auflagepunkte auftreten, die alle in etwa dieselbe Bahngeschwindigkeit aufweisen müssen.

ausdrücken. [3] Daher kann auch a durch

$$a = r(0) - s(0) = r(0) - \frac{\dot{r}(0) \times \omega_0}{\omega_0^2}$$

bestimmt werden.

(e) **(7 Punkte)** Finden Sie eine zu Gl. (3.13.1) passende Lagrange-Funktion mit r als verallgemeinerten Koordinaten.

Hinweis: Sie werden von einem verallgemeinerten Potential der Form $V(r, \dot{r}, t) = \alpha \dot{r} \cdot (\Omega \times r)$ ausgehen müssen.

Lösungsvorschlag:
Zunächst lässt sich die Bewegungsgleichung (3.13.1) auf

$$\left(M + \frac{I}{R^2} \right) \ddot{r} = \frac{I}{R^2} \Omega \times \dot{r} \tag{3.13.2}$$

umformen. Damit nimmt die linke Form, die Form der Ableitung der kinetischen Energie an, wenn diese durch den Ansatz

$$T = \frac{1}{2} \left(M + \frac{I}{R^2} \right) \dot{r}^2 = \frac{1}{2} M \left(1 + \frac{I}{MR^2} \right) \dot{r}^2$$

gegeben ist. [4] Wird für das Potential der Term

$$V(r, \dot{r}, t) = \alpha \dot{r} \cdot (\Omega \times r) = \alpha \epsilon_{klm} \dot{r}_k \Omega_l r_m$$

angesetzt, so können die Ableitungen

$$\frac{\partial V}{\partial r_i} = \frac{\partial}{\partial r_i} \left[\alpha \epsilon_{klm} \dot{r}_k \Omega_l r_m \right] = \alpha \epsilon_{kli} \dot{r}_k \Omega_l = \alpha (\dot{r} \times \Omega)_i$$

und

$$\frac{\partial V}{\partial \dot{r}_i} = \frac{\partial}{\partial \dot{r}_i} \left[\alpha \epsilon_{klm} \dot{r}_k \Omega_l r_m \right] = \alpha \epsilon_{ilm} \Omega_l r_m = \alpha (\Omega \times r)_i$$

$$\frac{\mathrm{d}}{\mathrm{d}t} \frac{\partial V}{\partial \dot{r}_i} = \alpha (\Omega \times \dot{r})_i$$

gefunden werden. Da sich für eine Lagrange-Funktion der Form $L = T - V$ die Euler-Lagrange-Gleichung

$$\frac{\mathrm{d}}{\mathrm{d}t} \frac{\partial L}{\partial \dot{r}_i} - \frac{\partial L}{\partial r_i} = 0$$

---

[3]Zur Probe kann beispielsweise der Zusammenhang $\dot{s} = \omega_0 \times s$ eingesetzt werden.

[4]Es ist offensichtlich, dass die so definierte kinetische Energie Null wird, wenn sich der Auflagepunkt des Körpers nicht bewegt. Doch in diesem Fall ruht der Körper trotzdem nicht, da er nach wie vor rotiert. Wird die kinetische Energie so angesetzt, dass dies berücksichtigt wird, ergibt sich ein anderes Potential. Die schlussendliche Lagrange-Funktion bleibt dennoch gleich.

auch als

$$\frac{\mathrm{d}}{\mathrm{d}t}\frac{\partial T}{\partial \dot{r}_i} - \frac{\partial T}{\partial r_i} = \frac{\mathrm{d}}{\mathrm{d}t}\frac{\partial V}{\partial \dot{r}_i} - \frac{\partial V}{\partial r_i}$$

formulieren lässt, kann die darin auftretende Rechte Seite zu

$$\frac{\mathrm{d}}{\mathrm{d}t}\frac{\partial V}{\partial \dot{r}_i} - \frac{\partial V}{\partial r_i} = 2\alpha(\boldsymbol{\Omega} \times \dot{\boldsymbol{r}})_i$$

bestimmt werden. Die linke Seite der Euler-Lagrange-Gleichung ist wegen der kinetischen Energie

$$T = \frac{1}{2}\left(M + \frac{I}{R^2}\right)\dot{\boldsymbol{r}}^2$$

durch

$$\frac{\mathrm{d}}{\mathrm{d}t}\frac{\partial T}{\partial \dot{r}_i} - \frac{\partial T}{\partial r_i} = \left(M + \frac{I}{R^2}\right)\ddot{r}_i$$

gegeben. Damit kann die Bewegungsgleichung

$$\left(M + \frac{I}{R^2}\right)\ddot{\boldsymbol{r}} = 2\alpha(\boldsymbol{\Omega} \times \dot{\boldsymbol{r}})$$

gefunden werden. Ein Vergleich mit Gl. (3.13.2) zeigt, dass die Größe α den Wert

$$\alpha = \frac{I}{2R^2}$$

annehmen muss. Daher kann die Lagrange-Funktion des Systems zu

$$L = \frac{1}{2}M\left(1 + \frac{I}{MR^2}\right)\dot{\boldsymbol{r}}^2 - \frac{I}{2R^2}\dot{\boldsymbol{r}}\cdot(\boldsymbol{\Omega} \times \boldsymbol{r})$$

bestimmt werden. [5]

---

[5] Ähnlich wie bei der Bewegung in einem elektromagnetischen Feld, ist der kanonische Impuls hier nicht durch den kinetischen Impuls, sondern durch $\boldsymbol{p} = M\dot{\boldsymbol{r}} + \frac{I}{R^2}\dot{\boldsymbol{r}} - \frac{I}{2R^2}(\boldsymbol{\Omega} \times \boldsymbol{r})$ gegeben. Die Hamilton-Funktion kann in diesem Fall zu $H = \dfrac{\left(\boldsymbol{p} + \frac{I}{2R^2}(\boldsymbol{\Omega} \times \boldsymbol{r})\right)^2}{2M\left(1 + \frac{I}{MR^2}\right)}$

Aufgabe 3   25 *Punkte*

Das Noether-Theorem in Vielteilchensystemen

Das Noether-Theorem besagt, dass für eine infinitesimale Transformation

$$q \rightarrow q' = q + \epsilon\,\psi(q, \dot{q}, t) \qquad t \rightarrow t' = t + \epsilon\,\phi(q, \dot{q}, t)$$

welche die Bedingungen

$$\frac{\mathrm{d}}{\mathrm{d}\epsilon}\left[\frac{\mathrm{d}t'}{\mathrm{d}t}L\left(q', \frac{\mathrm{d}q'}{\mathrm{d}t'}, t'\right)\right]_{\epsilon=0} = \frac{\mathrm{d}}{\mathrm{d}t}f(q, t)$$

erfüllt, die Ladung

$$Q = \sum_{i=1}^{f}\psi_i\frac{\partial L}{\partial\dot{q}_i} + \phi\left(L - \sum_{i=1}^{f}\dot{q}_i\frac{\partial L}{\partial\dot{q}_i}\right) - f(q, t)$$

erhalten ist. Solch eine Transformation wird als Symmetrietransformation bezeichnet. Gehen Sie in dieser Aufgabe von einem abgeschlossenen N-Teilchen-System aus, dessen Lagrange-Funktion durch

$$L = \sum_{\alpha=1}^{N}\left(\frac{1}{2}m_\alpha\dot{r}_\alpha^2 - \sum_{\beta<\alpha}U_{\alpha\beta}(|r_\alpha - r_\beta|)\right)$$

gegeben ist.

(a) **(2 Punkte)** Zeigen Sie zunächst, dass sich mit

$$r'_\alpha = r_\alpha + \psi_\alpha \qquad t' = t + \epsilon\phi$$

die Erhaltungsgröße auch durch

$$Q = \sum_{\alpha=1}^{N}\psi_\alpha \cdot p_\alpha - \phi H - f(\{r_\alpha\}, t)$$

formulieren lässt.

Lösungsvorschlag:
Bei den verallgemeinerten Koordinaten q_i handelt es sich um die kartesischen Koordinaten der einzelnen Massenpunkte $r_{\alpha,j}$, wobei $\alpha = 1 + i\,\mathrm{div}\,3$ und $j = i\,\mathrm{mod}\,3$ gelten. Je drei können somit für den Massenpunkt α zusammengefasst werden. Da es N Teilchen gibt, verfügt das System über $f = 3N$ Freiheitsgrade, sodass mit

$$p_{\alpha,j} = \frac{\partial L}{\partial\dot{r}_{\alpha,j}} \qquad H = \sum_{\alpha=1}^{N}\dot{r}_\alpha \cdot p_\alpha - L$$

auch

$$
\begin{aligned}
Q &= \sum_{i=1}^{3N} \psi_i \frac{\partial L}{\partial \dot{q}_i} + \phi \left(L - \sum_{i=1}^{3N} \dot{q}_i \frac{\partial L}{\partial \dot{q}_i} \right) - f(\boldsymbol{q}, t) \\
&= \sum_{\alpha=1}^{N} \sum_{j=1}^{3} \psi_{\alpha,j} \frac{\partial L}{\partial \dot{r}_{\alpha,j}} + \phi \left(L - \sum_{\alpha=1}^{N} \sum_{j=1}^{3} \dot{r}_{\alpha,j} \frac{\partial L}{\partial \dot{r}_{\alpha,j}} \right) - f(\{\boldsymbol{r}_\alpha\}, t) \\
&= \sum_{\alpha=1}^{N} \boldsymbol{\psi}_\alpha \cdot \boldsymbol{p}_\alpha + \phi \left(L - \sum_{\alpha=1}^{N} \dot{\boldsymbol{r}}_\alpha \cdot \boldsymbol{p}_\alpha \right) - f(\{\boldsymbol{r}_\alpha\}, t) \\
&= \sum_{\alpha=1}^{N} \boldsymbol{\psi}_\alpha \cdot \boldsymbol{p}_\alpha - \phi H - f(\{\boldsymbol{r}_\alpha\}, t)
\end{aligned}
$$

gilt.

(b) **(2 Punkte)** Zeigen Sie, dass es sich bei $\boldsymbol{\psi}_\alpha = \delta_{\alpha\gamma} \boldsymbol{\psi}_\gamma$ für ein festes γ um keine Symmetrie-Transformation handeln kann.

Lösungsvorschlag:
Die Transformation führt auf

$$
\boldsymbol{r}_\gamma \to \boldsymbol{r}_\gamma + \epsilon \boldsymbol{\psi}_\gamma \qquad \boldsymbol{r}_\alpha \to \boldsymbol{r}_\alpha,
$$

wobei $\alpha \neq \gamma$ ist. Damit wird aber auch der Übergang

$$
U_{\gamma\alpha}(|\boldsymbol{r}_\gamma - \boldsymbol{r}_\alpha|) \to U_{\gamma\alpha}(|\boldsymbol{r}_\gamma + \epsilon \boldsymbol{\psi}_\gamma - \boldsymbol{r}_\alpha|) \neq U_{\gamma\alpha}(|\boldsymbol{r}_\gamma - \boldsymbol{r}_\alpha|)
$$

gültig sein. Daher wird sich auch die Lagrange-Funktion nicht invariant unter der Transformation verhalten, sodass die Bedingung

$$
\frac{\mathrm{d}}{\mathrm{d}\epsilon} \left[\frac{\mathrm{d}t'}{\mathrm{d}t} L \left(\boldsymbol{q}', \frac{\mathrm{d}\boldsymbol{q}'}{\mathrm{d}t'}, t' \right) \right]_{\epsilon=0} = \frac{\mathrm{d}}{\mathrm{d}t} f(\boldsymbol{q}, t)
$$

im Allgemeinen nicht erfüllt sein wird.

(c) **(12 Punkte)** Zeigen Sie, dass die Transformationen

  (i) Raumtranslation: $\boldsymbol{\psi}_\alpha = \boldsymbol{n}$, $\phi = 0$, mit beliebigen $\boldsymbol{n}$

  (ii) Zeittranslation: $\boldsymbol{\psi}_\alpha = 0$, $\phi = 1$

  (iii) Drehung: $\boldsymbol{\psi}_\alpha = \boldsymbol{n} \times \boldsymbol{r}_\alpha$, $\phi = 0$, mit beliebigen $\boldsymbol{n}$

Symmetrietransformationen sind und bestimmen Sie die dazugehörigen $f(\{\boldsymbol{r}_\alpha\}, t)$ und Erhaltungsgrößen Q.

Lösungsvorschlag:

Für $\phi = $ konst. kann die vereinfachte Bedingung

$$L(\boldsymbol{q}', \dot{\boldsymbol{q}}', t) = L(\boldsymbol{q}, \dot{\boldsymbol{q}}, t) + \epsilon \frac{\mathrm{d}f}{\mathrm{d}t} + \mathcal{O}(\epsilon^2)$$

überprüft werden. Nach wie vor wird die Ladung aus Teilaufgabe (a)

$$Q = \sum_{\alpha=1}^{N} \boldsymbol{\psi}_\alpha \cdot \boldsymbol{p}_\alpha - \phi H - f(\{\boldsymbol{r}_\alpha\}, t)$$

erhalten sein, sofern die Bedingung erfüllt ist.

(i) Im Falle der Raumtranslation $\boldsymbol{\psi}_\alpha = \boldsymbol{n} = $ konst. und $\phi = 0$ gilt für die Geschwindigkeiten

$$\frac{\mathrm{d}\boldsymbol{r}'_\alpha}{\mathrm{d}t} = \frac{\mathrm{d}\boldsymbol{r}_\alpha}{\mathrm{d}t} + \frac{\mathrm{d}\boldsymbol{n}}{\mathrm{d}t} = \frac{\mathrm{d}\boldsymbol{r}_\alpha}{\mathrm{d}t},$$

weshalb die kinetische Energie unter der Transformation invariant sein wird. [6] Für die potentielle Energie kann hingegen

$$U_{\alpha\beta}(|\boldsymbol{r}_\alpha - \boldsymbol{r}_\beta|) \to U_{\alpha\beta}(|\boldsymbol{r}_\alpha + \epsilon\boldsymbol{n} - \boldsymbol{r}_\beta - \epsilon\boldsymbol{n}|) = U_{\alpha\beta}(|\boldsymbol{r}_\alpha - \boldsymbol{r}_\beta|)$$

gefunden werden. Sie ist also ebenso invariant unter Transformation und f ist Null.

Insgesamt ist die Lagrange-Funktion invariant und die erhaltene Ladung muss durch

$$Q = \sum_{\alpha=1}^{N} \boldsymbol{n} \cdot \boldsymbol{p}_\alpha = \boldsymbol{n} \cdot \sum_{\alpha=1}^{N} \boldsymbol{p}_\alpha$$

gegeben sein. Da der Vektor $\boldsymbol{n}$ beliebig war, muss bereits der Vektor

$$\boldsymbol{P} = \sum_{\alpha=1}^{N} \boldsymbol{p}_\alpha$$

konstant sein. Es handelt sich um die Erhaltung des Gesamtimpuls des Systems.

(ii) Bei der Zeittranslation $\boldsymbol{\psi}_\alpha = \boldsymbol{0}$, $\phi = 1$ werden sich wegen der Unabhängigkeit der kinetischen Energie und des Potentials von der Zeit keine Änderungen an der Lagrange-Funktion ergeben. [7] In diesem Fall ist $f = 0$. Daher muss die erhaltene Ladung durch

$$Q = -H$$

bestimmt sein. Da die Hamilton-Funktion die Gesamtenergie eines Systems darstellt, ist somit die Energie erhalten.

---

[6] Damit ϵ ein dimensionsloser Parameter ist, muss $\boldsymbol{n}$ die Dimension einer Länge aufweisen.

[7] In der hier angegebenen Transformation hat ϵ die Dimension einer Zeit.

(iii) Für die Drehung $\boldsymbol{\psi}_\alpha = \boldsymbol{n} \times \boldsymbol{r}_\alpha$, $\phi = 0$ lässt sich für die Differenz zweier Ortsvektoren der Ausdruck

$$\boldsymbol{r}_\alpha - \boldsymbol{r}_\beta \rightarrow \boldsymbol{r}_\alpha + \epsilon \boldsymbol{n} \times \boldsymbol{r}_\alpha - \boldsymbol{r}_\beta - \epsilon \boldsymbol{n} \times \boldsymbol{r}_\beta = \boldsymbol{r}_\alpha - \boldsymbol{r}_\beta + \epsilon \boldsymbol{n} \times (\boldsymbol{r}_\alpha - \boldsymbol{r}_\beta)$$

finden. [8] Das Betragsquadrat dieses Ausdruckes ist durch

$$|\boldsymbol{r}_\alpha - \boldsymbol{r}_\beta|^2 = (\boldsymbol{r}_\alpha - \boldsymbol{r}_\beta)^2 + 2\epsilon (\boldsymbol{r}_\alpha - \boldsymbol{r}_\beta) \cdot (\boldsymbol{n} \times (\boldsymbol{r}_\alpha - \boldsymbol{r}_\beta)) + \mathcal{O}(\epsilon^2)$$
$$= |\boldsymbol{r}_\alpha - \boldsymbol{r}_\beta|^2 + \mathcal{O}(\epsilon^2)$$

gegeben, da das Spatprodukt zyklisch ist und das Kreuzprodukt eines Vektors mit sich selbst verschwindet. Dementsprechend gilt auch

$$|\boldsymbol{r}_\alpha - \boldsymbol{r}_\beta| \rightarrow |\boldsymbol{r}_\alpha - \boldsymbol{r}_\beta| + \mathcal{O}(\epsilon^2)$$

für den Betrag der Differenz und das Potential wird

$$U_{\alpha\beta}(|\boldsymbol{r}_\alpha - \boldsymbol{r}_\beta|) \rightarrow U_{\alpha\beta}(|\boldsymbol{r}_\alpha - \boldsymbol{r}_\beta|)$$

erfüllen.
Für die kinetische Energie muss hingegen

$$\dot{\boldsymbol{r}}_\alpha \rightarrow \dot{\boldsymbol{r}}_\alpha + \epsilon \boldsymbol{n} \times \dot{\boldsymbol{r}}_\alpha$$

betrachtet werden. Auch hier lässt sich das Betragsquadrat bilden, um

$$\dot{\boldsymbol{r}}_\alpha^2 = \dot{\boldsymbol{r}}_\alpha^2 + 2\epsilon \dot{\boldsymbol{r}}_\alpha \cdot (\boldsymbol{n} \times \dot{\boldsymbol{r}}_\alpha) + \mathcal{O}(\epsilon^2)$$
$$= \dot{\boldsymbol{r}}_\alpha^2 + \mathcal{O}(\epsilon^2)$$

zu finden.
Damit ist die Lagrange-Funktion als ganzes invariant unter der vorliegen Transformation und f ist Null. Die erhaltene Ladung muss deshalb durch

$$Q = \sum_{\alpha=1}^{N} \boldsymbol{\psi}_\alpha \cdot \boldsymbol{p}_\alpha = \sum_{\alpha=1}^{N} (\boldsymbol{n} \times \boldsymbol{r}_\alpha) \cdot \boldsymbol{p}_\alpha$$
$$= \sum_{\alpha=1}^{N} \boldsymbol{n} \cdot (\boldsymbol{r}_\alpha \times \boldsymbol{p}_\alpha) = \boldsymbol{n} \cdot \sum_{\alpha=1}^{N} \boldsymbol{r}_\alpha \times \boldsymbol{p}_\alpha$$

gegeben sein. Da der Vektor $\boldsymbol{n}$ aber beliebig war, muss bereits der Vektor

$$\boldsymbol{L} = \sum_{\alpha=1}^{N} \boldsymbol{r}_\alpha \times \boldsymbol{p}_\alpha = \sum_{\alpha=1}^{N} \boldsymbol{L}_\alpha$$

erhalten sein. Es handelt sich somit um die Erhaltung des Gesamtdrehimpuls des Systems.

---

[8] In der hier angegebenen Transformation sind sowohl $\boldsymbol{n}$ wie auch ϵ dimensionslos.

(d) (**9 Punkte**) Betrachten Sie nun die Transformation $\psi_\alpha = \boldsymbol{u}t$, $\phi = 0$. Dabei ist $\boldsymbol{u}$ belie-
big. Um was für eine Transformation handelt es sich? Zeigen Sie, dass es sich um eine
Symmetrie des Systems handelt und bestimmen Sie $f(\{\boldsymbol{r}_\alpha\}, t)$ sowie die Erhaltene
Ladung Q. Was lässt sich aus dieser bestimmen? Berücksichtigen Sie dazu auch Ihr
Ergebnis aus Teilaufgabe (c).

Lösungsvorschlag:
Da sich alle Ortsvektoren gemäß

$$\boldsymbol{r}_\alpha \to \boldsymbol{r}_\alpha + \epsilon \boldsymbol{u}t$$

transformieren, handelt es sich um eine Galilei-Transformation. Wie auch in Teilaufgabe (c) kann die vereinfachte Symmetriebedingung betrachtet werden. Zu diesem
Zweck muss die Differenz zweier Vektoren

$$\boldsymbol{r}_\alpha - \boldsymbol{r}_\beta \to \boldsymbol{r}_\alpha + \epsilon \boldsymbol{u}t - \boldsymbol{r}_\beta - \epsilon \boldsymbol{u}t = \boldsymbol{r}_\alpha - \boldsymbol{r}_\beta$$

untersucht werden. Sie ist invariant unter der Transformation, weshalb auch die potentielle Energie

$$U_{\alpha\beta}(|\boldsymbol{r}_\alpha - \boldsymbol{r}_\beta|) \to U_{\alpha\beta}(|\boldsymbol{r}_\alpha - \boldsymbol{r}_\beta|)$$

unter der Transformation invariant sein wird.
Die Geschwindigkeiten der Vektoren sind hingegen durch

$$\dot{\boldsymbol{r}}_\alpha \to \dot{\boldsymbol{r}}_\alpha + \epsilon \boldsymbol{u}$$

gegeben. Damit wird deren Betragsquadrat durch

$$\dot{\boldsymbol{r}}_\alpha^2 \to \dot{\boldsymbol{r}}_\alpha^2 + 2\epsilon \boldsymbol{u} \cdot \dot{\boldsymbol{r}}_\alpha + \mathcal{O}(\epsilon^2)$$

zu bestimmen sein. Die kinetische Energie weist somit das Transformationsverhalten

$$T = \sum_{\alpha=1}^{N} \frac{1}{2} m_\alpha \dot{\boldsymbol{r}}_\alpha^2 \to \sum_{\alpha=1}^{N} \left(\frac{1}{2} m_\alpha \dot{\boldsymbol{r}}_\alpha^2 + \epsilon m_\alpha \boldsymbol{u} \cdot \dot{\boldsymbol{r}}_\alpha \right) + \mathcal{O}(\epsilon^2)$$

auf.
Insgesamt wird sich die Lagrange-Funktion also mit

$$L \to L + \epsilon \boldsymbol{u} \cdot \sum_\alpha^{N} m_\alpha \dot{\boldsymbol{r}}_\alpha = L + \epsilon \frac{\mathrm{d}}{\mathrm{d}t} \boldsymbol{u} \cdot \sum_\alpha^{N} m_\alpha \boldsymbol{r}_\alpha + \mathcal{O}(\epsilon^2)$$

transformieren, weshalb f zu

$$f(\{\boldsymbol{r}_\alpha\}, t) = \boldsymbol{u} \cdot \sum_\alpha^{N} m_\alpha \boldsymbol{r}_\alpha = \boldsymbol{u} \cdot (M\boldsymbol{R})$$

bestimmt werden kann. Dabei wurden der Schwerpunkt des Systems $\boldsymbol{R}$ und die Gesamtmasse M mit

$$MR = \sum_{\alpha=1}^{N} m_\alpha \boldsymbol{r}_\alpha \qquad M = \sum_{\alpha=1}^{N} m_\alpha$$

eingeführt. Die mit der Transformation verknüpfte erhaltene Ladung ist somit durch

$$Q = \sum_{\alpha=1}^{N} \boldsymbol{\psi}_\alpha \cdot \boldsymbol{p}_\alpha - f = \sum_{\alpha=1}^{N} \boldsymbol{u} \cdot \boldsymbol{p}_\alpha t - \boldsymbol{u} \cdot (MR)$$

$$= \boldsymbol{u} \cdot \left(t \sum_\alpha \boldsymbol{p}_\alpha - MR \right) = \boldsymbol{u} \cdot (\boldsymbol{P}t - MR)$$

gegeben. Dabei wurde im letzten schritt der erhaltene Gesamtimpuls

$$\boldsymbol{P} = \sum_{\alpha=1}^{N} \boldsymbol{p}_\alpha$$

aus Teilaufgabe (c), (i) eingesetzt. Da der Vektor $\boldsymbol{u}$ beliebig war, muss bereits der Vektor

$$\boldsymbol{P}t - MR$$

konstant sein. Er kann mit dem konstanten Vektor $-M\boldsymbol{R}_0$ identifiziert werden, um so

$$\boldsymbol{R} = \boldsymbol{R}_0 + \frac{\boldsymbol{P}}{M}t$$

zu erhalten. Insgesamt ist daher bereits die Bewegung des Schwerpunktes gelöst.

Aufgabe 4   **25 *Punkte***

Normalkoordinaten

In dieser Aufgabe soll ein System mit kleinen Schwingungen, dass sich durch die Lagrange-Funktion

$$L(\boldsymbol{q}, \dot{\boldsymbol{q}}) = \frac{1}{2}\dot{\boldsymbol{q}}^T M \dot{\boldsymbol{q}} - \frac{1}{2}\boldsymbol{q}^T V \boldsymbol{q}$$

beschreiben lässt, betrachtet werden. Darin sind M und V konstante, reelle, symmetrische und positiv definite Matrizen.

(a) **(3 Punkte)** Finden Sie die Bewegungsgleichung des Systems. Und führen Sie diese durch den Ansatz

$$\boldsymbol{q} = \boldsymbol{A}^{(k)}\cos(\omega_k t + \phi_k)$$

auf die Gleichung eines Eigenwertproblems für $\boldsymbol{A}^{(k)}$ und ω_k zurück.

Lösungsvorschlag:
Die Lagrange-Funktion lässt sich in Komponentenschreibweise auch durch

$$L = \frac{1}{2}M_{ij}\dot{q}_i\dot{q}_j - \frac{1}{2}V_{ij}q_iq_j$$

ausdrücken. Da die Matrizen M und V symmetrisch sind, erfüllen ihre Komponenten $M_{ij} = M_{ji}$, $V_{ij} = V_{ji}$. Die Euler-Lagrange-Gleichung ist durch

$$\frac{\mathrm{d}}{\mathrm{d}t}\frac{\partial L}{\partial \dot{q}_l} = \frac{\partial L}{\partial q_l}$$

gegeben, so dass sich die rechte Seite direkt zu

$$\frac{\partial L}{\partial q_l} = -\frac{1}{2}\left(V_{ij}\delta_{li}q_j + V_{ij}q_i\delta_{lj}\right) = -\frac{1}{2}(V_{lj}q_j + V_{il}q_i) = -V_{li}q_i$$

bestimmen lässt. Dabei wurden im letzten Schritt die Symmetrie der Matrix V und die Beliebigkeit der Benennung des Summationsindex ausgenutzt. Auf der linken Seite lässt sich mit dem gleichen Vorgehen zunächst

$$\frac{\partial L}{\partial \dot{q}_l} = \frac{1}{2}(M_{ij}\delta_{li}\dot{q}_j + M_{ij}\dot{q}_i\delta_{lj}) = \frac{1}{2}(M_{lj}\dot{q}_j + M_{il}\dot{q}_i) = M_{li}\dot{q}_i$$

bestimmen, um schließlich mit der Konstanz der Matrix M

$$\frac{\mathrm{d}}{\mathrm{d}t}\frac{\partial L}{\partial \dot{q}_l} = M_{li}\ddot{q}_i$$

zu erhalten. Die Euler-Lagrange-Gleichung ist somit durch

$$M_{li}\ddot{q}_i = -V_{li}q_i$$

gegeben und kann in Vektorschreibweise durch

$$M\ddot{\boldsymbol{q}} = -V\boldsymbol{q}$$

ausgedrückt werden.
Mit dem Ansatz

$$\boldsymbol{q} = \boldsymbol{A}^{(k)} \cos(\omega_k t + \phi_k)$$

lässt sich direkt die zweite Ableitung

$$\ddot{\boldsymbol{q}} = -\omega_k^2 \boldsymbol{A}^{(k)} \cos(\omega_k t + \phi_k)$$

bestimmen, um so die Gleichung

$$0 = (M\ddot{\boldsymbol{q}} + V\boldsymbol{q}) = -(M\omega_k^2 - V)\boldsymbol{A}^{(k)} \cos(\omega_k t + \phi_k)$$

zu erhalten. Diese Gleichung kann erfüllt werden, indem die Kosinusfunktion Null ist. Allerdings ist dies nicht zu allen Zeiten der Fall, deshalb muss diese nicht weiter betrachtet werden und es kann die gesuchte Eigenwertgleichung

$$(M\omega_k^2 - V)\boldsymbol{A}^{(k)} = 0 \quad \Leftrightarrow \quad V\boldsymbol{A}^{(k)} = \omega_k^2 M \boldsymbol{A}^{(k)}$$

identifiziert werden.

(b) **(3 Punkte)** Verwenden Sie die Eigenwertgleichung und die positive Definitheit der Matrizen, um zu zeigen, dass alle $\omega_k^2 > 0$ sind.
Hinweis: Zeigen Sie zunächst, dass für alle reellen Vektoren $\boldsymbol{x} \neq \boldsymbol{0}$ bei einer positiv definiten Matrix M der Zusammenhang $\boldsymbol{x}^T M \boldsymbol{x} > 0$ gilt. Sie dürfen dazu ohne Beweis annehmen, dass eine reelle symmetrische Matrix stets durch eine orthogonale Matrix diagonalisierbar ist.

Lösungsvorschlag:
Eine reelle symmetrische Matrix M kann durch eine orthogonale Matrix O mittels OMO^T auf die Diagonalmatrix D gebracht werden. Diese enthält auf der Diagonalen die Eigenwerte der Matrix M. Da die Matrix M auch positiv definit sein soll, sind alle Eigenwerte $\lambda_i > 0$. Wird nun das Produkt $\boldsymbol{x}^T M \boldsymbol{x}$ betrachtet, so lässt es sich durch Einschieben der Einheitsmatrix $\mathbb{1} = O^T O = OO^T$ auf

$$\boldsymbol{x}^T M \boldsymbol{x} = \boldsymbol{x}^T O^T OMO^T O\boldsymbol{x} = (O\boldsymbol{x})^T D(O\boldsymbol{x})$$

umformen. Wird nun der Vektor $\boldsymbol{x}' = O\boldsymbol{x}$ definiert, lässt sich dieses Produkt schließlich durch

$$\boldsymbol{x}^T M \boldsymbol{x} = \boldsymbol{x}'^T D\boldsymbol{x}' = \sum_{i,j} D_{ij} x_i' x_j' = \sum_{i,j} \delta_{ij} \lambda_i x_i' x_j' = \sum_i \lambda_i x_i'^2$$

ausdrücken. Nun sind die Eigenwerte λ_i alle positiv und auch das Quadrat von reellen Zahlen ist stets nicht negativ. Damit sind alle Summanden nicht negativ. Da der Vektor

$x \neq 0$ sein soll, muss mindestens ein $x'_i \neq 0$ sein und daher wird mindestens ein Koeffizient nicht Null sein. Somit wird die gesamte Summe positiv sein. Insgesamt konnte also gezeigt werden, dass für $x \neq 0$ der Zusammenhang $x^T M x > 0$ gilt.

Diese Erkenntnis lässt sich nun verwenden, um die Eigenwertgleichung mit $\left(A^{(k)}\right)^T$ zu multiplizieren. Somit kann

$$0 = \left(A^{(k)}\right)^T (M\omega_k^2 - V)A^{(k)} = \omega_k^2 \left(\left(A^{(k)}\right)^T M A^{(k)}\right) - \left(\left(A^{(k)}\right)^T V A^{(k)}\right)$$

gefunden werden. Die beiden, durch die Matrizen M und V erweiterten Skalarprodukte sind von dem anfänglich betrachteten Typ und damit nicht positiv. Die Gleichung lässt sich daher nach

$$\omega_k^2 = \frac{\left(A^{(k)}\right)^T V A^{(k)}}{\left(A^{(k)}\right)^T M A^{(k)}}$$

umstellen. Da alle Terme der rechten Seite positiv sind, muss auch ω_k^2 positiv sein. Das betrachtete k war beliebig und somit gilt die Behauptung für jedes k.

(c) **(6 Punkte)** Zeigen Sie, dass alle Eigenvektoren voneinander linear unabhängig gewählt werden können, indem Sie unter anderem die verallgemeinerte Orthogonalität

$$\left(A^{(p)}\right)^T M A^{(k)} = 0 \qquad k \neq p$$

herleiten und betrachten.

Lösungsvorschlag:
Wieder kann die Eigenwertgleichung

$$(M\omega_k^2 - V)A^{(k)} = 0$$

aus Teilaufgabe (a) betrachtet werden. Es bietet sich an, diese mit dem Eigenvektor $\left(A^{(p)}\right)^T$ zum Eigenwert ω_p^2 zu multiplizieren, um so

$$\left(A^{(p)}\right)^T (M\omega_k^2 - V)A^{(k)} = 0$$

zu erhalten. Da $A^{(p)}$ aber auch ein Eigenvektor ist, hätte von dessen Eigenwertgleichung ausgegangen werden können, um anschließend mit $\left(A^{(k)}\right)^T$ zu multiplizieren. Auf diese Weise lässt sich die weitere Gleichung

$$\left(A^{(k)}\right)^T (M\omega_p^2 - V)A^{(p)} = 0$$

erhalten. Die beiden Gleichungen können voneinander subtrahiert werden, um

$$0 = \omega_k^2 \left(\left(A^{(p)}\right)^T M A^{(k)}\right) - \omega_p^2 \left(\left(A^{(k)}\right)^T M A^{(p)}\right)$$
$$- \left(\left(A^{(p)}\right)^T V A^{(k)}\right) + \left(\left(A^{(k)}\right)^T V A^{(p)}\right)$$

zu erhalten. In dieser Gleichung ist aufgrund der Symmetrie von M und V nun aber auch

$$\left(\boldsymbol{A}^{(p)}\right)^T M \boldsymbol{A}^{(k)} = \left(\boldsymbol{A}^{(k)}\right)^T M \boldsymbol{A}^{(p)}$$

$$\left(\boldsymbol{A}^{(p)}\right)^T V \boldsymbol{A}^{(k)} = \left(\boldsymbol{A}^{(k)}\right)^T V \boldsymbol{A}^{(p)}$$

gültig, so dass sich die gefundene Gleichung auf

$$0 = (\omega_k^2 - \omega_p^2) \cdot \left(\left(\boldsymbol{A}^{(p)}\right)^T M \boldsymbol{A}^{(k)} \right)$$

reduziert.

Ist $p = k$, so kann der Ausdruck

$$\left(\boldsymbol{A}^{(p)}\right)^T M \boldsymbol{A}^{(k)}$$

jeden beliebigen Wert annehmen.

Ist hingegen $p \neq k$ und gleichzeitig $\omega_k^2 \neq \omega_p^2$ erfüllt, so muss dieser Ausdruck gerade Null sein, so dass

$$\left(\boldsymbol{A}^{(p)}\right)^T M \boldsymbol{A}^{(k)} = 0$$

gilt. Nun ist es möglich, dass für zwei unterschiedliche p und k dennoch $\omega_p^2 = \omega_k^2 \equiv \omega_l^2$ gilt. Da in diesem Fall aber

$$\boldsymbol{A}^{(l)} = \alpha \boldsymbol{A}^{(k)} + \beta \boldsymbol{A}^{(p)}$$

gemäß der Rechnung

$$V \boldsymbol{A}^{(l)} = \alpha V \boldsymbol{A}^{(k)} + \beta V \boldsymbol{A}^{(p)} = \alpha \omega_k^2 M \boldsymbol{A}^{(k)} + \beta \omega_p^2 M \boldsymbol{A}^{(p)}$$

$$= \alpha \omega_l^2 M \boldsymbol{A}^{(k)} + \beta \omega_l^2 M \boldsymbol{A}^{(p)} = \omega_l^2 M \left(\alpha \boldsymbol{A}^{(k)} + \beta \boldsymbol{A}^{(p)} \right)$$

$$= \omega_l^2 M \boldsymbol{A}^{(l)}$$

auch ein Eigenvektor zu ω_l^2 ist, ist es möglich zwei neue Vektoren $\boldsymbol{A}^{(l_1)}$ und $\boldsymbol{A}^{(l_2)}$ zu definieren, die die Bedingung der verallgemeinerten Orthogonalität

$$\left(\boldsymbol{A}^{(l_1)}\right)^T M \boldsymbol{A}^{(l_2)} = 0$$

erfüllen. Es ist daher möglich alle Eigenvektoren so zu wählen, dass sie die Bedingung der verallgemeinerten Orthogonalität

$$\left(\boldsymbol{A}^{(p)}\right)^T M \boldsymbol{A}^{(k)} = 0 \qquad p \neq k$$

erfüllen.
Wird nun davon ausgegangen, dass die Vektoren linear abhängig wären, so müsste es
Koeffizienten α_k geben, die

$$\sum_k \alpha_k \boldsymbol{A}^{(k)} = 0$$

ermöglichen. Es dürfen dabei nicht alle Null sein.
Nun lässt sich diese Linearkombination von Links mit der Matrix M und anschließend
mit dem Vektor $\boldsymbol{A}^{(p)}$ für ein beliebiges p multiplizieren, um so

$$0 = \left(\boldsymbol{A}^{(p)}\right)^T M \left(\sum_k \alpha_k \boldsymbol{A}^{(k)}\right) = \sum_k \alpha_k \left(\boldsymbol{A}^{(p)}\right)^T M \boldsymbol{A}^{(k)}$$

zu erhalten. Das Matrixprodukt ist die gefundene, verallgemeinerte Orthogonalitätsbedingung, die für jedes $p \neq k$ Null ergibt, daher wird nur der Ausdruck

$$0 = \sum_k \alpha_k \left(\boldsymbol{A}^{(p)}\right)^T M \boldsymbol{A}^{(k)} = \alpha_p \left(\left(\boldsymbol{A}^{(p)}\right)^T M \boldsymbol{A}^{(p)}\right)$$

übrig bleiben. Da das verbleibende Matrixprodukt auf der rechten Seite positiv ist,
muss $\alpha_p = 0$ sein. Da p beliebig war, muss dann aber jedes p Null sein. Somit können
die $\boldsymbol{A}^{(k)}$ nicht linear abhängig sein.

(d) **(5 Punkte)** Zeigen Sie nun, dass sich mit der Normierung

$$\left(\boldsymbol{A}^{(p)}\right)^T M \boldsymbol{A}^{(k)} = \delta_{pk}$$

die Normalkoordinaten $\boldsymbol{q} = O\boldsymbol{Q}$ einführen lassen, mit denen die Lagrange-Funktion
die Form

$$L(\boldsymbol{Q}, \dot{\boldsymbol{Q}}) = \frac{1}{2}\dot{\boldsymbol{Q}}^2 - \frac{1}{2}\boldsymbol{Q}^T \hat{\omega}^2 \boldsymbol{Q}$$

annimmt. Was sind dabei die Matrix O und die diagonale Matrix $\hat{\omega}^2$? Wie lauten die
sich daraus ergebenden Bewegungsgleichungen für $\boldsymbol{Q}$? Lösen Sie diese und bestimmen Sie so die Lösung $\boldsymbol{q}(t)$ des Problems.

Lösungsvorschlag:
Die Normierung lässt sich mit den Betrachtungen aus Teilaufgabe (c) rechtfertigen.
Da das Produkt

$$\left(\boldsymbol{A}^{(k)}\right)^T M \boldsymbol{A}^{(k)}$$

sein konnte, was es wollte, kann es auf Eins normiert werden. Wird der Ansatz

$$q_i = O_{ik}Q_k = A_i^{(k)}Q_k$$

gemacht, so kann mit dem Ansatz

$$\dot{q}_i = A_i^{(k)} \dot{Q}_k$$

die Lagrange-Funktion

$$
\begin{aligned}
L &= \frac{1}{2} M_{ij} \dot{q}_i \dot{q}_j - \frac{1}{2} V_{ij} q_i q_j = \frac{1}{2} M_{ij} A_i^{(k)} \dot{Q}_k A_j^{(p)} \dot{Q}_p - \frac{1}{2} V_{ij} A_i^{(k)} Q_k A_j^{(p)} Q_p \\
&= \frac{1}{2} \left(\left(\boldsymbol{A}^{(k)} \right)^T M \boldsymbol{A}^{(p)} \right) \dot{Q}_k \dot{Q}_p - \frac{1}{2} \left(\left(\boldsymbol{A}^{(k)} \right)^T V \boldsymbol{A}^{(p)} \right) Q_k Q_p \\
&= \frac{1}{2} \delta_{kp} \dot{Q}_k \dot{Q}_p - \frac{1}{2} \left(\left(\boldsymbol{A}^{(k)} \right)^T V \boldsymbol{A}^{(p)} \right) Q_k Q_p \\
&= \frac{1}{2} \dot{\boldsymbol{Q}}^2 - \frac{1}{2} \left(\left(\boldsymbol{A}^{(k)} \right)^T V \boldsymbol{A}^{(p)} \right) Q_k Q_p
\end{aligned}
$$

gefunden werden. Aus der Gleichung

$$
0 = \left(\boldsymbol{A}^{(k)} \right)^T (M \omega_p^2 - V) \boldsymbol{A}^{(p)} = \omega_p^2 \left(\boldsymbol{A}^{(k)} \right)^T M \boldsymbol{A}^{(p)} - \left(\boldsymbol{A}^{(k)} \right)^T V \boldsymbol{A}^{(p)}
$$

lässt sich mit der verallgemeinerten Orthogonalitätsbedingung

$$
\left(\boldsymbol{A}^{(p)} \right)^T M \boldsymbol{A}^{(k)} = \delta_{pk} = \left(\boldsymbol{A}^{(k)} \right)^T M \boldsymbol{A}^{(p)}
$$

auch der Zusammenhang

$$
\left(\boldsymbol{A}^{(k)} \right)^T V \boldsymbol{A}^{(p)} = \omega_p^2 \left(\left(\boldsymbol{A}^{(k)} \right)^T M \boldsymbol{A}^{(p)} \right) = \omega_p^2 \delta_{pk} = \omega_k^2 \delta_{pk}
$$

herleiten. Daher handelt es sich bei $\left(\boldsymbol{A}^{(k)} \right)^T V \boldsymbol{A}^{(p)}$ um eine diagonale Matrix, deren Diagonaleinträge gerade die Eigenfrequenzen ω_k^2 sind. Daher kann auch die Bezeichnung

$$
\hat{\omega}^2 = \left(\boldsymbol{A}^{(k)} \right)^T V \boldsymbol{A}^{(p)}
$$

gewählt und damit

$$
L = \frac{1}{2} \dot{\boldsymbol{Q}}^2 - \frac{1}{2} \boldsymbol{Q}^T \hat{\omega}^2 \boldsymbol{Q}
$$

gefunden werden. Insgesamt zeigt sich, dass zum Erreichen dieser Form die Komponenten der Matrix O als

$$
O_{ik} = A_i^{(k)}
$$

gewählt werden müssen.
Für die Bewegungsgleichungen kann die Lagrange-Funktion auch als

$$
L = \frac{1}{2} \sum_k \dot{Q}_k^2 - \frac{1}{2} \sum_k \omega_k^2 Q_k^2
$$

geschrieben werden, um so

$$\frac{\partial L}{\partial Q_l} = -\omega_l^2 Q_l \qquad \frac{\mathrm{d}}{\mathrm{d}t}\frac{\partial L}{\partial \dot{Q}_l} = \ddot{Q}_l$$

$$\ddot{Q}_l = -\omega_l^2 Q_l$$

zu finden. Diese Bewegungsgleichung lässt sich direkt durch

$$Q_l(t) = c_l \cos(\omega_l t + \phi_l) \quad \Rightarrow \quad Q_k(t) = c_k \cos(\omega_k t + \phi_k)$$

lösen. Durch die Matrix O kann direkt

$$q_i = O_{ik} Q_k = A_i^{(k)} Q_k = \sum_k c_k A_i^{(k)} \cos(\omega_k t + \phi_k)$$

gefunden werden. In vektorieller Form ist diese Lösung durch

$$\boldsymbol{q}(t) = \sum_k c_k \boldsymbol{A}^{(k)} \cos(\omega_k t + \phi_k)$$

gegeben. Es handelt sich um eine Linearkombination der in Teilaufgabe (a) betrachteten Eigenmoden. Die Größen $\boldsymbol{Q}$ werden als Normalkoordinaten bezeichnet.

(e) **(8 Punkte)** Betrachten Sie zuletzt ein System mit zwei Freiheitsgraden q_1 und q_2 mit den Matrizen

$$M = M_0 \begin{pmatrix} 1 & 0 \\ 0 & 2 \end{pmatrix} \qquad V = V_0 \begin{pmatrix} 2 & -1 \\ -1 & 4 \end{pmatrix}.$$

Bestimmen Sie mit Hilfe der Ergebnisse der bisherigen Teilaufgabe die Lösung $\boldsymbol{q}(t)$ dieses Systems.

Lösungsvorschlag:
Es muss die in Teilaufgabe (a) aufgestellte Eigenwertgleichung

$$(M\omega_k^2 - V)\boldsymbol{A}^{(k)}$$

gelöst werden. Die Eigenwerte ω_k^2 sind die Nullstellen des charakteristischen Polynoms

$$p(\omega^2) = \det(M\omega^2 - V)$$

der Matrix $M\omega_k^2 - V$. Es bietet sich an, die Größe

$$\omega_0^2 = \frac{V_0}{M_0}$$

einzuführen, um das charakteristische Polynom durch

$$p(\omega^2) = M_0 \det\left(\begin{pmatrix} 1 & 0 \\ 0 & 2 \end{pmatrix}\omega^2 - \begin{pmatrix} 2 & -1 \\ -1 & 4 \end{pmatrix}\omega_0^2\right)$$

auszudrücken. Wird nun $\omega^2 = \lambda \omega_0^2$ eingeführt, muss nur das Polynom

$$r(\lambda) = \frac{p(\omega^2)}{M_0 \omega_0^2} = \det\left(\begin{pmatrix} 1 & 0 \\ 0 & 2 \end{pmatrix} \lambda - \begin{pmatrix} 2 & -1 \\ -1 & 4 \end{pmatrix}\right) = \det\left(\begin{pmatrix} \lambda - 2 & 1 \\ 1 & 2\lambda - 4 \end{pmatrix}\right)$$

$$= (\lambda - 2)(2\lambda - 4) - 1 = 2\lambda^2 - 8\lambda + 7$$

betrachtet werden. Die Nullstellen können dank der abc-Formel zu

$$\lambda_\pm = \frac{-(-8) \pm \sqrt{(-8)^2 - 4 \cdot 2 \cdot 7}}{2 \cdot 2} = \frac{8 \pm \sqrt{64 - 56}}{4} = \frac{8 \pm \sqrt{8}}{4} = 2 \pm \frac{1}{\sqrt{2}}$$

bestimmt werde. Somit sind die Eigenfrequenzen bereits durch

$$\omega_\pm^2 = \lambda_\pm \omega_0^2 = \left(2 \pm \frac{1}{\sqrt{2}}\right) \omega_0^2$$

bestimmt. [9] Nun müssen die Eigenvektoren $\boldsymbol{A}^{(\pm)}$ bestimmt werden. Beim bestimmen von Eigenvektoren sind zusätzliche Faktoren zunächst irrelevant, so dass auch der Eigenvektor der Matrix

$$U = \begin{pmatrix} 1 & 0 \\ 0 & 2 \end{pmatrix} \lambda_\pm - \begin{pmatrix} 2 & -1 \\ -1 & 4 \end{pmatrix} = \begin{pmatrix} \lambda_\pm - 2 & 1 \\ 1 & 2\lambda_\pm - 4 \end{pmatrix}$$

bestimmt werden kann. Durch Ähnlichkeitstransformationen kann diese auf die Form

$$\begin{pmatrix} \lambda_\pm - 2 & 1 \\ 1 & 2\lambda_\pm - 4 \end{pmatrix} = \begin{pmatrix} 2 \pm \frac{1}{\sqrt{2}} - 2 & 1 \\ 1 & 2\left(2 \pm \frac{1}{\sqrt{2}}\right) - 4 \end{pmatrix} = \begin{pmatrix} \pm\frac{1}{\sqrt{2}} & 1 \\ 1 & \pm\sqrt{2} \end{pmatrix}$$

$$\sim \begin{pmatrix} 1 & \pm\sqrt{2} \\ 1 & \pm\sqrt{2} \end{pmatrix} \sim \begin{pmatrix} 1 & \pm\sqrt{2} \\ 0 & 0 \end{pmatrix}$$

gebracht werden. Mit dem Minus-Eins-Ergänzungstrick lassen sich die noch unnormierten Eigenvektoren

$$\boldsymbol{a}^{(+)} = \begin{pmatrix} \sqrt{2} \\ -1 \end{pmatrix} \qquad \boldsymbol{a}^{(-)} = \begin{pmatrix} \sqrt{2} \\ 1 \end{pmatrix}$$

ablesen. [10] Wegen der Rechnung

$$\left(\boldsymbol{a}^{(+)}\right)^T M \boldsymbol{a}^{(-)} = M_0 \begin{pmatrix} \sqrt{2} & -1 \end{pmatrix} \begin{pmatrix} 1 & 0 \\ 0 & 2 \end{pmatrix} \begin{pmatrix} \sqrt{2} \\ 1 \end{pmatrix} = \sqrt{2}^2 - 2 = 0$$

---

[9] Natürlich wird mit den exakten Ergebnissen weiter gerechnet, aber als grobe Einschätzung kann $\frac{1}{\sqrt{2}} \approx 0{,}7$ verwendet werden, um $\omega_-^2 \approx 1{,}3\,\omega_0^2$ und $\omega_+^2 \approx 2{,}7\,\omega_0^2$ zu finden.

[10] Anstelle der Ähnlichkeitstransformationen hätte natürlich auch argumentiert werden können, dass durch das Einsetzen der Eigenwerte eine Nullzeile entstehen muss. Da es nur zwei Zeilen gibt, hätte die zweite Zeile direkt auf Null gesetzt werden können.

erfüllen diese beiden Vektoren die verallgemeinerte Orthogonalitätsrelation. Nun müssen die Eigenvektoren $A^{(\pm)} = C_{\pm} a^{(\pm)}$ gemäß

$$\left(A^{(\pm)} \right)^T M A^{(\pm)} = 1$$

normiert werden. Wird dafür

$$1 = \left(A^{(\pm)} \right)^T M A^{(\pm)} = C_{\pm}^2 \left(a^{(\pm)} \right)^T M a^{(\pm)}$$

betrachtet, lassen sich die Konstanten $C_{\pm}$ durch

$$C_{\pm} = \frac{1}{\sqrt{\left(a^{(\pm)} \right)^T M a^{(\pm)}}}$$

bestimmen.
Dazu kann zunächst

$$\left(a^{(+)} \right)^T M a^{(+)} = M_0 \begin{pmatrix} \sqrt{2} & -1 \end{pmatrix} \begin{pmatrix} 1 & 0 \\ 0 & 2 \end{pmatrix} \begin{pmatrix} \sqrt{2} \\ -1 \end{pmatrix} = M_0 (\sqrt{2}^2 + 2) = 4M_0$$

betrachtet werden, um

$$A^{(+)} = \frac{a^{(+)}}{\sqrt{4M_0}} = \frac{1}{2\sqrt{M_0}} \begin{pmatrix} \sqrt{2} \\ -1 \end{pmatrix}$$

zu bestimmen. Für $A^{(-)}$ kann mit

$$\left(a^{(-)} \right)^T M a^{(-)} = M_0 \begin{pmatrix} \sqrt{2} & 1 \end{pmatrix} \begin{pmatrix} 1 & 0 \\ 0 & 2 \end{pmatrix} \begin{pmatrix} \sqrt{2} \\ 1 \end{pmatrix} = M_0 (\sqrt{2}^2 + 2) = 4M_0$$

der Zusammenhang

$$A^{(-)} = \frac{a^{(-)}}{\sqrt{4M_0}} = \frac{1}{2\sqrt{M_0}} \begin{pmatrix} \sqrt{2} \\ 1 \end{pmatrix}$$

gefunden werden.

Nach den Erkenntnissen von Teilaufgabe (d) müssen die Lösungen daher durch

$$q(t) = c_+ A^{(+)} \cos(\omega_+ t + \phi_+) + c_- A^{(-)} \cos(\omega_- t + \phi_-)$$

gegeben sein und können durch

$$q_1(t) = \frac{c_+}{\sqrt{2M_0}} \cos(\omega_+ t + \phi_+) + \frac{c_-}{\sqrt{2M_0}} \cos(\omega_- t + \phi_-)$$

und

$$q_2(t) = -\frac{c_+}{2\sqrt{M_0}}\cos(\omega_+ t + \phi_+) + \frac{c_-}{2\sqrt{M_0}}\cos(\omega_- t + \phi_-)$$

ausgedrückt werden. Darin sind $c_\pm$ und $\phi_\pm$ die zu bestimmenden Integrationskonstanten, während $\omega_\pm$ die bereits bestimmten Eigenfrequenzen

$$\omega_\pm = \omega_0\sqrt{2 \pm \frac{1}{\sqrt{2}}}$$

sind.

3.14 Lösung zur Klausur XIV – Analytische Mechanik – schwer

Hinweise

Aufgabe 1 - Kurzfragen

(a) Welche Gleichung müssen Eigenvektoren erfüllen? Wie lautet der Minus-Eins-Ergänzungstrick?

(b) Wie lautet die Definition der kanonischen Bewegungsgleichungen? Wie lässt sich daraus eine Bewegungsgleichung für s konstruieren? Wie sieht eine Bewegung auf einer schiefen Ebene aus?

(c) Wie lässt sich der Ortsvektor des Massenpunktes ausdrücken? Ist die Wahl von Zylinder-Koordinaten sinnvoll?

(d) Wie sieht $\frac{d\Lambda}{dt}$ ausgeschrieben aus? Welche Ableitungen tauchen in der Euler-Lagrange-Gleichung auf und welchen Einfluss hat Λ auf deren Wert? Was besagt der Satz von Schwarz?

(e) Wieso lässt sich die Massendichte durch

$$\rho(\boldsymbol{r}) = \frac{m}{a^3} \Theta\left(\frac{a}{2} - |x|\right) \Theta\left(\frac{a}{2} - |y|\right) \Theta\left(\frac{a}{2} - |z|\right)$$

ausdrücken? Sind die Substitution $u = 2y/a$ und $v = 2x/a$ hilfreich?

Aufgabe 2 - Massenpunkt im Kegel

(a) Lassen sich die Zwangsbedingungen durch eine Funktion in geschlossener Form ausdrücken? Sie sollten die Lagrange-Funktion

$$L = \frac{1}{2} \frac{m\dot{s}^2}{\sin^2(\alpha)} + \frac{1}{2} ms^2 \dot{\phi}^2 - mgs \cot(\alpha)$$

finden.

(b) Wie sieht der Drehimpuls in Zyliner-Koordinaten aus? Sie sollten die Bewegungsgleichung

$$m\ddot{s} = \frac{p_\phi^2 \sin^2(\alpha)}{ms^3} - mg\cos(\alpha)\sin(\alpha)$$

finden.

(c) Was für ein Zusammenhang gilt für die partielle Zeitableitung der Lagrange- und der Hamilton-Funktion? Was sagt das Noether-Theorem über Zeittranslationsinvarianz? Ihre gefundene Hamilton-Funktion sollte

$$H = \frac{p_s^2}{2m} \sin^2(\alpha) + \frac{p_\phi}{2ms^2} + mgs \cot(\alpha)$$

lauten.

(d) Was gilt für das Minimum eines Potentials?

(e) Drücken Sie die Komponenten des Drehimpulses in kartesischen Koordinaten aus und bilden Sie die Ableitungen von $x = s\cos(\phi)$ und $y = s\sin(\phi)$. Verwenden Sie auch die Zwangsbedingung. Zeigen Sie dann, dass die Gleichung

$$J_x^2 + J_y^2 = J_\perp^2$$

erfüllt ist und bestimmen Sie hieraus $J_\perp$.

Aufgabe 3 - Die massive Feder

(a) Wie lassen sich kinetische und potentielle Energie durch Summen ausdrücken? Wieso lässt sich $\Delta\lambda = \frac{1}{N}$ schreiben und wie lässt sich damit eine Ableitung $\frac{\partial x}{\partial \lambda}$ bestimmen?

(b) Sie sollten die Bewegungsgleichung

$$\tau^2 \frac{\partial^2 x}{\partial t^2} - \frac{\partial^2 x}{\partial \lambda^2} = 0$$

erhalten.

(c) Was passiert, wenn die vermeintliche Lösung in die Differentialgleichung eingesetzt wird? Drücken Sie die Ableitungen von f und g mit Hilfe der Kettenregel durch innere Ableitungen und Formableitungen $f'(x)$ und $g'(x)$ aus.

(d) Bestimmen Sie die Energie des Systems. Bilden Sie von ρ die Ableitung nach der Zeit und verwenden Sie die Bewegungsgleichung. Sie sollten

$$j(\lambda, t) = -K \frac{\partial x}{\partial t}\left(\frac{\partial x}{\partial \lambda} - L\right)$$

erhalten.

(e) Setzen Sie die gegebene Lösung in die Gleichung für ρ und für j ein.

Aufgabe 4 - Lie-Algebra-Eigenschaften der Poisson-Klammern

(a) Welche Verknüpfungen auf dem $\mathbb{R}^3$ sind Ihnen bekannt, die zwei Vektoren nehmen und diese wieder auf einen Vektor abbilden?

(b) Lässt sich ein globales Minuszeichen aus der Definition der Poisson-Klammern extrahieren?

(c) Wie lässt sich die Leibniz-Regel auf die Produktregel beim Differenzieren zurückführen?

(d) Wieso folgt aus der Linearität im ersten Argument direkt die Linearität im zweiten Argument? Wie lässt sich mit der Antisymmetrie direkt $\{f, f\} = 0$ beweisen? Wie lässt sich mit den Ausdrücken für δq und δp der Ausdruck

$$\delta f = f(\boldsymbol{q'}, \boldsymbol{p'}) - f(\boldsymbol{q}, \boldsymbol{p})$$

in linearer Ordnung in ϵ bestimmen? Wieso kann auch der Zusammenhang

$$\delta \{f, g\} = \{\Delta f, g\} + \{f, \delta g\}$$

gefunden werden?

(e) Wieso genügt es zu zeigen, dass die Poisson-Klammern der gegebenen Elemente untereinander entweder Null oder ein Vielfaches von einem der gegebenen Elemente ergeben?

(f) Wie lassen sich dank der Leibniz-Regel alle zu betrachtenden Poisson-Klammern auf die Poisson-Klammer $\{q, p\} = 1$ zurückführen?

Lösungen

Aufgabe 1   **25** *Punkte*

Kurzfragen

(a) **(5 Punkte)** Bestimmen Sie die Eigenvektoren der Matrix $M = \begin{pmatrix} 1 & -2 \\ -2 & -1 \end{pmatrix}$. Sie dürfen verwenden, dass die Eigenwerte der Matrix $\lambda_\pm = \pm\sqrt{5}$ sind.

Lösungsvorschlag:
Die Eigenvektoren $v_\pm$ einer Matrix müssen die Eigenschaft

$$(M - \lambda_\pm \mathbb{1})v_\pm = 0$$

erfüllen. Die Matrix $M - \lambda_\pm \mathbb{1}$ kann im vorliegenden Fall durch

$$M - \lambda_\pm \mathbb{1} = \begin{pmatrix} 1 \mp \sqrt{5} & -2 \\ -2 & -1 \mp \sqrt{5} \end{pmatrix}$$

bestimmt werden. Durch Ähnlichkeitstransformationen und da für Eigenwerte immer eine Nullzeile entsteht, kann diese auf die Form

$$M - \lambda_\pm \mathbb{1} \rightsquigarrow \begin{pmatrix} 1 \mp \sqrt{5} & -2 \\ 0 & 0 \end{pmatrix} \rightsquigarrow \begin{pmatrix} 1 & \frac{-2}{1 \mp \sqrt{5}} \\ 0 & 0 \end{pmatrix}$$

gebracht werden. Durch den Minus-Eins-Ergänzungstrick lassen sich so die Eigenvektoren

$$v_\pm = \begin{pmatrix} 2 \\ 1 \mp \sqrt{5} \end{pmatrix}$$

bestimmen.

(b) **(5 Punkte)** Betrachten Sie die Hamilton-Funktion

$$H(s, p) = \frac{p^2}{2m} - mgs\sin(\alpha)$$

mit den Konstanten $m > 0$, $g > 0$ und $0 \leq \alpha \leq \pi/2$. Bestimmen Sie die daraus resultierende Bewegungsgleichungen. Welches System wird beschrieben?

Lösungsvorschlag:
Die kanonischen Bewegungsgleichungen sind durch

$$\dot{s} = \frac{\partial H}{\partial p} = \frac{p}{m} \qquad \dot{p} = -\frac{\partial H}{\partial s} = mg\sin(\alpha)$$

gegeben, so dass sich die Bewegungsgleichung für s durch

$$\ddot{s} = \frac{\dot{p}}{m} = g\sin(\alpha)$$

bestimmen lässt. Da nur ein Bruchteil der Beschleunigung g auf das System wirkt und dieser mit einem Winkel α verbunden ist, liegt es nahe, dass es sich bei dem betrachteten System um einen gleitenden Massenpunkt auf einer schiefen Ebene mit Inklinationswinkel α handelt. Bei s muss es sich um die zurückgelegte Wegstrecke handeln.

(c) **(5 Punkte)** Betrachten Sie einen Massenpunkt m, der sich auf einem Kreis mit Radius R bewegt. Stellen Sie die Lagrange-Funktion auf und identifizieren Sie zyklische Koordinaten. Welche Größe ist demnach erhalten?

Lösungsvorschlag:
Der Ortsvektor des Massenpunktes kann durch

$$\boldsymbol{r} = R\cos(\phi)\,\hat{\boldsymbol{e}}_x + R\sin(\phi)\,\hat{\boldsymbol{e}}_y = R\hat{\boldsymbol{e}}_s$$

beschrieben werden. Damit kann auch die Geschwindigkeit

$$\dot{\boldsymbol{r}} = R\dot{\phi}\hat{\boldsymbol{e}}_\phi$$

gefunden werden. Daraus lässt sich die kinetische Energie

$$T = \frac{1}{2}m\dot{\boldsymbol{r}}^2 = \frac{1}{2}mR^2\dot{\phi}^2$$

bestimmen, womit die Lagrange-Funktion

$$L(\phi,\dot{\phi}) = T = \frac{1}{2}mR^2\dot{\phi}^2$$

ermittelt werden kann. Da ϕ nicht explizit auftritt, handelt es sich um eine zyklische Koordinate. Dementsprechend muss der kanonische Impuls

$$p_\phi = \frac{\partial L}{\partial\dot{\phi}} = mR^2\dot{\phi}$$

erhalten sein. Wie aus der Berechnung

$$\boldsymbol{J} = m\boldsymbol{r}\times\dot{\boldsymbol{r}} = mR^2\dot{\phi}(\hat{\boldsymbol{e}}_s\times\hat{\boldsymbol{e}}_\phi) = mR^2\dot{\phi}\hat{\boldsymbol{e}}_z$$

klar wird, handelt es sich bei der erhaltenen Größe um den Drehimpuls.

(d) **(5 Punkte)** Zeigen Sie durch explizite Rechnung, dass eine Lagrange-Funktionen L_2, die sich von einer anderen Lagrange-Funktion L_1 um $\frac{\mathrm{d}}{\mathrm{d}t}\Lambda(\boldsymbol{q},t)$ unterscheidet, die Euler-Lagrange-Gleichung erfüllt, wenn diese bereits durch L_1 erfüllt wird.

Lösungsvorschlag:
Es seien die beiden Lagrange-Funktionen L_1 und L_2 über den Zusammenhang

$$L_1 = L_2 + \frac{\mathrm{d}\Lambda}{\mathrm{d}t} = L_2 + \dot{q}_j \frac{\partial \Lambda}{\partial q_j} + \frac{\partial \Lambda}{\partial t}$$

mit einander verbunden. L_1 soll die Euler-Lagrange-Gleichung

$$\frac{\mathrm{d}}{\mathrm{d}t} \frac{\partial L_1}{\partial \dot{q}_i} = \frac{\partial L_1}{\partial q_i}$$

erfüllen. Für die linke Seite kann

$$\frac{\mathrm{d}}{\mathrm{d}t} \left(\frac{\partial L_1}{\partial \dot{q}_i} \right) = \frac{\mathrm{d}}{\mathrm{d}t} \left(\frac{\partial L_2}{\partial \dot{q}_i} + \frac{\partial \Lambda}{\partial q_i} \right) = \frac{\mathrm{d}}{\mathrm{d}t} \frac{\partial L_2}{\partial \dot{q}_i} + \frac{\mathrm{d}}{\mathrm{d}t} \frac{\partial \Lambda}{\partial q_i}$$

$$= \frac{\mathrm{d}}{\mathrm{d}t} \frac{\partial L_2}{\partial \dot{q}_i} + \frac{\partial^2 \Lambda}{\partial q_j \partial q_i} \dot{q}_j + \frac{\partial^2 \Lambda}{\partial t \partial q_i}$$

gefunden werden. Für die rechte Seite kann hingegen

$$\frac{\partial L_1}{\partial q_i} = \frac{\partial}{\partial q_i} \left(L_2 + \dot{q}_j \frac{\partial \Lambda}{\partial q_j} + \frac{\partial \Lambda}{\partial t} \right) = \frac{\partial L_2}{\partial q_i} + \dot{q}_i \frac{\partial^2 \Lambda}{\partial q_i \partial q_j} \dot{q}_j + \frac{\partial^2 \Lambda}{\partial q_i \partial t}$$

ermittelt werden. Aufgrund des Satzes von Schwarz sind die beiden Zusammenhänge

$$\frac{\partial^2 \Lambda}{\partial q_i \partial q_j} = \frac{\partial^2 \Lambda}{\partial q_j \partial q_i} \qquad \frac{\partial^2 \Lambda}{\partial q_i \partial t} = \frac{\partial^2 \Lambda}{\partial t \partial q_i}$$

gültig, so dass sich in der Tat

$$\frac{\mathrm{d}}{\mathrm{d}t} \frac{\partial L_1}{\partial \dot{q}_i} = \frac{\partial L_1}{\partial q_i} \quad \Leftrightarrow \quad \frac{\mathrm{d}}{\mathrm{d}t} \frac{\partial L_2}{\partial \dot{q}_i} = \frac{\partial L_2}{\partial q_i}$$

ergibt.

(e) **(5 Punkte)** Bestimmen Sie das Trägheitsmoment eines Würfels der Kantenlänge a und homogener Massendichte ρ_0 bei einer Rotation um eine Achse, welche die Mittelpunkte zweier gegenüberliegender Seiten durchstößt. Drücken Sie Ihr Ergebnis durch die Masse m des Würfels und durch a aus.

Lösungsvorschlag:
Der Würfel hat das Volumen a^3 und damit die homogene Massendichte $\rho_0 = \frac{m}{a^3}$. Seine Massendichte lässt sich durch

$$\rho(\boldsymbol{r}) = \frac{m}{a^3} \Theta\left(\frac{a}{2} - |x| \right) \Theta\left(\frac{a}{2} - |y| \right) \Theta\left(\frac{a}{2} - |z| \right)$$

beschreiben. Als Rotationsachse wird die z-Achse gewählt, so dass sich

$$I = \int \mathrm{d}^3 r \, \rho(\boldsymbol{r}) r_\perp^2 = \int\limits_{-\infty}^{\infty} \mathrm{d}z \int\limits_{-\infty}^{\infty} \mathrm{d}y \int\limits_{-\infty}^{\infty} \mathrm{d}x \, \rho(\boldsymbol{r}) r_\perp^2$$

$$= \frac{m}{a^3} \int\limits_{-a/2}^{a/2} \mathrm{d}z \int\limits_{-a/2}^{a/2} \mathrm{d}y \int\limits_{-a/2}^{a/2} \mathrm{d}x \, r_\perp^2$$

mit $r_\perp = x^2 + y^2$ ermitteln lässt. Damit lässt sich

$$I = \frac{m}{a^3} \int\limits_{-a/2}^{a/2} dz \int\limits_{-a/2}^{a/2} dy \int\limits_{-a/2}^{a/2} dx\, (x^2 + y^2) = \frac{m}{a^2} \int\limits_{-a/2}^{a/2} dy \int\limits_{-a/2}^{a/2} dx\, (x^2 + y^2)$$

$$= 4\frac{m}{a^2} \int\limits_{0}^{a/2} dy \int\limits_{0}^{a/2} dx\, (x^2 + y^2) = \frac{ma^2}{4} \int\limits_{0}^{1} du \int\limits_{0}^{1} dv\, (u^2 + v^2)$$

$$= \frac{ma^2}{4} \int\limits_{0}^{1} du \left(u^2 + \frac{1}{3} \right) = \frac{ma^2}{4} \left(\frac{1}{3} + \frac{1}{3} \right) = \frac{1}{6} ma^2$$

bestimmen.

Aufgabe 2   25 *Punkte*

Massenpunkt im Kegel

Betrachten Sie einen Massenpunkt m, der sich auf der Innenseite eines nach oben ge-öffneten Kegels mit halbem Öffnungswinkel α reibungsfrei bewegt. Das gesamte System befindet sich im Schwerefeld g der Erde.

(a) **(5 Punkte)** Stellen Sie die Zwangsbedingung des Systems auf und klassifizieren Sie diese. Wie lautet demnach die Lagrange-Funktion in Zylinderkoordinaten?

Lösungsvorschlag:
Da sich der Massenpunkt auf der Innenseite des Kegels bewegt, sind seine z- und s-Koordinate über den Zusammenhang

$$\tan(\alpha) = \frac{s}{z}$$

voneinander abhängig. Dies lässt sich in die Zwangsbedingung

$$f(z,s) = s - z\tan(\alpha) = 0$$

umformen. Da sie sich in Form einer Funktion deren Wert Null ist, angeben lässt, handelt es sich um eine *holonome* Zwangsbedingung. Die Zeitunabhängigkeit sorgt dafür, dass es sich um eine *skleronome* Zwangsbedingung handelt.
Da später die Bewegungsgleichung in s gefunden werden soll, bietet es sich an, die Zwangsbedingung so auszulegen, dass z mittels

$$z = s\cot(\alpha)$$

durch s ersetzt werden kann. Damit lässt sich für die Geschwindigkeit in Zylinderko-ordinaten der Ausdruck

$$\dot{\boldsymbol{r}} = \dot{s}\hat{\boldsymbol{e}}_s + s\dot{\phi}\hat{\boldsymbol{e}}_\phi + \dot{z}\hat{\boldsymbol{e}}_z = \dot{s}\hat{\boldsymbol{e}}_s + s\dot{\phi}\hat{\boldsymbol{e}}_\phi + \dot{s}\cot(\alpha)\,\hat{\boldsymbol{e}}_z$$

finden. Daher ist die kinetische Energie durch

$$T = \frac{1}{2}m\dot{\boldsymbol{r}}^2 = \frac{1}{2}m\left(\dot{s}^2 + s^2\dot{\phi}^2 + \dot{s}^2\cot^2(\alpha)\right) = \frac{1}{2}m\left(\dot{s}^2(1+\cot^2(\alpha)) + s^2\dot{\phi}^2\right)$$

$$= \frac{1}{2}m\left(\frac{\dot{s}^2}{\sin^2(\alpha)} + s^2\dot{\phi}^2\right)$$

gegeben. Die Potentielle Energie kann durch

$$U = mgz = mgs\cot(\alpha)$$

bestimmt werden. Insgesamt ist die Lagrange-Funktion damit durch

$$L(s,\phi,\dot{s},\dot{\phi}) = T - U = \frac{1}{2}m\left(\frac{\dot{s}^2}{\sin^2(\alpha)} + s^2\dot{\phi}^2\right) - mgs\cot(\alpha)$$

$$= \frac{1}{2}\frac{m\dot{s}^2}{\sin^2(\alpha)} + \frac{1}{2}ms^2\dot{\phi}^2 - mgs\cot(\alpha)$$

gegeben.

(b) **(6 Punkte)** Welche Koordinaten sind zyklisch und welche Größen sind daher erhalten? Leiten Sie so die Bewegungsgleichung für den Abstand s zur z-Achse her.

Lösungsvorschlag:
Die Lagrange-Funktion hängt nicht explizit von ϕ ab, was diese Koordinate zyklisch macht. Daher ist die Größe

$$p_\phi = \frac{\partial L}{\partial \dot{\phi}} = ms^2\dot{\phi}$$

erhalten. Durch die Betrachtung

$$\boldsymbol{J} = m\boldsymbol{r} \times \dot{\boldsymbol{r}} = m(s\hat{\boldsymbol{e}}_s + z\hat{\boldsymbol{e}}_z) \times (\dot{s}\hat{\boldsymbol{e}}_s + s\dot{\phi}\hat{\boldsymbol{e}}_\phi + \dot{z}\hat{\boldsymbol{e}}_z)$$
$$= ms^2\dot{\phi}\hat{\boldsymbol{e}}_z + m(\dot{s}z - s\dot{z})\hat{\boldsymbol{e}}_\phi - mzs\dot{\phi}\hat{\boldsymbol{e}}_s$$

zeigt sich, dass es sich bei p_ϕ um die z-Komponente des Drehimpulses handelt. Die zu betrachtende Euler-Lagrange-Gleichung

$$\frac{\mathrm{d}}{\mathrm{d}t}\frac{\partial L}{\partial \dot{s}} = \frac{\partial L}{\partial s}$$

kann mittels

$$\frac{\partial L}{\partial s} = ms\dot{\phi}^2 - mg\cot(\alpha)$$

und

$$p_s = \frac{\partial L}{\partial \dot{s}} = \frac{m\dot{s}}{\sin^2(\alpha)} \quad \Rightarrow \quad \frac{\mathrm{d}}{\mathrm{d}t}\frac{\partial L}{\partial \dot{s}} = \frac{m\ddot{s}}{\sin^2(\alpha)}$$

zu

$$\frac{m\ddot{s}}{\sin^2(\alpha)} = ms\dot{\phi}^2 - mg\cot(\alpha)$$

bestimmt werden. $\dot{\phi}$ auf der rechten Seite dieser Gleichung kann nun durch

$$\dot{\phi} = \frac{p_\phi}{ms^2}$$

ersetzt werden, um schlussendlich

$$\frac{m\ddot{s}}{\sin^2(\alpha)} = ms\left(\frac{p_\phi}{ms^2}\right)^2 - mg\cot(\alpha) = \frac{p_\phi^2}{ms^3} - mg\cot(\alpha)$$

$$\Rightarrow \quad m\ddot{s} = \frac{p_\phi^2\sin^2(\alpha)}{ms^3} - mg\cos(\alpha)\sin(\alpha)$$

zu finden.

(c) **(3 Punkte)** Bestimmen Sie die Hamilton-Funktion und argumentieren Sie, dass diese erhalten ist.

Lösungsvorschlag:
Da beim Übergang von der Lagrange- zur Hamilton-Funktion $\frac{\partial L}{\partial t} = -\frac{\partial H}{\partial t}$ gilt und L in diesem Problem nicht explizit zeitabhängig ist, wird auch die Hamilton-Funktion nicht explizit zeitabhängig sein. Somit und wegen

$$\frac{\mathrm{d}H}{\mathrm{d}t} = \{H, H\} + \frac{\partial H}{\partial t} \qquad \{H, H\} = 0$$

ist die Hamilton-Funktion eine Erhaltungsgröße.
Mit Hilfe des Noether-Theorems ließe sich alternativ auch argumentieren, dass wegen der nicht expliziten Zeitabhängigkeit eine Zeittranslationsivarianz vorliegt, die zu der Erhaltung der Gesamtenergie $E = T + U$ des Systems führt, welche gerade durch die Hamilton-Funktion dargestellt wird.
Die Hamilton-Funktion selbst ist mittels

$$H = \dot{q}_i p_i - L = \dot{s} p_s + \dot{\phi} p_\phi - L$$

$$= \frac{m\dot{s}^2}{\sin^2(\alpha)} + ms^2\dot{\phi}^2 - \left(\frac{1}{2} \frac{m\dot{s}^2}{\sin^2(\alpha)} + \frac{1}{2} ms^2 \dot{\phi}^2 - mgs \cot(\alpha) \right)$$

$$= \frac{1}{2} \frac{m\dot{s}^2}{\sin^2(\alpha)} + \frac{1}{2} ms^2 \dot{\phi}^2 + mgs \cot(\alpha)$$

$$= \frac{p_s^2}{2m} \sin^2(\alpha) + \frac{p_\phi}{2ms^2} + mgs \cot(\alpha)$$

zu bestimmen. Im letzten Schritt wurden dabei die Ersetzungen $p_s = \frac{m\dot{s}}{\sin^2(\alpha)}$ und $p_\phi = ms^2 \dot{\phi}$ durchgeführt.

(d) **(5 Punkte)** Führen Sie ein effektives Potential ein und zeigen Sie, dass dieses die Form

$$V_{\mathrm{eff}}(s) = \frac{A}{s^2} + B \cdot s$$

hat. Was sind dabei die Konstanten A und B. Skizzieren Sie anschließend das Potential und diskutieren Sie die Bewegung qualitativ. Kann eine Kreisbahn existieren? Wenn ja, welchen Radius s_0 hat diese?

Lösungsvorschlag:
Wie sich bereits in Teilaufgabe (b) gezeigt hat, handelt es sich bei $p_\phi = J_z$ um eine Erhaltungsgröße. Daher kann das Problem auch durch die Hamilton-Funktion

$$H = \frac{p_s^2}{2m} \sin^2(\alpha) + \frac{J_z^2}{2ms^2} + mgs \cot(\alpha)$$

für die Bewegung entlang der Koordinate s beschrieben werden. Der erste Ausdruck $\frac{p_s^2}{2m} \sin^2(\alpha)$ stellt dabei die kinetische Energie dar, während der Ausdruck

$$V_{\mathrm{eff}}(s) = \frac{J_z^2}{2ms^2} + mgs \cot(\alpha)$$

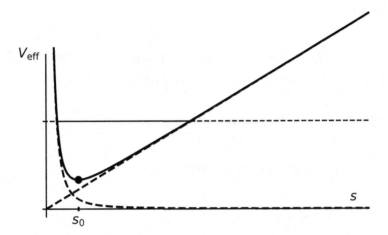

Abb. 3.14.1 Skizze des effektiven Potentials für die Bewegung im Kegel

dem effektiven Potential entsprechen muss. Die Konstanten A und B können daher zu

$$A = \frac{J_z^2}{2m} \qquad B = mg\cot(\alpha)$$

identifiziert werden.

Die Skizze ist in Abb. 3.14.1 aufgetragen. Wie aus dieser hervorgeht, hat das Potential ein Minimum. Hier wird sich ein fester Wert s_0 einstellen, so dass die Bewegung auf einer Kreisbahn stattfindet. Das besagte Minimum kann mittels

$$0 = \frac{\mathrm{d}V_{\mathrm{eff}}}{\mathrm{d}s} = -\frac{J_z^2}{ms^3} + mg\cot(\alpha)$$

$$\Rightarrow \quad s_0^3 = \frac{J_z^2}{m^2 g\cot(\alpha)} = \frac{J_z^2}{m^2 g}\tan(\alpha)$$

$$\Rightarrow \quad s_0 = \sqrt[3]{\frac{J_z^2}{m^2 g}\tan(\alpha)}$$

bestimmt werden. Auf der Kreisbahn ist die zeitliche Änderung des Winkels durch die Konstante $\dot{\phi} = \frac{J_z}{ms_0^2}$ gegeben.

Für Bewegungen mit höheren Energie wird der Abstand zur z-Achse zwischen einem minimalen und einem maximalen Wert schwanken, während sich der Winkel ϕ des Massenpunktes gemäß $\dot{\phi} = \frac{J_z}{ms^2}$ ändert.

(e) **(6 Punkte)** Drücken Sie die x-, y- und z-Komponente des Drehimpulsvektors $\boldsymbol{J}$ durch s, ϕ, p_s und p_ϕ aus und zeigen Sie so, dass der Drehimpuls in seiner Projektion auf die

xy-Ebene eine Kreisbahn vollführt. Bestimmen Sie deren Radius $J_\perp$. Begründen Sie mit Hilfe des Noether-Theorems warum nicht alle Komponenten des Drehimpulses erhalten sind.

Lösungsvorschlag:
Wie bereits in Aufgabe (b) klar wurde, ist die z-Komponente des Drehimpulses durch

$$J_z = ms^2\dot\phi = p_\phi$$

gegeben.
Die x-Komponente des Drehimpulses wird durch

$$J_x = m(y\dot z - \dot y z)$$

bestimmt. Da $y = s\sin(\phi)$ gilt, kann wegen

$$\dot y = \dot s \sin(\phi) + s\dot\phi\cos(\phi)$$

und $z = s\cot(\alpha)$ auch der Zusammenhang

$$J_x = m(s\sin(\phi)\,\dot s\cot(\alpha) - (\dot s\sin(\phi) + s\dot\phi\cos(\phi))s\cot(\alpha))$$
$$= -ms^2\dot\phi\cot(\alpha)\cos(\phi) = -p_\phi\cot(\alpha)\cos(\phi)$$

ermittelt werden.
Für die y-Komponente des Drehimpulses

$$J_y = m(z\dot x - \dot z x)$$

kann wegen $x = s\cos(\phi)$ und somit

$$\dot x = \dot s\cos(\phi) - s\dot\phi\sin(\phi)$$

auch der Zusammenhang

$$J_y = m(s\cot(\alpha)\,(\dot s\cos(\phi) - s\dot\phi\sin(\phi)) - \dot s\cot(\alpha)\,s\cos(\phi))$$
$$= -ms^2\dot\phi\cot(\alpha)\sin(\phi) = -p_\phi\cot(\alpha)\sin(\phi)$$

gefunden werden.
Die J_x- und J_y-Komponente erfüllen die Gleichung

$$J_x^2 + J_y^2 = p_\phi^2\cot^2(\alpha)\cos^2(\phi) + p_\phi^2\cot^2(\alpha)\sin^2(\phi) = p_\phi^2\cot^2(\alpha) = J_\perp^2$$

weshalb sie eine Kreisbahn mit Radius

$$J_\perp = p_\phi\cot(\alpha)$$

beschreiben. Bemerkenswert ist hierbei, dass die Spitze des Drehimpulsvektors der Position des Massenpunktes bzgl. der z-Achse gegenüber steht.
Da nur eine Rotationsinvarianz um die z-Achse besteht, ist auch nur die Erhaltung der z-Komponente des Drehimpulses vorhanden. Bei einer Drehung um die x- oder die y-Achse würde sich durch die Ausrichtung des Kegels, sowie durch die vorgegebene Richtung des Schwerefeldes der Erde die potentielle Energie ändern, womit diese Drehungen keine Symmetrie des Systems darstellen. Eine Erhaltung der entsprechenden Größen, Drehimpuls in x- und y-Richtung, ist damit nicht mehr gewährleistet.

Aufgabe 3 **25 *Punkte***

Die massive Feder

In dieser Aufgabe soll eine massive Feder mit Masse M, Federkonstante K und Ruhelänge L betrachtet werden. Sie soll zwischen $x = 0$ und $x = L$ eingespannt sein. Nehmen Sie an, $N + 1$ Massenpunkten mit der Masse $m = \frac{M}{N+1}$ und der Position x_k werden mit ihren nächsten Nachbarn durch eine massenlose Feder mit der Federkonstante $k = K \cdot N$ und Ruhelänge $l = L/N$ verbunden. Ziel ist es eine Funktion $x(\lambda, t)$ zu befinden, wobei λ ein Parameter aus dem Intervall $[0, 1]$ ist und beschreibt, welcher Anteil der Masse links vom betrachtetem Punkt x zum Zeitpunkt t liegt.

(a) **(9 Punkte)** Stellen Sie die kinetische Energie und die potentielle Energie auf und führen Sie einen Kontinuumslimes durch, um schließlich die Lagrange-Funktion

$$L_0 = \int\limits_0^1 \mathrm{d}\lambda \; \frac{K}{2} \left(\tau^2 \left(\frac{\partial x}{\partial t} \right)^2 - \left(\frac{\partial x}{\partial \lambda} - L \right)^2 \right)$$

aufzustellen. Was beschreibt die Größe τ?

Lösungsvorschlag:
Die kinetische Energie der Massenpunkte ist durch

$$T = \sum_{k=1}^{N+1} \frac{1}{2} m \dot{x}_k^2 = \sum_{k=1}^{N+1} \frac{1}{2} \frac{M}{N+1} \left(\frac{\partial x_k}{\partial t} \right)^2$$

gegeben. Da die Massenpunkte bezüglich λ den Abstand $\Delta\lambda = \frac{1}{N}$ haben und $N+1 \to N$ für große N gilt, kann $\frac{1}{N+1}$ mit $\Delta\lambda$ ersetzt werden, um so

$$T \approx \sum_{k=1}^{N+1} \Delta\lambda \frac{1}{2} M \left(\frac{\partial x_k}{\partial t} \right)^2$$

zu erhalten. Im Kontinumlimes wird die Summe zu einem Integral über λ und es ergibt sich

$$T = \int\limits_0^1 \mathrm{d}\lambda \; \frac{1}{2} M \left(\frac{\partial x}{\partial t} \right)^2$$

für die kinetische Energie, worin x eine Funktion von λ und t ist.
Für die potentielle Energie der N Federn kann zunächst

$$U = \sum_{k=1}^{N} \frac{1}{2} k (x_{k+1} - x_k - l)^2 = \sum_{k=1}^{N} \frac{1}{2} K \cdot N \left(x_{k+1} - x_k - \frac{L}{N} \right)^2$$

gefunden werden. Mit $\Delta\lambda = \frac{1}{N}$ kann dieser Ausdruck auf

$$U = \sum_{k=1}^{N} \frac{1}{2}K\frac{1}{N}\left(N\cdot(x_{k+1}-x_k)-L\right)^2 = \sum_{k=1}^{N}\Delta\lambda\frac{1}{2}K\left(\frac{x_{k+1}-x_k}{\Delta\lambda}-L\right)^2$$

umgeformt werden. Da x_k als $x(\lambda_k)$ zu verstehen ist und die λ_k äquidistant verteilt sind, ist der Ausdruck

$$\frac{x_{k+1}-x_k}{\Delta\lambda} = \frac{x(\lambda_k+\Delta\lambda)-x(\lambda_k)}{\Delta\lambda}$$

im Grenzfall $N\to\infty$ bzw. $\Delta\lambda\to 0$ als Ableitung von $x(\lambda,t)$ nach λ aufzufassen. Die Summe wird zu einem Integral, so dass sich für die potentielle Energie

$$U = \int_0^1 \mathrm{d}\lambda\,\frac{1}{2}K\left(\frac{\partial x}{\partial\lambda}-L\right)^2$$

ergibt.

Die Lagrange-Funktion ist die Differenz aus kinetischer und potentieller Energie, so dass

$$L_0 = T - U = \int_0^1 \mathrm{d}\lambda\,\left(M\left(\frac{\partial x}{\partial t}\right)^2 - K\left(\frac{\partial x}{\partial\lambda}-L\right)^2\right)$$

$$= \int_0^1 \mathrm{d}\lambda\,\frac{K}{2}\left(\frac{M}{K}\left(\frac{\partial x}{\partial t}\right)^2 - \left(\frac{\partial x}{\partial\lambda}-L\right)^2\right)$$

gelten muss. Damit zeigt sich im Vergleich, dass $\tau^2 = \frac{M}{K}$ ist. Es handelt sich bei τ um die charakteristische Zeit des Systems und beschreibt, wie lange eine Anregung braucht, um durch die gesamte Feder zu wandern. [1]

(b) **(4 Punkte)** Verwenden Sie ohne Beweis, dass sich für Funktionale der Form

$$S[\phi(q,t)] = \int_{t_A}^{t_B} \mathrm{d}t\int_{q_1}^{q_2} \mathrm{d}q\,\mathcal{L}(\phi,\partial_t\phi,\partial_q\phi,t,q)$$

die Euler-Lagrange-Gleichung

$$\partial_t\frac{\partial\mathcal{L}}{\partial(\partial_t\phi)} + \partial_q\frac{\partial\mathcal{L}}{\partial(\partial_q\phi)} = \frac{\partial\mathcal{L}}{\partial\phi}$$

---

[1]Dazu kann bspw. auch auf die Lösungen aus Teilaufgabe (c) vorgegriffen werden. Da eine Funktion von $\lambda\tau - t$ eine Lösung darstellt, könnte eine Anregung betrachtet werden, die nur Nahe um $\lambda\tau - t = 0$ von Null verschieden ist. Aus dieser Gleichung ergibt sich, dass der nicht verschwindende Teil sich an der Position $\lambda = \frac{t}{\tau}$ befindet. Die Anregung startet bei $\lambda = 0$ und $t = 0$. Sie hat nach der Zeit $t = \tau$ das andere Ende der Feder mit $\lambda = 1$ erreicht.

ergibt, um die Bewegungsgleichung des Systems zu bestimmen.

Lösungsvorschlag:
In diesem Fall übernimmt $x(\lambda, t)$ die Rolle von ϕ. λ übernimmt die Rolle von x und t behält seine Rolle bei. Damit gilt es für die Lagrange-Dichte

$$\mathcal{L} = \frac{K}{2}\left(\tau^2\left(\frac{\partial x}{\partial t}\right)^2 - \left(\frac{\partial x}{\partial \lambda} - L\right)^2\right) = \frac{K}{2}\left(\tau^2 \dot{x}^2 - (x' - L)^2\right)$$

mit $\dot{x} = \frac{\partial x}{\partial t}$ und $x' = \frac{\partial x}{\partial \lambda}$ den Ausdruck

$$\partial_t \frac{\partial \mathcal{L}}{\partial \dot{x}} + \partial_\lambda \frac{\partial \mathcal{L}}{\partial x'} = \frac{\partial \mathcal{L}}{\partial x}$$

zu ermitteln. Da die Lagrange-Dichte nicht explizit von x abhängt, verschwindet die rechte Seite der Gleichung. Die beiden Ableitungen können zu

$$\frac{\partial \mathcal{L}}{\partial \dot{x}} = K\tau^2\dot{x} \qquad \frac{\partial \mathcal{L}}{\partial x'} = -K(x' - L)$$

ermittelt werden. Werden diese wiederum nach t bzw. λ abgeleitet, können die Ausdrücke

$$\partial_t \frac{\partial \mathcal{L}}{\partial \dot{x}} = K\tau^2\ddot{x} \qquad \partial_\lambda \frac{\partial \mathcal{L}}{\partial x'} = -Kx''$$

gefunden werden. Somit kann die Bewegungsgleichung

$$\tau^2\ddot{x} - x'' = \tau^2\frac{\partial^2 x}{\partial t^2} - \frac{\partial^2 x}{\partial \lambda^2} = 0$$

ermittelt werden.

Nicht gefragt:
Beim Durchführen der Variation nach δx ergeben sich neben der Bewegungsgleichungen auch noch Randbedingungen, die durch

$$\int_0^1 \mathrm{d}\lambda \left[\frac{\partial \mathcal{L}}{\partial \dot{x}}\delta x\right]_{t_A}^{t_B} = 0 \qquad \int_{t_A}^{t_B} \mathrm{d}t \left[\frac{\partial \mathcal{L}}{\partial x'}\delta x\right]_0^1 = 0$$

ausgedrückt werden. Die erste Gleichung wird durch die zur üblichen Lagrange-Mechanik analogen Wahl $\delta x(\lambda, t_A) = \delta x(\lambda, t_B) = 0$ erfüllt. Die zweite Bedingung resultiert entweder in das Festhalten von x für $\lambda \in \{0, 1\}$ oder aber im Festhalten der Ableitung $\frac{\partial \mathcal{L}}{\partial x'}$ für $\lambda \in \{0, 1\}$. Für den Rest der Aufgabe wird angenommen, dass $x(0, t) = 0$ und $x(1, t) = L$ gilt. Dies setzt weitere Bedingungen auf die Funktionen aus Teilaufgabe (c), nach denen aber nicht gefragt war.

(c) **(5 Punkte)** Zeigen Sie, dass die allgemeine Lösung zu dieser Gleichung durch

$$x(\lambda, t) = \lambda L + \delta x(\lambda, t) = \lambda L + f(\lambda \tau - t) + g(\lambda \tau + t)$$

mit zwei zweimal stetig differenzierbaren Funktionen f und g gegeben ist.

Lösungsvorschlag:
Die jeweils ersten Ableitungen der vermeintlichen Lösung sind durch

$$x' = L + \delta x' = L + \tau(f'(\lambda \tau - t) + g'(\lambda \tau + t))$$
$$\dot{x} = \delta \dot{x} = -f'(\lambda \tau - t) + g'(\lambda \tau + t)$$

gegeben. Somit lassen sich die zweiten Ableitungen zu

$$x'' = \delta x'' = \tau^2(f''(\lambda \tau - t) + g''(\lambda \tau + t))$$
$$\ddot{x} = \delta \ddot{x} = f''(\lambda \tau - t) + g''(\lambda \tau + t)$$

bestimmen. Aus diesen Ergebnissen ist es direkt ersichtlich, dass tatsächlich

$$\tau^2 \ddot{x} - x'' = \tau^2 \delta \ddot{x} - \delta x'' = 0$$

gilt. Somit handelt es sich um eine Lösung der Differentialgleichung.

Nicht gefragt:
Die Randbedingungen $x(0, t) = 0$ und $x(1, t) = L$ sorgen zusätzlich für die Bedingungen

$$\delta x(0, t) = f(-t) + g(t) = 0 \qquad \delta x(L, t) = f(\tau - t) + g(\tau + t) = 0,$$

welche auch für Reflexionen an den Enden $\lambda = 0$ und $\lambda = 1$ verantwortlich sind.

(d) **(5 Punkte)** Argumentieren Sie, weshalb die Energiedichte durch

$$\rho(\lambda, t) = \frac{K}{2} \left(\tau^2 \left(\frac{\partial x}{\partial t} \right)^2 + \left(\frac{\partial x}{\partial \lambda} - L \right)^2 \right)$$

gegeben sein muss. Zeigen Sie davon und von der Bewegungsgleichung ausgehend, dass die Kontinuitätsgleichung

$$\partial_t \rho(\lambda, t) + \partial_\lambda j(\lambda, t) = 0$$

mit zu bestimmendem j erfüllt sein muss.

Lösungsvorschlag:
Die Gesamtenergie in dem System ist durch die Summe von kinetischer und potentieller Energie und daher durch

$$E = T + U \int_0^1 d\lambda \left(M \left(\frac{\partial x}{\partial t} \right)^2 + K \left(\frac{\partial x}{\partial \lambda} - L \right)^2 \right)$$

$$= \int_0^1 d\lambda \frac{K}{2} \left(\tau^2 \left(\frac{\partial x}{\partial t} \right)^2 + \left(\frac{\partial x}{\partial \lambda} - L \right)^2 \right)$$

gegeben. Diese lässt sich als ein Integral über λ durch

$$E = \int_0^1 d\lambda \; \rho(\lambda, t)$$

mit der Energiedichte

$$\rho(\lambda, t) = \frac{K}{2}\left(\tau^2 \left(\frac{\partial x}{\partial t}\right)^2 + \left(\frac{\partial x}{\partial \lambda} - L\right)^2\right) = \frac{K}{2}(\tau^2 \dot{x}^2 + (x' - L)^2)$$

darstellen. Damit lässt sich die Zeitableitung von ρ zunächst zu

$$\partial_t \rho = K(\tau^2 \dot{x}\ddot{x} + (x' - L)\dot{x}')$$

bestimmen. Da die Bewegungsgleichung $\tau^2 \ddot{x} = x''$ lautet, kann dies weiter umgeformt werden, um

$$\partial_t \rho = K(\dot{x}x'' + (x' - L)\dot{x}') = \frac{\partial}{\partial \lambda}\left(K\dot{x}(x' - L)\right)$$

zu erhalten, wobei die Produktregel rückwärts angewandt wurde. Dieser Ausdruck kann zu

$$\partial_t \rho + \frac{\partial}{\partial \lambda}\left(-K\frac{\partial x}{\partial t}\left(\frac{\partial x}{\partial \lambda} - L\right)\right) = 0$$

umgestellt werden, um daraus die Energiestromdichte

$$j(\lambda, t) = -K\frac{\partial x}{\partial t}\left(\frac{\partial x}{\partial \lambda} - L\right) = -K\dot{x}(x' - L)$$

zu bestimmen. Da ρ beschreibt, wie viel Energie sich zu einem gewissen Zeitpunkt an einem Ort der Feder λ befindet, und j mit der zeitlichen Ableitung von ρ verknüpft ist, beschreibt es, wie viel Energie an einem Punkt λ gerade vorbei in einen anderen Bereich der Feder fließt.

Nicht gefragt:
Solche Kontinuitätsgleichungen spielen eine wichtige Rolle in der gesamten Physik. Wann immer es eine im Gesamten erhaltene Größe gibt, wie zum Beispiel die Energie, kann diese aus einem lokalen Bereich im Raum in einen anderen Bereich fließen. Dies wird dann durch eine Stromdichte beschrieben. Wird diese Stromdichte über die, das Volumen umschließende, Oberfläche Integriert, ergibt sich die Menge der betrachteten Größe, die den Raumbereich gerade verlässt, bzw. hinein fließt. Auch auf andere physikalische Größen, wie die Ladung, die Masse, oder im Rahmen der Quantenmechanik die Wahrscheinlichkeit, sind solche Kontinuitätsgleichungen anwendbar.

(e) **(2 Punkte)** Bestimmen Sie ρ und j für $x(\lambda, t) = \lambda L + \delta x(\lambda, t)$, als Funktion von δx und dessen Ableitungen.

Lösungsvorschlag:
Wie sich in Teilaufgabe (c) bereits gezeigt hat, sind die Ableitungen durch

$$\dot{x} = \delta\dot{x} \qquad x' - L = \delta x'$$

zu bestimmen. Damit können die Energiedichte

$$\rho(\lambda, t) = \frac{K}{2}\left(\tau^2(\delta\dot{x})^2 + (\delta x')^2\right)$$

und die Energiestromdichte

$$j(\lambda, t) = -K\dot{x}(x' - L) = -K\delta\dot{x} \cdot \delta x'$$

bestimmt werden.

Aufgabe 4   **25 *Punkte***

Lie-Algebra-Eigenschaften der Poisson-Klammern

In dieser Aufgabe soll die mathematische Struktur des Phasenraums eines Systems mit N Freiheitsgraden etwas genauer untersucht werden. Die Menge der Phasenraumfunktionen bildet einen Vektorraum über den reellen Zahlen. Ein Vektorraum wird als Lie-Algebra bezeichnet, wenn es eine abgeschlossene Verknüpfung

$$[\cdot,\cdot] : V \times V \to V$$

gibt, welche die drei Eigenschaften

(i) (Bilinearität) $[a \cdot f + b \cdot g, h] = a[f,h] + b[g,h]$ und $[f, a \cdot g + b \cdot h] = a[f,h] + b[g,h]$
     für beliebige f, g, h aus dem Vektorraum und a, b beliebige reelle Zahlen

(ii) $[f,f] = 0$ für beliebige f aus dem Vektorraum

(iii) (Jacobi-Identität) $[f,[g,h]] + [g,[h,f]] + [h,[f,g]] = 0$ für beliebige f, g, h aus dem
     Vektorraum

erfüllt.

(a) **(3 Punkte)** Nennen Sie ein Beispiel einer Verknüpfung auf dem Vektorraum $\mathbb{R}^3$, mit welcher der Vektorraum zur Lie-Algebra wird.

Lösungsvorschlag:
Auf dem $\mathbb{R}^3$ kann die innere Verknüpfung

$$[\cdot,\cdot] : V \times V \to V, \ [\boldsymbol{v},\boldsymbol{w}] \mapsto \boldsymbol{v} \times \boldsymbol{w}$$

in Form des Kreuzproduktes betrachtet werden. Das Kreuzprodukt ist wegen

$$(a\boldsymbol{u} + b\boldsymbol{v}) \times \boldsymbol{w} = a(\boldsymbol{u} \times \boldsymbol{w}) + b(\boldsymbol{v} \times \boldsymbol{w})$$
$$\boldsymbol{u} \times (a\boldsymbol{v} + b\boldsymbol{w}) = a(\boldsymbol{u} \times \boldsymbol{v}) + b(\boldsymbol{u} \times \boldsymbol{w})$$

eine bilineare Verknüpfung. Da das Kreuzprodukt mit

$$\boldsymbol{v} \times \boldsymbol{w} = -\boldsymbol{w} \times \boldsymbol{v}$$

antisymmetrisch ist, muss auch

$$\boldsymbol{v} \times \boldsymbol{v} = -\boldsymbol{v} \times \boldsymbol{v} \quad \Rightarrow \quad \boldsymbol{v} \times \boldsymbol{v} = 0$$

gelten. Schlussendlich kann aus der bac-cab-Formel

$$\boldsymbol{a} \times (\boldsymbol{b} \times \boldsymbol{c}) = \boldsymbol{b}(\boldsymbol{a} \cdot \boldsymbol{c}) - \boldsymbol{c}(\boldsymbol{a} \cdot \boldsymbol{b})$$

die Gültigkeit der Jacobi-Identität

$$\boldsymbol{a} \times (\boldsymbol{b} \times \boldsymbol{c}) + \boldsymbol{b} \times (\boldsymbol{c} \times \boldsymbol{a}) + \boldsymbol{c} \times (\boldsymbol{a} \times \boldsymbol{b}) = 0$$

bewiesen werden. Damit erfüllt das Kreuzprodukt alle drei Eigenschaften der inneren Verknüpfung einer Lie-Algebra.

(b) **(2 Punkte)** Zeigen Sie zunächst, dass die Poisson-Klammer

$$\{f,g\} = \sum_{i=1}^{N} \left(\frac{\partial f}{\partial q_i} \frac{\partial g}{\partial p_i} - \frac{\partial f}{\partial p_i} \frac{\partial g}{\partial q_i} \right)$$

eine antisymmetrische Verknüpfung ist und daher $\{f,g\} = -\{g,f\}$ gilt.

Lösungsvorschlag:
Die Poisson-Klammer lässt sich mittels

$$\{f,g\} = \sum_{i=1}^{N} \left(\frac{\partial f}{\partial q_i} \frac{\partial g}{\partial p_i} - \frac{\partial f}{\partial p_i} \frac{\partial g}{\partial q_i} \right) = -\sum_{i=1}^{N} \left(\frac{\partial f}{\partial p_i} \frac{\partial g}{\partial q_i} - \frac{\partial f}{\partial q_i} \frac{\partial g}{\partial p_i} \right)$$

$$= -\sum_{i=1}^{N} \left(\frac{\partial g}{\partial q_i} \frac{\partial f}{\partial p_i} - \frac{\partial g}{\partial p_i} \frac{\partial f}{\partial q_i} \right) = -\{g,f\}$$

umformen, womit die Antisymmetrie gezeigt ist.

(c) **(3 Punkte)** Zeigen Sie, dass die Poisson-Klammer die Leibniz-Regel

$$\{f,gh\} = g\,\{f,h\} + \{f,g\}\,h$$

erfüllt.

Lösungsvorschlag:
Durch Einsetzen in die Definition der Poisson-Klammer und das Ausnutzen der Produktregel kann über die Rechnung

$$\{f,gh\} = \sum_{i=1}^{N} \left(\frac{\partial f}{\partial q_i} \frac{\partial}{\partial p_i}(gh) - \frac{\partial f}{\partial p_i} \frac{\partial}{\partial q_i}(gh) \right)$$

$$= \sum_{i=1}^{N} \left(g\frac{\partial f}{\partial q_i} \frac{\partial h}{\partial p_i} + \frac{\partial f}{\partial q_i} \frac{\partial g}{\partial p_i}h - g\frac{\partial f}{\partial p_i} \frac{\partial h}{\partial q_i} - \frac{\partial f}{\partial p_i} \frac{\partial g}{\partial q_i}h \right)$$

$$= g\sum_{i=1}^{N} \left(\frac{\partial f}{\partial q_i} \frac{\partial h}{\partial p_i} - \frac{\partial f}{\partial p_i} \frac{\partial h}{\partial q_i} \right) + \sum_{i=1}^{N} \left(\frac{\partial f}{\partial q_i} \frac{\partial g}{\partial p_i} - \frac{\partial f}{\partial p_i} \frac{\partial g}{\partial q_i} \right)h$$

$$= g\,\{f,h\} + \{f,g\}\,h$$

die Leibniz-Regel gezeigt werden. [2]

(d) **(12 Punkte)** Zeigen Sie nun, dass die Poisson-Klammer $\{\cdot,\cdot\}$ die drei genannten Eigenschaften einer Lie-Algebra erfüllt.

---

[2]Es ist im Rahmen der Poisson-Klammer unwichtig, ob die Funktionen nach Rechts oder Links aus der Klammer gezogen werden. In der Quantenmechanik werden die Ausdrücke der Poisson-Klammer aber durch Kommutatoren ersetzt. Dort ist zu beachten, dass das links stehende Objekt auch nach Links und das rechts stehende Objekt nach Rechts raus gezogen wird. In Anlehnung an diesen Zusammenhang wurde auch hier eine entsprechende Schreibweise gewählt.

Hinweis: Um die Jacobi-Identität nicht über eine lange algebraische Rechnung beweisen zu müssen, gehen Sie am besten wie folgt vor:
Betrachten Sie eine infinitesimale kanonische Transformation $F_2 = \boldsymbol{p}' \cdot \boldsymbol{q} + \epsilon\, h(\boldsymbol{q}, \boldsymbol{p}')$ und bestimmen Sie daraus $\boldsymbol{q}' = \boldsymbol{q} + \delta\boldsymbol{q}$ und $\boldsymbol{p}' = \boldsymbol{p} + \delta\boldsymbol{p}$. Zeigen Sie dann, dass in linearer Ordnung $\delta f = \epsilon\, \{f, h\}$ gilt und bestimmen Sie so auf zweierlei Weisen $\delta\, \{f, g\}$. Berücksichtigen Sie dazu auch, dass die Poisson-Klammer in einem beliebigen Satz kanonisch konjugierter Variablen betrachtet werden kann.

Lösungsvorschlag:
Wegen der Antisymmetrie lässt sich aus

$$\{a \cdot f + b \cdot g, h\} = a\, \{f, h\} + b\, \{g, h\}$$

über die Rechnung

$$\{f, a \cdot g + b \cdot h\} = -\, \{a \cdot g + b \cdot h, f\} = -a\, \{g, f\} - b\, \{h, f\}$$
$$= a\, \{f, g\} + b\, \{f, h\}$$

die Linearität im zweiten Argument beweisen. Damit genügt es, die Linearität im ersten Argument mittels

$$\{a \cdot f + b \cdot g, h\} = \sum_{i=1}^{N} \left(\frac{\partial}{\partial q_i}(a \cdot f + b \cdot g) \frac{\partial h}{\partial p_i} - \frac{\partial}{\partial p_i}(a \cdot f + b \cdot g) \frac{\partial h}{\partial q_i} \right)$$

$$= \sum_{i=1}^{N} \left(\left(a\frac{\partial f}{\partial q_i} + b\frac{\partial g}{\partial q_i} \right) \frac{\partial h}{\partial p_i} - \left(a\frac{\partial f}{\partial p_i} + b\frac{\partial g}{\partial p_i} \right) \frac{\partial h}{\partial q_i} \right)$$

$$= a \sum_{i=1}^{N} \left(\frac{\partial f}{\partial q_i} \frac{\partial h}{\partial p_i} - \frac{\partial f}{\partial p_i} \frac{\partial h}{\partial q_i} \right) + b \sum_{i=1}^{N} \left(\frac{\partial g}{\partial q_i} \frac{\partial h}{\partial p_i} - \frac{\partial g}{\partial p_i} \frac{\partial h}{\partial q_i} \right)$$

$$= a\, \{f, h\} + b\, \{g, h\}$$

zu beweisen.
Aus der Antisymmetrie

$$\{f, g\} = -\, \{g, f\}$$

kann wie beim Kreuzprodukt auch mittels

$$\{f, f\} = -\{f, f\} \quad \Rightarrow \quad \{f, f\} = 0$$

die zweite Bedingung bewiesen werden.
Für die Jacobi-Identität können die Ausdrücke eingesetzt und ausgewertet werden. Dabei werden sich gleiche Terme gegenseitig aufheben. Diese Rechnung ist sehr umständlich und platz- sowie zeitintensiv und soll deshalb an dieser Stelle nicht ausgeführt werden. Stattdessen wird das vorgeschlagene Verfahren angewendet. [3] Bei der

---

[3]Dieses Vorgehen wird beispielsweise in der Veröffentlichung Nivaldo A. Lemos, *Short proof of Jacobi's identity for Poisson brackets*, Am. J. Phys. **68**, S. 88, (2000), [arXiv:physics/0210074v1] diskutiert.

angegebenen kanonischen Transformation lassen sich

$$q_i' = \frac{\partial F_2}{\partial p_i'} = q_i + \epsilon \frac{\partial h}{\partial p_i'} \qquad p_i = \frac{\partial F_2}{\partial q_i} = p_i' + \epsilon \frac{\partial h}{\partial q_i}$$

und somit

$$\delta q_i = q_i' - q_i = \epsilon \frac{\partial h}{\partial p_i'} \qquad \delta p_i = p_i' - p_i = -\epsilon \frac{\partial h}{\partial q_i}$$

finden. Damit lässt sich die Phasenraumfunktion nach der Transformation durch

$$f(\boldsymbol{q}',\boldsymbol{p}') = f(\boldsymbol{q} + \delta\boldsymbol{q}, \boldsymbol{p} + \delta\boldsymbol{p}) = f(\boldsymbol{q},\boldsymbol{p}) + \frac{\partial f}{\partial q_i}\delta q_i + \frac{\partial f}{\partial p_i}\delta p_i + \mathcal{O}(\epsilon^2)$$

ausdrücken. Dabei wurde die Einstein'sche Summenkonvention für das Summieren über den Index i von $i = 0$ bis f eingeführt. Außerdem wurden höhere Ableitungen vernachlässigt, da jedes δq bzw. δp in der Größenordnung von ϵ liegt und nur die lineare Ordnung von ϵ betrachtet werden soll. Die Änderung in f kann so durch

$$\delta f = f(\boldsymbol{q}',\boldsymbol{p}') - f(\boldsymbol{q},\boldsymbol{p}) = \frac{\partial f}{\partial q_i}\delta q_i + \frac{\partial f}{\partial p_i}\delta p_i$$

$$= \epsilon \frac{\partial f}{\partial q_i}\frac{\partial h}{\partial p_i'} - \epsilon \frac{\partial f}{\partial p_i}\frac{\partial h}{\partial q_i}$$

bestimmt werden. Da nur die lineare Ordnung betrachtet werden soll, kann p_i' durch p_i ersetzt werden, um so

$$\delta f = \epsilon \left(\frac{\partial f}{\partial q_i}\frac{\partial h}{\partial p_i} - \frac{\partial f}{\partial p_i}\frac{\partial h}{\partial q_i} \right) = \epsilon \{f, h\}$$

zu erhalten. Mit dieser Erkenntnis lässt sich direkt

$$\delta \{f, g\} = \epsilon \{\{f, g\}, h\}$$

ermitteln. Andererseits kann auch

$$\delta \{f, g\} = \{\delta f, g\} + \{f, \delta g\}$$

betrachtet werden. Da eine kanonische Transformation durchgeführt wird, kann die Poisson-Klammer äquivalent in den neuen und den alten Koordinaten ausgewertet werden und muss dabei die gleichen Ergebnisse liefern. Daher muss keine Änderung der Koordinaten berücksichtigt werden. Das so erhaltene Ergebnis lässt sich nun durch

$$\delta \{f, g\} = \{\delta f, g\} + \{f, \delta g\} = \epsilon \{\{f, h\}, g\} + \epsilon \{f, \{g, h\}\}$$

weiter umformen. Da dies gerade $\epsilon \{\{f, g\}, h\}$ entsprechen muss, muss aufgrund der Antisymmetrie auch

$$\{\{f, h\}, g\} + \{f, \{g, h\}\} = \{\{f, g\}, h\}$$

$$\Rightarrow \quad \{f, \{g, h\}\} - \{g, \{f, h\}\} + \{h, \{f, g\}\} = 0$$

$$\Rightarrow \quad \{f, \{g, h\}\} + \{g, \{h, f\}\} + \{h, \{f, g\}\} = 0$$

gelten. Damit ist die Jacob-Identität der Poisson-Klammern gezeigt.

(e) (**3 Punkte**) Betrachten Sie nun ein System mit $N = 1$ und zeigen Sie, dass die durch $\{q, p, 1\}$ aufgespannte Menge unter der Poisson-Klammer abgeschlossen ist und somit eine Unteralgebra bildet.

Lösungsvorschlag:
Werden die drei Elemente der gegebene Menge $\{q, p, 1\}$ als Basisfunktionen f_i mit $i \in \{1, 2, 3\}$ betrachtet, so lässt sich ein Element der aufgespannten Menge durch $c_i f_i$ mit drei beliebigen aber festen reellen c_i ausdrücken. Hierbei wurde wieder die Einstein'sche Summenkonvention verwendet. Damit lässt sich die Poisson-Klammer zweier Elemente durch

$$\{c_i f_i, d_j f_j\} = c_i d_j \{f_i, f_j\} \overset{!}{=} e_k f_k$$

ausdrücken. Es ist daher ersichtlich, dass es genügt zu zeigen, dass die Basiselemente bis auf einen Vorfaktor wieder ein Basiselement oder Null ergeben müssen, damit die Elemente unter der Poisson-Klammer abgeschlossen sind und sie somit eine Unteralgebra bilden. Zu diesem Zweck können die drei Klammern

$$\{q, p\} = 1 \qquad \{q, 1\} = 0 \qquad \{p, 1\} = 0$$

betrachtet werden. Sie erfüllen die Bedingung ein Basiselement oder Null zu sein. Daher handelt es sich um eine Unteralgebra. [4]

(f) (**2 Punkte**) Betrachten Sie erneut ein System mit $N = 1$ und zeigen Sie, dass die durch $\{q^2, qp, p^2\}$ aufgespannte Menge eine Unteralgebra bildet.

Lösungsvorschlag:
Genau wie in der vorherigen Teilaufgabe genügt es zu zeigen, dass die Poisson-Klammern der Elemente untereinander ein Vielfaches eines anderen Basiselements oder Null ergeben. Dazu werden die Klammern

$$\{q^2, qp\} = 2q\{q, qp\} = 2q^2\{q, p\} = 2q^2$$
$$\{q^2, p^2\} = 2q\{q, p^2\} = 4qp\{q, p\} = 4qp$$
$$\{qp, p^2\} = 2p\{qp, p\} = 2p^2\{q, p\} = 2p^2$$

betrachtet. Es zeigt sich, dass sie die Bedingung erfüllen, weshalb sie eine Unteralgebra aufspannen. [5]

---

[4] Sie wird als Heisenberg-Algebra $\mathfrak{h}$ bezeichnet.

[5] Diese wird als symplektische Algebra $\mathfrak{sp}(1)$ bezeichnet. Sie kann durch reelle 2×2 Matrizen S_0, $S_\pm$ dargestellt werden, welche die Kommutatorrelation $[S_0, S_\pm] = \pm S_\pm$ und $[S_+, S_-] = 2S_0$ erfüllen und findet Anwendung bei der quantenmechanischen Betrachtung von Spins. Sie kann daher auch in die $\mathfrak{su}(2)$ umgeformt werden. Um die hier gefundenen Ergebnisse auf die $\mathfrak{sp}(1)$ abzubilden, ist die Zuordnung $q^2 \mapsto -2S_-$, $p^2 \mapsto 2S_+$ und $qp \mapsto 2S_0$ nötig.

3.15 Lösung zur Klausur XV – Analytische Mechanik – sehr schwer

Hinweise

Aufgabe 1 - Kurzfragen

(a) Wie lässt sich der Ortsvektor der Pendelmasse in Polarkoordinaten ausdrücken? Lässt sich so die Geschwindigkeit bestimmen? Welche Form nehmen die kinetische und die potentielle Energie an?

(b) Wie ist die Poisson-Klammer zweier Größen $f(\boldsymbol{q}, \boldsymbol{p}, t)$ und $g(\boldsymbol{q}, \boldsymbol{p}, t)$ definiert? Hängen die Koordinaten von den Impulsen ab? Hängen die Koordinaten untereinander voneinander ab?

(c) Welche Steigung hat die Funktion f an einem Punkt x? Wie lässt sich so $x(m)$ ermitteln? Wie ist die Legendre-Transformation definiert? Wie hängt diese mit dem y-Achsenabschnitt einer Tangente mit Steigung m zusammen?

(d) Wie sind die Komponenten eines Trägheitstensors definiert? Würde sich bei einer anderen Wahl des Koordinatensystems eine andere Massendichte ergeben? Was bedeutet das für den Trägheitstensor? Ist es von Vorteil die Integration in Kugelkoordinaten durchzuführen?

(e) Wie ist die Wirkung durch die Lagrange-Funktion definiert? Wie ändert sich die Wirkung, wenn die Koordinate q um $\delta q(t)$ variiert wird? Welche Bedingungen sind an diese Variation δq zu stellen? Was passiert deshalb nach einer partiellen Integration mit den Randtermen?

Aufgabe 2 - Harmonischer Oszillator im Hamilton-Formalismus

(a) Wie wird die kinetische Energie eines Massenpunktes in einer Dimension bestimmt? Wie lautet die potentielle Energie eines harmonischen Oszillators? Wie lässt sich die Legendre-Transformation der Lagrange-Funktion in $\dot{x}$ bilden?

(b) Wie lautet die bekannte Differentialgleichung eines harmonischen Oszillators? Stimmt die Hamilton-Funktion mit der Energie überein? Wie hängt deshalb die Energie mit der Amplitude zusammen?

(c) Lässt sich $p = \frac{\partial F_2}{\partial x}$ verwenden, um p' durch x und p auszudrücken? Ist die Ableitung des Arkussinus

$$\frac{\mathrm{d}}{\mathrm{d}u} \mathrm{Arcsin}(u) = \frac{1}{\sqrt{1 - u^2}}$$

hilfreich? Warum sind $p' = E$ und $x' = t + t_0$? Wie lässt sich x' als Ableitung von F_2 bestimmen? Sie sollten für x und p dieselben Ergebnisse wie in Teilaufgabe (b) erhalten.

(d) Lässt sich die Energieerhaltung verwenden, um eine Gleichung für x und p aufzustellen, die die Trajektorie beschreibt? Welchen Flächeninhalt hat eine Ellipse? Welchen Flächeninhalt hat ein Rechteck? Warum sind die beiden Phasenraumvolumina gleich?

Aufgabe 3 - Das Kepler-Problem im Lagrange-Formalismus

(a) Wie lautet die kinetische Energie der Massenpunkte? Wie lautet die kombinierte kinetische Energie?

(b) Lassen sich die Größen $\dot{\boldsymbol{R}}^2$ und $\dot{\boldsymbol{r}}^2$ auf $\dot{\boldsymbol{r}}_1^2$ und $\dot{\boldsymbol{r}}_2^2$ zurückführen?

(c) Lassen sich die Bewegungsgleichungen für $\boldsymbol{R}$ direkt lösen? Welche Erhaltungsgröße ist mit Drehungen verknüpft? Wie lassen sich der Ortsvektor und die Geschwindigkeit in Polar-Koordinaten ausdrücken?

(d) Ist $L_{\text{eff.}}$ von ϕ abhängig? Lässt sich die Erhaltungsgröße mit den Ergebnissen aus Teilaufgabe (c) verknüpfen?

(e) Wie lässt sich aus der Lagrange-Funktion die Energie herleiten? Ist es möglich diese nur durch r und $\dot{r}$ auszudrücken? Wie lässt sich $\frac{\mathrm{d}r}{\mathrm{d}t}$ durch $\frac{\mathrm{d}r}{\mathrm{d}\phi}$ bestimmen? Kann das Ergebnis von Teilaufgabe (d) helfen?

(f) Wie kann eine Trennung der Variablen durchgeführt werden? Ist die Substitution $z = \frac{1}{r}$ hilfreich? Müssen Integrationskonstanten berücksichtigt werden? Sie sollten

$$p = \frac{J}{\mu\alpha} \qquad e = \sqrt{1 + \frac{2EJ^2}{\mu\alpha^2}}$$

finden.

Aufgabe 4 - Gekoppelte Schwingungen bei Federn

(a) Wie lautet die kinetische Energie der beiden Massen? Wie lauten die Potentiale der einzelnen Federn? Ist das Gesamtpotential die Summe der Einzelpotentiale?

(b) Was gilt in der Ruhelage für die Kräfte im System? Tauchen die gefundenen Bedingungen im Ausdruck für die potentielle Energie nach dem Ersetzen der x_i mit $x_{i,0} + \delta x_i$ noch einmal auf? Welchen Einfluss haben Konstanten auf die Bewegungsgleichungen?

(c) Wie lauten die Euler-Lagrange-Gleichungen? Lässt sich die Lagrange-Funktion in der Komponentenschreibweise ausdrücken? Welche Eigenschaften haben die Matrizen K und M? Ist die Matrix M invertierbar? Sie sollten die Matrix

$$\Omega^2 = \omega_0^2 \begin{pmatrix} \frac{5}{2} & -\frac{3}{2} \\ -\frac{3}{2} & \frac{5}{2} \end{pmatrix}$$

erhalten. Darin ist $\omega_0^2 = \frac{k}{m}$.

(d) Ist der Ansatz

$$\delta\boldsymbol{x} = \boldsymbol{a}\cos(\omega t + \phi)$$

zielführend? Welche Art von Gleichung muss $\boldsymbol{a}$ erfüllen? Wie werden Eigenwerte und -vektoren bestimmt? Sie sollten Eigenmoden der Form

$$\delta\boldsymbol{x}_\pm = \boldsymbol{a}_\pm \cos(\omega_\pm t + \phi_\pm)$$

erhalten. Warum müssen die beiden Eigenvektoren senkrecht aufeinander stehen? Wie setzt sich die allgemeine Lösung aus den Eigenmoden zusammen?

(e) Warum müssen die Phasen $\phi_\pm$ ein Vielfaches von π sein? Was bedeutet gleichphasige und gegenphasige Schwingung?

Lösungen

Aufgabe 1   25 *Punkte*

Kurzfragen

(a) **(5 Punkte)** Finden Sie die Lagrange-Funktion eines mathematischen Pendels mit Länge l, Masse m und Auslenkung θ.

Lösungsvorschlag:
Der Ortsvektor der Pendelmasse lässt sich durch

$$\boldsymbol{r} = l \begin{pmatrix} \sin(\theta) \\ -\cos(\theta) \end{pmatrix}$$

beschreiben, wobei die erste Komponente die x-Komponente und die zweite Komponente die z-Komponente darstellt. Die zeitliche Ableitung dieses Vektors ist durch

$$\dot{\boldsymbol{r}} = l\dot{\theta} \begin{pmatrix} \cos(\theta) \\ \sin(\theta) \end{pmatrix}$$

gegeben, weshalb sich die kinetische Energie zu

$$T = \frac{1}{2}m\dot{\boldsymbol{r}}^2 = \frac{1}{2}ml^2\dot{\theta}^2 \left(\cos^2(\theta) + \sin^2(\theta)\right) = \frac{1}{2}ml^2\dot{\theta}^2$$

bestimmen lässt. Die Pendelmasse befindet sich im Schwerefeld der Erde, weshalb die potentielle Energie mit

$$U = mgz = -mgl\cos(\theta)$$

bestimmt werden kann. Insgesamt ist die Lagrange-Funktion also durch

$$L(\theta, \dot{\theta}) = T - U = \frac{1}{2}ml^2\dot{\theta}^2 + mgl\cos(\theta)$$

gegeben.

(b) **(5 Punkte)** Betrachten Sie eine Hamilton-Funktion mehrerer Variablen $H(\boldsymbol{q}, \boldsymbol{p}, t)$ und zeigen Sie, dass die Poisson-Klammern

$$\{q_i, p_j\} = \delta_{ij}$$

erfüllt sind.

Lösungsvorschlag:
Die Poisson-Klammern zweier Größen $f(\boldsymbol{q}, \boldsymbol{p}, t)$ und $g(\boldsymbol{q}, \boldsymbol{p}, t)$ ist durch

$$\{f, g\} = \sum_k \left(\frac{\partial f}{\partial q_k} \frac{\partial g}{\partial p_k} - \frac{\partial f}{\partial p_k} \frac{\partial g}{\partial q_k} \right)$$

definiert. Damit lässt sich

$$\{q_i, p_j\} = \sum_k \left(\frac{\partial q_i}{\partial q_k} \frac{\partial p_j}{\partial p_k} - \frac{\partial q_i}{\partial p_k} \frac{\partial p_j}{\partial q_k} \right)$$

finden. Da die Variablen q_i und p_i voneinander unabhängig sind, verschwinden der zweite Term vollständig. Im ersten Term verbleiben nur solche Beiträge, bei denen i mit k bzw. j mit k übereinstimmt, da die verallgemeinerten Variablen bzw. die verallgemeinerten Impulse untereinander unabhängig sind. Somit kann insgesamt

$$\{q_i, p_j\} = \sum_k \delta_{ik}\delta_{jk} = \delta_{ij}$$

gefunden werden, da nur der Term übrig bleibt, in dem $i = k = j$ gilt.

(c) **(5 Punkte)** Finden Sie die Legendre-Transformation der Funktion $f(x) = \frac{1}{2}\alpha x^2$. Bestimmen Sie dann die Tangentengleichung an der Stelle x in Abhängigkeit der Steigung m.

Lösungsvorschlag:
Die Steigung m der Funktion ist durch

$$m(x) = \frac{\mathrm{d}f}{\mathrm{d}x} = \alpha x$$

zu bestimmen, weshalb auch

$$x(m) = \frac{m}{\alpha}$$

gilt. Damit ist die Legendre-Transformation $g(m)$ durch

$$g(m) = f(x(m)) - m \cdot x(m) = \frac{1}{2}\alpha \left(\frac{m}{\alpha}\right)^2 - m \cdot \frac{m}{\alpha} = -\frac{m^2}{2\alpha}$$

zu ermitteln. Die Tangente $j_m(x)$ hat die Steigung m und den y-Achsenabschnitt $g(m)$, sodass

$$j_m(x) = m \cdot x + g(m) = m \cdot x - \frac{m^2}{2\alpha}$$

gilt.

(d) **(5 Punkte)** Finden Sie den Trägheitstensor I_{ij} einer Kugel mit homogener Massendichte ρ_0, Radius R und Masse M.

Lösungsvorschlag:
Die Komponenten des Trägheitstensors I_{ij} sind durch

$$I_{ij} = \int \mathrm{d}^3\boldsymbol{r}\,\rho(\boldsymbol{r})(\boldsymbol{r}^2\delta_{ij} - r_i r_j)$$

zu bestimmen. Daher wird zunächst die Massendichte benötigt. Sie ist konstant und für $r > R$ Null, so dass sich

$$\rho(\boldsymbol{r}) = \rho_0 \Theta(R - r)$$

aufstellen lässt. Die gesamte Masse M ist im Volumen $\frac{4}{3}\pi R^3$ angesiedelt, so dass

$$M = \int \mathrm{d}^3\boldsymbol{r}\rho(\boldsymbol{r}) = \rho_0 V \quad \Rightarrow \quad \rho_0 = \frac{3M}{4\pi R^3}$$

gilt. Da die Massendichte kugelsymmetrisch ist, wird der Trägheitstensor eine diagonale Gestalt annehmen und jedes der Hauptträgheitsmomente wird den selben Wert I annehmen. Es bietet sich daher an, in Kugelkoordinaten $x = r\sin(\theta)\cos(\phi)$, $y = r\sin(\theta)\sin(\phi)$ das Moment I_{zz} zu bestimmen, um so

$$I_{zz} = \int \mathrm{d}^3\boldsymbol{r}\rho(\boldsymbol{r})(r^2 - z^2) = \int \mathrm{d}^3\boldsymbol{r}\rho(\boldsymbol{r})(x^2 + y^2)$$

$$= \int\limits_0^\infty \mathrm{d}r \int\limits_0^{2\pi} \mathrm{d}\phi \int\limits_0^\pi \mathrm{d}\theta\, r^2 \sin(\theta)\, \rho_0 \Theta(R - r)\, r^2 \sin^2(\theta) \left(\cos^2(\phi) + \sin^2(\phi)\right)$$

$$= \rho_0 \int\limits_0^R \mathrm{d}r\, r^4 \int\limits_0^{2\pi} \mathrm{d}\phi \int\limits_{-1}^1 \mathrm{d}\cos(\theta)\, (1 - \cos^2(\theta))$$

$$= \frac{3M}{4\pi R^3} \cdot \frac{R^5}{5} \cdot 2\pi \cdot \left(2 - \frac{2}{3}\right) = \frac{3MR^2}{10} \cdot \frac{4}{3} = \frac{2}{5}MR^2$$

zu erhalten. Dabei wurde die übliche Substitution $\theta \to \cos(\theta)$ in Kugelkoordinaten vorgenommen. Somit sind die Komponenten des Trägheitstensors durch

$$I_{ij} = I\delta_{ij} = \delta_{ij}\frac{2}{5}MR^2$$

gegeben.

(e) **(5 Punkte)** Leiten Sie für die Lagrange-Funktion $L(q, \dot{q}, t)$ die Euler-Lagrange-Gleichung aus dem Prinzip der extremalen Wirkung (Hamilton'sches Prinzip) her.

Lösungsvorschlag:
Die Wirkung ist ein Funktional, dass die Funktion $q(t)$ auf eine Zahl abbildet. Dazu wird das Integral von $L(q(t), \dot{q}(t), t)$ auf dem Intervall t_A, t_B gebildet. Sie ist daher durch

$$S = \int\limits_{t_A}^{t_B} \mathrm{d}t\, L(q, \dot{q}, t)$$

definiert. Bei einer Variation der Wirkung wird die Funktion $q(t)$ im gesamten Intervall, außer an den Punkten t_A und t_B variiert. Das heißt, es wird eine beliebige (differenzierbare) Funktion δq mit $\delta q(t_A) = \delta q(t_B) = 0$ addiert. Die Variation ist dann die Differenz zwischen dem Funktional von $q + \delta q$ und dem Funktional mit q. Also kann so

$$\delta S = \int\limits_{t_A}^{t_B} \mathrm{d}t\, L(q + \delta q, \dot{q} + \delta \dot{q}, t) - \int\limits_{t_A}^{t_B} \mathrm{d}t\, L(q, \dot{q}, t)$$

$$= \int\limits_{t_A}^{t_B} \mathrm{d}t\, (L(q + \delta q, \dot{q} + \delta \dot{q}, t) - L(q, \dot{q}, t)$$

aufgestellt werden. Dabei wurde die Schreibweise

$$\delta \dot{q} = \frac{\mathrm{d}}{\mathrm{d}t} \delta q$$

für die sich ergebende Variation der Geschwindigkeit eingeführt. Für die Lagrange-Funktion lässt sich die Taylor-Entwicklung

$$L(q + \delta q, \dot{q} + \delta \dot{q}, t) \approx L(q, \dot{q}, t) + \frac{\partial L}{\partial q} \delta q + \frac{\partial L}{\partial \dot{q}} \delta \dot{q}$$

durchführen, um so

$$\delta S = \int\limits_{t_A}^{t_B} \mathrm{d}t\, \left(\frac{\partial L}{\partial q} \delta q + \frac{\partial L}{\partial \dot{q}} \frac{\mathrm{d}}{\mathrm{d}t} \delta q \right)$$

zu erhalten. Für den zweiten Term lässt sich nun eine partielle Integration

$$\int\limits_{t_A}^{t_B} \mathrm{d}t\, \frac{\partial L}{\partial \dot{q}} \frac{\mathrm{d}}{\mathrm{d}t} \delta q = \left[\delta q \frac{\partial L}{\partial \dot{q}} \right]_{t_A}^{t_B} - \int\limits_{t_A}^{t_B} \mathrm{d}t\, \delta q \frac{\mathrm{d}}{\mathrm{d}t} \frac{\partial L}{\partial \dot{q}}$$

durchführen. Dabei entstehen zunächst Randterme, die aber aufgrund von $\delta q(t_A) = \delta q(t_B) = 0$ verschwinden. Somit kann

$$\delta S = \int\limits_{t_A}^{t_B} \mathrm{d}t\, \left(\frac{\partial L}{\partial q} \delta q - \delta q \frac{\mathrm{d}}{\mathrm{d}t} \frac{\partial L}{\partial \dot{q}} \right) = \int\limits_{t_A}^{t_B} \mathrm{d}t\, \delta q \left(\frac{\partial L}{\partial q} - \frac{\mathrm{d}}{\mathrm{d}t} \frac{\partial L}{\partial \dot{q}} \right)$$

gefunden werden. Das Hamilton'sche Prinzip verlangt, dass die Wirkung für klassische Systeme einen extremalen Wert annimmt und ihre Variation daher Null ist. Da δq beliebig ist, muss hierzu bereits die Klammer im Integral Null sein, so dass

$$\frac{\partial L}{\partial q} - \frac{\mathrm{d}}{\mathrm{d}t} \frac{\partial L}{\partial \dot{q}} = 0$$

und daher auch

$$\frac{\mathrm{d}}{\mathrm{d}t} \frac{\partial L}{\partial \dot{q}} = \frac{\partial L}{\partial q}$$

gilt. Hierbei handelt es sich um die Euler-Lagrange-Gleichung für eine verallgemeinerte Koordinate q.

Aufgabe 2   **25** *Punkte*

Harmonischer Oszillator im Hamilton-Formalismus

In dieser Aufgabe soll ein eindimensionaler harmonischer Oszillator der Masse m und mit Kreisfrequenz ω betrachtet werden.

(a) **(3 Punkte)** Wie lautet die Lagrange-Funktion dieses Systems? Zeigen Sie weiter, dass der kanonische und der kinematische Impuls $m\dot{x}$ miteinander übereinstimmen und dass die Hamilton-Funktion durch

$$H(x,p) = \frac{p^2}{2m} + \frac{1}{2}m\omega^2 x^2$$

gegeben ist.

Lösungsvorschlag:
Die kinetische Energie ist durch

$$T = \frac{1}{2}m\dot{x}^2$$

gegeben, während die potentielle Energie mit

$$U = \frac{1}{2}m\omega^2 x^2$$

bestimmt werden kann. Daher lässt sich die Lagrange-Funktion

$$L(x,\dot{x}) = T - U = \frac{1}{2}m\dot{x}^2 - \frac{1}{2}m\omega^2 x^2$$

finden. Der kanonische Impuls p wird mit

$$p = \frac{\partial L}{\partial \dot{x}} = m\dot{x}$$

bestimmt und stimmt mit dem kinematischen Impuls $m\dot{x}$ überein. Damit lässt sich $\dot{x}$ durch

$$\dot{x} = \frac{p}{m}$$

ausdrücken. Da die Hamilton-Funktion das negative der Legendre-Transformation von L bezüglich der Variable $\dot{q}$ ist, kann sie durch

$$H(x,p) = p\dot{x} - L(x,\dot{x},t) = p \cdot \frac{p}{m} - \left(\frac{1}{2}m\frac{p^2}{m^2} - \frac{1}{2}m\omega^2 x^2\right)$$

$$= \frac{p^2}{2m} + \frac{1}{2}m\omega^2 x^2$$

bestimmt werden.

(b) **(6 Punkte)** Stellen Sie nun die Hamilton'schen Bewegungsgleichungen auf und geben Sie die allgemeine Lösung an. Verwenden Sie für die Lösung eine Darstellung mit Amplitude A und Phase ϕ und drücken Sie die Amplitude durch E aus.
Hinweis: Der Impuls sollte so die Form

$$p(t) = \sqrt{2mE}\cos(\omega t + \phi)$$

annehmen.

Lösungsvorschlag:
Die Hamilton'schen Bewegungsgleichung sind durch

$$\dot{x} = \frac{\partial H}{\partial p} = \frac{p}{m} \qquad \dot{p} = -\frac{\partial H}{\partial x} = -m\omega^2 x$$

gegeben. Hierin lässt sich die Gleichung für $\dot{x}$ erneut nach der Zeit ableiten, um so mit der Gleichung für $\dot{p}$ die typische Gleichung

$$\ddot{x} = \frac{\dot{p}}{m} = -\omega^2 x$$

eines harmonischen Oszillators zu finden. Diese lässt sich mit Amplitude und Phase durch

$$x(t) = A\sin(\omega t + \phi)$$

lösen. Da sich p so direkt durch

$$p(t) = m\dot{x} = Am\omega\cos(\omega t + \phi)$$

bestimmen lässt, kann auch die Energie, welche gerade der Hamilton-Funktion entspricht, zu

$$E = \frac{p^2}{2m} + \frac{1}{2}m\omega^2 x^2 = \frac{A^2 m\omega^2}{2}\cos^2(\omega t + \phi) + \frac{A^2 m\omega^2}{2}\sin^2(\omega t + \phi)$$
$$= \frac{A^2 m\omega^2}{2}$$

ermittelt werden. Dadurch lässt sich A mittels

$$A = \sqrt{\frac{2E}{m\omega^2}}$$

durch E ausdrücken. x und p sind dann durch

$$x(t) = \sqrt{\frac{2E}{m\omega^2}}\sin(\omega t + \phi) \qquad p(t) = \sqrt{2mE}\cos(\omega t + \phi)$$

gegeben.

(c) **(10 Punkte)** Betrachten Sie die erzeugende Funktion

$$F_2(x, p') = \frac{p'}{\omega} \operatorname{Arcsin}\left(x\sqrt{\frac{m\omega^2}{2p'}} \right) + \frac{m\omega}{2} x\sqrt{\frac{2p'}{m\omega^2} - x^2}$$

einer kanonischen Transformation. Um was handelt es sich bei dem neuen Impuls p'? Finden Sie die neue Hamilton-Funktion $\tilde{H}$ und lösen Sie die Hamilton'schen Bewegungsgleichungen für x' und p', um damit x und p zu bestimmen.

Lösungsvorschlag:
Zunächst wird

$$p = \frac{\partial F_2}{\partial x}$$

betrachtet, um den Ausdruck

$$p = \frac{p'}{\omega}\sqrt{\frac{m\omega^2}{2p'}}\frac{1}{\sqrt{1 - x^2\frac{m\omega^2}{2p'}}} + \frac{m\omega}{2}\sqrt{\frac{2p'}{m\omega^2} - x^2} + \frac{m\omega}{2}x\frac{1}{2}\frac{(-2x)}{\sqrt{\frac{2p'}{m\omega^2} - x^2}}$$

zu finden. Dabei wurde die Ableitung des Arkussinus

$$\frac{\mathrm{d}}{\mathrm{d}u}\operatorname{Arcsin}(u) = \frac{1}{\sqrt{1 - u^2}}$$

verwendet. Dieser Ausdruck lässt sich nun zu

$$p = \frac{p'}{\omega}\frac{1}{\sqrt{\frac{2p'}{m\omega^2} - x^2}} - \frac{m\omega}{2}\frac{x^2}{\sqrt{\frac{2p'}{m\omega^2} - x^2}} + \frac{m\omega}{2}\sqrt{\frac{2p'}{m\omega^2} - x^2}$$

$$= \frac{m\omega}{2}\frac{\left(\frac{2p'}{m\omega^2} - x^2\right)}{\sqrt{\frac{2p'}{m\omega^2} - x^2}} + \frac{m\omega}{2}\sqrt{\frac{2p'}{m\omega^2} - x^2} = m\omega\sqrt{\frac{2p'}{m\omega^2} - x^2}$$

vereinfachen. Ein Auflösen nach

$$\frac{2p'}{m\omega^2} = \frac{p^2}{m^2\omega^2} + x^2 \quad \Rightarrow \quad p' = \frac{p^2}{2m} + \frac{1}{2}m\omega^2 x^2 = H = E$$

macht deutlich, dass es sich bei p' um die Energie E des Systems handelt.
Da die erzeugende Funktion nicht explizit von t abhängt, stimmt die neue Hamilton-Funktion mit der Alten überein, muss aber durch x' und p' ausgedrückt werden. Wie sich gezeigt hat, ist $p' = H$, sodass

$$\tilde{H}(x', p') = p'$$

gilt. Damit können die Bewegungsgleichungen

$$\dot{q}' = \frac{\partial \tilde{H}}{\partial p'} = 1 \qquad \dot{p}' = -\frac{\partial \tilde{H}}{\partial q'} = 0$$

aufgestellt werden. Damit ist $p' = E$ konstant und

$$x' = t + t_0,$$

wobei t_0 eine Integrationskonstante ist. Die neue Variable x' entspricht somit der verstrichenen Zeit. Auf der anderen Seite muss auch

$$x' = \frac{\partial F_2}{\partial p'}$$

gelten, so dass über die Rechnung

$$x' = \frac{1}{\omega} \operatorname{Arcsin}\left(x\sqrt{\frac{m\omega^2}{2p'}}\right) + \frac{p'}{\omega} x \left(-\frac{1}{2}\right)\sqrt{\frac{m\omega^2}{2p'^3}}\frac{1}{\sqrt{1 - x^2\frac{m\omega^2}{2p'}}}$$

$$+ \frac{m\omega}{2} x \frac{2}{m\omega^2}\frac{1}{2}\frac{1}{\sqrt{\frac{2p'}{m\omega^2} - x^2}}$$

$$= \frac{1}{\omega} \operatorname{Arcsin}\left(x\sqrt{\frac{m\omega^2}{2p'}}\right) - \frac{x}{2\omega}\sqrt{\frac{m\omega^2}{2p'}}\frac{1}{\sqrt{1 - x^2\frac{m\omega^2}{2p'}}}$$

$$+ \frac{x}{2\omega}\sqrt{\frac{m\omega^2}{2p'}}\frac{1}{\sqrt{1 - x^2\frac{m\omega^2}{2p'}}}$$

$$= \frac{1}{\omega} \operatorname{Arcsin}\left(x\sqrt{\frac{m\omega^2}{2p'}}\right)$$

der Zusammenhang

$$x = \sqrt{\frac{2p'}{m\omega^2}}\sin(\omega x') = \sqrt{\frac{2p'}{m\omega^2}}\sin(\omega t + \omega t_0) = \sqrt{\frac{2E}{m\omega^2}}\sin(\omega t + \phi)$$

gefunden werden kann. Dabei wurde zuletzt die Ersetzungen $\omega t_0 = \phi$ und $p' = E$ vorgenommen. Mit

$$p = m\omega\sqrt{\frac{2p'}{m\omega^2} - x^2} = m\omega\sqrt{\frac{2E}{m\omega^2} - x^2}$$

kann schlussendlich auch

$$p = m\omega\sqrt{\frac{2E}{m\omega^2}\left(1 - \sin^2(\omega t + \phi)\right)} = \sqrt{2mE}\cos(\omega t + \phi)$$

gefunden werden.

(d) **(6 Punkte)** Zeichnen Sie die Trajektorien im Phasenraum für die Paare konjugierter Variablen (x, p) und (x', p'). Bestimmen Sie das Phasenraumvolumen V_{xp} und $V_{x'p'}$

einer Periode, welches von den Trajektorien mit Energien zwischen Null und E eingenommen wird. Vergleichen Sie diese miteinander.

Lösungsvorschlag:
Da die Energie erhalten ist, kann die Gleichung

$$1 = \frac{p^2}{2mE} + \frac{m\omega^2 x^2}{2E} = \left(\frac{p}{\sqrt{2mE}}\right)^2 + \left(\frac{x}{\sqrt{\frac{2E}{m\omega^2}}}\right)^2$$

aufgestellt werden. Es zeigt sich, dass die Trajektorie im Phasenraum für x und p einer Ellipse mit den Halbachsen $a_x = \sqrt{\frac{2E}{m\omega^2}}$ und $a_p = \sqrt{2mE}$ entspricht. Diese ist in Abb. 3.15.1 (a) zu sehen. Ist die Energie Null, so sind auch die Halbachsen Null und der (Ruhe-)Zustand des Systems wird durch den Ursprung des Phasenraums beschrieben. Mit steigender Energie nimmt die Größe der Ellipsen zu. Das gesuchte Phasenraumvolumen

$$V_{xp} = \int \mathrm{d}x\,\mathrm{d}p$$

ist daher der Flächeninhalt der Ellipse mit Energie E. Dieser ist durch

$$V_{xp} = \pi a_x a_p = \pi \sqrt{\frac{2E}{m\omega^2}}\sqrt{2mE} = \frac{2\pi E}{\omega}$$

gegeben.

Da die Energie konstant ist, handelt es sich bei der Trajektorie im (t, E)-Phasenraum um eine Gerade, die parallel zur t-Achse verläuft. Der y-Achsenabschnitt dieser Gerade entspricht der Energie E des Systems. Eine entsprechende Auftragung ist in Abb. 3.15.1 (b) zu sehen.

Da alle Energien zwischen Null und E und alle Zeiten einer Periode betrachtet werden sollen, handelt es sich bei dem Phasenraumvolumen $V_{x'p'} = V_{tE}$ um den Flächeninhalt eines Rechtecks mit Breite $T = \frac{2\pi}{\omega}$ und Höhe E. Es kann so

$$V_{tE} = \int \mathrm{d}E\,\mathrm{d}t = ET = \frac{2\pi E}{T}$$

bestimmt werden.

Die beiden Phasenraumvolumina sind gleich, was direkt daher rührt, dass die Phasenraumdifferentiale unter kanonischen Transformationen ihr eingeschlossenes Volumen beibehalten.

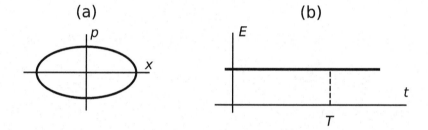

Abb. 3.15.1 Skizze der Trajektorien in (a) für den (x, p)-Phasenraum und in (b) für den (x', p')-Phasenraum mit $x' = t$ und $p' = E$

Aufgabe 3   **25 *Punkte***

Das Kepler-Problem im Lagrange-Formalismus

In dieser Aufgabe sollen zwei Massenpunkte mit den Massen m_1 und m_2 betrachtet werden, die sich im Potential

$$U(\boldsymbol{r}_1, \boldsymbol{r}_2) = -\frac{\alpha}{|\boldsymbol{r}_1 - \boldsymbol{r}_2|}$$

mit $\alpha > 0$ bewegen.

(a) **(2 Punkte)** Finden Sie die Lagrange-Funktion des Systems.

Lösungsvorschlag:
Jeder der beiden Massenpunkte hat die kinetische Energie $T_i = \frac{1}{2} m_i \dot{\boldsymbol{r}}_i^2$, so dass die gesamte kinetische Energie des Systems durch

$$T = \frac{1}{2} m_1 \dot{\boldsymbol{r}}_1^2 + \frac{1}{2} m_2 \dot{\boldsymbol{r}}_2^2$$

gegeben ist. Mit dem gegebenen Potential kann so die Lagrange-Funktion

$$L(\boldsymbol{r}_1, \boldsymbol{r}_2, \dot{\boldsymbol{r}}_1, \dot{\boldsymbol{r}}_2) = T - U = \frac{1}{2} m_1 \dot{\boldsymbol{r}}_1^2 + \frac{1}{2} m_2 \dot{\boldsymbol{r}}_2^2 + \frac{\alpha}{|\boldsymbol{r}_1 - \boldsymbol{r}_2|}$$

bestimmt werden.

(b) **(3 Punkte)** Führen Sie die Größen

$$M = m_1 + m_2 \qquad \mu = \frac{m_1 m_2}{M} \qquad \boldsymbol{R} = \frac{m_1 \boldsymbol{r}_1 + m_2 \boldsymbol{r}_2}{M} \qquad \boldsymbol{r} = \boldsymbol{r}_1 - \boldsymbol{r}_2$$

ein und zeigen Sie damit, dass sich die Lagrange-Funktion als

$$L(\boldsymbol{r}, \boldsymbol{R}, \dot{\boldsymbol{r}}, \dot{\boldsymbol{R}}) = \frac{1}{2} M \dot{\boldsymbol{R}}^2 + \frac{1}{2} \mu \dot{\boldsymbol{r}}^2 + \frac{\alpha}{r}$$

schreiben lässt.

Lösungsvorschlag:
Die zeitlichen Ableitungen der Vektoren $\boldsymbol{R}$ und $\boldsymbol{r}$ sind durch

$$\dot{\boldsymbol{R}} = \frac{m_1 \dot{\boldsymbol{r}}_1 + m_2 \dot{\boldsymbol{r}}_2}{M} \qquad \dot{\boldsymbol{r}} = \dot{\boldsymbol{r}}_1 - \dot{\boldsymbol{r}}_2$$

gegeben. Daher lassen sich

$$M \dot{\boldsymbol{R}} = \frac{m_1^2 \dot{\boldsymbol{r}}_1^2 + m_2^2 \dot{\boldsymbol{r}}_2^2 + 2 m_1 m_2 \dot{\boldsymbol{r}}_1 \cdot \dot{\boldsymbol{r}}_2}{M}$$

und

$$\mu \dot{\boldsymbol{r}}^2 = \frac{m_1 m_2}{M} \left(\dot{\boldsymbol{r}}_1^2 + \dot{\boldsymbol{r}}_2^2 - 2\dot{\boldsymbol{r}}_1 \cdot \dot{\boldsymbol{r}}_2 \right)$$

bestimmen. Ihre Summe kann daher zu

$$M\dot{\boldsymbol{R}} + \mu \dot{\boldsymbol{r}}^2 = \frac{m_1}{M}(m_1 + m_2)\dot{\boldsymbol{r}}_1^2 + \frac{m_2}{M}(m_2 + m_1)\dot{\boldsymbol{r}}_2^2 + 2\frac{m_1 m_2}{M}(1 - 1)\dot{\boldsymbol{r}}_1 \cdot \dot{\boldsymbol{r}}_2$$
$$= m_1 \dot{\boldsymbol{r}}_1^2 + m_2 \dot{\boldsymbol{r}}_2^2$$

ermittelt werden, wobei die Definition $M = m_1 + m_2$ ausgenutzt wurde. Damit zeigt sich, dass sich die kinetische Energie als

$$T = \frac{1}{2}m_1\dot{\boldsymbol{r}}_1^2 + \frac{1}{2}m_2\dot{\boldsymbol{r}}_2^2 = \frac{1}{2}M\dot{\boldsymbol{R}}^2 + \frac{1}{2}\mu\dot{\boldsymbol{r}}^2$$

schreiben lässt. Das Potential beinhaltet ausschließlich

$$|\boldsymbol{r}_1 - \boldsymbol{r}_2| = |\boldsymbol{r}| = r$$

weshalb sich die Lagrange-Funktion mit den Koordinaten $\boldsymbol{R}$ und $\boldsymbol{r}$ durch

$$L(\boldsymbol{r}, \boldsymbol{R}, \dot{\boldsymbol{r}}, \dot{\boldsymbol{R}}) = \frac{1}{2}M\dot{\boldsymbol{R}}^2 + \frac{1}{2}\mu\dot{\boldsymbol{r}}^2 + \frac{\alpha}{r}$$

ausdrücken lässt.

(c) **(5 Punkte)** Verwenden Sie die Zyklizität von $\boldsymbol{R}$ um die Lagrange-Funktion auf die Anteile zu reduzieren, die nur $\boldsymbol{r}$ enthalten. Verwenden Sie dann das Noether-Theorem für Drehungen, um die Einführung von Polar-Koordinaten zu rechtfertigen. Zeigen Sie so, dass sich die Lagrange-Funktion auf

$$L_{\text{eff.}}(r, \phi, \dot{r}, \dot{\phi}) = \frac{1}{2}\mu\dot{r}^2 + \frac{1}{2}\mu r^2 \dot{\phi}^2 + \frac{\alpha}{r}$$

reduzieren lässt.

Lösungsvorschlag:
Da jede Komponente R_i zyklisch ist, ist auch jeder dazugehörende Impuls

$$\Pi_{R_i} = P_i = \frac{\partial L}{\partial R_i} = M\dot{R}_i$$

konstant. Damit kann das Problem bezüglich $\boldsymbol{R}$ als gelöst betrachtet werden und der zu untersuchende Teil ist nur durch

$$L_{\text{eff.}}(\boldsymbol{r}, \dot{\boldsymbol{r}}) = \frac{1}{2}\mu\dot{\boldsymbol{r}}^2 + \frac{\alpha}{r}$$

gegeben. Die Lagrange-Funktion hängt ausschließlich von den Beträgen des Ortsvektors $\boldsymbol{r}$ und dem Betragsquadrat seiner Zeitableitung $\dot{\boldsymbol{r}}$ ab. Daher ist sie invariant unter Transformationen der Art

$$r_i \to r_i' = O_{ij} r_j$$

mit Matrizen O der SO(3). Somit stellen Drehungen eine Symmetrie des Systems dar, die nach dem Noether-Theorem mit der Erhaltungsgröße des Drehimpulses

$$J = \mu r \times \dot{r}$$

verknüpft sind. Ist der Drehimpuls erhalten, so findet die Bewegung in einer festen Ebene statt, welche den Ursprung beinhaltet. Daher können Polarkoordinaten

$$r = r\hat{e}_s$$

eingeführt werden, die den Geschwindigkeitsvektor

$$\dot{r} = \dot{r}\hat{e}_s + r\dot{\phi}\hat{e}_\phi$$

nach sich ziehen. Somit kann die kinetische Energie durch

$$T = \frac{1}{2}\mu\dot{r}^2 = \frac{1}{2}\mu\left(\dot{r}^2 + r^2\dot{\phi}^2\right) = \frac{1}{2}\mu\dot{r}^2 + \frac{1}{2}\mu r^2\dot{\phi}^2$$

ausgedrückt werden. Womit die Lagrange-Funktion schlussendlich durch

$$L_{\text{eff.}}(r, \phi, \dot{r}, \dot{\phi}) = \frac{1}{2}\mu\dot{r}^2 + \frac{1}{2}\mu r^2\dot{\phi}^2 + \frac{\alpha}{r}$$

gegeben ist.

(d) **(2 Punkte)** Welche Größe von $L_{\text{eff.}}$ ist zyklisch und welcher Ausdruck J ist daher eine Erhaltungsgröße?

Lösungsvorschlag:
Die Größe ϕ taucht nicht in der Lagrange-Funktion auf und ist daher zyklisch. Damit ist ihr Impuls

$$\Pi_\phi = J = \frac{\partial L}{\partial \dot{\phi}} = \mu r^2\dot{\phi}$$

erhalten. Durch die Rechnung

$$J = \mu r \times \dot{r} = \mu r\hat{e}_s \times (\dot{r}\hat{e}_s + r\dot{\phi}\hat{e}_\phi) = \mu r^2\dot{\phi}\hat{e}_z = J\hat{e}_z$$

zeigt sich, dass es sich um die z-Komponente des erhaltenen Drehimpulses J handelt.

(e) **(5 Punkte)** Finden Sie nun die zu $L_{\text{eff.}}$ gehörende, erhaltene Energie E und leiten Sie damit den Ausdruck

$$\frac{\mathrm{d}r}{\mathrm{d}\phi} = \frac{\mu r^2}{J}\sqrt{\frac{2}{\mu}\left(E + \frac{\alpha}{r} - \frac{J^2}{2\mu r^2}\right)}$$

her.

Lösungsvorschlag:
Da die Lagrange-Funktion nicht explizit zeitabhängig ist, ist nach dem Noether-Theorem die Energie

$$E = \frac{\partial L}{\partial \dot{r}} \dot{r} + \frac{\partial L}{\partial \dot{\phi}} \dot{\phi} - L$$

erhalten. Sie lässt sich zunächst zu

$$E = \mu \dot{r}^2 + \mu r^2 \dot{\phi}^2 - \left(\frac{1}{2} \mu \dot{r}^2 + \frac{1}{2} \mu r^2 \dot{\phi}^2 + \frac{\alpha}{r} \right) = \frac{1}{2} \mu \dot{r}^2 + \frac{1}{2} \mu r^2 \dot{\phi}^2 - \frac{\alpha}{r}$$

bestimmen. Mit der Erhaltungsgröße $J = \mu r^2 \dot{\phi}$ kann so

$$\dot{\phi} = \frac{J}{\mu r^2}$$

gefunden und in die Energie

$$E = \frac{1}{2} \mu \dot{r}^2 + \frac{J^2}{2\mu r^2} - \frac{\alpha}{r}$$

eingesetzt werden. Dadurch ist die Energie nur noch von r und $\dot{r}$ abhängig. Der gefundene Ausdruck lässt sich nach $\dot{r}$ umstellen, um

$$\left(\frac{\mathrm{d}r}{\mathrm{d}t} \right)^2 = \frac{2}{\mu} \left(E + \frac{\alpha}{r} - \frac{J^2}{2\mu r^2} \right)$$

$$\Rightarrow \quad \frac{\mathrm{d}r}{\mathrm{d}t} = \sqrt{\frac{2}{\mu} \left(E + \frac{\alpha}{r} - \frac{J^2}{2\mu r^2} \right)}$$

zu erhalten. Die Wahl des Vorzeichens der Wurzel bestimmt dabei, ob r mit der Zeit zu- oder abnimmt. Da das Problem nicht explizit zeitabhängig ist, wird die Bewegung in positiver, wie negativer Zeitrichtung gleich ablaufen. Daher kann ausschließlich das positive Vorzeichen betrachtet werden. Mit der Erhaltungsgröße J lässt sich auch

$$\frac{\mathrm{d}r}{\mathrm{d}t} = \frac{\mathrm{d}r}{\mathrm{d}\phi} \frac{\mathrm{d}\phi}{\mathrm{d}t} = \frac{\mathrm{d}r}{\mathrm{d}\phi} \frac{J}{\mu r^2}$$

schreiben, so dass insgesamt

$$\frac{\mathrm{d}r}{\mathrm{d}\phi} = \frac{\mu r^2}{J} \sqrt{\frac{2}{\mu} \left(E + \frac{\alpha}{r} - \frac{J^2}{2\mu r^2} \right)}$$

gilt.

(f) **(8 Punkte)** Verwenden Sie das Integral

$$\int \mathrm{d}z \frac{1}{\sqrt{-z^2 + az + b}} = -\mathrm{Arccos}\left(\frac{z - \frac{a}{2}}{\sqrt{b + \left(\frac{a}{2}\right)^2}} \right),$$

wobei $-b < \frac{a^2}{4}$ gilt, um den Ausdruck

$$r(\phi) = \frac{p}{1 + e\cos(\phi)}$$

zu erhalten. Was sind p und e?

Lösungsvorschlag:
Durch Trennung der Variablen lässt sich die unbestimmte Integralgleichung

$$\int \frac{\mathrm{d}r}{r^2 \cdot \sqrt{\frac{2}{\mu}\left(E + \frac{\alpha}{r} - \frac{J^2}{2\mu r^2}\right)}} = \frac{\mu}{J}\int \mathrm{d}\phi$$

ermitteln. Die rechte Seite lässt sich direkt mit

$$\frac{\mu}{J}\int \mathrm{d}\phi = \frac{\mu}{J}(\phi + C)$$

lösen, wobei C die auftretende Integrationskonstante ist. Für die linke Seite wird zunächst die Substitution

$$z = \frac{1}{r} \quad \Rightarrow \quad \mathrm{d}z = -\frac{1}{r^2}\,\mathrm{d}r$$

vorgenommen, um

$$\int \frac{\mathrm{d}r}{r^2 \cdot \sqrt{\frac{2}{\mu}\left(E + \frac{\alpha}{r} - \frac{J^2}{2\mu r^2}\right)}} = -\int \frac{\mathrm{d}z}{\sqrt{\frac{2}{\mu}\left(E + \alpha z - \frac{J^2}{2\mu}z^2\right)}}$$

$$= -\frac{\mu}{J}\int \frac{\mathrm{d}z}{\sqrt{\frac{2\mu E}{J^2} + \frac{2\mu\alpha}{J^2}z - z^2}}$$

zu erhalten. Dies entspricht dem angegebenen Integral mit

$$a = \frac{2\mu\alpha}{J^2} \qquad b = \frac{2\mu E}{J^2}.$$

Die Bedingung für das Integral lässt sich auf

$$1 > -\frac{a^2}{4b} = -\frac{\frac{4\mu^2\alpha^2}{J^4}}{4\frac{2\mu E}{J^2}} = -\frac{\mu\alpha^2}{2EJ^2}$$

umformen und sich durch eine passende Wahl von J und E erfüllen. Somit lässt sich die rechte Seite der Integralgleichung zu

$$-\frac{\mu}{J}\int \frac{\mathrm{d}z}{\sqrt{\frac{2\mu E}{J^2} + \frac{2\mu\alpha}{J^2}z - z^2}} = \frac{\mu}{J}\,\mathrm{Arccos}\left(\frac{z - \frac{\mu\alpha}{J}}{\sqrt{\frac{2\mu E}{J^2} + \frac{\mu^2\alpha^2}{J^4}}}\right) + \frac{\mu}{J}D$$

$$= \frac{\mu}{J}\,\mathrm{Arccos}\left(\frac{\frac{1}{r} - \frac{\mu\alpha}{J}}{\sqrt{\frac{2\mu E}{J^2} + \frac{\mu^2\alpha^2}{J^4}}}\right) + \frac{\mu}{J}D$$

bestimmen, wobei D die auftretende Integrationskonstante ist. Die beiden Seiten lassen sich zusammenfügen, um so

$$\frac{\mu}{J}\operatorname{Arccos}\left(\frac{\frac{1}{r}-\frac{\mu\alpha}{J}}{\sqrt{\frac{2\mu E}{J^2}+\frac{\mu^2\alpha^2}{J^4}}}\right)+\frac{\mu}{J}D=\frac{\mu}{J}(\phi+C)$$

$$\Rightarrow\quad\operatorname{Arccos}\left(\frac{\frac{1}{r}-\frac{\mu\alpha}{J}}{\sqrt{\frac{2\mu E}{J^2}+\frac{\mu^2\alpha^2}{J^4}}}\right)=\phi-\phi_0$$

zu erhalten. Dabei wurden die Integrationskonstanten zu

$$\phi_0=D-C$$

kombiniert. Dieser Ausdruck lässt sich nun nach

$$\frac{1}{r}=\frac{\mu\alpha}{J}+\sqrt{\frac{2\mu E}{J^2}+\frac{\mu^2\alpha^2}{J^4}}\cos(\phi-\phi_0)$$

$$=\frac{\mu\alpha}{J}+\frac{\mu\alpha}{J}\sqrt{1+\frac{2EJ^2}{\mu\alpha^2}}\cos(\phi-\phi_0)$$

auflösen. Mit

$$\frac{1}{p}=\frac{\mu\alpha}{J}\qquad e=\sqrt{1+\frac{2EJ^2}{\mu\alpha^2}}$$

und der Wahl der Anfangsbedingungen $\phi_0=0$ kann schlussendlich

$$\frac{1}{r}=\frac{1}{p}\left(1+e\cos(\phi)\right)\quad\Rightarrow\quad r(\phi)=\frac{p}{1+e\cos(\phi)}$$

gefunden werden.

Aufgabe 4

25 *Punkte*

Gekoppelte Schwingungen bei Federn

Betrachten Sie das System aus Abb. 3.15.2, welches aus zwei Massenpunkten der Masse m besteht, die sich entlang der x-Achse bewegen können. Die Massenpunkte sind durch eine Feder der Federkonstante $\frac{3}{2}k$ und der Ruhelänge $l = 0$ verbunden. Jede der Massen ist mit je einer Feder der Federkonstante k und Ruhelänge $l = 0$ mit der nächstgelegenen Wand bei $x = 0$ und $x = a$ verbunden.

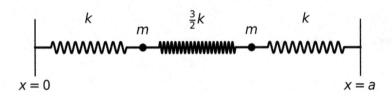

Abb. 3.15.2 Skizze des Feder-Masse-Systems

(a) **(2 Punkte)** Finden Sie die Lagrange-Funktion des Systems.

Lösungsvorschlag:
Die kinetische Energie einer jeden Masse ist durch $T_i = \frac{1}{2}m\dot{x}_i^2$ gegeben, so dass

$$T = \frac{1}{2}m(\dot{x}_1^2 + \dot{x}_2^2)$$

gilt. Die potentielle Energie der drei Federn ist durch

$$U_1 = \frac{1}{2}kx_1^2 \qquad U_2 = \frac{1}{2} \cdot \frac{3}{2}k(x_2 - x_1)^2 \qquad U_3 = \frac{1}{2}k(a - x_2)^2$$

zu bestimmen, so dass die potentielle Energie durch

$$U = U_1 + U_2 + U_3 = \frac{1}{2}kx_1^2 + \frac{1}{2} \cdot \frac{3}{2}k(x_2 - x_1)^2 + \frac{1}{2}k(a - x_2)^2$$

gegeben ist. Insgesamt kann so die Lagrange-Funktion $L = T - U$ durch

$$L(x_1, x_2, \dot{x}_1, \dot{x}_2) = \frac{1}{2}m(\dot{x}_1^2 + \dot{x}_2^2) - \frac{1}{2}kx_1^2 - \frac{1}{2} \cdot \frac{3}{2}k(x_2 - x_1)^2 - \frac{1}{2}k(a - x_2)^2$$

bestimmt werden.

(b) **(5 Punkte)** Finden Sie die Bedingung der Ruhelagen $x_{i,0}$ der Massen und drücken Sie die Positionen durch

$$x_i = x_{i,0} + \delta x_i$$

aus. Zeigen Sie damit, dass sich das System durch die Lagrange-Funktion

$$L = \frac{1}{2}\delta\dot{\boldsymbol{x}}^T M \delta\dot{\boldsymbol{x}} - \frac{1}{2}\delta\boldsymbol{x}^T K \delta\boldsymbol{x}$$

mit

$$\delta\boldsymbol{x} = \begin{pmatrix} \delta x_1 \\ \delta x_2 \end{pmatrix} \qquad M = \begin{pmatrix} m & 0 \\ 0 & m \end{pmatrix} \qquad K = \begin{pmatrix} \frac{5}{2}k & -\frac{3}{2}k \\ -\frac{3}{2}k & \frac{5}{2}k \end{pmatrix}$$

beschreiben lässt.

Lösungsvorschlag:
In der Ruhelage des Systems, sind alle Kräfte Null, so dass die partiellen Ableitungen des Potentials nach den einzelnen Koordinaten an den Stellen $x_i = x_{i,0}$ gerade Null sein müssen. Damit lässt sich

$$\frac{\partial U}{\partial x_1}\bigg|_{x_i = x_{i,0}} = \left(kx_1 - \frac{3}{2}k(x_2 - x_1)\right)_{x_i = x_{i,0}}$$

$$= kx_{1,0} - \frac{3}{2}k(x_{2,0} - x_{1,0}) = 0$$

und

$$\frac{\partial U}{\partial x_2}\bigg|_{x_i = x_{i,0}} = \left(\frac{3}{2}k(x_2 - x_1) - k(a - x_2)\right)_{x_i = x_{i,0}}$$

$$= \frac{3}{2}k(x_{2,0} - x_{1,0}) - k(a - x_{2,0}) = 0$$

finden. Es lassen sich $x_i = x_{i,0} + \delta x_i$ in das Potential einsetzen, um so

$$\frac{2U}{k} = (x_{1,0} + \delta x_1)^2 + \frac{3}{2}((x_{2,0} - x_{1,0}) + (\delta x_2 - \delta x_1))^2 + ((a - x_{2,0}) - \delta x_2)^2$$

$$= x_{1,0}^2 + \frac{3}{2}(x_{2,0} + x_{1,0})^2 + (a - x_{2,0})^2$$

$$+ 2\left(x_{1,0} - \frac{3}{2}(x_{2,0} - x_{1,0})\right)\delta x_1 + 2\left(\frac{3}{2}(x_{2,0} - x_{1,0}) - (a - x_{2,0})\right)\delta x_2$$

$$\delta x_1^2 + \frac{3}{2}(\delta x_2 - \delta x_1)^2 + \delta x_2^2$$

zu erhalten. Die Terme der ersten Zeile sind dabei alle konstant und haben deshalb keinen Einfluss auf die Bewegungsgleichungen. Die Terme der zweiten Zeile verschwinden aufgrund der Bedingungen für die Ruhelagen. Die Terme der letzten Zeile sind daher das zu betrachtende Potential, welches somit durch

$$U = \frac{k}{2}\left(\delta x_1^2 + \frac{3}{2}(\delta x_2^2 + \delta x_1^2 - 2\delta x_1 \delta x_2) + \delta x_2^2\right)$$
$$= \frac{k}{2}\left(\frac{5}{2}\delta x_1^2 - 2\cdot\frac{3}{2}\delta x_1\delta x_2 + \frac{5}{2}\delta x_2^2\right)$$

gegeben ist. Mit dem Vektor

$$\delta\boldsymbol{x} = \begin{pmatrix} \delta x_1 \\ \delta x_2 \end{pmatrix}$$

lässt sich das Potential so auch über

$$U = \frac{1}{2}\begin{pmatrix} \delta x_1 & \delta x_2 \end{pmatrix}\begin{pmatrix} \frac{5}{2}k & -\frac{3}{2}k \\ -\frac{3}{2}k & \frac{5}{2}k \end{pmatrix}\begin{pmatrix} \delta x_1 \\ \delta x_2 \end{pmatrix} = \frac{1}{2}\delta\boldsymbol{x}^T K \delta\boldsymbol{x}$$

darstellen. Da die kinetische Energie durch

$$T = \frac{1}{2}m\dot{x}_1^2 + \frac{1}{2}m\dot{x}_2^2$$

gegeben ist, kann wegen $\dot{x}_i = \delta\dot{x}_i$ auch

$$T = \frac{1}{2}m\delta\dot{x}_1^2 + \frac{1}{2}m\delta\dot{x}_2^2$$

gefunden werden, was sich mit dem Vektor

$$\delta\dot{\boldsymbol{x}} = \begin{pmatrix} \delta\dot{x}_1 \\ \delta\dot{x}_2 \end{pmatrix}$$

durch

$$T = \frac{1}{2}\begin{pmatrix} \delta\dot{x}_1 & \delta\dot{x}_2 \end{pmatrix}\begin{pmatrix} m & 0 \\ 0 & m \end{pmatrix}\begin{pmatrix} \delta\dot{x}_1 \\ \delta\dot{x}_2 \end{pmatrix} = \frac{1}{2}\delta\dot{\boldsymbol{x}}^T M \delta\dot{\boldsymbol{x}}$$

darstellen lässt. Insgesamt wird so die Lagrange-Funktion

$$L = \frac{1}{2}\delta\dot{\boldsymbol{x}}^T M \delta\dot{\boldsymbol{x}} - \frac{1}{2}\delta\boldsymbol{x}^T K \delta\boldsymbol{x}$$

mit den symmetrischen Matrizen

$$M = \begin{pmatrix} m & 0 \\ 0 & m \end{pmatrix} \qquad K = \begin{pmatrix} \frac{5}{2}k & -\frac{3}{2}k \\ -\frac{3}{2}k & \frac{5}{2}k \end{pmatrix}$$

gefunden.

(c) **(3 Punkte)** Zeigen Sie, dass sich mit der Lagrange-Funktion aus Teilaufgabe (b) die Bewegungsgleichung

$$\delta\ddot{\boldsymbol{x}} = -\Omega^2 \delta\boldsymbol{x}$$

ergibt. Was ist die Matrix Ω^2?

Lösungsvorschlag:
Die Bewegungsgleichungen lassen sich aus den Euler-Lagrange-Gleichungen

$$\frac{\mathrm{d}}{\mathrm{d}t}\frac{\partial L}{\partial(\delta\dot{x}_k)} = \frac{\partial L}{\partial(\delta x_k)}$$

bestimmen. Dazu bietet es sich an, die Lagrange-Funktion durch die Komponentenschreibweise

$$L = \frac{1}{2}\delta\dot{x}_i M_{ij}\delta\dot{x}_j - \frac{1}{2}\delta x_i K_{ij}\delta x_j = \frac{1}{2}M_{ij}\delta\delta\dot{x}_i\dot{x}_j - \frac{1}{2}K_{ij}\delta x_i\delta x_j$$

auszudrücken. Die Ableitung nach δx_k lässt sich durch

$$\frac{\partial L}{\partial(\delta x_k)} = -\frac{1}{2}\left(K_{ij}\delta_{ik}\delta x_j + K_{ij}\delta x_i\delta_{jk}\right) = -\frac{1}{2}\left(K_{kj}\delta x_j + K_{ik}\delta x_i\right)$$

$$= -\frac{1}{2}\left(K_{ki} + K_{ki}\right)\delta x_i = -K_{ki}\delta x_i = -(K\delta\boldsymbol{x})_k$$

bestimmen. Dabei wurde verwendet, dass die Matrix K symmetrisch ist. Ebenso kann die Ableitung nach $\delta\dot{x}_k$ zu

$$\frac{\partial L}{\partial(\delta\dot{x}_k)} = \frac{1}{2}\left(M_{ij}\delta_{ik}\delta\dot{x}_j + M_{ij}\delta\dot{x}_i\delta_{jk}\right) = \frac{1}{2}\left(M_{kj}\delta\dot{x}_j + M_{ik}\delta\dot{x}_i\right)$$

$$= \frac{1}{2}(M_{ki} + M_{ki})\delta\dot{x}_i = M_{ki}\delta\dot{x}_i = (M\delta\dot{\boldsymbol{x}})_k$$

bestimmt werden. Auch hier wurde die Symmetrie von M verwendet. Die Zeitableitung dieses Ausdrucks ist durch

$$\frac{\mathrm{d}}{\mathrm{d}t}\frac{\partial L}{\partial(\delta\dot{x}_k)} = (M\delta\ddot{\boldsymbol{x}})_k$$

gegeben, so dass sich in Komponentenschreibweise die Bewegungsgleichungen

$$(M\delta\ddot{\boldsymbol{x}})_k = -(K\delta\boldsymbol{x})_k$$

ergeben, die sich auch in vektorieller Form

$$M\delta\ddot{\boldsymbol{x}} = -K\delta\boldsymbol{x}$$

aufstellen lassen. Da die Matrix

$$M = \begin{pmatrix} m & 0 \\ 0 & m \end{pmatrix}$$

durch

$$M^{-1} = \begin{pmatrix} \frac{1}{m} & 0 \\ 0 & \frac{1}{m} \end{pmatrix}$$

invertierbar ist, kann die vektorielle Gleichung auch zu

$$\delta \ddot{\boldsymbol{x}} = -M^{-1} K \delta \boldsymbol{x} = -\Omega^2 \delta \boldsymbol{x}$$

umgestellt werden. Daher kann die Matrix

$$\Omega^2 = M^{-1} K = \begin{pmatrix} \frac{1}{m} & 0 \\ 0 & \frac{1}{m} \end{pmatrix} \begin{pmatrix} \frac{5}{2}k & -\frac{3}{2}k \\ -\frac{3}{2}k & \frac{5}{2}k \end{pmatrix}$$

$$= \frac{k}{m} \begin{pmatrix} \frac{5}{2} & -\frac{3}{2} \\ -\frac{3}{2} & \frac{5}{2} \end{pmatrix} = \omega_0^2 \begin{pmatrix} \frac{5}{2} & -\frac{3}{2} \\ -\frac{3}{2} & \frac{5}{2} \end{pmatrix}$$

bestimmt werden. Dabei wurde die Größe $\omega_0 = \sqrt{\frac{k}{m}}$ eingeführt.

(d) **(10 Punkte)** Finden Sie die Eigenfrequenzen und die Eigenmoden des Systems und bestimmen Sie so die allgemeine Lösung.

Lösungsvorschlag:
Für die Eigenmoden wird der Ansatz

$$\delta \boldsymbol{x} = \boldsymbol{a} \cos(\omega t + \phi)$$

gemacht. Da die zweite Ableitung durch

$$\delta \ddot{\boldsymbol{x}} = -\omega^2 \boldsymbol{a} \cos(\omega t + \phi)$$

gegeben ist, bleibt die Gleichung

$$0 = \Omega^2 \delta \boldsymbol{x} - \delta \ddot{\boldsymbol{x}} = \left(\Omega^2 \boldsymbol{a} - \omega^2 \boldsymbol{a} \right) \cos(\omega t + \phi)$$
$$\Rightarrow \quad 0 = (\Omega^2 - \omega^2 \mathbb{1}) \boldsymbol{a}$$

zu erfüllen. Dies stellt eine Eigenwertgleichung dar. ω^2 sind die Eigenwerte von Ω^2 und $\boldsymbol{a}$ sind die entsprechenden Eigenvektoren. Es bietet sich an

$$\omega = \sqrt{\lambda} \omega_0$$

zu schreiben, um so die Eigenwertgleichung

$$0 = \left(\Omega^2 - \omega_0^2 \lambda \mathbb{1} \right) \boldsymbol{a} = \omega_0^2 \left(\frac{\Omega^2}{\omega_0^2} - \lambda \mathbb{1} \right) \boldsymbol{a}$$

$$\Rightarrow \quad 0 = \left(\frac{\Omega^2}{\omega_0^2} - \lambda \mathbb{1} \right) \boldsymbol{a} = \left(\begin{pmatrix} \frac{5}{2} & -\frac{3}{2} \\ -\frac{3}{2} & \frac{5}{2} \end{pmatrix} - \lambda \begin{pmatrix} 1 & 0 \\ 0 & 1 \end{pmatrix} \right) \boldsymbol{a} = \begin{pmatrix} \frac{5}{2} - \lambda & -\frac{3}{2} \\ -\frac{3}{2} & \frac{5}{2} - \lambda \end{pmatrix} \boldsymbol{a}$$

lösen zu müssen. Um die Eigenwerte zu bestimmen, wird die Determinante der Matrix ermittelt, um so das charakteristische Polynom

$$p(\lambda) = \det\left(\frac{\Omega^2}{\omega_0^2} - \lambda\mathbb{1}\right) = \det\left(\begin{pmatrix} \frac{5}{2} - \lambda & -\frac{3}{2} \\ -\frac{3}{2} & \frac{5}{2} - \lambda \end{pmatrix}\right)$$

$$= \left(\frac{5}{2} - \lambda\right)^2 - \frac{9}{4} = \lambda^2 - 5\lambda + \frac{25}{4} - \frac{9}{4} = \lambda^2 - 5\lambda + 4$$

zu erhalten. Von diesem lassen sich die Nullstellen

$$\lambda\pm = \frac{5}{2} \pm \sqrt{\frac{25}{4} - 4} = \frac{5}{2} \pm \sqrt{\frac{9}{4}} = \frac{5}{2} \pm \frac{3}{2}$$

$$\Rightarrow \quad \lambda_+ = 4 \qquad \lambda_- = 1$$

finden. Damit sind bereits die Eigenfrequenzen durch

$$\omega_+ = \omega_0\sqrt{\lambda_+} = 2\sqrt{\frac{k}{m}} \qquad \omega_- = \omega_0\sqrt{\lambda_-} = \sqrt{\frac{k}{m}}$$

bestimmt. Für den Eigenvektor zu λ_+ muss

$$0 = \left(\frac{\Omega^2}{\omega_0^2} - \lambda_+\mathbb{1}\right)\boldsymbol{a}_+ = \begin{pmatrix} \frac{5}{2} - 4 & -\frac{3}{2} \\ -\frac{3}{2} & \frac{5}{2} - 4 \end{pmatrix}\boldsymbol{a}_+ = \begin{pmatrix} -\frac{3}{2} & -\frac{3}{2} \\ -\frac{3}{2} & -\frac{3}{2} \end{pmatrix}\boldsymbol{a}_+$$

betrachtet werden. Die Matrix kann über eine Ähnlichkeitstransformation in

$$\begin{pmatrix} 1 & 1 \\ 0 & 0 \end{pmatrix}$$

überführt werden und mit dem Minus-Eins-Ergänzungstrick kann so

$$\boldsymbol{a}_+ \sim \begin{pmatrix} 1 \\ -1 \end{pmatrix}$$

gefunden werden. Der normierte Eigenvektor ist daher durch

$$\boldsymbol{a}_+ = \frac{1}{\sqrt{2}}\begin{pmatrix} 1 \\ -1 \end{pmatrix}$$

gegeben. Der Eigenvektor für λ_- lässt sich analog herleiten. Er kann aber auch gefunden werden, indem ausgenutzt wird, dass reelle symmetrische Matrizen zu verschiedenen Eigenwerten orthogonale Eigenvektoren besitzen und daher $\boldsymbol{a}_+ \cdot \boldsymbol{a}_- = 0$ gelten muss. Somit lässt sich direkt

$$\boldsymbol{a}_- \sim \begin{pmatrix} 1 \\ 1 \end{pmatrix}$$

finden, der in die normierte Form

$$a_- = \frac{1}{\sqrt{2}} \begin{pmatrix} 1 \\ 1 \end{pmatrix}$$

gebracht werden kann. Die beiden Eigenmoden sind daher durch

$$\delta x_+ = a_+ \cos(\omega_+ t + \phi_+) = \frac{1}{\sqrt{2}} \begin{pmatrix} 1 \\ -1 \end{pmatrix} \cos(2\omega_0 t + \phi_+)$$

und

$$\delta x_- = a_- \cos(\omega_- t + \phi_-) = \frac{1}{\sqrt{2}} \begin{pmatrix} 1 \\ 1 \end{pmatrix} \cos(\omega_0 t + \phi_-)$$

gegeben. Die allgemeine Lösung ist durch die Linearkombination der Eigenmoden

$$\delta x(t) = A_+ \delta x_+ + A_- \delta x_-$$
$$= \frac{A_+}{\sqrt{2}} \begin{pmatrix} 1 \\ -1 \end{pmatrix} \cos(2\omega_0 t + \phi_+) + \frac{A_-}{\sqrt{2}} \begin{pmatrix} 1 \\ 1 \end{pmatrix} \cos(\omega_0 t + \phi_-)$$

zu bestimmen. Die Konstanten $A_\pm$ und $\phi_\pm$ werden durch die Anfangsbedingungen festgelegt.

(e) **(5 Punkte)** Betrachten Sie die Anfangsbedingungen $\delta\dot{x}_1(0) = \delta\dot{x}_2(0) = 0$ und finden Sie Anfangsbedingungen für $\delta x_1(0)$ und $\delta x_2(0)$ als Vielfache einer Anfangsauslenkung x_0, damit das System in seinen Eigenmoden schwingt. Beschreiben Sie die Bewegung dieser Eigenmoden.

Lösungsvorschlag:
Da die Eigenvektoren linear unabhängig sind, muss für die Anfangsbedingungen $\delta\dot{x}(0) = 0$ bereits jeder Summand Null sein. Dies ist entweder dadurch möglich, dass $A_+ = A_- = 0$ ist, was aber die triviale Lösung darstellt und somit ausscheidet, oder durch verschwindende trigonometrische Funktionen. Durch das Bilden der Ableitung werden die Kosinus-Funktionen zu Sinusfunktionen und es muss mit der Bedingung verschwindender trigonometrischer Funktionen

$$\sin(\phi_\pm) = 0$$

gelten. Damit müssen die $\phi_\pm$ ein Vielfaches von π sein. Zunächst wird der einfache Fall $\phi_\pm = 0$ betrachtet. Dann ist die Lösung durch

$$\delta x(t) = \frac{A_+}{\sqrt{2}} \begin{pmatrix} 1 \\ -1 \end{pmatrix} \cos(2\omega_0 t) + \frac{A_-}{\sqrt{2}} \begin{pmatrix} 1 \\ 1 \end{pmatrix} \cos(\omega_0 t)$$

gegeben. Soll das System nur in der Eigenmode $\delta \boldsymbol{x}_+$ schwingen, so muss $A_- = 0$ sein. Daher lassen sich

$$\delta \boldsymbol{x}(0) = \begin{pmatrix} \delta x_1(0) \\ \delta x_2(0) \end{pmatrix} = \frac{A_+}{\sqrt{2}} \begin{pmatrix} 1 \\ -1 \end{pmatrix} \quad \Rightarrow \quad \delta x_1(0) = \frac{A_+}{\sqrt{2}} \quad \delta x_2(0) = -\frac{A_+}{\sqrt{2}}$$

bestimmen. Ist beispielsweise $\delta x_1(0) = x_0$, so muss $\delta x_2(0) = -x_0$ sein. Die beiden Massen schwingen stets in entgegengesetzter Richtung. Es wird von der gegenphasigen Schwingung gesprochen.
Für eine Schwingung in der Mode $\delta \boldsymbol{x}_-$ muss $A_+ = 0$ sein, sodass sich

$$\delta \boldsymbol{x}(0) = \begin{pmatrix} \delta x_1(0) \\ \delta x_2(0) \end{pmatrix} = \frac{A_-}{\sqrt{2}} \begin{pmatrix} 1 \\ 1 \end{pmatrix} \quad \Rightarrow \quad \delta x_1(0) = \frac{A_-}{\sqrt{2}} \quad \delta x_2(0) = \frac{A_-}{\sqrt{2}}$$

finden lässt. Ist hier $\delta x_1(0) = x_0$, so muss ebenfalls $\delta x_2(0) = x_0$ sein. Die beiden Massen schwingen hier immer in dieselbe Richtung es wird daher von der gleichphasigen Schwingung gesprochen, die mit $\omega_- = \omega_0$ halb so schnell abläuft, wie die gegenphasige Schwingung.
Würden nun andere Vielfache von π für $\phi_\pm$ gewählt werden, so würde sich zwar die Phase der beiden Moden untereinander ändern, die Eigenschaften der gleich- und gegenphasigen Schwingung bleiben jedoch erhalten, da sowohl das Vorzeichen für $\delta x_1(0)$ als auch das Vorzeichen für $\delta x_2(0)$ gleichzeitig umgedreht werden würden.

Index

© Der/die Herausgeber bzw. der/die Autor(en), exklusiv lizenziert an
Springer-Verlag GmbH, DE, ein Teil von Springer Nature 2024
M. Eichhorn, *Prüfungstraining Theoretische Physik – Analytische
Mechanik*, https://doi.org/10.1007/978-3-662-68938-7

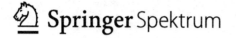